Metodi di ottimizzazione non vincolata

Luigi Grippo · Marco Sciandrone

Metodi di ottimizzazione non vincolata

Luigi Grippo
Dipartimento di Informatica
e Sistemistica Antonio Ruberti
Sapienza, Università di Roma

Marco Sciandrone
Dipartimento di Sistemi
e Informatica
Università di Firenze

UNITEXT – La Matematica per il 3+2
ISSN print edition: 2038-5722   ISSN electronic edition: 2038-5757

ISBN 978-88-470-1793-1   ISBN 978-88-1794-8 (eBook)
DOI 10.1007/978-88-1794-8

Springer Milan Dordrecht Heidelberg London New York

© Springer-Verlag Italia 2011

Quest'opera è protetta dalla legge sul diritto d'autore e la sua riproduzione è ammessa solo ed esclusivamente nei limiti stabiliti dalla stessa. Le fotocopie per uso personale possono essere effettuate nei limiti del 15% di ciascun volume dietro pagamento alla SIAE del compenso previsto dall'art. 68. Le riproduzioni per uso non personale e/o oltre il limite del 15% potranno avvenire solo a seguito di specifica autorizzazione rilasciata da AIDRO, Corso di Porta Romana n. 108, Milano 20122, e-mail segreteria@aidro.org e sito web www.aidro.org.
Tutti i diritti, in particolare quelli relativi alla traduzione, alla ristampa, all'utilizzo di illustrazioni e tabelle, alla citazione orale, alla trasmissione radiofonica o televisiva, alla registrazione su microfilm o in database, o alla riproduzione in qualsiasi altra forma (stampata o elettronica) rimangono riservati anche nel caso di utilizzo parziale. La violazione delle norme comporta le sanzioni previste dalla legge.

L'utilizzo in questa pubblicazione di denominazioni generiche, nomi commerciali, marchi registrati, ecc. anche se non specificatamente identificati, non implica che tali denominazioni o marchi non siano protetti dalle relative leggi e regolamenti.

Layout copertina: Beatrice ⓐ., Milano
Immagine di copertina: Vittorio Corona, *Raffiche*, Museo Civico d'Arte Contemporanea di Gibellina. Riprodotto per gentile concessione del Museo di Gibellina

Impaginazione: PTP-Berlin, Protago TEX-Production GmbH, Germany (www.ptp-berlin.eu)
Stampa: Grafiche Porpora, Segrate (MI)

Springer-Verlag Italia S.r.l., Via Decembrio 28, I-20137 Milano
Springer-Verlag fa parte di Springer Science+Business Media (www.springer.com)

Indice

Prefazione XIII

1 Problemi di ottimizzazione su R^n 1
   1.1 Generalità 1
   1.2 Definizioni fondamentali 5
   1.3 Criteri elementari di equivalenza tra problemi 10
   1.4 Condizioni di esistenza 12
   1.5 Formulazione dei problemi di ottimo non vincolati 20
       1.5.1 Equazioni e disequazioni 21
       1.5.2 Stima dei parametri di un modello matematico 22
       1.5.3 Addestramento di reti neurali 23
       1.5.4 Problemi di controllo ottimo 26
       1.5.5 Funzioni di penalità sequenziali 27
       1.5.6 Proprietà delle funzioni di penalità sequenziali* . 28
   1.6 Esercizi 32

2 Condizioni di ottimo per problemi non vincolati 35
   2.1 Generalità 35
   2.2 Direzioni di discesa 36
   2.3 Condizioni di ottimalità 39
       2.3.1 Condizioni di minimo locale 39
       2.3.2 Condizioni di minimo globale nel caso convesso 44
       2.3.3 Condizioni di ottimo in problemi di minimi quadrati 46
   2.4 Equazioni non lineari 49
   2.5 Esercizi 51

3 Struttura e convergenza degli algoritmi 55
   3.1 Generalità 55
   3.2 Punti di accumulazione 57
   3.3 Convergenza a punti stazionari 64
   3.4 Rapidità di convergenza 69

- 3.5 Classificazione degli algoritmi convergenti 71
- 3.6 Esercizi 74

4 Convergenza di metodi con ricerche unidimensionali 75
- 4.1 Generalità 75
- 4.2 Condizioni di convergenza globale: metodi monotoni 76
- 4.3 Condizioni di convergenza globale: metodi non monotoni* 84
- 4.4 Esercizi 86

5 Ricerca unidimensionale 87
- 5.1 Generalità 87
  - 5.1.1 Ricerca di linea esatta 89
  - 5.1.2 Ricerche di linea inesatte 90
- 5.2 Metodo di Armijo 92
  - 5.2.1 Definizione del metodo e convergenza 92
  - 5.2.2 Estensioni dei risultati di convergenza* 100
  - 5.2.3 Metodo di Armijo con gradiente Lipschitz-continuo* . . . 102
- 5.3 Tecniche di espansione, condizioni di Goldstein 106
- 5.4 Metodo di Wolfe 111
  - 5.4.1 Condizioni di Wolfe e convergenza 111
  - 5.4.2 Metodo di Wolfe con gradiente Lipschitz-continuo 115
  - 5.4.3 Algoritmi basati sulle condizioni di Wolfe* 116
- 5.5 Ricerca unidimensionale senza derivate 123
- 5.6 Ricerca unidimensionale non monotona 132
  - 5.6.1 Metodo di Armijo non monotono 132
  - 5.6.2 Ricerca unidimensionale non monotona: convergenza* . . 135
- 5.7 Realizzazione di algoritmi di ricerca unidimensionale* 139
  - 5.7.1 Intervallo di ricerca 140
  - 5.7.2 Stima iniziale 140
  - 5.7.3 Tecniche di interpolazione 142
  - 5.7.4 Criteri di arresto e fallimenti 149
- 5.8 Esercizi 150

6 Metodo del gradiente 151
- 6.1 Generalità 151
- 6.2 Definizione del metodo e proprietà di convergenza 152
- 6.3 Metodo del gradiente con passo costante 155
- 6.4 Rapidità di convergenza 156
- 6.5 Convergenza finita nel caso quadratico 159
- 6.6 Cenni sul metodo "Heavy Ball" 161
- 6.7 Esercizi 162

7 Metodo di Newton 165
- 7.1 Generalità 165
- 7.2 Convergenza locale 166

7.3 Metodo di Shamanskii 170
7.4 Globalizzazione del metodo di Newton 173
　　7.4.1 Classificazione delle tecniche di globalizzazione 173
　　7.4.2 Accettazione del passo unitario 175
　　7.4.3 Condizioni sulla direzione di ricerca 177
7.5 Metodi ibridi 179
7.6 Modifiche della matrice Hessiana 182
7.7 Metodi di stabilizzazione non monotoni* 186
　　7.7.1 Motivazioni 186
　　7.7.2 Globalizzazione con ricerca unidimensionale non
　　　　　monotona 187
　　7.7.3 Globalizzazione con strategia di tipo watchdog
　　　　　non monotona e ricerca unidimensionale non monotona 190
7.8 Convergenza a punti stazionari del "secondo ordine"* 197
　　7.8.1 Concetti generali 197
　　7.8.2 Metodo di ricerca unidimensionale curvilinea 198
　　7.8.3 Proprietà sulle direzioni e analisi di convergenza 202
7.9 Esercizi 204

8 Metodi delle direzioni coniugate 207
8.1 Generalità 207
8.2 Definizioni e risultati preliminari 208
8.3 Metodo del gradiente coniugato: caso quadratico 213
　　8.3.1 Il caso di matrice Hessiana semidefinita positiva* 217
　　8.3.2 Minimi quadrati lineari 219
　　8.3.3 Rapidità di convergenza 220
　　8.3.4 Precondizionamento 227
8.4 Gradiente coniugato nel caso non quadratico 229
　　8.4.1 Generalità e schema concettuale del metodo 229
　　8.4.2 Metodo di Fletcher-Reeves* 233
　　8.4.3 Metodo di Polyak-Polak-Ribiére* 241
8.5 Esercizi 254

9 Metodi di trust region 255
9.1 Generalità 255
9.2 Il sufficiente decremento del modello quadratico e il passo di
　　Cauchy 258
9.3 Analisi di convergenza globale* 260
9.4 Metodi di soluzione del sottoproblema 265
　　9.4.1 Classificazione 265
　　9.4.2 Condizioni necessarie e sufficienti di ottimalità 266
　　9.4.3 Cenni sul calcolo della soluzione esatta* 269
　　9.4.4 Metodo dogleg per il calcolo di una soluzione
　　　　　approssimata* 272

9.4.5 Metodo del gradiente coniugato di Steihaug per il
calcolo di una soluzione approssimata* 275
9.5 Modifiche globalmente convergenti del metodo di Newton 278
9.6 Convergenza a punti stazionari del "secondo ordine"* 281
9.7 Esercizi 286

10 Metodi Quasi-Newton 289
10.1 Generalità 289
10.2 Formule di rango 1 292
10.3 Formule di rango 2 294
10.4 Convergenza globale metodo BFGS: caso convesso* 298
10.5 Condizioni di convergenza superlineare* 304
10.6 Rapidità di convergenza del metodo BFGS* 311
10.7 Esercizi 323

11 Metodo del gradiente di Barzilai-Borwein 325
11.1 Generalità 325
11.2 Metodo BB nel caso quadratico 326
11.3 Convergenza nel caso quadratico* 330
11.4 Estensioni del metodo BB* 337
11.5 Estensioni del metodo BB al caso non quadratico 338
11.6 Globalizzazione non monotona del metodo BB* 340
11.7 Esercizi 342

12 Metodi per problemi di minimi quadrati 343
12.1 Generalità 343
12.2 Problemi di minimi quadrati lineari 345
12.3 Metodi per problemi di minimi quadrati non lineari 348
12.3.1 Motivazioni 348
12.3.2 Metodo di Gauss-Newton 350
12.3.3 Metodo di Levenberg-Marquardt 357
12.4 Metodi incrementali: filtro di Kalman 364
12.5 Cenni sui metodi incrementali per problemi non lineari 366
12.6 Esercizi 368

13 Metodi per problemi a larga scala 371
13.1 Generalità 371
13.2 Metodo di Newton inesatto 372
13.3 Metodi di Newton troncato 376
13.3.1 Concetti generali 376
13.3.2 Metodo di Netwon troncato basato su ricerca
unidimensionale* 377
13.3.3 Metodo di Netwon troncato di tipo trust region* 383
13.4 Metodi Quasi-Newton per problemi a larga scala 386
13.4.1 Concetti preliminari 386

		13.4.2 Metodi Quasi-Newton senza memoria 386
		13.4.3 Metodi Quasi-Newton a memoria limitata 387
	13.5 Esercizi 391

14 Metodi senza derivate 393
	14.1 Generalità 393
	14.2 Metodi basati sull'approssimazione alle differenze finite 394
	14.3 Metodo di Nelder-Mead 395
	14.4 Metodi delle direzioni coordinate 398
		14.4.1 Concetti preliminari 398
		14.4.2 Metodo delle coordinate con semplice decremento 400
		14.4.3 Una variante del metodo delle coordinate:
		       metodo di Hooke-Jeeves 404
		14.4.4 Metodi delle coordinate con sufficiente decremento..... 406
	14.5 Metodi basati su direzioni che formano basi positive 412
	14.6 Metodo delle direzioni coniugate 415
	14.7 Cenni sui metodi basati su modelli di interpolazione 419
	14.8 Cenni sul metodo "implicit filtering" 420
	14.9 Esercizi 421

15 Metodi per sistemi di equazioni non lineari 423
	15.1 Generalità 423
	15.2 Metodi di tipo Newton 425
		15.2.1 Globalizzazione di metodi di tipo Newton 426
	15.3 Metodo di Broyden 430
	15.4 Metodi basati sul residuo 432
	15.5 Esercizi 439

16 Metodi di decomposizione 441
	16.1 Generalità 441
	16.2 Notazioni e tipi di decomposizione 444
	16.3 Metodo di Gauss-Seidel a blocchi ed estensioni 446
		16.3.1 Lo schema 446
		16.3.2 Analisi di convergenza* 447
		16.3.3 Modifiche del metodo di Gauss-Seidel 454
	16.4 Metodi di discesa a blocchi 456
	16.5 Metodo di Gauss-Southwell 458
	16.6 Decomposizione con sovrapposizione dei blocchi 460
	16.7 Metodo di Jacobi 464
	16.8 Esercizi 466

17 Metodi per problemi con insieme ammissibile convesso 469
	17.1 Generalità 469
	17.2 Problemi con insieme ammissibile convesso 470
		17.2.1 Direzioni ammissibili 470

17.2.2 Condizioni di ottimo con insieme ammissibile convesso . 472
17.2.3 Problemi con vincoli lineari 474
17.2.4 Proiezione su un insieme convesso e condizioni di ottimo 478
17.3 Ricerca lungo una direzione ammissibile 483
17.4 Metodo di Frank-Wolfe (Conditional gradient method) 486
17.5 Metodo del gradiente proiettato 489
17.6 Convessità generalizzata: punti di minimo* 492
17.7 Esercizi 497

Appendice A   Richiami e notazioni 499
A.1 Lo spazio R^n come spazio lineare 499
A.2 Matrici e sistemi di equazioni lineari 501
A.3 Norma, metrica, topologia, prodotto scalare su R^n 504
A.4 Richiami e notazioni sulle matrici reali 510
A.5 Forme quadratiche....................................... 516

Appendice B   Richiami sulla differenziazione 519
B.1 Derivate del primo ordine di una funzione reale.............. 519
B.2 Differenziazione di un vettore di funzioni 521
B.3 Derivate del secondo ordine di una funzione reale 523
B.4 Teorema della media e formula di Taylor 525
B.5 Derivazione di funzioni composte 527
B.6 Esempi... 528

Appendice C   Convessità 535
C.1 Insiemi convessi 535
C.2 Funzioni convesse.. 544
C.3 Composizione di funzioni convesse 547
C.4 Proprietà di continuità delle funzioni convesse 550
C.5 Convessità di funzioni differenziabili 552
C.6 Monotonicità 556
C.7 Cenni sulla convessità generalizzata........................ 558

Appendice D   Condizioni di ottimo per problemi vincolati 565
D.1 Condizioni di Fritz John.................................. 565
D.2 Qualificazione dei vincoli e condizioni di KKT............... 571
D.3 Moltiplicatori di Lagrange 576
D.4 Condizioni sufficienti nel caso convesso 577
D.5 Problemi con vincoli lineari 579
D.5.1 Problemi con vincoli di non negatività 580
D.5.2 Problemi con vincoli di "box" 581
D.5.3 Problemi con vincoli di simplesso 582
D.5.4 Programmazione quadratica 583
D.5.5 Programmazione lineare...........................584

Appendice E Aspetti numerici 587
    E.1 Numeri in virgola mobile a precisione finita 587
    E.2 Scala delle variabili e dell'obiettivo 589
    E.3 Criteri di arresto e fallimenti 591
    E.4 Differenze finite per l'approssimazione delle derivate 592
    E.5 Cenni di differenziazione automatica 595
        E.5.1 Il grafo computazionale 595
        E.5.2 Il modo "diretto" di differenziazione automatica 597
        E.5.3 Il modo "inverso" di differenziazione automatica 599
    E.6 Alcuni problemi test di ottimizzazione non vincolata 601

Bibliografia 603

Indice analitico 611

Prefazione

Questo libro si propone di fornire un'introduzione allo studio dei metodi di ottimizzazione non lineare per funzioni differenziabili che possa essere utilizzata, con opportuna selezione degli argomenti trattati, sia nel triennio sia nelle lauree magistrali delle facoltà scientifiche. La trattazione svolta ha per oggetto specifico i metodi di ottimizzazione non vincolata e contiene semplici estensioni dei metodi non vincolati a problemi con insieme ammissibile convesso.

I metodi di ottimizzazione non vincolata forniscono strumenti di calcolo indispensabili per la determinazione dei parametri nei modelli matematici, per la soluzione di sistemi di equazioni e disequazioni non lineari, per la soluzione di problemi di approssimazione, di classificazione e di regressione, per l'addestramento supervisionato di reti neurali, per il calcolo delle leggi di controllo nei sistemi dinamici discreti. Intervengono inoltre, attraverso tecniche di penalizzazione o trasformazioni di variabili, nella soluzione di problemi vincolati più complessi in svariati settori applicativi.

Nel testo vengono descritti e analizzati gli algoritmi maggiormente noti e alcuni di quelli studiati più di recente nella letteratura specialistica, finalizzati alla soluzione di problemi complessi, per la struttura delle funzioni o per il numero di variabili o per la mancanza di informazioni sulle derivate. Particolare attenzione viene data alle proprietà di convergenza degli algoritmi descritti, nella convinzione che le tecniche di *globalizzazione* costituiscano uno dei maggiori contributi dell'ottimizzazione al calcolo numerico. Sono riportate in dettaglio le dimostrazioni dei risultati teorici presentati, molte delle quali non facilmente reperibili nei testi didattici sull'argomento. È opinione degli autori che gli studenti di corsi universitari debbano poter disporre facilmente di giustificazioni il più possibile complete dei metodi matematici oggetto di insegnamento, e che ciò sia imposto dall'esigenza di una formazione critica.

Per gli argomenti più classici si è fatto riferimento alle dimostrazioni più semplici disponibili nella letteratura scientifica; sono inclusi tuttavia argomenti, non riportati usualmente nei libri a carattere didattico, che appaiono di interesse crescente in ambito internazionale, quali i metodi non monotoni, i metodi senza derivate, i metodi di decomposizione, a cui gli autori hanno contribuito personalmente.

La stesura del testo è tale da renderlo adatto sia a un lettore che intenda acquisire una preparazione di base sui metodi di ottimizzazione non lineare, sia a un lettore che abbia già competenze generali di ottimizzazione o di ricerca operativa e che voglia approfondire specifici argomenti. Il libro è anche corredato di un numero limitato di esercizi in cui si suggerisce lo sviluppo e la sperimentazione di codici di calcolo. I concetti matematici di base sono riportati nelle appendici con il fine di presentare una trattazione degli argomenti autocontenuta.

Capitoli e paragrafi sono organizzati in modo tale da consentire l'omissione di alcuni argomenti e approfondimenti (contrassegnati con un asterisco), preservando tuttavia la coerenza di un corso di base di durata limitata. Un'opportuna selezione dei capitoli e dei paragrafi, e comprendente alcuni dei concetti generali nei primi quattro capitoli, può essere utilizzata anche nell'ambito di corsi di base di una laurea triennale di duranta limitata.

Gli autori ringraziano Giovanni Rinaldi per il costante sostegno, Francesca Bonadei della Springer per l'efficiente collaborazione e i colleghi che hanno letto alcune parti del libro, contribuendo a migliorare la stesura ed eliminare alcuni errori.

Roma e Firenze, gennaio 2011
Luigi Grippo
Marco Sciandrone

1
Problemi di ottimizzazione su R^n

In questo capitolo introduciamo alcuni concetti di base relativi ai problemi di ottimizzazione su spazi a dimensione finita. Successivamente ricaviamo condizioni sufficienti di esistenza delle soluzioni ottime, basate sullo studio degli insiemi di livello della funzione obiettivo. Infine illustriamo il problema dell'ottimizzazione non vincolata, descrivendo alcune tipiche applicazioni.

1.1 Generalità

L'Ottimizzazione (o Programmazione matematica) ha per oggetto lo studio di "problemi di decisione", in cui si richiede di determinare i punti di minimo o di massimo di una funzione a valori reali in un insieme prefissato. Come è noto, una vasta classe di problemi nell'ambito delle Scienze esatte e naturali, dell'Economia, dell'Ingegneria, della Statistica possono essere ricondotti a problemi con questa struttura. Anche nell'ambito della Matematica stessa numerosi problemi di analisi e di calcolo possono essere formulati (o riformulati) convenientemente come problemi di ottimizzazione.

La rappresentazione matematica di un problema di ottimizzazione, a partire da una descrizione logica e qualitativa di un qualsiasi problema di decisione, richiede innanzitutto l'associazione di opportune *variabili*, che saranno poi le *incognite* del problema, alle grandezze di interesse. La scelta delle variabili, e, in particolare, la struttura dello spazio X delle variabili condizionano in modo rilevante i metodi di analisi e le tecniche di soluzione da adottare.

Occorre poi esprimere quantitativamente gli eventuali *legami* esistenti tra le variabili e le *limitazioni* (derivanti da considerazioni di carattere matematico, fisico o economico) da imporre sulle variabili. Tali legami e limitazioni definiscono i *vincoli*; l'insieme dei valori delle variabili per cui i vincoli sono soddisfatti costituirà *l'insieme ammissibile* $S \subseteq X$.

Se il problema ha un significato "fisico" ed è stato ben formulato l'insieme ammissibile sarà, in generale, non vuoto e, nei casi di interesse, sarà costituito da un numero molto elevato (spesso infinito) di elementi.

Sull'insieme ammissibile occorre infine definire la *funzione obiettivo* che si intende minimizzare o massimizzare, costituita da una funzione a valori reali

$$f : S \to R.$$

Consideriamo un semplice esempio di problema di ottimizzazione.

Esempio 1.1. Uno dei modelli più studiati nell'ambito della Microeconomia è quello che tenta di schematizzare il comportamento del consumatore. Nel caso più semplice si suppone che il consumatore possa scegliere i beni da acquistare in un paniere di n beni in un intervallo temporale prefissato. Se indichiamo con $x_j \in R$, per $j = 1, \ldots, n$, la quantità del bene j-mo consumata nel periodo considerato e con $p_j \in R$ il prezzo di una unità del bene j-mo, possiamo imporre i vincoli

$$\sum_{j=1}^{n} p_j x_j \leq M \qquad x_j \geq 0, \quad j = 1, \ldots, n,$$

in cui M è la somma a disposizione del consumatore. Il primo vincolo, noto come *vincolo di bilancio*, esprime il fatto che la somma spesa per l'acquisto dei beni non può superare il reddito disponibile. Le *condizioni di non negatività* sulle x_j seguono poi in modo ovvio dal significato delle variabili. In questa formulazione, si suppone che i beni siano arbitrariamente frazionabili e che lo spazio delle variabili sia lo spazio R^n delle n-ple di numeri reali.

Posto $x = (x_1, \ldots, x_n)^T$ e $p = (p_1, \ldots, p_n)^T$, l'insieme ammissibile si può rappresentare sinteticamente nella forma

$$S = \{x \in R^n : p^T x \leq M, \quad x \geq 0\}.$$

Se è possibile definire su S una funzione a valori reali $U : S \to R$, detta *funzione di utilità*, che misuri il "valore" di ciascuna scelta per il consumatore, si arriva al problema (di ottimizzazione) di determinare, tra tutti i vettori $x \in S$, quello per cui la funzione di utilità U raggiunge il valore massimo. L'esistenza di una funzione di utilità può essere stabilita sulla base di opportuni assiomi sull'ordinamento delle *preferenze* del consumatore.

A partire dal modello matematico di un problema di ottimizzazione è possibile in molti casi dedurre per via analitica alcune proprietà di interesse, sulla base dei risultati di carattere generale disponibili per la classe di modelli cui si fa riferimento. Gli aspetti teorici dell'analisi di una data classe di problemi di ottimo possono riguardare, in particolare:

- esistenza e unicità della soluzione ottima;
- caratterizzazione analitica delle soluzioni ottime attraverso lo studio di *condizioni di ottimalità* (necessarie, sufficienti, necessarie e sufficienti);
- stabilità delle soluzioni al variare dei parametri del modello o dei dati a partire dai quali e stato costruito il modello.

Nella maggior parte dei casi la soluzione di un problema di ottimizzazione può essere ottenuta (eventualmente in modo approssimato) solo ricorrendo a un algoritmo di calcolo, programmabile su un calcolatore elettronico. Sono stati quindi sviluppati numerosi *algoritmi di ottimizzazione* in relazione alle classi più significative di problemi di ottimo. I metodi più noti e collaudati sono raccolti in librerie software di buon livello ampiamente utilizzate in svariati settori applicativi.

L'impiego di un procedimento numerico di soluzione può comportare tuttavia diversi problemi legati alla scelta del metodo da impiegare. Tale scelta può non essere univoca, sia perché per una stessa classe di problemi possono essere disponibili diversi metodi di calcolo, sia poiché il comportamento di uno stesso metodo può dipendere sensibilmente dai valori di parametri interni all'algoritmo utilizzato. Per i problemi più complessi, un uso appropriato del software di ottimizzazione può richiedere una conoscenza sufficientemente approfondita della struttura del problema e delle proprietà degli algoritmi.

Osserviamo infine che i problemi di ottimizzazione si possono classificare in vario modo, a seconda dello spazio delle variabili, della struttura dell'insieme ammissibile e delle ipotesi sulla funzione obiettivo. Una prima distinzione significativa è quella tra:

- problemi a *dimensione infinita*, in cui, in genere, la soluzione va cercata in uno spazio di funzioni, i cui elementi possono essere vettori di funzioni di una o più variabili;
- problemi di *ottimizzazione discreta* in cui le variabili sono vincolate a essere numeri interi;
- problemi *continui a dimensione finita*, in cui lo spazio delle variabili è uno spazio lineare a dimensione finita, tipicamente R^n.

Tra i problemi a dimensione infinita rientrano, in particolare, i problemi di *Calcolo delle variazioni*, i problemi di *Controllo ottimo*, i problemi di *Approssimazione ottima* di funzioni.

I problemi di ottimizzazione discreta comprendono, in particolare:

- la *Programmazione a numeri interi*, in cui lo spazio delle variabili è l'insieme Z^n delle n-ple di numeri interi;
- i problemi di *Ottimizzazione combinatoria*, in cui lo spazio delle variabili è $\{0,1\}^n$, ossia è l'insieme dei vettori a n componenti in $\{0,1\}$;
- i problemi di *Ottimizzazione su reti*.

Si parla poi di *Programmazione mista* quando solo parte delle variabili sono vincolate a essere intere.

Nel seguito saranno considerati esclusivamente problemi di ottimizzazione continua definiti su R^n. Tali problemi possono essere a loro volta classificati in base alla struttura dell'insieme ammissibile e alle ipotesi sulla funzione obiettivo. Se $S = R^n$ si parla di *di ottimizzazione non vincolata*, mentre se S è un sottoinsieme proprio di R^n si parla di *ottimizzazione vincolata*.

Tra i problemi vincolati la classe più comune è quella in cui S è descritto attraverso un *insieme finito di vincoli di eguaglianza e diseguaglianza*:

$$S = \{x \in R^n : g(x) \leq 0, \ h(x) = 0\},$$

in cui $g : R^n \to R^m$ e $h : R^n \to R^p$ sono vettori di funzioni assegnate.

Sono tuttavia di notevole interesse anche problemi in cui l'insieme ammissibile è definito attraverso un numero infinito di vincoli, che vengono denominati problemi di *Programmazione semi-infinita*. In questa classe di problemi rientrano, ad esempio, alcuni problemi di approssimazione ottima di funzioni e problemi in cui si impone il vincolo che una matrice risulti semidefinita-positiva (*Programmazione semidefinita positiva*).

Ulteriori classificazioni si possono introdurre con riferimento alle proprietà della funzione obiettivo e dei vincoli prendendo in considerazione, in particolare, la *linearità*, la *differenziabilità*, la *convessità*.

Con riferimeno all'*ipotesi di linearità* possiamo distinguere:

- *problemi di Programmazione lineare* (PL), in cui l'obiettivo è una funzione lineare e i vincoli sono espressi da un sistema di equazioni e disequazioni lineari;
- *problemi di Programmazione non lineare* (PNL), in cui l'obiettivo oppure i vincoli non sono necessariamente tutti lineari.

I problemi di PNL corrispondono alla situazione più generale e comprendono anche i problemi non vincolati.

In base alle proprietà di differenziabilità possiamo distinguere:

- *problemi differenziabili*, in cui le funzioni che intervengono nell'obiettivo e nei vincoli sono funzioni continuamente differenziabili su R^n;
- *problemi non differenziabili*, (necessariamente non lineari) in cui non è soddisfatta tale condizione.

Dal punto di vista delle proprietà di convessità, è importante distinguere:

- *problemi di programmazione convessa*, che sono i problemi di minimo in cui la funzione obiettivo è convessa e l'insieme ammissibile è un insieme convesso (o anche i problemi di massimo in cui la funzione obiettivo è concava e l'insieme ammissibile è convesso);
- *problemi non convessi*, in cui non sono soddisfatte tali condizioni.

Nel seguito saranno considerati esclusivamente problemi di ottimizzazione non lineare di tipo differenziabile e il nostro obiettivo principale sarà lo studio di algoritmi per la soluzione di problemi non vincolati.

1.2 Definizioni fondamentali

Sia S un sottoinsieme di R^n e sia $f : S \to R$ una funzione a valori reali definita su S. Il problema dell'ottimizzazione su R^n può essere formulato, senza perdita di generalità, come il problema di determinare, ove esista, un punto di minimo di f su S; in tal caso diremo che S è *l'insieme ammissibile* e che f è la *funzione obiettivo*. Osserviamo infatti che un problema di massimo si può sempre ricondurre a un problema di minimo cambiando di segno la funzione obiettivo e di conseguenza *nel seguito ci riferiremo prevalentemente a problemi di minimizzazione*. Introduciamo la definizione seguente.

Definizione 1.1 (Punto di minimo globale).

Un punto $x^* \in S$ si dice punto di minimo globale *di f su S se risulta:*

$$f(x^*) \leq f(x), \quad \text{per ogni} \quad x \in S,$$

e, in tal caso, si dice che il valore $f(x^*)$ è il minimo globale *di f su S.*

Si dice che $x^* \in S$ è un punto di minimo globale stretto *di f su S se risulta:*

$$f(x^*) < f(x), \quad \text{per ogni} \quad x \in S, \; x \neq x^*.$$

Un problema di minimo viene spesso enunciato sinteticamente nella forma:[1]

$$\begin{array}{c} min \;\; f(x) \\ x \in S \end{array}$$

e una soluzione del problema (ove esista) viene indicata con la notazione

$$x^* \in \operatorname*{Arg\,min}_{x \in S} \; f(x),$$

dove $\operatorname*{Arg\,min}_{x \in S} f(x)$ è l'insieme dei punti di S in corrispondenza dei quali la funzione f assume il valore minimo su S.

Esempio 1.2. Si consideri il problema in due variabili

$$\begin{array}{c} min \;\; f(x) = x_1^2 - x_2 \\ x \in S \end{array}$$

dove $S = \{x \in R^2 : x_2 \leq 0\}$. Osserviamo che risulta $f(x) \geq 0$ per ogni punto $x \in S$.

---
[1] Il simbolo *min* va inteso come abbreviazione della parola *minimizzare*, ossia esprime l'intenzione di risolvere un problema di ottimo che potrebbe anche non ammettere soluzione.

1 Problemi di ottimizzazione su R^n

Si può facilmente verificare che il punto $x^\star = (0\ 0)^T$ è un punto di minimo globale. Infatti abbiamo $x^\star \in S$, inoltre $0 = f(x^\star) < f(x)$ per ogni $x \in S$ e $x \neq x^\star$; si può quindi porre $f(x^\star) = \min_{x \in S} f(x)$ e $\{x^\star\} = \text{Arg} \min_{x \in S} f(x)$.

In molti problemi di ottimo, in cui la ricerca di soluzioni globali può risultare difficile, ha interesse, in pratica, anche la ricerca di soluzioni di tipo "locale". Per poter introdurre il concetto di "punto di minimo locale" definiamo su R^n l'*intorno* di un punto x assegnato come una sfera aperta di centro x e raggio $\rho > 0$ ponendo

$$B(x;\rho) = \{y \in R^n : \|x - y\| < \rho\},$$

dove $\|\cdot\|$ è una norma su R^n. Possiamo quindi enunciare la definizione seguente.

Definizione 1.2 (Punto di minimo locale).

Un punto $x^* \in S$ si dice punto di minimo locale *di f su S se esiste un intorno $B(x^\star;\rho)$, con $\rho > 0$ tale che*

$$f(x^\star) \leq f(x), \quad \text{per ogni}\ \ x \in S \cap B(x^\star;\rho)$$

e, in tal caso, si dice che $f(x^*)$ è un minimo locale di f su S.

Si dice che $x^* \in S$ è un punto di minimo locale stretto di f su S se esiste un intorno $B(x^\star;\rho)$, con $\rho > 0$ tale che

$$f(x^\star) < f(x), \quad \text{per ogni}\ \ x \in S \cap B(x^\star;\rho),\ \ x \neq x^\star.$$

È immediato rendersi conto del fatto che un punto di minimo globale è anche un punto di minimo locale. Notiamo anche che nella definizione precedente l'intorno $B(x^\star;\rho)$ preso in considerazione non è necessariamente tutto contenuto in S. Nel caso particolare in cui S ha un interno non vuoto ed esiste $B(x^\star;\rho) \subseteq S$, tale che

$$f(x^\star) \leq f(x), \quad \text{per ogni}\ \ x \in B(x^\star;\rho),$$

diremo che x^* (che è un punto interno di S) è un punto di minimo locale *non vincolato* di f su S.

Un'ulteriore definizione di interesse utilizzata da alcuni autori è quella di "punto di minimo isolato", che riportiamo di seguito.

Definizione 1.3 (Punto di minimo locale isolato).

Un punto di minimo locale, $x^* \in S$ si dice punto di minimo locale isolato *di f su S se esiste un intorno $B(x^\star;\bar\rho)$, con $\bar\rho > 0$ tale che x^* è l'unico punto di minimo locale in $B(x^\star,\bar\rho) \cap S$.*

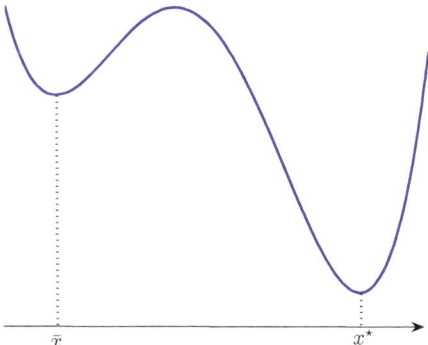

Fig. 1.1. Punti di minimo in un problema in cui $S = R$

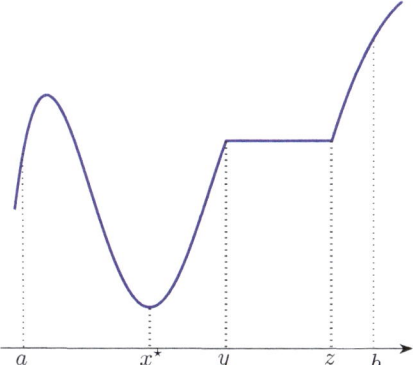

Fig. 1.2. Punti di minimo in un problema in cui $S = [a, b]$

Si verifica facilmente che che un punto di minimo locale isolato $x^\star$ è anche un punto di minimo locale stretto, mentre può non valere, in generale, l'inverso. Infatti, possono esistere punti di minimo locale stretto che non sono isolati. In particolare, si consideri la funzione $f : R \to R$ proposta in [34], definita da

$$f(x) = \begin{cases} x^2 \left(\sqrt{2} - \sin\left(4\pi/3 - \sqrt{3}\ln(x^2)\right)\right) & \text{se } x \neq 0 \\ 0 & \text{se } x = 0. \end{cases}$$

Il punto $x^\star = 0$ è un punto di minimo locale stretto, tuttavia è possibile mostrare (si veda [7]) che esiste una sequenza $\{x_k\}$ di punti di minimo locale tale che $x_k \to x^\star$, da cui segue che $x^\star$ non è un punto di minimo isolato.

Alcune delle definizioni introdotte sono illustrate nelle Fig. 1.1, 1.2 con riferimento al caso di problemi in cui lo spazio delle variabili è la retta reale.

La Fig. 1.1 si riferisce a un problema in cui non ci sono vincoli sulla variabile, ossia a un problema in cui l'insieme ammissibile è la retta reale. Il punto $\bar{x}$ è punto di minimo locale (stretto), il punto $x^\star$ è l'unico punto di minimo globale (stretto).

Nella Fig. 1.2 si suppone che l'insieme ammissibile sia l'intervallo chiuso $S = [a, b]$. Il punto a è punto di minimo locale stretto; l'intervallo $(y, z]$, situato all'interno dell'insieme ammissibile, è costituito da punti di minimo locale non vincolato. L'unico punto di minimo globale è il punto $x^\star$, che è anche un punto di minimo globale stretto.

Nel caso di problemi di programmazione convessa, in cui S è un insieme convesso e $f : S \to R$ è una funzione convessa possiamo stabilire che tutti i punti di minimo locale sono punti di minimo globale e possiamo caratterizzare geometricamente l'insieme delle soluzioni ottime.

Proposizione 1.1 (Punti di minimo nel caso convesso).

Sia $S \subseteq R^n$ un insieme convesso e sia f una funzione convessa su S. Allora, ogni punto di minimo locale di f su S è anche punto di minimo globale; inoltre l'insieme dei punti di minimo globale di f su S è un insieme convesso.

Dimostrazione. Sia x^* un punto di minimo locale di f su S e sia $x \neq x^*$ un qualsiasi altro punto di S. Poichè x^* si è supposto punto di minimo locale deve esistere una sfera aperta $B(x^*; \rho)$ con $\rho > 0$ tale che

$$f(x^*) \leq f(y), \quad \text{per ogni } y \in B(x^*; \rho) \cap S$$

e quindi, tenendo conto della convessità di S e della convessità di $B(x^*; \rho)$, è possibile trovare un valore di λ, con $0 < \lambda \leq 1$, tale che il punto corrispondente del segmento $z = (1 - \lambda)x^* + \lambda x$ appartenga a $B(x^*; \rho) \cap S$, il che implica $f(x^*) \leq f(z)$. Per la convessità di f si ha inoltre

$$f(z) = f((1 - \lambda)x^* + \lambda x) \leq (1 - \lambda)f(x^*) + \lambda f(x).$$

Dalle diseguaglianze precedenti si ottiene:

$$f(x^\star) \leq f(z) \leq (1 - \lambda)f(x^\star) + \lambda f(x),$$

da cui, essendo $\lambda > 0$, segue che $f(x^\star) \leq f(x)$, il che dimostra la prima affermazione.

Sia ora $X^* \subseteq S$ l'insieme delle soluzioni ottime; se $X^* = \emptyset$ oppure $X^* = \{x^*\}$ l'ultima affermazione della tesi è ovvia. Supponiamo quindi che x^*, y^* siano due qualsiasi punti di X^*, ossia supponiamo che

$$f(x^*) = f(y^*) = \min_{x \in S} f(x).$$

Tenendo conto delle ipotesi di convessità, deve essere allora, per ogni $\lambda \in [0, 1]$

$$f((1 - \lambda)x^* + \lambda y^*) \leq (1 - \lambda)f(x*) + \lambda f(y^*) = f(x^*),$$

il che implica che $[x^*, y^*] \subseteq X^*$ quindi che X^* è convesso. □

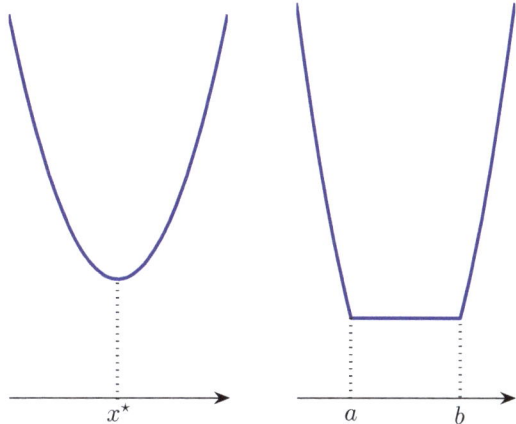

Fig. 1.3. Punti di minimo di funzioni convesse

Nella Fig. 1.3 è riportato il grafico di due funzioni convesse (di una variabile). Osserviamo che:

- la funzione graficata nella parte sinistra della figura ha un unico punto di minimo globale x^*;
- nella parte destra della figura è graficata una funzione i cui punti di minimo globale sono tutti e soli i punti dell'intervallo $[a,b]$;
- entrambe le funzioni, essendo convesse, non hanno punti di minimo locale che non siano anche punti di minimo globale.

Dalla Proposizione 1.1, sostituendo f con $-f$, segue immediatamente che *se f è una funzione concava su S, allora ogni punto di massimo locale di f su S è anche punto di massimo globale.*

L'*unicità* del punto di minimo, si può assicurare, in particolare, nell'ipotesi di convessità stretta su f.

Vale la proposizione seguente, la cui dimostrazione si lascia per esercizio, che fornisce una condizione sufficiente (ma non necessaria) di unicità.

Proposizione 1.2 (Unicità del punto di minimo).

Sia $S \subseteq R^n$ un insieme convesso e f una funzione strettamente convessa su S. Allora se x^* è punto di minimo locale di f su S, il punto x^* è anche l'unico punto di minimo locale e l'unico punto di minimo globale di f su S.

Le ipotesi di convessità nelle proposizioni precedenti possono essere indebolite introducendo ipotesi appropriate di *convessità generalizzata*, e in particolare, sostituendo l'ipotesi di convessità su f con ipotesi di quasi-convessità stretta o forte, come indicato nel Capitolo 17.

1.3 Criteri elementari di equivalenza tra problemi

In molti casi può essere conveniente trasformare un problema assegnato in un altro problema, a esso "equivalente", nel senso che si può ottenere facilmente una soluzione del problema originario a partire da una soluzione del problema trasformato. In questo paragrafo ci limitiamo a fornire una breve giustificazione di trasformazioni elementari, che possono essere utilizzate, ad esempio, per eliminare non differenziabilità nella funzione obiettivo o per trasformare problemi vincolati (con vincoli semplici) in problemi non vincolati.

Consideriamo due problemi di ottimo del tipo:

$$\min_{x \in S} f(x) \quad (P) \qquad \min_{y \in D} g(y) \quad (Q)$$

dove il problema (P) ha insieme ammissibile $S \subseteq R^n$ e funzione obiettivo $f : R^n \to R$, il problema (Q) ha insieme ammissibile $D \subseteq R^m$ e funzione obiettivo $g : R^m \to R$.

I due problemi risultano *equivalenti* se:

- l'esistenza della soluzione di uno dei due problemi deve implicare e essere implicata dall'esistenza della soluzione dell'altro problema;
- è possibile stabilire una corrispondenza tra le soluzioni dei due problemi.

Un semplice criterio di equivalenza tra i due problemi è il seguente.

Proposizione 1.3. *Siano* $S \subseteq R^n$, $f : S \to R$, $D \subseteq R^m$, $g : D \to R$ *tali che:*

(i) *in corrispondenza a ciascun $x \in S$ è possibile determinare un $y \in D$ tale che $g(y) \leq f(x)$;*
(ii) *in corrispondenza a ciascun $y \in D$ è possibile determinare un un $x \in S$ tale che $f(x) \leq g(y)$.*

Allora f ha un punto di minimo globale su S se e solo se g ha un punto di minimo globale su D.

Dimostrazione. Supponiamo che g abbia un punto di minimo globale y^* su D. Per la (ii) esiste $x^* \in S$ tale che $f(x^*) \leq g(y^*)$. Mostriamo che x^* è un punto di minimo globale di f su S. Supponiamo, per assurdo, che esista un $\bar{x} \in S$ tale che $f(\bar{x}) < f(x^*)$. Dalla condizione (i) segue che esiste un punto $\bar{y} \in D$ tale che $g(\bar{y}) \leq f(\bar{x})$. Tenendo conto del fatto che y^* è un punto di minimo globale di g su D, e utilizzando le precedenti diseguaglianze si ottiene:

$$g(y^*) \leq g(\bar{y}) \leq f(\bar{x}) < f(x^*) \leq g(y^*),$$

che è una contraddizione. L'implicazione inversa si dimostra in modo del tutto analogo, scambiando il ruolo dei due problemi. □

1.3 Criteri elementari di equivalenza tra problemi

La proposizione precedente richiede che sia possibile definire due trasformazioni $\rho : S \to D$, $\sigma : D \to S$, tra gli insiemi ammissibili dei due problemi, in modo tale che a ogni $x \in S$ sia associato un elemento $\rho(x) \in D$ e, analogamente, a ogni $y \in D$ sia associato un elemento $\sigma(y) \in S$. Si richiede inoltre che siano verificate le condizioni:

- per ogni $x \in S$, l'elemento $\rho(x) \in Y$ soddisfa $g(\rho(x)) \leq f(x)$;
- per ogni $y \in D$, l'elemento $\sigma(y) \in S$ soddisfa: $f(\sigma(y)) \leq g(y)$.

Esempio 1.3. Consideriamo il problema (P)

$$\min \max_{1 \leq i \leq m} \{f_i(x)\}, \quad x \in S$$

in cui la funzione obiettivo

$$f(x) = \max_{1 \leq i \leq m} \{f_i(x))$$

è costituita dal massimo fra un numero finito di funzioni $f_i : S \to R$. Definiamo il nuovo problema (Q) nelle nuove variabili $z \in R$, $x \in S$

$$\min z$$
$$f_i(x) \leq z, \quad i = 1, \ldots, m, \quad x \in S.$$

L'insieme ammissibile di (Q) è dato da

$$D = \left\{ y = \begin{pmatrix} z \\ x \end{pmatrix} : \ f_i(x) \leq z, \ i = 1, \ldots, m, \ x \in S \right\}$$

e la funzione obiettivo di (Q) si può definire ponendo $g(y) = z$. Introduciamo ora le trasformazioni

$$\rho(x) = \begin{pmatrix} \max_{1 \leq i \leq m} \{f_i(x)\} \\ x \end{pmatrix}, \quad \sigma(y) = \sigma\left(\begin{pmatrix} z \\ x \end{pmatrix}\right) = x.$$

È immediato verificare che $\rho(x) \in D$ e che $\sigma(y) \in S$. Inoltre si ha:

$$g(\rho(x)) = \max_{1 \leq i \leq m} \{f_i(x)\} = f(x)$$

$$f(\sigma(y)) = f(x) = \max_{1 \leq i \leq m} \{f_i(x)\} \leq z = g(y),$$

per cui risultano soddisfatte le ipotesi della proposizione precedente.

È importante notare che il risultato di equivalenza illustrato sussiste nell' ipotesi che si cerchi il *minimo* di f. Non sarebbe lecito, in generale, trasformare allo stesso modo un problema di *massimizzazione* con funzione obiettivo del tipo $f(x) = \max_{1 \leq i \leq m} f_i(x)$. È facile rendersi conto del fatto che $max \ z$ con gli stessi vincoli di (Q) non può ammettere soluzione, in quanto sarebbero ammissibili valori arbitrariamente elevati di z.

1.4 Condizioni di esistenza

Una condizione *sufficiente* (ma non necessaria) per l'esistenza di un punto di minimo globale di un problema di ottimizzazione è quella espressa dalla proposizione seguente, che segue, come caso particolare, dal ben noto teorema di Weierstrass.

> **Proposizione 1.4 (Teorema di Weierstrass).**
> *Sia $f : R^n \to R$ una funzione continua e sia $S \subset R^n$ un insieme compatto. Allora esiste un punto di minimo globale di f in S.*

Dimostrazione. Sia $\ell = \inf_{x \in S} f(x)$ (con $\ell \geq -\infty$) e sia $\{x_k\}$ una sequenza di punti $x_k \in S$ tale che

$$\lim_{k \to \infty} f(x_k) = \ell.$$

Poiché S è compatto esistono un punto $x^* \in S$ e una sottosequenza $\{x_k\}_K$ tali che

$$\lim_{k \in K, k \to \infty} x_k = x^*, \quad \lim_{k \in K, k \to \infty} f(x_k) = \ell.$$

Allora, dalla continuità della funzione f, segue che

$$\lim_{k \in K, k \to \infty} f(x_k) = f(x^*),$$

e quindi

$$f(x^*) = \ell = \inf_{x \in S} f(x) = \min_{x \in S} f(x). \qquad \square$$

Come già detto, la proposizione precedente fornisce una condizione sufficiente ad assicurare l'esistenza di una soluzione di un problema di ottimizzazione. Per convincersi che la condizione non è necessaria, si consideri il problema di una variabile

$$min \ x^2$$
$$-1 < x < 1.$$

Si può facilmente verificare che il problema ammette soluzione, il punto $x^\star = 0$. Tuttavia, le ipotesi del teorema non sono soddisfatte, infatti l'insieme ammissibile $S = \{x \in R : -1 < x < 1\}$ non è compatto.

Il risultato stabilito nella Proposizione 1.4 si applica direttamente solo a problemi *vincolati* in cui l'insieme ammissibile è compatto. Per stabilire risultati di esistenza per problemi in cui S non sia compatto è utile studiare gli *insiemi di livello* (inferiori) di f.

Supponiamo dapprima, per semplicità, che $f : R^n \to R$ e introduciamo la definizione seguente.

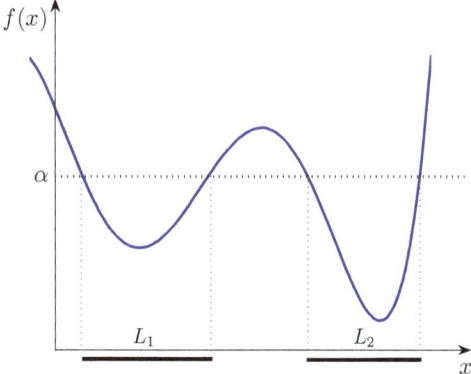

Fig. 1.4. Insieme di livello di una funzione $f : R \to R$

Definizione 1.4 (Insieme di livello, contorno).

Sia $f : R^n \to R$ *e* $\alpha \in R$; *si definisce* insieme di livello *di* f *su* R^n *ogni insieme non vuoto del tipo*

$$\mathcal{L}(\alpha) = \{x \in R^n : f(x) \leq \alpha\}.$$

Si definisce contorno *di* f *ogni insieme non vuoto del tipo*

$$\mathcal{C}(\alpha) = \{x \in R^n : f(x) = \alpha\}.$$

Analogamente, si possono definire gli insiemi di livello superiori come gli insiemi del tipo $\{x \in R^n : f(x) \geq \alpha\}$.

Nel seguito, tuttavia, salvo esplicito avviso, intenderemo per "insiemi di livello" gli insiemi di livello inferiori. Alcuni esempi di rappresentazioni grafiche unidimensionali e bidimensionali sono riportati di seguito.

Come primo esempio, rappresentato in Fig. 1.4, consideriamo una funzione definita sulla retta reale. In questo caso l'insieme di livello corrispondente al valore di α indicato contiene (nella regione considerata nella figura) l'unione dei due insiemi L_1, L_2. I contorni sono i punti in cui $f(x) = \alpha$.

Nella Fig. 1.5 è schematizzata la rappresentazione tridimensionale di due funzioni di due variabili e per ogni funzione sono riportati i contorni in una regione del piano x_1, x_2. Nel grafico di destra si possono osservare punti di minimo e punti di massimo. Si noti che nella rappresentazione degli insiemi di livello sono evidenziati gli insiemi di livello inferiori nell'intorno di punti di minimo e gli insiemi di livello superiori nell'intorno dei punti di massimo.

Infine, riportiamo la rappresentazione dei contorni della funzione quadratica strettamente convessa $f(x) = x_1^2 + 10x_2^2$. In questo caso i contorni delimitano delle ellissi che rappresentano gli insiemi di livello inferiori. Il centro è

14   1 Problemi di ottimizzazione su R^n

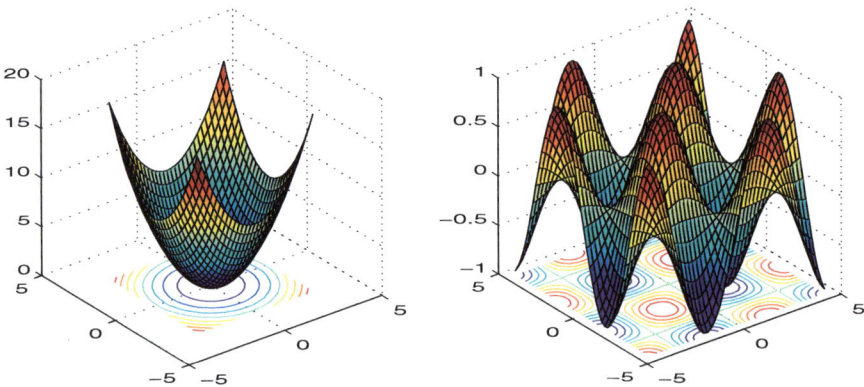

Fig. 1.5. Rappresentazioni tridimensionali e contorni

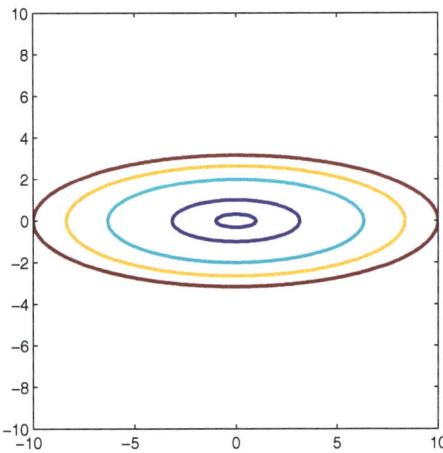

Fig. 1.6. Contorni di una funzione quadratica strettamente convessa

costituito dall'origine che costituisce l'unico punto di minimo (locale e globale) della funzione.

Facendo riferimento alla struttura degli insiemi di livello, è possibile stabilire una condizione sufficiente per l'esistenza di soluzioni globali di un problema di ottimizzazione non vincolata.

Proposizione 1.5 (Condizione sufficiente di esistenza).

Sia $f : R^n \to R$ una funzione continua e supponiamo che esista un insieme di livello compatto di f. Allora esiste un punto di minimo globale di f su R^n

Dimostrazione. Se $\mathcal{L}(\alpha)$ è un insieme di livello compatto per un $\alpha \in R$, dalla Proposizione 1.4 segue che esiste un punto $x^\star \in \mathcal{L}(\alpha)$ tale che $f(x^\star) \leq f(x) \leq \alpha$ per ogni $x \in \mathcal{L}(\alpha)$. D'altra parte, si ha che $x \notin \mathcal{L}(\alpha)$ implica $f(x) > \alpha \geq f(x^\star)$ e perciò, possiamo concludere che $x^\star$ è un punto di minimo globale di f su R^n. □

La proposizione successiva fornisce una condizione necessaria e sufficiente (nota come condizione di *coercività*) perchè *tutti* gli insiemi di livello di f siano compatti.

Proposizione 1.6 (Compattezza degli insiemi di livello).
Sia $f : R^n \to R$ una funzione continua. Condizione necessaria e sufficiente perchè tutti gli insiemi di livello di f siano compatti è che f sia coerciva, ossia che, per ogni successione $\{x_k\}$ tale che

$$\lim_{k \to \infty} \|x_k\| = \infty,$$

risulti

$$\lim_{k \to \infty} f(x_k) = \infty.$$

Dimostrazione. Necessità. Supponiamo che tutti gli insiemi di livello sono compatti. Ragionando per assurdo, ammettiamo che esistano una successione $\{x_k\}$ tale che

$$\lim_{k \to \infty} \|x_k\| = \infty \tag{1.1}$$

e un $\alpha \in R$ tale che per una sottosequenza (ridefinita $\{x_k\}$) si abbia: $f(x_k) \leq \alpha$. Deve essere allora $x_k \in \mathcal{L}(\alpha)$ per ogni k. Ma $\mathcal{L}(\alpha)$ è compatto, quindi limitato, e ciò contraddice la (1.1).

Sufficienza. Per la continuità di f gli insiemi di livello $\mathcal{L}(\alpha)$ sono chiusi. Basta quindi far vedere che sono anche limitati. Supponiamo per assurdo che esista un $\hat{\alpha}$ tale che l'insieme di livello $\mathcal{L}(\hat{\alpha})$ sia non vuoto e illimitato e sia $\{x_k\}$ una successione di punti appartenenti a $\mathcal{L}(\hat{\alpha})$ per cui $\|x_k\| \to \infty$. Per l'ipotesi fatta nell'enunciato della proposizione, deve essere

$$\lim_{k \to \infty} f(x_k) = \infty.$$

Ma ciò contraddice l'ipotesi $x_k \in \mathcal{L}(\hat{\alpha})$, che implica $f(x_k) \leq \hat{\alpha}$ per ogni k. □

16   1 Problemi di ottimizzazione su R^n

Gli esempi riportati di seguito riguardano la definizione, molto importante, di funzione coerciva.

Esempio 1.4. Si consideri la funzione $f : R^n \to R$ definita da:

$$f(x) = \|x\|^q,$$

dove $\|\cdot\|$ è una qualsiasi norma e $q > 0$. Tenendo conto dell'equivalenza delle norme su R^n, la funzione f è coerciva per definizione.

Esempio 1.5. Si consideri la funzione $f : R^n \to R$

$$f(x) = \sum_{i=1}^{m} w_i f_i(x)$$

dove $w_i > 0$ per $i = 1, \ldots, m$, e $f_i(x) \geq 0$ per ogni $x \in R^n$ e per $i = 1, \ldots, m$. Se esiste almeno un intero $j \in \{1, \ldots, m\}$ tale che la funzione f_j risulti coerciva, allora anche la funzione f è coerciva. Infatti dalle ipotesi poste segue

$$f(x) \geq w_j f_j(x), \quad \text{con } w_j > 0,$$

per cui la coercività di f_j implica quella di f. In particolare, se

$$f(x) = E(x) + \tau \|x\|^2,$$

in cui E è una funzione non negativa e $\tau > 0$, la funzione f è coerciva.

Esempio 1.6. Sia $f : R^n \to R$ una funzione quadratica, del tipo

$$f(x) = \frac{1}{2} x^T Q x + c^T x,$$

in cui Q è una matrice simmetrica definita positiva. Se $\{x_k\}$ è una successione in R^n, indicando con $\lambda_m(Q)$ il minimo autovalore di Q si può scrivere

$$f(x_k) \geq \frac{\lambda_m(Q)}{2} \|x_k\|^2 - \|c\| \|x_k\| = \left(\frac{\lambda_m(Q)}{2} \|x_k\| - \|c\| \right) \|x_k\|.$$

Se $\{x_k\}$ soddisfa $\lim_{k \to \infty} \|x_k\| = \infty$, essendo $\lambda_m(Q) > 0$, si avrà

$$\frac{\lambda_m(Q)}{2} \|x_k\| - \|c\| > 0,$$

per valori di k sufficientemente elevati e quindi si ha

$$\lim_{k \to \infty} f(x_k) = \infty,$$

per cui f è coerciva su R^n.

Esempio 1.7. Si consideri la funzione $f : R^n \to R$ definita da

$$f(x) = \|Ax - b\|_a^q$$

dove A è una matrice $m \times n$ con rango n, $b \in R^m$, $\|\cdot\|_a$ è una qualsiasi norma e $q > 0$. La funzione f è coerciva. Per mostrarlo, consideriamo innanzitutto il caso della norma euclidea $\|\cdot\|$. Si consideri la funzione quadratica

$$F(x) = \frac{1}{2}\|Ax - b\|^2.$$

La matrice A ha rango n e quindi la matrice Hessiana $A^T A$ risulta essere una matrice simmetrica e definita positiva, per cui la coercività di F segue dalla discussione dell'esempio precedente. D'altra parte, per l'equivalenza delle norme su R^n deve esistere $c > 0$ tale che, per ogni $x \in R^n$ si ha

$$(2F(x))^{1/2} = \|Ax - b\| \le c\|Ax - b\|_a,$$

per cui possiamo concludere che, nell'ipotesi di matrice A con colonne linearmente indipendenti, la funzione f è coerciva per qualunque scelta della norma.

Esempio 1.8. Supponiamo che f sia una funzione due volte differenziabile *uniformemente convessa*, ossia tale che la matrice Hessiana di f soddisfi la condizione

$$d^T \nabla^2 f(x) d \ge m\|d\|^2 \quad \text{per ogni } x, d \in R^n,$$

con $m > 0$. Allora f è coerciva su R^n. Infatti, se $x_0 \in R^n$ è un qualsiasi punto di R^n, per il teorema di Taylor si può scrivere

$$f(x) = f(x_0) + \nabla f(x_0)^T(x - x_0) + \frac{1}{2}(x - x_0)^T \nabla^2 f(z)(x - x_0),$$

dove $z = x_0 + \xi(x - x_0)$, con $\xi \in (0,1)$. Ne segue, per l'ipotesi di convessità uniforme,

$$f(x) \ge f(x_0) - \|\nabla f(x_0)\|_2 \|x - x_0\| + \frac{m}{2}\|x - x_0\|^2,$$

il che implica la coercività di f.

Osserviamo che nel caso quadratico la matrice Hessiana è costante e quindi si riottiene il risultato ricavato nell'Esempio 3.

Esempio 1.9. Consideriamo la funzione $f : R^2 \to R$ definita da

$$f(x) = (x_1 - x_2)^2 + x_1.$$

Si verifica facilmente che f non è coerciva, è infatti possibile definire la successione di punti $\{x_k\}$, assumendo $(x_k)_1 = (x_k)_2 = -k$, per cui si ha $\|x_k\| \to \infty$ e $f(x_k) \to -\infty$.

Utilizzando la proprietà di coercività, dalle Proposizioni 1.5 e 1.6 segue direttamente la condizione sufficiente di esistenza riportata di seguito.

Proposizione 1.7 (Condizione sufficiente di esistenza).

Sia $f : R^n \to R$ una funzione continua e coerciva su R^n. Allora esiste un punto di minimo globale di f su R^n.

Nel caso generale, la condizione di coercività non è una condizione necessaria per l'esistenza del minimo. In particolare, si consideri il *problema di minimi quadrati*
$$\min \|Ax - b\|^2, \quad x \in R^n,$$
dove A è una matrice $m \times n$, $b \in R^m$. Nel caso in cui il rango di A sia minore di n, la funzione obiettivo
$$f(x) = \|Ax - b\|^2$$
risulta non coerciva (si veda l'esercizio 1.3). Tuttavia, si può dimostrare che il problema di minimi quadrati ammette sempre soluzione. In realtà vale un risultato più generale riportato nella proposizione successiva, che può essere stabilito con diversi procedimenti dimostrativi, e che viene qui ricavato come applicazione della Proposizione 1.3.

Proposizione 1.8. *Sia A una matrice $m \times n$ e sia b un vettore in R^m. Il problema*
$$\min \|Ax - b\|_a^q, \quad x \in R^n$$
dove $\|\cdot\|_a$ è una qualsiasi norma e $q > 0$, ammette sempre soluzione.

Dimostrazione. Riordinando le colonne, possiamo partizionare la matrice A nella forma
$$A = (B \quad C)$$
in cui B è una sottomatrice $m \times n_1$ di rango n_1, e le colonne della matrice C (eventualmente vuota), di dimensioni $m \times n_2$, sono esprimibili come combinazione lineare delle colonne di B. Indicata con C_i la colonna i-esima di C, possiamo scrivere
$$C_i = B\Gamma_i,$$
dove Γ_i è un vettore in R^{n_1}. Ciò implica che esiste una matrice Γ ($n_1 \times n_2$) tale che
$$C = B\Gamma.$$

1.4 Condizioni di esistenza

Si consideri ora il problema

$$min \ \|By - b\|_a^q, \quad y \in R^{n_1}. \tag{1.2}$$

Per quanto già detto, essendo B di rango n_1, la funzione $g(y) = \|By - b\|_a^q$ è coerciva su R^{n_1} e quindi ammette un punto di minimo globale in R^{n_1}.
La tesi può allora essere provata mostrando che valgono (come eguaglianze) le condizioni (i) e (ii) della Proposizione 1.3, ove si assuma $D = R^{n_1}$.

Assegnato un qualsiasi vettore $x \in R^n$, si può partizionare x nelle componenti $x^{(1)} \in R^{n_1}$, $x^{(2)} \in R^{n_2}$ e quindi si può scrivere

$$\|Ax - b\|_a^q = \|Bx^{(1)} + Cx^{(2)} - b\|_a^q = \|B\left(x^{(1)} + \Gamma x^{(2)}\right) - b\|_a^q.$$

Assumendo

$$y = x^{(1)} + \Gamma x^{(2)}$$

si ha allora $f(x) = g(y)$, per cui vale la (i). Inversamente, dato un qualsiasi vettore $y \in R^{n_1}$, si può assumere $x^{(1)} = y$, $x^{(2)} = 0$; ne segue

$$\|Ax - b\|_a^q = \|Bx^{(1)} - b\|_a^q = \|By - b\|_a^q,$$

per cui anche la (ii) è verificata, e ciò conclude la dimostrazione. □

È opportuno notare che né la convessità, né la convessità stretta assicurano, in generale, l'esistenza di un punto di minimo. Basta pensare, ad esempio alla funzione

$$f(x) = e^{-x},$$

che è strettamente convessa, ma non ha punti di minimo in R. Per assicurare l'esistenza di un punto di minimo globale di una funzione convessa occorre introdurre l'ipotesi più restrittiva di convessità forte (o uniforme), come mostrato nell'Esempio 1.8.

I risultati di esistenza stabiliti nel caso non vincolato possono essere estesi a problemi vincolati considerando gli insiemi di livello sull'insieme S, ossia ponendo

$$\mathcal{L}(\alpha) = \{x \in S : f(x) \leq \alpha\}.$$

In tal caso, se S è un insieme chiuso e la funzione f è continua l'insieme $\mathcal{L}(\alpha)$ è chiuso e vale un risultato analogo a quello stabilito nella Proposizione 1.6, la cui dimostrazione si lascia per esercizio.

1 Problemi di ottimizzazione su R^n

Proposizione 1.9 (Compattezza degli insieme di livello in S).

Sia $S \subseteq R^n$ un insieme chiuso non vuoto e sia $f : S \to R$ una funzione continua. Condizione necessaria e sufficiente perchè tutti gli insiemi di livello di f in S siano compatti è che f sia coerciva su S, ossia che, per ogni successione $\{x_k\}$ con $x_k \in S$ tale che

$$\lim_{k \to \infty} \|x_k\| = \infty,$$

risulti

$$\lim_{k \to \infty} f(x_k) = \infty.$$

Dal risultato precedente segue quindi in modo immediato una condizione sufficiente di esistenza analoga a quella della Proposizione 1.7.

Proposizione 1.10 (Condizione sufficiente di esistenza).

Sia $S \subseteq R^n$ un insieme chiuso non vuoto e sia $f : S \to R$ una funzione continua e coerciva su S. Allora esiste un punto di minimo globale di f su S.

Esempio 1.10. Sia $z \in R^n$ un punto assegnato, sia $S \subseteq R^n$ un insieme chiuso non vuoto e si consideri il problema di determinare un punto di S a distanza minima da z, ossia il problema

$$min \ \|x - z\|$$
$$x \in S.$$

La funzione $f(x) = \|x - z\|$ è ovviamente coerciva e quindi per la Proposizione 1.10 esiste un punto di minimo di f su S.

1.5 Formulazione dei problemi di ottimo non vincolati

Come già si è detto, un problema di ottimizzazione in cui l'insieme ammissibile S coincida con tutto lo spazio R^n è detto *problema di ottimizzazione non vincolata*. Più in generale, può essere considerato come problema di ottimizzazione non vincolata un qualsiasi problema in cui l'insieme ammissibile S sia un *insieme aperto*. Infatti, in tal caso, gli eventuali punti di minimo (locali o globali) del problema sono punti interni di S e quindi possono essere caratterizzati esclusivamente in base dall'andamento della funzione obiettivo, senza far riferimento ai vincoli sulle variabili del problema. Problemi essenzialmente non vincolati sono anche quelli in cui si richieda di minimizzare f su un sottospazio lineare L di R^n; in un caso del genere, infatti, si può ridefinire L come nuovo spazio delle variabili e ricondursi a un problema non vincolato su L. Nel seguito di questo capitolo tuttavia ci riferiremo a un problema non vincolato della forma

$$min\ f(x), \quad x \in R^n \qquad (1.3)$$

in cui l'insieme ammissibile viene identificato con l'intero spazio R^n.

Da un punto di vista applicativo, l'interesse del problema (1.3) è motivato sia dal fatto che molti problemi sono tipicamente formulati come problemi non vincolati, sia dal fatto che è spesso possibile ricondursi a un problema non vincolato attraverso opportune trasformazioni o termini di penalizzazione. Alcuni esempi significativi sono discussi nei paragrafi successivi.

1.5.1 Equazioni e disequazioni

Supponiamo che sia assegnato un sistema di m equazioni in n incognite, ossia

$$h(x) = 0, \qquad (1.4)$$

in cui $h : R^n \to R^m$ è un vettore di funzioni assegnate.

In corrispondenza al sistema (1.4), possiamo formulare il problema non vincolato

$$min\ \|h(x)\|^q \quad x \in R^n,$$

essendo $\|\cdot\|$ una qualsiasi norma e $q > 0$. È immediato rendersi conto del fatto che se x^* è un punto che risolve il sistema (1.4), allora esso è un punto di minimo globale della funzione $f(x) = \|h(x)\|^q$.

Inversamente, se $x^* \in R^n$ è un punto di minimo globale di tale funzione *e se risulta $f(x^*) = 0$*, esso è anche una soluzione del sistema di equazioni.

È da notare che il problema di minimizzare la funzione di errore f può avere senso anche quando il sistema di equazioni non ammette soluzione; in tal caso, una soluzione globale del problema di ottimo fornisce un punto che minimizza la "violazione complessiva" delle equazioni, misurata per mezzo della norma utilizzata per costruire la funzione obiettivo.

Esempio 1.11. Si consideri il sistema di due equazioni in due incognite

$$h(x) = \begin{pmatrix} x_1 - 1 \\ x_1^2 - x_2 \end{pmatrix} = 0.$$

Utilizzando la norma euclidea con esponente $q = 2$, il problema di minimizzazione associato al sistema di equazioni sopra definito è il seguente:

$$\min_{x \in R^2}\ (x_1 - 1)^2 + (x_1^2 - x_2)^2.$$

È immediato verificare che l'unico punto di minimo globale del problema è il punto $(1,1)$ che rende nulla la funzione obiettivo ed è soluzione del sistema.

La trasformazione del problema (1.4) in un problema di ottimo non è solo un fatto puramente formale, in quanto, in particolare, i metodi di ottimizzazione consentono di definire, come verrà discusso nel seguito, tecniche di *globalizzazione* per estendere la regione di convergenza di metodi per la soluzione di equazioni non lineari, come il metodo di Newton.

Una trasformazione analoga può essere utilizzata anche in presenza di un sistema di disequazioni, del tipo

$$g(x) \leq 0,$$

in cui $g : R^n \to R^m$ è un vettore di funzioni assegnate.
Per ricondurci a un problema di ottimo non vincolato possiamo definire le m funzioni

$$g_i^+(x) = \max\{0, g_i(x)\}, \quad i = 1, \ldots, m$$

e il vettore

$$g^+(x) = \begin{pmatrix} g_1^+(x) \\ \vdots \\ g_m^+(x) \end{pmatrix}$$

e considerare il problema non vincolato

$$min \ \|g^+(x)\|^q, \quad x \in R^n$$

con $q > 0$. Si ha in tal caso che $\|g^+(x^*)\|^q = 0$ se e solo se $g(x^*) \leq 0$.

Anche in questo caso la minimizzazione della funzione di errore può fornire un punto in cui è minima la violazione delle disequazioni quando il sistema è *inconsistente*, ossia non esiste alcun $x \in R^n$ tale che $g(x) \leq 0$.

1.5.2 Stima dei parametri di un modello matematico

Si supponga di volere stimare n parametri di un modello matematico relativo a un sistema fisico, sulla base di un insieme di misure sperimentali. In particolare, si consideri una relazione ingresso-uscita del tipo

$$y = h(x, u),$$

in cui h è una funzione nota rappresentante il modello e:

- $x \in R^n$ è il vettore dei parametri incogniti;
- $y \in R$ è l'uscita del modello;
- $u \in R^p$ è l'ingresso del modello.

Si assuma che sia disponibile un insieme di m coppie ingresso-uscita

$$\{(u^1, y^1), \ldots, (u^m, y^m)\}$$

ottenute mediante misurazioni effettuate sul sistema fisico. Per ogni osservazione i si definisce un errore tra l'uscita misurata e l'uscita fornita dal modello
$$e_i = y^i - h(x, u^i),$$
e si vuole determinare il vettore dei parametri x in modo che le uscite del modello siano "prossime" a quelle misurate. A questo fine si può considerare e risolvere il problema
$$min \ \|E(x)\|^q, \quad x \in R^n \tag{1.5}$$
dove
$$E(x) = \begin{pmatrix} e_1(x) \\ e_2(x) \\ \vdots \\ e_m(x) \end{pmatrix} = \begin{pmatrix} y^1 - h(x, u^1) \\ y^2 - h(x, u^2) \\ \vdots \\ y^m - h(x, u^m) \end{pmatrix}$$
è il vettore degli errori relativi a tutte le osservazioni, $\|\cdot\|$ è una qualsiasi norma e $q > 0$. Usualmente, per motivazioni di tipo statistico, nella formulazione (1.5) si considera il quadrato della norma euclidea e il problema di di ottimizzazione non vincolata da risolvere diventa il seguente
$$min \ \frac{1}{2} \sum_{i=1}^m \left(y^i - h(x, u^i)\right)^2, \quad x \in R^n.$$
Il problema descritto è un esempio della classe dei problemi detti *di minimi quadrati* e analizzati in un capitolo successivo, in cui la funzione obiettivo $f: R^n \to R$ assume la forma
$$f(x) = \frac{1}{2} \sum_{j=1}^m r_j^2(x),$$
dove ogni *residuo r_j* è una funzione $r_j : R^n \to R$.

1.5.3 Addestramento di reti neurali

Un problema di ottimizzazione non vincolata di notevole interesse applicativo è quello relativo all'*addestramento supervisionato di reti neurali artificiali*, ispirate ai principi di funzionamento del sistema nervoso degli organismi evoluti. In questa classe di modelli l'unità di calcolo elementare è costituita dal *neurone* o *neurone formale*, che esegue una trasformazione di un vettore di *ingressi u*, fornendo in corrispondenza un'*uscita* scalare $y(u)$.

Nella struttura più semplice, gli ingressi sono moltiplicati per dei *pesi*, rappresentativi dell'entità delle connessioni sinaptiche, e la differenza tra la somma algebrica pesata degli ingressi e un valore di *soglia* assegnato viene trasformata successivamente attraverso una *funzione di attivazione g* (in genere non lineare) nell'uscita y.

24   1 Problemi di ottimizzazione su R^n

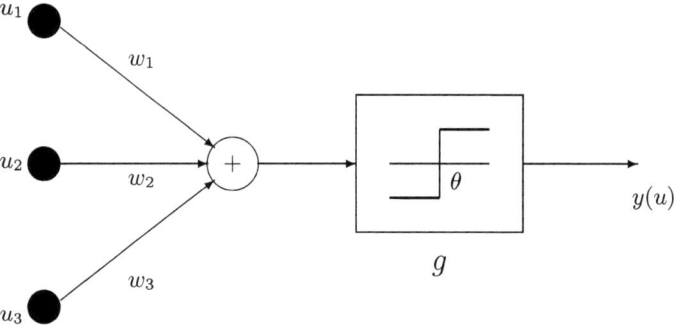

Fig. 1.7. Schema di neurone formale

Se si assume come funzione di attivazione la *funzione segno*, ossia

$$g(t) = \text{sgn}(t) = \begin{cases} 1 & t \geq 0 \\ -1 & t < 0 \end{cases}$$

il neurone fornisce l'uscita 1 se la somma pesata degli ingressi è maggiore del valore di soglia, e l'uscita -1 altrimenti. Il neurone formale può quindi essere interpretato come un un *classificatore* che consente di separare gli ingressi in due classi distinte.

Uno schema di neurone formale in cui $g(t) = \text{sgn}(t)$ è riportato nella Fig. 1.7.

Le limitazioni di reti costituite da un *solo strato* di neuroni formali hanno motivato lo studio di architetture costituite da più strati di neuroni connessi in cascata, denominate reti *multistrato* (*multilayer feed-forward*), che possiedono almeno uno strato "nascosto" (*hidden layer*), ossia non connesso direttamente all'uscita. Nelle reti multistrato si suppone usualmente che la funzione di attivazione g di ciascun neurone sia differenziabile.

Le funzioni di attivazione più comuni sono la *funzione logistica*

$$g(t) = \frac{1}{1 + e^{-ct}}, \quad c > 0$$

che fornisce un'uscita in $(0,1)$ e la *funzione tangente iperbolica*

$$g(t) = \tanh(t/2) = \frac{1 - e^{-t}}{1 + e^{-t}},$$

che dà un'uscita in (-1.1).

Consideriamo, in particolare, una rete con m componenti di ingresso, un solo strato nascosto di N neuroni con funzione di attivazione g e un solo neurone d'uscita di tipo lineare. In tali ipotesi, adottiamo le notazioni seguenti:

1.5 Formulazione dei problemi di ottimo non vincolati

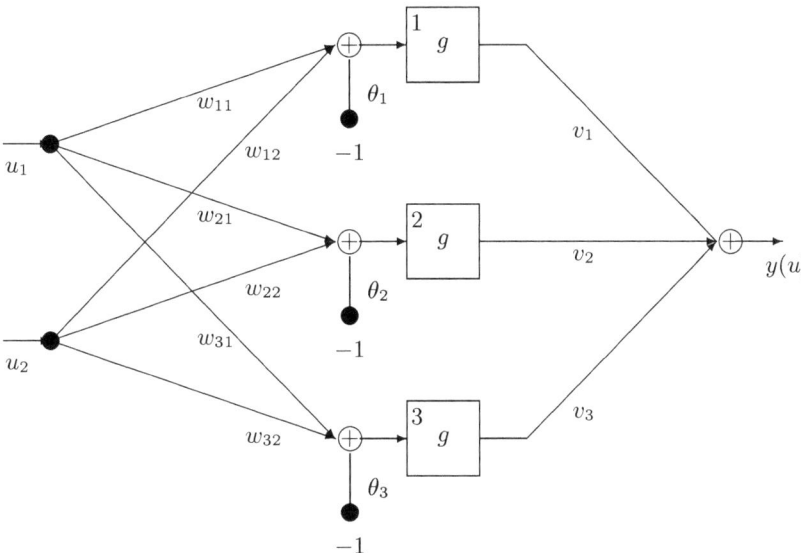

Fig. 1.8. Rete neurale a 2 strati, con 1 strato nascosto, 2 ingressi, 1 uscita

- w_{ji}: pesi delle connessioni tra i nodi di ingresso e lo strato nascosto;
- θ_j: soglia del neurone nascosto j;
- v_j: pesi delle connessioni tra i neuroni dello strato nascosto e il neurone d'uscita;
- g: funzione di attivazione dei neuroni dello strato nascosto.

Lo schema di una rete a due strati, con $m = 2$ e $N = 3$ è riportato nella Fig. 1.8.

L'uscita di una rete con un vettore di ingresso $u \in R^m$ e un solo strato nascosto di N neuroni diviene:

$$y(w;u) = \sum_{j=1}^{N} v_j g\left(\sum_{i=1}^{m} w_{ji} u_i - \theta_j\right),$$

dove il vettore di parametri $w \in R^n$, con $n = (m+1)N + N$ è dato da

$$w = (w_{11}, \ldots, w_{1N}, w_{21}, \ldots, w_{2N}, \ldots, w_{m1}, \ldots, w_{mN}, \theta_1, \ldots \theta_N, v_1, \ldots, v_N)^T.$$

La determinazione dei parametri attraverso il processo di addestramento, a partire dall'insieme dei dati ingresso-uscita

$$T = \{(u^p, y^p),\ u^p \in R^m,\ y^p \in R,\quad p = 1, \ldots, P\},$$

si può ricondurre alla soluzione del problema di ottimizzazione non vincolata

$$min\ E(w) = \sum_{p=1}^{P} E_p(w),\quad w \in R^n,$$

in cui E_p è il termine di errore relativo al $p-$mo campione e misura la distanza tra l'uscita desiderata y^p e l'uscita $y(w;u^p)$ fornita dalla rete. La misura più usata è l'errore quadratico

$$E_p(w) = \frac{1}{2}(y(w;u^p) - y^p)^2.$$

1.5.4 Problemi di controllo ottimo

Consideriamo un problema di controllo ottimo di un sistema dinamico *a tempo discreto*, del tipo

$$x(k+1) = g(x(k), u(k), k), \qquad k = 0, 1 \ldots, N-1,$$

dove:

- $x(k) \in R^m$ è il vettore delle variabili di stato all'istante k;
- $u(k) \in R^p$ è il vettore delle variabili di controllo all'istante k;
- $g : R^m \times R^p \times R \to R^m$ è una funzione che usualmente si assume continuamente differenziabile.

Supponiamo che $x(0) = x_0 \in R^m$ sia uno stato iniziale assegnato e che occorra determinare i campioni delle variabili di controllo in modo da minimizzare una funzione obiettivo definita sull'insieme temporale fissato $\{0, 1, \ldots, N\}$. In particolare, supponiamo che la funzione obiettivo sia definita da

$$J(x,u) = \psi(x(N)) + \sum_{k=0}^{N-1} L(x(k), u(k), k),$$

dove $L : R^m \times R^p \times R \to R$ e $\psi : R^m \to R$ sono funzioni assegnate, e si è posto

$$x = \left(x(1)^T, x(2)^T \ldots, x(N)^T\right)^T \in R^{Nm},$$
$$u = \left(u(0)^T, u(1)^T, \ldots, u(N-1)^T\right)^T \in R^{Np}.$$

Un problema di questo tipo si potrebbe interpretare come un problema vincolato nelle variabili x, u con i vincoli definiti dal sistema dinamico. In realtà, fissato lo stato iniziale $x(0)$, lo stato $x(k)$ al variare di k è univocamente determinato dal vettore di controllo $u \in R^{Np}$, e quindi il problema si può formulare come un problema di non vincolato in cui

$$x(k) = \phi(u,k),$$

essendo ϕ la funzione definita dalle equazioni dinamiche, e la funzione obiettivo $\tilde{J} : R^{Np} \to R$ è data da

$$\tilde{J}(u) = \psi(\phi(u,N)) + \sum_{k=0}^{N-1} L(\phi(u,k), u(k), k).$$

Il problema può essere risolto con metodi di ottimizzazione non vincolata senza risolvere esplicitamente le equazioni dinamiche in funzione di u.

Più in generale, una situazione analoga si presenta in un problema del tipo

$$min \; f(x, u)$$
$$h(x, u) = 0,$$

in cui $u \in R^n$, $x \in R^p$, e si suppone che $h(x, u) = 0$ sia un sistema di vincoli di eguaglianza (risolubile analiticamene o numericamente) che definisce univocamente un vettore $x(u)$ per ogni u assegnato, in modo tale che sia

$$h(x(u), u) = 0.$$

In particolare, per u fissato, x potrebbe essere determinabile solo attraverso un processo di simulazione. Un problema del genere può ancora essere interpretato, se conveniente, come problema non vincolato nella variabile u.

1.5.5 Funzioni di penalità sequenziali

Consideriamo un problema vincolato del tipo

$$min \; f(x)$$
$$x \in S, \tag{1.6}$$

in cui l'insieme ammissibile $S \subseteq R^n$ è un sottoinsieme chiuso di R^n e la funzione obiettivo $f : R^n \to R$ si suppone almeno *continua*.

Supponiamo che sia possibile definire una funzione continua (*termine di penalità*) $\psi : R^n \to R^+$ tale che:

$$\psi(x) \begin{cases} = 0, & \text{se } x \in S \\ > 0 & \text{se } x \notin S \end{cases} \tag{1.7}$$

e definiamo una nuova *funzione di merito* P, che chiameremo *funzione di penalità*, ponendo

$$P(x; c) = f(x) + c\psi(x),$$

in cui $c > 0$ è un parametro scalare detto *coefficiente di penalità*. Sotto ipotesi opportune, si può dimostrare che per una classe di funzioni di questo tipo, dette *funzioni di penalità sequenziali*, al tendere di c all'infinito, la minimizzazione non vincolata di P fornisce, al limite, una soluzione del problema (1.6). Una breve giustificazione è riportata nel Paragrafo 1.5.6.

Una funzione di penalità sequenziale differenziabile *quadratica*, per un problema del tipo

$$min \; f(x)$$
$$g(x) \leq 0, \tag{1.8}$$
$$h(x) = 0,$$

dove $g : R^n \to R^m, h : R^n \to R^p$, si può costruire assumendo

$$P(x,c) = f(x) + c \left(\sum_{i=1}^{m} (g_i(x)^+)^2 + \sum_{i=1}^{p} (h_i(x))^2 \right), \quad (1.9)$$

dove
$$g_i(x)^+ = \max\{g_i(x), 0\}.$$

Se si assume che f, g siano continuamente differenziabili, anche P risulta continuamente differenziabile e si ha:

$$\nabla P(x,c) = \nabla f(x) + 2c \left(\sum_{i=1}^{m} g_i(x)^+ \nabla g_i(x) + \sum_{i=1}^{p} h_i(x) \nabla h_i(x) \right).$$

Si noti tuttavia che P non è ovunque due volte differenziabile (quali che siano le proprietà di differenziabilità di f, g, h), a causa della presenza delle funzioni $g_i(x)^+ = \max\{g_i(x), 0\}$ che danno luogo a non differenziabilità nelle derivate prime nei punti in cui $g_i(x) = 0$ per qualche i.

Si possono anche definire altre classi di funzioni di penalità, che possono avere struttura diversa da P e non soddisfare necessariamente la (1.7), e che consentono di stabilire una corrispondenza tra il problema vincolato e un singolo problema non vincolato, per valori finiti di un coefficiente di penalità. Funzioni di questo tipo sono denominate usualmente *funzioni di penalità esatte* e possono essere sia differenziabili che non differenziabili [7], [33].

Esempio 1.12. Si consideri il problema di ottimizzazione vincolata in due variabili
$$\begin{aligned} &\min x_1 \\ &-x_1 - x_2 + 1/2 \leq 0 \\ &x_1^2 + x_2^2 - 1 = 0. \end{aligned}$$

La funzione di penalità sequenziale differenziabile quadratica del problema considerato è la seguente:

$$P(x;c) = x_1 + c\left((\max\{-x_1 - x_2 + 1/2, 0\})^2 + (x_1^2 + x_2^2 - 1)^2\right).$$

1.5.6 Proprietà delle funzioni di penalità sequenziali*

Supponiamo che $\{c_k\}$ sia una successione di numeri positivi tali che:

$$c_{k+1} > c_k, \quad \lim_{k \to \infty} c_k = +\infty \quad (1.10)$$

e che valgano le ipotesi seguenti:

(H_1) il problema (1.6) ammette soluzione, ossia esiste $x^* \in S$ tale che

$$f(x^*) = \min_{x \in S} f(x);$$

1.5 Formulazione dei problemi di ottimo non vincolati

(H$_2$) per ogni $c_k > 0$ assegnato esiste $x_k \in R^n$ tale che

$$P(x_k; c_k) = \min_{x \in R^n} P(x; c_k).$$

Dimostriamo che valgono le proprietà enunciate nella proposizione successiva.

Proposizione 1.11 (Proprietà di monotonicità).
Siano f, ψ funzioni da $R^n \to R$. Supponiamo che f, ψ siano funzioni continue, che la (1.7) sia soddisfatta e che valgano le ipotesi (H$_1$) (H$_2$). Sia $\{c_k\}$ una successione di numeri positivi che soddisfa la (1.10) e sia $\{x_k\}$ la successione dei punti di minimo non vincolato delle funzioni $P(x; c_k)$. Allora, per ogni k si ha:

(a) $P(x_k; c_k) \leq f(x^*)$;
(b) $\psi(x_{k+1}) \leq \psi(x_k)$;
(c) $f(x_{k+1}) \geq f(x_k)$;
(d) $P(x_{k+1}; c_{k+1}) \geq P(x_k; c_k)$.

Dimostrazione. Essendo x_k un punto di minimo non vincolato di $P(x; c_k)$, tenendo conto del fatto che $\psi(x) = 0$ per $x \in S$, si ha:

$$P(x_k; c_k) = \min_{x \in R^n}\Big(f(x) + c_k \psi(x)\Big) \leq \min_{x \in S}\Big(f(x) + c_k \psi(x)\Big) = \min_{x \in S} f(x) = f(x^*),$$

il che prova la (a). Poiché x_k e x_{k+1} sono, rispettivamente, punti di minimo per $P(x; c_k)$ e $P(x; c_{k+1})$, possiamo inoltre scrivere

$$f(x_k) + c_k \psi(x_k) \leq f(x_{k+1}) + c_k \psi(x_{k+1}) \quad (1.11)$$
$$f(x_{k+1}) + c_{k+1} \psi(x_{k+1}) \leq f(x_k) + c_{k+1} \psi(x_k). \quad (1.12)$$

Sommando membro a membro le disequazioni precedenti, con facili passaggi, si ha:

$$(c_{k+1} - c_k)\psi(x_{k+1}) \leq (c_{k+1} - c_k)\psi(x_k),$$

da cui, essendo $c_{k+1} - c_k > 0$, si ottiene la (b). Inoltre, per la (1.11) si ha:

$$f(x_k) - f(x_{k+1}) \leq c_k(\psi(x_{k+1}) - \psi(x_k)),$$

per cui la (c) segue dalla (b). Infine, per la (1.11), essendo $c_{k+1} > c_k$, si ha anche

$$f(x_k) + c_k \psi(x_k) \leq f(x_{k+1}) + c_k \psi(x_{k+1}) \leq f(x_{k+1}) + c_{k+1} \psi(x_{k+1}),$$

per cui vale la (d). □

1 Problemi di ottimizzazione su R^n

Utilizzando la Proposizione 1.11 possiamo stabilire formalmente la convergenza di una successione di punti di minimo non vincolato delle funzioni di penalità.

Proposizione 1.12 (Convergenza).

Siano f, ψ funzioni da $R^n \to R$. Supponiamo che f, ψ siano funzioni continue, che la (1.7) sia soddisfatta e che valgano le ipotesi (H$_1$) (H$_2$). Sia $\{c_k\}$ una successione di numeri positivi che soddisfa la (1.10) e sia $\{x_k\}$ la successione dei punti di minimo non vincolato delle funzioni $P(x; c_k)$. Supponiamo che tutti i punti x_k rimangano in un insieme compatto $D \subset R^n$. Allora:

(c$_1$) $\lim_{k \to \infty} \psi(x_k) = 0$;
(c$_2$) $\lim_{k \to \infty} f(x_k) = f(x^*)$;
(c$_3$) $\lim_{k \to \infty} P(x_k; c_k) = f(x^*)$;
(c$_4$) ogni punto di accumulazione di $\{x_k\}$ è una soluzione ottima del problema (1.6);
(c$_5$) $\lim_{k \to \infty} c_k \psi(x_k) = 0$.

Dimostrazione. Per le (a), (c) della Proposizione 1.11 si può scrivere

$$f(x^*) \geq P(x_k; c_k) = f(x_k) + c_k \psi(x_k) \geq f(x_1) + c_k \psi(x_k),$$

da cui segue, calcolando il limite superiore

$$f(x^*) - f(x_1) \geq \limsup_{k \to \infty} c_k \psi(x_k). \qquad (1.13)$$

Poiché $c_k \to \infty$ e $\psi \geq 0$, ciò implica

$$\limsup_{k \to \infty} \psi(x_k) = 0,$$

altrimenti il secondo membro della (1.13) andrebbe a $+\infty$ e si avrebbe un assurdo. Essendo $\psi \geq 0$ si ha quindi

$$\lim_{k \to \infty} \psi(x_k) = 0,$$

per cui vale la (c$_1$). Essendo D compatto e $x_k \in D$ per ogni k, la successione $\{x_k\}$ ha punti di accumulazione. Supponiamo quindi che $\bar{x}$ sia un punto di accumulazione, ossia che esista una sottosuccessione tale che

$$\lim_{k \in K, k \to \infty} x_k = \bar{x}.$$

Dalla (c$_1$) e dalle ipotesi di continuità segue allora che $\psi(\bar{x}) = 0$, per cui $\bar{x} \in S$. Per la Proposizione 1.11 si ha che le successioni $\{f(x_k)\}$, $\{P(x_k;c_k)\}$ sono monotone non decrescenti e limitate superiormente, essendo:

$$f(x^*) \geq P(x_k;c_k) \geq f(x_k)$$

e di conseguenza ammettono un limite. Per la (a) della Proposizione 1.11, calcolando il limite superiore per $k \in K$ si può quindi scrivere

$$\begin{aligned} f(x^*) &\geq \limsup_{k\in K, k\to\infty} P(x_k;c_k) = \lim_{k\to\infty} P(x_k;c_k) \\ &= \lim_{k\to\infty} f(x_k) + \lim_{k\to\infty} c_k\psi(x_k) \\ &= f(\bar{x}) + \lim_{k\to\infty} c_k\psi(x_k) \geq f(\bar{x}) \geq f(x^*), \end{aligned}$$

dove l'ultima diseguaglianza segue dal fatto che $\bar{x}$ è un punto ammissibile. Dalle diseguaglianze precedenti segue immediatamente che valgono le (c$_2$), (c$_3$), che $f(\bar{x}) = f(x^*)$, per cui $\bar{x}$ è una soluzione ottima e quindi vale la (c$_4$), e infine che anche la (c$_5$) deve essere soddisfatta. □

Notiamo che un'ipotesi cruciale nel risultato precedente è quella di supporre che tutti i punti x_k rimangano in un insieme compatto D al variare di c. Assicurare che tale condizione sia soddisfatta richiede, in genere, ulteriori ipotesi sulle funzioni del problema.

Note e riferimenti

La letteratura sull'ottimizzazione è molto vasta e sarebbe impossibile in questa sede dare un elenco dei libri sull'argomento. Ci limitiamo qui a indicare alcuni testi a carattere generale dedicati all'ottimizzazione non lineare su R^n, a cui spesso faremo riferimento, e che il lettore interessato può consultare per approfondire gli argomenti trattati: [4], [9], [6], [14], [14], [32], [40], [41], [48], [69], [71], [76], [83], [85], [87], [99], [40], [97] [101], [103], [109], [118]. Un'introduzione all'ottimizzazione su spazi di funzioni è il libro [20]; per una recente introduzione alla Programmazione lineare e alla Programmazione a numeri interi si può far riferimento a [9]. Fra i numerosi libri introduttivi sulle reti neurali si segnalano, in particolare: [63] e [10]. Un'ottima introduzione alla Teoria dell'approssimazione è il libro [108].

1.6 Esercizi

1.1. Si consideri il problema:
$$\min_{x \in S} f(x),$$
e si assuma che esista un punto di minimo globale. Dimostrare che il problema:
$$\min_{x \in S} cf(x) + d,$$
con $c > 0$, ha gli stessi punti di minimo (locale e globale) del problema assegnato.

1.2. Si consideri il problema:
$$\min_{x \in S} f(x),$$
dove $f : S \to D \subseteq R$ e si assuma che esista un punto di minimo globale. Dimostrare che il problema:
$$\min_{x \in S} F[f(x)],$$
dove $F : D \to R$ è una funzione monotona crescente, ha gli stessi punti di minimo (locale e globale) del problema assegnato.

1.3. Sia A una matrice $m \times n$ e sia $b \in R^m$. Dimostrare che la funzione:
$$f(x) = \|Ax - b\|,$$
dove $\|\cdot\|$ è una qualsiasi norma, è coerciva se e solo se le colonne di A sono linearmente indipendenti.

1.4. Dimostrare il teorema di Weierstrass nell'ipotesi di funzione f semicontinua inferiormente.

(Una funzione di dice semicontinua inferiormente in un punto $\bar{x}$ se
$$\liminf_{k \to \infty} f(x_k) \geq f(\bar{x})$$
per ogni successione $\{x_k\}$ convergente a $\bar{x}$.)

1.5. Sia $f : R^n \to R$. Dimostrare che un punto $x^\star$ è un punto di minimo globale di f se e solo se per ogni $d \in R^n$ la funzione $g : R \to R$ definita da $g(\alpha) = f(x^\star + \alpha d)$ ha il punto $\alpha^\star = 0$ come punto di minimo globale.

1.6. Si consideri il problema:
$$min\ f(x)$$
$$x \geq 0, \quad x \in R^n.$$
Posto
$$x_i = y_i^2, \quad i = 1, \ldots, n$$
nella funzione obiettivo si dimostri che il problema:
$$min\ f(x(y))$$
$$y \in R^n,$$
dove $x(y)$ è il punto definito dalla trasformazione precedente, è equivalente (dal punto di vista globale) al problema originario.

1.7. Assegnato il problema con vincoli di *box*:
$$min\ f(x)$$
$$a \leq x \leq b, \quad x \in R^n,$$
dove $a, b \in R^n$ si consideri la trasformazione:
$$x_i = \frac{1}{2}(b_i + a_i) + \frac{1}{2}(b_i - a_i)\sin(y_i), \quad i = 1, \ldots, n$$
oppure quella definita da:
$$x_i = a_i + (b_i - a_i)\sin^2(y_i), \quad i = 1, \ldots, n$$
e si stabilisca l'equivalenza del problema trasformato (non vincolato) con il problema originario.

1.8. Si consideri un problema del tipo:
$$min\ |f(x)|$$
$$x \in S \subseteq R^n$$
e si stabilisca l'equivalenza con il problema (nelle variabili z, x):
$$min \quad z$$
$$x \in S$$
$$-z \leq f(x) \leq z.$$

1.9. Si consideri un problema del tipo
$$min \sum_{i=1}^{m} |f_i(x)|$$
$$x \in S \subseteq R^n$$
e si definisca un problema equivalente in cui non compaiano valori assoluti.

1.10. Si dimostrino la Proposizione 1.9 e la Proposizione 1.10.

1.11. Dimostrare la seguente proposizione, che estende i risultati sulla compattezza degli insiemi di livello al caso in cui S è un insieme quasiasi non vuoto.

Sia $S \subseteq R^n$ e sia $f : S \to R$ una funzione continua. Condizione necessaria e sufficiente perchè tutti gli insiemi di livello di f in S siano compatti è che:

(a) *per ogni successione $\{x_k\}$ con $x_k \in S$ tale che $\lim_{k\to\infty} \|x_k\| = \infty$, risulta:* $\lim_{k\to\infty} f(x_k) = \infty$;
(b) *per ogni successione $\{x_k\}$ con $x_k \in S$ tale che $\lim_{k\to\infty} x_k = \bar{x}, \quad \bar{x} \notin S$, risulta:* $\lim_{k\to\infty} f(x_k) = \infty$.

Si formuli quindi una condizione sufficiente per l'esistenza di un punto di minimo su S.

2
Condizioni di ottimo per problemi non vincolati

Questo capitolo è dedicato allo studio delle condizioni di ottimalità del primo e del secondo ordine per problemi non vincolati sotto ipotesi di differenziabilità.

2.1 Generalità

Con riferimento a un problema di programmazione matematica del tipo:

$$min \ f(x), \quad x \in S,$$

una *condizione di ottimalità* è una condizione (*necessaria, sufficiente, necessaria e sufficiente*) perché un punto x^* risulti una soluzione ottima (locale o globale) del problema. Ovviamente, una condizione di ottimalità sarà significativa se la verifica della condizione risulta più "semplice" o più "vantaggiosa" (da qualche punto di vista) rispetto all'applicazione diretta della definizione. Le condizioni di ottimalità si esprimono, tipicamente, attraverso sistemi di equazioni, sistemi di disequazioni, disequazioni variazionali, condizioni sugli autovalori di matrici opportune, condizioni sulle soluzioni di problemi di ottimo di particolare struttura (come, ad esempio, problemi di programmazione lineare o quadratica) definibili a partire dai dati del problema originario.

Lo studio delle condizioni di ottimalità ha sia motivazioni di natura teorica, sia motivazioni di natura algoritmica. Dal punto di vista teorico, una condizione di ottimalità può servire a caratterizzare analiticamente le soluzioni di un problema di ottimo e quindi consentire di svolgere analisi *qualitative*, anche in assenza di soluzioni numeriche esplicite. Un esempio è l'analisi della sensibilità delle soluzioni di un problema di ottimo rispetto a variazioni parametriche.

Dal punto di vista algoritmico, una condizione *necessaria* può servire a restringere l'insieme in cui ricercare le soluzioni del problema originario e a costruire algoritmi finalizzati al soddisfacimento di tale condizione. Tutti gli algoritmi che studieremo nel seguito sono infatti costruiti per determinare punti che soddisfano una condizione necessaria di ottimo.

Una condizione *sufficiente* può servire a dimostrare che un punto ottenuto per via numerica sia una soluzione ottima (locale o globale) del problema. Nel caso generale, in assenza di ipotesi di convessità, non è tuttavia possibile definire algoritmi, facilmente realizzabili, in grado di garantire il soddisfacimento di condizioni sufficienti.

Le condizioni di ottimalità possono essere classificate sia in base alle caratteristiche del problema originario, sia in base al tipo di informazioni utilizzate sulla funzione obiettivo e sui vincoli. In particolare, la caratterizzazione analitica delle soluzioni ottime dipende dalla struttura dell'insieme ammissibile S e dalle ipotesi di differenziabilità sulla funzione obiettivo e sui vincoli che definiscono S.

Nel seguito ci limiteremo a introdurre alcune definizioni di base e a formulare alcune condizioni di ottimo fondamentali, con riferimento a problemi non vincolati. Il caso di problemi con insieme ammissibile convesso verrà considerato nel Capitolo 17. Uno studio (semplificato) delle condizioni di ottimalità per problemi vincolati nel caso generale è svolto nell'Appendice D.

2.2 Direzioni di discesa

Introduciamo in questo paragrafo il concetto di *direzione di discesa*, a partire dal quale deriveremo costruttivamente, nel paragrafo successivo, le condizioni di ottimalità per i problemi non vincolati. Una direzione di discesa in un punto x assegnato è un vettore $d \in R^n$ tale che, per tutti gli spostamenti sufficientemente piccoli lungo d, si ha una diminuzione stretta del valore di f rispetto al valore in x.

Definizione 2.1 (Direzione di discesa).

Sia $f : R^n \to R$ e $x \in R^n$. Si dice che un vettore $d \in R^n$, $d \neq 0$ è una direzione di discesa per f in x se esiste $\tilde{t} > 0$ tale che:

$$f(x + td) < f(x), \quad \text{per ogni} \quad t \in (0, \tilde{t}\,].$$

In modo analogo si potrebbe definire una "direzione di salita" nel punto x se f aumenta strettamente per tutti gli spostamenti abbastanza piccoli lungo d.

Una caratterizzazione delle direzioni di discesa, basata sulla considerazione delle derivate prime della funzione obiettivo, è quella riportata nella proposizione seguente.

2.2 Direzioni di discesa

Proposizione 2.1. (Condizione di discesa del primo ordine)
Supponiamo che $f : R^n \to R$ sia continuamente differenziabile nell'intorno di un punto $x \in R^n$ e sia $d \in R^n$ un vettore non nullo. Allora, se risulta:
$$\nabla f(x)^T d < 0, \tag{2.1}$$
la direzione d è una direzione di discesa per f in x. Inversamente, se f è continuamente differenziabile e convessa in un intorno $B(x;\rho)$ di x e se d è una direzione di discesa in x, deve essere necessariamente soddisfatta la (2.1).

Dimostrazione. Ricordando che la derivata direzionale di una funzione differenziabile è data da
$$\lim_{t \to 0^+} \frac{f(x+td) - f(x)}{t} = \nabla f(x)^T d, \tag{2.2}$$
è immediato stabilire che se $\nabla f(x)^T d < 0$ la direzione d è una direzione di discesa, in quanto la (2.2) implica che per valori positivi sufficientemente piccoli di t deve essere $f(x+td) - f(x) < 0$. Inversamente, se f è convessa su $B(x;\rho)$, per valori sufficientemente piccoli di $t \in (0,1)$ si ha $x + td \in B(x;\rho)$ e risulta:
$$f(x+td) \geq f(x) + t\nabla f(x)^T d,$$
per cui $\nabla f(x)^T d \geq 0$ implica $f(x+td) \geq f(x)$. Se quindi d è una direzione di discesa deve essere necessariamente $\nabla f(x)^T d < 0$. □

Tenendo conto della (2.2) si ha:
- se $\nabla f(x)^T d < 0$ la direzione d è una direzione di discesa per f in x;
- se $\nabla f(x)^T d > 0$ la direzione d è una direzione "di salita" per f in x;
- se $\nabla f(x)^T d = 0$ non è possibile stabilire, in assenza di altre informazioni, se d sia o meno una direzione di discesa.

Da un punto di vista geometrico, ricordando che il concetto di angolo tra due vettori $x \neq 0$ e $y \neq 0$ in R^n si può introdurre attraverso la definizione del coseno, ponendo
$$\cos \theta = \frac{x^T y}{\|x\|\|y\|},$$
si può dire che l'angolo tra d e $\nabla f(x)$ è *ottuso* se $\nabla f(x)^T d < 0$ ed è *acuto* se $\nabla f(x)^T d > 0$. Se $\nabla f(x)^T d = 0$ i vettori d e $\nabla f(x)$ sono *ortogonali*.

La definizione è illustrata nella Fig. 2.1, con riferimento agli insiemi di livello (inferiori) di di una funzione in R^2. Notiamo anche che, se $\nabla f(x) \neq 0$,

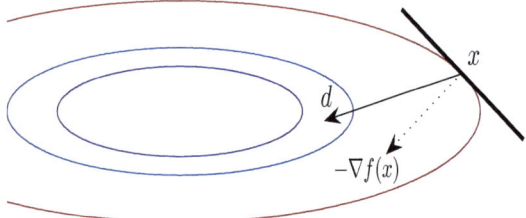

Fig. 2.1. Direzione di discesa d in un punto x

la direzione $d = -\nabla f(x)$, detta anche *antigradiente*, è sempre una direzione di discesa, essendo

$$\nabla f(x)^T d = -\nabla f(x)^T \nabla f(x) = -\|\nabla f(x)\|^2 < 0.$$

Nel caso generale, se f non è convessa possono esistere direzioni di discesa ortogonali al gradiente, ossia tali che

$$\nabla f(x)^T d = 0.$$

In particolare, se x è un punto di massimo locale stretto, qualsiasi direzione risulta di discesa in x.

Se f è differenziabile due volte è possibile caratterizzare l'andamento di f lungo una direzione assegnata utilizzando anche le derivate seconde e di ciò si può tener conto, come si vedrà in seguito, per stabilire condizioni di ottimo del secondo ordine. Introduciamo la definizione seguente.

Definizione 2.2 (Direzione a curvatura negativa).

Sia $f : R^n \to R$ due volte continuamente differenziabile nell'intorno di un punto $x \in R^n$. Si dice che un vettore $d \in R^n$, $d \neq 0$ è una direzione a curvatura negativa per f in x se risulta:

$$d^T \nabla^2 f(x) d < 0.$$

Una direzione a curvatura negativa è quindi tale che la derivata direzionale seconda è negativa in x, per cui diminuisce localmente la derivata direzionale del primo ordine.

Nella proposizione successiva enunciamo una caratterizzazione delle direzioni di discesa "del secondo ordine", basata sulla considerazione delle direzioni a curvatura negativa.

Proposizione 2.2 (Condizione di discesa del secondo ordine).

Sia $f: R^n \to R$ due volte continuamente differenziabile nell'intorno di un punto $x \in R^n$ e sia $d \in R^n$ un vettore non nullo. Supponiamo che risulti $\nabla f(x)^T d = 0$, e che d sia una direzione a curvatura negativa in x, ossia tale che $d^T \nabla^2 f(x) d < 0$. Allora d è una direzione di discesa per f in x.

Dimostrazione. Poiché f è differenziabile due volte, si ha

$$f(x+td) = f(x) + t\nabla f(x)^T d + \frac{1}{2}t^2 d^T \nabla^2 f(x) d + \beta(x, td)$$

in cui

$$\lim_{t \to 0} \frac{\beta(x, td)}{t^2} = 0.$$

Essendo per ipotesi $\nabla f(x)^T d = 0$, si può scrivere

$$\frac{f(x+td) - f(x)}{t^2} = \frac{1}{2} d^T \nabla^2 f(x) d + \frac{\beta(x, td)}{t^2}$$

e quindi, poiché $d^T \nabla^2 f(x) d < 0$ e $\beta(x, td)/t^2 \to 0$ per $t \to 0$, per valori sufficientemente piccoli di t si ha $f(x+td) - f(x) < 0$, per cui d è una direzione di discesa. □

2.3 Condizioni di ottimalità

2.3.1 Condizioni di minimo locale

In questo paragrafo, a partire dalle caratterizzazioni introdotte in precedenza delle direzioni di discesa, ricaviamo condizioni *necessarie* e condizioni *sufficienti* perché un punto assegnato sia un punto di minimo locale non vincolato di una funzione a valori reali. Una conseguenza immediata della definizione di direzione di discesa è la condizione necessaria di minimo locale non vincolato enunciata nella proposizione successiva.

Proposizione 2.3 (Condizione necessaria di minimo locale).

Sia $x^* \in R^n$ un punto di minimo locale del problema

$$\min f(x), \quad x \in R^n;$$

allora non può esistere una direzione di discesa per f in x^*.

Dimostrazione. Se esistesse una direzione d di discesa in $x^\star$, allora, per definizione di direzione di discesa, in ogni intorno di $x^\star$ sarebbe possibile trovare, per $t > 0$ abbastanza piccolo, un punto $x^\star + td \in R^n$ tale che $f(x^\star + td) < f(x^\star)$, il che contraddice l'ipotesi che $x^\star$ sia un punto di minimo locale. □

Dalla condizione di discesa del primo ordine enunciata nel paragrafo precedente segue immediatamente una condizione necessaria di ottimalità del primo ordine.

Proposizione 2.4 (Condizione necessaria del primo ordine).

Sia $f : R^n \to R$ continuamente differenziabile nell'intorno di un punto $x^\star \in R^n$. Condizione necessaria perchè $x^\star$ sia un punto di minimo locale non vincolato di f è che $x^\star$ sia un punto stazionario di f, ossia:

$$\nabla f(x^\star) = 0.$$

Dimostrazione. Se $\nabla f(x^\star) \neq 0$ la direzione $d = -\nabla f(x^\star)$ soddisfa

$$d^T \nabla f(x^\star) = -\|\nabla f(x^\star)\|^2 < 0.$$

Di conseguenza d è una direzione di discesa e ciò contraddice l'ipotesi che $x^\star$ sia un punto di minimo locale. □

Se f è differenziabile due volte si ottiene in modo immediato una condizione necessaria del secondo ordine.

Proposizione 2.5 (Condizione necessaria del secondo ordine).

Sia $f : R^n \to R$ due volte continuamente differenziabile nell'intorno di un punto $x^\star \in R^n$. Condizione necessaria perchè $x^\star$ sia un punto di minimo locale non vincolato di f è che $x^\star$ sia un punto stazionario di f e che la matrice Hessiana sia semidefinita positiva in $x^\star$, ossia:

(a) $\nabla f(x^\star) = 0$;
(b) $y^T \nabla^2 f(x^\star) y \geq 0$, per ogni $y \in R^n$.

Dimostrazione. La (a) segue dalla Proposizione 2.4. Se non vale la (b) deve esistere y tale che risulti

$$y^T \nabla^2 f(x^\star) y < 0,$$

e quindi, essendo $\nabla f(x^\star)^T y = 0$, per la Proposizione 2.2 la direzione y sarà una direzione di discesa per f in $x^\star$, il che contraddice l'ipotesi che $x^\star$ sia un punto di minimo locale. □

2.3 Condizioni di ottimalità

Se $x^\star$ è un punto stazionario e $\nabla^2 f(x^\star)$ non è semidefinita positiva è possibile determinare una direzione di discesa in $x^\star$ scegliendo una direzione coincidente con un autovettore $u^\star \neq 0$ di $\nabla^2 f(x^\star)$ associato a un autovalore negativo $\lambda^\star < 0$. Infatti, in tal caso si ha

$$\nabla^2 f(x^\star) u^\star = \lambda^\star u^\star$$

e di conseguenza

$$(u^\star)^T \nabla^2 f(x^\star) u^\star = \lambda^\star \|u^\star\|^2 < 0,$$

per cui la Proposizione 2.2 implica che $u^\star$ è una direzione di discesa.

La considerazione delle derivate seconde consente di stabilire condizioni sufficienti di minimo locale basate sullo studio della matrice Hessiana in un intorno di un punto stazionario in cui sia soddisfatta una condizione necessaria del secondo ordine. Una semplice condizione sufficiente consiste nel richiedere che la matrice Hessiana sia semidefinita positiva in un intorno del punto considerato, il che equivale a richiedere che f sia localmente convessa.

Proposizione 2.6 (Condizione sufficiente: convessità locale).

Sia $f : R^n \to R$ due volte continuamente differenziabile in un intorno di $x^\star \in R^n$. Condizione sufficiente perchè $x^\star$ sia un punto di minimo locale non vincolato di f è che $x^\star$ sia un punto stazionario di f e che esista un intorno $B(x^\star; \rho)$ di $x^\star$ in cui la matrice Hessiana è semidefinita positiva, ossia:

(a) $\nabla f(x^\star) = 0$;

(b) *si ha* $y^T \nabla^2 f(x) y \geq 0$ *per ogni* $x \in B(x^\star; \rho)$ *e per ogni* $y \in R^n$.

Dimostrazione. Si può sempre supporre che ρ sia sufficientemente piccolo da avere che f sia due volte continuamente differenziabile su $B(x^\star; \rho)$. Utilizzando il teorema di Taylor e tenendo conto del fatto che $\nabla f(x^\star) = 0$, si può scrivere, per ogni $x \in B(x^\star; \rho)$:

$$f(x) = f(x^\star) + \frac{1}{2}(x - x^\star)^T \nabla^2 f(x^\star + \xi(x - x^\star))(x - x^\star),$$

in cui $\xi \in (0, 1)$. Poichè $B(x^\star; \rho)$ è un insieme convesso si ha:

$$x^\star + \xi(x - x^\star) \in B(x^\star; \rho)$$

e quindi, per l'ipotesi (b), la matrice $\nabla^2 f(x^\star + \xi(x - x^\star))$ è semidefinita positiva. Ne segue che per ogni $x \in B(x^\star; \rho)$ si può scrivere:

$$(x - x^\star)^T \nabla^2 f(x^\star + \xi(x - x^\star))(x - x^\star) \geq 0,$$

e quindi si ha

$$f(x) \geq f(x^\star),$$

il che prova che $x^\star$ è un punto di minimo locale. □

Una conseguenza immediata del risultato precedente è che se $\nabla f(x^\star) = 0$ e $\nabla^2 f(x^\star)$ è *definita positiva* allora $x^\star$ è un punto di minimo locale. Infatti se $\nabla^2 f(x^\star)$ è definita positiva deve esistere, per continuità, un intorno di $x^\star$ in cui $\nabla^2 f(x)$ è ancora definita positiva, per cui valgono le ipotesi della proposizione precedente. Se tuttavia $\nabla^2 f(x^\star)$ è definita positiva, si può stabilire un risultato più forte, che riportiamo nella proposizione successiva.

Proposizione 2.7 (Condizione sufficiente del secondo ordine).
Sia $f : R^n \to R$ due volte continuamente differenziabile in un intorno di $x^\star \in R^n$. Supponiamo che valgano le condizioni:

(a) $\nabla f(x^\star) = 0$;
(b) *la matrice Hessiana è definita positiva in $x^\star$, ossia*

$$y^T \nabla^2 f(x^\star) y > 0 \quad \text{per ogni} \quad y \in R^n, \quad y \neq 0.$$

Allora $x^\star$ è un punto di minimo locale stretto e inoltre esistono $\rho > 0$ e $\mu > 0$ tali che:

$$f(x^\star) \leq f(x) - \frac{\mu}{2} \|x - x^\star\|^2 \quad \text{per ogni} \quad \|x - x^\star\| < \rho.$$

Dimostrazione. Per continuità, esiste un intorno di $x^\star$ in cui f è due volte continuamente differenziabile e $\nabla^2 f(x)$ è ancora definita positiva. Quindi esiste $\rho_1 > 0$ tale che per ogni x che soddisfa $\|x - x^\star\| < \rho_1$, si ha:

$$\lambda_{\min}(\nabla^2 f(x)) > 0.$$

Assumendo $\rho < \rho_1$ e tenendo conto della continuità degli autovalori e della continuità di $\nabla^2 f$, deve esistere $\mu > 0$ tale che:

$$\mu = \min_{\|x - x^\star\| \leq \rho} \lambda_{\min}(\nabla^2 f(x)) > 0.$$

Se assumiamo $\|x - x^\star\| < \rho$ possiamo inoltre scrivere, utilizzando il teorema di Taylor e tenendo conto del fatto che $\nabla f(x^\star) = 0$,

$$f(x) = f(x^\star) + \frac{1}{2}(x - x^\star)^T \nabla^2 f(w)(x - x^\star),$$

in cui $w = x^\star + \xi(x - x^\star)$ con $\xi \in (0, 1)$. Poichè la sfera aperta $B(x^\star; \rho)$ è un insieme convesso, si ha $w \in B(x^\star; \rho)$ e quindi si ottiene:

$$f(x) \geq f(x^\star) + \frac{1}{2}\lambda_{\min}(\nabla^2 f(w))\|x - x^\star\|^2 \geq f(x^\star) + \frac{\mu}{2}\|x - x^\star\|^2,$$

il che prova l'enunciato. □

2.3 Condizioni di ottimalità

Dai risultati precedenti si possono dedurre facilmente condizioni necessarie e condizioni sufficienti di massimo locale (basta infatti imporre condizioni di minimo su $-f$). In particolare:

- la condizione che $x^\star$ sia *un punto stazionario*, ossia tale che $\nabla f(x^\star) = 0$ è condizione necessaria sia perché $x^\star$ sia un punto di minimo locale, sia perché $x^\star$ sia un punto di massimo locale;
- condizione necessaria del secondo ordine perché $x^\star$ sia un punto di massimo locale è che $\nabla f(x^\star) = 0$ e $\nabla^2 f(x^\star)$ sia *semidefinita negativa*;
- condizione sufficiente perché $x^\star$ sia un punto di massimo locale è che $\nabla f(x^\star) = 0$ e $\nabla^2 f(x)$ sia *semidefinita negativa in un intorno di $x^\star$*;
- condizione sufficiente perché $x^\star$ sia un punto di massimo locale stretto è che $\nabla f(x^\star) = 0$ e $\nabla^2 f(x^\star)$ sia *definita negativa*;
- se $\nabla f(x^\star) = 0$ e $\nabla^2 f(x^\star)$ è *semidefinita* (negativa o positiva) non si può determinare la natura di $x^\star$ in assenza di altre informazioni.

Esempio 2.1. Si consideri la seguente funzione di una variabile

$$f(x) = x^3.$$

La funzione ammette derivate di qualsiasi ordine su R. Il punto $x^\star = 0$ è tale che:

$$\frac{df(x^\star)}{dx} = 0, \quad \frac{d^2 f(x^\star)}{d^2 x} = 0,$$

e quindi soddisfa le condizioni necessarie di ottimalità del primo e secondo ordine. Tuttavia, il punto $x^\star = 0$ non è un punto di minimo locale, infatti risulta

$$0 = f(x^\star) > f(x) \quad \text{per ogni } x < 0.$$

Il punto $x^\star = 0$ costituisce un punto di *flesso* della funzione.

Esempio 2.2. Si consideri la funzione $f : R \to R$ definita come segue

$$f(x) = |x|^3.$$

La funzione è due volte continuamente differenziabile su R e risulta:

$$\frac{df(x)}{dx} = \begin{cases} 3x^2 & x \geq 0 \\ -3x^2 & x \leq 0 \end{cases} \qquad \frac{d^2 f(x)}{d^2 x} = \begin{cases} 6x & x \geq 0 \\ -6x & x \leq 0. \end{cases}$$

Anche in questo caso si ha che il punto $x^\star = 0$ soddisfa le condizioni necessarie di ottimalità

$$\frac{df(x^\star)}{dx} = 0, \quad \frac{d^2 f(x^\star)}{d^2 x} = 0.$$

Essendo $f(x) > f(x^\star) = 0$ per ogni $x \neq 0$, possiamo concludere che $x^\star$ è l'unico punto di minimo globale di f. Si osservi che la funzione f è una funzione strettamente convessa.

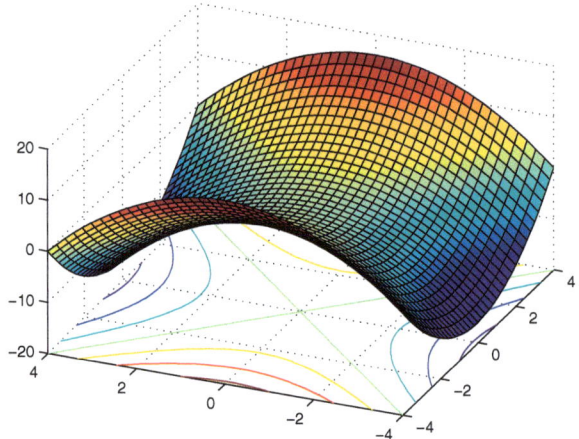

Fig. 2.2. Punto di sella

Se risulta $\nabla f(x^\star) = 0$ e la matrice Hessiana $\nabla^2 f(x^\star)$ è *indefinita* (ossia, esistono vettori d per cui $d^T \nabla^2 f(x^\star) d > 0$ e altri per cui $d^T \nabla^2 f(x^\star) d < 0$) allora si può escludere che $x^\star$ sia un punto di minimo o di massimo locale e il punto $x^\star$ è un *punto di sella*. Un punto di sella è, in generale, un punto stazionario in corrispondenza al quale esistono sia direzioni *di discesa* sia direzioni *di salita*.

Esempio 2.3. Si consideri la funzione $f : R^2 \to R$ definita come segue:
$$f(x) = x_1^2 - x_2^2.$$
Posto $x^\star = 0$, si ha
$$\nabla f(x^*) = \begin{pmatrix} 2x_1^* \\ 2x_2^* \end{pmatrix} = 0 \quad \nabla^2 f(x^*) = \begin{pmatrix} 2 & 0 \\ 0 & -2 \end{pmatrix}.$$

Essendo $\nabla^2 f(x^*)$ indefinita, f ha un punto di sella nell'origine. Nella Fig. 2.2 sono riportati la rappresentazione tridimensionale e gli insiemi di livello inferiori e superiori di f. È immediato verificare che in $x^\star$ la funzione f cresce per valori crescenti di $|x_1|$ e decresce per valori crescenti di $|x_2|$.

2.3.2 Condizioni di minimo globale nel caso convesso

Non è possibile, in generale, ottenere condizioni necessarie e sufficienti di minimo locale con informazioni relative alla funzione e alle sue derivate successive (di qualsiasi ordine) *in un singolo punto*. Per ottenere condizioni necessarie e sufficienti occorre considerare proprietà della funzione e delle sue derivate almeno in un intorno di $x^\star$. Condizioni necessarie e sufficienti di ottimalità si possono stabilire facendo riferimento a classi di funzioni che godano di opportune proprietà di *convessità*. Vale, in particolare, il risultato seguente.

Proposizione 2.8 (Condizione di minimo globale: caso convesso).

Sia $f: R^n \to R$ continuamente differenziabile su R^n e si supponga che f sia convessa. Allora $x^\star$ è un punto di minimo globale di f su R^n se e solo se $\nabla f(x^\star) = 0$. Inoltre, se f è strettamente convessa su R^n e se in $x^\star$ si ha $\nabla f(x^\star) = 0$, allora $x^\star$ è l'unico punto stazionario di f e costituisce anche l'unico punto di minimo globale della funzione.

Dimostrazione. La necessità segue dalla Proposizione 2.4, ove si tenga conto del fatto che, un punto di minimo globale di f deve essere anche un punto di minimo locale. Per quanto riguarda la sufficienza basta osservare che se f è convessa su R^n, per ogni coppia di punti $x, x^\star \in R^n$, deve essere

$$f(x) \geq f(x^\star) + \nabla f(x^\star)^T (x - x^\star)$$

e quindi, essendo, per ipotesi, $\nabla f(x^\star) = 0$, sarà $f(x) \geq f(x^\star)$, per ogni $x \in R^n$. L'ultima affermazione è poi una conseguenza immediata della definizione di convessità stretta. □

Una classe di particolare interesse di funzioni convesse è quella delle funzioni quadratiche convesse. Una funzione quadratica è una funzione (infinitamente differenziabile) del tipo

$$q(x) = \frac{1}{2} x^T Q x + c^T x,$$

dove Q è una matrice simmetrica $n \times n$ e $c \in R^n$. Esplicitando le componenti di x, c e gli elementi di Q, si può scrivere

$$q(x) = \frac{1}{2} \sum_{i=1}^{n} \sum_{j=1}^{n} q_{ij} x_i x_j + \sum_{j=1}^{n} c_j x_j.$$

Si verifica facilmente che il gradiente di q è dato da

$$\nabla q(x) = Qx + c,$$

e che la matrice Hessiana si identifica con la matrice Q, ossia

$$\nabla^2 q(x) = Q.$$

Per noti risultati la funzione q è quindi convessa se e solo se Q è semidefinita positiva ed è strettamente convessa se e solo se Q è definita positiva.

Vale la seguente caratterizzazione (implicitamente contenuta nei risultati precedenti), di cui si può dare una dimostrazione diretta.

Proposizione 2.9 (Minimizzazione di una funzione quadratica).
Sia $q(x) = \frac{1}{2}x^T Q x + c^T x$, con Q simmetrica e $c \in R^n$. Allora:
(a) $q(x)$ ammette un punto di minimo se e solo se Q è semidefinita positiva ed esiste $x^\star$ tale che $Qx^\star + c = 0$;
(b) se Q è semidefinita positiva ogni punto $x^\star$ tale che $Qx^\star + c = 0$ è un punto di minimo globale di $q(x)$;
(c) $q(x)$ ammette un unico punto di minimo globale se e solo se Q è definita positiva.

Dimostrazione. Assegnati $x^\star, x \in R^n$ e posto $x = x^\star + s$ si può scrivere:

$$q(x) = q(x^\star + s) = q(x^\star) + (Qx^\star + c)^T s + \frac{1}{2} s^T Q s. \tag{2.3}$$

Supponiamo ora che $Qx^\star + c = 0$ e che Q sia semidefinita positiva; in tal caso dalla (2.3) segue $q(x) \geq q(x^\star)$ per ogni $x \in R^n$. Inversamente, per la Proposizione 2.5, se q ammette un punto di minimo $x^\star$, deve essere $\nabla q(x^\star) = 0$ e la matrice Hessiana $\nabla^2 q(x^\star) = Q$ deve risultare semidefinita positiva. Ciò prova la (a).

La (b) segue dalla (2.3) perchè se $x^\star$ è tale che $\nabla q(x^\star) = 0$, e si assume $s^T Q s \geq 0$ per ogni s, si ha $q(x) \geq q(x^\star)$ per ogni x.

Infine, per quanto riguarda la (c), se Q è definita positiva, la matrice è anche non singolare e di conseguenza il sistema $Qx + c = 0$ ammette soluzione; segue quindi dalla (2.3) e dall'ipotesi $s^T Q s > 0$ per $s \neq 0$ che $q(x) > q(x^\star)$ per ogni $x \neq x^\star$. Inversamente, se $x^\star$ è l'unico punto di minimo la (a) implica, in particolare, che sia $Qx^\star + c = 0$ e quindi segue dalla (2.3) che $s^T Q s > 0$ per ogni $s \neq 0$, per cui Q è definita positiva. □

Esempio 2.4. Si consideri la seguente funzione $f : R^2 \to R$

$$f(x) = x_1^2 + x_2^2 + 2x_1 x_2 - 2x_1 + 2x_2 = 0.$$

Si ha

$$\nabla f(x) = \begin{pmatrix} 2x_1 + 2x_2 - 2 \\ 2x_1 + 2x_2 + 2 \end{pmatrix} \quad \nabla^2 f(x) = \begin{pmatrix} 2 & 2 \\ 2 & 2 \end{pmatrix}.$$

Si tratta di una funzione quadratica convessa con matrice Hessiana semidefinita positiva. Si verifica facilmente che il sistema $\nabla f(x) = 0$ non ammette soluzione e quindi, per la proposizione precedente, f non ha punti di minimo.

2.3.3 Condizioni di ottimo in problemi di minimi quadrati

Sia A una matrice $(m \times n)$, $b \in R^m$ e si consideri il problema di minimi quadrati:

$$min f(x) = \frac{1}{2} \|Ax - b\|^2.$$

Si ha ovviamente
$$\nabla f(x) = A^T(Ax - b), \quad \nabla^2 f(x) = A^T A.$$

La funzione obiettivo è quindi una una funzione quadratica convessa e, come si è dimostrato in precedenza, il problema ammette sempre una soluzione ottima, qualunque sia il rango di A. Dalla Proposizione 2.9 segue allora che le cosiddette *equazioni normali*:
$$A^T Ax = A^T b,$$

che esprimono l'annullamento del gradiente, ammettono sempre soluzione e ogni soluzione è una soluzione ottima globale del problema. In particolare, se A ha rango n, la matrice $A^T A$ è definita positiva e quindi non singolare. Si può allora definire la matrice (detta *pseudoinversa*)
$$A^\dagger = (A^T A)^{-1} A^T,$$

e l'unica soluzione delle equazioni normali, che è l'unica soluzione ottima del problema, è data da:
$$x^* = A^\dagger b = (A^T A)^{-1} A^T b.$$

Esempio 2.5 (Calcolo della retta di regressione).

Un particolare problema di minimi quadrati, ben noto nell'ambito della Statistica, è quello di calcolare la *retta di regressione*, ossia quello di determinare i parametri $\alpha \in R$ e $\beta \in R$ di una legge lineare del tipo
$$y(t) = \alpha t + \beta,$$

a partire da un insieme di dati
$$\{(t_i, y_i), \quad i = 1, \ldots, m\}$$

dedotti da osservazioni e affetti, in genere, da errori di misura. Il problema consiste nel minimizzare rispetto a (α, β) la funzione di errore
$$f(\alpha, \beta) = \frac{1}{2} \sum_{i=1}^{m} (y_i - \alpha t_i - \beta)^2,$$

che misura lo scostamento tra le osservazioni y_i e la stima fornita dal modello $y(t_i) = \alpha t_i + \beta$.

Le derivate prime di f rispetto ad α e β sono date da
$$\frac{\partial f}{\partial \alpha} = -\sum_{i=1}^{m} (y_i - \alpha t_i - \beta) t_i,$$

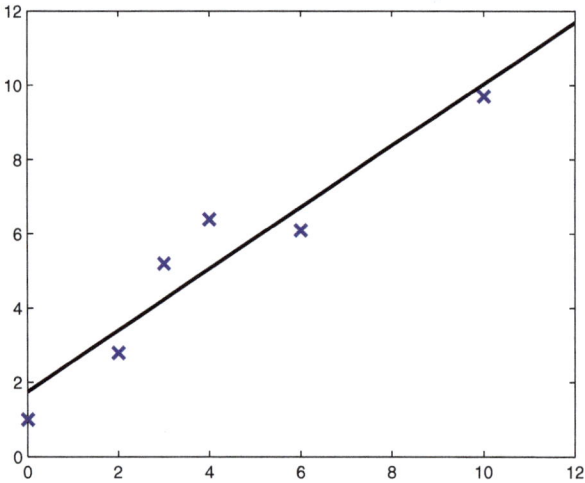

Fig. 2.3. Retta di regressione

$$\frac{\partial f}{\partial \beta} = -\sum_{i=1}^{m}(y_i - \alpha t_i - \beta)$$

e le derivate seconde rispetto a α, β sono

$$\frac{\partial^2 f}{\partial \alpha^2} = \sum_{i=1}^{m} t_i^2 \qquad \frac{\partial^2 f}{\partial \alpha \partial \beta} = \sum_{i=1}^{m} t_i \qquad \frac{\partial^2 f}{\partial \beta^2} = m.$$

Imponendo l'annullamento del gradiente si ottengono le equazioni

$$\alpha \sum_{i=1}^{m} t_i^2 + \beta \sum_{i=1}^{m} t_i = \sum_{i=1}^{m} y_i t_i,$$

$$\alpha \sum_{i=1}^{m} t_i + \beta m = \sum_{i=1}^{m} y_i.$$

Definendo i valori medi

$$\bar{t} = \frac{1}{m}\sum_{i=1}^{m} t_i \qquad \bar{y} = \frac{1}{m}\sum_{i=1}^{m} y_i,$$

e ponendo, per semplicità

$$s_{tt} = \sum_{i=1}^{m} t_i^2 \quad s_{ty} = \sum_{i=1}^{m} t_i y_i,$$

si può scrivere

$$\alpha s_{tt} + \beta m \bar{t} = s_{ty}, \qquad \alpha \bar{t} + \beta = \bar{y}$$

e quindi
$$\beta = \bar{y} - \alpha\bar{t}, \qquad \alpha = \frac{s_{ty} - m\bar{t}\bar{y}}{s_{tt} - m\bar{t}^2}.$$

Ponendo
$$S_{ty} = s_{ty} - m\bar{t}\bar{y} = \sum_{i=1}^{m}(t_i - \bar{t})(y_i - \bar{y}),$$
$$S_{tt} = s_{tt} - m\bar{t}^2 = \sum_{i=1}^{m}(t_i - \bar{t})^2$$

si può scrivere la soluzione nella forma
$$\alpha = \frac{S_{ty}}{S_{tt}}, \qquad \beta = \bar{y} - \alpha\bar{t}.$$

Osserviamo che, per la diseguaglianza di Schwarz, essendo distinti i valori di t_i, si ha necessariamente
$$s_{tt} - m\bar{t}^2 = \sum_{i=1}^{m} t_i^2 - \frac{1}{m}\left(\sum_{i=1}^{m} t_i\right)^2 > 0,$$

il che prova anche che la matrice Hessiana di f
$$\nabla^2 f(\alpha, \beta) = \begin{pmatrix} \sum_{i=1}^{m} t_i^2 & \sum_{i=1}^{m} t_i \\ \sum_{i=1}^{m} t_i & m \end{pmatrix},$$

è una matrice definita positiva.

2.4 Equazioni non lineari

Supponiamo che $F : R^n \to R^n$ sia una funzione continuamente differenziabile e che $J(x)$ sia la matrice Jacobiana di F in x. Come già si è detto, il problema di calcolare le soluzioni del sistema
$$F(x) = 0,$$
può essere formulato, in linea di principio, come un problema di ottimizzazione, costruendo la funzione obiettivo
$$f(x) = \frac{1}{2}\|F(x)\|^2 = \frac{1}{2}\sum_{i=1}^{n} F_i(x)^2,$$
e minimizzando f su R^n.

Osserviamo tuttavia che l'equivalenza con il problema assegnato sussiste solo se si può determinare un punto di minimo globale x^* di f per cui $f(x^*) = 0$. Risolvere un sistema di equazioni non lineari costituisce quindi, in generale, un *problema di natura globale* e lo studio delle condizioni di esistenza costituisce un settore importante dell'Analisi matematica.

Il problema può essere risolto con tecniche "locali", determinando i punti stazionari di f, solo sotto ipotesi opportune su F e su J.

Supponiamo, in particolare, che valgano le ipotesi seguenti:

(c_1) esiste $x_0 \in R^n$ tale che l'insieme di livello
$$\mathcal{L}_0 = \{x \in R^n : \|F(x)\| \leq \|F(x_0)\|\},$$
sia un insieme compatto;

(c_2) la matrice Jacobiana $J(x)$ è continua e non singolare su $\mathcal{L}_0$.

In tali ipotesi, tenendo conto dei risultati di esistenza e di ottimalità ricavati nei paragrafi precedenti, la funzione $f(x) = 1/2\|F(x)\|^2$ ammette un punto di minimo globale che deve essere un punto stazionario di f. Poiché

$$\nabla f(x) = \sum_{i=1}^{n} F_i(x) \nabla F_i(x) = J(x)^T F(x),$$

la condizione $\nabla f(x^*) = 0$ diviene

$$J(x^*)^T F(x^*) = 0,$$

e quindi la non singolarità di J implica $F(x^*) = 0$. Ci si può quindi limitare a ricercare i punti stazionari di f. In base a risultati già stabiliti, una condizione sufficiente ad assicurare che valga la (c_1) è che $\|F(x)\|$ sia coerciva, ossia che per ogni successione $\{x_k\}$, con $x_k \in R^n$, tale che $\|x_k\| \to \infty$, si abbia $\|F(x_k)\| \to \infty$.

Un altro caso particolare di interesse può essere quello in cui F può interpretarsi come gradiente di una funzione $f : R^n \to R$. Supponendo J continua su un insieme aperto convesso D, si dimostra [99] che ciò è possibile se e solo se J è simmetrica su D, nel qual caso, fissato $x^0 \in D$, si ha

$$f(x) = \int_0^1 (x - x^0)^T F\left(x^0 + t(x - x^0)\right) dt \tag{2.4}$$

e risulta
$$J(x) = \nabla^2 f(x).$$

Se si riesce a calcolare f a partire dall' espressione (2.4), la ricerca di soluzioni del sistema su D si riconduce anche in questo caso alla ricerca di punti stazionari di f. In particolare, se il sistema è lineare, ossia se si ricercano le soluzioni del sistema
$$F(x) = Ax - b = 0,$$

in cui A è una matrice simmetrica semidefinita positiva, segue dalla Proposizione 2.9 che il sistema ha una soluzione x^* se e solo se x^* è un punto di minimo globale della funzione quadratica

$$f(x) = \frac{1}{2}x^T A x - b^T x,$$

il cui gradiente è dato dal residuo, ossia

$$\nabla f(x) = Ax - b.$$

Se A è simmetrica definita positiva, l'unico punto di minimo globale di f è dato da

$$x^* = A^{-1}b,$$

che è l'unica soluzione del sistema. I metodi iterativi per la soluzione di sistemi di equazioni lineari e non lineari (sia su spazi a dimensione finita, sia su spazi di funzioni) che possono essere ricondotti alla minimizzazione di un opportuno funzionale sono noti come *metodi variazionali* [122]. Applicazioni significative riguardano la soluzione numerica di equazioni differenziali e il calcolo di autovalori.

Note e riferimenti

In questo capitolo sono state introdotte le condizioni di ottimalità per problemi non vincolati. Il caso di problemi con insieme ammissibile convesso viene considerato nel Capitolo 17. In Appendice D vengono riportate le condizioni di ottimalità per problemi vincolati in cui l'insieme ammissibile è descritto mediante equazioni e disequazioni. Per ulteriori approfondimenti dello studio delle condizioni di ottimalità si può fare riferimento ai libri citati nel primo capitolo, e, in particolare, a [4, 7, 85, 87].

2.5 Esercizi

2.1. Determinare i punti stazionari della funzione

$$f(x) = 2x_1^3 - 3x_1^2 - 6x_1 x_2(x_1 - x_2 - 1),$$

e stabilire quali di essi sono minimi locali, quali massimi locali, e quali punti di sella.

2.2. Dimostrare che la funzione

$$f(x) = (x_2 - x_1)^2 + x_1^5$$

ha un unico punto stazionario che è un punto di sella.

2 Condizioni di ottimo per problemi non vincolati

2.3. Sia
$$f(x) = 1/2(x_1 - 1)^2 + 1/2(x_2 - 1)^2.$$
Determinare una direzione $d \in R^2$ che sia di discesa nel punto $\bar{x} = (2,2)^T$ e diversa dalla direzione dell'antigradiente.

2.4. Determinare un punto di minimo locale della funzione
$$f(x, y, z) = 2x^2 + xy + y^2 + yz + z^2 - 6x - 7y - 8z + 9$$
e dimostrare che è un punto di minimo globale.

2.5. Si consideri il problema
$$\min \tfrac{1}{2} x^T Q x + c^T x$$
$$x \in R^n$$
dove $Q \in R^{n \times n}$ è una matrice simmetrica indefinita, $c \in R^n$. Dimostrare che non esistono punti di minimo e punti di massimo.

2.6. Si consideri una funzione $f : R^+ \to R^+$, continuamente differenziabile e tale che $f(0) = 0$ e $f(x) \to 0$ per $x \to \infty$. Si assuma che esista un unico punto $x^\star$ tale che $df(x^\star)/dx = 0$. Dimostrare che $x^\star$ è l'unico punto di massimo globale di f.

2.7. Sia $f : R^n \to R$ una funzione continuamente differenziabile. Sia $x^\star$ un punto tale che
$$f(x^\star) \leq f(x^\star + \alpha d)$$
per ogni $\alpha \in R$ e per ogni $d \in R^n$. Dimostrare che $\nabla f(x^\star) = 0$.

2.8. Sia $f : R^n \to R$ una funzione continuamente differenziabile e sia $\bar{x} \in R^n$ un punto tale che $\nabla f(\bar{x}) \neq 0$. Sia $\{d_1, \ldots, d_n\}$ una base di R^n. Dimostrare che l'insieme
$$\{d_1, d_2, \ldots, d_n, -d_1, -d_2, \ldots, -d_n\}$$
contiene almeno una direzione di discesa per f in $\bar{x}$.

2.9. Si consideri il problema su R^2 definito da:
$$\min \quad f(x) = \frac{1}{2}(x_1^2 + x_2^2) + \tau(x_1 - 1)^2$$
e si studi il problema al variare di τ in $\{-1, -\tfrac{1}{2}, 0, 2\}$ determinando la natura degli eventuali punti stazionari e tracciando i contorni della funzione.

2.10. Si consideri il problema
$$\min f(x) = \frac{1}{2} x^T Q x - b^T x$$
$$x \in R^n,$$

dove Q è una matrice $n \times n$ simmetrica e semidefinita positiva. Si supponga che la funzione obiettivo sia limitata inferiormente. Dimostrare che f ammette punto di minimo globale.

Suggerimento: un qualsiasi vettore $b \in R^n$ diverso da zero può essere univocamente decomposto come segue

$$b = b_\mathcal{R} + b_\mathcal{N},$$

dove $b_\mathcal{R} \in \mathcal{R}(Q)$ e $b_\mathcal{N} \in \mathcal{N}(Q^T)$, essendo

$$\mathcal{R}(Q) = \{x \in R^n : Qy = x \quad y \in R^m\},$$

il sottospazio *immagine* (*range*) di Q,

$$\mathcal{N}(Q^T) = \{x \in R^n : Q^T x = 0\}$$

il sottospazio denominato *nullo* di Q^T.

3
Struttura e convergenza degli algoritmi

In questo capitolo definiamo le caratteristiche generali degli algoritmi di ottimizzazione non vincolata e studiamo le proprietà di convergenza degli schemi iterativi. Successivamente illustriamo alcune delle principali strategie di globalizzazione, il cui studio verrà approfondito nel seguito, in connessione con i singoli metodi considerati.

3.1 Generalità

Consideriamo il problema di ottimizzazione non vincolata:

$$min \ f(x), \quad x \in R^n \qquad (3.1)$$

in cui $f : R^n \to R$ e indichiamo con

$$\mathcal{L}_0 = \{x \in R^n : f(x) \leq f(x_0)\}$$

l'insieme di livello inferiore definito in corrispondenza al valore assunto dalla funzione obiettivo in un punto $x_0 \in R^n$ assegnato. Supporremo nel seguito che almeno le derivate prime di f esistano e siano continue nelle regioni di interesse. Com'è noto, nelle ipotesi poste, il Problema (3.1) ammette un punto di minimo globale (appartenente a $\mathcal{L}_0$), in cui risultano soddisfatte le condizioni di ottimo considerate nel capitolo precedente. Tuttavia, solo in casi molto particolari è possibile ottenere per via analitica una soluzione del problema; nel caso generale occorre far ricorso a metodi numerici che consentano di calcolare soluzioni locali o globali attraverso un processo iterativo.

Gli algoritmi che descriveremo nel seguito garantiscono, in generale, la determinazione (con precisione teoricamente arbitraria) di punti che soddisfino *condizioni necessarie* di ottimo. In particolare, tutti i metodi considerati consentono di determinare *punti stazionari* di f, ossia punti dell'insieme

$$\Omega = \{x \in R^n : \nabla f(x) = 0\}.$$

Nell'ipotesi che f sia due volte continuamente differenziabile si possono anche definire metodi in grado di determinare punti stazionari che soddisfino le *condizioni necessarie del secondo ordine*.

Nella maggior parte dei casi, è possibile escludere che i punti stazionari determinati siano punti di massimo locale ed è possibile assicurare che si raggiungano esclusivamente punti di Ω appartenenti all'insieme di livello $\mathcal{L}_0$. In particolare, se x_0 non è già un punto stazionario, possono essere ottenuti punti stazionari in cui la funzione obiettivo assume un valore inferiore al valore assunto nel punto iniziale x_0 e ciò consente di ottenere soluzioni soddisfacenti in molte applicazioni. Se poi la funzione gode di opportune proprietà di convessità (generalizzata) è possibile assicurare che le soluzioni ottenute siano soluzioni globali del Problema (3.1).

Nel caso non convesso la determinazione di punti stazionari non fornisce, ovviamente, una soluzione globale e non è neanche possibile, in generale, garantire che sia raggiunto un *punto di minimo locale*. La ricerca di punti stazionari, tuttavia, può essere inserita entro schemi di *ottimizzazione globale* di tipo deterministico o probabilistico che possono consistere, ad esempio, nel ripetere la ricerca di soluzioni locali a partire da diversi punti iniziali opportunamente distribuiti. L'analisi di tali tecniche resta però al di fuori del nostro studio.

Gli algoritmi che ci proponiamo di studiare sono i procedimenti iterativi per la determinazione di punti di Ω, che possono essere descritti per mezzo dello schema concettuale seguente.

Fissa un *punto iniziale* $x_0 \in R^n$ e poni $k = 0$.
While $x_k \notin \Omega$
  Calcola uno *spostamento* $s_k \in R^n$.
  Determina un nuovo punto $x_{k+1} = x_k + s_k$.
  Poni $k = k + 1$.
End While

Nello schema considerato il punto iniziale dell'algoritmo è un *dato* del problema e deve essere fornito in relazione alla particolare funzione che si intende minimizzare. Il punto x_0 dovrebbe essere scelto come la migliore stima disponibile della soluzione ottima, eventualmente facendo riferimento a un modello semplificato della funzione obiettivo. Nella maggior parte dei casi, tuttavia, non esistono criteri generali per effettuare una buona scelta di x_0 e quindi siamo interessati a definire algoritmi le cui proprietà di convergenza siano indipendenti dalla scelta del punto iniziale.

Il criterio di utilizzato per far terminare l'algoritmo consiste nel controllare se $\nabla f(x_k) = 0$. In pratica, occorrerà specificare un *criterio di arresto* più realistico, fissando, ad esempio, un $\varepsilon > 0$ sufficientemente piccolo e arrestando l'algoritmo quando

$$\|\nabla f(x_k)\| \leq \varepsilon. \tag{3.2}$$

Dal punto di vista numerico tale criterio può non essere del tutto soddisfacente perché non fa riferimento né alla precisione del mezzo di calcolo, né alla scala con cui è calcolato ∇f. Nei codici di calcolo occorrerà quindi definire criteri più opportuni, dei quali si discuterà nell'Appendice E. Ci limitiamo qui a osservare che la possibilità di utilizzare la (3.2) (eventualmente rielaborata) come criterio di arresto richiede che si possa dimostrare, dal punto di vista teorico, che l'algoritmo consente di raggiungere valori arbitrariamente piccoli di $\|\nabla f(x_k)\|$ per valori sufficientemente elevati di k.

Senza perdita di generalità, possiamo supporre che l'algoritmo iterativo generi una successione infinita $\{x_k\}$; dal punto di vista formale, infatti, possiamo ridefinire le iterazioni eliminando il criterio di arresto e ponendo

$$x_{k+1} = x_k, \quad \text{se } x_k \in \Omega.$$

L'analisi delle proprietà di convergenza consiste nello studio del comportamento delle successioni $\{x_k\}$, $\{f(x_k)\}$, $\{\nabla f(x_k)\}$ e riguarda, in particolare:

- l'esistenza, l'unicità e la natura dei punti di accumulazione di $\{x_k\}$;
- l'andamento e la convergenza della successione $\{f(x_k)\}$;
- le proprietà della successione $\{\nabla f(x_k)\}$ e, in particolare, l'appartenenza degli eventuali punti di accumulazione di $\{x_k\}$ all'insieme Ω;
- la rapidità di convergenza di $\{x_k\}$.

Nel seguito riportiamo innanzitutto alcuni concetti e risultati di base relativi ai punti sopra indicati. Successivamente illustriamo le caratteristiche generali dei metodi che consentono costruttivamente di assicurare la convergenza a punti stazionari.

3.2 Punti di accumulazione

L'*esistenza* di punti di accumulazione di $\{x_k\}$ può essere assicurata imponendo che tutti i punti della successione rimangano in un insieme compatto. Se si assume che l'insieme di livello $\mathcal{L}_0$ sia compatto, una condizione *sufficiente* perché i punti x_k rimangano in un insieme compatto è che la successione dei valori della funzione obiettivo sia *monotona non crescente*. Ciò implica, a sua volta, la convergenza dei valori di f.

Più esattamente, possiamo enunciare la proposizione seguente, che è alla base di molti risultati di convergenza.

3 Struttura e convergenza degli algoritmi

Proposizione 3.1 (Esistenza di punti di accumulazione).
Sia $\{x_k\}$ la successione prodotta dall'algoritmo e si supponga che $\mathcal{L}_0$ sia compatto e che $f(x_{k+1}) \leq f(x_k)$. Allora:

(a) $x_k \in \mathcal{L}_0$ per ogni k e $\{x_k\}$ ammette punti di accumulazione;
(b) ogni punto di accumulazione di $\{x_k\}$ appartiene a $\mathcal{L}_0$;
(c) la successione $\{f(x_k)\}$ converge.

Dimostrazione. Poiché per ipotesi $f(x_{k+1}) \leq f(x_k)$, si ha, per induzione, che tutti i punti della successione $\{x_k\}$ rimangono in $\mathcal{L}_0$. Per la compattezza di $\mathcal{L}_0$, deve esistere almeno una sottosuccessione convergente e tutte le sottosuccessioni convergenti devono avere punti di accumulazione in $\mathcal{L}_0$. Inoltre, per la continuità di f e la compattezza di $\mathcal{L}_0$, esiste il minimo di f su R^n e di conseguenza $f(x_k) \geq \min_{x \in R^n} f(x)$. La successione $f(x_k)$ è quindi limitata inferiormente e, per ipotesi, monotona non crescente. Ciò implica che $\{f(x_k)\}$ converge. □

Non è facile, in generale, dimostrare che la successione generata da un algoritmo di ottimizzazione ammette un limite. Tuttavia se si impone la condizione

$$\lim_{k \to \infty} \|x_{k+1} - x_k\| = 0, \qquad (3.3)$$

che può essere spesso soddisfatta in modo costruttivo, si hanno varie conseguenze sulla distribuzione dei punti di accumulazione. Una semplice conseguenza della (3.3) è riportata di seguito.

Proposizione 3.2. Sia $\{x_k\}$ una successione tale che

$$\lim_{k \to \infty} \|x_{k+1} - x_k\| = 0,$$

e sia $\bar{x}$ un punto di accumulazione di $\{x_k\}$, ossia supponiamo che esista un insieme infinito di indici K, tale che la sottosuccessione $\{x_k\}_K$ converga a $\bar{x}$. Allora, per ogni fissato $N > 0$ si ha che tutte le sottosuccessioni $\{x_{k+j}\}_K$, per $j = 1, \ldots, N$ convergono a $\bar{x}$.

Dimostrazione. Basta osservare che, fissato $j \in \{1, \ldots, N\}$, si può scrivere:

$$x_{k+j} - x_k = \sum_{h=0}^{j-1} (x_{k+h+1} - x_{k+h})$$

da cui segue per $j = 1, \ldots, N$

$$\|x_{k+j} - x_k\| \leq \sum_{h=0}^{j-1} \|x_{k+h+1} - x_{k+h}\|, \qquad (3.4)$$

in cui, per ipotesi

$$\lim_{k \to \infty} \|x_{k+h+1} - x_{k+h}\| = 0, \quad h = 0, \ldots, j-1. \qquad (3.5)$$

Essendo finito (e non superiore a N) il numero di termini della somma a secondo membro della (3.4), la (3.5) implica

$$\lim_{k \to \infty} \|x_{k+j} - x_k\| = 0, \quad j = 1, \ldots, N. \qquad (3.6)$$

D'altra parte, per ogni j si può scrivere:

$$\|x_{k+j} - \bar{x}\| = \|x_{k+j} - x_k + x_k - \bar{x}\| \leq \|x_{k+j} - x_k\| + \|x_k - \bar{x}\|,$$

e quindi, ricordando che, per ipotesi, si ha $\|x_k - \bar{x}\| \to 0$ per $k \in K, k \to \infty$ e tenendo conto della (3.6) si ottiene immediatamente la tesi. □

Se vale la (3.3) un risultato analogo a quello della Proposizione 3.1 può essere ottenuto senza richiedere né che tutti i punti della successione appartengano all'insieme $\mathcal{L}_0$, né che tutta la successione $\{f(x_k)\}$ sia monotona, a condizione di imporre che esista un'opportuna sottosequenza monotona di $\{f(x_k)\}$. Prima di stabilire questo risultato premettiamo il lemma seguente.

Lemma 3.1. (*) *Sia $\{x_k\}$ una successione assegnata e supponiamo che risulti*

$$\lim_{k \to \infty} \|x_{k+1} - x_k\| = 0.$$

Sia inoltre $\{x_k\}_K$ una sottosuccessione di $\{x_k\}$ tale che, per ogni k esiste un indice $j(k) \in K$ per cui

$$0 < j(k) - k \leq M. \qquad (3.7)$$

Allora:

(a) *ogni (eventuale) punto di accumulazione di $\{x_k\}$ è un punto di accumulazione della sottosuccessione $\{x_k\}_K$;*
(b) *se $\{x_k\}_K$ è limitata anche la successione $\{x_k\}$ è limitata.*

Dimostrazione. Poiché, per ipotesi, $\|x_{k+1} - x_k\| \to 0$, per ogni $\varepsilon > 0$ esiste un k_0 tale che, per ogni $k \geq k_0$ si ha $\|x_{k+1} - x_k\| \leq \varepsilon$ e quindi, per le ipotesi fatte, si può scrivere, per ogni $k \geq k_0$:

$$\|x_{j(k)} - x_k\| \leq \|x_{j(k)} - x_{j(k)-1}\| + \ldots + \|x_{k+1} - x_k\| \leq M\varepsilon. \qquad (3.8)$$

60   3 Struttura e convergenza degli algoritmi

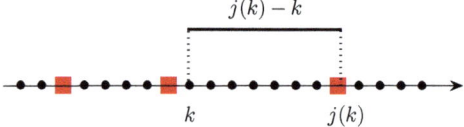

Fig. 3.1. Condizione (3.7) sulle sequenze

Sia ora $\{x_k\}_{K_1}$ una sottosuccessione di $\{x_k\}$ convergente a un punto di accumulazione $\bar{x}$; esisterà allora un k_1 sufficientemente grande tale che

$$\|\bar{x} - x_k\| \leq \varepsilon \quad \text{per ogni} \quad k \in K_1, k \geq k_1. \tag{3.9}$$

Tenendo conto delle (3.8) (3.9) si può allora scrivere, per ogni $k \in K_1$, con $k \geq \max\{k_0, k_1\}$:

$$\|\bar{x} - x_{j(k)}\| \leq \|\bar{x} - x_k\| + \|x_k - x_{j(k)}\| \leq (1 + M)\varepsilon.$$

Per l'arbitrarietà di ε, ciò prova che la sottosuccessione $\{x_{j(k)}\}_K$ converge anch'essa a $\bar{x}$ e quindi risulta provata la (a). La (b) segue immediatamente dalla (3.8). Infatti, si può scrivere $\|x_k\| - \|x_{j(k)}\| \leq \|x_{j(k)} - x_k\|$ e quindi, per la (3.8) si ha

$$\|x_k\| \leq \|x_{j(k)}\| + \|x_{j(k)} - x_k\| \leq \|x_{j(k)}\| + M\varepsilon, \quad \text{per ogni} \quad k \geq k_0,$$

per cui la limitatezza di $\{x_k\}_K$ implica la limitatezza di $\{x_k\}$. □

Commento 3.1. La (3.7) richiede che, comunque si scelga un indice k della sequenza principale $\{0, 1, \ldots, \}$, nell'insieme dei successivi M indici $k+1, k+2, \ldots, k+M$, è possibile trovare un indice $j(k)$ appartenente alla sottosequenza K. Posto $K = \{k_1, k_2, \ldots, k_i, \ldots\}$, se per $i = 1, 2, \ldots$, risulta $k_{i+1} - k_i \leq M$, allora la (3.7) è soddisfatta.

Nella Fig. 3.1 gli indici della sequenza principale sono indicati con il cerchio, quelli della sottosequenza K con il rettangolo. Nell'esempio in figura si vede che $j(k) = k + 7$, quindi la condizione (3.7) potrà essere soddisfatta con una costante M che deve essere necessariamente maggiore o uguale a 7. □

Possiamo ora enunciare il risultato annunciato.

Proposizione 3.3. (*) *Sia $\{x_k\}$ la successione prodotta dall'algoritmo e si supponga che $\mathcal{L}_0$ sia compatto e che valga la condizione:*

$$\lim_{k \to \infty} \|x_{k+1} - x_k\| = 0. \tag{3.10}$$

Si assuma inoltre che esista una sottosuccessione $\{x_k\}_K$ con $0 \in K$ tale che:

(i) *per ogni k esiste $j(k) \in K$ tale che*

$$0 < j(k) - k \leq M;$$

(ii) $\{f(x_k)\}_K$ *è monotona non crescente, ossia*

$$k_1, k_2 \in K \ e \ k_2 > k_1 \ implicano \ f(x_{k_2}) \leq f(x_{k_1}).$$

Allora:

(a) $\{x_k\}$ *ammette punti di accumulazione;*
(b) *ogni punto di accumulazione di $\{x_k\}$ appartiene a $\mathcal{L}_0$;*
(c) *la successione $\{f(x_k)\}$ converge.*

Dimostrazione. Poiché $0 \in K$, l'ipotesi (ii) implica che $f(x_k) \leq f(x_0)$ per ogni $k \in K$, per cui i punti della sottosuccessione $\{x_k\}_K$ appartengono tutti a $\mathcal{L}_0$. Dalla compattezza di $\mathcal{L}_0$ segue allora che $\{x_k\}_K$ ammette punti di accumulazione e che ogni punto di accumulazione appartiene a $\mathcal{L}_0$; vale quindi la (a). La (b) segue dal Lemma 3.1, in quanto tutti i punti di accumulazione di $\{x_k\}$ sono punti di accumulazione di $\{x_k\}_K$. Dallo stesso lemma segue anche che, essendo $\{x_k\}_K$ limitata, la successione $\{x_k\}$ è limitata. Osserviamo inoltre che, per le ipotesi fatte, la sottosuccessione $\{f(x_k)\}_K$ è monotona non crescente e limitata inferiormente e quindi converge a un limite $\bar{f} \leq f(x_0)$. Sia ora $\{f(x_k)\}_H$ una qualsiasi sottosuccessione di $\{f(x_k)\}$. Essendo $\{x_k\}_H$ limitata (poiché $\{x_k\}$ è limitata), ammetterà un punto di accumulazione $\hat{x}$ e quindi, per la continuità di f possiamo estrarre una sottosuccessione $\{x_k\}_{H_1}$, con $H_1 \subseteq H$, convergente a $\hat{x}$ e tale che

$$\lim_{k \in H_1, k \to \infty} f(x_k) = f(\hat{x}).$$

D'altra parte, per il Lemma 3.1, il punto $\hat{x}$ è anche punto di accumulazione di $\{x_k\}_K$ e quindi, per la continuità di f, deve essere $f(\hat{x}) = \bar{f}$. Poiché $\{f(x_k)\}_H$ è una qualsiasi sottosuccessione di $\{f(x_k)\}$, si può concludere che $f(x_k)$ converge a $\bar{f}$ e quindi deve valere la (c). □

La condizione (3.3) non garantisce in genere la convergenza di tutta la successione. Possiamo tuttavia stabilire delle condizioni sufficienti di convergenza basate sulle proprietà dei punti di accumulazione. La Proposizione successiva [36], [91] fornisce una condizione di convergenza, in presenza di un punto di accumulazione isolato.

Proposizione 3.4. (*) *Sia $\{x_k\}$ una successione di vettori in R^n tale che:*

(i) *esiste almeno un punto di accumulazione isolato $\bar{x}$;*
(ii) *per ogni sottosuccessione $\{x_k\}_K$ convergente a $\bar{x}$ si ha*

$$\lim_{k\in K, k\to\infty} \|x_{k+1} - x_k\| = 0.$$

Allora la successione $\{x_k\}$ converge a $\bar{x}$.

Dimostrazione. Sia ϵ uno scalare positivo definito in modo tale che $\bar{x}$ risulti essere l'unico punto di accumulazione di $\{x_k\}$ appartenente alla sfera chiusa $\bar{B}(\bar{x};\epsilon)$ (l'esistenza dello scalare ϵ è assicurata dal fatto che, per ipotesi, $\bar{x}$ è un punto di accumulazione isolato). Per dimostrare la tesi, supponiamo per assurdo che $\{x_k\}$ non converga a $\bar{x}$. Per ogni k, sia $l(k)$ il primo intero maggiore di k tale che

$$\|x_{l(k)} - \bar{x}\| > \epsilon. \tag{3.11}$$

Tale intero è ben definito poichè $\{x_k\}$ non converge a $\bar{x}$ e $\bar{x}$ è l'unico punto di accumulazione di $\{x_k\}$ appartenente a $\bar{B}(\bar{x};\epsilon)$. Dalla definizione di $l(k)$ segue che, per k sufficientemente grande, i punti $\{x_{l(k)-1}\}$ appartengono all'insieme compatto $\bar{B}(\bar{x};\epsilon)$. Di conseguenza, tutti i punti di accumulazione della sottosuccessione limitata $\{x_{l(k)-1}\}$ coincidono con $\bar{x}$ e quindi $\{x_{l(k)-1}\}$ converge a $\bar{x}$. L'ipotesi (ii) implica allora che anche la sottosuccessione $\{x_{l(k)}\}$ converge a $\bar{x}$, ma ciò contraddice la (3.11). □

Sotto opportune ipotesi si può dare una caratterizzazione dell'insieme dei punti di accumulazione.

Lemma 3.2. (*) *Sia $\{x_k\}$ una successione limitata di vettori in R^n e sia $\mathcal{Z}$ l'insieme dei punti di accumulazione di $\{x_k\}$. Allora $\mathcal{Z}$ è un insieme compatto.*

Dimostrazione. Se $\mathcal{Z}$ è un insieme finito vale ovviamente la tesi. Supponiamo quindi che $\mathcal{Z}$ non sia un insieme finito. Sia y un punto di accumulazione di $\{x_k\}$ e sia $\{x_k\}_K$ una sottosuccessione convergente a y.
Poiché $\{x_k\}$ è limitata, deve esistere M tale che $\|x_k\| \leq M$ per ogni k e quindi, andando al limite per $k \in K$, $k \to \infty$, si ha $\|\bar{y}\| \leq M$. Ne segue che $\mathcal{Z}$ è limitato.
Sia ora $\{y_j\}$ una successione di punti in $\mathcal{Z}$ convergente a un punto $\bar{y} \in R^n$; per dimostrare che $\mathcal{Z}$ è anche chiuso occorre provare che $\bar{y} \in \mathcal{Z}$, ossia che

esso è anche un punto di accumulazione di $\{x_k\}$. Ragionando per assurdo, supponiamo che $\bar{y} \notin \mathcal{Z}$; ciò implica che deve esistere $\varepsilon > 0$ tale che

$$\|x_k - \bar{y}\| > \varepsilon, \quad \text{per ogni } k. \tag{3.12}$$

D'altra parte, deve esistere j_ε tale che

$$\|y_j - \bar{y}\| < \varepsilon/2, \quad \text{per ogni } j \geq j_\varepsilon. \tag{3.13}$$

Inoltre, fissato $j \geq j_\varepsilon$, essendo y_j un punto di accumulazione di $\{x_k\}$, deve esistere k tale che $\|x_k - y_j\| < \varepsilon/2$, per cui, tenendo conto della (3.13) si ha

$$\|x_k - \bar{y}\| \leq \|x_k - y_j\| + \|y_j - \bar{y}\| < \varepsilon,$$

il che contraddice la (3.12). □

Possiamo allora enunciare la seguente proposizione.

Proposizione 3.5 (Ostrowski*).

Sia $\{x_k\}$ una successione limitata di vettori in R^n e sia $\mathcal{Z}$ l'insieme dei punti di accumulazione di $\{x_k\}$. Supponiamo che

$$\lim_{k \to \infty} \|x_{k+1} - x_k\| = 0. \tag{3.14}$$

Allora, $\mathcal{Z}$ è un insieme compatto e connesso.

Dimostrazione. La compattezza di $\mathcal{Z}$ segue dal Lemma 3.2. Dimostriamo, ragionando per assurdo, che $\mathcal{Z}$ è anche connesso.

Se $\mathcal{Z}$ non fosse connesso, esisterebbero almeno due sottoinsiemi compatti $\mathcal{Z}_1$ e $\mathcal{Z}_2$ di $\mathcal{Z}$ ed un $\delta > 0$, tali che

$$\min_{x \in \mathcal{Z}_1, y \in \mathcal{Z}_2} \|x - y\| \geq \delta.$$

Poiché $\{x_k\}$ è limitata, esiste un $k_0 > 0$ tale che, per tutti i $k \geq k_0$ si ha

$$x_k \in \bigcup_{z \in \mathcal{Z}} \mathcal{B}(z; \delta/4), \tag{3.15}$$

dove si è posto:

$$\mathcal{B}(z; \delta/4) = \{y \in R^n : \|y - z\| < \delta/4\}.$$

Infatti, se esistesse una sottosuccessione limitata per cui

$$x_k \notin \bigcup_{z \in \mathcal{Z}} \mathcal{B}(z; \delta/4),$$

si avrebbe almeno un punto di accumulazione al di fuori di $\mathcal{Z}$, e ciò sarebbe assurdo, avendo definito $\mathcal{Z}$ come l'insieme di tutti i punti di accumulazione.

Per la (3.14) esiste un indice $k_1 \geq k_0$ tale che, per tutti i $k \geq k_1$ si ha:

$$\|x_{k+1} - x_k\| \leq \frac{\delta}{4}. \quad (3.16)$$

Inoltre, poichè $\mathcal{Z}_1$ è un insieme di punti di accumulazione, possiamo trovare un indice $\hat{k} \geq k_1$ tale che

$$x_{\hat{k}} \in \bigcup_{z \in \mathcal{Z}_1} \mathcal{B}(z; \delta/4),$$

e quindi, per qualche $\hat{x} \in \mathcal{Z}_1$, deve essere:

$$\|x_{\hat{k}} - \hat{x}\| \leq \frac{\delta}{4}. \quad (3.17)$$

D'altra parte, per ogni dato $z \in \mathcal{Z}_2$, si può scrivere:

$$\|z - \hat{x}\| \leq \|z - x_{\hat{k}+1}\| + \|x_{\hat{k}+1} - x_{\hat{k}}\| + \|x_{\hat{k}} - \hat{x}\|,$$

da cui segue, in base alle (3.16) e (3.17):

$$\|z - x_{\hat{k}+1}\| \geq \|z - \hat{x}\| - \|x_{\hat{k}+1} - x_{\hat{k}}\| - \|x_{\hat{k}} - \hat{x}\| \geq \delta - \frac{\delta}{4} - \frac{\delta}{4} = \frac{\delta}{2}.$$

Ciò implica, per la (3.15), che

$$x_{\hat{k}+1} \in \bigcup_{z \in \mathcal{Z}_1} \mathcal{B}(z; \delta/4),$$

e quindi, per induzione, si ha $\|x_k - z\| \geq \delta/2$ per tutti i punti $z \in \mathcal{Z}_2$ e tutti i $k \geq \hat{k}$, il che contraddice l'ipotesi che $\mathcal{Z}_2$ sia un insieme di punti di accumulazione di $\{x_k\}$. □

3.3 Convergenza a punti stazionari

Lo studio della convergenza consiste, come già si è detto, nel mettere in relazione la successione prodotta dall'algoritmo con l'insieme Ω dei punti stazionari. È possibile dare, al riguardo, diverse caratterizzazioni della convergenza. In particolare, se ci riferiamo esclusivamente a caratterizzazioni di tipo *deterministico*, possiamo distinguere le possibilità seguenti.

(a) *Esiste un punto x_ν tale che $x_\nu \in \Omega$.*

In tal caso si parla di *convergenza finita*, in quanto l'algoritmo *termina* dopo un numero finito di passi in un punto di Ω. Questa proprietà può essere stabilita solo per classi molto particolari di problemi e di algoritmi. Si possono fornire risultati di convergenza finita, ad esempio, nella minimizzazione di funzioni quadratiche convesse.

(b) *La successione $\{x_k\}$ converge a un punto di Ω.*

Ciò avviene se e solo se

$$\lim_{k\to\infty} x_k = \bar{x} \quad \text{con} \quad \nabla f(\bar{x}) = 0.$$

Tale condizione può essere, in generale, eccessivamente restrittiva in quanto può essere difficile assicurare la convergenza di $\{x_k\}$ a un unico punto limite. Alcune condizioni sufficienti che garantiscono l'esistenza di un limite, basate sui risultati del paragrafo precedente, verranno discusse successivamente.

(c) *Vale il limite:*

$$\lim_{k\to\infty} \nabla f(x_k) = 0. \tag{3.18}$$

Essendo ∇f continuo, se vale la (3.18) è immediato stabilire che *ogni punto di accumulazione di $\{x_k\}$ è un punto stazionario*. Possono quindi esistere punti di accumulazione distinti di $\{x_k\}$, ma ognuno di tali punti risulta essere un punto di Ω. Se si può stabilire che ogni sottosuccessione di $\{x_k\}$ ammette un punto di accumulazione, come avviene, in particolare, se tutti i punti x_k appartengono a un insieme compatto, allora la (3.18) vale *se e solo se* ogni punto di accumulazione di $\{x_k\}$ appartiene a Ω. Si noti tuttavia che, nel caso generale, la (3.18) può valere anche se non esistono punti di accumulazione.

(d) *Vale il limite:*

$$\liminf_{k\to\infty} \|\nabla f(x_k)\| = 0. \tag{3.19}$$

Se ogni sottosuccessione di $\{x_k\}$ ammette un punto di accumulazione allora la (3.19) vale se e solo se *esiste un punto di accumulazione di $\{x_k\}$ che è un punto stazionario*. Nel caso generale, la (3.19) potrebbe valere senza che esistano punti di accumulazione in Ω.

La condizione (3.19) costituisce ovviamente la nozione più debole di convergenza tra quelle considerate. Tale condizione tuttavia può essere già sufficiente, dal punto di vista pratico, ad assicurare un comportamento soddisfacente dell'algoritmo. È facile verificare, infatti, che, se vale la condizione precedente, comunque si fissi un $\varepsilon > 0$, esiste un valore finito di k per cui si ha $\|\nabla f(x_k)\| \leq \varepsilon$ e ciò consente quindi di poter stabilire un criterio di arresto.

Tenendo conto dei risultati già stabiliti nei paragrafi precedenti, possiamo ricavare un insieme di condizioni *sufficienti* ad assicurare la convergenza della successione $\{x_k\}$ prodotta dall'algoritmo a un punto stazionario.

66   3 Struttura e convergenza degli algoritmi

> **Proposizione 3.6 (Condizioni sufficienti di esistenza del limite*).**
> Sia $f : R^n \to R$ una funzione continuamente differenziabile su R^n. Sia $\{x_k\}$ la successione prodotta dall'algoritmo e supponiamo che la successione $\{x_k\}$ sia limitata, che la successione $\{f(x_k)\}$ converga e che ogni punto di accumulazione di $\{x_k\}$ sia un punto stazionario di f in $\mathcal{L}_0$. Supponiamo inoltre che valga una delle condizioni seguenti:
>
> (i) esiste un solo punto stazionario di f in $\mathcal{L}_0$;
> (ii) se $\hat{x}_1$ e $\hat{x}_2$ sono punti stazionari di f in $\mathcal{L}_0$ tali che $\hat{x}_1 \neq \hat{x}_2$, si ha $f(\hat{x}_1) \neq f(\hat{x}_2)$;
> (iii) vale la condizione (3.3), e l'insieme $\Omega \cap \mathcal{L}_0$ è un insieme finito;
> (iv) vale la (3.3) e la successione $\{x_k\}$ ha un punto di accumulazione $\hat{x} \in \mathcal{L}_0$ che è un punto stazionario isolato di f.
>
> Allora, la successione $\{x_k\}$ converge a un punto stazionario di f in $\mathcal{L}_0$.

Dimostrazione. Nel caso (i) il risultato è ovvio per le ipotesi fatte. Nel caso (ii) basta tener conto del fatto che, per la continuità di f e per l'ipotesi che $\{f(x_k)\}$ converga, la funzione deve assumere lo stesso valore in tutti i punti di accumulazione. Nei casi (iii) ed (iv) la tesi è una conseguenza della Proposizione 3.5. Infatti, poichè $\{x_k\}$ è limitata e si suppone $\|x_{k+1} - x_k\| \to 0$, in base alla Proposizione 3.5 l'insieme dei punti di accumulazione deve essere connesso. Ciò implica, a sua volta, che $\mathcal{Z}$ è costituito da un solo punto oppure che esso non contiene punti isolati. D'altra parte, la (iii) implica che esistono solo punti di accumulazione isolati e quindi $\mathcal{Z}$ deve essere costituito necessariamente da un solo punto. Se vale la (iv), poichè, per ipotesi, tutti i punti di accumulazione sono punti stazionari, il punto $\hat{x}$ deve allora essere un punto di accumulazione isolato e quindi, per quanto detto in precedenza, non possono esistere altri punti di accumulazione distinti da $\hat{x}$. Essendo $\{x_k\}$ limitata deve valere la tesi.   □

I risultati di convergenza finora enunciati non forniscono indicazioni sulla *natura* dei punti stazionari determinati dall'algoritmo. Sotto opportune ipotesi è tuttavia possibile escludere che i punti di accumulazione siano massimi locali. Più precisamente, possiamo enunciare il risultato seguente.

> **Proposizione 3.7. (*)** *Sia $\{x_k\}$ la successione prodotta dall'algoritmo e supponiamo che valga una delle seguenti proprietà:*
>
> (i) *per ogni k, si ha*
> $$f(x_{k+1}) < f(x_k); \qquad (3.20)$$

(ii) *vale la condizione*

$$\lim_{k\to\infty} \|x_{k+1} - x_k\| = 0, \qquad (3.21)$$

e inoltre, per ogni k esiste un indice $j(k)$, con $M > j(k) - k > 0$, tale che la sottosuccessione $\{f(x_{j(k)})\}$ sia monotona decrescente.

Allora, nessun punto di accumulazione è un punto di massimo locale per f.

Dimostrazione. Consideriamo dapprima il caso (i). Sia $\{x_k\}_K$ una sottosuccessione convergente a un punto $\bar{x}$. Per la continuità di f, si avrà

$$\lim_{k\in K, k\to\infty} f(x_k) = f(\bar{x}).$$

Poiché $\{f(x_k)\}$ è decrescente, deve essere $f(x_k) > f(\bar{x})$ per ogni k. Infatti, se esistesse un indice $\hat{k}$ tale che $f(x_{\hat{k}}) \leq f(\bar{x})$, si avrebbe, per ogni $k > \hat{k}+1$:

$$f(x_k) < f(x_{\hat{k}+1}) < f(x_{\hat{k}}) \leq f(\bar{x}),$$

e quindi, passando al limite per $k \in K$, $k \to \infty$, dovrebbe essere $f(\bar{x}) \leq f(x_{\hat{k}+1}) < f(\bar{x})$ e quindi si otterrebbe una contraddizione.

D'altra parte, poiché $f(x_k) > f(\bar{x})$ per ogni k, in ogni intorno di $\bar{x}$ è possibile trovare un punto della sottosequenza $\{x_k\}_K$ a cui corrisponde un valore di f maggiore di $f(\bar{x})$ e quindi $\bar{x}$ non può essere un punto di massimo locale.

Consideriamo ora il caso (ii). Osserviamo anzitutto che, per la (3.21) esisterà un $k_1 > 0$ tale che, per ogni $k \geq k_1$ si abbia:

$$\|x_{k+1} - x_k\| \leq \varepsilon$$

e quindi, per le ipotesi fatte, si può scrivere

$$\|x_{j(k)} - x_k\| \leq \|x_{j(k)} - x_{j(k)-1}\| + \ldots + \|x_{k+1} - x_k\| < M\varepsilon$$

da cui segue, per l'arbitrarietà di ε:

$$\lim_{k\to\infty} \|x_{j(k)} - x_k\| = 0. \qquad (3.22)$$

Sia ora $\{x_k\}_K$ una sottosuccessione di $\{x_k\}$ convergente ad un punto di accumulazione $\bar{x}$. Si può scrivere, tenendo conto della (3.22):

$$\lim_{k\in K, k\to\infty} \|\bar{x} - x_{j(k)}\| \leq \lim_{k\in K, k\to\infty} \|\bar{x} - x_k\| + \lim_{k\in K, k\to\infty} \|x_k - x_{j(k)}\| = 0$$

e quindi la successione $\{x_{j(k)}\}_K$ converge anch'essa a $\bar{x}$. D'altra parte, la successione $\{f(x_{j(k)})\}$ è monotona decrescente e quindi $\{x_{j(k)}\}_K$ soddisfa la condizione (i). Ne segue che $\bar{x}$ (che è l'unico punto di accumulazione di $\{x_{j(k)}\}_K$) non può essere un punto di massimo locale per f. □

La condizione (3.20) di stretta decrescita della funzione obiettivo consente di escludere la convergenza a punti di massimo locale. Tuttavia, l'esempio riportato di seguito e quello dell'esercizio 3.1 mostrano che il semplice decremento della funzione obiettivo non è sufficiente per garantire la convergenza a punti di minimo locale.

Esempio 3.1 (Sequenza non convergente a un punto stazionario).
Si consideri il problema in una variabile

$$min f(x) = \frac{1}{2}x^2.$$
$$x \in R$$

L'unico punto di minimo globale di f è $x^* = 0$, ed è anche l'unico punto stazionario. A partire da un generico punto iniziale x_0 tale che $|x_0| > 1$, si ponga $\alpha_k = 2 - \frac{\epsilon_k}{|x_k|}$ e si definisca la sequenza seguente

$$x_{k+1} = x_k - \alpha_k f'(x_k) = (1 - \alpha_k)x_k.$$

Risulta

$$x_{k+1} = \left(-1 + \frac{\epsilon_k}{|x_k|}\right)x_k, \qquad (3.23)$$

possiamo inoltre scrivere

$$x_{k+1} = \begin{cases} -|x_k| + \epsilon_k & \text{se } x_k > 0 \\ |x_k| - \epsilon_k & \text{se } x_k < 0. \end{cases} \qquad (3.24)$$

Per ogni k tale che $|x_k| > 1$, sia ϵ_k tale che

$$0 < \epsilon^k < |x_k| - 1. \qquad (3.25)$$

Assumendo $|x_k| > 1$, dalle (3.24) e (3.25) risulta

$$\begin{aligned} x_{k+1} &< -1 \quad \text{se } x_k > 0 \\ x_{k+1} &> 1 \quad \text{se } x_k < 0, \end{aligned} \qquad (3.26)$$

da cui segue che $|x_k| > 1$ implica $|x_{k+1}| > 1$. Per ipotesi abbiamo $|x_0| > 1$, per cui possiamo affermare che la (3.23), con la condizione (3.25), è ben definita (x_k è sempre diverso da zero). Faremo ora vedere che risulta

$$f(x_{k+1}) < f(x_k). \qquad (3.27)$$

Dalla (3.25) segue

$$\frac{|-|x^k| + \epsilon^k|}{|x^k|} < 1,$$

dalla (3.23) si ottiene $|x^{k+1}| < |x^k|$, e di conseguenza vale la (3.27).

Quindi la sequenza dei valori della funzione $\{f(x_k)\}$ è strettamente decrescente, tuttavia, tenendo conto della (3.26) abbiamo che il punto $x^* = 0$ non può essere punto di accumulazione della sequenza $\{x_k\}$.

Nella Fig. 3.2 sono evidenziati i valori della sequenza $\{f(x_k)\}$, che converge ad un valore strettamente maggiore di zero.

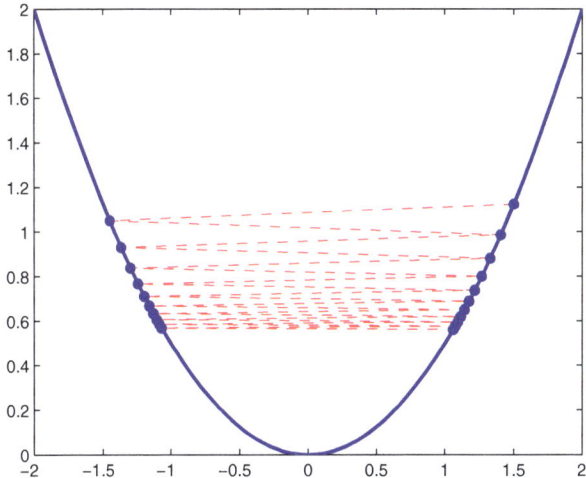

Fig. 3.2. Esempio di sequenza non convergente a punti stazionari

3.4 Rapidità di convergenza

Come già si è accennato in precedenza, un problema di notevole interesse nell'analisi della convergenza degli algoritmi è quello di caratterizzarne il comportamento asintotico, valutando la *rapidità di convergenza*.

Lo studio della rapidità di convergenza viene effettuato *supponendo* che $\{x_k\}$ sia una successione convergente a un elemento $x^\star \in R^n$ e consiste nello stimare la velocità con cui tende a zero l'errore e_k definito da una norma della differenza tra x_k e x^*, ossia: $e_k = \|x_k - x^\star\|$.

Ci limitiamo qui a riportare alcune delle principali caratterizzazioni; in particolare, accenniamo a due possibili criteri di valutazione:

- la **Q-convergenza**, in cui si studia l'andamento, per $k \to \infty$, del *quoziente* e_{k+1}/e_k tra l'errore al passo $k+1$ e l'errore al passo k;
- la **R-convergenza**, in cui si considera l'andamento delle *radici* dell'errore, o, equivalentemente, si confronta l'andamento dell'errore con un andamento assegnato, di tipo esponenziale, che tende a zero per $k \to \infty$.

Introduciamo di seguito la terminologia utilizzata più frequentemente, rinviando alla letteratura per un'impostazione più rigorosa.

Facendo riferimento innanzitutto alla Q-convergenza consideriamo la seguente definizione.

Definizione 3.1 (Rapidità di convergenza: Q-convergenza).

Sia $\{x_k\}$, con $x_k \in R^n$, una successione convergente a $x^* \in R^n$.

(a) se esiste $\sigma \in [0,1)$ tale che, per ogni k abbastanza grande, si abbia:
$$\|x_{k+1} - x^*\| \leq \sigma \|x_k - x^*\|,$$
si dice che $\{x_k\}$ converge (almeno) Q-linearmente a x^*;

(b) se esiste $C > 0$ tale che, per ogni k abbastanza grande, si abbia:
$$\|x_{k+1} - x^*\| \leq C \|x_k - x^*\|^2;$$
si dice che $\{x_k\}$ converge (almeno) Q-quadraticamente a x^*;

(c) se vale il limite:
$$\lim_{k \to \infty} \frac{\|x_{k+1} - x^*\|}{\|x_k - x^*\|} = 0,$$
si dice che $\{x_k\}$ converge Q-superlinearmente a x^*;

(d) se $p > 1$ ed esiste $C > 0$ tale che, per ogni k abbastanza grande si abbia:
$$\|x_{k+1} - x^*\| \leq C \|x_k - x^*\|^p,$$
si dice che $\{x_k\}$ converge Q-superlinearmente a x^* con Q–velocità (almeno) p.

Notiamo che nelle definizioni precedenti si caratterizza solo una *maggiorazione* dell'errore e di conseguenza si ha che una successione convergente almeno Q-quadraticamente è anche Q-superlinearmente convergente (con Q-velocità almeno pari a 2) e almeno Q-linearmente convergente. Non possiamo quindi escludere che una successione per cui valga la (a) sia anche almeno Q-quadraticamente convergente. In pratica, per stabilire una delle proprietà considerate nella Definizione 3.1, occorre riuscire a stabilire una maggiorazione $q(k)$ del rapporto e_{k+1}/e_k, ossia:

$$\frac{\|x_{k+1} - x^*\|}{\|x_k - x^*\|} \leq q(k)$$

e studiare l'andamento di $q(k)$ per valori sufficientemente elevati di k.

In alcuni casi, tuttavia, tale stima non si riesce a ottenere facilmente, ma si riesce a stabilire una maggiorazione $r(k)$ dell'errore $e(k)$, ossia:

$$\|x_k - x^*\| \leq r(k).$$

L'analisi della rapidità di convergenza si può allora ricondurre allo studio dell'andamento di $r(k)$ (eventualmente caratterizzando la Q-convergenza di $r(k)$).

In tal caso, si fa riferimento usualmente alla R-convergenza, assumendo per $r(k)$ un andamento esponenziale.

> **Definizione 3.2 (Rapidità di convergenza: R-convergenza).**
>
> Sia $\{x_k\}$, con $x_k \in R^n$, una successione convergente a $x^* \in R^n$.
>
> (a) se esiste $c \in [0,1)$ tale che, per ogni k abbastanza grande si abbia:
> $$\|x_k - x^*\|^{1/k} \leq c,$$
> si dice che $\{x_k\}$ converge (almeno) R-linearmente a x^*;
>
> (b) se vale il limite:
> $$\lim_{k \to \infty} \|x_k - x^*\|^{1/k} = 0,$$
> si dice che $\{x_k\}$ converge R-superlinearmente a x^*;
>
> (c) se $p > 1$ ed esiste $c \in [0,1)$ tale che, per ogni k abbastanza grande si abbia:
> $$\|x_k - x^*\|^{1/p^k} \leq c,$$
> si dice che $\{x_k\}$ converge R-superlinearmente a x^* con R-velocità (almeno) p.

La rapidità di convergenza di un algoritmo dipende ovviamente anche dalla scelta del punto iniziale e quindi, nel definirne la rapidità di convergenza, si fa riferimento usualmente al caso peggiore (rispetto alla scelta di x_0 in un intorno di x^*).

Per ottenere stime significative della rapidità di convergenza è anche necessario, in molti casi, fare ipotesi più particolari sulla funzione obiettivo, almeno in un intorno del punto x^*, supponendo ad esempio che f sia quadratica o che nel punto x^* la matrice Hessiana di f sia definita positiva, e quindi che f sia strettamente convessa in un intorno di x^*.

3.5 Classificazione degli algoritmi convergenti

I metodi esistenti per il calcolo dei punti stazionari, in grado di garantire costruttivamente una delle proprietà di convergenza considerate, possono essere classificati in vario modo.

Una delle distinzioni più ovvie è quella che fa riferimento alle informazioni utilizzate, ai fini del calcolo di s_k nell'iterazione

$$x_{k+1} = x_k + s_k.$$

3 Struttura e convergenza degli algoritmi

Possiamo distinguere, in particolare:

- metodi che utilizzano la conoscenza di f e delle derivate prime e seconde e quindi prevedono il calcolo del gradiente ∇f e della matrice Hessiana $\nabla^2 f$;
- metodi che utilizzano soltanto la conoscenza di f e di ∇f;
- metodi senza derivate, che si basano esclusivamente sulla valutazione della funzione obiettivo.

In tutti i casi ci limitiamo a considerare i metodi in cui si assume che f sia almeno continuamente differenziabile, anche quando la conoscenza di ∇f non è richiesta esplicitamente.

All'interno di ciascuna classe esistono poi numerosi metodi diversi per il calcolo di s_k che saranno l'oggetto di studio dei capitoli successivi.

In questo paragrafo ci limitiamo a considerare alcune caratteristiche essenziali degli algoritmi non vincolati, con riferimento specifico alle proprietà di convergenza. Da questo punto di vista, una distinzione importante si può introdurre in relazione al comportamento dell'algoritmo al variare del punto iniziale x_0 da cui viene avviato il processo iterativo.

Possiamo distinguere, in particolare:

- proprietà di convergenza *locali*, ossia proprietà che valgono solo in un intorno opportuno di un punto di Ω;
- proprietà di convergenza *globali*, ossia proprietà che valgono comunque si fissi il punto iniziale x_0 in una regione prefissata.

Si noti che la distinzione tra i due tipi di convergenza risiede soprattutto nel fatto che, nel caso della convergenza locale, *non è noto a priori* l'intorno in cui vale la proprietà considerata e si riesce solo a stabilirne *l'esistenza*.

È opportuno anche notare che l'uso del termine *convergenza globale* non è da mettere in relazione con la ricerca di un punto di *minimo globale*, ma esprime soltanto una proprietà di *uniformità rispetto al punto iniziale* in un insieme prefissato. Si può quindi parlare di *convergenza globale* verso punti stazionari o punti di minimo locale. In pratica, se un algoritmo è convergente quando l'insieme $\mathcal{L}_0$ è compatto e se tutti gli insiemi di livello di f sono compatti, allora la convergenza si può ottenere scegliendo arbitrariamente x_0.

Possiamo distinguere alcune strategie di base a cui sono riconducibili quasi tutti i metodi che consentono di forzare la convergenza dell'algoritmo verso punti stazionari a partire da un punto iniziale assegnato:

- metodi basati su *ricerche unidimensionali*;
- metodi tipo *trust region* (regione di confidenza);
- metodi di *ricerca diretta*.

Nei metodi che fanno uso di ricerche unidimensionali, l'iterazione generica si può porre nella forma:

$$x_{k+1} = x_k + \alpha_k d_k,$$

in cui $d_k \in R^n$ è la direzione di ricerca e $\alpha_k \in R$ è il *passo* lungo d_k. Le diverse scelte di d_k corrispondono a vari metodi di ottimizzazione non vincolata. La direzione d_k può dipendere da informazioni ottenute in corrispondenza al punto corrente x_k oppure anche da informazioni relative ai punti precedenti e quindi, in particolare, da x_{k-1}, d_{k-1} e α_{k-1}.

In genere, d_k viene definita sulla base di *modello locale* della funzione obiettivo, in modo da garantire idealmente (con passo α_k unitario) opportune proprietà di convergenza, in relazione al modello utilizzato (ad esempio un modello quadratico di f).

Il calcolo di α_k costituisce la cosiddetta *ricerca unidimensionale* (*line search*) e viene effettuato, valutando eventualmente la funzione obiettivo e le sue derivate, lungo la direzione d_k. Sotto opportune ipotesi su d_k, la ricerca unidimensionale ha lo scopo di *globalizzare* l'algoritmo, ossia di forzare la convergenza verso punti stazionari.

Uno dei problemi principali che si pongono, dal punto di vista teorico, nella costruzione degli algoritmi con questa struttura è quello di evitare che una scelta poco appropriata di α_k possa distruggere le proprietà locali che hanno motivato la scelta di d_k, ad esempio dal punto di vista della rapidità di convergenza.

Nei metodi tipo *trust region* si fa riferimento, tipicamente, a un modello quadratico della funzione obiettivo in un intorno sferico del punto corrente x_k e la scelta di s_k viene effettuata risolvendo, eventualmente in modo approssimato, un sottoproblema vincolato consistente nella minimizzazione del modello quadratico sull'intorno considerato. Le proprietà di convergenza globale possono essere controllate fornendo criteri opportuni per la scelta del *raggio* della regione di confidenza e del metodo di soluzione del sottoproblema.

I metodi di *ricerca diretta* sono adottati quando non sono disponibili le derivate della funzione obiettivo e si basano su opportune strategie di campionamento della regione di interesse. Alcune delle tecniche per cui è possibile dare una giustificazione di convergenza globale si possono far rientrare nei metodi basati su ricerche unidimensionali che non fanno uso di derivate. In tal caso, tuttavia, è necessario effettuare una sequenza di ricerche unidimensionali lungo un opportuno insieme di direzioni.

Note e riferimenti

Concetti e risultati di convergenza globale sono ampiamente trattati in [7, 97, 100, 101, 103] e molti dei libri citati in precedenza. Sono stati studiati vari modelli astratti di algoritmi convergenti nel tentativo di cogliere gli aspetti essenziali delle dimostrazioni di convergenza globale. La trattazione più ampia e più recente si può trovare in [101]. I modelli studiati fanno spesso riferimento ai *metodi di Lyapunov* per lo studio della stabilità. In effetti, un algoritmo iterativo si può interpretare come un *sistema dinamico discreto*, per cui, dal punto di vista dell'analisi, la convergenza di un algoritmo corrisponde alla

74 3 Struttura e convergenza degli algoritmi

stabilità asintotica di un sistema dinamico [98]. Lo studio della rapidità di convergenza può essere approfondito in [99].

3.6 Esercizi

3.1. Si consideri il problema quadratico in due variabili

$$min f(x) = 1/2 x^T Q x$$
$$x \in R^2$$

dove Q è la matrice identità. Sia $x_0 = (0\ \ 0)^T$, $d = (1\ \ 0)^T$, si ponga per $k = 0, 1, \ldots$

$$x_{k+1} = x_k + \alpha_k d,$$

dove $\alpha_k = \dfrac{-x_1}{4}$. Dimostrare che per ogni $k = 0, 1, \ldots$ risulta

$$f(x_{k+1}) < f(x_k),$$

e che la sequenza $\{x_k\}$ ha un unico punto di accumulazione che non è un punto stazionario di f.

3.2. Si consideri la sequenza $\{x_k\}$ definita come segue:

$$x_k = \begin{cases} \dfrac{1}{2^k} & \text{per } k = 0, 2, 4, 6, \ldots \\ \dfrac{1}{6^k} & \text{per } k = 1, 3, 5, 7, \ldots \end{cases}$$

Dimostrare che $\{x_k\}$ ha convergenza R–*lineare* ma non Q–*lineare*.

4
Convergenza di metodi con ricerche unidimensionali

In questo capitolo illustriamo alcune condizioni sufficienti di convergenza relative ai metodi basati su ricerche unidimensionali.

4.1 Generalità

Gli algoritmi in cui la convergenza viene forzata attraverso tecniche di ricerca unidimensionale possono essere descritti per mezzo dello schema seguente.

> Fissa un *punto iniziale* $x_0 \in R^n$ e poni $k = 0$.
> **While** $x_k \notin \Omega$
>   Calcola una *direzione di ricerca* $d_k \in R^n$.
>   Determina un *passo* $\alpha_k \in R$ lungo d_k.
>   Determina il nuovo punto $x_{k+1} = x_k + \alpha_k d_k$.
>   Poni $k = k + 1$.
> **End While**

Questo schema non è particolarmente limitativo, in quanto un qualsiasi schema iterativo può essere ricondotto all'iterazione

$$x_{k+1} = x_k + \alpha_k d_k$$

con opportuna scelta di α_k e di d_k. Tuttavia, l'analisi di molti algoritmi può essere facilitata considerando separatamente le condizioni da imporre su d_k e i metodi per il calcolo di α_k.

Le diverse scelte di d_k corrispondono a vari metodi di ottimizzazione non vincolata che si differenziano per il tipo di informazioni utilizzate a ogni passo (funzione obiettivo, derivate prime, derivate seconde) e per il modello locale utilizzato per il calcolo di d_k.

76   4 Convergenza di metodi con ricerche unidimensionali

Per la ricerca unidimensionale sono disponibili diversi algoritmi che possono prevedere il calcolo del punto di minimo di $f(x_k + \alpha d_k)$ rispetto a α (*ricerca esatta*) oppure l'individuazione di un intervallo di valori accettabili per α_k (*ricerca inesatta*). Nel secondo caso si possono avere sia metodi *monotoni* che assicurano una riduzione di f in corrispondenza a ogni iterazione, sia metodi *non monotoni*, in cui si accettano anche occasionali incrementi di f.

Nei paragrafi successivi ci proponiamo di fornire condizioni sufficienti di convergenza globale che siano riconducibili a condizioni da imporre sulla scelta delle direzioni di ricerca e sulle ricerche unidimensionali. Faremo riferimento, in particolare, ad alcune delle condizioni più spesso utilizzate nell'analisi dei singoli metodi.

Per esprimere in forma sintetica varie condizioni di convergenza è di notevole utilità l'introduzione del concetto di *funzione di forzamento* [99], che consente di non specificare dettagli che non risultano essenziali ai fini dell'analisi di convergenza.

Definizione 4.1 (Funzione di forzamento).

Una funzione $\sigma : [0, \infty) \to [0, \infty)$ *si dice* funzione di forzamento *se, per ogni successione* $\{t_k\}$ *con* $t_k \in [0, \infty)$, *si ha che*

$$\lim_{k \to \infty} \sigma(t_k) = 0 \quad \text{implica} \quad \lim_{k \to \infty} t_k = 0.$$

Una funzione di forzamento può essere definita, ad esempio, ponendo $\sigma(t) = ct^q$, in cui $c > 0$ e $q > 0$ sono costanti fissate (indipendenti da k). È immediato verificare, infatti, che $ct_k^q \to 0$ implica $t_k \to 0$.

Si noti anche che la funzione $\sigma(t) = c > 0$ soddisfa (vacuamente) la definizione di funzione di forzamento, in quanto non esistono successioni $\{t_k\}$ tali che $\sigma(t_k) \to 0$.

4.2 Condizioni di convergenza globale: metodi monotoni

In questo paragrafo consideriamo condizioni di convergenza in cui si suppone che l'algoritmo generi una successione monotona di valori della funzione obiettivo. È opportuno precisare che il concetto di "monotonicita" è relativo alla definizione della successione prodotta dall'algoritmo, nel senso che si assume, per ogni k, $f(x_{k+1}) \leq f(x_k)$ e si ignorano eventuali operazioni intermedie per il calcolo di x_{k+1} che potrebbero anche comportare degli incrementi del valore di f in punti di tentativo.

Le condizioni fornite nella prossima proposizione saranno frequentemente utilizzate nel seguito, soprattutto quando la direzione d_k può essere facilmente posta in relazione, a ogni passo, con il gradiente nel punto corrente $\nabla f(x_k)$.

4.2 Condizioni di convergenza globale: metodi monotoni

Proposizione 4.1 (Condizioni di convergenza globale 1).

Sia $f: R^n \to R$ una funzione continuamente differenziabile su R^n e si assuma che l'insieme di livello $\mathcal{L}_0$ sia compatto. Sia $\{x_k\}$ la successione prodotta dall'algoritmo e si supponga che $d_k \neq 0$ per $\nabla f(x_k) \neq 0$. Supponiamo inoltre che valgano le condizioni:

(i) $f(x_{k+1}) \leq f(x_k)$ *per ogni* k;

(ii) *se* $\nabla f(x_k) \neq 0$ *per ogni* k, *si ha*

$$\lim_{k \to \infty} \frac{\nabla f(x_k)^T d_k}{\|d_k\|} = 0; \tag{4.1}$$

(iii) *esiste una funzione di forzamento* $\sigma: [0, \infty) \to [0, \infty)$ *tale che, per* $d_k \neq 0$ *si ha*

$$\frac{|\nabla f(x_k)^T d_k|}{\|d_k\|} \geq \sigma(\|\nabla f(x_k)\|). \tag{4.2}$$

Allora, o esiste un indice $\nu \geq 0$ tale che $x_\nu \in \mathcal{L}_0$ e $\nabla f(x_\nu) = 0$, oppure viene prodotta una successione infinita tale che:

(a) $x_k \in \mathcal{L}_0$ *per ogni k e $\{x_k\}$ ammette punti di accumulazione;*

(b) *ogni punto di accumulazione di $\{x_k\}$ appartiene a $\mathcal{L}_0$;*

(c) *la successione $\{f(x_k)\}$ converge;*

(d) $\lim_{k\to\infty} \nabla f(x_k) = 0$;

(e) *ogni punto di accumulazione $\bar{x}$ di $\{x_k\}$ soddisfa $\nabla f(\bar{x}) = 0$.*

Dimostrazione. La condizione (i) implica che, se l'algoritmo non si arresta in un punto stazionario in $\mathcal{L}_0$, viene prodotta una successione di valori $\{f(x_k)\}$ monotona non crescente; le (a), (b) e (c) seguono quindi dalla Proposizione 3.1. Poiché σ è una funzione di forzamento le (4.1) e (4.2) implicano la (d). Sia ora $\bar{x}$ un punto di accumulazione di $\{x_k\}$. Deve quindi esistere una sottosuccessione $\{x_k\}_K$ convergente a $\bar{x}$ per $k \in K, k \to \infty$.
Per la continuità di ∇f si avrà allora

$$\lim_{k \in K, k \to \infty} \nabla f(x_k) = \nabla f(\bar{x}),$$

e quindi, per la (d), sarà anche $\nabla f(\bar{x}) = 0$, il che prova la (e). □

Le condizioni enunciate nella proposizione precedente possono essere ricondotte a condizioni sulla direzione di ricerca d_k e sulla scelta del passo α_k. Nella maggior parte degli algoritmi che prenderemo in considerazione la direzione d_k viene scelta come *direzione di discesa*, ossia è tale che, per valori abbastanza piccoli di $\alpha > 0$, si abbia $f(x_k + \alpha d_k) < f(x_k)$. Una condizione sufficiente perché d_k sia di discesa è, ovviamente, che risulti

$$\nabla f(x_k)^T d_k < 0.$$

Se d_k è una direzione di discesa, la condizione (i) può essere soddisfatta con una scelta opportuna del passo α_k. In particolare, per valori sufficientemente piccoli di α_k si può assicurare che risulti $f(x_{k+1}) < f(x_k)$.

La condizione (ii) ha un significato più "tecnico"; essa impone che la derivata direzionale lungo la direzione normalizzata $d_k/\|d_k\|$ converga a zero e viene utilizzata per assicurare che tenda a zero il primo membro della (4.2). Il soddisfacimento della (ii) può essere ottenuto, come verrà mostrato nel seguito, attraverso la ricerca unidimensionale per il calcolo di α_k.

La condizione (iii) pone invece delle limitazioni sulla scelta di d_k. In particolare, se si assume come funzione di forzamento la funzione $\sigma(t) = ct$, con $c > 0$, e si suppone $\nabla f(x_k)^T d_k < 0$, la (4.2) si può esprimere nella forma

$$\nabla f(x_k)^T d_k \leq -c\|d_k\|\|\nabla f(x_k)\|. \tag{4.3}$$

Da un punto di vista geometrico, la (4.3) equivale a richiedere che il coseno dell'angolo tra la direzione d_k e la direzione dell'antigradiente $-\nabla f(x_k)$ si mantenga sempre maggiore di una quantità indipendente da k. Ciò evita che, al crescere di k, la direzione d_k possa tendere a divenire ortogonale al gradiente. In particolare, per $d_k = -\nabla f(x_k)$, la (4.3) è soddisfatta con $c = 1$.

Più in generale, consideriamo la direzione $d_k = -H_k \nabla f(x_k)$ e supponiamo che H_k sia una matrice simmetrica definita positiva e che esistano numeri $M \geq m > 0$ tali che, per ogni k, sia

$$M \geq \lambda_M(H_k) \geq \lambda_m(H_k) \geq m > 0,$$

dove $\lambda_M(H_k)$ e $\lambda_m(H_k)$ sono rispettivamente il massimo e il minimo autovalore di H_k. In tal caso, si può scrivere

$$\nabla f(x_k)^T d_k = -\nabla f(x_k)^T H_k \nabla f(x_k) \leq -\lambda_m(H_k)\|\nabla f(x_k)\|^2 \leq -m\|\nabla f(x_k)\|^2$$

$$\|d_k\| = \|H_k \nabla f(x_k)\| \leq \lambda_M(H_k)\|\nabla f(x_k)\| \leq M\|\nabla f(x_k)\|,$$

da cui segue

$$\nabla f(x_k)^T d_k \leq -c\|d_k\|\|\nabla f(x_k)\|, \quad \text{con } c = m/M.$$

Il significato geometrico della condizione (4.3), nota come *condizione d'angolo* è illustrato nella Fig. 4.1.

Nella figura si suppone che le direzioni che soddisfano la condizione d'angolo, applicate in x_k, devono restare entro il cono delimitato dalle linee tratteggiate (che non variano con k), come la d_1 e la d_2. La d_3 non soddisfa la condizione d'angolo, pur essendo una direzione di discesa.

4.2 Condizioni di convergenza globale: metodi monotoni

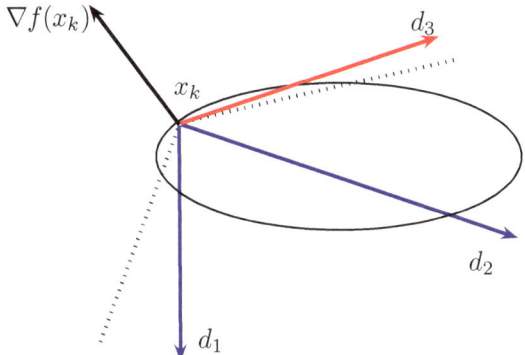

Fig. 4.1. Condizione d'angolo

Una condizione meno restrittiva della (4.3) si può ottenere definendo una funzione di forzamento del tipo $\sigma(t) = ct^q$ con $c > 0$ e $q > 0$. In tal caso, in luogo della (4.3), si ottiene:

$$\nabla f(x_k)^T d_k \leq -c\|d_k\|\|\nabla f(x_k)\|^q.$$

È immediato verificare che la diseguaglianza precedente è soddisfatta, ad esempio, se esistono numeri $c_1 > 0$, $c_2 > 0$ e $q > 0$ tali che, per ogni k si abbia

$$\nabla f(x_k)^T d_k \leq -c_1\|\nabla f(x_k)\|^q, \quad \|d_k\| \leq c_2. \qquad (4.4)$$

Nella Proposizione 4.1 si è supposto compatto l'insieme di livello $\mathcal{L}_0$, tuttavia in molti casi questa condizione può non essere soddisfatta, oppure può non essere possibile stabilire *a priori* se $\mathcal{L}_0$ è compatto in corrispondenza a una funzione obiettivo assegnata. Può allora essere di interesse stabilire quale possa essere, nel caso generale, il comportamento di un algoritmo in cui d_k e α_k sono scelti in modo da soddisfare le condizioni considerate nella Proposizione 4.1. Tale proposizione può essere riformulata, omettendo l'ipotesi di compattezza, nel modo indicato nella proposizione successiva. Si lascia per esercizio la dimostrazione che segue facilmente dalle ipotesi, ove si tenga conto del fatto che la monotonicità di $\{f(x_k)\}$ implica che o tale successione è limitata inferiormente o deve essere necessariamente $\lim_{k\to\infty} f(x_k) = -\infty$.

Proposizione 4.2 (Condizioni di convergenza globale 2).

Sia $f : R^n \to R$ una funzione continuamente differenziabile su R^n. Sia $\{x_k\}$ la successione prodotta dall'algoritmo e si supponga che $d_k \neq 0$ per $\nabla f(x_k) \neq 0$. Supponiamo inoltre che valgano le condizioni:

(i) $f(x_{k+1}) \leq f(x_k)$ per ogni k;

(ii) se $\nabla f(x_k) \neq 0$ per ogni k, si ha

$$\lim_{k\to\infty} \frac{\nabla f(x_k)^T d_k}{\|d_k\|} = 0; \qquad (4.5)$$

(iii) esiste una funzione di forzamento $\sigma : [0, \infty) \to [0, \infty)$ tale che, se $d_k \neq 0$ si ha

$$\frac{|\nabla f(x_k)^T d_k|}{\|d_k\|} \geq \sigma\left(\|\nabla f(x_k)\|\right). \qquad (4.6)$$

Allora, o esiste un indice $\nu \geq 0$ tale che $x_\nu \in \mathcal{L}_0$ e $\nabla f(x_\nu) = 0$, oppure viene prodotta una successione infinita $\{x_k\}$ con $x_k \in \mathcal{L}_0$ per ogni k, tale che valga una delle seguenti alternative:

(a) si ha

$$\lim_{k\to\infty} f(x_k) = -\infty;$$

(b) la successione $\{f(x_k)\}$ è limitata inferiormente e, in tal caso, si ha:

(b.1) la successione $\{f(x_k)\}$ converge;
(b.2) $\lim_{k\to\infty} \nabla f(x_k) = 0$;
(b.3) ogni (eventuale) punto di accumulazione $\bar{x} \in \mathcal{L}_0$ soddisfa

$$\nabla f(\bar{x}) = 0.$$

Si noti che se $\mathcal{L}_0$ non è compatto, anche quando $\{f(x_k)\}$ è limitata inferiormente possono non esistere punti di accumulazione della successione $\{x_k\}$, il che implica, a sua volta, che tale successione non è limitata.

Per alcuni algoritmi può risultare difficile stabilire la validità della condizione

$$\frac{|\nabla f(x_k)^T d_k|}{\|d_k\|} \geq \sigma\left(\|\nabla f(x_k)\|\right)$$

per qualche funzione di forzamento σ. Ciò avviene, tipicamente, negli algoritmi in cui la direzione d_k viene scelta in base a informazioni relative alle iterazioni precedenti. In casi del genere può essere opportuno indebolire le condizioni sulla direzione e introdurre condizioni più stringenti (ma realizzabili) sulla ricerca unidimensionale. In particolare, riportiamo la proposizione seguente.

4.2 Condizioni di convergenza globale: metodi monotoni

Proposizione 4.3 (Condizioni di convergenza globale 3).

Sia $f: R^n \to R$ una funzione continuamente differenziabile su R^n e si supponga che l'insieme di livello $\mathcal{L}_0$ sia compatto. Sia $\{x_k\}$ la successione prodotta dall'algoritmo e supponiamo che $d_k \neq 0$ per $\nabla f(x_k) \neq 0$. Poniamo

$$\cos \theta_k = -\frac{\nabla f(x_k)^T d_k}{\|d_k\| \, \|\nabla f(x_k)\|},$$

e supponiamo che vagano le condizioni:

(i) $f(x_{k+1}) \leq f(x_k)$ per ogni k;

(ii) se $\nabla f(x_k) \neq 0$ per ogni k, si ha

$$\sum_{k=0}^{\infty} \|\nabla f(x_k)\|^2 \cos^2 \theta_k < \infty; \qquad (4.7)$$

(iii) se $\nabla f(x_k) \neq 0$ per ogni k, si ha

$$\sum_{k=0}^{\infty} \cos^2 \theta_k = \infty. \qquad (4.8)$$

Allora, o esiste un indice $\nu \geq 0$ tale che $x_\nu \in \mathcal{L}_0$ e $\nabla f(x_\nu) = 0$, oppure viene prodotta una successione infinita tale che:

(a) $\{x_k\}$ rimane in $\mathcal{L}_0$ ed ammette punti di accumulazione;

(b) ogni punto di accumulazione di $\{x_k\}$ appartiene a $\mathcal{L}_0$;

(c) la successione $\{f(x_k)\}$ converge;

(d) $\liminf_{k \to \infty} \|\nabla f(x_k)\| = 0$;

(e) esiste un punto di accumulazione $\bar{x}$ di $\{x_k\}$ tale che $\nabla f(\bar{x}) = 0$.

Dimostrazione. Le (a) (b) e (c) seguono dalla (i) e dalla Proposizione 3.1. Supponiamo allora che l'algoritmo generi una successione infinita e supponiamo, ragionando per assurdo, che la (d) sia falsa. Esisterà allora una costante $\eta > 0$ tale che risulti $\|\nabla f(x_k)\| \geq \eta$ per ogni k. Ciò implica

$$\sum_{k=0}^{\infty} \cos^2 \theta_k \leq \frac{1}{\eta^2} \sum_{k=0}^{\infty} \|\nabla f(x_k)\|^2 \cos^2 \theta_k.$$

Dalla (4.8) si ottiene quindi una contraddizione con la (4.7). Deve allora valere la (d) e quindi deve esistere una sottosuccessione in corrispondenza alla quale il gradiente converge a zero. La (e) è allora una conseguenza immediata della compattezza di $\mathcal{L}_0$ e della continuità di ∇f. □

Commento 4.1. La condizione (4.7) si può riscrivere nella forma

$$\sum_{k=0}^{\infty} \left(\frac{|\nabla f(x_k)^T d_k|}{\|d_k\|} \right)^2 < \infty,$$

e quindi implica, in particolare, che valga la (4.5). Si mostrerà tuttavia nel seguito che esistono criteri di ricerca unidimensionale che assicurano anche il soddisfacimento della (4.7).

La condizione (4.8) è soddisfatta, in particolare, se esiste una sottosuccessione di $\{\cos\theta_k\}$ che non converge a zero e quindi una condizione sufficiente per la validità della (4.8) è che $\limsup_{k\to\infty} \cos\theta_k > 0$. Si tratta quindi di una condizione *meno restrittiva* della condizione d'angolo (4.3) che impone $\cos\theta_k \geq c$. □

Anche la Proposizione 4.3 può essere riformulata senza introdurre l'ipotesi di compattezza sull'insieme di livello $\mathcal{L}_0$. In tal caso è facile verificare, per esercizio, che si può stabilire il risultato seguente.

Proposizione 4.4 (Condizioni di convergenza globale 4).

Sia $f : R^n \to R$ una funzione continuamente differenziabile su R^n. Sia $\{x_k\}$ la successione prodotta dall'algoritmo e si supponga che $d_k \neq 0$ per $\nabla f(x_k) \neq 0$. Supponiamo inoltre che valgano le condizioni:

(i) *$f(x_{k+1}) \leq f(x_k)$ per ogni k;*
(ii) *se $\nabla f(x_k) \neq 0$ per ogni k, si ha*

$$\sum_{k=0}^{\infty} \|\nabla f(x_k)\|^2 \cos^2\theta_k < \infty; \tag{4.9}$$

(iii) *se $\nabla f(x_k) \neq 0$ per ogni k, si ha*

$$\sum_{k=0}^{\infty} \cos^2\theta_k = \infty. \tag{4.10}$$

Allora, o esiste un indice $\nu \geq 0$ tale che $x_\nu \in \mathcal{L}_0$ e $\nabla f(x_\nu) = 0$, oppure viene prodotta una successione infinita $\{x_k\}$ con $x_k \in \mathcal{L}_0$ per ogni k, tale che valga una delle seguenti alternative:

(a) *si ha $\lim_{k\to\infty} f(x_k) = -\infty$;*

4.2 Condizioni di convergenza globale: metodi monotoni

(b) *la successione* $\{f(x_k)\}$ *è limitata inferiormente e, in tal caso, si ha:*

(b.1) *la successione* $\{f(x_k)\}$ *converge;*

(b.2) $\liminf_{k\to\infty} \|\nabla f(x_k)\| = 0$.

Negli algoritmi che non utilizzano il gradiente nel calcolo di d_k può essere difficile imporre il soddisfacimento di condizioni basate sulle ralazioni tra d_k e il gradiente, come quelle enunciate nelle proposizioni precedenti. In tal caso, è necessario far riferimento a condizioni di tipo diverso per stabilire risultati di convergenza. Dimostriamo, in particolare, che l'appartenenza dei punti di accumulazione di $\{x_k\}$ all'insieme Ω può essere assicurata imponendo che, al limite, il gradiente risulti ortogonale a un insieme di n vettori linearmente indipendenti, a condizione di imporre che sia

$$\lim_{k\to\infty} \|x_{k+1} - x_k\| = 0.$$

Dimostriamo il risultato seguente.

Proposizione 4.5 (Condizioni di convergenza globale 5).

Sia $f : R^n \to R$ una funzione continuamente differenziabile su R^n e si supponga che l'insieme di livello $\mathcal{L}_0$ sia compatto. Sia $\{x_k\}$ la successione prodotta dall'algoritmo e supponiamo che $d_k \neq 0$ per ogni k. Supponiamo inoltre che per ogni k si ha:

(i) $f(x_{k+1}) \leq f(x_k)$;

(ii) $\lim_{k\to\infty} \dfrac{\nabla f(x_k)^T d_k}{\|d_k\|} = 0$;

(iii) *esiste un $\eta > 0$ tale che la matrice P_k con colonne*

$$d_{k+j}/\|d_{k+j}\|, \quad \text{per } j = 0, 1, \ldots, n-1$$

soddisfa, per ogni k, $|\text{Det}(P_k)| \geq \eta$;

(iv) $\lim_{k\to\infty} \|x_{k+1} - x_k\| = 0$.

Allora, viene prodotta una successione infinita tale che:

(a) $\{x_k\}$ *rimane in $\mathcal{L}_0$ e ammette punti di accumulazione;*
(b) *ogni punto di accumulazione di $\{x_k\}$ appartiene a $\mathcal{L}_0$;*
(c) *la successione $\{f(x_k)\}$ converge;*
(d) $\lim_{k\to\infty} \|\nabla f(x_k)\| = 0$;
(e) *ogni punto di accumulazione $\bar{x}$ di $\{x_k\}$ soddisfa $\nabla f(\bar{x}) = 0$.*

Dimostrazione. Tenendo conto della condizione (i), le (a), (b) e (c) seguono dalla Proposizione 3.1. Dimostriamo quindi le (d) (e). Poichè l'insieme $\mathcal{L}_0$ è compatto e $x_k \in \mathcal{L}_0$ per ogni k, ogni sottuccessione di $\{x_k\}$ ha un punto di accumulazione in $\mathcal{L}_0$. Per provare le (d) (e) basta allora far vedere che tutti i punti di accumulazione di $\{x_k\}$ sono punti stazionari.

Sia $\bar{x}$ un qualsiasi punto di accumulazione di $\{x_k\}$ e sia $\{x_k\}_K$ una sottosuccessione convergente a $\bar{x} \in \mathcal{L}_0$. Poichè tutte le successioni $\{d_{k+j}/\|d_{k+j}\|\}$, con $j = 0, 1, \ldots, n-1$, sono limitate, è possibile trovare una sottosuccessione $\{x_k\}_{K_1}$, con $K_1 \subseteq K$ tale che la successione di matrici $\{P_k\}$, definita da:

$$P_k = \left[\frac{d_k}{\|d_k\|} \quad \cdots \quad \frac{d_{k+n-1}}{\|d_{k+n-1}\|} \right],$$

converga, per $k \in K_1$, $k \to \infty$ a una matrice $P^\star = (\, d_0^\star \quad \cdots \quad d_{n-1}^\star\,)$. Tenendo conto della (iii), si avrà allora $|\text{Det}(P^\star)| \geq \eta$ e quindi i vettori $d_j^\star$, per $j = 0, 1, \ldots, n-1$ saranno linearmente indipendenti.

Dalla (ii) segue che

$$\lim_{k \to \infty} \frac{\nabla f(x_{k+j})^T d_{k+j}}{\|d_{k+j}\|} = 0, \quad j = 0, 1, \ldots, n-1. \tag{4.11}$$

Inoltre, per la condizione (iv), ricordando la Proposizione 3.2, si ha che tutti i punti x_{k+j} per $j = 0, 1, \ldots n-1$ convergono a $\bar{x}$ per $k \in K_1$, $k \to \infty$.

Dalla (4.11) segue allora, per la continuità del gradiente e del prodotto scalare:

$$\lim_{k \in K_1, k \to \infty} \frac{\nabla f(x_{k+j})^T d_{k+j}}{\|d_{k+j}\|} = \nabla f(\bar{x})^T d_j^\star = 0 \quad j = 0, 1, \ldots, n-1. \tag{4.12}$$

Essendo i vettori $d_j^\star$ linearmente indipendenti, deve essere $\nabla f(\bar{x}) = 0$, il che completa la dimostrazione. $\square$

4.3 Condizioni di convergenza globale: metodi non monotoni*

Le condizioni enunciate nel paragrafo precedente possono essere generalizzate, indebolendo le ipotesi di riduzione monotona della funzione obiettivo a ogni passo dell'algoritmo. Si vedrà in seguito che esistono ragioni teoriche e numeriche per rilassare, in modo controllato, il requisito di monotonicità, soprattutto in corrispondenza ad alcune scelte delle direzioni di ricerca d_k. Assegnata d_k, la non monotonicità si traduce, in pratica, nella definizione di opportuni criteri per la scelta del passo α_k.

In questo paragrafo ci limitiamo a riformulare, in termini non monotoni, le condizioni di convergenza della Proposizione 4.1, richiedendo che solo una sottosuccessione di $\{x_k\}$ corrisponda a un andamento monotono della

4.3 Condizioni di convergenza globale: metodi non monotoni*

funzione obiettivo. Per poter stabilire gli stessi risultati di convergenza della Proposizione 4.1 occorre imporre la condizione

$$\lim_{k\to\infty} \|x_{k+1} - x_k\| = 0,$$

che può essere assicurata, come si mostrerà in seguito, attraverso una scelta appropriata di α_k. In particolare, enunciamo il risultato seguente.

Proposizione 4.6 (Condizioni di convergenza globale 6).
Sia $f : R^n \to R$ una funzione continuamente differenziabile su R^n e si supponga che l'insieme di livello $\mathcal{L}_0$ sia compatto. Sia $\{x_k\}$ la successione prodotta dall'algoritmo e si supponga che $d_k \neq 0$ per $\nabla f(x_k) \neq 0$. Supponiamo inoltre che valgano le condizioni seguenti:

(i) *vale il limite*
$$\lim_{k\to\infty} \|x_{k+1} - x_k\| = 0; \tag{4.13}$$

(ii) *esiste una sottosuccessione $\{x_k\}_K$ con $0 \in K$ tale che:*

(ii-1) *per ogni k esiste $j(k) \in K$ tale che*
$$0 < j(k) - k \leq M,$$

(ii-2) $\{f(x_k)\}_K$ *è monotona non crescente, ossia*
$$k_1, k_2 \in K \text{ e } k_2 > k_1 \text{ implicano } f(x_{k_2}) \leq f(x_{k_1}),$$

(ii-3) *se $\nabla f(x_k) \neq 0$ per $k \in K$ si ha*
$$\lim_{k\in K, k\to\infty} \frac{\nabla f(x_k)^T d_k}{\|d_k\|} = 0, \tag{4.14}$$

(ii-4) *esiste una funzione di forzamento $\sigma : [0, \infty) \to [0, \infty)$ tale che, per $d_k \neq 0$ e $k \in K$, si ha*
$$\frac{|\nabla f(x_k)^T d_k|}{\|d_k\|} \geq \sigma(\|\nabla f(x_k)\|). \tag{4.15}$$

Allora, o esiste un indice $\nu \geq 0$ tale che $x_\nu \in \mathcal{L}_0$ e $\nabla f(x_\nu) = 0$, oppure viene prodotta una successione infinita tale che:

(a) $\{x_k\}$ *ammette punti di accumulazione;*
(b) *ogni punto di accumulazione di $\{x_k\}$ appartiene a $\mathcal{L}_0$;*
(c) *la successione $\{f(x_k)\}$ converge;*
(d) $\lim_{k\to\infty} \nabla f(x_k) = 0;$
(e) *ogni punto di accumulazione $\bar{x}$ di $\{x_k\}$ soddisfa $\nabla f(\bar{x}) = 0$.*

Dimostrazione. Se l'algoritmo non si arresta in un punto stazionario in $\mathcal{L}_0$, si verifica facilmente che sono soddisfatte le ipotesi della Proposizione 3.3 e quindi le (a), (b) e (c) seguono da tale proposizione. La (c) e le ipotesi (ii-3) e (ii-4) implicano allora, ragionando come nella dimostrazione della Proposizione 4.1, che $\lim_{k \in K, k \to \infty} \nabla f(x_k) = 0$, per cui ogni punto di accumulazione di $\{x_k\}_K$ è un punto stazionario di f. D'altra parte, per il Lemma 3.1 ogni punto di accumulazione di $\{x_k\}$ è punto di accumulazione di $\{x_k\}_K$ e quindi, per la compattezza di $\mathcal{L}_0$, valgono le (d), (e). □

Note e riferimenti

Gli argomenti trattati nel capitolo possono essere approfonditi in [99], dove è stato introdotto il concetto di *funzione di forzamento* a cui ci si è riferiti, e in [101]. Una diversa impostazione si può trovare in [7].

4.4 Esercizi

4.1. Dimostrare la Proposizione 4.2.

4.2. Dimostrare la Proposizione 4.3.

4.3. Supponiamo che $x_k \in \mathcal{L}_0$ per ogni k e che $\mathcal{L}_0$ sia compatto. Supponiamo inoltre che esistano numeri $c_1 > 0$, $c_2 > 0$, tali che, per ogni k si abbia:

$$\nabla f(x_k)^T d_k \leq -c_1 \|\nabla f(x_k)\|^2, \quad \|d_k\| \leq c_2 \|\nabla f(x_k)\|.$$

Dimostrare che è soddisfatta la condizione d'angolo (4.3).

5
Ricerca unidimensionale

In questo capitolo vengono studiati i principali metodi di ricerca unidimensionale utilizzabili nella minimizzazione di funzioni differenziabili. Inizialmente vengono descritti e analizzati metodi che richiedono la conoscenza delle derivate, in particolare, il *metodo di Armijo*, il metodo che utilizza le *condizioni di Goldstein*, i metodi basati sulle *condizioni di Wolfe*. Successivamente vengono considerati i metodi di ricerca unidimensionale che non fanno uso della conoscenza delle derivate. Infine, si introducono i metodi di tipo non monotono e se ne studiano le proprietà di convergenza.

5.1 Generalità

I metodi di ricerca unidimensionale hanno essenzialmente l'obiettivo di *globalizzare* in modo costruttivo gli algoritmi di ottimizzazione, ossia di garantire che venga raggiunto asintoticamente un punto stazionario, a partire da un punto iniziale scelto arbitrariamente.

Nel seguito ci riferiamo al caso in cui, per ogni punto assegnato $x_k \in R^n$, si suppone nota una direzione $d_k \in R^n$ e la ricerca unidimensionale consiste nella determinazione del *passo* $\alpha_k \in R$ lungo d_k e quindi del punto $x_k + \alpha_k d_k$. Si parla in tal caso di *ricerca di linea (line search)*, ossia di ricerca lungo la retta passante per x_k e parallela a d_k. Supponiamo quindi, salvo esplicito avviso, che la successione $\{x_k\}$ generata dall'algoritmo preso in considerazione sia definita assumendo:

$$x_{k+1} = x_k + \alpha_k d_k, \quad k = 0, 1, \ldots . \tag{5.1}$$

Il passo α_k viene determinato con riferimento alla funzione di una sola variabile reale, $\phi : R \to R$ definita (per un k fissato) da:

$$\phi(\alpha) = f(x_k + \alpha d_k),$$

che caratterizza l'andamento di f lungo la direzione di ricerca d_k. Si ha, ovviamente, in particolare, $\phi(0) = f(x_k)$.

5 Ricerca unidimensionale

Essendo f differenziabile, esiste la derivata di $\phi(\alpha)$ rispetto ad α, indicata con $\dot\phi(\alpha)$. Utilizzando le regole di derivazione delle funzioni composte di più variabili, si verifica facilmente che

$$\dot\phi(\alpha) = \nabla f(x_k + \alpha d_k)^T d_k, \qquad (5.2)$$

e coincide quindi con la derivata direzionale di f lungo la direzione d_k nel punto $x_k + \alpha d_k$. In particolare abbiamo

$$\dot\phi(0) = \nabla f(x_k)^T d_k,$$

e quindi $\dot\phi(0)$ è la derivata direzionale di f in x_k lungo d_k. Se f è due volte differenziabile esiste anche la derivata seconda $\ddot\phi(\alpha)$ di ϕ rispetto ad α e si ha

$$\ddot\phi(\alpha) = d_k^T \nabla^2 f(x_k + \alpha d_k) d_k. \qquad (5.3)$$

Tutti gli algoritmi di ricerca unidimensionale consentono, teoricamente, di soddisfare la condizione

$$\lim_{k \to \infty} \frac{\nabla f(x_k)^T d_k}{\|d_k\|} = 0, \qquad (5.4)$$

e quindi, sotto opportune ipotesi sulle direzioni di ricerca, consentono di stabilire la convergenza a punti stazionari, in base alle condizioni sufficienti considerate nel capitolo precedente.

Con alcuni algoritmi si può soddisfare, in luogo della (5.4), la condizione più forte

$$\sum_{k=0}^{\infty} \left(\frac{\nabla f(x_k)^T d_k}{\|d_k\|} \right)^2 < \infty, \qquad (5.5)$$

che è richiesta, come già si è visto, in corrispondenza ad alcune scelte di d_k.

La ricerca unidimensionale assicura anche, in genere, che il nuovo punto $x_k + \alpha_k d_k$ rimanga nell'insieme di livello definito dal valore iniziale $f(x_0)$, ossia che risulti

$$f(x_k + \alpha_k d_k) \leq f(x_0).$$

Negli algoritmi *monotoni*, se la ricerca unidimensionale viene effettuata per ogni k, tale condizione viene soddisfatta imponendo che, per ogni k, si abbia:

$$f(x_k + \alpha_k d_k) \leq f(x_k).$$

Negli algoritmi *non monotoni* si ha invece

$$f(x_k + \alpha_k d_k) \leq W_k \leq f(x_0)$$

essendo W_k un opportuno valore di riferimento non superiore, tipicamente, a $f(x_0)$. Ulteriori condizioni possono essere imposte in connessione ad alcuni metodi non vincolati.

In particolare, in alcuni algoritmi (come i metodi senza derivate, i metodi non monotoni, i metodi di decomposizione o, in genere, i metodi che utilizzano informazioni relative ai passi precedenti) può essere importante effettuare la ricerca unidimensionale in modo da soddisfare la condizione

$$\lim_{k \to \infty} \|\alpha_k d_k\| = 0.$$

In altri algoritmi può esssere necessario scegliere α_k in modo tale che la derivata direzionale nel nuovo punto, ossia $\dot\phi(\alpha) = \nabla f(x_k + \alpha_k d_k)^T d_k$, sia sufficientemente piccola in modulo o soddisfi opportune limitazioni.

5.1.1 Ricerca di linea esatta

Uno dei primi criteri proposti per la determinazione del passo consiste nello scegliere un valore di α che minimizzi la funzione obiettivo lungo la direzione di ricerca, ossia un valore α_k per cui si abbia:

$$f(x_k + \alpha_k d_k) \leq f(x_k + \alpha d_k), \quad \text{per ogni } \alpha \in R. \tag{5.6}$$

Se si assume che $x_k \in \mathcal{L}_0$ e che $\mathcal{L}_0$ sia compatto, allora, per ogni k fissato, esiste un valore di α che risolve il problema (5.6). Essendo f differenziabile, dovrà risultare

$$\dot\phi(\alpha_k) = \nabla f(x_k + \alpha_k d_k)^T d_k = 0. \tag{5.7}$$

Si parla, in tal caso, di *ricerca esatta*[1] e il punto α_k che risolve il problema (5.6) viene denominato *passo ottimo*. Il passo ottimo è indicato in Fig. 1, con riferimento al caso di una funzione strettamente convessa.

Dal punto di vista geometrico, la (5.7) esprime il fatto che se α_k minimizza $\phi(\alpha)$, il gradiente di f nel punto $x_k + \alpha_k d_k$ deve essere ortogonale alla direzione di ricerca d_k. Se f è convessa la (5.7) assicura che α_k sia un punto di minimo globale di f lungo d_k.

Un'espressione analitica del passo ottimo si può ottenere solo in casi molto particolari. Ad esempio, se f è quadratica, ossia è del tipo

$$f(x) = \frac{1}{2} x^T Q x + c^T x,$$

con Q definita positiva, dalla (5.7), esplicitando l'espressione di $\nabla f(x_k + \alpha_k d_k)$ e risolvendo rispetto ad α_k, si ottiene

$$\alpha_k = -\frac{(Qx_k + c)^T d_k}{d_k^T Q d_k} = -\frac{\nabla f(x_k)^T d_k}{d_k^T Q d_k}. \tag{5.8}$$

---

[1] Nella letteratura sull'argomento si parla talvolta di "ricerca esatta" con riferimento al calcolo di un punto α_k che soddisfi la (5.7), ossia a un punto stazionario di ϕ.

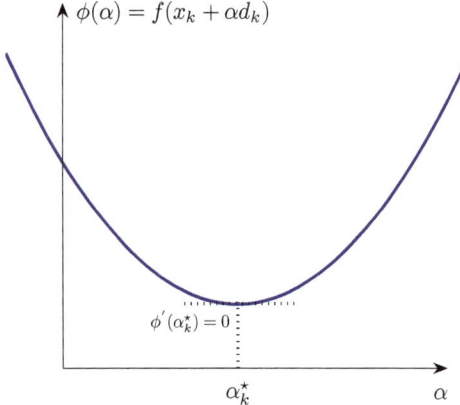

Fig. 5.1. Passo ottimo

Nel caso generale, la ricerca esatta non dà luogo, anche quando f è convessa, a un *algoritmo realizzabile* basato sull'iterazione (5.1). Infatti, la determinazione di un punto di minimo o di un punto stazionario di ϕ potrebbe richiedere a sua volta un metodo iterativo convergente asintoticamente, per cui il metodo definito dall'iterazione (5.1), che prevede una sequenza di ricerche unidimensionali, potrebbe non essere ben definito.

5.1.2 Ricerche di linea inesatte

Nella maggior parte dei casi, non esistono particolari vantaggi, dal punto di vista del comportamento complessivo dei metodi di minimizzazione, nel determinare un punto di minimo lungo d_k con grande accuratezza. È opportuno quindi adottare *criteri inesatti* che siano effettivamente realizzabili, abbiano un costo di calcolo non eccessivo e garantiscano al tempo stesso le proprietà di convergenza richieste. In termini molto generali, i metodi *inesatti* si basano sull'individuazione di un insieme di *valori accettabili* per α_k, definiti in modo tale da assicurare:

- una *sufficiente riduzione* di f rispetto al valore corrente $f(x_k)$ (o rispetto a un valore di riferimento opportuno nel caso di metodi non monotoni);
- un *sufficiente spostamento* rispetto al punto corrente x_k.

È ovviamente essenziale assicurare che i *criteri di accettabilità*, mediante cui si impongono i requisiti indicati, siano fra di essi *compatibili* e che sia possibile soddisfarli, per ogni k, attraverso un numero finito di valutazioni di ϕ ed eventualmente delle sue derivate.

Le tecniche di ricerca unidimensionale possono essere classificate in vario modo, in base ai diversi criteri di accettabilità utilizzati e alle modalità con cui si generano i valori di tentativo del passo. Una prima distinzione è relativa all'uso delle informazioni disponibili sulla funzione obiettivo. Da questo punto di vista si possono distinguere:

- metodi che utilizzano informazioni su f e ∇f (e, più raramente, su $\nabla^2 f$);
- metodi senza derivate, che utilizzano esclusivamente il calcolo di f.

Sotto opportune ipotesi è anche possibile utilizzare tecniche di ricerca unidimensionale che utilizzano *passi costanti* o *convergenti a zero* e che non richiedono valutazioni di f o di ∇f durante la ricerca. Ciò può risultare vantaggioso in applicazioni in cui il costo di calcolo di f è particolarmente elevato oppure quando non si hanno informazioni complete su f e ∇f a ogni singola iterazione.

Un'altra distinzione significativa è quella tra:

- metodi monotoni, che garantiscono la condizione $f(x_k + \alpha_k d_k) \leq f(x_k)$;
- metodi non monotoni, in cui la riduzione di f è relativa a un opportuno valore di riferimento W_k.

Se ∇f è disponibile, se $\nabla f(x_k) \neq 0$ e se la direzione di ricerca soddisfa

$$\nabla f(x_k)^T d_k < 0, \tag{5.9}$$

è noto che d_k è una direzione di discesa e quindi esistono valori sufficientemente piccoli di $\alpha > 0$ tali che

$$f(x_k + \alpha_k d_k) < f(x_k).$$

Nei metodi inesatti per i quali si può stabilire la validità della (5.9) la ricerca unidimensionale viene quindi effettuata solo per valori positivi di α. Se f non è convessa ciò non garantisce, ovviamente, che sia raggiungibile il passo "ottimo".

Rispetto alle modalità con cui si generano i valori di tentativo del passo si possono distinguere:

- metodi che prevedono esclusivamente riduzioni dei valori di tentativo di α (tecniche di *backtracking*), a partire da una stima iniziale assegnata;
- metodi che prevedono sia riduzioni che *espansioni* dei valori di tentativo del passo, fino a individuare un valore accettabile.

Ulteriori distinzioni più particolari verranno considerate nel seguito. Osserviamo qui che la scelta del valore del *passo iniziale*, ossia del valore di α di primo tentativo, che verrà indicato con Δ_k, costituisce un aspetto importante in tutti i metodi. In molti casi, il valore di Δ_k è definito dal modello locale utilizzato per generare la direzione di ricerca d_k e quindi si potrebbe assumere, senza perdita di generalità, $\Delta_k = 1$. In casi del genere la ricerca unidimensionale dovrebbe quindi anche assicurare che, almeno in intorno della soluzione, venga il più possibile accettato il passo unitario che, in genere, garantisce idealmente una buona rapidità di convergenza. In altri casi, la definizione di d_k non specifica in modo significativo e univoco il valore di Δ_k e può essere preferibile adottare stime variabili con k, basate sulla considerazione delle iterazioni precedenti.

Nel seguito supporremo inizialmente che Δ_k sia assegnato e discuteremo successivamente i criteri utilizzabili per definire il passo iniziale, qualora ciò sia opportuno.

A conclusione di questo paragrafo, osserviamo che nella realizzazione di un algoritmo di ricerca unidimensionale, in aggiunta alle esigenze legate alle proprietà di convergenza, è poi necessario tener conto delle conseguenze derivanti dalla precisione finita del mezzo di calcolo utilizzato e di conseguenza controllare che le operazioni effettuate siano numericamente significative. Tali aspetti verranno discussi più in dettaglio nel Paragrafo 5.7.

5.2 Metodo di Armijo

5.2.1 Definizione del metodo e convergenza

Il metodo di Armijo è uno dei primi metodi di tipo inesatto proposti per il caso in cui, per ogni x_k con $\nabla f(x_k) \neq 0$, si suppone disponibile una direzione di discesa d_k tale che
$$\nabla f(x_k)^T d_k < 0.$$
È una tipica procedura di *backtracking*, in cui si effettuano successive riduzioni del passo, a partire da un valore iniziale assegnato $\Delta_k > 0$, fino a a determinare un valore α_k che soddisfi una condizione di *sufficiente riduzione* della funzione obiettivo, espressa da

$$f(x_k + \alpha_k d_k) \leq f(x_k) + \gamma \alpha_k \nabla f(x_k)^T d_k, \qquad (5.10)$$

dove $\gamma \in (0,1)$. Ricordando la definizione di ϕ, la (5.10) si può porre equivalentemente nella forma

$$\phi(\alpha_k) \leq \phi(0) + \gamma \dot{\phi}(0) \alpha_k.$$

Dal punto di vista geometrico, la condizione precedente impone che $\phi(\alpha_k)$ sia al di sotto della retta passante per $(0, \phi(0))$ e avente pendenza $\gamma \dot{\phi}(0)$, definita da
$$y = \phi(0) + \gamma \dot{\phi}(0) \alpha.$$
Poiché $\dot{\phi}(0) < 0$, tale retta ha pendenza negativa, ed essendo $\gamma < 1$, risulta meno inclinata (in genere molto meno inclinata) rispetto alla tangente nell'origine.

Il criterio di sufficiente riduzione utilizzato nel metodo di Armijo è illustrato nella Fig. 5.2, dove $A_1 \cup A_2$ è l'insieme dei valori di α che soddisfano la (5.10).

Una condizione di *sufficiente spostamento* viene imposta, nel metodo di Armijo, richiedendo innanzitutto che il passo iniziale sia "sufficientemente

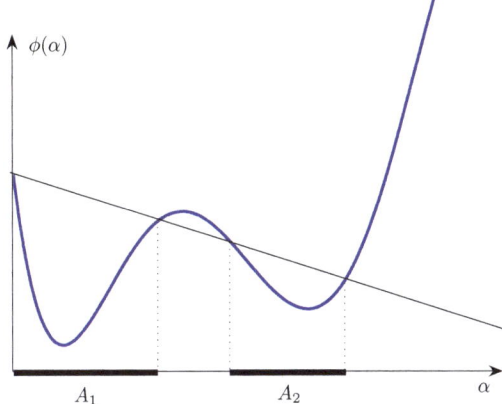

Fig. 5.2. Criterio di sufficiente riduzione nel metodo di Armijo

grande" (nel senso che sarà chiarito più precismente nel seguito) e assicurando poi che le eventuali riduzioni dei passi di tentativo siano effettuate utilizzando un coefficiente moltiplicativo $\delta \in (0,1)$ costante (o che almeno rimane all'interno di un intervallo costante), al variare di k e delle eventuali iterazioni interne.

Supponendo, per semplicità, che il coefficiente di riduzione sia costante, il passo determinato dal metodo di Armijo si può esprimere nella forma:

$$\alpha_k = \max\left\{\alpha : \alpha = \Delta_k \delta^j, \phi(\alpha) \leq \phi(0) + \gamma\dot{\phi}(0)\alpha, \quad j = 0, 1, \ldots\right\}.$$

Perché α_k sia ben definito occorre ovviamente mostrare, come sarà fatto fra breve, che esiste un valore finito di j per cui risulta soddisfatta la condizione di sufficiente riduzione.

Possiamo schematizzare il metodo di Armijo con il modello concettuale seguente, in cui l'indice j è un contatore delle iterazioni interne.

Metodo di Armijo (modello concettuale)

Dati. $\Delta_k > 0$, $\gamma \in (0,1)$, $\delta \in (0,1)$.
　Poni $\alpha = \Delta_k$ e $j = 0$.
While $f(x_k + \alpha d_k) > f(x_k) + \gamma\alpha\nabla f(x_k)^T d_k$

　Assumi $\alpha = \delta\alpha$ e poni $j = j + 1$.
End While
　Poni $\alpha_k = \alpha$ ed **esci**.

Le condizioni di accettabilità utilizzate sono illustrate nella Fig. 5.3. Nell'esempio considerato la condizione di sufficiente riduzione non è soddisfatta in

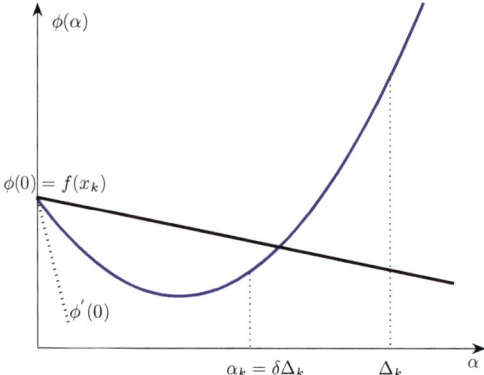

Fig. 5.3. Metodo di Armijo

corrispondenza alla stima iniziale Δ_k; il passo viene di conseguenza ridotto al valore $\delta\Delta_k$ e ciò consente di ottenere una riduzione sufficiente di f, per cui $\alpha_k = \delta\Delta_k$, con $\phi(\alpha_k) < \phi(0) + \gamma\dot\phi(0)\alpha_k$.

Dimostriamo innanzitutto che il metodo di Armijo termina in un numero finito di passi determinando un valore di α_k che soddisfa opportune condizioni.

Proposizione 5.1 (Terminazione finita del metodo di Armijo).

Sia $f : R^n \to R$ continuamente differenziabile su R^n e sia $x_k \in R^n$ un punto tale che che $\nabla f(x_k)^T d_k < 0$. Allora il metodo di Armijo determina in un numero finito di passi un valore $\alpha_k > 0$ tale che:

(a) $f(x_k + \alpha d_k) \leq f(x_k) + \gamma\alpha_k \nabla f(x_k)^T d_k$;

inoltre risulta soddisfatta una delle due condizioni seguenti:

(b_1) $\alpha_k = \Delta_k$;
(b_2) $\alpha_k \leq \delta\Delta_k$ tale che $f(x_k + \dfrac{\alpha_k}{\delta}d_k) > f(x_k) + \gamma\dfrac{\alpha_k}{\delta}\nabla f(x_k)^T d_k$.

Dimostrazione. Dimostriamo anzitutto che il ciclo *while* è finito. Se la condizione (5.10) non è soddisfatta per valori finiti dell'indice j deve essere, per ogni j:

$$\frac{f(x_k + \Delta_k\delta^j d_k) - f(x_k)}{\Delta_k\delta^j} > \gamma\nabla f(x_k)^T d_k.$$

Essendo $\delta_j < 1$, si ha $\lim_{j\to\infty} \delta^j = 0$. Passando al limite per $j \to \infty$ il primo membro converge alla derivata direzionale $\nabla f(x_k)^T d_k$ e quindi si ottiene:

$$\nabla f(x_k)^T d_k \geq \gamma\nabla f(x_k)^T d_k,$$

il che contraddice le ipotesi $\nabla f(x_k)^T d_k < 0$ e $\gamma < 1$. Ciò prova che, in un numero finito di passi, deve essere necessariamente determinato un valore $\alpha_k > 0$ che soddisfa la (5.10); vale quindi la (a).

In base alle istruzioni dell'algoritmo, se viene accettato il valore iniziale Δ_k si ha $\alpha_k = \Delta_k$ e quindi vale la (b$_1$). Se Δ_k non viene acettato, il passo viene ridotto e quindi deve essere necessariamente $\alpha_k \leq \delta \Delta_k$. In tal caso deve valere la condizione (b$_2$), ossia

$$f(x_k + \frac{\alpha_k}{\delta} d_k) - f(x_k) > \gamma \frac{\alpha_k}{\delta} \nabla f(x_k)^T d_k,$$

(altrimenti, il valore α_k/δ sarebbe stato accettato). Deve quindi essere soddisfatta una delle due condizioni (b$_1$) (b$_2$). □

Le proprietà di convergenza del metodo di Armijo sono riportate nella proposizione successiva, in cui imponiamo la condizione che il passo iniziale Δ_k sia "sufficientemente grande".

Proposizione 5.2 (Convergenza del metodo di Armijo).

Sia $f : R^n \to R$ continuamente differenziabile su R^n. Supponiamo che l'insieme di livello $\mathcal{L}_0$ sia compatto e che valga la condizione $\nabla f(x_k)^T d_k < 0$ per ogni k. Supponiamo inoltre che il passo iniziale $\Delta_k \in R^+$ sia tale da soddisfare la condizione:

$$\Delta_k \geq \frac{1}{\|d_k\|} \sigma \left(\frac{|\nabla f(x_k)^T d_k|}{\|d_k\|} \right), \qquad (5.11)$$

dove $\sigma : R^+ \to R^+$ è una funzione di forzamento. Allora il metodo di Armijo determina in un numero finito di passi un valore $\alpha_k > 0$ tale che la successione definita da $x_{k+1} = x_k + \alpha_k d_k$ soddisfa le proprietà:

(c$_1$) $f(x_{k+1}) < f(x_k)$;

(c$_2$) $\lim_{k \to \infty} \dfrac{\nabla f(x_k)^T d_k}{\|d_k\|} = 0.$

Dimostrazione. In base alla proposizione precedente, in un numero finito di passi il metodo di Armijo determina un valore di $\alpha_k > 0$ tale che

$$f(x_k + \alpha d_k) \leq f(x_k) + \gamma \alpha_k \nabla f(x_k)^T d_k. \qquad (5.12)$$

La (c$_1$) segue allora direttamente da tale condizione e dall'ipotesi che sia $\nabla f(x_k)^T d_k < 0$. Dimostriamo ora che vale la (c$_2$). Poiché α_k soddisfa la condizione (5.12) si può scrivere (riordinando i termini e moltiplicando e dividendo il secondo membro per $\|d_k\|$:

$$f(x_k) - f(x_{k+1}) \geq \gamma\alpha_k|\nabla f(x_k)^T d_k| = \gamma\alpha_k\|d_k\|\frac{|\nabla f(x_k)^T d_k|}{\|d_k\|}. \qquad (5.13)$$

Poiché $\{f(x_k)\}$ è monotona decrescente ed è limitata inferiormente (ciò segue dal fatto che f è continua su $\mathcal{L}_0$ compatto) deve esistere il limite di $\{f(x_k)\}$ e quindi si ha:

$$\lim_{k\to\infty}(f(x_k) - f(x_{k+1})) = 0,$$

per cui dalla (5.13) segue:

$$\lim_{k\to\infty}\alpha_k\|d_k\|\frac{|\nabla f(x_k)^T d_k|}{\|d_k\|} = 0. \qquad (5.14)$$

Supponiamo ora, per assurdo, che la (c_2) non sia vera. Essendo la successione $\{\nabla f(x_k)^T d_k/\|d_k\|\}$ limitata, deve allora esistere una sottosuccessione (ridefinita $\{x_k\}$), tale che:

$$\lim_{k\to\infty}\frac{\nabla f(x_k)^T d_k}{\|d_k\|} = -\eta < 0, \qquad (5.15)$$

dove η è una quantità positiva. Per la (5.14) deve essere allora:

$$\lim_{k\to\infty}\alpha_k\|d_k\| = 0. \qquad (5.16)$$

Poiché $x_k \in \mathcal{L}_0$ (che si è supposto compatto) e poiché la successione $\{d_k/\|d_k\|\}$ è limitata, devono esistere sottosuccessioni (ridefinite $\{x_k\}$ e $\{d_k\}$), tali che

$$\lim_{k\to\infty} x_k = \hat{x}, \quad \lim_{k\to\infty}\frac{d_k}{\|d_k\|} = \hat{d}. \qquad (5.17)$$

Dalle (5.15) e (5.17) segue allora, per la continuità di ∇f:

$$\lim_{k\to\infty}\frac{\nabla f(x_k)^T d_k}{\|d_k\|} = \nabla f(\hat{x})^T \hat{d} = -\eta < 0. \qquad (5.18)$$

Supponiamo ora che la (b_1) della Proposizione 5.1 valga per una sottosuccessione infinita, ossia che per una sottosuccessione infinita si abbia sempre $\alpha_k = \Delta_k$.

Per l'ipotesi fatta su Δ_k deve esistere una funzione di forzamento σ tale che:

$$\Delta_k\|d_k\| \geq \sigma\left(\frac{|\nabla f(x_k)^T d_k|}{\|d_k\|}\right),$$

e quindi, passando al limite sulla sottosequenza considerata, dalla (5.16) segue che la corrispondente sottosequenza $\{|\nabla f(x_k)^T d_k|/\|d_k\|\}$ converge a zero e ciò contraddice la (5.18).

Possiamo allora supporre che, per valori sufficientemente elevati di k, ossia per $k \geq \hat{k}$, deve essere $\alpha_k < \Delta_k$, per cui vale la (b$_2$) della Proposizione 5.1. Si ha allora, per $k \geq \hat{k}$:

$$f(x_k + \frac{\alpha_k}{\delta}d_k) - f(x_k) > \gamma \frac{\alpha_k}{\delta} \nabla f(x_k)^T d_k. \tag{5.19}$$

Per il teorema della media, si può scrivere:

$$f(x_k + \frac{\alpha_k}{\delta}d_k) = f(x_k) + \frac{\alpha_k}{\delta} \nabla f(z_k)^T d_k, \tag{5.20}$$

con

$$z_k = x_k + \theta_k \frac{\alpha_k}{\delta} d_k \quad \text{dove } \theta_k \in (0,1).$$

Sostituendo la (5.20) nella (5.19), per $k \geq \hat{k}$, si ottiene:

$$\nabla f(z_k)^T d_k > \gamma \nabla f(x_k)^T d_k.$$

Dividendo ambo i membri per $\|d_k\|$, si ha:

$$\frac{\nabla f(z_k)^T d_k}{\|d_k\|} > \gamma \frac{\nabla f(x_k)^T d_k}{\|d_k\|}. \tag{5.21}$$

D'altra parte, per la (5.17) e la (5.16) deve essere

$$\lim_{k \to \infty} z_k = \lim_{k \to \infty} \left(x_k + \theta_k \frac{\alpha_k}{\delta} d_k \right) = \hat{x}.$$

Ne segue che, passando al limite per $k \to \infty$, dalla (5.21) si ottiene

$$\nabla f(\hat{x})^T \hat{d} \geq \gamma \nabla f(\hat{x})^T \hat{d}$$

e quindi, per la (5.18), si ha $\eta \leq \gamma \eta$ il che contraddice l'ipotesi $\gamma < 1$. Si può concludere che la (5.18) porta in ogni caso a una contraddizione e quindi deve valere la (c$_2$). □

Discutiamo ora brevemente la scelta dei parametri Δ_k, γ, δ che intervengono nel modello di algoritmo tipo-Armijo definito in precedenza.

Come già si è detto, una condizione essenziale per poter assicurare la convergenza è che il passo iniziale assegnato Δ_k sia sufficientemente grande. In linea di principio, essendo $\nabla f(x_k)$ noto, è sempre possibile scegliere arbitrariamente una funzione di forzamento e imporre che Δ_k soddisfi la condizione (5.11). Il criterio più semplice (ma non, in genere, il più conveniente) potrebbe essere quello di assumere

$$\Delta_k = \rho / \|d_k\|,$$

essendo $\rho > 0$ una costante arbitraria. Tuttavia, come già si è detto, per alcuni metodi i requisiti connessi alla rapidità di convergenza rendono necessario effettuare la ricerca unidimensionale a partire dal valore costante $\Delta_k = 1$.

Nel caso di stima iniziale Δ_k costante, perché possano valere le proprietà di convergenza enunciate nella Proposizione 5.2 occorre supporre che la direzione d_k sia tale da soddisfare la condizione

$$\|d_k\| \geq \sigma\left(\frac{|\nabla f(x_k)^T d_k|}{\|d_k\|}\right), \qquad (5.22)$$

per qualche funzione di forzamento σ. Si può osservare che tale condizione è soddisfatta, in particolare, se $\mathcal{L}_0$ è compatto e la direzione d_k è tale che si abbia:

$$\nabla f(x_k)^T d_k \leq -c_1 \|\nabla f(x_k)\|^p, \qquad (5.23)$$

essendo c_1 e p costanti positive. Infatti, se vale la condizione precedente, si può porre, essendo $\nabla f(x_k)^T d_k < 0$:

$$\|\nabla f(x_k)\|^p \leq \frac{1}{c_1}|\nabla f(x_k)^T d_k|. \qquad (5.24)$$

D'altra parte, utilizzando la diseguaglianza di Schwarz, si può scrivere:

$$\frac{|\nabla f(x_k)^T d_k|}{\|d_k\|} \leq \|\nabla f(x_k)\| \qquad (5.25)$$

e quindi, usando le (5.25), (5.24) e ancora la diseguaglianza di Schwarz, si ha:

$$\left(\frac{|\nabla f(x_k)^T d_k|}{\|d_k\|}\right)^p \leq \|\nabla f(x_k)\|^p \leq \frac{1}{c_1}|\nabla f(x_k)^T d_k| \leq \frac{M}{c_1}\|d_k\|, \qquad (5.26)$$

avendo indicato con M un limite superiore di $\|\nabla f(x)\|$ su $\mathcal{L}_0$. La condizione (5.22) sarà allora soddisfatta qualora si assuma, come funzione di forzamento $\sigma(t) = t^p c_1 / M$.

Il parametro γ determina la pendenza della retta che definisce la condizione di sufficiente riduzione della funzione obiettivo. Come si è visto, ai fini della convergenza, γ può essere una qualsiasi costante positiva minore di uno. In pratica, il valore di γ si sceglie abbastanza piccolo (tipicamente $10^{-3} - 10^{-4}$) e comunque si assume $\gamma < 1/2$. Tale condizione è motivata dall'opportunità di assicurare che, se f è una funzione quadratica, risulti accettabile il valore del passo che minimizza $\phi(\alpha)$ ed è importante, in alcuni metodi, ai fini della rapidità di convergenza. Vale la proposizione seguente.

Proposizione 5.3 (Passo ottimo nel caso quadratico).

Sia $f(x) = \frac{1}{2}x^T Q x + c^T x$, con Q matrice simmetrica $n \times n$ definita positiva. Siano x_k, d_k tali che $\nabla f(x_k)^T d_k < 0$ e supponiamo che α_k^* sia il passo ottimo lungo d_k, dato da

$$\alpha_k^* = -\frac{\nabla f(x_k)^T d_k}{d_k^T Q d_k}.$$

Allora si ha

$$f(x_k + \alpha_k^* d_k) = f(x_k) + \frac{1}{2}\alpha_k^* \nabla f(x_k)^T d_k, \qquad (5.27)$$

e α_k^* soddisfa la condizione di sufficiente riduzione (5.10) se e solo se $\gamma \leq 1/2$.

Dimostrazione. Dal teorema di Taylor, dall'ipotesi di funzione f quadratica, e dall'espressione del passo ottimo segue

$$f(x_k + \alpha_k^* d_k) = f(x_k) + \alpha_k^* \nabla f(x_k)^T d_k + \tfrac{1}{2}(\alpha_k^*)^2 d_k^T Q d_k$$

$$= f(x_k) + \alpha_k^* \left(\nabla f(x_k)^T d_k - \tfrac{1}{2}\nabla f(x_k)^T d_k\right),$$

e quindi vale la (5.27). Poiché $\nabla f(x_k)^T d_k < 0$, dalla (5.27) abbiamo che la (5.10) è soddisfatta se e solo se $\gamma \leq 1/2$. □

Il parametro δ che compare nell'algoritmo di Armijo si è assunto, per semplicità come un valore costante in $(0,1)$; un valore tipico potrebbe essere, ad esempio, $\delta = 0.5$. Si può tuttavia verificare facilmente che la convergenza del metodo di Armijo viene preservata anche se, in luogo di ridurre α secondo un fattore costante δ, si utilizza un fattore variabile $\delta(k,j) \in [\delta_l, \delta_u]$, con

$$0 < \delta_l < \delta_u < 1.$$

Si può porre, ad esempio, $\delta_l = 0.1$ e $\delta_u = 0.9$. In ciascun passo j dell'algoritmo il valore di $\delta(k,j)$ può quindi essere scelto arbitrariamente all'interno dell'intervallo prefissato $[\delta_l, \delta_u]$, utilizzando, ad esempio, quando possibile, un metodo di interpolazione basato su un'approssimazione quadratica o cubica della funzione f. Ciò può consentire di ridurre apprezzabilmente il numero di valutazioni della funzione occorrenti per verificare il soddisfacimento della condizione di accettazione.

Sulla base delle considerazioni precedenti possiamo definire un modello più flessibile del metodo di Armijo, rinviando a successive analisi lo studio degli aspetti numerici e degli effetti della precisione finita del mezzo di calcolo.

Metodo di Armijo

Dati. $\Delta_k > 0$, $\gamma \in (0, 1/2)$, $0 < \delta_l < \delta_u < 1$.
  Poni $\alpha = \Delta_k$ e $j = 0$.
While $f(x_k + \alpha d_k) > f(x_k) + \gamma \alpha \nabla f(x_k)^T d_k$

  Scegli $\delta \in [\delta_l, \delta_u]$, assumi $\alpha = \delta \alpha$ e poni $j = j + 1$.
End While
  Poni $\alpha_k = \alpha$ ed **esci**.

Nel caso generale, il metodo di Armijo non consente di stabilire la validità del limite $\|x_{k+1} - x_k\| \to 0$, che risulta di interesse, come si vedrà in seguito, in relazione ad alcuni metodi. Tuttavia il limite precedente può essere ottenuto se si impongono opportune limitazioni superiori sulla scelta del passo iniziale Δ_k. In particolare, supponiamo che Δ_k sia scelto in modo da soddisfare la condizione

$$\frac{\rho_1}{\|d_k\|} \frac{|\nabla f(x_k)^T d_k|}{\|d_k\|} \leq \Delta_k \leq \frac{\rho_2}{\|d_k\|} \frac{|\nabla f(x_k)^T d_k|}{\|d_k\|}, \qquad (5.28)$$

dove $\rho_2 \geq \rho_1 > 0$. In tal caso, la (5.11) è soddisfatta ove si assuma come funzione di forzamento la funzione $\sigma(t) = \rho_1 t$ e di conseguenza, nelle ipotesi della Proposizione 5.2 si ha

$$\lim_{k \to \infty} \frac{\nabla f(x_k)^T d_k}{\|d_k\|} = 0.$$

La (5.28) allora implica $\lim_{k \to \infty} \Delta_k \|d_k\| = 0$, da cui segue, essendo $\alpha_k \leq \Delta_k$, anche il limite

$$\lim_{k \to \infty} \|x_{k+1} - x_k\| = 0.$$

5.2.2 Estensioni dei risultati di convergenza*

I risultati di convergenza ottenuti per il metodo di Armijo possono essere estesi facilmente per stabilire la convergenza di altri algoritmi.

Una prima osservazione è che nella dimostrazione della Proposizione 5.2 non è essenziale supporre che sia $x_{k+1} = x_k + \alpha_k^A d_k$, avendo indicato con α_k^A il passo calcolato con il metodo di Armijo. Basta infatti che x_{k+1} sia scelto in modo tale che risulti:

$$f(x_{k+1}) \leq f(x_k + \alpha_k^A d_k).$$

Infatti, se vale la diseguaglianza precedente, si può ancora scrivere la (5.13) e la dimostrazione non cambia. Ciò significa, in particolare, che valori accettabili per α sono tutti quelli per cui $f(x_k + \alpha d_k)$ non supera $f(x_k + \alpha_k^A d_k)$. Ne segue

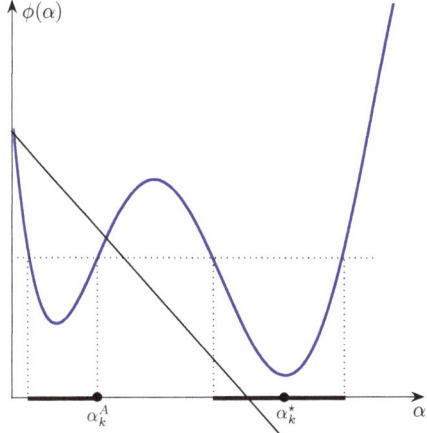

Fig. 5.4. Valori accettabili del passo

che la Proposizione 5.2 dimostra anche la convergenza della ricerca "esatta", in cui si determina il punto di minimo α_k^* di $\phi(\alpha)$. In tal caso, infatti, deve essere, per definizione:

$$f(x_k + \alpha_k^* d_k) \leq f(x_k + \alpha_k^A d_k).$$

L'insieme dei valori accettabili è indicato in Fig.5.4.

Più in generale, le conclusioni della Proposizione 5.2 si applicano a qualsiasi algoritmo per cui $f(x_{k+1}) \leq f(x_k + \alpha_k^A d_k)$, quale che sia il criterio usato per il calcolo di x_{k+1}, che potrebbe anche non essere un punto della semiretta definita da d_k.

Una seconda osservazione è che i risultati di convergenza valgono anche se le ricerche unidimensionali vengono effettuate in corrispondenza a una sottouccessione, indicata con $\{x_k\}_K$, di una successione $\{x_k\}$ generata da un qualsiasi algoritmo, a condizione che si possa ancora assicurare la convergenza di $\{f(x_k)\}$. In tal caso, infatti, possiamo ripetere la dimostrazione della Proposizione 5.2 ridefinendo inizialmente $\{x_k\}_K$ come $\{x_k\}$.

Tenendo conto delle osservazioni precedenti, possiamo riformulare l'enunciato della Proposizione 5.2 in termini più generali, lasciando per esercizio la dimostrazione della proposizione riportata di seguito.

Proposizione 5.4. *Sia $f : R^n \to R$ continuamente differenziabile su R^n. Supponiamo che l'insieme di livello $\mathcal{L}_0$ sia compatto e sia $\{x_k\}_K$ una sottosuccessione di una successione $\{x_k\}$ assegnata. Supponiamo che siano soddisfatte le condizioni seguenti:*

(i) *la successione* $\{f(x_k)\}$ *converge;*
(ii) *per ogni* $k \in K$ *si ha*

$$f(x_{k+1}) \leq f(x_k + \alpha_k^A d_k),$$

dove $\nabla f(x_k)^T d_k < 0$ *e il passo* α_k^A *è determinato con il metodo di Armijo, in cui il passo iniziale* $\Delta_k \in R^+$ *soddisfa la condizione*

$$\Delta_k \geq \frac{1}{\|d_k\|}\sigma\left(\frac{|\nabla f(x_k)^T d_k|}{\|d_k\|}\right), \quad (5.29)$$

dove $\sigma : R^+ \to R^+$ *è una funzione di forzamento.*

Allora si ha

$$\lim_{k \in K, k \to \infty} \frac{\nabla f(x_k)^T d_k}{\|d_k\|} = 0.$$

Notiamo che, nelle ipotesi fatte, la condizione (i) sarà soddisfatta, in particolare, se si assume che per ogni k valga la condizione

$$f(x_{k+1}) \leq f(x_k).$$

5.2.3 Metodo di Armijo con gradiente Lipschitz-continuo*

Si può effettuare un'analisi più approfondita del metodo di Armijo nell'ipotesi che ∇f goda di proprietà più forti di continuità.

Premettiamo il risultato seguente, in cui ci si riferisce a un qualsiasi vettore $d \in R^n$ e si fornisce una maggiorazione del valore di f, quando ci si sposta da un punto x assegnato, effettuando un passo $\alpha \in R$ lungo d.

Proposizione 5.5. *Supponiamo che* $f : R^n \to R$ *sia continuamente differenziabile su un insieme aperto convesso* D *e sia* $x \in D$ *e* $d \in R^n$. *Supponiamo che* ∇f *soddisfi una condizione di Lipschitz su* D, *ossia che esista* $L > 0$ *tale che per ogni* $w, u \in D$ *si abbia*

$$\|\nabla f(w) - \nabla f(u)\| \leq L\|w - u\|.$$

Sia $\alpha \in R$ *tale che* $x + \alpha d \in D$. *Allora si ha*

$$f(x + \alpha d) \leq f(x) + \alpha \nabla f(x)^T d + \frac{\alpha^2 L}{2}\|d\|^2.$$

Dimostrazione. Utilizzando il teorema della media in forma integrale si può scrivere:

$$f(x+\alpha d) = f(x) + \alpha \int_0^1 \nabla f(x+t\alpha d)^T d\, dt,$$

da cui segue, con semplici passaggi, tenendo conto della convessità di D e della condizione di Lipschitz su D,

$$f(x+\alpha d) = f(x) + \alpha \int_0^1 \left(\nabla f(x+t\alpha d)^T d - \nabla f(x)^T d\right) dt + \alpha \nabla f(x)^T d$$

$$\leq f(x) + \alpha \int_0^1 \|\nabla f(x+t\alpha d) - \nabla f(x)\| \|d\| dt + \alpha \nabla f(x)^T d$$

$$\leq f(x) + \alpha^2 L \int_0^1 t\|d\|^2 dt + \alpha \nabla f(x)^T d$$

$$= f(x) + \frac{\alpha^2 L}{2}\|d\|^2 + \alpha \nabla f(x)^T d. \qquad \square$$

Sotto ipotesi di gradiente Lipschitz-continuo su R^n, la proposizione successiva fornisce la stima di un intervallo di valori di α che soddisfano la condizione di sufficiente riduzione.

Proposizione 5.6 (Intervallo di sufficiente riduzione).

Sia $f : R^n \to R$ e supponiamo che ∇f sia Lipschitz-continuo su R^n, ossia che esista $L > 0$ tale che per ogni $w, u \in R^n$ si abbia

$$\|\nabla f(w) - \nabla f(u)\| \leq L\|w-u\|.$$

Siano x_k, d_k vettori assegnati in R^n, e sia

$$\alpha_k^M = \frac{2(1-\gamma)}{L} \frac{|\nabla f(x_k)^T d_k|}{\|d_k\|^2}, \qquad (5.30)$$

dove $\gamma \in (0,1)$ e $\nabla f(x_k)^T d_k < 0$. Allora per ogni $\alpha \in [0, \alpha_k^M]$ vale la condizione di sufficiente riduzione

$$f(x_k + \alpha_k d_k) \leq f(x_k) + \gamma \alpha_k \nabla f(x_k)^T d_k.$$

Dimostrazione. Assumendo $D = R^n$, per la Proposizione 5.5 si può scrivere

$$f(x_k + \alpha_k d_k) \leq f(x_k) + \alpha_k \nabla f(x_k)^T d_k + \frac{\alpha_k^2 L}{2}\|d_k\|^2$$

e quindi la condizione di sufficiente riduzione è soddisfatta se risulta

$$f(x_k) + \alpha_k \nabla f(x_k)^T d_k + \frac{\alpha_k^2 L}{2}\|d_k\|^2 \leq f(x_k) + \gamma \alpha_k \nabla f(x_k)^T d_k,$$

ossia se $\alpha_k \leq \alpha_k^M$. □

In base al risultato precedente è possibile fornire una stima del massimo numero di passi in cui il metodo di Armijo definito nell'Algoritmo 4.2 determina il valore di α_k. Infatti, poiché a ogni iterazione interna dell'algoritmo il passo iniziale Δ_k viene ridotto almeno secondo il fattore δ_u, se valgono le ipotesi della Proposizione 5.6, è sufficiente che sia $\delta_u^j \Delta_k \leq \alpha_k^M$, per cui il numero massimo di di passi richiesto, indicato con $j_{\max}$ è dato da

$$j_{\max} = \left\lceil \max\left\{0, \log\left(\frac{\alpha_k^M}{\Delta_k}\right) / \log(\delta_u)\right\} \right\rceil. \quad (5.31)$$

Dalla Proposizione 5.5 segue anche in modo immediato una limitazione inferiore del valore del passo determinato attraverso il metodo di Armijo.

Proposizione 5.7 (Limitazione inferiore del passo).

Nelle ipotesi della Proposizione 5.6, sia α_k il passo determinato con il metodo di Armijo. Allora si ha

$$\alpha_k \geq \min\left\{\Delta_k, \delta_l \alpha_k^M\right\}. \quad (5.32)$$

Dimostrazione. In base alle istruzioni dell'algoritmo si possono avere due casi: $\alpha_k = \Delta_k$ oppure $\alpha_k < \Delta_k$. Nel secondo caso, tenendo conto del fatto che il passo viene ridotto secondo un fattore $\delta \in [\delta_l, \delta_u]$ il passo α_k/δ non è accettabile e quindi, per la Proposizione 5.6 deve essere $\alpha_k/\delta > \alpha_k^M$, ossia

$$\alpha_k > \delta \alpha_k^M \geq \delta_l \alpha_k^M,$$

per cui deve valere la (5.32). □

Sotto ipotesi di gradiente Lipschitz-continuo è possibile dare dei risultati di convergenza più forti, dimostrando che per il metodo di Armijo vale la proprietà (5.5). A tale scopo stabiliamo il risultato seguente, in cui non si richiede né che il gradiente sia Lipschitz-continuo né che il passo α_k sia necessariamente calcolato con il metodo di Armijo.

5.2 Metodo di Armijo

Proposizione 5.8. *Sia $f : R^n \to R$ continuamente differenziabile su R^n. Supponiamo che f sia limitata inferiormente. Sia $\{x_k\}$ una successione infinita tale che $\nabla f(x_k)^T d_k < 0$ per ogni k e supponiamo che valgano le condizioni seguenti:*

(i) *per ogni k si ha, per $\gamma \in (0,1)$:*
$$f(x_{k+1}) \leq f(x_k + \alpha_k d_k) \leq f(x_k) + \gamma \alpha_k \nabla f(x_k)^T d_k;$$

(ii) *esiste $\mu > 0$ tale che*
$$\alpha_k \geq \mu \frac{|\nabla f(x_k)^T d_k|}{\|d_k\|^2}.$$

Allora vale la proprietà
$$\sum_{k=0}^{\infty} \left(\frac{\nabla f(x_k)^T d_k}{\|d_k\|} \right)^2 < \infty.$$

Dimostrazione. Per le ipotesi fatte si può scrivere, per ogni k:
$$f(x_k) - f(x_{k+1}) \geq \gamma \mu \frac{|\nabla f(x_k)^T d_k|^2}{\|d_k\|^2},$$

e quindi, applicando ripetutamente la diseguaglianza precedente si ha:
$$\sum_{k=0}^{m} (f(x_k) - f(x_{k+1})) \geq \gamma \mu \sum_{k=0}^{m} \left(\frac{\nabla f(x_k)^T d_k}{\|d_k\|} \right)^2.$$

Essendo f limitata inferiormente deve esistere una costante $M > 0$ (indipendente da m) tale che
$$\sum_{k=0}^{m} (f(x_k) - f(x_{k+1})) = f(x_0) - f(x_{m+1}) \leq M.$$

Ne segue, per $m \to \infty$
$$\sum_{k=0}^{\infty} \left(\frac{\nabla f(x_k)^T d_k}{\|d_k\|} \right)^2 \leq \frac{M}{\gamma \mu},$$

per cui vale l'enunciato. □

È facile verificare che, nel caso del metodo di Armijo, se si suppone che il gradiente sia Lipschitz-continuo su R^n e che il passo iniziale soddisfi una condizione del tipo

$$\Delta_k \geq \rho \frac{|\nabla f(x_k)^T d_k|}{\|d_k\|^2}$$

segue dalla Proposizione 5.7 che le ipotesi della proposizione precedente sono soddisfatte.

5.3 Tecniche di espansione, condizioni di Goldstein

Come già si è detto, per alcuni metodi (metodi tipo gradiente, metodi delle direzioni coniugate) è preferibile far iniziare la ricerca unidimensionale da una stima dello spostamento variabile con k ottenuta, ad esempio, facendo riferimento a un modello quadratico. In casi del genere, per garantire la convergenza del metodo di Armijo occorre assicurare che il passo α_k sia abbastanza grande, per cui può essere necessario dover effettuare anche incrementi della stima iniziale disponibile. Il metodo di Armijo deve allora essere modificato introducendo *tecniche di espansione* basate su opportune procedure adattative.

Una delle modifiche più semplici si può ottenere imponendo le condizioni di accettabilità:

$$\begin{aligned} f(x_k + \alpha_k d_k) &\leq f(x_k) + \gamma \alpha_k \nabla f(x_k)^T d_k \\ f(x_k + \mu_k \alpha_k d_k) &\geq \min \left[f(x_k + \alpha_k d_k), f(x_k) + \gamma \mu_k \alpha_k \nabla f(x_k)^T d_k \right] \end{aligned} \quad (5.33)$$

con $\mu_k \in [\mu_l, \mu_u]$ e $1 < \mu_l \leq \mu_u$. La seconda condizione nella (5.33) esprime una condizione di *sufficiente spostamento* che può essere utilizzata nella dimostrazione della Proposizione 5.2 in luogo della (5.19). Il significato della (5.33) è illustrato nella Fig. 5.5 con riferimento ad alcuni possibili valori di μ_k.

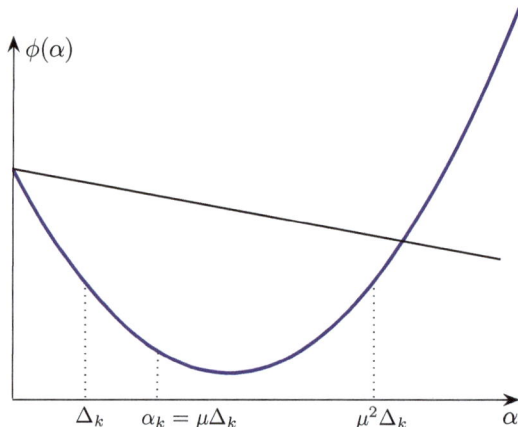

Fig. 5.5. Criterio di espansione del passo

5.3 Tecniche di espansione, condizioni di Goldstein

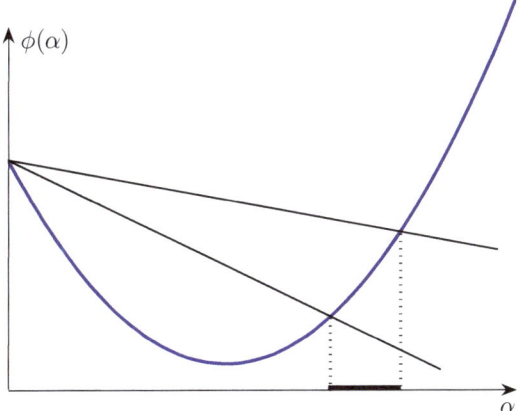

Fig. 5.6. Condizioni di Goldstein

Si lascia per esercizio verificare che, se α_k è scelto in modo da soddisfare la (5.33) vale lo stesso risultato di convergenza enunciato nella Proposizione 5.2, senza tuttavia che sia necessario imporre alcuna condizione su Δ_k.

La (5.33) suggerisce anche in modo immediato un metodo costruttivo per la determinazione di α_k. Infatti, se la stima iniziale Δ_k soddisfa la condizione di sufficiente riduzione basta incrementare il passo finchè non risulta soddisfatta la (5.33). Se f è limitata inferiormente ciò avverrà necessariamente dopo un numero finito di incrementi del passo. Notiamo anche che, se il valore di Δ_k non soddisfa la condizione di sufficiente riduzione e, come nel metodo di Armijo, si è dovuto ridurre il passo attraverso successive interpolazioni, fino a determinare un α per cui $f(x_k + \alpha d_k) \leq f(x_k) + \gamma \alpha \nabla f(x_k)^T d_k$, allora si può assumere (almeno dal punto di vista teorico) direttamente $\alpha_k = \alpha$. Infatti, le condizioni (5.33) saranno soddisfatte assumendo $\mu_k = 1/\delta_k$, essendo $\delta_k \in [\delta_l, \delta_u]$ con $0 < \delta_l < \delta_u$ l'ultimo fattore di riduzione utilizzato per generare α.

Un diverso criterio di espansione è costituito dalle cosiddette *condizioni di Goldstein*, in base alle quali, se $\nabla f(x_k)^T d_k < 0$, si può scegliere α_k come un qualsiasi numero positivo che soddisfi le condizioni:

$$f(x_k + \alpha_k d_k) \leq f(x_k) + \gamma_1 \alpha_k \nabla f(x_k)^T d_k$$

$$f(x_k + \alpha_k d_k) \geq f(x_k) + \gamma_2 \alpha_k \nabla f(x_k)^T d_k,$$

in cui $0 < \gamma_1 < \gamma_2 < 1/2$. Da un punto di vista geometrico, come illustrato in Fig. 5.6, ciò corrisponde a scegliere come valore di α_k un punto tale che il corrispondente valore di f sia compreso tra le due rette con pendenza, rispettivamente $\gamma_1 \nabla f(x_k)^T d_k$ e $\gamma_2 \nabla f(x_k)^T d_k$ passanti per il punto $(0, \phi(0))$.

La prima delle condizioni di Goldstein esprime la stessa condizione di *sufficiente riduzione* di f imposta nel metodo di Armijo, mentre la seconda equivale a una condizione di *sufficiente spostamento*, in quanto impedisce che il passo possa divenire eccessivamente piccolo.

Poiché $\gamma_1 < \gamma_2$ e $\gamma_2 \in (0,1)$ si può mostrare che esiste sempre un intervallo $[\alpha_l, \alpha_u]$ di valori compatibili con le due condizioni precedenti.

Proposizione 5.9. *Sia $f : R^n \to R$ continuamente differenziabile su R^n. Sia $\phi(\alpha) = f(x_k + \alpha d_k)$ e si supponga che $\phi(\alpha)$ sia limitata inferiormente, che $\dot\phi(0) < 0$ e che $\gamma_1 < \gamma_2$. Allora esiste un intervallo $[\alpha_l, \alpha_u]$, con $0 < \alpha_l < \alpha_u$ tale che per ogni $\alpha \in [\alpha_l, \alpha_u]$ si ha:*

$$\phi(\alpha) \leq \phi(0) + \gamma_1 \alpha \dot\phi(0), \tag{5.34}$$

$$\phi(\alpha) \geq \phi(0) + \gamma_2 \alpha \dot\phi(0). \tag{5.35}$$

Dimostrazione. Poichè $\phi(\alpha)$ è limitata inferiormente e $\dot\phi(0) < 0$, deve esistere un $\bar\alpha > 0$ tale che

$$\phi(\bar\alpha) = \phi(0) + \gamma_1 \bar\alpha \dot\phi(0), \tag{5.36}$$

e risulti anche

$$\phi(\alpha) \leq \phi(0) + \gamma_1 \alpha \dot\phi(0) \quad \text{per ogni } \alpha \in [0, \bar\alpha].$$

In altri termini, $\bar\alpha$ è il *primo valore* positivo di α per cui la curva $\phi(\alpha)$ incontra la retta di equazione

$$y = \phi(0) + \gamma_1 \alpha \dot\phi(0).$$

Posto $\alpha_u = \bar\alpha$ abbiamo che la (5.34) è verificata per ogni $\alpha \in [0, \alpha_u]$. Poichè $\gamma_1 < \gamma_2$ e $\dot\phi(0) < 0$, per la (5.36) si ha

$$\phi(\alpha_u) = \phi(0) + \gamma_1 \bar\alpha \dot\phi(0) > \phi(0) + \gamma_2 \bar\alpha \dot\phi(0).$$

Ne segue che la funzione continua

$$\psi(\alpha) = \phi(\alpha) - \left(\phi(0) + \gamma_2 \bar\alpha \dot\phi(0)\right)$$

soddisfa $\psi(\alpha_u) > 0$, per cui deve esistere un intervallo $[\alpha_l, \alpha_u]$ con $\alpha_l = \alpha_u - \varepsilon > 0$ per $\varepsilon > 0$ sufficientemente piccolo, tale che per ogni $\alpha \in [\alpha_l, \alpha_u]$ valga la (5.34) e si abbia $\psi(\alpha) \geq 0$, ossia $\phi(\alpha) \geq \phi(0) + \gamma_2 \bar\alpha \dot\phi(0))$, per cui vale anche la (5.35). □

Si verifica anche facilmente che vale la stessa conclusione della Proposizione 5.2. Basta osservare che, in luogo della (5.19), si può utilizzare la seconda condizione di Goldstein.

Descriviamo ora formalmente uno schema algoritmico in cui è prevista una fase di espansione del passo iniziale e sono utilizzate le condizioni di accettabilità di Goldstein.

5.3 Tecniche di espansione, condizioni di Goldstein

Metodo di Armijo-Goldstein

Dati. $\Delta_k > 0$, $0 < \gamma_1 < \gamma_2 < 1/2$, $0 < \delta < 1$.
  Poni $\alpha = \Delta_k$ e $j = 0$.
While $f(x_k + \alpha d_k) > f(x_k) + \gamma_1 \alpha \nabla f(x_k)^T d_k$
  Assumi $\alpha = \delta\alpha$ e poni $j = j+1$.
End While
  Se $\alpha < \Delta_k$ poni $\alpha_k = \alpha$ ed **esci**.
While
$$f(x_k + \alpha d_k) < f(x_k) + \gamma_2 \alpha \nabla f(x_k)^T d_k$$
$$f(x_k + \frac{\alpha}{\delta} d_k) < \min\{f(x_k + \alpha d_k), f(x_k) + \gamma_1 \frac{\alpha}{\delta} \nabla f(x_k)^T d_k\}$$
  Poni $\alpha = \alpha/\delta$.
End While
  Poni $\alpha_k = \alpha$ ed **esci**.

Osserviamo che il primo ciclo "while" dell'algoritmo coincide sostanzialmente con l'algoritmo tipo-Armijo. Possiamo quindi estendere facilmente la dimostrazione della Proposizione 5.2 per stabilire un risultato di convergenza. Preliminarmente mostriamo che l'algoritmo è ben definito.

Proposizione 5.10. *Supponiamo che $f : R^n \to R$ sia limitata inferiormente. Allora il metodo di Armijo-Goldstein termina in un numero finito di passi.*

Dimostrazione. Poiché $\delta < 1$, il primo ciclo "while" termina necessariamente in un numero finito di riduzioni del passo. Inoltre, se il secondo ciclo "while" non terminasse in numero finito di iterazioni si avrebbe $|\alpha|/\delta \to \infty$ al crescere di α e di conseguenza, dovrebbe essere $\phi(\alpha) \to -\infty$. □

Vale il risultato seguente.

Proposizione 5.11 (Convergenza metodo di Armijo-Goldstein).
Sia $f : R^n \to R$ continuamente differenziabile su R^n. Supponiamo che l'insieme di livello $\mathcal{L}_0$ sia compatto e che valga la condizione $\nabla f(x_k)^T d_k < 0$ per ogni k. Sia $\{x_k\}$ una successione definita $x_{k+1} = x_k + \alpha_k d_k$, essendo α_k il passo calcolato per mezzo del metodo di Armijo-Goldstein. Allora si ha:

(c_1) $f(x_{k+1}) < f(x_k)$;
(c_2) $\lim_{k \to \infty} \dfrac{\nabla f(x_k)^T d_k}{\|d_k\|} = 0$.

Dimostrazione. Ragionando come nella dimostrazione della Proposizione 5.2, possiamo stabilire che vale la (c_1), e possiamo supporre, per assurdo, che esista una sottosequenza, che ridefiniamo $\{x_k\}$, tale che

$$\lim_{k \to \infty} x_k = \hat{x}, \quad \lim_{k \to \infty} \frac{d_k}{\|d_k\|} = \hat{d}$$

e risulti

$$\lim_{k \to \infty} \frac{\nabla f(x_k)^T d_k}{\|d_k\|} = \nabla f(\hat{x})^T \hat{d} = -\mu < 0. \tag{5.37}$$

Se per una sottosequenza infinita (della sottosequenza considerata) l'algoritmo termina con $\alpha < \Delta_k$ vale ancora la stessa dimostrazione usata nella Proposizione 5.2. Ci possiamo quindi limitare a supporre che $\{x_k\}$ sia una sequenza infinita per cui si ha $\alpha = \Delta_k$ all'inizio del secondo ciclo "while". In base alle istruzioni dell'algoritmo, il passo α_k soddisfa sempre la condizione

$$f(x_k + \alpha_k d_k) \leq f(x_k) + \gamma_1 \alpha_k \nabla f(x_k)^T d_k, \tag{5.38}$$

e deve valere almeno una delle tre condizioni seguenti:

$$f(x_k + \alpha_k d_k) \geq f(x_k) + \gamma_2 \alpha_k \nabla f(x_k)^T d_k, \tag{5.39}$$

$$f(x_k + \frac{\alpha_k}{\delta} d_k) \geq f(x_k) + \gamma_1 \frac{\alpha_k}{\delta} \nabla f(x_k)^T d_k, \tag{5.40}$$

$$f(x_k + \frac{\alpha_k}{\delta} d_k) \geq f(x_k + \alpha_k d_k). \tag{5.41}$$

Utilizzando il teorema della media[2] in ciascuna delle tre condizioni (5.39), (5.40) e (5.41), e considerando il limite per $k \to \infty$, ragionando come nella dimostrazione della Proposizione 5.2, si ottiene una contraddizione con la (5.37). Deve quindi valere anche la (c_2). □

[2] C'è solo da osservare che il teorema della media si può applicare al primo e al secondo membro della (5.41) ottenendo

$$f(x_k) + \frac{\alpha_k}{\delta} \nabla f(x_k + \theta_k \frac{\alpha_k}{\delta} d_k)^T d_k \geq f(x_k) + \alpha_k \nabla f(x_k + \xi_k \alpha_k d_k)^T d_k,$$

dove $\theta_k, \xi_k \in (0,1)$.

5.4 Metodo di Wolfe

5.4.1 Condizioni di Wolfe e convergenza

Né il metodo di Armijo, né le varianti finora considerate impongono condizioni sulla derivata della funzione $\phi(\alpha)$ nel punto α_k. In alcuni metodi (gradiente coniugato, metodi Quasi-Newton) è tuttavia richiesto che $\dot\phi(\alpha_k)$ soddisfi a delle limitazioni opportune. Accenniamo quindi a delle condizioni di accettabilità (note anche come *condizioni di Wolfe*), in cui si impongono condizioni sulla pendenza nel punto α_k.

In particolare, possiamo definire due diversi criteri di accettabilità, in cui si suppone $\nabla f(x_k)^T d_k < 0$.

Condizioni di Wolfe deboli (W1)

$$f(x_k + \alpha_k d_k) \leq f(x_k) + \gamma \alpha_k \nabla f(x_k)^T d_k \qquad (5.42)$$

$$\nabla f(x_k + \alpha_k d_k)^T d_k \geq \sigma \nabla f(x_k)^T d_k. \qquad (5.43)$$

Condizioni di Wolfe forti (W2)

$$f(x_k + \alpha_k d_k) \leq f(x_k) + \gamma \alpha_k \nabla f(x_k)^T d_k \qquad (5.44)$$

$$|\nabla f(x_k + \alpha_k d_k)^T d_k| \leq \sigma |\nabla f(x_k)^T d_k| \qquad (5.45)$$

in cui $\gamma \in (0, 1/2)$ e $\sigma \in (\gamma, 1)$.

Il criterio (W2) è ovviamente più restrittivo del criterio (W1), nel senso che, se esiste un α_k che soddisfa le (5.44) (5.45), lo stesso valore di α_k soddisfa anche le (5.42) (5.43).

Nel criterio (W1) si ritengono accettabili tutti i valori di α_k per cui è soddisfatta la condizione di *sufficiente riduzione* espressa dalla (5.42) (che è la stessa condizione considerata nel metodo di Armijo) e inoltre la tangente alla curva $\phi(\alpha)$ in α_k ha pendenza positiva ($\phi(\alpha)$ crescente) oppure ha pendenza negativa ma minore, in valore assoluto, di $\sigma|\nabla f(x_k)^T d_k|$.

Per il criterio (W2) sono accettabili solo quei valori di α_k per cui è ancora soddisfatta la condizione di *sufficiente riduzione* e la pendenza è in valore assoluto minore di $\sigma|\nabla f(x_k)^T d_k|$. Ciò equivale a richiedere che α_k sia scelto in una zona in cui $\phi(\alpha)$ è sufficientemente piatta. In particolare, se si assumesse $\sigma = 0$ (il che tuttavia è escluso dall'ipotesi $\sigma > \gamma$) la (5.45) equivarrebbe a imporre che α_k è punto stazionario di $\phi(\alpha)$.

Sia la (5.43) che la (5.45) esprimono, implicitamente, una condizione di *sufficiente spostamento*, in quanto impongono che la derivata della curva $\phi(\alpha)$ in α_k sia sufficientemente maggiore rispetto ai valori che assume in prossimità del punto $\alpha = 0$.

112   5 Ricerca unidimensionale

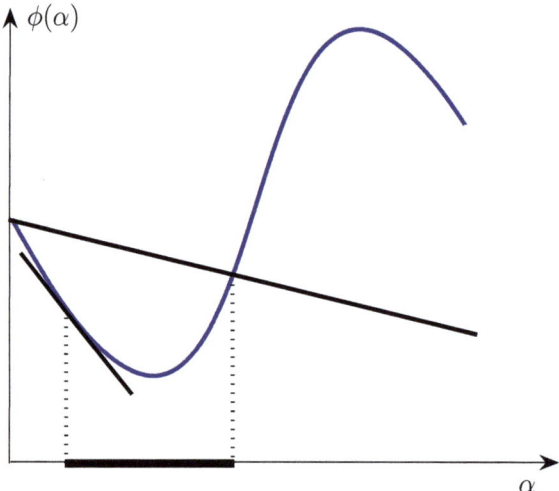

Fig. 5.7. Condizioni di Wolfe deboli

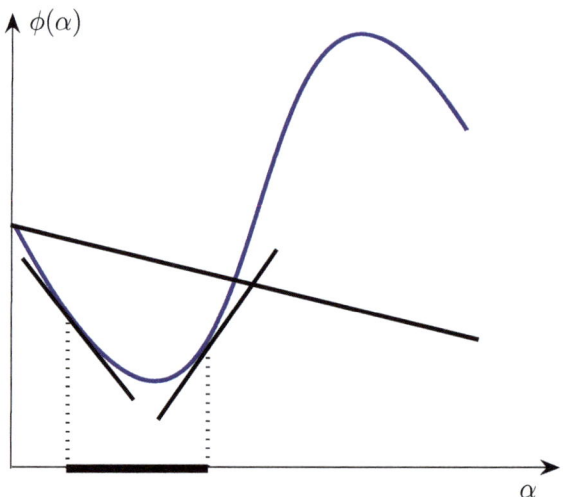

Fig. 5.8. Condizioni di Wolfe forti

Il significato geometrico delle condizioni di Wolfe è illustrato nelle Fig. 5.7 e 5.8, dove sono indicati gli intervalli dei valori di α che risultano accettabili per i due criteri.

È da notare che gli algoritmi basati sul soddisfacimento delle condizioni di Wolfe richiedono che venga calcolato il gradiente di f durante la ricerca unidimensionale per verificare il soddisfacimento della condizione di pendenza; ciò rende più costoso ogni singolo tentativo e tuttavia consente di utilizzare procedimenti di interpolazione (di tipo cubico o quadratico) in cui l'intervallo di ricerca può essere ridefinito, ad ogni passo, tenendo anche conto del segno di $\dot\phi(\alpha)$.

Si verifica facilmente che se $\sigma > \gamma$ esiste sempre un intervallo di valori di α_k per cui la condizione (W2) è soddisfatta (e quindi, a maggior ragione anche la condizione (W1)). Più precisamente, vale la proposizione seguente.

Proposizione 5.12. *Sia $\phi(\alpha) = f(x_k + \alpha d_k)$ e si supponga che $\phi(\alpha)$ sia limitata inferiormente, che $\dot\phi(0) < 0$ e che $\sigma > \gamma$. Allora esiste un intervallo $[\alpha_l, \alpha_u]$, con $0 \leq \alpha_l < \alpha_u$ tale che, per ogni $\alpha_k \in [\alpha_l, \alpha_u]$ si ha:*

$$\phi(\alpha_k) \leq \phi(0) + \gamma \alpha_k \dot\phi(0), \tag{5.46}$$

$$|\dot\phi(\alpha_k)| \leq \sigma |\dot\phi(0)|. \tag{5.47}$$

Dimostrazione. Ragionando come nella dimostrazione della Proposizione 5.9, possiamo affermare che deve esistere un $\bar\alpha > 0$ tale che

$$\phi(\bar\alpha) = \phi(0) + \gamma \bar\alpha \dot\phi(0) \tag{5.48}$$

e risulti $\phi(\alpha) \leq \phi(0) + \gamma \alpha \dot\phi(0)$ per ogni $\alpha \in [0, \bar\alpha]$. Per il teorema della media si ha

$$\phi(\bar\alpha) = \phi(0) + \bar\alpha \dot\phi(\theta \bar\alpha), \tag{5.49}$$

in cui $\theta \in (0,1)$. Dalle (5.48), (5.49) segue che $\dot\phi(\theta \bar\alpha) = \gamma \dot\phi(0)$ e, quindi, essendo per ipotesi $\sigma > \gamma$, deve essere

$$|\dot\phi(\theta \bar\alpha)| = \gamma |\dot\phi(0)| < \sigma |\dot\phi(0)|.$$

Per continuità, esisterà allora un intervallo $[\alpha_l, \alpha_u]$, contenuto in un intorno di $\theta \bar\alpha$ e interno all'intervallo aperto $(0, \bar\alpha)$, tale che per ogni $\alpha_k \in [\alpha_l, \alpha_u]$ si abbia $|\dot\phi(\alpha_k)| < \sigma |\dot\phi(0)|$, e ciò dimostra la tesi. □

Se α_k soddisfa le condizioni di Wolfe, vale un risultato analogo a quello stabilito nella Proposizione 5.2. Ci limitiamo qui a riportare il risultato seguente, in cui si fa riferimento alle condizioni (W1), dal momento che le (W2) implicano le (W1).

114   5 Ricerca unidimensionale

> **Proposizione 5.13 (Convergenza del metodo di Wolfe 1).**
> Sia $f : R^n \to R$ continuamente differenziabile su R^n. Supponiamo che l'insieme di livello $\mathcal{L}_0$ sia compatto e che valga la condizione $\nabla f(x_k)^T d_k < 0$ per ogni k. Allora, se α_k è calcolato in modo tale che valgano le condizioni di Wolfe deboli (W1) la successione definita da $x_{k+1} = x_k + \alpha_k d_k$ soddisfa le proprietà:
>
> (c_1) $f(x_{k+1}) < f(x_k)$;
>
> (c_2) $\displaystyle\lim_{k\to\infty} \dfrac{\nabla f(x_k)^T d_k}{\|d_k\|} = 0$.

Dimostrazione. Ragionando come nella dimostrazione della Proposizione 5.2 possiamo dimostrare che vale la (c_1) e inoltre che deve valere il limite

$$\lim_{k\to\infty} \alpha_k \|d_k\| \frac{|\nabla f(x_k)^T d_k|}{\|d_k\|} = 0. \tag{5.50}$$

Supponendo per assurdo che la (c_2) non sia vera, deve esistere una sottosuccessione (ridefinita $\{x_k\}$), tale che:

$$\lim_{k\to\infty} \frac{\nabla f(x_k)^T d_k}{\|d_k\|} = -\eta < 0. \tag{5.51}$$

Per la (5.50) deve essere allora, in corrispondenza alla stessa sottosuccessione:

$$\lim_{k\to\infty} \alpha_k \|d_k\| = 0. \tag{5.52}$$

Per la (5.43) si può scrivere, sommando ad ambo i membri il termine $-\nabla f(x_k)^T d_k$),

$$\nabla f(x_k + \alpha_k d_k)^T d_k - \nabla f(x_k)^T d_k \geq (\sigma - 1)\nabla f(x_k)^T d_k,$$

da cui, con facili maggiorazioni, si ricava, essendo per ipotesi $\nabla f(x_k)^T d_k < 0$ e $\sigma < 1$,

$$|\nabla f(x_k)^T d_k| \leq \frac{1}{1-\sigma} \|\nabla f(x_k + \alpha_k d_k) - \nabla f(x_k)\| \|d_k\|, \tag{5.53}$$

da cui segue

$$\frac{|\nabla f(x_k)^T d_k|}{\|d_k\|} \leq \frac{1}{1-\sigma} \|\nabla f(x_k + \alpha_k d_k) - \nabla f(x_k)\|. \tag{5.54}$$

Poiché $x_k \in \mathcal{L}_0$ e $\mathcal{L}_0$ è compatto la funzione ∇f è uniformemente continua su $\mathcal{L}_0$. Di conseguenza, per la (5.52) il secondo membro tende a zero andando al limite per $k \to \infty$ e quindi si ottiene una contraddizione con la (5.51); deve quindi valere la (c_2). □

Analizzando la dimostrazione della proposizione precedente, ci si rende conto facilmente del fatto che se x_{k+1} viene scelto in modo da soddisfare la condizione

$$f(x_{k+1}) \leq f(x_k + \alpha_k^w d_k),$$

dove α_k^w soddisfa le condizioni di Wolfe deboli, vale ancora la (5.50) e si possono stabilire le stesse conclusioni. È sufficiente ripetere la stessa dimostrazione sostituendo α_k con α_k^w. Possiamo quindi modificare l'enunciato della Proposizione 5.13 nel modo seguente.

Proposizione 5.14 (Convergenza del metodo di Wolfe 2).

Sia $f : R^n \to R$ continuamente differenziabile su R^n. Supponiamo che l'insieme di livello $\mathcal{L}_0$ sia compatto e che la successione $\{x_k\}$ sia tale che:

(i) $\nabla f(x_k)^T d_k < 0$ *per ogni k;*
(ii) *per ogni k il punto x_{k+1} è scelto in modo che si abbia*

$$f(x_{k+1}) \leq f(x_k + \alpha_k^w d_k),$$

dove α_k^w è un passo che soddisfa le condizioni di Wolfe deboli (W1).

Allora, valgono le seguenti proprietà:

(c_1) $f(x_{k+1}) < f(x_k)$;

(c_2) $\lim_{k \to \infty} \dfrac{\nabla f(x_k)^T d_k}{\|d_k\|} = 0.$

5.4.2 Metodo di Wolfe con gradiente Lipschitz-continuo

In modo analogo a quanto si è visto nel caso del metodo di Armijo possiamo mostrare che, sotto ipotesi di gradiente Lipschitz-continuo, il soddisfacimento delle condizioni di Wolfe consente di assicurare che sia soddisfatta la condizione

$$\sum_{k=0}^{\infty} \left(\frac{\nabla f(x_k)^T d_k}{\|d_k\|}\right)^2 = \sum_{k=0}^{\infty} \|\nabla f(x_k)\|^2 \cos^2 \theta_k < \infty,$$

in cui $\cos \theta_k$ è il coseno dell'angolo tra d_k e $-\nabla f(x_k)$. In questo caso, tuttavia, ci si può limitare a richiedere che la condizione di Lipschitz valga sull'insieme di livello $\mathcal{L}_0$.

Proposizione 5.15 (Convergenza del metodo di Wolfe 3).

Sia $f : R^n \to R$ continuamente differenziabile su R^n. Supponiamo che f sia limitata inferiormente e che esista una costante di Lipschitz $L > 0$ tale che risulti

$$\|\nabla f(y) - \nabla f(x)\| \le L\|y - x\|. \quad \text{per ogni } x, y \in \mathcal{L}_0,$$

dove $\mathcal{L}_0$ è l'insieme di livello. Supponiamo inoltre che $\nabla f(x_k)^T d_k < 0$ per ogni k. Allora, se α_k è calcolato in modo tale che valgano le condizioni di Wolfe deboli (W1) la successione definita da $x_{k+1} = x_k + \alpha_k d_k$ soddisfa le condizioni:

(c$_1$) $f(x_{k+1}) < f(x_k)$ *per ogni k;*

(c$_2$) $\displaystyle\sum_{k=0}^{\infty} \|\nabla f(x_k)\|^2 \cos^2 \theta_k < \infty$, *in cui* $\cos \theta_k = \dfrac{-\nabla f(x_k)^T d_k}{\|d_k\| \|\nabla f(x_k)\|}$.

Dimostrazione. Ragionando come nella dimostrazione della Proposizione 5.13 possiamo stabilire la validità della (5.53), ossia

$$|\nabla f(x_k)^T d_k| \le \frac{1}{1-\sigma} \|\nabla f(x_k + \alpha_k d_k) - \nabla f(x_k)\| \|d_k\|,$$

e quindi, tenendo conto della condizione di Lipschitz, si ha

$$|\nabla f(x_k)^T d_k| \le \frac{L}{1-\sigma} \alpha_k \|d_k\|^2,$$

da cui segue

$$\alpha_k \ge \frac{(1-\sigma)|\nabla f(x_k)^T d_k|}{L \|d_k\|^2}.$$

Le ipotesi della Proposizione 5.8 sono quindi soddisfatte e di conseguenza la tesi è dimostrata. □

5.4.3 Algoritmi basati sulle condizioni di Wolfe*

In questo paragrafo consideriamo i modelli concettuali degli algoritmi di ricerca unidimensionale basati sul soddisfacimento delle condizioni di Wolfe, rinviando a un paragrafo successivo l'approfondimento degli aspetti numerici.

Gli schemi qui descritti si basano essenzialmente su:

- un procedimento di riduzione successiva dell'intervallo $[\alpha_l, \alpha_u]$ in cui si ricerca il valore di α che soddisfa le condizioni considerate (*bracketing*);

- l'impiego di opportuni criteri di interpolazione ed estrapolazione mediante cui si genera un punto di tentativo all'interno di ciascun intervallo.

Consideriamo nel seguito due algoritmi che consentono di soddisfare, rispettivamente, le condizioni di Wolfe deboli e quelle forti in numero finito di iterazioni. In tutti i casi considerati non è possibile prefissare un estremo destro dell'intervallo di incertezza e quindi assumiamo $\alpha_l = 0$, e $\alpha_u = \infty$. Il valore iniziale di tentativo $\alpha^{(0)} > 0$ può essere arbitrario.

Condizioni di Wolfe deboli

L'algoritmo seguente consente di determinare un punto α_k che soddisfi le condizioni di Wolfe deboli.

$$\phi(\alpha_k) \leq \phi(0) + \gamma \alpha_k \dot{\phi}(0) \tag{5.55}$$

$$\dot{\phi}(\alpha_k) \geq \sigma \dot{\phi}(0), \tag{5.56}$$

dove $0 < \gamma < \sigma < 1$.

Algoritmo ALGW1: ricerca unidimensionale per soddisfare le (W1)

Dati. Valori iniziali $\alpha_l = 0$, $\alpha_u = \infty$.
For $j = 0, 1, \ldots$:
  Determina un punto di tentativo $\alpha \in (\alpha_l, \alpha_u)$.
  Se α soddisfa le condizioni di Wolfe deboli assumi $\alpha_k = \alpha$ ed esci.
  Se $\phi(\alpha) > \phi(0) + \gamma \alpha \dot{\phi}(0)$ poni $\alpha_u = \alpha$.
  Se $\phi(\alpha) \leq \phi(0) + \gamma \alpha \dot{\phi}(0)$ e $\dot{\phi}(\alpha) < \sigma \dot{\phi}(0)$ poni $\alpha_l = \alpha$.
End For

Quando sia opportuno esplicitare la dipendenza dal contatore j, indichiamo con $\alpha_l^{(j)}$, $\alpha_u^{(j)}$ gli estremi dell'intervallo all'inizio del passo j, che coincidono, per $j \geq 1$, con gli estremi dell'intervallo definito al termine del passo precedente, e con $\alpha^{(j)}$ il punto di tentativo.

Nella proposizione successiva dimostriamo che l'algoritmo termina in un numero finito di passi, a condizione che il punto di tentativo, a ogni passo, sia sufficientemente distanziato dagli estremi dell'intervallo.

118 5 Ricerca unidimensionale

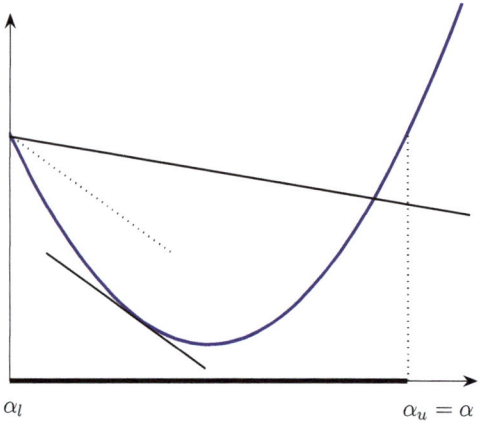

Fig. 5.9. Aggiornamento estremo superiore α_u

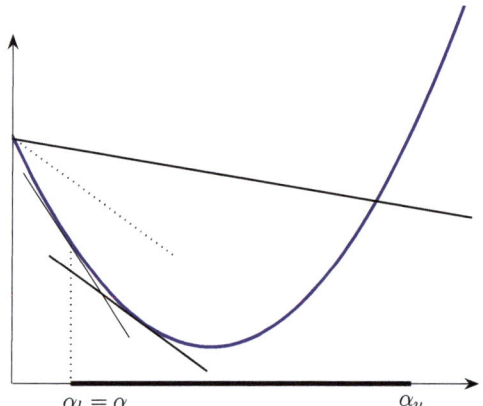

Fig. 5.10. Aggiornamento estremo inferiore α_l

Proposizione 5.16 (Convergenza algoritmo ALGW1).

Supponiamo che la funzione $\phi : R^+ \to R$ sia continuamente differenziabile su R^+, limitata inferiormente e che $\dot\phi(0) < 0$. Siano $\theta \in [1/2, 1)$ e $\tau > 1$ due valori fissati, e supponiamo che il punto di tentativo α soddisfi le condizioni seguenti per $j \geq 1$:

(i) $\alpha \geq \tau \max[\alpha_l, \alpha^{(0)}]$, se $\alpha_u = \infty$;

(ii) $\max[(\alpha - \alpha_l), (\alpha_u - \alpha)] \leq \theta (\alpha_u - \alpha_l)$ se $\alpha_u < \infty$.

Allora l'Algoritmo ALGW1 termina in un numero finito di passi fornendo un valore α_k che soddisfa le condizioni di Wolfe deboli (5.55), (5.56).

5.4 Metodo di Wolfe

Dimostrazione. Supponiamo, per assurdo, che la conclusione sia falsa. Consideriamo innanzitutto il caso in cui $\alpha_u^{(j)} = \infty$ per ogni j. In tal caso l'ipotesi (i) implica, per $j \geq 1$, che $\alpha^{(j)} \geq \tau^j \alpha^{(0)}$ e quindi, tenendo conto delle istruzioni dell'algoritmo, si ha che $\alpha^{(j)}$ tende all'infinito per $j \to \infty$. D'altra parte, dovendo essere soddisfatta la condizione $\phi(\alpha^{(j)}) \leq \phi(0) + \gamma \alpha^{(j)} \dot\phi(0)$ (altrimenti sarebbe $\alpha_u^{(j)} < \infty$), si ha, al limite $\phi(\alpha^{(j)}) \to -\infty$ per $j \to \infty$ e ciò contraddice l'ipotesi che ϕ sia limitata inferiormente.

Supponiamo ora che sia $\alpha_u \leq M$ per ogni j sufficientemente elevato e per qualche $M < \infty$, senza che vengano mai soddisfatte le condizioni di Wolfe dal passo di tentativo. Vengono allora generate le successioni monotone e limitate $\{\alpha_l^{(j)}\}$ e $\{\alpha_u^{(j)}\}$ con $\alpha_l^{(j)} \geq 0$ e $\alpha_u^{(j)} \leq M$. Inoltre deve essere, in base alla condizione (ii), per j abbastanza grande:

$$\alpha_u^{(j+1)} - \alpha_l^{(j+1)} \leq \theta \left(\alpha_u^{(j)} - \alpha_l^{(j)} \right),$$

il che implica che $\alpha_u^{(j)} - \alpha_l^{(j)}$ tende a zero per $j \to \infty$. Ne segue che entrambe le successioni convergono a un unico limite $\bar\alpha$ e la successione $\alpha^{(j)}$ converge anch'essa a $\bar\alpha$. Tenendo conto delle istruzioni dell'algoritmo, si può scrivere, per j sufficientemente elevato:

$$\phi(\alpha_u^{(j)}) > \phi(0) + \gamma \alpha_u^{(j)} \dot\phi(0), \tag{5.57}$$

$$\phi(\alpha_l^{(j)}) \leq \phi(0) + \gamma \alpha_l^{(j)} \dot\phi(0). \tag{5.58}$$

Andando al limite per $j \to \infty$ si ottiene

$$\phi(\bar\alpha) = \phi(0) + \gamma \bar\alpha \dot\phi(0), \tag{5.59}$$

per cui, tenendo conto della (5.57) si ha $\alpha_u^{(j)} > \bar\alpha$. Inoltre, ricavando $\phi(0)$ dalla (5.59), la (5.57) si può scrivere nella forma:

$$\phi(\alpha_u^{(j)}) > \phi(0) + \gamma \alpha_u^{(j)} \dot\phi(0)$$
$$= \phi(0) + \gamma(\bar\alpha + \alpha_u^{(j)} - \bar\alpha)\dot\phi(0) \tag{5.60}$$
$$= \phi(\bar\alpha) + \gamma(\alpha_u^{(j)} - \bar\alpha)\dot\phi(0),$$

da cui segue, per j elevato

$$\frac{\phi(\alpha_u^{(j)}) - \phi(\bar\alpha)}{\alpha_u^{(j)} - \bar\alpha} > \gamma \dot\phi(0).$$

Andando al limite per $j \to \infty$ si ottiene

$$\dot\phi(\bar\alpha) \geq \gamma \dot\phi(0). \tag{5.61}$$

D'altra parte, in base alle ipotesi fatte, si ha anche

$$\dot\phi(\alpha_l^{(j)}) < \sigma\dot\phi(0),$$

per cui, al limite, si ha

$$\dot\phi(\bar\alpha) \le \sigma\dot\phi(0),$$

e quindi, essendo $\sigma > \gamma$ e $\dot\phi(0) < 0$ si ottiene una contraddizione con la (5.61). □

Condizioni di Wolfe forti

Consideriamo ora uno schema di algoritmo che consente di determinare un punto α_k che soddisfi le condizioni di Wolfe forti.

$$\phi(\alpha_k) \le \phi(0) + \gamma\alpha_k\dot\phi(0) \tag{5.62}$$

$$|\dot\phi(\alpha_k)| \le \sigma|\dot\phi(0)|, \tag{5.63}$$

dove $0 < \gamma < \sigma < 1$.

Per soddisfare le condizioni precedenti dobbiamo modificare l'Algoritmo ALGW1 per tener conto della situazione in cui il punto di tentativo soddisfa le condizioni di Wolfe deboli, ma non soddisfa le condizioni di Wolfe forti. Ciò avviene se vale la condizione di sufficiente riduzione della funzione obiettivo, ma non vale la condizione di pendenza, essendo

$$\dot\phi(\alpha) > \sigma|\dot\phi(0)|.$$

In tal caso possiamo ridurre l'intervallo di ricerca assumendo $\alpha_u = \alpha$; introducendo questa modifica possiamo definire lo schema seguente.

Algoritmo ALGW2: ricerca unidimensionale per soddisfare le (W2)

Dati. Valori iniziali $\alpha_l = 0$, $\alpha_u = \infty$.
For $j = 0, 1, \dots$:
  Determina un punto di tentativo $\alpha \in (\alpha_l, \alpha_u)$.
  Se α soddisfa le condizioni di Wolfe forti assumi $\alpha_k = \alpha$ ed esci.
  Se $\phi(\alpha) > \phi(0) + \gamma\alpha\dot\phi(0)$ poni $\alpha_u = \alpha$.
  Se $\phi(\alpha) \le \phi(0) + \gamma\alpha\dot\phi(0)$ e $\dot\phi(\alpha) < \sigma\dot\phi(0)$ poni $\alpha_l = \alpha$.
  Se $\phi(\alpha) \le \phi(0) + \gamma\alpha\dot\phi(0)$ e $\dot\phi(\alpha) > \sigma|\dot\phi(0)|$ poni $\alpha_u = \alpha$.
End For

La convergenza dell'algoritmo può essere stabilita lungo le stesse linee seguite nella dimostrazione della Proposizione 5.16.

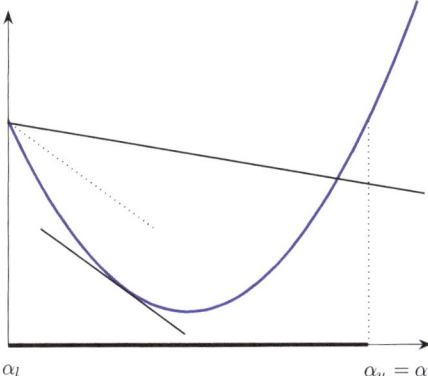

Fig. 5.11. Aggiornamento estremo superiore α_u: I caso

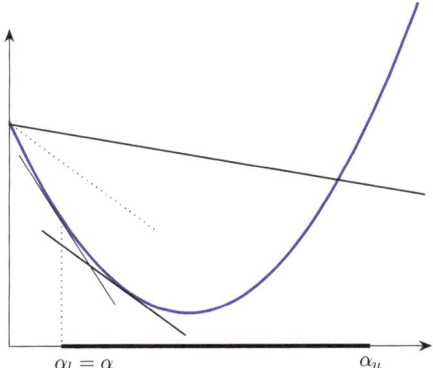

Fig. 5.12. Aggiornamento estremo inferiore α_l

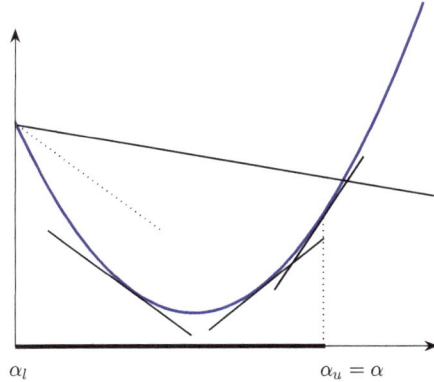

Fig. 5.13. Aggiornamento estremo superiore α_u: II caso

122   5 Ricerca unidimensionale

Vale la proposizione seguente.

Proposizione 5.17 (Convergenza algoritmo ALGW2).

Supponiamo che la funzione $\phi : R^+ \to R$ sia continuamente differenziabile su R^+, limitata inferiormente e che $\dot\phi(0) < 0$. Siano $\theta \in [1/2, 1)$ e $\tau > 1$ due valori fissati, e supponiamo che il punto di tentativo α soddisfi le condizioni seguenti per $j \geq 1$:

(i) $\alpha \geq \tau \max[\alpha_l, \alpha^{(0)}]$, se $\alpha_u = \infty$;
(ii) $\max[(\alpha - \alpha_l), (\alpha_u - \alpha)] \leq \theta (\alpha_u - \alpha_l)$ se $\alpha_u < \infty$.

Allora l'Algoritmo ALGW2 termina in un numero finito di passi fornendo un valore α_k che soddisfa le condizioni di Wolfe forti (5.62), (5.63).

Dimostrazione. Ragionando per assurdo, come nella dimostrazione della Proposizione 5.16 e usando le stesse notazioni, possiamo affermare che $\alpha_u^{(j)} \leq M$ per ogni j sufficientemente elevato e per qualche $M < \infty$, e che le successioni $\{\alpha_l^{(j)}\}$, $\{\alpha_u^{(j)}\}$ e $\{\alpha^{(j)}\}$ convergono tutte a uno stesso limite $\bar\alpha$.

Poiché viene generata, per ipotesi, una successione infinita di valori di tentativo, possiamo supporre, in generale, che esistano due sottosequenze (di cui almeno una infinita), che indicheremo con gli insiemi di indici J_1, J_2 tali che, per valori sufficientemente elevati di $j > 1$ si abbia:

$$\phi(\alpha_u^{(j)}) > \phi(0) + \gamma \alpha_u^{(j)} \dot\phi(0), \quad j \in J_1, \tag{5.64}$$

$$\dot\phi(\alpha_u^{(j)}) > \sigma |\dot\phi(0)| \quad j \in J_2, \tag{5.65}$$

$$\phi(\alpha_l^{(j)}) \leq \phi(0) + \gamma \alpha_l^{(j)} \dot\phi(0) \quad j \in J_1 \cup J_2. \tag{5.66}$$

Inoltre, in base alle istruzioni dell'algoritmo, deve essere

$$\dot\phi(\alpha_l^{(j)}) < \sigma \dot\phi(0) \quad j \in J_1 \cup J_2. \tag{5.67}$$

Se J_1 è un insieme infinito si può ragionare come nella dimostrazione della Proposizione 5.16 sulla sottosequenza ottenuta per $j \in J_1$, arrivando a una contraddizione. Possiamo quindi supporre che J_1 sia finito e che sia infinito J_2. In tal caso, per $j \in J_2$ abbastanza grande si avrà

$$\dot\phi(\alpha_u^{(j)}) > \sigma |\dot\phi(0)|$$

e quindi, andando al limite per $j \in J_2, j \to \infty$ si ottiene

$$\dot\phi(\bar\alpha) \geq \sigma |\dot\phi(0)| > 0.$$

D'altra parte, dalla (5.67) si ottiene, al limite,

$$\dot\phi(\bar\alpha) \leq \sigma \dot\phi(0) < 0$$

e ciò porta a una contraddizione. □

5.5 Ricerca unidimensionale senza derivate

Ci proponiamo di studiare in questo paragrafo i metodi di ricerca unidimensionale che non richiedono la conoscenza esplicita delle derivate e consentono, nelle ipotesi usuali, di soddisfare le condizioni

$$f(x_{k+1}) \leq f(x_k),$$

$$\lim_{k \to \infty} \|x_{k+1} - x_k\| = 0,$$

$$\lim_{k \to \infty} \frac{\nabla f(x_k)^T d_k}{\|d_k\|} = 0.$$

La motivazione principale di questo studio è quella di costruire tecniche di globalizzazione per i metodi senza derivate. Si è già visto, infatti, nel Capitolo 3 che il soddisfacimento delle condizioni precedenti, sotto opportune ipotesi sulle direzioni di ricerca, consente di stabilire risultati di convergenza globale. Le tecniche che verranno descritte possono essere utili, tuttavia, anche quando le derivate sono disponibili, ma si vuole assicurare il soddisfacimento della proprietà $\|x_{k+1} - x_k\| \to 0$ che non è, in generale, garantita dai metodi di ricerca unidimensionale finora considerati.

Nel seguito consideriamo anzitutto il caso in cui le derivate non sono utilizzate e successivamente indichiamo le semplificazioni da apportare se $\nabla f(x_k)$ è disponibile.

Osserviamo preliminarmente che, in mancanza di informazioni sulle derivate, non è possibile stabilire per via analitica se un vettore assegnato d_k sia o meno una direzione di discesa per f nel punto x_k. Potrebbe essere quindi conveniente disporre di criteri di ricerca unidimensionale in cui si considerano sia valori positivi che valori negativi dello spostamento α_k. È questo il caso, ad esempio, dei metodi di ricerca lungo gli assi coordinati in cui la ricerca va condotta in entrambi i versi di ciascun asse coordinato. Occorre inoltre tener conto del fatto che una direzione assegnata d_k può essere tale che $\alpha = 0$ costituisca un punto di minimo locale della funzione $\phi(\alpha) = f(x_k + \alpha d_k)$, per cui può risultare impossibile trovare valori positivi o negativi di α prossimi a 0 per cui $\phi(\alpha) < \phi(0)$. Non essendo disponibili le derivate, bisogna quindi definire procedimenti numerici *finiti* in grado di discriminare, almeno asintoticamente, tale situazione.

Il modello concettuale più semplice è uno schema di *backtracking* tipo-Armijo, basato sulla condizione di accettabilità di tipo "parabolico":

$$f(x_k + \alpha_k d_k) \leq f(x_k) - \gamma \alpha_k^2 \|d_k\|^2, \qquad (5.68)$$

in cui $\gamma > 0$. A partire da un passo iniziale $\Delta_k > 0$ "sufficientemente grande", l'algoritmo termina in un numero finito di iterazioni determinando un passo $\alpha_k \neq 0$ che assicura una sufficiente riduzione di f e un sufficiente spostamento, oppure producendo in uscita un passo $\alpha_k = 0$. Se $\alpha_k = 0$ il punto corrente rimene inalterato e ciò equivale, sostanzialmente, a considerare "fallita" l'iterazione corrente.

Algoritmo SD1: Ricerca unidimensionale tipo-Armijo senza derivate

Dati. $\Delta_k > 0$, $\gamma > 0$, $\delta \in (0,1)$, $\rho_k \in (0,1)$.

1. Poni $\alpha = \Delta_k$.
2. **While** $f(x_k + u\alpha d_k) > f(x_k) - \gamma \alpha^2 \|d_k\|^2$ per $u = \pm 1$, **do**
       If $\alpha \|d_k\| < \rho_k$ **then**
           Poni $\alpha_k = 0$, $\eta_k = \alpha$ ed **esci.**
       Else
           Poni $\alpha = \delta \alpha$.
       End If
   End while
3. Poni $\alpha_k = u_k \alpha$, essendo $u_k \in \{-1, 1\}$ il valore per cui vale la condizione di sufficiente riduzione (5.68) ed **esci.**

È immediato verificare che l'algoritmo precedente è ben definito, in quanto, essendo $\delta < 1$, il ciclo al Passo 2 termina necessariamente in un numero finito di riduzioni del valore di α. Osserviamo anche che, in caso di fallimento, ossia quando $\alpha_k = 0$, l'algoritmo genera (in uscita) uno scalare $\eta_k > 0$ (utilizzato solo nella dimostrazione di convergenza) tale che

$$f(x_k \pm \eta_k d_k) > f(x_k) - \gamma \eta_k^2 \|d_k\|^2.$$

Vale il risultato seguente, che estende al caso in esame il risultato di convergenza già stabilito per il metodo di Armijo.

Proposizione 5.18 (Convergenza Algoritmo SD1).

Sia $f : R^n \to R$ continuamente differenziabile su R^n. Supponiamo che l'insieme di livello $\mathcal{L}_0$ sia compatto. Sia $\{x_k\}$ una successione definita da $x_{k+1} = x_k + \alpha_k d_k$ con $d_k \neq 0$, essendo α_k il passo calcolato per mezzo dell'Algoritmo SD1. Supponiamo che il passo iniziale $\Delta_k \in R$ soddisfi la condizione

$$\Delta_k \geq a/\|d_k\|, \quad a > 0 \tag{5.69}$$

e che sia $\rho_k \to 0$ per $k \to \infty$.

5.5 Ricerca unidimensionale senza derivate

Allora si ha:

(c_1) $f(x_{k+1}) \leq f(x_k)$ per ogni k;

(c_2) $\lim\limits_{k \to \infty} \|x_{k+1} - x_k\| = 0$;

(c_3) $\lim\limits_{k \to \infty} \dfrac{\nabla f(x_k)^T d_k}{\|d_k\|} = 0$.

Dimostrazione. Le istruzioni dell'algoritmo assicurano che sia

$$f(x_k) - f(x_{k+1}) \geq \gamma \alpha_k^2 \|d_k\|^2,$$

in cui, eventualmente, $\alpha_k = 0$. Si ha quindi, in ogni caso, $f(x_{k+1}) \leq f(x_k)$ e quindi vale la (c_1). Poiché $\mathcal{L}_0$ è compatto ed f è continua, ciò implica che $\{f(x_k)\}$ ammette un limite. La convergenza di $\{f(x_k)\}$ implica allora

$$\lim_{k \to \infty} \alpha_k \|d_k\| = 0 \tag{5.70}$$

e qundi vale la (c_2).

Rimane da dimostrare la (c_3). Supponiamo, per assurdo, che non sia vera. Allora deve esistere una sottosuccessione (che ridefiniamo $\{x_k\}$), tale che:

$$\lim_{k \to \infty} \frac{|\nabla f(x_k)^T d_k|}{\|d_k\|} = \mu > 0.$$

Poichè $\{x_k\}$ è contenuta nell'insieme compatto $\mathcal{L}_0$ e poichè la successione corrispondente $\{d_k/\|d_k\|\}$ è limitata, è possibile trovare sottosuccessioni (ridefinite $\{x_k\}$ e $\{d_k\}$), tali che

$$\lim_{k \to \infty} x_k = \hat{x}, \quad \lim_{k \to \infty} \frac{d_k}{\|d_k\|} = \hat{d}. \tag{5.71}$$

Dalle (5.70) e (5.71) segue allora, per la continuità di ∇f:

$$\lim_{k \to \infty} \frac{|\nabla f(x_k)^T d_k|}{\|d_k\|} = |\nabla f(\hat{x})^T \hat{d}| = \mu > 0. \tag{5.72}$$

Distinguiamo ora due possibilità:

caso (i): esiste un $\tilde{k}$ tale che per ogni $k \geq \tilde{k}$ si ha $\alpha_k = 0$;

caso (ii): esiste una sottosequenza infinita tale che $\alpha_k \neq 0$.

Nel caso (i), se $\alpha_k = 0$ per $k \geq \tilde{k}$, ciò implica, in base alle istruzioni dell'algoritmo, che la condizione di sufficiente riduzione non è stata soddisfatta, né per $u = 1$, né per $u = -1$, per cui deve essere, per $k \geq \tilde{k}$:

$$f(x_k + \eta_k d_k) - f(x_k) > -\gamma \eta_k^2 \|d_k\|^2,$$

$$f(x_k - \eta_k d_k) - f(x_k) > -\gamma \eta_k^2 \|d_k\|^2, \tag{5.73}$$

con
$$\eta_k \|d_k\| \leq \rho_k.$$
Essendo $\rho_k \to 0$, segue ovviamente
$$\lim_{k \to \infty} \eta_k \|d_k\| = 0. \tag{5.74}$$
Utilizzando il teorema della media, dalle (5.73) seguono, con semplici passaggi:
$$\frac{\nabla f(u_k)^T d_k}{\|d_k\|} > -\gamma \eta_k \|d_k\|,$$
$$\frac{\nabla f(v_k)^T d_k}{\|d_k\|} < \gamma \eta_k \|d_k\|,$$
dove,
$$u_k = x_k + \mu_k \eta_k d_k, \qquad \mu_k \in (0,1),$$
$$v_k = x_k - \nu_k \eta_k d_k, \qquad \nu_k \in (0,1).$$
Passando al limite per $k \to \infty$ e tenendo conto della (5.74) si ottiene
$$\nabla f(\hat{x})^T \hat{d} \geq 0,$$
$$\nabla f(\hat{x})^T \hat{d} \leq 0$$
e quindi $\nabla f(\hat{x})^T \hat{d} = 0$, il che contraddice la (5.72).

Supponiamo ora che valga il caso (ii), ossia che $\alpha_k \neq 0$ per una sottosequenza, ridefinita $\{x_k\}$. Ciò implica che α_k soddisfa la condizione di accettabilità (in quanto si è usciti dal ciclo al Passo 2).

Supponiamo dapprima che sia $|\alpha_k| = \Delta_k$, ossia che venga accettato il valore iniziale Δ_k (con segno opportuno), per una sottosuccessione infinita (denominata ancora $\{x_k\}$). In tal caso, come conseguenza della (5.70), deve valere il limite
$$\lim_{k \to \infty} \Delta_k \|d_k\| = 0,$$
che contraddice l'ipotesi (5.69).

Possiamo allora supporre che per k sufficientemente elevato si abbia sempre $|\alpha_k| < \Delta_k$. In base alle istruzioni dell'algoritmo ciò implica che sia
$$\begin{aligned} f(x_k + \frac{\alpha_k}{\delta} d_k) - f(x_k) &> -\gamma \frac{\alpha_k^2}{\delta^2} \|d_k\|^2, \\ f(x_k - \frac{\alpha_k}{\delta} d_k) - f(x_k) &> -\gamma \frac{\alpha_k^2}{\delta^2} \|d_k\|^2 \end{aligned} \tag{5.75}$$
altrimenti uno dei valori α_k/δ, $-\alpha_k/\delta$ sarebbe stato accettato in precedenza. Utilizzando il teorema della media, si può allora ragionare come nel caso (i) (basta identificare η_k con $|\alpha_k|/\delta$), arrivando alla conclusione $\nabla f(\hat{x})^T \hat{d} = 0$, che contraddice la (5.72). Deve quindi valere anche la (c$_3$). □

5.5 Ricerca unidimensionale senza derivate

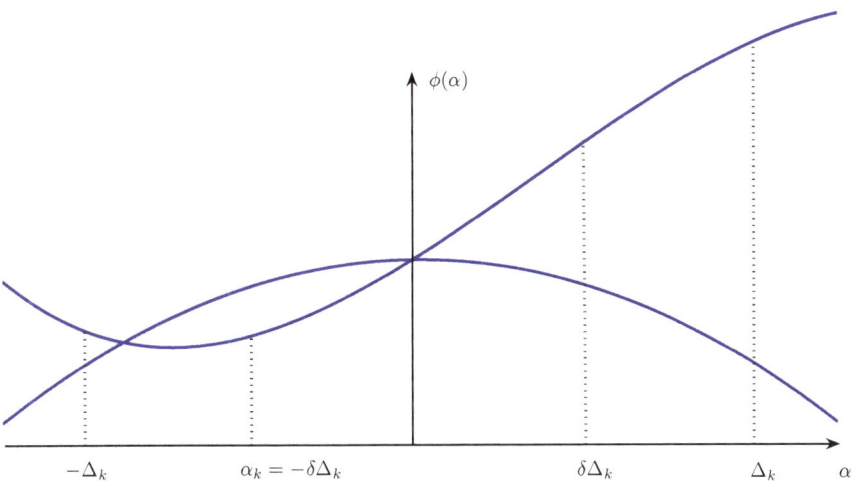

Fig. 5.14. Ricerca di linea senza derivate

I passi effettuati dall'algoritmo sono esemplificati in Fig. 5.14, con riferimento a un caso in cui viene determinato in due iterazioni un valore $\alpha_k \neq 0$. Notiamo che la condizione di sufficiente riduzione, definita dal grafo della parabola, non è soddisfatta né per $\alpha = \Delta_k$, né per $\alpha = -\Delta_k$. Di conseguenza l'ampiezza del passo viene ridotta secondo il fattore $\delta < 1$, determinando $\alpha_k = u_k \delta \Delta_k$, con $u_k = -1$.

L'algoritmo di backtracking descritto in precedenza ha lo svantaggio di richiedere un passo iniziale Δ_k che soddisfi una condizione del tipo

$$\Delta_k \geq a/\|d_k\|,$$

dove $a > 0$ è un valore costante. Poiché vale, al limite, la (c_2) ciò implica che per valori elevati di k non saranno mai accettati i valori di tentativo $\pm \Delta_k$. Per superare tale difficoltà una delle possibili modifiche potrebbe essere quella di utilizzare un criterio di accettabilità analogo a quello espresso dalle condizioni di Goldstein considerate in precedenza, imponendo che siano soddisfatte le condizioni:

$$f(x_k + \alpha d_k) \leq f(x_k) - \gamma_1 \alpha^2 \|d_k\|^2 \tag{3.43}$$

$$f(x_k + \alpha d_k) \geq f(x_k) - \gamma_2 \alpha^2 \|d_k\|^2, \tag{3.44}$$

con $\gamma_2 > \gamma_1$. Dal punto di vista geometrico, ciò equivale a richiedere che $\phi(\alpha_k)$ sia compreso fra la parabola

$$y = f(x_k) - \gamma_1 \alpha^2 \|d_k\|^2$$

e la parabola

$$y = f(x_k) - \gamma_2 \alpha^2 \|d_k\|^2.$$

In combinazione con il criterio precedente, come già si è fatto nel caso del metodo di Armijo, è possibile introdurre una *fase di espansione* a cui si accede ogni volta che il valore iniziale venga accettato e le condizioni tipo-Goldstein non siano soddisfatte.

Nello schema successivo riportiamo un modello concettuale di algoritmo, che ha una struttura analoga a quella del metodo di Armijo-Goldstein e consente di utilizzare un valore iniziale Δ_k arbitrario, variabile con k, che potrebbe essere determinato, ad esempio, utilizzando un modello quadratico della funzione obiettivo oppure basandosi sui valori di α accettati nelle iterazioni precedenti.

Algoritmo SD2: Ricerca unidimensionale senza derivate

Dati. $\Delta_k > 0$, $\gamma_2 > \gamma_1 > 0$, $\delta \in (0,1)$, $\rho_k \in (0,1)$.

1. Poni $\alpha = \Delta_k$.
2. **While** $f(x_k + u\alpha d_k) > f(x_k) - \gamma_1 \alpha^2 \|d_k\|^2$ per $u = \pm 1$, **do**
    If $\alpha \|d_k\| < \rho_k$ **then**
        Poni $\alpha_k = 0$, $\eta_k = \alpha$ ed **esci**.
    Else
        Poni $\alpha = \delta \alpha$.
    End If
    End while
3. Poni $\alpha = u\alpha$, essendo $u \in \{-1, 1\}$ il valore per cui vale la condizione di sufficiente riduzione.
4. Se $|\alpha| < \Delta_k$ poni $\alpha_k = \alpha$ ed **esci**.
5. **While**
$$f(x_k + \alpha d_k) < f(x_k) - \gamma_2 \alpha^2 \|d_k\|^2,$$
$$f(x_k + \frac{\alpha}{\delta} d_k) < \min\left\{ f(x_k + \alpha d_k), f(x_k) - \gamma_1 \left(\frac{\alpha}{\delta}\right)^2 \|d_k\|^2 \right\}$$
    Poni $\alpha = \alpha/\delta$.
    End while
6. Poni $\alpha_k = \alpha$ ed **esci**.

Nella Fig. 5.15 viene mostrato un caso in cui il passo di prova Δ_k viene accettato perché il passo di espansione Δ_k/δ viola la seconda condizione del Passo 5, infatti risulta

$$f(x_k + \frac{\Delta_k}{\delta} d_k) > f(x_k + \Delta_k d_k).$$

5.5 Ricerca unidimensionale senza derivate   129

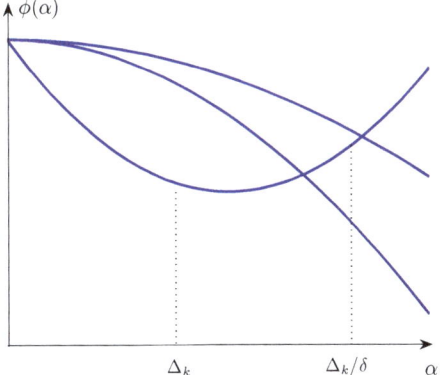

Fig. 5.15. Accettazione passo di prova senza espansione: $\alpha_k = \Delta_k$

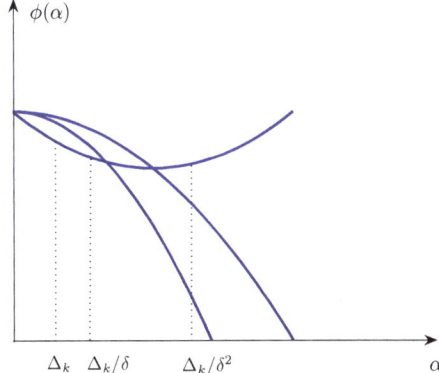

Fig. 5.16. Espansione del passo di prova: $\alpha_k = \Delta_k/\delta$

Nella Fig. 5.16 è illustrato invece un caso in cui, con la fase di espansione del Passo 5, viene accettato un passo più ampio di quello di prova Δ_k. Si osservi che risulta

$$f(x_k + \frac{\Delta_k}{\delta}d_k) < f(x_k) - \gamma_2 \left(\frac{\Delta_k}{\delta}\right)^2 \|d_k\|^2$$

$$f(x_k + \frac{\Delta_k}{\delta^2}d_k) > f(x_k) - \gamma_1 \left(\frac{\Delta_k}{\delta^2}\right)^2 \|d_k\|^2,$$

per cui il ciclo "while" del Passo 5 termina.

Osserviamo che il Passo 2 dell'algoritmo coincide sostanzialmente con l'algoritmo tipo-Armijo SD1. Possiamo quindi estendere facilmente la dimostrazione della Proposizione 5.18 per stabilire un risultato di convergenza. Preliminarmente mostriamo che l'algoritmo è ben definito.

Proposizione 5.19. *Supponiamo che* $f : R^n \to R$ *sia limitata inferiormente. Allora l'Algoritmo SD2 termina in un numero finito di passi.*

Dimostrazione. Poiché $\delta < 1$, il ciclo al Passo 2 termina necessariamente in un numero finito di riduzioni del passo. Inoltre, se il ciclo al Passo 5 non terminasse in numero finito di iterazioni si avrebbe $|\alpha|/\delta \to \infty$ al crescere di α e di conseguenza, in base al Passo 5, dovrebbe essere $\phi(\alpha) \to -\infty$. □

Vale il risultato seguente.

Proposizione 5.20 (Convergenza Algoritmo SD2).

Sia $f : R^n \to R$ *continuamente differenziabile su* R^n. *Supponiamo che l'insieme di livello* $\mathcal{L}_0$ *sia compatto. Sia* $\{x_k\}$ *una successione definita da* $x_{k+1} = x_k + \alpha_k d_k$, *essendo* α_k *il passo calcolato per mezzo dell'Algoritmo SD2 e supponiamo che sia* $\rho_k \to 0$ *per* $k \to \infty$. *Allora si ha:*

(c$_1$) $f(x_{k+1}) \leq f(x_k)$ per ogni k;

(c$_2$) $\lim\limits_{k \to \infty} \|x_{k+1} - x_k\| = 0;$

(c$_3$) $\lim\limits_{k \to \infty} \dfrac{\nabla f(x_k)^T d_k}{\|d_k\|} = 0.$

Dimostrazione. Ragionando come nella dimostrazione della Proposizione 5.18, possiamo stabilire che valgono le (c$_1$), (c$_2$) e possiamo supporre, per assurdo, che esista una sottosequenza, che ridefiniamo $\{x_k\}$, tale che

$$\lim_{k \to \infty} x_k = \hat{x}, \quad \lim_{k \to \infty} \frac{d_k}{\|d_k\|} = \hat{d}$$

e risulti

$$\lim_{k \to \infty} \frac{|\nabla f(x_k)^T d_k|}{\|d_k\|} = |\nabla f(\hat{x})^T \hat{d}| = \mu > 0. \qquad (5.76)$$

Se per una sottosequenza infinita (della sottosequenza considerata) l'algoritmo termina al Passo 4 con $|\alpha| < \Delta_k$ vale ancora la stessa dimostrazione usata nella Proposizione 5.18. Ci possiamo quindi limitare a supporre che $\{x_k\}$ sia una sequenza infinita per cui si ha $|\alpha| = \Delta_k$ all'inizio del Passo 5. In base alle istruzioni dell'algoritmo, il passo α_k soddisfa sempre la condizione

$$f(x_k + \alpha d_k) \leq f(x_k) - \gamma_1 \alpha^2 \|d_k\|^2, \qquad (5.77)$$

e deve valere almeno una delle tre condizioni seguenti:

$$f(x_k + \alpha_k d_k) \geq f(x_k) - \gamma_2 \alpha_k^2 \|d_k\|^2, \tag{5.78}$$

$$f(x_k + \frac{\alpha_k}{\delta} d_k) \geq f(x_k) - \gamma_1 \frac{\alpha_k^2}{\delta^2} \|d_k\|^2, \tag{5.79}$$

$$f(x_k + \frac{\alpha_k}{\delta} d_k) \geq f(x_k + \alpha_k d_k). \tag{5.80}$$

Utilizzando il teorema della media con riferimento a ciasc una delle tre coppie di condizioni (5.77)(5.78), (5.77)(5.79) oppure (5.77), (5.80), e considerando il limite per $k \to \infty$, ragionando come nella dimostrazione della Proposizione 5.18, si ottiene $\nabla f(\hat{x})^T \hat{d} = 0$, il che contraddice la (5.76). Deve quindi valere anche la (c$_3$). □

Osserviamo che è possibile considerare anche condizioni (analoghe alle condizioni di Wolfe) che impongono limitazioni su una *approssimazione* della derivata di $\phi(\alpha)$ nel punto α_k.

Se il gradiente è disponibile e d_k è una direzione di discesa, gli algoritmi precedenti si possono semplificare supponendo che sia sempre $\alpha > 0$ ed eliminando la condizione di uscita con $\alpha_k = 0$ basata sull'ampiezza dello spostamento. In particolare, l'Algoritmo SD2 si può riformulare secondo lo schema seguente, in cui si suppone $\nabla f(x_k)^T d_k < 0$.

Ricerca senza derivate lungo una direzione di discesa

Dati. $\Delta_k > 0$, $\gamma_2 > \gamma_1 > 0$, $\delta \in (0,1)$.

1. Poni $\alpha = \Delta_k$.
2. **While** $f(x_k + \alpha d_k) > f(x_k) - \gamma_1 \alpha^2 \|d_k\|^2$
   Poni $\alpha = \delta \alpha$.
   End while
3. Se $\alpha < \Delta_k$ poni $\alpha_k = \alpha$ ed **esci**.
4. **While**
$$f(x_k + \alpha d_k) < f(x_k) - \gamma_2 \alpha^2 \|d_k\|^2,$$
$$f(x_k + \frac{\alpha}{\delta} d_k) < \min\left\{ f(x_k + \alpha d_k), f(x_k) - \gamma_1 \left(\frac{\alpha}{\delta}\right)^2 \|d_k\|^2 \right\}$$
   Poni $\alpha = \alpha/\delta$.
   End while
5. Poni $\alpha_k = \alpha$ ed **esci**.

Si lascia per esercizio dimostrare che il ciclo al Passo 2 termina necessariamente in un numero finito di iterazioni se la direzione d_k soddisfa la condizione $\nabla f(x_k)^T d_k < 0$.

5.6 Ricerca unidimensionale non monotona

5.6.1 Metodo di Armijo non monotono

Le tecniche di ricerca unidimensionale considerate nei paragrafi precedenti sono tutte basate su condizioni di "sufficiente riduzione" che impongono una riduzione monotona della funzione obiettivo. Forzare la monotonicità può tuttavia avere conseguenze sfavorevoli sul comportamento complessivo degli algoritmi di ottimizzazione.

Un primo caso si presenta quando la ricerca unidimensionale è effettuata lungo direzioni in cui si vorrebbe idealmente adottare uno specifico valore Δ_k del passo (ad esempio il passo unitario) per garantire oportune proprietà di rapidità dei convergenza, ma al valore ideale di Δ_k non corrisponde una riduzione della funzione obiettivo. In tal caso una ricerca unidimensionale monotona può troncare il passo iniziale e distruggere le proprietà di rapidità di convergenza.

Un altro caso tipico è quello in cui la funzione presenta delle "valli ripide", per cui la riduzione monotona della funzione implica spostamenti di piccola entità lungo le direzioni di ricerca e quindi un elevato e spesso inaccettabile costo di calcolo. In casi estremi gli spostamenti da effettuare potrebbero anche non essere apprezzabili nella precisione del mezzo di calcolo utilizzato e la ricerca unidimensionale potrebbe fallire.

Osservazioni analoghe si possono effettuare nella minimizzazione di molte altre funzioni "difficili" che presentano zone a forte curvatura delle superfici di livello. Funzioni di questo tipo sono originate, ad esempio, dall'uso di tecniche di penalizzazione per la soluzione di problemi vincolati con metodi non vincolati.

Per superare tali difficoltà si può pensare di indebolire i requisiti imposti sulla riduzione della funzione. Uno dei criteri possibili è quello di introdurre un valore di riferimento opportuno (rispetto a cui imporre una condizione di sufficiente riduzione) che possa risultare significativamente più elevato del valore corrente di f e che tuttavia consenta di garantire le proprietà di convergenza richieste. A tale scopo, con riferimento alla successione $\{x_k\}$ generata da un algoritmo, definiamo, per ogni k, la quantità

$$W_k = \max_{0 \leq j \leq \min(k,M)} \{f(x_{k-j})\} \tag{5.81}$$

in cui si tiene conto dei valori dell'obiettivo calcolati durante (al più) M iterazioni precedenti. Nella Fig. 5.17 sono riportati i valori della funzione $f(x_k)$ per $k = 0, 1, \ldots$, e i corrispondenti valori "massimi" W_k con $M = 3$. Dalla figura si vede che la sequenza $\{f(x_k)\}$ dei valori della funzione non è monotona, mentre la sequenza $\{W_k\}$ dei "massimi" è monotona decrescente. La decrescenza monotona di $\{W_k\}$, che verrà formalmente provata successivamente, consente di dimostrare, sotto opportune ipotesi, la convergenza della sequenza $\{f(x_k)\}$.

5.6 Ricerca unidimensionale non monotona

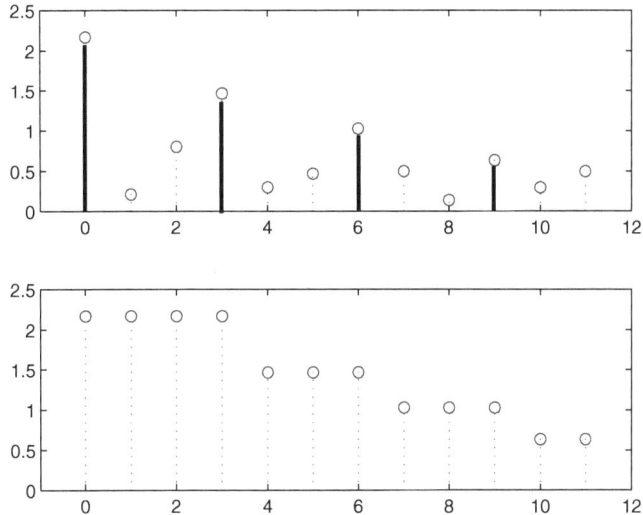

Fig. 5.17. Sequenza $\{f(x_k)\}$ e sequenza dei "massimi" $\{W_k\}$

Utilizzando il valore di riferimento $W_k \geq f(x_k)$, possiamo allora definire una condizione di sufficiente riduzione lungo una direzione di discesa d_k tale che sia $\nabla f(x_k)^T d_k < 0$, ponendo

$$f(x_k + \alpha d_k) \leq W_k + \gamma \alpha \nabla f(x_k)^T d_k. \tag{5.82}$$

La (5.82) consente di definire versioni non monotone degli algoritmi di ricerca unidimensionale introdotti in precedenza. In particolare, ci limitiamo qui a considerare una versione non monotona del metodo di Armijo, dove si è supposto che W_k sia definito dalla (5.81) e si è assunto Δ_k uguale ad una costante prefissata a.

Metodo di Armijo non monotono

Dati. $\gamma \in (0,1)$, $\delta \in (0,1)$, $\Delta_k = a$.
  Poni $\alpha = a$ e $j = 0$.
While $f(x_k + \alpha d_k) > W_k + \gamma \alpha \nabla f(x_k)^T d_k$
  Assumi $\alpha = \delta \alpha$ e poni $j = j + 1$.
End While
  Poni $\alpha_k = \alpha$ ed **esci**.

Notiamo che, in luogo di imporre la condizione di sufficiente riduzione usuale ci si riferisce al valore W_k definito come massimo dei valori dell'obiettivo calcolati durante (al più) M iterazioni precedenti. Ciò consente quindi che

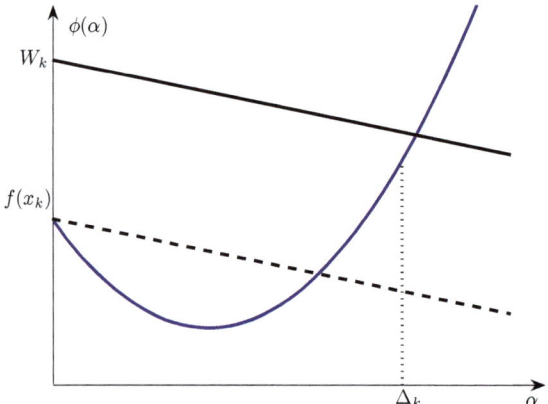

Fig. 5.18. Criterio non monotono di accettabilità

$f(x_{k+1})$ possa essere maggiore di $f(x_k)$, e, di conseguenza, che possa essere più facilmente accettato il passo unitario.

Il significato della condizione di accettabilità è illustrato geometricamente in Fig. 5.18, dove è mostrato un caso in cui il criterio non monotono consente di accettare il passo iniziale Δ_k che, invece, non verrebbe accettato se si adottasse il metodo monotono di Armijo. Poiché $f(x_k) \leq W_k$, segue immediatamente un risultato analogo a quello della Proposizione 5.1, ossia si ha che il metodo di Armijo non monotono termina in un numero finito di passi determinando un valore di α_k che soddisfa oportune condizioni.

Proposizione 5.21 (Terminazione metodo di Armijo non monotono).

Sia $f : R^n \to R$ continuamente differenziabile su R^n, e sia $x_k \in R^n$ tale che che $\nabla f(x_k)^T d_k < 0$. Allora il metodo di Armijo non monotono determina in un numero finito di passi un valore $\alpha_k > 0$ tale che:

(a) $f(x_k + \alpha d_k) \leq W_k + \gamma \alpha_k \nabla f(x_k)^T d_k$;

inoltre risulta soddisfatta una delle due condizioni seguenti:

(b_1) $\alpha_k = \Delta_k$;
(b_2) $\alpha_k \leq \delta \Delta_k$ tale che $f(x_k + \dfrac{\alpha_k}{\delta} d_k) > W_k + \gamma \dfrac{\alpha_k}{\delta} \nabla f(x_k)^T d_k$.

Per poter stabilire un risultato di convergenza analogo a quello enunciato nella Proposizione 5.1 è tuttavia necessario mostrare che vale anche il limite $\|x_{k+1} - x_k\| \to 0$, per cui W_k tende, asintoticamente, a coincidere con $f(x_k)$. Ciò richiede ipotesi opportune su d_k, oppure modifiche della condizione di sufficiente riduzione. L'analisi delle proprietà di convergenza è svolta nel paragrafo successivo.

5.6.2 Ricerca unidimensionale non monotona: convergenza*

Per stabilire la convergenza di metodi non monotoni dimostriamo preliminarmente il lemma seguente, in cui consideriamo una significativa generalizzazione dei criteri di "sufficiente riduzione", con riferimento a una qualsiasi successione $\{x_k\}$ e alle corrispondenti successioni $\{W_k\}$ e $\{f(x_k)\}$.

Lemma 5.1. *Sia* $f : R^n \to R$ *limitata inferiormente. Sia* $\{x_k\}$ *una successione di punti tale che*

$$f(x_{k+1}) \leq W_k - \sigma\left(\|x_{k+1} - x_k\|\right), \qquad (5.83)$$

dove $\sigma : R^+ \to R^+$ *è una funzione di forzamento e* W_k *è il valore di riferimento definito dalla* (5.81), *per* $M \geq 0$ *assegnato. Supponiamo che* f *sia Lipschitz-continua su* $\mathcal{L}_0$, *ossia che esista una costante* $L > 0$ *tale che per ogni* $x, y \in \mathcal{L}_0$ *si abbia*

$$|f(x) - f(y)| \leq L\|x - y\|. \qquad (5.84)$$

Allora si ha:
(i) $x_k \in \mathcal{L}_0$ *per tutti i* k;
(ii) *le successioni* $\{W_k\}$ *e* $\{f(x_k)\}$ *convergono allo stesso limite* $W_\star$;
(iii) $\lim_{k\to\infty} \|x_{k+1} - x_k\| = 0$.

Dimostrazione. Dimostriamo innanzitutto che la successione $\{W_k\}$ è monotonicamente non crescente. Per ogni $k \geq 0$, sia $\ell(k)$ un intero tale che $k - \min(k, M) \leq \ell(k) \leq k$ e risulti

$$W_k = f(x_{\ell(k)}) = \max_{0 \leq j \leq \min(k,M)} [f(x_{k-j})].$$

Allora, la (5.83) può essere riscritta nella forma:

$$f(x_{k+1}) \leq f(x_{\ell(k)}) - \sigma\left(\|x_{k+1} - x_k\|\right). \qquad (5.85)$$

Osservando che $\min(k+1, M) \leq \min(k, M) + 1$, si ha

$$f(x_{\ell(k+1)}) = \max_{0 \leq j \leq \min(k+1,M)} [f(x_{k+1-j})]$$
$$\leq \max_{0 \leq j \leq \min(k,M)+1} [f(x_{k+1-j})]$$
$$= \max\{f(x_{\ell(k)}), f(x_{k+1})\} = f(x_{\ell(k)}),$$

dove l'ultima eguaglianza segue dalla (5.85). Poiché $\{f(x_{\ell(k)})\}$ è non crescente e $x_{\ell(0)} = x_0$, si ha $f(x_k) \leq f(x_0)$ per tutti i k, e quindi i punti della successione $\{x_k\}$ appartengono tutti a $\mathcal{L}_0$. Ciò dimostra la (i).

Essendo f limitata inferiormente la successione monotona non crescente $\{W_k\} = \{f(x_{\ell(k)})\}$ ammette un limite W_* per $k \to \infty$. Indicato con j un intero tale che $1 \leq j \leq M+1$, ragionando per induzione su j, mostriamo che valgono i limiti:

$$\lim_{k \to \infty} \|x_{\ell(k)-j+1} - x_{\ell(k)-j}\| = 0, \tag{5.86}$$

$$\lim_{k \to \infty} f(x_{\ell(k)-j}) = \lim_{k \to \infty} f(x_{\ell(k)}), \tag{5.87}$$

dove si suppone k sufficientemente grande da avere $\ell(k) \geq k - M > 1$.

Se $j = 1$, usando (la 5.85), dove k si assume eguale a $\ell(k) - 1$, si ha:

$$f(x_{\ell(k)}) \leq f(x_{\ell(\ell(k)-1)}) - \sigma\left(\|x_{\ell(k)} - x_{\ell(k)-1}\|\right). \tag{5.88}$$

Quindi, andando al limite e ricordando la definizione di funzione di forzamento, dalla (5.88) e dalla convergenza di $\{f(x_{\ell(k)})\}$ segue

$$\lim_{k \to \infty} \|x_{\ell(k)} - x_{\ell(k)-1}\| = 0. \tag{5.89}$$

Per le (5.84) e (5.89) si ottiene allora

$$\lim_{k \to \infty} f(x_{\ell(k)-1}) = \lim_{k \to \infty} f(x_{\ell(k)}),$$

per cui la (5.86) e la (5.87) valgono per ogni k in corrispondenza a $j = 1$.

Supponiamo ora che la (5.87) valga per un j assegnato. Per la (5.85) si può scrivere

$$f(x_{\ell(k)-j}) \leq f(x_{\ell(\ell(k)-j-1)}) - \sigma\left(\|x_{\ell(k)-j} - x_{\ell(k)-j-1}\|\right).$$

Andando al limite per $k \to \infty$ e ricordando la (5.87) si ottiene

$$\lim_{k \to \infty} \|x_{\ell(k)-j} - x_{\ell(k)-j-1}\| = 0,$$

da cui segue, tenendo conto della (5.84) e della (5.87),

$$\lim_{k \to \infty} f(x_{\ell(k)-j-1}) = \lim_{k \to \infty} f(x_{\ell(k)}).$$

Dai limiti precedenti segue che le (5.86) (5.87) valgono anche quando si sostituisce j con $j+1$ e questo completa l'induzione. Si può concludere che, per ogni $j \in \{1, \ldots, M+1\}$ assegnato devono valere le (5.86), (5.87).

Ponendo $L(k) = \ell(k + M + 1)$ si ha quindi che le (5.86) and (5.87) devono valere, in particolare, ove si sostituisca $\ell(k)$ con $L(k)$. Inoltre, per k sufficientemente grande, si può scrivere

$$x_{L(k)} = x_k + (x_{k+1} - x_k) + \ldots + (x_{L(k)} - x_{L(k)-1})$$

$$= x_k + \sum_{j=1}^{L(k)-k} \left(x_{L(k)-j+1} - x_{L(k)-j}\right). \tag{5.90}$$

Poiché $\ell(k+M+1) \le k+M+1$, si ha $L(k)-k \le M+1$, e quindi la (5.86) e la (5.90) implicano
$$\lim_{k\to\infty} \|x_k - x_{L(k)}\| = 0. \tag{5.91}$$
Poiché la successione $\{f(x_{\ell(k)})\}$ ammette un limite segue dalla (5.84) e dalla convergenza di $\{f(x_{\ell(k)})\}$ che:
$$\lim_{k\to\infty} f(x_k) = \lim_{k\to\infty} f(x_{L(k)}) = \lim_{k\to\infty} f(x_{\ell(k+M+1)}) = W^*,$$
e ciò completa la dimostrazione della (ii). La (iii) segue poi dalla (5.83) e dalla (ii). □

Per poter stabilire risultati di convergenza per il metodo di Armijo non monotono sulla base del Lemma 5.1, occorre imporre condizioni opportune sulla direzione d_k che garantiscano il soddisfacimento della condizione di sufficiente riduzione (5.83) e assicurino un sufficiente spostamento.

Nella proposizione successiva si dimostra che, ove ciò sia possibile, la convergenza del metodo di Armjio non monotono si può stabilire con ragionamenti analoghi a quelli seguiti nel caso monotono. Per maggiore generalità possiamo supporre che la (5.83) valga per tutti i punti della successione generata con un qualsiasi algoritmo e che il metodo di Armijo venga utilizzato per una sottosequenza infinita $\{x_k\}_K$.

Proposizione 5.22 (Convergenza metodo di Armijo non monotono).

Sia $f: R^n \to R$ continuamente differenziabile su R^n. Supponiamo che l'insieme di livello $\mathcal{L}_0$ sia compatto. Sia $\{x_k\}$ una successione tale che
$$f(x_{k+1}) \le W_k - \sigma(\|x_{k+1} - x_k\|), \tag{5.92}$$
dove $\sigma: R^+ \to R^+$ è una funzione di forzamento e W_k è il valore di riferimento definito dalla (5.81), per $M \ge 0$ assegnato. Supponiamo che per una sottosequenza infinita $\{x_k\}_K$ si abbia $\nabla f(x_k)^T d_k < 0$, $k \in K$ e risulti
$$f(x_{k+1}) \le W_k + \gamma \alpha_k \nabla f(x_k)^T d_k, \quad k \in K, \tag{5.93}$$
essendo $\gamma \in (0,1)$ e α_k calcolato con il metodo di Armijo non monotono. Supponiamo inoltre che esista una funzione di forzamento σ_0 tale che
$$\|d_k\| \ge \sigma_0\left(\left|\frac{\nabla f(x_k)^T d_k}{\|d_k\|}\right|\right), \quad k \in K. \tag{5.94}$$
Allora la successione $\{x_k\}$ soddisfa le proprietà:

(c$_1$) $x_k \in \mathcal{L}_0$ per tutti i k;

(c$_2$) le sequenze $\{f(x_k)\}$ e $\{W_k\}$ convergono allo stesso limite;

(c$_3$) $\lim_{k\to\infty} \|x_{k+1} - x_k\| = 0$;

(c$_4$) $\lim_{k\in K, k\to\infty} \nabla f(x_k)^T d_k/\|d_k\| = 0$.

Dimostrazione. Tenendo conto della (5.92) e della compattezza di $\mathcal{L}_0$, le ipotesi del Lemma 5.1 sono tutte verificate, per cui le (c$_1$), (c$_2$) e (c$_3$) seguono dal lemma. Per dimostrare che vale la (c$_4$) si possono ripetere esattamente gli stessi ragionamenti per assurdo svolti nella dimostrazione della Proposizione 5.2 a partire dalla (5.14), facendo riferimento alla successione $\{x_k\}_K$ e tenendo conto del fatto che, se $\alpha_k < \Delta_k$ per un $k \in K$, deve essere:

$$f(x_k + \frac{\alpha_k}{\delta}d_k) > W_k + \gamma\frac{\alpha_k}{\delta}\nabla f(x_k)^T d_k \geq f(x_k) + \gamma\frac{\alpha_k}{\delta}\nabla f(x_k)^T d_k, \quad (5.95)$$

par cui vale una condizione analoga alla (5.19). □

Dal risultato precedente, come caso particolare, possiamo stabilire un risultato di convergenza per il metodo di Armijo non monotono, imponendo opportune condizioni sulla direzione e ricavando la (5.92) dalla condizione di sufficiente riduzione del metodo di Armijo.

Proposizione 5.23 (Convergenza metodo di Armijo non monotono).

Sia $f : R^n \to R$ continuamente differenziabile su R^n. Supponiamo che l'insieme di livello $\mathcal{L}_0$ sia compatto. Supponiamo che per ogni k sia $\nabla f(x_k) \neq 0$ e che d_k soddisfi le condizioni seguenti:

$$\nabla f(x_k)^T d_k \leq -c_1\|\nabla f(x_k)\|^p, \quad p > 0, \qquad (5.96)$$

$$\|d_k\|^q \leq c_2\|\nabla f(x_k)\|, \quad q > 0 \qquad (5.97)$$

con $c_1, c_2 > 0$, e $pq \geq 1$ Allora il metodo di Armijo non monotono determina in un numero finito di passi un valore $\alpha_k > 0$ tale che la successione definita da $x_{k+1} = x_k + \alpha_k d_k$ soddisfa le proprietà:

(c$_1$) $x_k \in \mathcal{L}_0$ per tutti i k;

(c$_2$) le sequenze $\{f(x_k)\}$ e $\{W_k\}$ convergono allo stesso limite;

(c$_3$) $\lim_{k\to\infty} \|x_{k+1} - x_k\| = 0$;

(c$_4$) vale il limite $\lim_{k\to\infty} \nabla f(x_k)^T d_k/\|d_k\| = 0$.

Dimostrazione. Le istruzioni dell'algoritmo implicano

$$f(x_k + \alpha_k d_k) \leq W_k + \gamma \alpha_k \nabla f(x_k)^T d_k,$$

da cui segue, tenendo conto delle (5.96) e (5.97),

$$f(x_k + \alpha_k d_k) \leq W_k - \gamma \frac{c_1}{c_2^p} \alpha_k \|d_k\|^{pq}.$$

Essendo inoltre $\alpha_k \leq \Delta_k = a$, risulta $\alpha_k/a \leq 1$, per cui possiamo scrivere

$$f(x_k + \alpha_k d_k) \leq W_k - \gamma \frac{c_1}{c_2^p} \alpha_k \|d_k\|^{pq} \leq W_k - \gamma \frac{c_1}{c_2^p a^{pq-1}} \|\alpha_k d_k\|^{pq},$$

ossia abbiamo

$$f(x_{k+1}) \leq W_k - \sigma(\|x_{k+1} - x_k\|), \tag{5.98}$$

dove σ è la funzione di forzamento definita da

$$\sigma(t) = \gamma \frac{c_1}{c_2^p a^{pq-1}} t^{pq}.$$

Risulta quindi soddisfatta la (5.92). Inoltre, ripetendo gli stessi ragionamenti seguiti per stabilire la (5.26), dalle ipotesi fatte e dalla condizione (5.96) segue che, con opportuna scelta di σ_0, vale anche la (5.94). La tesi segue allora direttamente dalla Proposizione 5.22. □

5.7 Realizzazione di algoritmi di ricerca unidimensionale*

Sulla base delle condizioni di convergenza considerate in precedenza è possibile costruire algoritmi di ricerca unidimensionale che forniscono un valore di α_k in un numero finito di passi. In termini generali si può dire che una "buona" ricerca unidimensionale deve essere tale da soddisfare le condizioni di convergenza con un "piccolo" numero di valutazioni di funzione e di valutazioni del gradiente. Al tempo stesso, deve contenere opportune verifiche per tener conto dell'effetto degli errori numerici e della precisione del mezzo di calcolo utilizzato. Alcune scelte da effettuare dipendono tuttavia dal particolare algoritmo preso in considerazione, dalle caratteristiche delle direzioni di ricerca e dalle informazioni disponibili sul problema di interesse.

In questo paragrafo riportiamo una breve discussione degli aspetti più significativi degli algoritmi di ricerca unidimensionale, e, in particolare:

- la definizione di un intervallo di ricerca;
- il criterio di scelta della stima iniziale Δ_k;
- le tecniche di interpolazione e di estrapolazione;
- i criteri di arresto e l'indicazione di possibili fallimenti.

Ci riferiamo nel seguito al caso in cui la direzione d_k è una direzione di discesa e si ricerca un valore positivo di α_k tale che il punto

$$x_{k+1} = x_k + \alpha_k d_k$$

sia tale da soddisfare opportune condizioni di accettabilità.

Nel seguito, per semplificare le notazioni, indicheremo con $x_k(j)$ e $d_k(j)$ la j−ma componente, rspettivamente, di x_k e d_k che sono vettori in R^n.

5.7.1 Intervallo di ricerca

Quale che sia il tipo di ricerca unidimensionale adottato, è in genere opportuno definire un intervallo di valori numericamente plausibili per α, specificando *a priori* valori minimi e massimi di α, che indicheremo con $\alpha_{\min}$ e $\alpha_{\max}$. In pratica, valori eccessivamente piccoli di α implicano che x_{k+1} non differisce in modo numericamente significativo da x_k e l'algoritmo di fatto *fallisce*, mentre valori eccessivamente elevati potrebbero indicare che gli insiemi di livello di f sono illimitati, per cui potrebbe essere opportuno arrestare la ricerca.

Poiché $x_{k+1} = x_k + \alpha_k d_k$, è ragionevole richiedere che almeno per una componente di x_k si abbia una variazione relativa significativa. Una misura della lunghezza (relativa) della direzione, potrebbe essere, ad esempio:

$$s_{\max} = \max_{1 \leq j \leq n} \frac{|d_k(j)|}{|x_k(j)| + 1}.$$

Nell'espressione precedente il termine $|x_k(j)| + 1$ a denominatore tiene conto del fatto che $|x_k(j)|$ potrebbe essere prossimo a zero. Un valore plausibile di $\alpha_{\min}$ si può allora definire richiedendo che $\alpha_{\min} \times s_{\max}$ sia significativamente maggiore della precisione della macchina, assumendo, ad esempio

$$\alpha_{\min} = \eta_m^{2/3} / s_{\max}.$$

Analogamente, si potrebbe assumere per $\alpha_{\max}$ una stima del tipo:

$$\alpha_{\max} = M / s_{\max},$$

dove M è un numero abbastanza grande (ad esempio $M = 10^3 \div 10^6$).

5.7.2 Stima iniziale

La stima iniziale Δ_k del passo ha effetti non secondari sul numero di valutazioni di funzioni necessarie per il calcolo di α_k. Una distinzione importante è quella tra:

- metodi in cui il passo iniziale deve essere unitario, ossia $\Delta_k = 1$ per ogni k (o almeno per k abbastanza grande);
- metodi in cui non è disponibile *a priori* un valore di Δ_k.

5.7 Realizzazione di algoritmi di ricerca unidimensionale*

Ne secondo caso è opportuno individuare subito almeno l'*ordine di grandezza* plausibile di α_k. Uno dei criteri utilizzabili (in mancanza di altre indicazioni) è quello di scegliere Δ_k con riferimento a una approssimazione quadratica di $\phi(\alpha) = f(x_k + \alpha d_k)$. In particolare, se ∇f è disponibile, possiamo approssimare $\phi(\alpha)$ con una funzione del tipo

$$q(\alpha) = \lambda_0 + \lambda_1 \alpha + \lambda_2 \alpha^2,$$

in cui $\lambda_0 = \phi(0)$ e $\lambda_1 = \dot{\phi}(0)$.

Possiamo allora definire un valore di α, indicato con $\alpha^\star$, tale che $\alpha^\star$ sia il punto di minimo di $q(\alpha)$ e che il valore di $q(\alpha^\star)$ sia eguale a una stima $f^\star$ assegnata del valore minimo di $\phi(\alpha)$. Imponendo tali condizioni si ha

$$\alpha^\star = -\frac{2(\lambda_0 - f^\star)}{\lambda_1} = -\frac{2Df}{\nabla f(x_k)^T d_k},$$

in cui si è indicato con $Df = f(x_k) - f^\star$ la *riduzione prevista* di f rispetto al valore in x_k. Per definire $\alpha^\star$ occorre ancora assegnare un valore a $f^\star$.

Nella prima iterazione dell'algoritmo di minimizzazione, ossia per $k = 0$, il valore di $f^\star$ deve essere assegnato in base a una valutazione delle caratteristiche della funzione. Come valore predefinito si può assumere, ad esempio, $Df = |f(x_0)| + 1$. Nelle iterazioni successive, si può porre ragionevolmente:

$$Df = f(x_{k-1}) - f(x_k),$$

assumendo, come riduzione prevista di f nella k-ma ricerca unidimensionale, la riduzione effettiva ottenuta nell'iterazione precedente. Occorre tuttavia verificare che tale stima non dia luogo a valori eccessivamente piccoli o eccessivamente grandi di α. Alcuni autori suggeriscono la stima:

$$\Delta_k = \min\left[-2\frac{\max[Df, 10\eta_f]}{\nabla f(x_k)^T d_k}, \Delta_{\max}\right],$$

dove η_f è la precisione con cui si può valutare la funzione obiettivo e $\Delta_{\max}$ è una limitazion superiore sul passo (ad esempio $\eta_f = 10^{-6} \div 10^{-8}$, $\Delta_{\max} = 1$).

Un criterio alternativo, spesso utilizzato, può essere quello di scegliere Δ_k in modo tale che la variazione di f al passo k, approssimata con termini del primo ordine, sia eguale a quella ottenuta nel passo precedente, ossia:

$$\Delta_k = \frac{\alpha_{k-1}|\nabla f(x_{k-1})^T d_{k-1}|}{|\nabla f(x_k)^T d_k|},$$

controllando tuttavia che la stima sia numericamente accettabile.

Se il gradiente non è disponibile un criterio indicativo potrebbe essere quello di assumere, ad esempio

$$\Delta_k = \sigma \frac{\alpha_{k-1}\|d_{k-1}\|}{\|d_k\|},$$

con $0 < \sigma < 1$, effettuando gli opportuni controlli sulla grandezza di Δ_k.

È importante osservare che *se si adotta una stima iniziale variabile con k occorre comunque assicurarsi che sia soddisfatta una condizione di sufficiente spostamento*, utilizzando, ad esempio, una delle varianti del metodo di Armijo cui si è accennato in precedenza o facendo riferimento alle condizioni di Wolfe.

5.7.3 Tecniche di interpolazione

Le tecniche di interpolazione da adottare sono basate usualmente su un modello quadratico o cubico della funzione $\phi(\alpha) = f(x_k + \alpha d_k)$ per $\alpha \geq 0$. Nel seguito riportiamo le formule di interpolazione più significative e successivamente ne discutiamo l'uso negli algoritmi di ricerca unidimensionale.

Interpolazione quadratica

Nell'interpolazione quadratica si vuole approssimare la funzione $\phi(\alpha)$ con una funzione quadratica strettamente convessa del tipo

$$q(\alpha) = \lambda_0 + \lambda_1 \alpha + \lambda_2 \alpha^2,$$

e si ha $\dot{q}(\alpha) = \lambda_1 + 2\lambda_2 \alpha$ e $\ddot{q}(\alpha) = 2\lambda_2$. Il punto di minimo α_q^* di q deve soddisfare le condizioni

$$\dot{q}(\alpha_q^*) = 0 \quad \ddot{q}(\alpha_q^*) > 0.$$

Deve essere quindi

$$\alpha_q^* = -\frac{\lambda_1}{2\lambda_2}, \quad \lambda_2 > 0. \tag{5.99}$$

Il valore di α_q^* può essere determinato a partire dalle informazioni disponibili. I casi di interesse sono i seguenti.

> **Caso 1.** *Nei due punti $\alpha_2 > \alpha_1$ sono noti $\phi(\alpha_1)$, $\phi(\alpha_2)$, $\dot{\phi}(\alpha_1)$.*

In questo caso si possono imporre le condizioni di interpolazione:

$$q(\alpha_1) = \phi(\alpha_1), \quad q(\alpha_2) = \phi(\alpha_2) \quad \dot{q}(\alpha_1) = \dot{\phi}(\alpha_1). \tag{5.100}$$

Utilizzando la formula di Taylor si può scrivere

$$q(\alpha) = q(\alpha_1) + \dot{q}(\alpha_1)(\alpha - \alpha_1) + \frac{1}{2}(\alpha - \alpha_1)^2 \ddot{q} \tag{5.101}$$

in cui $\ddot{q}$ è una costante, essendo la funzione quadratica. Ne segue

$$\dot{q}(\alpha) = \dot{q}(\alpha_1) + (\alpha - \alpha_1)\ddot{q}$$

5.7 Realizzazione di algoritmi di ricerca unidimensionale*

e quindi, imponendo $\dot{q}(\alpha_q^*) = 0$ si ottiene, se $\ddot{q} \neq 0$ $\alpha_q^* = \alpha_1 - \dot{q}(\alpha_1)/\ddot{q}$, da cui segue, per la (5.100):

$$\alpha_q^* = \alpha_1 - \frac{\dot{\phi}(\alpha_1)}{\ddot{q}}. \tag{5.102}$$

Il valore di $\ddot{q}$ si può ottenere, tenendo conto della (5.100) risolvendo l'equazione

$$\phi(\alpha_2) = \phi(\alpha_1) + \dot{\phi}(\alpha_1)(\alpha_2 - \alpha_1) + \frac{1}{2}(\alpha_2 - \alpha_1)^2 \ddot{q},$$

da cui segue

$$\ddot{q} = 2\frac{\phi(\alpha_2) - \phi(\alpha_1) - \dot{\phi}(\alpha_1)(\alpha_2 - \alpha_1)}{(\alpha_2 - \alpha_1)^2}. \tag{5.103}$$

Se $\ddot{q} > 0$ si può calcolare, ricordando le (5.102) (5.103) il valore

$$\alpha_q^* = \alpha_1 - \frac{\dot{\phi}(\alpha_1)(\alpha_2 - \alpha_1)^2}{2\left(\phi(\alpha_2) - \phi(\alpha_1) - \dot{\phi}(\alpha_1)(\alpha_2 - \alpha_1)\right)}. \tag{5.104}$$

Caso 2. *Nei due punti $\alpha_2 > \alpha_1$ sono noti $\dot{\phi}(\alpha_1)$, $\dot{\phi}(\alpha_2)$.*

In questo caso la conoscenza delle due derivate consente di calcolare il punto di minimo (se esiste), imponendo le condizioni di interpolazione

$$\dot{q}(\alpha_1) = \dot{\phi}(\alpha_1) \quad \dot{q}(\alpha_2) = \dot{\phi}(\alpha_2). \tag{5.105}$$

Infatti, ricordando la (5.101) si può scrivere

$$\dot{q}(\alpha_2) = \dot{q}(\alpha_1) + (\alpha_2 - \alpha_1)\ddot{q}$$

da cui segue, tenendo conto delle (5.105) la formula della secante:

$$\ddot{q} = \frac{\dot{\phi}(\alpha_2) - \dot{\phi}(\alpha_1)}{\alpha_2 - \alpha_1}.$$

Si ha quindi $\ddot{q} > 0$ se $\dot{\phi}(\alpha_2) - \dot{\phi}(\alpha_1) > 0$. Dalla (5.102) segue allora

$$\alpha_q^* = \alpha_1 - \frac{\dot{\phi}(\alpha_1)(\alpha_2 - \alpha_1)}{\dot{\phi}(\alpha_2) - \dot{\phi}(\alpha_1)}, \quad \text{se } \dot{\phi}(\alpha_2) - \dot{\phi}(\alpha_1) > 0. \tag{5.106}$$

Caso 3. *Nei tre punti $\alpha_3 > \alpha_2 > \alpha_1$ sono noti $\phi(\alpha_1)$, $\phi(\alpha_2)$, $\phi(\alpha_3)$.*

Le condizioni di interpolazione divengono

$$q(\alpha_1) = \phi(\alpha_1) \quad q(\alpha_2) = \phi(\alpha_2), \quad q(\alpha_3) = \phi(\alpha_3). \tag{5.107}$$

Ricordando la (5.101) e tenendo conto delle condizioni precedenti si può scrivere

$$\phi(\alpha_2) - \phi(\alpha_1) = \dot{q}(\alpha_1)(\alpha_2 - \alpha_1) + \frac{1}{2}(\alpha_2 - \alpha_1)^2 \ddot{q} \qquad (5.108)$$

$$\phi(\alpha_3) - \phi(\alpha_1) = \dot{q}(\alpha_1)(\alpha_3 - \alpha_1) + \frac{1}{2}(\alpha_3 - \alpha_1)^2 \ddot{q}. \qquad (5.109)$$

Poniamo, per semplicità, $\dot{q}_1 = \dot{q}(\alpha_1)$ e definiamo

$$\phi_{21} = \phi(\alpha_2) - \phi(\alpha_1), \quad \phi_{31} = \phi(\alpha_3) - \phi(\alpha_1), \quad \phi_{32} = \phi(\alpha_3) - \phi(\alpha_2),$$

$$\alpha_{21} = \alpha_2 - \alpha_1, \quad \alpha_{31} = \alpha_3 - \alpha_1 \quad \alpha_{32} = \alpha_3 - \alpha_2.$$

Si ottiene allora dalle (5.108) (5.109) il sistema nelle due incognite $\dot{q}_1, \ddot{q}$:

$$\frac{\phi_{21}}{\alpha_{21}} = \dot{q}_1 + \frac{\alpha_{21}}{2}\ddot{q} \qquad \frac{\phi_{31}}{\alpha_{31}} = \dot{q}_1 + \frac{\alpha_{31}}{2}\ddot{q},$$

da cui segue, essendo $\alpha_{31} - \alpha_{21} = \alpha_{32}$

$$\dot{q}_1 = \frac{\phi_{21}}{\alpha_{21}} - \frac{\alpha_{21}}{2}\ddot{q}$$

$$\ddot{q} = \frac{2}{\alpha_{32}}\left(\frac{\phi_{31}}{\alpha_{31}} - \frac{\phi_{21}}{\alpha_{21}}\right) = 2\frac{\phi_{31}\alpha_{21} - \phi_{21}\alpha_{31}}{\alpha_{32}\alpha_{31}\alpha_{21}}.$$

L'espressione di $\ddot{q}$ si porre nella forma:

$$\ddot{q} = 2\frac{\phi_3(\alpha_2 - \alpha_1) + \phi_2(\alpha_1 - \alpha_3) + \phi_1(\alpha_3 - \alpha_2)}{(\alpha_3 - \alpha_2)(\alpha_3 - \alpha_1)(\alpha_2 - \alpha_1)}.$$

Se $\ddot{q} > 0$, dalle relazioni precedenti e dalla (5.106) si ottiene, con facili passaggi:

$$\alpha_q^* = \frac{1}{2}\frac{\phi_3(\alpha_2^2 - \alpha_1^2) + \phi_2(\alpha_1^2 - \alpha_3^2) + \phi_1(\alpha_3^2 - \alpha_2^2)}{\phi_3(\alpha_2 - \alpha_1) + \phi_2(\alpha_1 - \alpha_3) + \phi_1(\alpha_3 - \alpha_2)}, \qquad \ddot{q} > 0. \qquad (5.110)$$

Interpolazione cubica

Nell'interpolazione cubica la funzione interpolante è del tipo

$$c(\alpha) = \lambda_0 + \lambda_1 \alpha + \lambda_2 \alpha^2 + \lambda_3 \alpha^3,$$

per cui occorre risolvere un sistema di quattro equazioni per poter determinare i parametri incogniti $\lambda_0, \lambda_1, \lambda_2, \lambda_3$. Indicando con h la derivata terza (costante) di $c(\alpha)$, si ha

$$\dot{c}(\alpha) = \lambda_1 + 2\lambda_2\alpha + 3\lambda_3\alpha^2, \qquad \ddot{c}(\alpha) = 2\lambda_2 + 6\lambda_3\alpha, \qquad h = 6\lambda_3.$$

5.7 Realizzazione di algoritmi di ricerca unidimensionale* 145

La funzione non ammette, ovviamente, punto di minimo su R. Si vuole ottenere un punto di minimo locale α_c^* che soddisfi le condizioni

$$\dot{c}(\alpha_c^*) = 0 \quad \ddot{c}(\alpha_c^*) > 0.$$

Utilizzando la formula di Taylor si può scrivere:

$$c(\alpha) = c(\alpha_1) + \dot{c}(\alpha_1)(\alpha - \alpha_1) + \frac{\ddot{c}(\alpha_1)}{2}(\alpha - \alpha_1)^2 + \frac{h}{6}(\alpha - \alpha_1)^3. \quad (5.111)$$

Ne segue

$$\dot{c}(\alpha) = \dot{c}(\alpha_1) + \ddot{c}(\alpha_1)(\alpha - \alpha_1) + \frac{h}{2}(\alpha - \alpha_1)^2, \quad (5.112)$$

$$\ddot{c}(\alpha) = \ddot{c}(\alpha_1) + h(\alpha - \alpha_1). \quad (5.113)$$

Il caso di maggior interesse è il seguente.

Caso 4. *Nei due punti $\alpha_2 > \alpha_1 \geq 0$ sono noti $\phi(\alpha_1)$, $\dot{\phi}(\alpha_1)$, $\phi(\alpha_2)$, $\dot{\phi}(\alpha_2)$.*

Le condizioni di interpolazione divengono

$$c(\alpha_1) = \phi(\alpha_1) \quad \dot{c}(\alpha_1) = \dot{\phi}(\alpha_1) \quad c(\alpha_2) = \phi(\alpha_2), \quad \dot{c}(\alpha_2) = \dot{\phi}(\alpha_2). \quad (5.114)$$

Utilizzando le (5.111) (5.112) e imponendo le condizioni precedenti si ha:

$$\phi(\alpha_2) = \phi(\alpha_1) + \dot{\phi}(\alpha_1)(\alpha_2 - \alpha_1) + \frac{\ddot{c}(\alpha_1)}{2}(\alpha_2 - \alpha_1)^2 + \frac{h}{6}(\alpha - \alpha_1)^3, \quad (5.115)$$

$$\dot{\phi}(\alpha_2) = \dot{\phi}(\alpha_1) + \ddot{c}(\alpha_1)(\alpha_2 - \alpha_1) + \frac{h}{2}(\alpha_2 - \alpha_1)^2. \quad (5.116)$$

Per semplificare le notazioni poniamo:

$$\phi_1 = \phi(\alpha_1), \quad \phi_2 = \phi(\alpha_2), \quad \dot{\phi}_1 = \dot{\phi}(\alpha_1), \quad \dot{\phi}_2 = \dot{\phi}(\alpha_2),$$

e definiamo

$$u = \frac{\ddot{c}(\alpha_1)}{2}, \quad v = \frac{h}{6}, \quad \eta = \alpha_2 - \alpha_1.$$

Otteniamo allora le equazioni nelle incognite u, v date da:

$$\phi_2 - \phi_1 - \dot{\phi}_1 \eta = \eta^2 u + \eta^3 v, \quad (5.117)$$

$$\dot{\phi}_2 - \dot{\phi}_1 = 2\eta u + 3\eta^2 v. \quad (5.118)$$

Posto

$$s = \frac{\phi_2 - \phi_1}{\eta},$$

con facili passaggi si ottengono le soluzioni

$$u = \frac{1}{\eta}\left(3s - \dot\phi_2 - 2\dot\phi_1\right)$$

$$v = \frac{1}{\eta^2}\left(\dot\phi_1 + \dot\phi_2 - 2s\right).$$

Ponendo
$$\ddot c(\alpha_1) = 2u, \qquad h = 6v \qquad \xi = \alpha - \alpha_1$$
nella (5.112) e imponendo $\ddot c(\alpha) = 0$, si ottiene l'equazione di secondo grado

$$\phi_1 + 2u\xi + 3v\xi^2 = 0.$$

Le soluzioni di tale equazione sono date, per $v \neq 0$ da:

$$\xi^*_\pm = \pm\frac{-u \pm \sqrt{u^2 - 3\phi_1 v}}{3v} \tag{5.119}$$

mentre se $v = 0$ e $u \neq 0$ si ha

$$\xi^* = -\frac{\phi_1}{2u}.$$

Nel caso $v \neq 0$ si verifica facilmente (valutando la derivata seconda) che il punto di minimo è dato da ξ^*_+, e quindi, essendo $\alpha = \alpha_1 + \xi$, si ha

$$\alpha^*_c = \alpha_1 + \frac{-u + \sqrt{u^2 - 3\phi_1 v}}{3v}.$$

Tale espressione, tuttavia, può essere numericamente instabile per la presenza di cancellazioni tra i termini del numeratore se $u > 0$ e se i due termini della sottrazione differiscono di poco. Se $u > 0$ si può considerare l'espressione equivalente

$$\alpha^*_c = \alpha_1 + \frac{\phi_1}{-u - \sqrt{u^2 - 3\phi_1 v}},$$

che vale anche nel caso $v = 0$. In ogni caso occorre verificare che la stima ottenuta sia significativa.

L'interpolazione cubica può anche essere utilizzata nel caso in cui la derivata prima sia disponibile solo in un punto, ma la funzione sia nota in tre punti. Possiamo quindi considerare il caso seguente.

> **Caso 5.** *Nei tre punti $\alpha_3 > \alpha_2 > \alpha_1$ sono noti $\phi(\alpha_1)$, $\dot\phi(\alpha_1)$, $\phi(\alpha_2)$, $\phi(\alpha_3)$.*

Imponiamo le condizioni di interpolazione

$$c(\alpha_1) = \phi(\alpha_1) \quad \dot c(\alpha_1) = \dot\phi(\alpha_1) \quad c(\alpha_2) = \phi(\alpha_2), \quad c(\alpha_3) = \phi(\alpha_3). \tag{5.120}$$

Vale ancora la (5.111), ossia:

$$c(\alpha) = \phi(\alpha_1) + \dot\phi(\alpha_1)(\alpha - \alpha_1) + \frac{\ddot c(\alpha_1)}{2}(\alpha - \alpha_1)^2 + \frac{h}{6}(\alpha - \alpha_1)^3, \quad (5.121)$$

in cui compaiono i parametri $\ddot c(\alpha_1)$ e h. Imponendo le condizioni

$$c(\alpha_2) = \phi(\alpha_2),$$
$$c(\alpha_3) = \phi(\alpha_3)$$

si ottiene un sistema di due equazioni nei due parametri incogniti e si può determinare il punto di minimo, in modo analogo a quanto visto nel caso precedente, risolvendo un'equazione di secondo grado.

Uso delle formule di interpolazione

Per esaminare l'impiego delle formule di interpolazione consideriamo alcuni casi tipici.

Metodi di backtracking tipo Armijo con $\nabla f(x_k)$ noto e valutazione di f.

Nei metodi tipo Armijo si può assumere $\alpha_1 = 0$ e l'interpolazione deve essere sempre effettuata in intervalli del tipo $[0, \alpha]$, essendo α l'ultimo punto di tentativo in cui non è stata soddisfatta la condizione di sufficiente riduzione. Se nei punti di tentativo viene calcolata solo la funzione $\phi(\alpha)$ si può far riferimento al Caso 1, in cui $\alpha_1 = 0$, $\dot\phi(0) = \nabla f(x_k)d_k < 0$ e $\alpha_2 = \alpha > 0$. Dalle formula precedenti segue

$$\ddot q = 2\frac{\phi(\alpha) - \phi(0) - \dot\phi(0)\alpha}{\alpha^2}. \quad (5.122)$$

La stima quadratica non è accettabile se $\ddot q \leq \varepsilon$, essendo $\varepsilon > 0$ un numero sufficientemente piccolo che tuttavia consenta di prevenire l'insorgere di *overflow* dovuti alla divisione nella (5.102). Se la stima quadratica non è accettabile si può assumere, ad esempio, $\delta = \frac{1}{2}$.

Se $\ddot q > \varepsilon$, particolarizzando la (5.104), e tenendo conto delle ipotesi fatte, con facili passaggi si può scrivere:

$$\alpha_q^* = \delta^* \alpha$$

con

$$\delta^* = \frac{|\dot\phi(0)|\alpha}{2(\phi(\alpha) - \phi(0) + \alpha|\dot\phi(0)|)}.$$

Occorre tuttavia verificare che tale stima sia significativa e che il nuovo passo $\bar\alpha$ sia tale che

$$\bar\alpha = \delta\alpha$$

con $\delta \in (l, u)$, il che impone che il risultato dell'interpolazione quadratica sia opportunamente controllato, imponendo, ad esempio:

$$\delta = \min\left[\max\left[\delta^*, l\right], u\right].$$

Se il nuovo valore $\bar{\alpha}$ non soddisfa ancora la condizione di sufficiente riduzione si può ripetere l'interpolazione quadratica aggiornando prima α e $\phi(\alpha)$. In alternativa, si può utlizzare un'interpolazione cubica (vedi Caso 5), basata sulla considerazione del polinomio

$$q(\alpha) = \phi(0) + \dot{\phi}(0)\alpha + \lambda_2 \alpha^2 + \lambda_3 \alpha^3,$$

e determinare λ_2, λ_3 a partire dai due ultimi valori di ϕ. Anche in questo caso, tuttavia, occorre ovviamente verificare che la stima ottenuta sia significativa e che il nuovo valore $\bar{\alpha} = \delta \alpha$ soddisfi la condizione $\delta \in [l, u]$.

Metodi tipo Armijo-Goldstein con $\nabla f(x_k)$ noto e valutazione di f.

Nei metodi tipo Armijo-Goldstein che prevedono una possibile espansione del passo ed effettuano solo valutazioni della funzione si può utilizzare l'interpolazione quadratica lungo le stesse linee seguite nel caso precedente. Tuttavia, se è necessario effettuare un'estrapolazione occorrerà controllare che sia

$$\bar{\alpha} \geq \tau \alpha$$

con $\tau > 1$, (ad esempio $\tau = 2 \div 5$).

Metodi tipo Wolfe con valutazione di f e ∇f.

Nei metodi tipo-Wolfe, in cui viene calcolato anche il gradiente di f a ogni passo di tentativo, si possono usare formule di interpolazione che tengano conto anche delle derivate. Si può utilizzare l'interpolazione quadratica (Caso 2) oppure l'interpolazione cubica (Caso 4) o anche combinare opportunamente le due stime. È necessario comunque controllare che il nuovo valore di α non sia troppo vicino agli estremi dell'intervallo di ricerca se il passo deve essere ridotto o che si abbia un incremento significativo del passo in caso di espansione. In quest'ultimo caso è in genere preferibile utilizzare le informazioni disponibili a sinistra della stima corrente.

Metodi senza derivate.

Se si utilizzano solo valutazioni della funzione si può utlizzare l'interpolazione quadratica qualora siano noti tre valori di f (Caso 3). In particolare, se $\alpha_1 =$

$-\Delta$, $\alpha_2 = 0$ e $\alpha_3 = \Delta$ l'interpolazione quadratica fornisce la stima

$$\alpha_q^* = \frac{1}{2} \left(\frac{\phi(-\Delta) - \phi(\Delta)}{\phi(-\Delta) - 2\phi(0) + \phi(\Delta)} \right) \Delta, \tag{5.123}$$

a condizione che il denominatore sia positivo e che la stima quadratica sia accettabile.

5.7.4 Criteri di arresto e fallimenti

Nel corso delle interpolazioni e delle eventuali espansioni occorrerà controllare (in tutti i casi considerati) che il passo si mantenga nell'intervallo $(\alpha_{\min}, \alpha_{\max})$, interrompendo la ricerca e fornendo un opportuno messaggio di errore se i limiti imposti vengono violati.

In particolare, se $\alpha < \alpha_{\min}$ senza che la condizione di sufficiente riduzione sia soddisfatta si può presumere che la direzione non sia di discesa (ad esempio perché ci sono errori (analitici o numerici) nel calcolo di f o di ∇f). Oppure si potrebbe verificare la situazione in cui il punto corrente si trovi "intrappolato" in una valle ripida, tale che una diminuzione di f lungo d_k potrebbe non essere numericamente ottenibile.

Se $\alpha > \alpha_{\max}$ con f decrescente, ciò potrebbe segnalare il fatto che gli insiemi di livello sono illimitati, ad esempio perché la funzione è illimitata inferiormente o perché tende asintoticamente a un valore costante per effetto di saturazioni.

Negli algoritmi in cui l'intervallo di ricerca $[\alpha_l, \alpha_u]$ viene aggiornato nel corso della ricerca unidimensionale, occorre anche verificare che l'ampiezza dell'intervallo sia significativa prima di ridurlo ulteriormente, controllando, ad esempio, che si abbia:

$$\alpha_u - \alpha_l > \alpha_{\min}.$$

Note e riferimenti

Una delle prime trattazioni approfondite della ricerca unidimensionale, su cui è basata l'impostazione dello studio svolto, si può trovare in [99]; una diversa impostazione e ulteriori approfondimenti si possono trovare in [7]; per gli aspetti numerici si può far riferimento a [32] e [48]. In [92] sono analizzati in maniera approfondita gli algoritmi basati sulle condizioni di Wolfe e sono suggeriti criteri per la scelta delle tecniche di interpolazione.

Le prime ricerche unidimensionali inesatte si fanno risalire al lavoro [49]; la tecnica di ricerca inesatta di tipo Armijo è stata introdotta in [2]; le condizioni di Wolfe sono state proposte in [124]. Il metodo non monotono di Armijo è stato proposto in [51]. I metodi di ricerca unidimensionale senza derivate qui considerati sono stati introdotti in [29] e [52]. Tecniche di ricerca unidimensionale di tipo non monotono senza derivate sono analizzate in [60].

5.8 Esercizi

5.1. Dimostrare la Proposizione 5.4.

5.2. Verificare che, se α_k è scelto in modo da soddisfare la (5.33) vale lo stesso risultato di convergenza enunciato nella Proposizione 5.2, senza che sia necessario imporre alcuna condizione sul passo iniziale Δ_k.

5.3. Dimostrare che nel *Metodo di Armijo-Goldstein* definito nel paragrafo 5.3 si può evitare di effettuare un'espansione del passo se vale la condizione di sufficiente riduzione e risulta:

$$f(x_k + \alpha d_k) \leq f(x_k) + \tilde{\gamma}\alpha \nabla f(x_k)^T d_k,$$

dove $\tilde{\gamma} > 1$. Fornire un'interpretazione geopmetrica di tale condizione.

5.4. Dimostrare che il ciclo al Passo 2 dell'*Algoritmo di ricerca senza derivate lungo una direzione di discesa* definito nel paragrafo 5.5 termina necessariamente in un numero finito di iterazioni se la direzione d_k soddisfa la condizione $\nabla f(x_k)^T d_k < 0$.

5.5. Stabilire se le proprietà di convergenza degli algoritmi di ricerca unidimensionale non monotoni si possono riottenere ove si assuma come riferimento:

$$W_k = \frac{1}{M_k + 1} \sum_{j=0}^{M_k} f(x_{k-j}),$$

essendo $M_k = \min\{k, M\}$.

6
Metodo del gradiente

Nel capitolo viene analizzato il *metodo del gradiente*, che è uno dei primi metodi proposti per la minimizzazione non vincolata di funzioni differenziabili. Vengono analizzate le proprietà di convergenza globale del metodo e vengono fornite stime della rapidità di convergenza.

6.1 Generalità

Il *metodo del gradiente* (*steepest descent method*) si basa sull'uso della direzione di ricerca
$$d_k = -\nabla f(x_k),$$
ossia della direzione opposta a quella del gradiente, o *antigradiente* di f in x_k. Questa scelta viene giustificata osservando che la direzione dell'antigradiente (normalizzata) è la direzione che minimizza la derivata direzionale in x_k tra tutte le direzioni che hanno norma euclidea unitaria, ossia è la soluzione del problema:
$$\begin{aligned} min \ &\nabla f(x_k)^T d, \\ &\|d\|_2 = 1. \end{aligned} \qquad (6.1)$$
Infatti, per la *diseguaglianza di Schwarz*, si può scrivere:
$$|\nabla f(x_k)^T d| \leq \|d\|_2 \|\nabla f(x_k)\|_2,$$
in cui il segno di eguaglianza vale se e solo se
$$d = \lambda \nabla f(x_k),$$
con $\lambda \in R$. La soluzione del problema (6.1) è allora data da:
$$d_k = -\nabla f(x_k)/\|\nabla f(x_k)\|_2,$$
che definisce appunto la direzione dell'antigradiente in x_k. Per tale ragione si parla anche di *metodo della discesa più ripida*.

Occorre osservare, tuttavia, che l'ottimalità locale della direzione $-\nabla f(x_k)$ dipende dalla scelta della norma e che pertanto in un punto fissato x_k qualsiasi direzione di discesa può interpretarsi come una direzione di discesa più ripida in una norma opportuna.

L'interesse della direzione $-\nabla f(x_k)$ risiede piuttosto nel fatto che, se il gradiente è continuo, come si è ipotizzato, essa costituisce una direzione di discesa *continua* rispetto a x, che si annulla se e solo se x è un punto stazionario. Questa proprietà assicura che con una scelta opportuna del passo α_k sia possibile stabilire facilmente un risultato di convergenza globale. Il metodo del gradiente costituisce quindi il modello più significativo di algoritmo *globalmente convergente* e può essere utilizzato, in associazione a una qualsiasi altra tecnica di discesa, per garantire proprietà di convergenza globale.

Nel seguito definiamo innanzitutto uno schema semplificato di algoritmo e dimostriamo che risultano soddisfatte le condizioni sufficienti di convergenza globale introdotte in precedenza. Stabiliamo inoltre condizioni sufficienti di convergenza per il caso in cui si adotti un passo costante. Accenniamo quindi alla stima della rapidità di convergenza nel caso di funzioni quadratiche strettamente convesse e mostriamo anche che nel caso quadratico si potrebbe ottenere convergenza finita se si effettuassero passi definiti dall'inverso degli autovalori della matrice Hessiana. Infine, accenniamo a una modifica nota come *Heavy Ball method* (o come metodo *momentum* nella letteratura sulle reti neurali) che può consentire notevoli miglioramenti della rapidità di convergenza.

6.2 Definizione del metodo e proprietà di convergenza

Possiamo schematizzare il metodo del gradiente con l'algoritmo seguente.

Metodo del gradiente

Fissa un punto iniziale $x_0 \in R^n$.
For k=0,1,...
    Calcola $\nabla f(x_k)$; se $\nabla f(x_k) = 0$ **stop**; altrimenti poni
$$d_k = -\nabla f(x_k).$$
Calcola un passo $\alpha_k > 0$ lungo d_k con una
tecnica di ricerca unidimensionale.
Assumi $x_{k+1} = x_k + \alpha_k d_k$.
End For

Il risultato successivo è una conseguenza immediata di risultati precedenti.

6.2 Definizione del metodo e proprietà di convergenza

Proposizione 6.1 (Convergenza del metodo del gradiente).

Sia $f : R^n \to R$ continuamente differenziabile su R^n e si supponga che $\mathcal{L}_0$ sia compatto. Sia $\{x_k\}$ la successione prodotta dal metodo del gradiente. Si supponga inoltre che la ricerca unidimensionale sia tale da soddisfare le condizioni:

(i) $f(x_{k+1}) < f(x_k)$ se $\nabla f(x_k) \neq 0$;
(ii) se $\nabla f(x_k) \neq 0$ per ogni k, si ha:

$$\lim_{k \to \infty} \frac{\nabla f(x_k)^T d_k}{\|d_k\|} = 0.$$

Allora, o esiste un indice $\nu \geq 0$ tale che $x_\nu \in \mathcal{L}_0$ e $\nabla f(x_\nu) = 0$, oppure viene prodotta una successione infinita tale che ogni punto di accumulazione $\bar{x}$ di $\{x_k\}$ appartiene a $\mathcal{L}_0$ e soddisfa $\nabla f(\bar{x}) = 0$.

Dimostrazione. Essendo
$$d_k = -\nabla f(x_k)$$
si ha:
$$\frac{\nabla f(x_k)^T d_k}{\|d_k\|} = -\|\nabla f(x_k)\|. \tag{6.2}$$

Assumendo quindi come funzione di forzamento la funzione $\sigma(t) = t$ tutte le condizioni della Proposizione 4.1 sono soddisfatte e valgono quindi le conclusioni di tale proposizione. □

La convergenza globale può quindi essere assicurata attraverso una tecnica di ricerca unidimensionale tipo-Armijo (oppure basata sulle condizioni di Wolfe). Si noti che nella ricerca unidimensionale è importante utilizzare delle buone stime iniziali del passo, per ridurre il numero di valutazioni di funzione ed evitare fenomeni di *overflow*.

Esempio 6.1. Si consideri il problema in due variabili

$$\min_{x \in R^2} f(x) = (x_1 - 1)^2 + (x_1^2 - x_2)^2.$$

Il punto di minimo globale è $x^\star = (1, 1)^T$. Nella Fig. 6.1 sono riportate alcune curve di livello della funzione obiettivo e i primi 10 punti generati dal metodo del gradiente con ricerca unidimensionale tipo-Armijo.

Il metodo del gradiente costituisce il prototipo di algoritmo globalmente convergente e può essere usato, in associazione ad altri metodi dotati di migliori caratteristiche di convergenza locale, per assicurare la convergenza globale.

154 6 Metodo del gradiente

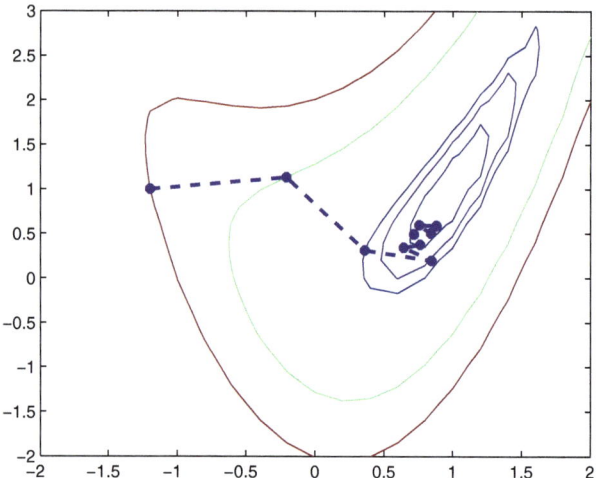

Fig. 6.1. Punti generati dal metodo del gradiente

In particolare, se il metodo del gradiente viene usato periodicamente, in corrispondenza ad una sottosuccessione (infinita) di punti prodotti con un qualsiasi metodo di discesa, si può garantire almeno l'esistenza di un punto di accumulazione che sia punto stazionario della funzione.

Più precisamente, possiamo dimostrare il risultato enunciato nella proposizione successiva.

Proposizione 6.2. *Sia* $f : R^n \to R$ *continuamente differenziabile su* R^n *e si supponga che* $\mathcal{L}_0$ *sia compatto. Sia* $\{x_k\}$ *la successione prodotta dall'algoritmo*

$$x_{k+1} = x_k + \alpha_k d_k.$$

Supponiamo inoltre che valgano le proprietà seguenti:

(i) $f(x_{k+1}) \leq f(x_k)$ *per ogni* k;
(ii) *esiste una sottosuccessione* $\{x_k\}_K$ *tale che per* $k \in K$ *si assume*

$$d_k = -\nabla f(x_k)$$

e il passo α_k *lungo* $-\nabla f(x_k)$ *viene calcolato per mezzo di un metodo tipo-Armijo.*

Allora, se l'algoritmo non termina in un punto stazionario, ogni punto di accumulazione di $\{x_k\}_K$ *è un punto stazionario di* f.

Dimostrazione. Indichiamo con y_h i punti della sottosuccessione considerata e poniamo $y_h = x_{k_h}$. Per le ipotesi fatte si ha:

$$f(y_{h+1}) \leq f(y_h + \alpha_{k_h} d_{k_h}),$$

essendo $d_{k_h} = -\nabla f(y_h)$ e α_{k_h} il passo determinato per mezzo di un metodo tipo-Armijo. Per quanto già osservato a proposito del metodo di Armijo, se l'algoritmo non termina, si ha

$$\lim_{h \to \infty} \frac{\nabla f(y_h)^T d_{k_h}}{\|d_{k_h}\|} = 0.$$

Le proprietà di convergenza di $\{y_h\}$ seguono allora dalla Proposizione 6.1 □

Si noti che nella proposizione precedente non si è specificata la scelta di d_k e di α_k per $k \notin K$; ci si è limitati a supporre che $\{f(x_k)\}$ sia non crescente.

6.3 Metodo del gradiente con passo costante

Sotto opportune ipotesi di regolarità è possibile dimostrare che la convergenza del metodo del gradiente si può stabilire anche se il passo viene mantenuto costante ad un valore fissato $\alpha_k = \eta > 0$ per tutte le iterazioni.

Utilizzando il risultato della Proposizione 5.5 del Capitolo 5 possiamo ricavare condizioni di convergenza per il metodo del gradiente con passo costante.

Proposizione 6.3 (Metodo del gradiente con passo costante).
Supponiamo che $f : R^n \to R$ sia continuamente differenziabile su un insieme aperto convesso C contenente $\mathcal{L}_0$, che $\mathcal{L}_0$ sia compatto e che valga su R^n una condizione di Lipschitz per ∇f, ossia che esista $L > 0$ tale che per ogni $w, u \in R^n$ si abbia:

$$\|\nabla f(w) - \nabla f(u)\| \leq L\|w - u\|.$$

Supponiamo che sia

$$\varepsilon \leq \eta \leq \frac{2-\varepsilon}{L},$$

con $\varepsilon > 0$ ed indichiamo con $\{x_k\}$ la successione definita dallo schema iterativo

$$x_{k+1} = x_k - \eta \nabla f(x_k).$$

Allora, o esiste un indice $\nu \geq 0$ tale che $x_\nu \in \mathcal{L}_0$ e $\nabla f(x_\nu) = 0$, oppure viene prodotta una successione infinita tale che ogni punto di accumulazione $\bar{x}$ di $\{x_k\}$ appartiene a $\mathcal{L}_0$ e soddisfa $\nabla f(\bar{x}) = 0$.

156   6 Metodo del gradiente

Dimostrazione. Supponiamo che sia $x_k \in \mathcal{L}_0$. Ponendo, per semplicità, $d_k = -\nabla f(x_k)$ e utilizzando la Proposizione 5.5 si ha:

$$f(x_{k+1}) = f(x_k + \eta d_k) \leq f(x_k) + \eta \nabla f(x_k)^T d_k + \frac{\eta^2 L}{2}\|d_k\|^2.$$

Essendo $\nabla f(x_k)^T d_k = -\|\nabla f(x_k)\|^2$, dalla diseguaglianza precedente si ottiene

$$f(x_k) - f(x_{k+1}) \geq \eta(1 - \frac{\eta L}{2})\|\nabla f(x_k)\|^2. \tag{6.3}$$

Di conseguenza, se risulta:

$$0 < \eta < \frac{2}{L},$$

si ha che $f(x_{k+1}) < f(x_k)$, per cui, per induzione, tutta la successione $\{x_k\}$ rimane in $\mathcal{L}_0$ e la (6.3) vale per ogni k. Poiché $\{f(x_k)\}$ converge, si ottiene, al limite, dalla (6.3):

$$\lim_{k \to \infty} \nabla f(x_k) = 0.$$

La tesi segue allora da risultati già noti. □

Il metodo del gradiente con passo costante non è, in generale, un metodo efficiente e la convergenza non può essere garantita in assenza di una stima attendibile della costante di Lipschitz. È stato tuttavia utilizzato come metodo euristico soprattutto nei primi lavori sugli algoritmi di addestramento di reti neurali multistrato (metodo della *backpropagation*).

6.4 Rapidità di convergenza

Per valutare la *rapidità di convergenza* del metodo del gradiente si può far riferimento al comportamento del metodo nella minimizzazione di una funzione quadratica convessa. Possiamo supporre, per semplicità, che la funzione quadratica abbia il minimo nell'origine, assumendo

$$f(x) = \frac{1}{2} x^T Q x,$$

in cui Q è una matrice simmetrica definita positiva.

Supponiamo inoltre che il passo α_k sia scelto in modo tale da minimizzare la funzione $f(x_k + \alpha d_k)$ lungo la direzione $d_k = -\nabla f(x_k)$. Imponendo la condizione

$$\nabla f(x_{k+1})^T d_k = 0$$

si ottiene, come già si è visto nel Capitolo 5, il passo ottimo

$$\alpha_k = -\frac{\nabla f(x_k)^T d_k}{d_k^T Q d_k} = \frac{\|\nabla f(x_k)\|^2}{\nabla f(x_k)^T Q \nabla f(x_k)}.$$

Il metodo del gradiente è quindi definito dall'iterazione:

$$x_{k+1} = x_k - \frac{\|\nabla f(x_k)\|^2}{\nabla f(x_k)^T Q \nabla f(x_k)} \nabla f(x_k), \qquad (6.4)$$

dove:

$$\nabla f(x_k) = Q x_k. \qquad (6.5)$$

Faremo uso del risultato seguente, la cui dimostrazione può essere trovata in [7].

Proposizione 6.4 (Disuguaglianza di Kantorovich). *Sia Q una matrice $n \times n$ simmetrica definita positiva. Allora per ogni $x \in R^n$ si ha*

$$\frac{(x^T x)^2}{(x^T Q x)(x^T Q^{-1} x)} \geq \frac{4\lambda_M \lambda_m}{(\lambda_M + \lambda_m)^2}, \qquad (6.6)$$

in cui λ_M e λ_m sono, rispettivamente, il massimo e il minimo autovalore di Q.

Proposizione 6.5. *Il metodo del gradiente con ricerche unidimensionali esatte (ossia il metodo definito dalla (6.4)) produce una successione convergente al punto di minimo $x^* = 0$ della funzione*

$$f(x) = \frac{1}{2} x^T Q x,$$

(con Q simmetrica definita positiva) e si ha:

$$\|x_{k+1} - x^*\|_2 \leq \left(\frac{\lambda_M}{\lambda_m}\right)^{1/2} \left(\frac{\lambda_M - \lambda_m}{\lambda_M + \lambda_m}\right) \|x_k - x^*\|_2, \qquad (6.7)$$

in cui λ_M e λ_m sono, rispettivamente, il massimo e il minimo autovalore di Q.

Dimostrazione. Osserviamo innanzitutto che la convergenza del metodo segue dalla Proposizione 6.1, ove si tenga conto delle osservazioni del Paragrafo 5.2.2 del Capitolo 5.

Stabiliamo prima alcune utili relazioni. Essendo α_k scelto in modo da minimizzare $f(x_k - \alpha \nabla f(x_k))$ deve essere, come già si è osservato:

$$\nabla f(x_{k+1})^T d_k = -\nabla f(x_{k+1})^T \nabla f(x_k) = 0. \qquad (6.8)$$

Dalla (6.8), tenendo conto della (6.5), si ricava:

$$x_{k+1}^T Q \nabla f(x_k) = 0. \tag{6.9}$$

Per la (6.5) si ha anche

$$x_k^T Q x_k = x_k^T \nabla f(x_k) = \nabla f(x_k)^T Q^{-1} \nabla f(x_k). \tag{6.10}$$

Premoltiplichiamo ora ambo i membri della (6.4) per $x_{k+1}^T Q$, ottenendo così

$$x_{k+1}^T Q x_{k+1} = x_{k+1}^T Q x_k - \frac{\|\nabla f(x_k)\|^2}{\nabla f(x_k)^T Q \nabla f(x_k)} x_{k+1}^T Q \nabla f(x_k),$$

da cui, per le (6.9), (6.4) e (6.5), si ottiene con facili passaggi

$$x_{k+1}^T Q x_{k+1} = x_{k+1}^T Q x_k = x_k^T Q x_k - \frac{\|\nabla f(x_k)\|^2}{\nabla f(x_k)^T Q \nabla f(x_k)} \nabla f(x_k)^T Q x_k$$

$$= x_k^T Q x_k - \frac{\|\nabla f(x_k)\|^4}{\nabla f(x_k)^T Q \nabla f(x_k)} \frac{x_k^T Q x_k}{x_k^T Q x_k}.$$

Utilizzando la (6.10) si può allora scrivere

$$x_{k+1}^T Q x_{k+1} = \left(1 - \frac{\|\nabla f(x_k)\|^4}{\nabla f(x_k)^T Q \nabla f(x_k) \nabla f(x_k)^T Q^{-1} \nabla f(x_k)}\right) x_k^T Q x_k. \tag{6.11}$$

Per la (6.6) si ha allora, per $x = \nabla f(x)$

$$x_{k+1}^T Q x_{k+1} \leq \left(1 - \frac{4 \lambda_M \lambda_m}{(\lambda_M + \lambda_m)^2}\right) x_k^T Q x_k, \tag{6.12}$$

e quindi

$$x_{k+1}^T Q x_{k+1} \leq \left(\frac{\lambda_M - \lambda_m}{\lambda_M + \lambda_m}\right)^2 x_k^T Q x_k. \tag{6.13}$$

Infine, utilizzando le disuguaglianze

$$\lambda_m^{1/2} \|x_{k+1}\| \leq \left(x_{k+1}^T Q x_{k+1}\right)^{1/2}, \quad \left(x_k^T Q x_k\right)^{1/2} \leq \lambda_M^{1/2} \|x_k\|$$

si ottiene la (6.7). □

Se si definisce la norma (non-euclidea):

$$\|x\|_Q = \left(x^T Q x\right)^{1/2},$$

si può scrivere:

$$\|x_{k+1} - x^*\|_Q \leq \left(\frac{\lambda_M - \lambda_m}{\lambda_M + \lambda_m}\right) \|x_k - x^*\|_Q$$

per cui la rapidità di convergenza, nella norma $\|\cdot\|_Q$ è almeno *lineare*.

La stima data nella Proposizione 6.5 è indicativa del fatto che la rapidità di convergenza del metodo del gradiente dipende, nel caso quadratico, dal rapporto

$$r = \frac{\lambda_M}{\lambda_m}$$

tra il massimo e il minimo autovalore della matrice Q che è la matrice Hessiana della forma quadratica considerata. Osserviamo che, se $r = 1$, la convergenza viene ottenuta in un solo passo da ogni punto iniziale. Se $r > 1$, la convergenza può ancora essere ottenuta in un solo passo a partire da punti situati sugli assi dell'iperellissoide che definisce una superficie di livello di f, mentre esistono punti (in particolare quelli situati in prossimità dell'asse maggiore) a partire dai quali la convergenza può essere notevolmente lenta.

La rapidità di convergenza del metodo del gradiente peggiora quindi, in genere, al crescere di r, ossia all'aumentare del *mal condizionamento* della matrice Q.

Le considerazioni svolte nel caso quadratico sono ovviamente indicative anche del comportamento locale del metodo nella minimizzazione di funzioni non quadratiche.

Un possibile rimedio al mal condizionamento può essere quello di *precondizionare* la direzione del gradiente premoltiplicandola per una matrice diagonale che approssimi l'inversa della matrice Hessiana, il che risulta conveniente se è facile ottenere almeno una stima degli elementi diagonali di tale matrice.

6.5 Convergenza finita nel caso quadratico

Si consideri la funzione obiettivo

$$f(x) = \frac{1}{2} x^T Q x + c^T x, \qquad (6.14)$$

in cui Q è una matrice simmetrica definita positiva. Mostreremo che, utilizzando in sequenza gli inversi degli autovalori esatti dell'Hessiana Q come passi lungo l'antigradiente, si determina in un numero finito di iterazioni il punto di minimo della funzione quadratica strettamente convessa f. Osserviamo che l'ipotesi di matrice Hessiana simmetrica definita positiva garantisce che esista (e sia unico) il punto di minimo di (6.14), e che il metodo sia ben definito essendo gli autovalori di Q maggiori di zero.

6 Metodo del gradiente

> **Proposizione 6.6.** *Siano $\lambda_1, \lambda_2, \ldots, \lambda_n$ gli autovalori della matrice Hessiana Q della funzione quadratica (6.14). Il metodo del gradiente definito dall'iterazione*
>
> $$x_{k+1} = x_k - \frac{1}{\lambda_k}\nabla f(x_k), \qquad (6.15)$$
>
> *con $k = 1, \ldots, n$, determina al massimo in n iterazioni il punto di minimo della (6.14).*

Dimostrazione. Ricordando l'espressione del gradiente, si può scrivere, con facili passaggi:

$$\nabla f(x_{k+1}) = Qx_{k+1} + c = Qx_k + c - \frac{1}{\lambda_k}Q\nabla f(x_k) = (I - \frac{1}{\lambda_k}Q)\nabla f(x_k).$$

Applicando ripetutamente la formula precedente, si può porre:

$$\nabla f(x_k) = \left(\prod_{j=1}^{k-1}(I - \frac{1}{\lambda_j}Q)\right)\nabla f(x_1).$$

Sia ora
$$\{u_h \in R^n, h = 1, \ldots, n\}$$

un insieme di n autovettori reali linearmente indipendenti di Q, associati agli autovalori λ_h, $h = 1, \ldots, n$, per cui

$$Qu_h = \lambda_h u_h, \quad h = 1, \ldots, n.$$

Assumendo $\{u_h \in R^n, h = 1, \ldots, n\}$ come base di R^n, possiamo rappresentare $\nabla f(x_1)$ nella forma

$$\nabla f(x_1) = \sum_{h=1}^{n} \beta_h u_h,$$

essendo $\beta_h \in R$ degli scalari opportuni. Possiamo allora porre per $k \geq 2$

$$\nabla f(x_k) = \left(\prod_{j=1}^{k-1}(I - \frac{1}{\lambda_j}Q)\right)\sum_{h=1}^{n} \beta_h u_h,$$

da cui segue, per $k = n + 1$

$$\nabla f(x_{n+1}) = \sum_{h=1}^{n} \beta_h \left(\prod_{j=1}^{n}(1 - \frac{1}{\lambda_j}\lambda_h)\right) u_h = 0,$$

e quindi possiamo concludere che il metodo del gradiente converge in (al più) n passi. □

Tale risultato non è utilizzabile direttamente, in quanto non sono disponibili gli autovalori della matrice Hessiana e sarebbe tropo costoso calcolarli, ma può fornire utili indicazioni nello sviluppo di recenti versioni efficienti del metodo del gradiente, considerate più in dettaglio nel Capitolo 11, che si basano su opportune approssimazioni degli autovalori.

6.6 Cenni sul metodo "Heavy Ball"

Abbiamo visto che il metodo del gradiente utilizza solo le informazioni relative all'iterazione corrente, e quindi non tiene conto in alcun modo delle informazioni derivanti dalle iterazioni precedenti. Al fine di accelerare la convergenza può essere conveniente introdurre nella regola di aggiornamento del punto corrente termini che riassumano le informazioni di una o più iterazioni precedenti.

Il metodo "Heavy Ball" è un metodo a "due passi" (nel senso che utilizza informazioni di due iterazioni, quella corrente e quella precedente) in cui l'aggiornamento del punto corrente avviene con la seguente regola

$$x_{k+1} = x_k - \alpha \nabla f(x_k) + \beta (x_k - x_{k+1}), \quad (6.16)$$

con $\alpha > 0$ e $\beta \geq 0$. La regola (6.16) può essere derivata mediante discretizzazione dell'equazione differenziale del secondo ordine che descrive il moto di un corpo in un campo di potenziale soggetto a una forza di attrito (questo spiega anche il nome di metodo "Heavy Ball").

Esistono risultati di convergenza locale del metodo e di rapidità di convergenza nell'ipotesi di matrice Hessiana definita positiva nel punto di minimo locale $x^\star$.

Limiteremo la nostra breve analisi, finalizzata a evidenziare i potenziali vantaggi del metodo (con "memoria") Heavy Ball rispetto al metodo (senza "memoria") del gradiente, al caso di funzione obiettivo quadratica convessa. Sia

$$f(x) = \frac{1}{2} x^T Q x - c^T x,$$

in cui la matrice Hessiana Q è una matrice simmetrica e definita positiva. Sia $x^\star$ il punto di minimo globale di f, e siano $\lambda_1, \lambda_2, \ldots, \lambda_n$ gli autovalori di Q. Indichiamo con λ_m e λ_M rispettivamente l'autovalore minimo e l'autovalore massimo di Q. Si può dimostrare che, assumendo $\alpha \leq 2/\lambda_M$, il metodo del gradiente definito dall'iterazione

$$x_{k+1} = x_k - \alpha \nabla f(x_k)$$

genera una sequenza $\{x_k\}$ convergente localmente a $x^\star$, inoltre vale la stima seguente

$$\frac{\|x_{k+1} - x^\star\|}{\|x_k - x^\star\|} \leq \max\left\{|1 - \alpha \lambda_m|, |1 - \alpha \lambda_M|\right\}. \quad (6.17)$$

Si può inoltre dimostrare che il valore $\alpha^\star$ che minimizza il secondo membro della (6.17) è

$$\alpha^\star = \frac{2}{\lambda_m + \lambda_M},$$

e risulta

$$\frac{\|x_{k+1} - x^\star\|}{\|x_k - x^\star\|} \leq \frac{\lambda_M - \lambda_m}{\lambda_M + \lambda_m}. \tag{6.18}$$

Nel caso del metodo Heavy Ball, definito dalla regola di aggiornamento

$$x_{k+1} = x_k - \alpha \nabla f(x_k) + \beta(x_k - x_{k+1}),$$

si ha che, assumendo $0 < \beta < 1$, $0 < \alpha < 2(1+\beta)/\lambda_M$, la sequenza $\{x_k\}$ generata dal metodo converge localmente a $x^\star$. Inoltre, in corrispondenza dei valori "ottimali"

$$\alpha^\star = \frac{4}{\left(\sqrt{\lambda_M} + \sqrt{\lambda_m}\right)^2} \qquad \beta^\star = \left(\frac{\sqrt{\lambda_M} - \sqrt{\lambda_m}}{\sqrt{\lambda_M} + \sqrt{\lambda_m}}\right)^2, \tag{6.19}$$

risulta

$$\frac{\|x_{k+1} - x^\star\|}{\|x_k - x^\star\|} \leq \frac{\sqrt{\lambda_M} - \sqrt{\lambda_m}}{\sqrt{\lambda_M} + \sqrt{\lambda_m}}. \tag{6.20}$$

Per valori elevati del numero di condizionamento $\mu = \lambda_M/\lambda_m$ possiamo scrivere

$$\frac{\lambda_M - \lambda_m}{\lambda_M + \lambda_m} \approx 1 - 2/\mu \qquad \frac{\sqrt{\lambda_M} - \sqrt{\lambda_m}}{\sqrt{\lambda_M} + \sqrt{\lambda_m}} \approx 1 - 2/\sqrt{\mu},$$

da cui segue che in problemi mal condizionati, fissando un grado di precisione desiderato, il metodo Heavy Ball può richiedere, rispetto al metodo del gradiente, un numero di iterazioni molto più basso.

Note e riferimenti

Il metodo del gradiente è il metodo più noto di ottimizzazione ed è descritto e analizzato in tutti i testi della letteratura di ottimizzazione non lineare. Aspetti riguardanti la rapidità di convergenza del metodo possono essere approfonditi in [7]. Il metodo "heavy ball", cui si è fatto cenno in questo capitolo, è descritto in maggiore dettaglio in [103].

6.7 Esercizi

6.1. Si risolva il problema

$$\min \nabla f(x_k)^T d,$$
$$\|d\|_2 = 1$$

utilizzando le condizioni di ottimalità di Karush-Kuhn-Tucker.

6.2. Assegnata $f : R^n \to R$ si determini la direzione di discesa più ripida in un punto x_k assegnato utilizzando la metrica definita attraverso la norma non euclidea
$$\|x\|_B = (x^T B x)^{1/2},$$
in cui B è una matrice simmetrica definita positiva.

6.3. Si realizzi un semplice codice di calcolo basato sull'impiego del metodo del gradiente con passo costante e si sperimenti il comportamento del metodo nella minimizzazione di funzioni quadratiche strettamente convesse al variare del passo.

6.4. Si realizzi un codice di calcolo basato sull'impiego del metodo del gradiente con passo ottimo per la minimizzazione di funzioni quadratiche. Utilizzando funzioni quadratche con matrici Hessiane diagonali positive, si sperimenti il comportamento del metodo al variare del rapporto $\lambda_{max}/\lambda_{min}$.

6.5. Si realizzi un codice di calcolo basato sull'impiego del metodo del gradiente utilizzando una ricerca unidimensionale tipo Armijo e lo si sperimenti su problemi test quadratici e non quadratici.

6.6. Si realizzi un codice di calcolo basato sull'impiego del metodo del gradiente utilizzando una ricerca unidimensionale tipo Armijo-Goldstein e lo si sperimenti su problemi test quadratici e non quadratici, in corrispondenza a diverse scelte del passo iniziale Δ_k e delle tecniche di interpolazione nella ricerca unidimensionale..

6.7. Si realizzi un codice di calcolo basato sull'impiego del metodo del gradiente, definendo una ricerca unidimensionale in cui siano combinati opportunamente vari criteri di sufficiente spostamento.

6.8. Si realizzi un codice di calcolo basato sull'impiego del metodo del gradiente, definendo una ricerca unidimensionale basata sull'impego delle condizioni di Wolfe deboli.

7
Metodo di Newton

In questo capitolo consideriamo il metodo di Newton per la soluzione di sistemi di equazioni non lineari e di problemi di ottimizzazione non vincolata. Analizziamo innanzitutto le proprietà di convergenza locale e di rapidità di convergenza. Successivamente, con riferimento a problemi di ottimizzazione, definiamo modifiche globalmente convergenti sia di tipo *monotono* che di tipo *non monotono*. Lo studio dei metodi di tipo *Newton troncato* per problemi a grande dimensione e quello delle tecniche di globalizzazione per la soluzione di sistemi di equazioni non lineari verranno svolti in capitoli successivi.

7.1 Generalità

Il *metodo di Newton* è stato introdotto originariamente come un metodo di soluzione di un sistema di equazioni non lineari

$$F(x) = 0,$$

in cui $F : R^n \to R^n$ si assume continuamente differenziabile, con componenti $F_i : R^n \to R$. Indichiamo con $J(x)$ la matrice Jacobiana di F calcolata nel punto x, ossia la matrice con elementi:

$$J_{ij}(x) = \frac{\partial F_i(x)}{\partial x_j}, \quad i,j = 1, \ldots, n.$$

Il metodo di Newton si basa sulla costruzione di una successione $\{x_k\}$, a partire da un punto iniziale $x_0 \in R^n$, generata risolvendo a ogni passo il sistema lineare che approssima F nel punto corrente. Essendo F continuamente differenziabile, assegnato un punto $x_k \in R^n$, si può scrivere, per ogni $s \in R^n$:

$$F(x_k + s) = F(x_k) + J(x_k)s + \gamma(x_k, s)$$

dove $\gamma(x_k, s)/\|s\| \to 0$ per $s \to 0$. Per valori "abbastanza piccoli" di $\|s\|$, si può allora pensare di determinare il punto $x_{k+1} = x_k + s_k$ scegliendo lo spostamento s_k in modo da annullare l'approssimazione lineare di $F(x_k + s)$.

Imponendo che sia $F(x_k) + J(x_k)s_k = 0$, se $J(x_k)$ è invertibile, si ottiene

$$s_k = -[J(x_k)]^{-1}F(x_k),$$

e quindi il metodo di Newton per la soluzione del sistema $F(x) = 0$ diviene

$$x_{k+1} = x_k - [J(x_k)]^{-1}F(x_k). \qquad (7.1)$$

In un problema di minimizzazione non vincolata, il metodo di Newton si può interpretare come un algoritmo per la risoluzione del sistema di n equazioni $\nabla f(x) = 0$, ottenute imponendo che il gradiente di f si annulli. Se f è convessa ciò equivale a costruire una successione minimizzando a ogni passo *una approssimazione quadratica* di f. Infatti, si può scrivere

$$f(x_k + s) = f(x_k) + \nabla f(x_k)^T s + \frac{1}{2}s^T \nabla^2 f(x_k)s + \beta(x_k, s),$$

in cui $\beta(x_k, s)/\|s\|^2 \to 0$ per $s \to 0$. Per valori sufficientemente piccoli di $\|s\|$ si può allora pensare di approssimare $f(x_k + s)$ con la funzione quadratica

$$q_k(s) = f(x_k) + \nabla f(x_k)^T s + \frac{1}{2}s^T \nabla^2 f(x_k)s$$

e determinare il punto successivo $x_{k+1} = x_k + s_k$ scegliendo s_k in modo da minimizzare (ove possibile) la funzione $q_k(s)$ rispetto a s.

Poiché $\nabla q_k(s) = \nabla f(x_k) + \nabla^2 f(x_k)s$, se $\nabla^2 f(x_k)$ è definita positiva il punto di minimo di $q_k(s)$ sarà dato da

$$s_k = -[\nabla^2 f(x_k)]^{-1}\nabla f(x_k).$$

Il metodo di Newton è allora definito dall'iterazione

$$x_{k+1} = x_k - [\nabla^2 f(x_k)]^{-1}\nabla f(x_k). \qquad (7.2)$$

È facile rendersi conto che, se si identifica F con il gradiente ∇f di una funzione $f : R^n \to R$, la matrice Jacobiana di F coincide con la matrice Hessiana di f e quindi la (7.1) coincide con la (7.2).

7.2 Convergenza locale

Le proprietà di convergenza locale del metodo di Newton per la soluzione di sistemi di equazioni non lineari sono state oggetto di studi approfonditi. In particolare, uno dei risultati più importanti sull'argomento, noto anche come *teorema di Newton-Kantorovich*, stabilisce condizioni sufficienti che assicurano *l'esistenza* di soluzioni dell'equazione $F(x) = 0$ su spazi di funzioni e fornisce una stima della regione di convergenza. In quel che segue, tuttavia, ci limiteremo a caratterizzare le proprietà di convergenza locale in R^n assumendo come ipotesi l'esistenza di soluzioni. Ciò consente di semplificare notevolmente lo studio della convergenza; d'altra parte, nei problemi di minimizzazione non vincolata l'esistenza di punti stazionari viene usualmente dedotta sulla base delle ipotesi che assicurano l'esistenza di un punto di minimo e delle condizioni di ottimalità. Stabiliamo il risultato seguente.

Proposizione 7.1 (Convergenza locale del metodo di Newton).

Sia $F : R^n \to R^n$ continuamente differenziabile su un insieme aperto $\mathcal{D} \subseteq R^n$. Supponiamo inoltre che valgano le condizioni seguenti:

(i) *esiste un $x^\star \in \mathcal{D}$ tale che $F(x^\star) = 0$;*
(ii) *la matrice Jacobiana $J(x^\star)$ è non singolare.*

Allora esiste una sfera aperta $\mathcal{B}(x^\star; \varepsilon) \subseteq \mathcal{D}$, tale che, se $x_0 \in \mathcal{B}(x^\star; \varepsilon)$, la successione $\{x_k\}$ generata dal metodo di Newton

$$x_{k+1} = x_k - [J(x_k)]^{-1} F(x_k)$$

rimane in $\mathcal{B}(x^\star; \varepsilon)$ e converge a $x^\star$ con rapidità di convergenza Q-superlineare. Inoltre, se J è Lipschitz-continua su $\mathcal{D}$, ossia se

(iii) *esiste una costante $L > 0$ tale che*

$$\|J(x) - J(y)\| \leq L\|x - y\| \quad \text{per ogni } x, y \in \mathcal{D}$$

la rapidità di convergenza è almeno Q-quadratica.

Dimostrazione. Poiché $J(x^\star)$ è non singolare e J è continua su $\mathcal{D}$, è possibile trovare un $\varepsilon_1 > 0$ e un $\mu > 0$ tali che $\mathcal{B}(x^\star; \varepsilon_1) \subseteq \mathcal{D}$ e che risulti:

$$\left\|J(x)^{-1}\right\| \leq \mu, \quad \text{per ogni } x \in \mathcal{B}(x^\star; \varepsilon_1).$$

Inoltre, sempre per la continuità di J, fissato un qualunque numero $\sigma \in (0,1)$ è possibile trovare $\varepsilon \leq \varepsilon_1$ tale che

$$\|J(x) - J(y)\| \leq \sigma/\mu, \quad \text{per tutti gli } x, y \in \mathcal{B}(x^\star; \varepsilon). \tag{7.3}$$

Supponiamo che sia $x_k \in \mathcal{B}(x^\star; \varepsilon)$. Essendo per ipotesi $F(x^\star) = 0$, possiamo riscrivere l'iterazione di Newton nella forma:

$$x_{k+1} - x^\star = -J(x_k)^{-1}[-J(x_k)(x_k - x^\star) + F(x_k) - F(x^\star)],$$

da cui segue:

$$\|x_{k+1} - x^\star\| \leq \left\|J(x_k)^{-1}\right\| \left\|-J(x_k)(x_k - x^\star) + F(x_k) - F(x^\star)\right\|$$

$$\leq \mu \left\|-J(x_k)(x_k - x^\star) + F(x_k) - F(x^\star)\right\|. \tag{7.4}$$

7 Metodo di Newton

Poiché F è differenziabile, si può porre

$$F(x_k) - F(x^*) = \int_0^1 J(x^* + \lambda(x_k - x^*))(x_k - x^*)d\lambda.$$

Sostituendo questa espressione nella (7.4) si ha quindi

$$\|x_{k+1} - x^*\| \leq \mu \left\| \int_0^1 \left(J(x^* + \lambda(x_k - x^*)) - J(x_k) \right)(x_k - x^*)d\lambda \right\|.$$

Dalla diseguaglianza precedente si ottiene

$$\|x_{k+1} - x^*\| \leq \mu \int_0^1 \|J(x^* + \lambda(x_k - x^*)) - J(x_k)\| d\lambda \|x_k - x^*\|, \quad (7.5)$$

da cui segue, per la (7.3) e la convessità di $\mathcal{B}(x^*; \varepsilon)$,

$$\|x_{k+1} - x^*\| \leq \sigma \|x_k - x^*\|. \quad (7.6)$$

Ciò implica $x_{k+1} \in \mathcal{B}(x^*, \varepsilon)$ e quindi, per induzione, se $x_0 \in \mathcal{B}(x^*, \varepsilon)$ si ha $x_k \in \mathcal{B}(x^*, \varepsilon)$ per ogni k. Possiamo allora applicare ripetutamente la (7.6) a partire da x_0, ottenendo

$$\|x_k - x^*\| \leq \sigma^k \|x_0 - x^*\|,$$

per cui, essendo $\sigma < 1$, si ha che $\{x_k\}$ converge a x^*. Dalla (7.5), supponendo $x_k \neq x^*$ per ogni k, dividendo per $\|x_k - x^*\|$ e andando al limite per $k \to \infty$, segue allora, per la continuità di J:

$$\lim_{k \to \infty} \frac{\|x_{k+1} - x^*\|}{\|x_k - x^*\|} = 0,$$

il che prova che la rapidità di convergenza è Q-superlineare. Infine, se vale l'ipotesi (iii), dalla (7.5) si ottiene

$$\|x_{k+1} - x^*\| \leq \mu L \int_0^1 (1-\lambda) d\lambda \|x_k - x^*\|^2 = \frac{\mu L}{2} \|x_k - x^*\|^2, \quad (7.7)$$

per cui la rapidità di convergenza è almeno Q-quadratica. □

Commento 7.1. Una osservazione importante è che nelle formule che definiscono il metodo di Newton si è fatto uso, per comodità di trattazione analitica, della matrice Jacobiana inversa. In pratica, nella realizzazione del metodo di Newton non è necessario calcolare la matrice inversa ed è sufficiente determinare la direzione di ricerca come soluzione di un sistema di equazioni lineari. Il metodo di Newton si può quindi descrivere, più convenientemente, ponendo:

$$x_{k+1} = x_k + s_k,$$

dove s_k è la soluzione del sistema

$$J(x_k)s = -F(x_k). \qquad \square$$

Commento 7.2. Una conseguenza immediata della Proposizione 7.1 è che se $\{x_k\}$ è una *qualsiasi* successione convergente a un punto x^* (non generata quindi necessariamente attraverso il metodo di Newton nella sua forma "pura") e se valgono le condizioni (i), (ii) allora, se per k sufficientemente elevato la direzione s_k è la direzione di Newton, si ha:

$$\lim_{k\to\infty} \frac{\|x_k + s_k - x^\star\|}{\|x_k - x^\star\|} = 0.$$

Analogamente, se vale anche la condizione (iii) risulterà, per k elevato

$$\|x_k + s_k - x^\star\| \leq C\|x_k - x^\star\|^2,$$

per qualche $C > 0$. □

Il risultato espresso dalla Proposizione 7.1 si può facilmente ricondurre a un risultato sulla convergenza del metodo di Newton nella ricerca di punti stazionari di una funzione $f : R^n \to R$; basta infatti tener presente che le ipotesi su F e J si traducono, rispettivamente, in ipotesi sul gradiente ∇f e sulla matrice Hessiana $\nabla^2 f$. In particolare, si può enunciare la proposizione seguente, che è una diretta conseguenza dalla Proposizione 7.1

Proposizione 7.2 (Convergenza locale del metodo di Newton).

Sia $f : R^n \to R$ una funzione due volte continuamente differenziabile su un insieme aperto $\mathcal{D} \subseteq R^n$. Supponiamo inoltre che valgano le condizioni seguenti:

(i) *esiste un $x^\star \in \mathcal{D}$ tale che $\nabla f(x^\star) = 0$;*
(ii) *la matrice Hessiana $\nabla^2 f(x^\star)$ è non singolare;*

Allora esiste una sfera aperta $\mathcal{B}(x^\star; \varepsilon) \subseteq \mathcal{D}$, tale che, se $x_0 \in \mathcal{B}(x^\star; \varepsilon)$, la successione $\{x_k\}$ generata dal metodo di Newton

$$x_{k+1} = x_k - \nabla^2 f(x_k)^{-1} \nabla f(x_k)$$

rimane in $\mathcal{B}(x^\star; \varepsilon)$ e converge a x^* con rapidità di convergenza Q-superlineare. Inoltre, se $\nabla^2 f$ è Lipschitz-continua su $\mathcal{D}$, ossia se

(iii) *esiste una costante $L > 0$ tale che*

$$\|\nabla^2 f(x) - \nabla^2 f(y)\| \leq L\|x - y\| \quad \text{per ogni } x, y \in \mathcal{D}$$

la rapidità di convergenza è almeno Q-quadratica.

Anche in questo caso, ricordando il Commento 7.1, il metodo di Newton si può definire senza far intervenire esplicitamente l'inversa della matrice Hessiana.

Infatti si può porre $x_{k+1} = x_k + s_k$, dove s_k è la soluzione del sistema $\nabla^2 f(x_k)s = -\nabla f(x_k)$. Occorre inoltre osservare che il risultato della Proposizione 7.2 caratterizza la convergenza locale del metodo di Newton nell'intorno di un qualsiasi *punto stazionario* in cui la matrice Hessiana sia non singolare; si può trattare quindi, in particolare, sia di un punto di minimo, sia di un punto di massimo, sia di un punto di sella.

Osserviamo infine che la direzione di Newton è *invariante rispetto alla scala* (si veda l'Esercizio 7.2).

7.3 Metodo di Shamanskii

Una modifica del metodo di Newton, nota come metodo di *Shamanskii*, è quella che prevede l'aggiornamento della matrice Hessiana ogni $m+1$ iterazioni (anziché a ogni iterazione come nel metodo di Newton), con m intero maggiore o uguale a uno ($m = 0$ corrisponde al metodo di Newton).

La motivazione di un metodo in cui la matrice Hessiana viene valutata periodicamente, e non a ogni iterazione, è quella di ridurre il carico computazionale relativo al calcolo della matrice delle derivate seconde e alla sua fattorizzazione. A fronte di un risparmio in termini di tempo di calcolo, quello che ci si può aspettare (e che verificheremo) è una riduzione della rapidità di convergenza.

Analizziamo inizialmente il caso più semplice corrispondente a $m = 1$. In questo caso, il metodo di Shamanaskii è definito mediante una iterazione del tipo

$$x_{k+1} = x_k^N - \nabla^2 f(x_k)^{-1} \nabla f\left(x_k^N\right), \qquad (7.8)$$

in cui x_k^N è il punto che verrebbe generato con una iterazione del metodo di Newton, ossia

$$x_k^N = x_k - \nabla^2 f(x_k)^{-1} \nabla f(x_k).$$

Una iterazione del metodo è quindi costituita da due passi, il primo di tipo Newton, il secondo di tipo Newton "modificato".

Si osservi che il "vero" metodo a due passi di Newton è definito dall'iterazione

$$x_{k+1} = x_k^N - \nabla^2 f(x_k^N)^{-1} \nabla f\left(x_k^N\right). \qquad (7.9)$$

Dai risultati di convergenza locale e di rapidità di convergenza segue che, sotto le ipotesi della Proposizione 7.2, il metodo (7.9) a due passi converge localmente a un punto stazionario $x^\star$ con rapidità di convergenza almeno quartica, ossia risulta

$$\|x_{k+1} - x^\star\| \leq C \|x_k - x^\star\|^4,$$

con $C > 0$.

Con la proposizione seguente mostreremo che il metodo di Shamanskii a due passi, definito dall'iterazione (7.8), converge localmente a $x^\star$ con rapidità

7.3 Metodo di Shamanskii

di convergenza almeno cubica, ossia con una rapidità di convergenza superiore a quella del metodo di Newton, ma inferiore a quella che si otterrebbe con il metodo di Newton a due passi.

Proposizione 7.3 (Convergenza locale del metodo di Shamanskii).

Sia $f : R^n \to R$ una funzione due volte continuamente differenziabile su un insieme aperto $\mathcal{D} \subseteq R^n$. Supponiamo inoltre che valgano le condizioni seguenti:

(i) *esiste un $x^\star \in \mathcal{D}$ tale che $\nabla f(x^\star) = 0$;*
(ii) *la matrice Hessiana $\nabla^2 f(x^\star)$ è non singolare;*
(iii) *esiste una costante $L > 0$ tale che*

$$\|\nabla^2 f(x) - \nabla^2 f(y)\| \leq L\|x - y\| \quad \text{per ogni } x, y \in \mathcal{D}.$$

Allora esiste una sfera aperta $\mathcal{B}(x^\star; \varepsilon) \subseteq \mathcal{D}$, tale che, se $x_0 \in \mathcal{B}(x^\star; \varepsilon)$, la successione $\{x_k\}$ generata dal metodo di Shamanskii

$$x_{k+1} = x_k^N - \nabla^2 f(x_k)^{-1} \nabla f(x_k^N),$$

con

$$x_k^N = x_k - \nabla^2 f(x_k)^{-1} \nabla f(x_k),$$

rimane in $\mathcal{B}(x^\star; \varepsilon)$ e converge a $x^\star$ con rapidità di convergenza almeno Q−cubica, ossia esiste una costante $C > 0$ tale che

$$\|x_{k+1} - x^\star\| \leq C\|x_k - x^\star\|^3. \tag{7.10}$$

Dimostrazione. Poiché $\nabla^2 f(x^\star)$ è non singolare e $\nabla^2 f$ è continua su $\mathcal{D}$, è possibile trovare un $\varepsilon_1 > 0$ e un $\mu > 0$ tali che $\mathcal{B}(x^\star; \varepsilon_1) \subseteq \mathcal{D}$ e che risulti:

$$\|\nabla^2 f(x^\star)\| \leq \mu, \quad \text{per ogni } x \in \mathcal{B}(x^\star; \varepsilon_1).$$

Con semplici passaggi, tenendo conto del fatto che $\nabla f(x^\star) = 0$ e della forma dell'iterazione che definisce il metodo, possiamo scrivere

$$x_{k+1} - x^\star = x_k^N - x^\star - \nabla^2 f(x_k)^{-1} \nabla f(x_k^N)$$
$$+ [\nabla^2 f(x_k)]^{-1} \nabla^2 f(x^\star)(x_k^N - x^\star) - [\nabla^2 f(x_k)]^{-1} \nabla^2 f(x^\star)(x_k^N - x^\star)$$
$$= [-\nabla^2 f(x_k)]^{-1} [\nabla f(x_k^N) - \nabla f(x^\star) - \nabla^2 f(x^\star)(x_k^N - x^\star)]$$
$$+ [\nabla^2 f(x_k)]^{-1} [\nabla^2 f(x_k)(x_k^N - x^\star) - \nabla^2 f(x^\star)(x_k^N - x^\star)].$$

Dall'equazione precedente, tenendo conto del fatto che

$$\nabla f(x_k^N) - \nabla f(x^\star) - \nabla^2 f(x^\star)(x_k^N - x^\star) =$$

$$\int_0^1 [\nabla^2 f(x^\star + \lambda(x_k^N - x^\star)) - \nabla^2 f(x^\star)](x_k^N - x^\star)d\lambda,$$

e dell'ipotesi di matrice Hessiana Lipschitz-continua, si ottiene:

$$\|x_{k+1} - x^\star\| \leq \frac{\eta L}{2}\|x_k^N - x^\star\|^2 + \eta L\|x_k^N - x^\star\|\|x_k - x^\star\|. \qquad (7.11)$$

D'altra parte, ripetendo i passaggi della Proposizione 7.1 che conducono alla (7.7), abbiamo

$$\|x_k^N - x^\star\| \leq \frac{\eta L}{2}\|x_k - x^\star\|^2. \qquad (7.12)$$

Dalla (7.11), assumendo $\|x_k - x^\star\| < 1$ e utilizzando la (7.12), si ottiene

$$\|x_{k+1} - x^\star\| \leq \frac{\eta^3 L^3}{8}\|x_k - x^\star\|^4 + \frac{\eta^2 L^2}{2}\|x_k - x^\star\|^3$$

$$\leq \frac{\eta^3 L^3}{8}\|x_k - x^\star\|^3 + \frac{\eta^2 L^2}{2}\|x_k - x^\star\|^3 \qquad (7.13)$$

$$= \|x_k - x^\star\|^2 (\frac{\eta^3 L^3}{8} + \frac{\eta^2 L^2}{2})\|x_k - x^\star\|.$$

Sia $\epsilon < \min\{1, \epsilon_1\}$ tale che

$$\epsilon^2 \left(\frac{\eta^3 L^3}{8} + \frac{\eta^2 L^2}{2}\right) < 1,$$

e si assuma che $x_k \in \mathcal{B}(x^\star; \epsilon)$. Dalla (7.13) segue $x_{k+1} \in \mathcal{B}(x^\star; \epsilon)$ e di conseguenza per induzione si ha $x_k \in \mathcal{B}(x^\star; \epsilon)$ per ogni k. Applicando ripetutamente la (7.13) si ha anche

$$\|x_k - x^\star\| \leq \left(\epsilon^2 \frac{\eta^3 L^3}{8} + \epsilon^2 \frac{\eta^2 L^2}{2}\right)^k \|x_0 - x^\star\|,$$

da cui segue, essendo $\left(\epsilon^2 \frac{\eta^3 L^3}{8} + \epsilon^2 \frac{\eta^2 L^2}{2}\right) < 1$, che $x_k \to x^\star$. La (7.13) implica allora che vale la (7.10). □

Il metodo di Shamanskii nel caso generale può essere schematizzato come segue:

- poni $x_{k,0} = x_k$;
- per $i = 1, \ldots, m+1$ poni

$$x_{k,i} = x_{k,i-1} - [\nabla f(x_k)]^{-1}\nabla f(x_{k,i-1});$$

- poni

$$x_{k+1} = x_{k,m+1}.$$

Si può dimostrare che nelle ipotesi della Proposizione 7.3 il metodo di Shamanskii ha rapidità di convergenza almeno di ordine $m+2$.

7.4 Globalizzazione del metodo di Newton

7.4.1 Classificazione delle tecniche di globalizzazione

Nell'applicazione del metodo di Newton alla minimizzazione non vincolata di f, a partire da un punto iniziale arbitrario, occorre tener conto dei problemi seguenti:

(i) la direzione di Newton può non essere definita in x_k ($\nabla^2 f(x_k)$ è singolare);

(ii) la successione prodotta dal metodo di Newton può non essere convergente e possono anche non esistere punti di accumulazione;

(iii) si può avere convergenza verso massimi locali.

Per superare tali difficoltà si rende necessario modificare, con opportuni criteri, il metodo di Newton. Le modifiche devono tuttavia essere tali da preservare, il più possibile, le caratteristiche di rapidità di convergenza stabilite per il metodo di Newton nella sua forma "pura" e da impedire che si abbia convergenza verso punti di massimo. Introduciamo la seguente definizione in cui specifichiamo formalmente i requisiti indicati.

Definizione 7.1 (Modifica globalmente convergente).

Sia $f : R^n \to R$ due volte continuamente differenziabile e supponiamo che l'insieme di livello $\mathcal{L}_0 = \{x \in R^n : f(x) \leq f(x_0)\}$ sia compatto. Diremo che l'algoritmo definito dall'iterazione: $x_{k+1} = x_k + s_k$ è una modifica globalmente convergente del metodo di Newton se valgono le seguenti proprietà:

(i) ogni punto di accumulazione di $\{x_k\}$ è un punto stazionario di f in $\mathcal{L}_0$;

(ii) nessun punto di accumulazione di $\{x_k\}$ è punto di massimo locale per f;

(iii) se $\{x_k\}$ converge a un punto di minimo locale $x^\star$ di f e $\nabla^2 f$ soddisfa le ipotesi della Proposizione 7.2, esiste un $k^\star$ tale che, per ogni $k \geq k^\star$ la direzione s_k coincide con la direzione di Newton, ossia risulta $s_k = -[\nabla^2 f(x_k)]^{-1} \nabla f(x_k)$.

Le modifiche globalmente convergenti, note anche come metodi *tipo Newton* possono essere ricondotte, essenzialmente, a due classi di metodi:

- *metodi di ricerca unidimensionale* applicati a una direzione di discesa d_k, costruita modificando, ove occorra, la direzione di Newton, oppure definiti attraverso una *ricerca curvilinea* lungo una curva opportunamente definita;

- *metodi di tipo trust region* ("regione di confidenza"), in cui punto x_{k+1} viene generato risolvendo un sottoproblema consistente nella minimizzazione di una approssimazione quadratica di f in un intorno sferico del punto corrente x_k.

Lo studio dei metodi *trust region* verrà svolto approfonditamente in un capitolo successivo; i metodi basati su tecniche di ricerca unidimensionale, che sono l'oggetto specifico dei paragrafi successivi di questo capitolo, possono essere classificati da vari punti di vista.

Una prima distinzione è quella tra:

- *metodi di tipo ibrido*, basati sulla combinazione del metodo di Newton con un metodo globalmente convergente, come il metodo del gradiente;
- *metodi basati su modifiche della matrice Hessiana* realizzate, ad esempio, attraverso tecniche di fattorizzazione modificate che garantiscano il soddisfacimento di opportune proprietà di discesa;
- *metodi di ricerca curvilinea* lungo una curva ottenuta combinando la direzione dell'antigradiente con la direzione di Newton, che possono anche garantire il soddisfacimento di condizioni necessarie del secondo ordine nei punti di accumulazione.

Una seconda distinzione è quella tra:

- *metodi di tipo monotono* che utilizzano ricerche unidimensionali monotone e garantiscono una riduzione della funzione obiettivo a ogni passo;
- *metodi di tipo non monotono* che fanno uso di tecniche di ricerca unidimensionale monotone ed eventualmente di altre strategie di globalizzazione, come ad esempio la tecnica *watchdog*, in cui il requisito di monotonicità viene ulteriormente rilassato.

In tutti i casi, perché siano soddisfatte le condizioni della Definizione 7.1 un requisito fondamentale è che la ricerca unidimensionale fornisca il passo unitario (come nell'iterazione di Newton), almeno per valori sufficientemente elevati di k, quando la direzione di ricerca venga scelta coincidente con la direzione di Newton.

Condizioni sotto cui un criterio di sufficiente riduzione tipo Armijo

$$f(x_k + \alpha d_k) \leq f(x_k) + \gamma \alpha \nabla f(x_k)^T d_k,$$

risulta soddisfatto per $\alpha = 1$ sono studiate nel paragrafo successivo.

In particolare, si dimostra, sotto ipotesi opportune, che se $\{x_k\}$ è una successione convergente a $x^\star$, in cui $\nabla f(x^\star) = 0$ e $\nabla^2 f(x^\star)$ è definita positiva, se d_k è una direzione che soddisfa una condizione di "discesa sufficiente", del tipo

$$\nabla f(x_k)^T d_k \leq -\rho \|d_k\|^2$$

dove $\rho > 0$, e se inoltre vale il limite

$$\lim_{k \to \infty} \frac{\|x_k + d_k - x^\star\|}{\|x_k - x^\star\|} = 0,$$

allora, se $\gamma \in (0, 1/2)$, esiste un indice $k^\star$, tale che, per ogni $k \geq k^\star$ si ha:

$$f(x_k + d_k) \leq f(x_k) + \gamma \nabla f(x_k)^T d_k.$$

7.4.2 Accettazione del passo unitario

Nella proposizione successiva si forniscono condizioni sotto cui il passo $\alpha = 1$ è accettabile in un algoritmo tipo Armijo lungo una direzione d_k.

Proposizione 7.4 (Accettazione del passo unitario).

Sia $f : R^n \to R$ una funzione due volte continuamente differenziabile su R^n e siano $\{x_k\}$ e $\{d_k\}$ due successioni tali che valgano le condizioni seguenti:

(i) *$\{x_k\}$ converge a $x^\star$, in cui $\nabla f(x^\star) = 0$ e $\nabla^2 f(x^\star)$ è definita positiva;*

(ii) *esistono un indice $\hat{k}$ e un numero $\rho > 0$ tali che, per ogni $k \geq \hat{k}$, risulti*

$$\nabla f(x_k)^T d_k \leq -\rho \|d_k\|^2; \qquad (7.14)$$

(iii) *vale il limite*

$$\lim_{k \to \infty} \frac{\|x_k + d_k - x^\star\|}{\|x_k - x^\star\|} = 0. \qquad (7.15)$$

Allora, se $\gamma \in (0, 1/2)$, esiste un indice $k^\star$, tale che, per ogni $k \geq k^\star$ si ha

$$f(x_k + d_k) \leq f(x_k) + \gamma \nabla f(x_k)^T d_k.$$

Dimostrazione. Osserviamo anzitutto che, per la (7.15), comunque si fissi un $\varepsilon > 0$ deve esistere un k_ε tale che, per $k \geq k_\varepsilon$, si abbia

$$\varepsilon > \left\| \frac{x_k - x^\star}{\|x_k - x^\star\|} + \frac{d_k}{\|x_k - x^\star\|} \right\| \geq \left| 1 - \frac{\|d_k\|}{\|x_k - x^\star\|} \right|,$$

da cui segue, in particolare, per $k \geq k_\varepsilon$

$$\|x_k - x^\star\| \leq \frac{1}{1-\varepsilon} \|d_k\|. \qquad (7.16)$$

Per la (7.15) deve essere inoltre, per $k \geq k_\varepsilon$,

$$\|x_k + d_k - x^\star\| \leq \varepsilon \|x_k - x^\star\|,$$

e quindi, per la (7.16), si ottiene

$$\|x_k + d_k - x^\star\| \leq \frac{\varepsilon}{1-\varepsilon} \|d_k\|. \qquad (7.17)$$

Consideriamo ora la funzione scalare $\psi(x) = \nabla f(x)^T d_k$, il cui gradiente è evidentemente $\nabla \psi(x) = \nabla^2 f(x) d_k$. Utilizzando il teorema della media si può scrivere
$$\psi(x_k + d_k) = \psi(x^\star) + \nabla \psi(\hat{x}_k)^T (x_k + d_k - x^\star),$$
dove
$$\hat{x}_k = x^\star + \theta_k (x_k + d_k - x^\star), \text{ con } \theta_k \in (0,1).$$
Tenendo conto dell'ipotesi $\nabla f(x^\star) = 0$, si ha $\psi(x^\star) = 0$ e quindi:
$$\nabla f(x_k + d_k)^T d_k = d_k^T \nabla^2 f(x^\star + \theta_k(x_k + d_k - x^\star))(x_k + d_k - x^\star). \quad (7.18)$$
Utilizzando ancora il teorema della media e la formula di Taylor si possono stabilire le relazioni
$$\nabla f(x_k + d_k)^T d_k = \nabla f(x_k)^T d_k + d_k^T \nabla^2 f(x_k + \sigma_k d_k) d_k, \quad (7.19)$$
$$f(x_k + d_k) = f(x_k) + \nabla f(x_k)^T d_k + \frac{1}{2} d_k^T \nabla^2 f(x_k + \tau_k d_k) d_k, \quad (7.20)$$
in cui $\sigma_k, \tau_k \in (0,1)$. Dalle (7.18), (7.19) e (7.20) segue poi, con facili passaggi
$$f(x_k + d_k) = f(x_k) + \frac{1}{2} \nabla f(x_k)^T d_k$$
$$+ \frac{1}{2} d_k^T \left(\nabla^2 f(x_k + \tau_k d_k) - \nabla^2 f(x_k + \sigma_k d_k) \right) d_k$$
$$+ \frac{1}{2} d_k^T \nabla^2 f(x^\star + \theta_k(x_k + d_k - x^\star))(x_k + d_k - x^\star).$$

Dalla uguaglianza precedente, sommando a secondo membro il termine $\gamma \nabla f(x_k)^T d_k - \gamma \nabla f(x_k)^T d_k$ ed eseguendo immediate maggiorazioni, si ricava
$$f(x_k + d_k) \leq f(x_k) + \gamma \nabla f(x_k)^T d_k + (\tfrac{1}{2} - \gamma) \nabla f(x_k)^T d_k$$
$$+ \tfrac{1}{2} \| \nabla^2 f(x_k + \tau_k d_k) - \nabla^2 f(x_k + \sigma_k d_k) \| \, \|d_k\|^2 \quad (7.21)$$
$$+ \tfrac{1}{2} \| \nabla^2 f(x^\star + \theta_k(x_k + d_k - x^\star)) \| \, \|(x_k + d_k - x^\star)\| \, \|d_k\|.$$

Osserviamo ora che la condizione (ii) implica $d_k \to 0$; inoltre, dalla (7.21), tenendo conto della (7.14) e della (7.17), si ottiene, per $k \geq k_1 = \max[k_\varepsilon, \hat{k}]$:
$$f(x_k + d_k) \leq f(x_k) + \gamma \nabla f(x_k)^T d_k - (\frac{1}{2} - \gamma)\rho \|d_k\|^2$$
$$+ \frac{1}{2} \| \nabla^2 f(x_k + \tau_k d_k) - \nabla^2 f(x_k + \sigma_k d_k) \| \, \|d_k\|^2 \quad (7.22)$$
$$+ \frac{\varepsilon}{2(1-\varepsilon)} \| \nabla^2 f(x^\star + \theta_k(x_k + d_k - x^\star)) \| \, \|d_k\|^2.$$

7.4 Globalizzazione del metodo di Newton

Poiché $x_k \to x^\star$ e $d_k \to 0$, tenendo conto dell'ipotesi di continuità sulla matrice $\nabla^2 f$ (che implica la continuità uniforme in una sfera chiusa di centro $x^\star$ e raggio sufficientemente piccolo) possiamo scegliere un valore di k abbastanza grande, sia $k \geq k_2 \geq k_1$, per avere

$$\|\nabla^2 f(x_k + \tau_k d_k) - \nabla^2 f(x_k + \sigma_k d_k)\| \leq \varepsilon. \tag{7.23}$$

Quindi, dalle (7.22) e (7.23), si ottiene, per $k \geq k_2$

$$f(x_k + d_k) \leq f(x_k) + \gamma \nabla f(x_k)^T d_k - (\tfrac{1}{2} - \gamma)\rho \|d_k\|^2 \\ + \frac{M\varepsilon}{2(1-\varepsilon)}\|d_k\|^2 + \frac{\varepsilon}{2}\|d_k\|^2, \tag{7.24}$$

dove M è un limite superiore di $\|\nabla^2 f\|$ in un intorno di $x^\star$. Poiché ε si può scegliere arbitrariamente piccolo e $\gamma < 1/2$, dalla (7.24) segue che deve esistere un $k^\star \geq k_2$ tale che, per $k \geq k^\star$, si abbia

$$f(x_k + d_k) \leq f(x_k) + \gamma \nabla f(x_k)^T d_k,$$

e ciò prova la tesi. $\square$

Si noti che nella proposizione precedente non si è ipotizzato alcun legame tra x_k e d_k. Una conseguenza importante del risultato stabilito si ha tuttavia ove si assuma che la sequenza $\{x_k\}$ venga generata con un algoritmo del tipo

$$x_{k+1} = x_k + \alpha_k d_k.$$

In tal caso, infatti, segue dalla Proposizione 7.4 che, nelle ipotesi enunciate, il passo $\alpha_k = 1$ è tale da soddisfare la condizione di sufficiente riduzione.

7.4.3 Condizioni sulla direzione di ricerca

Come detto in precedenza, l'impiego di un metodo di ricerca unidimensionale con *passo iniziale costante e pari a 1* è essenziale per definire una modifica globalmente convergente (nel senso della Definizione 7.1) del metodo Newton, e quindi per preservare le proprietà di rapidità di convergenza.

Sulla base dei risultati dei capitoli 3 e 4 abbiamo che per garantire la convergenza globale con una ricerca unidimensionale con *passo iniziale costante* la direzione d_k deve soddisfare, per ogni k, le seguenti proprietà:

$$\frac{|\nabla f(x_k)^T d_k|}{\|d_k\|} \geq \sigma_1\left(\|\nabla f(x_k)\|\right), \tag{7.25}$$

$$\|d_k\| \geq \sigma_2\left(\frac{|\nabla f(x_k)^T d_k|}{\|d_k\|}\right), \tag{7.26}$$

dove σ_1, σ_2 sono funzioni di forzamento.

In particolare, la (7.26) e la Proposizione 5.2, consentono di assicurare che l'impiego del metodo di Armijo con passo iniziale costante implica, sotto opportune ipotesi, che $\nabla f(x_k)^T d_k / \|d_k\| \to 0$. Di conseguenza, la (7.25) e la Proposizione 4.1 implicano la convergenza a punti stazionari.

La proposizione seguente fornisce delle condizioni sufficienti affinché una direzione d_k:

- soddisfi le proprietà (7.25) e (7.26);
- soddisfi una ulteriore proprietà essenziale per garantire la convergenza di metodi non monotoni.

Proposizione 7.5. *Sia $f : R^n \to R$ continuamente differenziabile su R^n, si supponga che l'insieme di livello $\mathcal{L}_0$ sia compatto. Per ogni k supponiamo che $x_k \in \mathcal{L}_0$ e che*

$$\nabla f(x_k)^T d_k \leq -c_1 \|\nabla f(x_k)\|^2, \quad c_1 > 0, \tag{7.27}$$

$$\|d_k\| \leq c_2 \|\nabla f(x_k)\|, \quad c_2 > 0. \tag{7.28}$$

Allora esistono funzioni di forzamento σ_1, σ_2 per cui valgono le (7.25) e (7.26). Inoltre, esiste una funzione di forzamento σ_3 tale che

$$\alpha_k \nabla f(x_k)^T d_k \leq -\sigma_3 \left(\|\alpha_k d_k\| \right), \tag{7.29}$$

dove $0 \leq \alpha_k \leq 1$.

Dimostrazione. Si può facilmente verificare che le (7.27) e (7.28) implicano che vale la (7.25) con $\sigma_1(t) = (c_1/c_2)\, t$.

Per quanto riguarda la dimostrazione della (7.26), osserviamo che dalla (7.27) segue

$$\|\nabla f(x_k)\|^2 \leq \frac{1}{c_1} |\nabla f(x_k)^T d_k|. \tag{7.30}$$

D'altra parte, utilizzando la diseguaglianza di Schwarz, si può scrivere

$$\frac{|\nabla f(x_k)^T d_k|}{\|d_k\|} \leq \|\nabla f(x_k)\| \tag{7.31}$$

e quindi, usando le (7.31), (7.30) e ancora la diseguaglianza di Schwarz, si ha:

$$\left(\frac{|\nabla f(x_k)^T d_k|}{\|d_k\|} \right)^2 \leq \|\nabla f(x_k)\|^2 \leq \frac{1}{c_1} |\nabla f(x_k)^T d_k| \leq \frac{M}{c_1} \|d_k\|, \tag{7.32}$$

avendo indicato con M un limite superiore di $\|\nabla f(x)\|$ su $\mathcal{L}_0$. La condizione (7.26) sarà allora soddisfatta qualora si assuma, come funzione di forzamento $\sigma_2(t) = (c_1/M)\, t^2$.

Infine, tenendo conto delle (7.27) e (7.28), possiamo scrivere

$$\alpha_k \nabla f(x_k)^T d_k \leq -c_1 \alpha_k \|\nabla f(x_k)\|^2 \leq -\frac{c_1}{c_2^2}\alpha_k \|d_k\|^2.$$

Essendo inoltre $\alpha_k \leq 1$, abbiamo

$$-\frac{c_1}{c_2^2}\alpha_k \|d_k\|^2 \leq -\frac{c_1}{c_2^2}\alpha_k^2 \|d_k\|^2 = -\frac{c_1}{c_2^2}\|\alpha_k d_k\|^2,$$

per cui vale anche la (7.29) con $\sigma_3(t) = \left(c_1/c_2^2\right) t^2$.

7.5 Metodi ibridi

Uno dei criteri più semplici per realizzare una modifica globalmente convergente del metodo di Newton consiste nell'utilizzare la direzione dell'antigradiente quando la direzione di Newton non soddisfa condizioni di discesa opportune e nello scegliere α_k con una tecnica di ricerca unidimensionale tipo Armijo.

In particolare, possiamo imporre che la direzione di Newton d_k sia utilizzata solo quando la matrice Hessiana è non singolare e risultano soddisfatte condizioni sufficienti di convergenza globale. In particolare, come si vedrà in seguito, può essere utile far rferimento a condizioni sulla direzione che divengano meno restrittive nell'intorno di un punto stazionario. A tale scopo definiamo la funzione

$$\psi(x) = \min\left\{1, \|\nabla f(x)\|^{1/2}\right\}, \qquad (7.33)$$

e consideriamo le condizioni seguenti:

$$\nabla f(x_k)^T d_k \leq -c_1 \psi(x_k)\|\nabla f(x_k)\|^2, \quad c_1 > 0 \qquad (7.34)$$

$$\psi(x_k)\|d_k\| \leq c_2 \|\nabla f(x_k)\|, \quad c_2 > 0. \qquad (7.35)$$

Ciò consente di assicurare che siano soddisfatte condizioni di convergenza globale e che un metodo di ricerca unidimensionale tipo Armijo con passo iniziale unitario sia convergente.

Le condizioni introdotte servono poi a garantire, come verrà mostrato, che valga la (iii) della Definizione 7.1.

Come esempio di metodo ibrido globalmente convergente consideriamo lo schema concettuale seguente.

Metodo di Newton modificato di tipo ibrido (HN)

Inizializzazione. $x_0 \in R^n$.

For k=0,1,...

Calcola $\nabla f(x_k)$; se $\nabla f(x_k) = 0$ stop; altrimenti calcola $\nabla^2 f(x_k)$.
Se ammette soluzioni il sistema:

$$\nabla^2 f(x_k)s = -\nabla f(x_k)$$

calcola una soluzione s^N e poni $\psi_k = \min\left\{1, \|\nabla f(x_k)\|^{1/2}\right\}$,
altrimenti poni $d_k = -\nabla f(x_k)$ e vai al Passo 5.
Se $|\nabla f(x_k)^T s^N| < c_1 \psi_k \|\nabla f(x_k)\|^2$ oppure $\psi_k \|s^N\| > c_2 \|\nabla f(x_k)\|$
poni $d_k = -\nabla f(x_k)$ e vai al Passo 5.
Se $\nabla f(x_k)^T s^N < 0$ assumi $d_k = s^N$; altrimenti assumi $d_k = -s^N$.
Effettua una ricerca unidimensionale con il metodo di Armijo, in cui $\gamma < 1/2$, assumendo come stima iniziale $\Delta_k = 1$.
Poni $x_{k+1} = x_k + \alpha_k d_k$.

End for

Commento 7.3. Il criterio per stabilire l'esistenza di soluzioni del sistema $\nabla^2 f(x_k)s = -\nabla f(x_k)$, dipenderà dalla tecnica di soluzione adottata. Si noti che, ai fini della convergenza globale, non è essenziale imporre che la matrice $\nabla^2 f(x_k)$ sia non singolare, e neanche che il sistema di equazioni lineari sia risolto in modo esatto, in quanto vengono soddisfatte, in ogni caso, condizioni sufficienti di convergenza globale. Tuttavia, per poter stabilire la consistenza con il metodo di Newton, occorre ammettere che, se $\nabla^2 f(x_k)$ è non singolare, il sistema sia risolto in modo esatto, nel qual caso s^N coinciderà con la direzione di Newton. □

Commento 7.4. La scelta $d_k = -s^N$ effettuata al Passo 4 se $\nabla f(x_k)^T s^N > 0$, è motivata dal fatto che la direzione $d_k = -s^N$, se s^N è la direzione di Newton, oltre a essere una direzione di discesa, è anche una *direzione a curvatura negativa*. Infatti, è facile verificare che, nelle ipotesi poste

$$d_k^T \nabla^2 f(x_k) d_k = \nabla f(x_k)^T [\nabla^2 f(x_k)]^{-1} \nabla f(x_k) < 0.$$

Una direzione a curvatura negativa può essere particolarmente vantaggiosa in quanto è presumibile che, riducendosi lungo di essa la derivata direzionale, si possa ottenere una notevole riduzione della funzione obiettivo. In alternativa, si potrebbe anche assumere $d_k = -\nabla f(x_k)$ quando $\nabla f(x_k)^T s^N > 0$.

In presenza di una direzione a curvatura negativa potrebbe essere conveniente utilizzare una tenica di ricerca unidimensionale che preveda la possibilità di espansione del passo. □

Si può dimostrare il risultato seguente.

> **Proposizione 7.6 (Convergenza algoritmo ibrido).**
> Sia $f : R^n \to R$ due volte continuamente differenziabile su R^n e si supponga che l'insieme di livello $\mathcal{L}_0$ sia compatto. Allora l'Algoritmo (HN) è una modifica globalmente convergente del metodo di Newton nel senso della Definizione 7.1.

Dimostrazione. In base alle istruzioni dell'algoritmo, la direzione d_k soddisfa sempre la condizione di discesa $\nabla f(x_k)^T d_k < 0$. Inoltre, se d_k non coincide con l'antigradiente, deve essere, in base alle istruzioni dell'algoritmo:

$$|\nabla f(x_k)^T d_k| \geq c_1 \psi(x_k) \|\nabla f(x_k)\|^2 \tag{7.36}$$

e inoltre

$$\psi(x_k) \|d_k\| \leq c_2 \|\nabla f(x_k)\|, \tag{7.37}$$

dove

$$\psi(x_k) = \min\left\{1, \|\nabla f(x_k)\|^{1/2}\right\}.$$

Poiché la ricerca unidimensionale viene effettuata con il metodo di Armijo, risulta $x_k \in \mathcal{L}_0$ per ogni k.

Dimostriamo innanzitutto che vale la (i) della Definizione 7.1, ossia che tutti i punti di accumulazione sono punti stazionari. Se la tesi è falsa devono esistere una sottosequenza, ridefinita $\{x_k\}$, e un $\varepsilon > 0$, tali che $\|\nabla f(x_k)\| \geq \varepsilon$ per ogni k. Di conseguenza, tenendo conto del fatto che d_k può coincidere con l'antigradiente, si ha

$$|\nabla f(x_k)^T d_k| \geq \tilde{c}_1 \|\nabla f(x_k)\|^2 \tag{7.38}$$

e inoltre

$$\|d_k\| \leq \tilde{c}_2 \|\nabla f(x_k)\|, \tag{7.39}$$

dove $\tilde{c}_1 = \min\{1, c_1 \min\{1, \sqrt{\varepsilon}\}\}$ e $\tilde{c}_2 = \max\{1, c_2/\min\{1, \sqrt{\varepsilon}\}\}$. Nelle ipotesi fatte, le (7.38) (7.39) implicano che le assunzioni della Proposizione 7.5 sono soddisfatte, per cui abbiamo che vale la (5.22) assumendo passo iniziale unitario e di conseguenza si ottiene che le ipotesi della Proposizione 5.4 sono tutte verificate. Ne segue che la ricerca unidimensionale (nella sottosequenza considerata) consente di soddisfare la proprietà

$$\lim_{k \to \infty} \frac{\nabla f(x_k)^T d_k}{\|d_k\|} = 0. \tag{7.40}$$

Ancora dalla Proposizione 7.5 si ha che d_k soddisfa anche le ipotesi della Proposizione 4.1 e di conseguenza si ottiene una contraddizione. Si può concludere che la (i) della Definizione 7.1 è soddisfatta; la (ii) segue poi dalla Proposizione 3.7.

Rimane allora da dimostrare che vale anche la condizione (iii) della Definizione 7.1. Supponiamo quindi che $\{x_k\}$ converga a un punto di minimo locale $x^\star$ tale che $\nabla f^2(x^\star)$ sia definita positiva e che valgano le ipotesi delle Proposizione 7.2. Mostriamo, innanzitutto che, per valori sufficientemente elevati di k la direzione d_k coincide con la direzione di Newton.

Poiché $\nabla f^2(x^\star)$ è definita positiva, $\nabla^2 f$ è continua e $x_k \to x^\star$, deve esistere un k_1 tale che per $k \geq k_1$ la matrice $\nabla^2 f(x_k)$ è definita positiva e di conseguenza non singolare, per cui al Passo 2 viene calcolata la direzione di Newton, definita da: $s_k^N = -[\nabla^2 f(x_k)]^{-1}\nabla f(x_k)$. Inoltre, essendo $\nabla^2 f(x_k)$ definita positiva, deve essere:

$$|\nabla f(x_k)^T s_k^N| = \nabla f(x_k)^T [\nabla^2 f(x_k)]^{-1}\nabla f(x_k) \geq m\|\nabla f(x_k)\|^2,$$

essendo $m > 0$ un limite inferiore del minimo autovalore di $[\nabla^2 f]^{-1}$ in un intorno di $x^\star$. Poiché $\nabla f(x_k) \to 0$ e quindi $\psi(x_k) \to 0$, deve esistere $k_2 \geq k_1$ tale che per $k \geq k_2$ la condizione (7.36) è sempre soddisfatta. Analogamente, per valori sufficientemente elevati di k si ha:

$$\|s_k^N\| = [\nabla f(x_k)^T [\nabla^2 f(x_k)]^{-2} \nabla f(x_k)^T]^{1/2} \leq M\|\nabla f(x_k)^T\|,$$

essendo $M > 0$ un limite superiore del massimo autovalore di $[\nabla^2 f]^{-1}$ in un intorno di $x^\star$. Poiché $\nabla f(x_k) \to 0$, deve esistere $k_3 \geq k_2$ tale che per $k \geq k_3$ anche la condizione (7.37) è sempre soddisfatta.

Si può concludere che, in base alle istruzioni dell'algoritmo, se $k \geq k_3$, la direzione d_k è data dalla direzione di Newton, ossia $d_k = s_k^N$ e valgono le (7.36), (7.37). Dalle considerazioni precedenti segue anche

$$\nabla f(x_k)^T d_k \leq -m\|\nabla f(x_k)^T\|^2 \leq -\frac{m}{M^2}\|d_k\|^2. \tag{7.41}$$

Sia ora $B(x^\star;\varepsilon)$ l' intorno considerato nella Proposizione 7.2. Per valori di k abbastanza elevati, $k \geq k_4 \geq k_3$, sarà necessariamente, per le proprietà del metodo di Newton (si veda il Commento 7.2)

$$\|x_k + d_k - x^\star\| \leq \beta\|x_k - x^\star\|^2, \tag{7.42}$$

dove $\beta > 0$ è una costante opportuna. Per le (7.41), (7.42) si ha che sono soddisfatte le ipotesi della Proposizione 7.4. Di conseguenza, il passo $\alpha_k = 1$ viene accettato nell'algoritmo di Armijo per valori sufficientemente elevati di k (sia $k \geq k^\star \geq k_4$). Per $k \geq k^\star$ si avrà allora $x_{k+1} = x_k + d_k$ e quindi, tenendo conto della Definizione 7.1, l'algoritmo considerato è una modifica globalmente convergente del metodo di Newton. □

7.6 Modifiche della matrice Hessiana

Una modifica globalmente convergente del metodo di Newton può essere ottenuta modificando la matrice Hessiana, in modo tale che la direzione di ricerca

7.6 Modifiche della matrice Hessiana

sia una direzione di discesa opportuna, lungo cui può essere effettuata una ricerca unidimensionale tipo Armijo.

Uno dei criteri possibili è quello di sommare alla matrice Hessiana un'opportuna matrice definita positiva E_k in modo tale che la matrice $\nabla^2 f(x_k) + E_k$ risulti "sufficientemente" definita positiva. In tal caso si può assumere come direzione di ricerca una direzione del tipo

$$d_k = -\left[\nabla^2 f(x_k) + E_k\right]^{-1} \nabla f(x_k),$$

ed effettuare poi lungo d_k una ricerca unidimensionale.

Uno dei metodi concettualmente più semplici per determinare E_k è quello di utilizzare un *procedimento di fattorizzazione di Cholesky modificata*, mediante il quale vengono definite una matrice *diagonale* E_k e una matrice *triangolare inferiore* L_k con elementi diagonali positivi l_{ii}, tali che:

$$\nabla^2 f(x_k) + E_k = L_k L_k^T,$$

oppure viene determinata anche una matrice diagonale positiva D_k tale che:

$$\nabla^2 f(x_k) + E_k = L_k D_k L_k^T.$$

Ciò assicura che la matrice $\nabla^2 f(x_k) + E_k$ sia definita positiva.

Per chiarire il procedimento, con riferimento alla fattorizzazione LL^T, poniamo, per semplificare le notazioni, $A = \nabla^2 f(x_k)$. Se A è definita positiva la fattorizzazione di Cholesky di A si può calcolare a partire dall'equazione

$$A = LL^T.$$

Possiamo costruire L per colonne, osservando che per $i \geq j$ dall'equazione precedente si ottiene:

$$a_{ij} = \sum_{k=1}^{j} l_{ik} l_{jk}.$$

Quindi, posto $l_{11} = \sqrt{a_{11}}$ si ha:

$$l_{i1} = \frac{a_{i1}}{l_{11}}, \quad i = 2, \ldots, n$$

e successivamente, per $j = 2, \ldots, n$ si ha:

$$l_{jj} = \sqrt{a_{jj} - \sum_{k=1}^{j-1} l_{jk}^2},$$

$$l_{ij} = \frac{a_{ij} - \sum_{k=1}^{j-1} l_{ik} l_{jk}}{l_{jj}}, \quad i = j+1, \ldots, n.$$

Se A non è definita positiva le formule precedenti non sono applicabili, in quanto potrebbe essere richiesto calcolare la radice quadrata di un numero negativo oppure dividere per un elemento nullo. Si nota tuttavia che è sempre possibile effettuare la fattorizzazione se gli elementi diagonali di A sono modificati con l'aggiunta di una perturbazione positiva δ_j opportuna.

In particolare, possiamo calcolare la prima colonna di L segliendo δ_1 in modo tale che
$$a_{11} + \delta_1 \geq \varepsilon_1 > 0$$
per un valore opportuno di $\varepsilon_1 > 0$ e porre poi
$$l_{11} = \sqrt{a_{11} + \delta_1},$$
$$l_{i1} = \frac{a_{i1}}{l_{11}}, \quad i = 2, \ldots, n.$$

Note le colonne $1, 2, \ldots, j-1$ di L, possiamo calcolare la colonna j-ma modificando l'elemento diagonale a_{jj} in modo tale che
$$a_{jj} + \delta_j \geq \varepsilon_j + \sum_{k=1}^{j-1} l_{jk}^2$$
con $\varepsilon_j > 0$. Ne segue
$$l_{jj} = \sqrt{a_{jj} + \delta_j - \sum_{k=1}^{j-1} l_{jk}^2}$$
$$l_{ij} = \frac{a_{ij} - \sum_{k=1}^{j-1} l_{jk} l_{ik}}{l_{jj}}, \quad i = j+1, \ldots, n.$$

La scelta dei parametri δ_j e ε_j non è un problema banale e deve soddisfare alcune importanti esigenze spesso contrastanti, che si possono così sintetizzare [37]:

- la matrice A deve essere perturbata il meno possibile, per non alterare il comportamento del metodo di Newton; in particolare, nell'intorno di un punto di minimo con Hessiana definita positiva dovrebbe essere $E = 0$;
- la matrice modificata $A + E$ deve essere ben condizionata;
- il costo computazionale dell'algoritmo modificato dovrebbe essere dello stesso ordine di grandezza del metodo di fattorizzazione di Cholesky.

Osserviamo che, dal punto di vista teorico, i parametri si potrebbero far dipendere dalla norma del gradiente, in modo da evitare che il metodo di Newton sia alterato in prossimità di un punto di minimo e da soddisfare le condizioni della Definizione 7.1.

È da notare che, in alternativa alla fattorizzazione LDL^T, sono state considerate recentemente altri tipi di fattorizzazioni del tipo LXL^T, in cui:

- X è una matrice B diagonale a blocchi, con blocchi di ordine 1 o 2 (fattorizzazione LBL^T);
- X è una matrice tridiagonali con elementi non diagonali nulli nella prima colonna (fattorizzazione LTL^T).

Nelle realizzazioni più accurate vengono anche efffettuate preventivamente opportune permutazioni delle righe e delle colonne di A, per cui la fattorizzazione può essere, in generale, del tipo:

$$PAP^T = LXL^T,$$

essendo P una matrice di permutazione.

Una volta determinata la fattorizzazione di $A = \nabla^2 f(x_k)$ si tratta poi di risolvere il sistema:

$$LXL^T d = -\nabla f(x_k).$$

Se $X = I$, ad esempio, ciò può essere ottenuto risolvendo prima (per eliminazione in avanti) il sistema triangolare:

$$Ls = -\nabla f(x_k),$$

e successivamente (per eliminazione all'indietro) il sistema triangolare:

$$L^T d = s.$$

Le soluzioni dei due sistemi si ottengono assumendo:

$$s_1 = -\frac{\frac{\partial f(x_k)}{\partial x_1}}{l_{11}},$$

$$s_i = -\frac{\frac{\partial f(x_k)}{\partial x_i} + \sum_{k=1}^{i-1} l_{ik} s_k}{l_{ii}}, \quad i = 2, \ldots, n,$$

e calcolando successivamente

$$d_n = \frac{s_n}{l_{nn}},$$

$$d_i = \frac{s_i - \sum_{k=i+1}^{n} l_{ki} d_k}{l_{ii}}, \quad i = n-1, \ldots, 1.$$

La direzione di ricerca ottenuta attraverso la fattorizzazione di Cholesky modificata sarà una direzione di discesa, lungo la quale è possibile effettuare, ad esempio, una ricerca unidimensionale con il metodo di Armijo.

7.7 Metodi di stabilizzazione non monotoni*

7.7.1 Motivazioni

Tutte le modifiche globalmente convergenti del metodo di Newton finora considerate si basano, in modo essenziale, sulla generazione di una successione di punti a cui corrispondono valori monotonamente decrescenti della funzione obiettivo.

Ci si può chiedere tuttavia se tale proprietà sia una caratteristica irrinunciabile e se non comporti, in molti casi, delle conseguenze sfavorevoli sull'efficienza del processo di minimizzazione. In effetti, l'esperienza di calcolo mette in evidenza che il metodo di Newton, nella sua versione originaria, è spesso notevolmente più efficiente delle varie modifiche globalmente convergenti e l'analisi di tali casi rivela che la maggiore efficienza è legata al fatto che le tecniche utilizzate per assicurare la convergenza globale comportano spesso una riduzione del passo lungo la direzione di Newton, proprio per imporre una riduzione monotona dell'obiettivo. Un caso tipico è quello in cui la funzione presenta delle "valli ripide" ad andamento curvilineo, per cui la riduzione monotona della funzione implica spostamenti di piccola entità lungo le direzioni di ricerca e quindi un elevato e spesso inaccettabile costo computazionale. Si consideri il seguente esempio.

Esempio 7.1. Si consideri la funzione (nota come *funzione di Rosenbrock*), definita da:
$$f(x) = c\ (x_2 - x_1^2)^2 + (1 - x_1)^2,$$
che presenta una valle lungo la parabola $x_2 = x_1^2$, tanto più ripida, quanto più elevato è il coefficiente c. Nella Fig. 7.1 sono riportate due curve di livello della funzione, in corrispondenza a due differenti valori del parametro c.

Si assuma come punto iniziale il punto $x_1 = -1.2$, $x_2 = 1$ e si scelga il valore della costante $c = 10^6$. Nella Fig. 7.2 viene confrontata la sequenza dei valori di f generata da un metodo tipo Newton globalmente convergente (che utilizza una tecnica di ricerca unidimensionale monotona) con la sequenza generata dal metodo di Newton "puro". Si trova, in particolare, che sono richieste 348 iterazioni e 502 valutazioni della funzione per ottenere un'approssimazione dell'ottimo in cui $f = .8 \cdot 10^{-18}$. Il metodo di Newton con passo unitario richiede invece solo 5 iterazioni e fornisce una stima in cui $f = .1 \cdot 10^{-25}$.

Osservazioni analoghe si possono effettuare nella minimizzazione di molte funzioni "difficili" che presentano zone a forte curvatura delle superfici di livello. Funzioni di questo tipo sono originate, tipicamente, dall'uso di tecniche di penalizzazione per la soluzione di problemi vincolati. Per superare tali difficoltà si può pensare di indebolire i requisiti imposti sulla riduzione della funzione, pur continuando ad assicurare le proprietà di convergenza globale desiderate.

7.7 Metodi di stabilizzazione non monotoni*   187

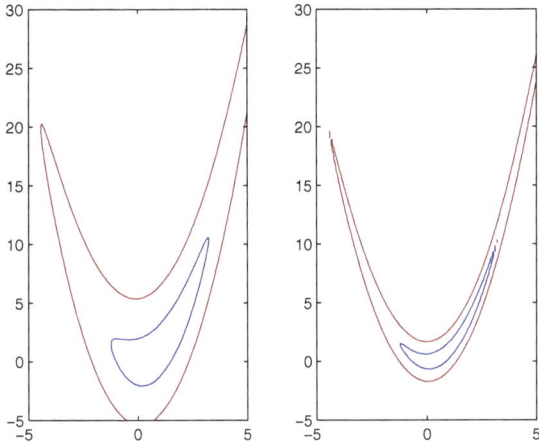

Fig. 7.1. Curve di livello della funzione Rosenbrock ($c = 1$ e $c = 10$)

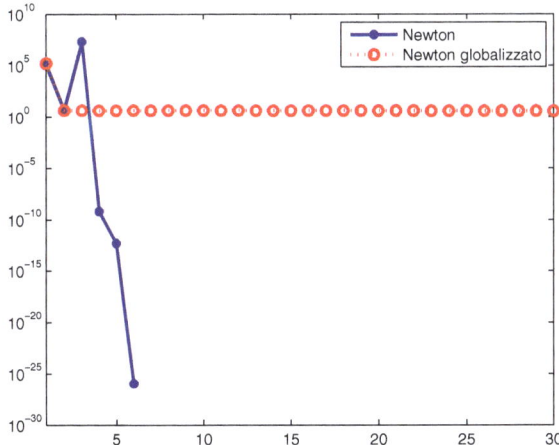

Fig. 7.2. Sequenza dei valori di f generata con il metodo di Newton, con e senza globalizzazione monotona

Tecniche di stabilizzazione di tipo *non monotono* si possono definire, ad esempio, accettando che la funzione possa aumentare durante un numero di passi prefissato.

Nei due sottoparagrafi successivi presentiamo due schemi non monotoni che rendono globalmente convergente il metodo di Newton.

7.7.2 Globalizzazione con ricerca unidimensionale non monotona

Il metodo di stabilizzazione che descriviamo è un metodo ibrido che si differenzia da quello presentato nel Paragrafo 7.5 per l'impiego, al posto del metodo standard di Armijo, della tecnica di ricerca unidimensionale non monotona introdotta nel Paragrafo 5.6. Per comodità di esposizione riportiamo nuovamente il metodo di Armijo non monotono.

Metodo di Armijo non monotono
Dati. $\gamma \in (0, 1/2)$, $\delta \in (0,1)$, M intero.
Poni $\alpha = 1$, $j = 0$, e definisci
$$W_k = \max_{0 \leq j \leq \min(k, M)} \{f(x_{k-j})\}.$$
While $f(x_k + \alpha d_k) > W_k + \gamma \alpha \nabla f(x_k)^T d_k$

   Assumi $\alpha = \delta \alpha$ e poni $j = j + 1$.
End While
Poni $\alpha_k = \alpha$ ed **esci**.

Si osservi che il passo di prova iniziale è posto pari a 1 perché, come già si è visto, nei metodi tipo Newton il passo unitario consente, sotto ipotesi opportune, di garantire rapidità di convergenza superlineare o quadratica.

Se nell'algoritmo ibrido (Algoritmo HN) sostituiamo il metodo di Armijo monotono con l'algoritmo non monotono prima definito, possiamo stabilire il risultato seguente.

Proposizione 7.7 (Convergenza algoritmo ibrido non monotono).

Sia $f : R^n \to R$ due volte continuamente differenziabile su R^n e si supponga che l'insieme di livello $\mathcal{L}_0$ sia compatto. Allora l'Algoritmo (HN) con ricerca unidimensionale tipo Armijo non monotona è una modifica globalmente convergente del metodo di Newton nel senso della Definizione 7.1.

Dimostrazione. In base alle istruzioni dell'algoritmo si ha per ogni k:
$$f(x_{k+1}) \leq W_k + \gamma \alpha_k \nabla f(x_k)^T d_k. \tag{7.43}$$

Ciò implica, in particolare, in base alla definizione di $W_k \leq f(x_0)$, che tutti punti x_k rimangono nell'insieme compatto $\mathcal{L}_0$ e quindi che esiste $M > 0$ tale che per ogni k si abbia:
$$\|\nabla f(x_k)\| \leq M.$$

Inoltre la direzione d_k o coincide con l'antigradiente, oppure soddisfa le condizioni:
$$\nabla f(x_k)^T d_k \leq -c_1 \psi(x_k) \|\nabla f(x_k)\|^2, \quad c_1 > 0, \tag{7.44}$$

7.7 Metodi di stabilizzazione non monotoni*

$$\psi(x_k)\|d_k\| \leq c_2 \|\nabla f(x_k)\|, \quad c_2 > 0, \tag{7.45}$$

dove si è posto:

$$\psi(x_k) = \min\left\{1, \|\nabla f(x_k)\|^{1/2}\right\}.$$

Stabiliamo innanzitutto che è possibile definire funzioni di forzamento σ, σ_0 tali che, per ogni k si abbia:

$$f(x_k + \alpha_k d_k) \leq W_k - \sigma(\|\alpha_k d_k\|), \tag{7.46}$$

$$\|d_k\| \geq \sigma_0\left(\frac{|\nabla f(x_k)^T d_k|}{\|d_k\|}\right). \tag{7.47}$$

Distinguiamo i tre casi:

(a) $d_k = -\nabla f(x_k)$;
(b) d_k non è la direzione dell'antigradiente, si ha $\|\nabla f(x_k)\| \leq 1$ e quindi valgono le (7.44) e (7.45) con $\psi(x_k) = \|\nabla f(x_k)\|^{1/2}$;
(c) d_k non è la direzione dell'antigradiente, si ha $\|\nabla f(x_k)\| > 1$ e le (7.44) e (7.45) valgono con $\psi(x_k) = 1$.

Nel caso (a), essendo $\alpha_k \leq 1$ si ha:

$$f(x_k + \alpha_k d_k) \leq W_k - \gamma \|\alpha_k d_k\|^2,$$

e risulta, ovviamente:

$$\|d_k\| = \frac{|\nabla f(x_k)^T d_k|}{\|d_k\|}. \tag{7.48}$$

Nel caso (b), utilizzando le (7.44) e (7.45), abbiamo:

$$\nabla f(x_k)^T d_k \leq -c_1 \|\nabla f(x_k)\|^{5/2} \leq -\frac{c_1}{c_2^5}\|d_k\|^5, \tag{7.49}$$

e quindi essendo $\alpha_k \leq 1$, si può porre:

$$f(x_k + \alpha_k d_k) \leq W_k - \gamma \frac{c_1}{c_2^5} \|\alpha_k d_k\|^5. \tag{7.50}$$

Osserviamo ora che dalla (7.44), usando due volte la diseguaglianza di Schwarz si ottiene:

$$\frac{1}{c_1} M \|d_k\| \geq \frac{1}{c_1} |\nabla f(x_k)^T d_k| \geq \|\nabla f(x_k)\|^{5/2} \geq \left(\frac{|\nabla f(x_k)^T d_k|}{\|d_k\|}\right)^{5/2}.$$

Ne segue

$$\|d_k\| \geq \frac{c_1}{M}\left(\frac{|\nabla f(x_k)^T d_k|}{\|d_k\|}\right)^{5/2}. \tag{7.51}$$

Nel caso (c) dalle (7.44) e (7.45), sempre tenendo conto del fatto che $\alpha_k \leq 1$, si ha:

$$f(x_k + \alpha_k d_k) \leq W_k - \gamma \frac{c_1}{c_2^2}\|\alpha_k d_k\|^2.$$

Inoltre, ragionando come nel caso precedente, si ha:

$$\frac{1}{c_1} M \|d_k\| \geq \frac{1}{c_1} |\nabla f(x_k)^T d_k| \geq \|\nabla f(x_k)\|^2 \geq \left(\frac{|\nabla f(x_k)^T d_k|}{\|d_k\|}\right)^2,$$

da cui segue

$$\|d_k\| \geq \frac{c_1}{M} \left(\frac{|\nabla f(x_k)^T d_k|}{\|d_k\|}\right)^2. \qquad (7.52)$$

Valgono quindi la (7.46) (7.47), assumendo come funzioni di forzamento

$$\sigma(t) = \gamma \min\left\{t^2, \frac{c_1}{c_2^2} t^2, \frac{c_1}{c_5^2} t^5\right\},$$

$$\sigma_0(t) = \min\left\{t, \frac{c_1}{M} t^{5/2}, \frac{c_1}{M} t^2\right\}.$$

Applicando la Proposizione 5.22 si ottiene il limite

$$\lim_{k \to \infty} \frac{\nabla f(x_k)^T d_k}{\|d_k\|} = 0,$$

da cui segue, tenendo conto dell'ipotesi di compattezza su $\mathcal{L}_0$ e delle condizioni sulla direzione di ricerca, che ogni punto di accumulazione è punto stazionario, per cui vale la (i) della Definizione 7.1. La dimostrazione può quindi essere completata come nella dimostrazione della Proposizione 7.6. □

Commento 7.5. Le conclusioni della proposizione precedente valgono ovviamente anche se alcune delle ricerche unidimensionali (in particolare quelle effettuate lungo $-\nabla f(x_k)$) sono monotone. Basta tener conto del fatto che, essendo $f(x_k) \leq W_k$, risulta comunque soddisfatta la (7.43). □

7.7.3 Globalizzazione con strategia di tipo watchdog non monotona e ricerca unidimensionale non monotona

Lo schema di globalizzazione che presentiamo è basato sulla combinazione di una tecnica di tipo *watchdog* non monotona con una tecnica di ricerca unidimensionale *non monotona*. Vedremo che lo schema introduce, rispetto all'algoritmo definito precedentemente, un grado maggiore di "non monotonicità" che può fornire vantaggi computazionali in opportune situazioni.

In termini generali l'algoritmo si può descrivere definendo:

- una sequenza di iterazioni principali $k = 0, 1, \ldots$, che producono i punti x_k;
- per ogni k, una sequenza di iterazioni interne che generano, a partire da x_k, attraverso un algoritmo *locale*, una sequenza finita di N punti: $z_k^1, z_k^2, \ldots, z_k^N$;

- un criterio di tipo *watchdog* per accettare o meno il punto z_k^N;
- un algoritmo *non monotono* di ricerca unidimensionale che determina uno spostamento α_k lungo una direzione di discesa opportuna d_k nei casi in cui il punto z_k^N non sia accettato.

Una strategia di tipo *watchdog* consiste sostanzialmente nel controllare se è soddisfatta una condizione di accettabilità (che garantisca opportune condizioni di convergenza) durante un numero finito di iterazioni di un algoritmo locale, le cui iterazioni vengono "osservate", ma non alterate (a meno di casi estremi). Durante la fase *watchdog*, non viene quindi "forzato" il soddisfacimento della condizione di accettabilità, a differenza di quanto avviene nella ricerca unidimensionale, in cui le condizioni di accettabilità vengono comunque soddisfatte riducendo opportunamente il passo lungo la direzione di ricerca d_k. La garanzia di convergenza globale è fornita dalla ricerca unidimensionale lungo d_k; tuttavia la ricerca unidimensionale interviene solo se falliscono tutte le iterazioni locali.

Questa strategia (interpretabile come un ulteriore rilassamento della monotonicità) ha senso, ovviamente, solo se l'algoritmo locale è vantaggioso, da qualche punto di vista, almeno in un intorno (non noto a priori) della soluzione. Si noti, in particolare, che i punti di tentativo z_k^i possono uscire dall'insieme di livello $\mathcal{L}_0$, ma tutti punti x_k accettati definitivamente devono restare in $\mathcal{L}_0$.

Sull'algoritmo locale non facciamo, per il momento alcuna ipotesi. Supponiamo che, in ogni iterazione principale k, a partire dal punto corrente $x_k = z_k^0$, per $i \in \{0, \ldots, N-1\}$, vengano generati i punti

$$z_k^{i+1} = z_k^i + p_k^i,$$

in cui p_k^i sono direzioni arbitrarie. In pratica, potrebbe essere conveniente (ma non indispensabile), identificare, quando possibile, la direzione d_k con la direzione p_k^0.

Il punto z_k^{i+1} è accettato definitivamente e ridefinito x_{k+1} se è soddisfatto un "test watchdog non monotono", ossia se vale una condizione del tipo:

$$f(z_k^{i+1}) \leq W_k - \max\{\sigma_a(\|\nabla f(x_k)\|), \sigma_b(\|z_k^{i+1} - x_k\|)\} \qquad (7.53)$$

dove al solito

$$W_k = \max_{0 \leq j \leq \min(k, M)} \{f(x_{k-j})\}$$

è il valore di riferimento, e σ_a, σ_b sono funzioni di forzamento. Se nessun punto z_k^i viene accettato durante un numero prefissato di N passi, si ritorna a x_k e si effettua una ricerca unidimensionale lungo una direzione di ricerca d_k. Per garantire la convergenza globale occorre imporre opportune condizioni sulla direzione d_k.

La Fig. 7.3 illustra il funzionamento della strategia che combina la tecnica di watchdog con la ricerca unidimensionale. Nella parte alta si può osservare che, a partire dal punto corrente x_k, vengono generati, con un metodo locale, i

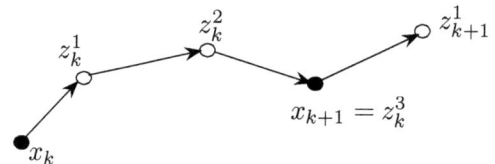
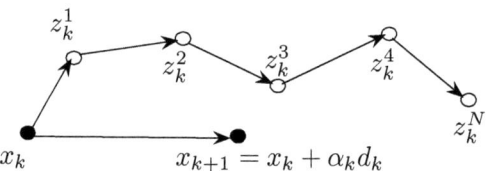

Fig. 7.3. Esempi di funzionamento dell'Algoritmo WNM

punti z_k^1, z_k^2, z_k^3. Assumendo che il punto z_k^3 soddisfi il test watchdog, il nuovo punto corrente, da cui riparte l'iterazione successiva, sarà $x_{k+1} = z_k^3$.

Nella parte bassa della figura viene mostrato un caso in cui nessuno dei punti z_k^i generati con il metodo locale soddisfa il test watchdog. In tal caso, a partire da x_k si effettua una ricerca unidimensionale (non monotona) lungo la direzione d_k per calcolare lo spostamento α_k ed effettuare l'aggiornamento $x_{k+1} = x_k + \alpha_k d_k$. Possiamo definire lo schema di globalizzazione di tipo Watchdog Non Monotono (WNM).

Algoritmo WNM

Dati. $x_0 \in R^n$, interi $N \geq 1$, $M \geq 0$, $k = 0$.

While $\nabla f(x_k) \neq 0$ **do**

1. Poni $z_k^0 = x_k$ e *linesearch*= true.
2. **For** $i = 0, 1, \ldots, N-1$

    Determina (con un algoritmo locale) il punto
    $$z_k^{i+1} = z_k^i + p_k^i;$$
    se risulta soddisfatto il test *watchdog*:
    $$f(z_k^{i+1}) \leq W_k - \max\{\sigma_a(\|\nabla f(x_k)\|), \sigma_b(\|z_k^{i+1} - x_k\|)\}.$$
    Poni $x_{k+1} = z_k^{i+1}$, *linesearch*=false ed esci dal Passo 2.
    End For

7.7 Metodi di stabilizzazione non monotoni*

3. **If** *linesearch*=true **then**
    Calcola una direzione d_k tale che si abbia:
    $$\nabla f(x_k)^T d_k \leq -c_1 \|\nabla f(x_k)\|^2 \qquad \|d_k\| \leq c_2 \|\nabla f(x_k)\|. \tag{7.54}$$
    Determina un passo α_k lungo d_k per mezzo del metodo di Armijo non monotono e poni $x_{k+1} = x_k + \alpha_k d_k$.
    End if
4. Poni $k = k + 1$.

End While

Le proprietà di convergenza dell'Algoritmo WNM sono stabilite nella proposizione successiva.

Proposizione 7.8. *Supponiamo che la funzione $f : R^n \to R$ sia continuamente differenziabile su R^n e che l'insieme di livello $\mathcal{L}_0$ sia compatto. Sia $\{x_k\}$ la successione prodotta dall'Algoritmo WNM. Allora esistono punti di accumulazione di $\{x_k\}$ e ogni punto di accumulazione è un punto stazionario di f in $\mathcal{L}_0$.*

Dimostrazione. In base alle istruzioni dell'Algoritmo WNM risulta

$$f(x_{k+1}) \leq W_k - \sigma_b(\|x_{k+1} - x_k\|), \tag{7.55}$$

quando x_{k+1} è stato determinato al Passo 2.

Quando x_{k+1} è ottenuto attraverso la ricerca unidimensionale, la condizione (7.54) su d_k e il fatto che $\alpha_k \leq 1$ implicano che valgono tutte le ipotesi della Proposizione 7.5, di conseguenza abbiamo

$$f(x_{k+1}) \leq W_k - \sigma_l(\|\alpha_k d_k\|), \tag{7.56}$$

$$\|d_k\| \geq \sigma_0 \left(\frac{\nabla f(x_k)^T d_k}{\|d_k\|}\right), \tag{7.57}$$

dove σ_l, σ_0 sono funzioni di forzamento.

Utilizzando la (7.55) e la (7.56) possiamo scrivere

$$f(x_{k+1}) \leq W_k - \sigma(\|x_{k+1} - x_k\|), \tag{7.58}$$

dove $\sigma(t) = \min\{\sigma_b(t), \sigma_l(t)\}$. Risultano allora soddisfatte le ipotesi del Lemma 5.1. Di conseguenza, per la (i) del lemma citato i punti della sequenza $\{x_k\}$ appartengono all'insieme compatto $\mathcal{L}_0$ e quindi $\{x_k\}$ ammette punti di accumulazione; inoltre, per la (ii) dello stesso lemma, le successioni $\{f(x_k)\}$ e $\{W_k\}$ convergono allo stesso limite $W_\star$.

Sia ora $\bar{x}$ un punto di accumulazione di $\{x_k\}$, per cui deve esistere un insieme infinito di indici $K \subseteq \{0, 1, \ldots\}$ tale che

$$\lim_{k \in K, k \to \infty} x_k = \bar{x}. \tag{7.59}$$

Supponiamo dapprima che esista $K_1 \subseteq K$ tale che

$$x_{k+1} = x_k + \alpha_k d_k \qquad \text{per ogni} \quad k \in K_1, \tag{7.60}$$

dove d_k soddisfa la condizione (7.54) e α_k è calcolato attraverso il metodo di ricerca unidimensionale di Armijo non monotono. Tenendo conto della (7.58) e della (7.57) si ha che sono verificate le ipotesi della Proposizione 5.22 e di conseguenza otteniamo

$$\lim_{k \in K_1, k \to \infty} \frac{\nabla f(x_k)^T d_k}{\|d_k\|} = 0.$$

D'altra parte, dalla condizione (7.54) sulla direzione d_k (essendo $\nabla f(x_k) \neq 0$) segue che

$$\frac{|\nabla f(x_k)^T d_k|}{\|d_k\|} \geq \frac{c_1 \|\nabla f(x_k)\|^2}{c_2 \|\nabla f(x_k)\|} = (c_1/c_2) \|\nabla f(x_k)\|,$$

per cui si ottiene, al limite, per la continuità di ∇f:

$$\nabla f(\bar{x}) = 0. \tag{7.61}$$

Supponiamo ora che per valori sufficientemente grandi di $k \in K$, il punto x_{k+1} sia sempre accettato al Passo 2. Ciò implica (per le istruzioni al Passo 2)

$$f(x_{k+1}) \leq W^k - \sigma_a(\|\nabla f(x_k)\|),$$

per cui, andando al limite per $k \to \infty, k \in K$ e ricordando nuovamente la (ii) del Lemma 5.1, si ha

$$\lim_{k \in K, k \to \infty} \sigma_a(\|\nabla f(x_k)\|) = 0.$$

Ne segue che anche in questo caso $\bar{x}$ è un punto stazionario di f. Si può concludere che tutti i punti di accumulazione di $\{x_k\}$ sono punti stazionari. □

L'Algoritmo WNM è uno schema generale di globalizzazione che può essere utilizzato in connessione con vari metodi (a tal proposito si veda, ad esempio, il capitolo dedicato al metodo del gradiente di Barzilai-Borwein).

Nel caso del metodo di Newton, l'Algoritmo WNM si caratterizza al Passo 2:

- per l'impiego del metodo di Newton come algoritmo locale;
- per la scelta delle funzioni di forzamento del test watchdog che deve assicurare che l'algoritmo risulti una modifica globalmente convergente del metodo di Newton nel senso della Definizione 7.1.

La descrizione formale dell'algoritmo è riportata di seguito.

Metodo di Newton modificato di tipo watchdog (Newton-WNM)

Dati. $x_0 \in R^n$, interi $N \geq 1$, $M \geq 0$, $a_1, a_2 > 0$, $k = 0$.

While $\nabla f(x_k) \neq 0$ **do**

1. Poni $z_k^0 = x_k$ e *linesearch*= true.
2. **For** $i = 0, 1, \ldots, N-1$

   Se ammette soluzione il sistema
   $$\nabla^2 f(z_k^i) s = -\nabla f(z_k^i),$$
   calcola una soluzione s^N e poni $p_k^i = s^N$,
   altrimenti determina arbitrariamente una direzione p_k^i.
   Poni $z_k^{i+1} = z_k^i + p_k^i$.
   Se risulta soddisfatto il test *watchdog*:
   $$f(z_k^{i+1}) \leq W_k - \max\{a_1 \|\nabla f(x_k)\|^3, a_2 \|z_k^{i+1} - x_k\|^3\},$$
   poni $x_{k+1} = z_k^{i+1}$, *linesearch*=false ed esci dal Passo 2.
   End For
3. **If** *linesearch*=true **then**
   Calcola una direzione d_k tale che si abbia:
   $$\nabla f(x_k)^T d_k \leq -c_1 \|\nabla f(x_k)\|^2 \quad \|d_k\| \leq c_2 \|\nabla f(x_k)\|, \tag{7.62}$$
   determina un passo α_k lungo d_k per mezzo del metodo di Armijo non monotono e poni $x_{k+1} = x_k + \alpha_k d_k$.
   End if
4. Poni $k = k + 1$.

End While

Per quanto riguarda le proprietà dell'Algoritmo Newton-WNM, vale il risultato che segue.

> **Proposizione 7.9 (Convergenza Algoritmo Newton-WNM).**
> Sia $f : R^n \to R$ due volte continuamente differenziabile su R^n e si supponga che l'insieme di livello $\mathcal{L}_0$ sia compatto. Allora l'Algoritmo Newton-WNM è una modifica globalmente convergente del metodo di Newton nel senso della Definizione 7.1.

Dimostrazione. La Proposizione 7.8 implica che vale la (i) della Definizione 7.1, la (ii) segue poi dalla Proposizione 3.7.

Rimane allora da dimostrare che vale anche la condizione (iii) della Definizione 7.1. Supponiamo quindi che $\{x_k\}$ converga a un punto di minimo locale $x^\star$ tale che $\nabla f^2(x^\star)$ sia definita positiva e che valgano le ipotesi delle Proposizione 7.2.

Mostriamo, innanzitutto che, per valori sufficientemente elevati di k la direzione p_k^1 coincide con la direzione di Newton.

Poiché $\nabla f^2(x^\star)$ è definita positiva, $\nabla^2 f$ è continua e $x_k \to x^\star$, deve esistere un k_1 tale che per $k \geq k_1$ la matrice $\nabla^2 f(x_k)$ è definita positiva e di conseguenza non singolare, per cui viene calcolata la direzione di Newton, definita da
$$p_k^1 = s_k^N = -[\nabla^2 f(x_k)]^{-1} \nabla f(x_k).$$
Inoltre, essendo $\nabla^2 f(x_k)$ definita positiva, deve essere
$$|\nabla f(x_k)^T p_k^1| = \nabla f(x_k)^T [\nabla^2 f(x_k)]^{-1} \nabla f(x_k) \geq m \|\nabla f(x_k)\|^2,$$
essendo $m > 0$ un limite inferiore del minimo autovalore di $[\nabla^2 f]^{-1}$ in un intorno di $x^\star$. Poiché $\nabla f(x_k) \to 0$, deve esistere $k_2 \geq k_1$ tale che per $k \geq k_2$
$$\gamma |\nabla f(x_k)^T p_k^1| \geq \gamma m \|\nabla f(x_k)\|^2 \geq a_1 \|\nabla f(x_k)\|^3, \qquad (7.63)$$
dove γ è una qualsiasi costante positiva. Analogamente, per valori sufficientemente elevati di k ($k \geq k_3 \geq k_2$) si ha:
$$\|p_k^1\| = [\nabla f(x_k)^T [\nabla^2 f(x_k)]^{-2} \nabla f(x_k)]^{1/2} \leq M \|\nabla f(x_k)\|,$$
essendo $M > 0$ un limite superiore del massimo autovalore di $[\nabla^2 f]^{-1}$ in un intorno di $x^\star$.

Dalle considerazioni precedenti, tenenendo conto che $p_k^1 \to 0$, segue anche
$$\gamma \nabla f(x_k)^T p_k^1 \leq -\gamma m \|\nabla f(x_k)\|^2 \leq -\gamma \frac{m}{M^2} \|p_k^1\|^2 \leq a_2 \|p_k^1\|^3. \qquad (7.64)$$

Sia ora $B(x^\star; \varepsilon)$ l' intorno considerato nella Proposizione 7.2. Per valori di k abbastanza elevati, $k \geq k_4 \geq k_3$, sarà necessariamente,per le proprietà del metodo di Newton (si veda il Commento 7.2)

$$\|x_k + p_k^1 - x^\star\| \leq \beta \|x_k - x^\star\|^2, \tag{7.65}$$

dove $\beta > 0$ è una costante opportuna. Per le (7.64) (7.65) si ha che sono soddisfatte le ipotesi della Proposizione 7.4. Di conseguenza, per valori sufficientemente elevati di k (sia $k \geq k^\star \geq k_4$), si ha

$$f(x_k + p_k^1) \leq f(x_k) + \gamma \nabla f(x_k)^T p_k^1 \leq W_k + \gamma \nabla f(x_k)^T p_k^1,$$

da cui segue, tenendo conto delle (7.63) e (7.64),

$$f(x_k + p_k^1) \leq W_k - a_1 \|\nabla f(x_k)\|^3,$$
$$f(x_k + p_k^1) \leq W_k - a_2 \|p_k^1\|^3.$$

Per $k \geq k^\star$ si avrà allora che il test watchdog è soddisfatto in corrispondenza del punto z_k^1, il che implica $x_{k+1} = z_k^1 = x_k + p_k^1$ e quindi, tenendo conto della Definizione 7.1, l'algoritmo considerato è una modifica globalmente convergente del metodo di Newton. □

7.8 Convergenza a punti stazionari del "secondo ordine"*

7.8.1 Concetti generali

I risultati teorici finora stabiliti garantiscono la convergenza degli algoritmi a punti stazionari, ossia a punti che soddisfano le condizioni necessarie di ottimalità del primo ordine.

Vedremo che, per stabilire un risultato di convergenza globale "più forte", ossia la convergenza a punti che soddisfano le condizioni di ottimalità del secondo ordine, occorre utilizzare informazioni relative alla matrice Hessiana $\nabla^2 f(x)$ (in particolare agli autovalori di $\nabla^2 f(x)$). Il metodo di Newton richiede la conoscenza della matrice Hessiana, per cui appare naturale definire metodi con proprietà di convergenza del "secondo ordine" nel contesto dei metodi tipo Newton, sebbene in linea di principio non sarebbe necessario.

Al fine di garantire proprietà di convergenza del "secondo ordine" vengono utilizzate usualmente una coppia di direzioni di ricerca (s_k, d_k) e una regola di aggiornamento del tipo

$$x_{k+1} = x_k + \alpha_k^2 s_k + \alpha_k d_k, \tag{7.66}$$

dove lo scalare α_k viene determinato con una *ricerca curvilinea* lungo la traiettoria

$$x(\alpha) = x_k + \alpha^2 s_k + \alpha d_k.$$

La motivazione di una ricerca curvilinea nasce dal fatto che le due direzioni s_k e d_k hanno un ruolo diverso e di conseguenza devono essere opportunamente combinate:

7 Metodo di Newton

- s_k è una direzione di discesa che deve assicurare la convergenza globale della sequenza generata;
- d_k è una direzione a *curvatura negativa*, ossia tale che $d_k^T \nabla^2 f(x_k) d_k < 0$, che permette di uscire dalle regioni di non convessità della funzione obiettivo, e quindi di assicurare, sotto opportune ipotesi, la convergenza a punti stazionari che soddisfano le condizioni di ottimalità del secondo ordine.

7.8.2 Metodo di ricerca unidimensionale curvilinea

In questo sottoparagrafo definiamo un metodo di ricerca curvilinea e analizziamo le proprietà teoriche. Nel sottoparagrafo successivo stabiliremo risultati di convergenza a punti stazionari del secondo ordine sotto opportune ipotesi sulle direzioni s_k e d_k.

Un metodo di ricerca curvilinea si ottiene modificando opportunamente l'algoritmo di Armijo come illustrato nello schema seguente.

Metodo di ricerca curvilinea

Dati. $\Delta_k \geq \Delta > 0$, $\gamma \in (0, 1/2)$, $0 < \delta < 1$.
Poni $\alpha = \Delta_k$ e $j = 0$.
While $f(x_k + \alpha^2 s_k + \alpha d_k) > f(x_k) + \gamma \alpha^2 \left(\nabla f(x_k)^T d_k + \frac{1}{2} d_k^T \nabla^2 f(x_k) d_k \right)$

    Poni $\alpha = \delta \alpha$ e $j = j + 1$.
End While
Poni $\alpha_k = \alpha$ ed **esci**.

Dimostriamo preliminarmente che il metodo di ricerca curvilinea termina in un numero finito di passi.

Proposizione 7.10 (Terminazione finita ricerca curvilinea).

Sia $f : R^n \to R$ due volte continuamente differenziabile su R^n e sia $x_k \in R^n$ un punto tale che $\nabla f(x_k)^T d_k \leq 0$, e che valga una delle condizioni seguenti:

(a) $\nabla f(x_k)^T s_k < 0$ e $d_k^T \nabla^2 f(x_k) d_k \leq 0$;
(b) $\nabla f(x_k)^T s_k \leq 0$ e $d_k^T \nabla^2 f(x_k) d_k < 0$.

Allora il metodo di ricerca curvilinea determina in un numero finito di passi un valore $\alpha_k > 0$ tale che:

$$f(x_k + \alpha^2 s_k + \alpha d_k) \leq f(x_k) + \gamma \alpha^2 \left(\nabla f(x_k)^T s_k + \frac{1}{2} d_k^T \nabla^2 f(x_k) d_k \right).$$

7.8 Convergenza a punti stazionari del "secondo ordine"*

Dimostrazione. Supponiamo per assurdo che l'algoritmo non termini, per cui abbiamo per $j = 0, 1, \ldots,$

$$f(x_k + (\delta^j \Delta_k)^2 s_k + \delta^j \Delta^k d_k) >$$
$$f(x_k) + \gamma (\delta^j \Delta_k)^2 \left(\nabla f(x_k)^T s_k + \frac{1}{2} d_k^T \nabla^2 f(x_k) d_k \right).$$

Per comodità di esposizione poniamo $a_j = \delta^j \Delta_k$. Dalla precedente disuguaglianza, applicando il teorema di Taylor, segue
$$a_j^2 \nabla f(x_k)^T s_k + a_j \nabla f(x_k)^T d_k + \tfrac{1}{2} \left(a_j^2 s_k + a_j d_k \right)^T \nabla^2 f(\xi_k) \left(a_j^2 s_k + a_j d_k \right) >$$
$$\gamma a_j^2 \left(\nabla f(x_k)^T s_k + \tfrac{1}{2} d_k^T \nabla^2 f(x_k) d_k \right), \qquad (7.67)$$

dove $\xi_k = x_k + \theta_k (a_j^2 s_k + a_j d_k)$ e $\theta_k \in (0,1)$. Dalla (7.67), tenendo conto dell'ipotesi $\nabla f(x_k)^T d_k \le 0$, possiamo scrivere

$$a_j^2 \nabla f(x_k)^T s_k + \tfrac{1}{2} \left(a_j^2 s_k + a_j d_k \right)^T \nabla^2 f(\xi_k) \left(a_j^2 s_k + a_j d_k \right) >$$
$$\gamma a_j^2 \left(\nabla f(x_k)^T s_k + \tfrac{1}{2} d_k^T \nabla^2 f(x_k) d_k \right).$$

Dividendo per a_j^2 e considerando i limiti per $j \to \infty$ otteniamo

$$(1 - \gamma) \left(\nabla f(x_k)^T s_k + \frac{1}{2} d_k^T \nabla^2 f(x_k) d_k \right) \ge 0,$$

da cui segue, essendo $(1 - \gamma) > 0$,

$$\nabla f(x_k)^T s_k + \frac{1}{2} d_k^T \nabla^2 f(x_k) d_k \ge 0,$$

in contraddizione con una delle ipotesi (a) e (b). □

Le proprietà di convergenza del metodo sono riportate nella proposizione successiva.

Proposizione 7.11 (Convergenza del metodo di ricerca curvilinea).

Sia $f : R^n \to R$ due volte continuamente differenziabile su R^n. Supponiamo che l'insieme di livello $\mathcal{L}_0$ sia compatto e che valgano le condizioni seguenti:

(i) le sequenze $\{s_k\}, \{d_k\}$ sono limitate;
(ii) per ogni k risulta $\nabla f(x_k)^T s_k \le 0, \nabla f(x_k)^T d_k \le 0, d_k^T \nabla^2 f(x_k) d_k < 0$.

Allora il metodo di ricerca curvilinea determina in un numero finito di passi un valore $\alpha_k > 0$ tale che la successione definita come segue

$$x_{k+1} = x_k + \alpha_k^2 s_k + \alpha_k d_k$$

soddisfa le condizioni

$$\lim_{k\to\infty} \nabla f(x_k)^T s_k = 0, \qquad (7.68)$$

$$\lim_{k\to\infty} d_k^T \nabla^2 f(x_k)^T d_k = 0. \qquad (7.69)$$

Dimostrazione. In base alla proposizione precedente, in un numero finito di passi il metodo determina un valore di $\alpha_k > 0$ tale che

$$f(x_k + \alpha_k^2 s_k + \alpha d_k) \leq f(x_k) + \gamma \alpha_k^2 (\nabla f(x_k)^T s_k + \frac{1}{2} d_k^T \nabla^2 f(x_k) d_k). \quad (7.70)$$

Poiché $\{f(x_k)\}$ è monotona decrescente ed è limitata inferiormente (ciò segue dal fatto che f è continua su $\mathcal{L}_0$ compatto) deve esistere il limite di $\{f(x_k)\}$ e quindi si ha

$$\lim_{k\to\infty} (f(x_k) - f(x_{k+1})) = 0,$$

per cui dalla (7.70) segue:

$$\lim_{k\to\infty} \alpha_k^2 (\nabla f(x_k)^T s_k + \frac{1}{2} d_k^T \nabla^2 f(x_k) d_k) = 0. \qquad (7.71)$$

Supponiamo per assurdo che la tesi non sia vera e quindi che esistano un insieme infinito $K \subseteq \{0, 1, \ldots, \}$ e uno scalare $\eta > 0$ tali che per ogni $k \in K$ abbiamo

$$\nabla f(x_k)^T s_k + \frac{1}{2} d_k^T \nabla^2 f(x_k) d_k \leq -\eta < 0.$$

Poichè i punti della sequenza $\{x_k\}$ appartengono all'insieme compatto $\mathcal{L}_0$ e le sequenze $\{s_k\}$, $\{d_k\}$ sono limitate, rinominando eventualmente l'insieme K e tenendo conto della continuità di $\nabla^2 f$, possiamo scrivere

$$\lim_{k\in K, k\to\infty} (\nabla f(x_k)^T s_k + \frac{1}{2} d_k^T \nabla^2 f(x_k) d_k) = (\nabla f(\bar{x})^T \bar{s} + \frac{1}{2} \bar{d}^T \nabla^2 f(\bar{x}) \bar{d}) < 0.$$
$$(7.72)$$

Dalla (7.71) segue

$$\lim_{k\in K, k\to\infty} \alpha_k = 0.$$

Le istruzioni dell'algoritmo implicano per $k \in K$ e k sufficientemente grande

$$f(x_k + (\frac{\alpha_k}{\delta})^2 s_k + \frac{\alpha_k}{\delta} d_k) > f(x_k) + \gamma (\frac{\alpha_k}{\delta})^2 (\nabla f(x_k)^T s_k + \frac{1}{2} d_k^T \nabla^2 f(x_k) d_k).$$
$$(7.73)$$

7.8 Convergenza a punti stazionari del "secondo ordine"*

Utilizzando il teorema di Taylor possiamo scrivere

$$f(x_k + (\tfrac{\alpha_k}{\delta})^2 s_k + \tfrac{\alpha_k}{\delta} d_k) =$$

$$f(x_k) + (\tfrac{\alpha_k}{\delta})^2 \nabla f(x_k)^T s_k + \tfrac{\alpha_k}{\delta} \nabla f(x_k)^T d_k +$$

$$\tfrac{1}{2} \left[(\tfrac{\alpha_k}{\delta})^2 s_k + \tfrac{\alpha_k}{\delta} d_k \right]^T \nabla^2 f(\xi_k) \left[(\tfrac{\alpha_k}{\delta})^2 s_k + \tfrac{\alpha_k}{\delta} d_k \right] \leq \qquad (7.74)$$

$$f(x_k) + (\tfrac{\alpha_k}{\delta})^2 \nabla f(x_k)^T s_k +$$

$$\tfrac{1}{2} \left[(\tfrac{\alpha_k}{\delta})^2 s_k + \tfrac{\alpha_k}{\delta} d_k \right]^T \nabla^2 f(\xi_k) \left[(\tfrac{\alpha_k}{\delta})^2 s_k + \tfrac{\alpha_k}{\delta} d_k \right]$$

dove

$$\xi_k = x_k + \theta_k ((\tfrac{\alpha_k}{\delta})^2 s_k + \tfrac{\alpha_k}{\delta} d_k) \qquad \theta_k \in (0,1).$$

L'ultima disuguaglianza nella (7.74) segue dall'ipotesi $\nabla f(x_k)^T d_k \leq 0$.

Poiché $\alpha_k \to 0$ per $k \in K$ e $k \to \infty$, tenendo conto delle ipotesi di limitatezza di $\{s_k\}$ e $\{d_k\}$, abbiamo

$$\lim_{k \in K, k \to \infty} \xi_k = \bar{x}. \qquad (7.75)$$

Dalla (7.73) e dalla (7.74) otteniamo

$$(\tfrac{\alpha_k}{\delta})^2 \nabla f(x_k)^T s_k + \tfrac{1}{2} \left[(\tfrac{\alpha_k}{\delta})^2 s_k + \tfrac{\alpha_k}{\delta} d_k \right]^T \nabla^2 f(\xi_k) \left[(\tfrac{\alpha_k}{\delta})^2 s_k + \tfrac{\alpha_k}{\delta} d_k \right] >$$

$$\gamma (\tfrac{\alpha_k}{\delta})^2 (\nabla f(x_k)^T s_k + \tfrac{1}{2} d_k^T \nabla^2 f(x_k) d_k).$$

Dividendo per $(\tfrac{\alpha_k}{\delta})^2$ possiamo scrivere

$$(1-\gamma)[\nabla f(x_k)^T s_k + \tfrac{1}{2} d_k^T \nabla^2 f(x_k) d_k] >$$

$$\tfrac{1}{2} d_k^T [\nabla^2 f(x_k) - \nabla^2 f(\xi_k)] d_k + \tfrac{1}{2} (\tfrac{\alpha_k}{\delta})^2 s_k^T \nabla^2 f(\xi_k) s_k + \tfrac{\alpha_k}{\delta} d_k^T \nabla^2 f(\xi_k) s_k.$$

Considerando i limiti per $k \in K$ e $k \to \infty$, tenendo conto che $\alpha_k \to 0$, della (7.75) e della continuità di $\nabla^2 f$, si ottiene

$$(1-\gamma)[\nabla f(\bar{x})^T \bar{s} + \tfrac{1}{2} \bar{d} \nabla^2 f(\bar{x}) \bar{d}] \geq 0,$$

da cui segue, essendo $(1-\gamma) > 0$,

$$\nabla f(\bar{x})^T \bar{s} + \tfrac{1}{2} \bar{d} \nabla^2 f(\bar{x}) \bar{d} \geq 0,$$

che contraddice la (7.72). □

7.8.3 Proprietà sulle direzioni e analisi di convergenza

Introduciamo ora le condizioni sulle direzioni s_k e d_k per ottenere un risultato di convergenza globale a punti stazionari del secondo ordine. Come detto in precedenza, la direzione s_k ha il ruolo di garantire, insieme alla procedura di ricerca unidimensionale, la convergenza a punti stazionari. La condizione su s_k, definita di seguito, è quella (già introdotta) che tipicamente viene utilizzata per rendere globalmente convergente (eventualmente con una strategia non monotona) un metodo di discesa.

Condizione C1. Esistono costanti $c_1, c_2 > 0$ tali che per ogni $k \geq 0$

$$\nabla f(x_k)^T s_k \leq -c_1 \|\nabla f(x_k)\|^2, \quad \|s_k\| \leq c_2 \|\nabla f(x_k)\|.$$

La direzione d_k deve essere una direzione a curvatura "sufficientemente" negativa nelle regioni di non convessità, per garantire che la convergenza a punti stazionari del secondo ordine. La "migliore" direzione a curvatura negativa è soluzione del problema

$$min_{d \in R^n} \frac{d^T \nabla^2 f(x_k) d}{\|d\|^2},$$

e quindi è l'autovettore corrispondente all'autovalore minimo di $\nabla^2 f(x_k)$. Si richiede quindi che d_k sia "sufficientemente buona" rispetto alla migliore tra le direzioni a curvatura negativa. Formalmente assumiamo la condizione che segue.

Condizione C2. La sequenza $\{d_k\}$ è limitata; denotato con $\lambda_m(\nabla^2 f(x_k))$ il minimo autovalore della matrice Hessiana $\nabla^2 f(x_k)$, per ogni $k \geq 0$ si ha

$$\nabla f(x_k)^T d_k \leq 0 \qquad d_k^T \nabla^2 f(x_k) d_k \leq \min\left\{0, \theta \lambda_m\left(\nabla^2 f(x_k)\right)\right\}, \qquad (7.76)$$

con $\theta \in (0, 1]$.

Si osservi che la precedente condizione è soddisfatta prendendo $d_k = 0$ se la matrice Hessiana $\nabla^2 f(x_k)$ è semidefinita positiva.

Nel caso di matrice Hessiana indefinita (e quindi con $\lambda_m(\nabla^2 f(x_k)) < 0$), la condizione (7.76) è soddisfatta ponendo, ad esempio, d_k pari all'autovettore unitario (con segno opportuno per garantire $\nabla f(x_k)^T d_k \leq 0$) corrispondente all'autovalore minimo di $\nabla^2 f(x_k)$.

7.8 Convergenza a punti stazionari del "secondo ordine"*

Il risultato di convergenza è riportato nella proposizione che segue.

Proposizione 7.12 (Convergenza a punti stazionari del secondo ordine).

Sia $f : R^n \to R$ due volte continuamente differenziabile su R^n. Supponiamo che l'insieme di livello $\mathcal{L}_0$ sia compatto e che valgano le condizioni C1 e C2 sulle sequenze di direzioni $\{s_k\}$ e $\{d_k\}$. Sia $\{x_k\}$ la successione definita dalla regola di aggiornamento

$$x_{k+1} = x_k + \alpha_k^2 s_k + \alpha_k d_k,$$

in cui α_k è determinato con il metodo di ricerca unidimensionale curvilinea. Allora la sequenza $\{x_k\}$ ammette punti di accumulazione, e ogni punto di accumulazione soddisfa le condizioni di ottimalità del secondo ordine, ossia è un punto stazionario in cui la matrice Hessiana è semidefinita positiva.

Dimostrazione. La successione $\{f(x_k)\}$ è monotona decrescente, per cui i punti della sequenza $\{x_k\}$ appartengono all'insieme compatto $\mathcal{L}_0$, di conseguenza $\{x_k\}$ ammette punti di accumulazione. Sia $x^\star$ un punto di accumulazione di $\{x_k\}$, esiste quindi un sottoinsieme infinito K tale che

$$\lim_{k \in K, k \to \infty} x_k = x^\star.$$

Essendo $x_k \in \mathcal{L}_0$, dalla continuità del gradiente segue che la sequenza $\{\nabla f(x_k)\}$ è limitata, per cui la condizione C1 implica che anche la sequenza $\{s_k\}$ è limitata. La limitatezza della sequenza $\{d_k\}$ segue dalla condizione C2. Valgono perciò le ipotesi della Proposizione 7.11, e quindi dalla (7.68) si ottiene che $\nabla f(x_k)^T s_k \to 0$.

Dalla condizione C1 abbiamo $|\nabla f(x_k)^T s_k| \geq c_1 \|\nabla f(x_k)\|^2$, per cui, tenendo conto della continuità del gradiente otteniamo

$$\lim_{k \in K, k \to \infty} \nabla f(x_k) = \nabla f(x^\star) = 0,$$

e quindi che $x^\star$ è un punto stazionario.

Supponiamo ora per assurdo che il punto stazionario $x^\star$ non soddisfi le condizioni di ottimalità del secondo ordine, e quindi che la matrice Hessiana $\nabla^2 f(x^\star)$ abbia autovalori minori di zero, ossia assumiamo

$$\lambda_m(\nabla^2 f(x^\star)) < 0. \tag{7.77}$$

La (7.69) della Proposizione 7.11, la condizione C2 su d_k e l'ipotesi di continuità della matrice Hessiana implicano

$$\lim_{k \in K, k \to \infty} \min\left\{0, \theta \lambda_m\left(\nabla^2 f(x_k)\right)\right\} = \min\left\{0, \theta \lambda_m\left(\nabla^2 f(x^\star)\right)\right\} = 0,$$

in contraddizione con la (7.77). □

Note e riferimenti

Le proprietà di convergenza locale del metodo di Newton sono state originariamente analizzate in [67] su spazi di funzioni ed il metodo stato oggetto di numerosi studi sia nell'ambito dell'Analisi numerica che dell'Ottimizzazione. Lo studio su R^n è svolto, ad esempio, in [99] in relazione ai sistemi di equazioni non lineari e in quasi tutti i testi già citati nel primo capitolo con riferimento a problemi di ottimizzazione. La tecnica di globalizzazione del metodo di Newton basata sulla fattorizzazione di Cholesky modificata è stata introdotta in [47] ed è stata successivamente sviluppata in in numerosi lavori. Una recente ampia trattazione è quella riportata in [37]. La modifica del metodo, nota come metodo di Shamanskii, è stata proposta in [117]. Una versione globalmente convergente è stata introdotta in [75]. La strategia di globalizzazione del metodo di Newton basata su ricerche unidimensionali di tipo non monotono è stata proposta in [51]. Tecniche di globalizzazione non monotone basate su criteri di tipo *watchdog* sono state studiate in [54] e [59]. Lavori di riferimento per il paragrafo sulla ricerca curvilinea e sulla convergenza a punti stazionari del "secondo ordine" sono stati [39, 50, 91].

7.9 Esercizi

7.1. Sia $f : R^n \to R$ due volte continuamente differenziabile e si supponga che esistano $M \geq m > 0$ tali che per ogni x in R^n si abbia:

$$m\|y\|^2 \leq y^T \nabla^2 f(x) y \leq M\|y\|^2, \quad \text{per ogni} \quad y \in R^n.$$

Si definisca uno schema di algoritmo per minimizzare f che utilizzi il metodo di Armjio come tecnica di ricerca unidimensionale lungo la direzione di Newton e si stabiliscano le proprietà di convergenza.

7.2. Si consideri il problema

$$\min_{x \in R^n} f(x)$$

in cui $f : R^n \to R$, e si effettui la trasformazione di variabili $\hat{x} = Tx$, essendo T una matrice non singolare. Si definisca la funzione

$$\hat{f}(\hat{x}) = f(T^{-1}\hat{x})$$

e si supponga di effettuare un passo con il metodo di Newton nello spazio delle nuove variabili con riferimento alla funzione $\hat{f}$, a partire dal punto $\hat{x}_0 = Tx_0$. Si dimostri che il it metodo di Newton è invariante rispetto alla scala, nel senso che, effettuando la trasformazione inversa del punto $\hat{x}_1$ ottenuto con un passo del metodo di Newton, si determina lo stesso punto che si otterrebbe applicando il metodo di Newton nello spazio delle variabili originarie a partire da x_0.

7.3. Si realizzi un codice di calcolo basato sulla fattorizzazione di Cholesky modificata del tipo LL^T e su una ricerca unidimensionale tipo-Armijo e lo si sperimenti su funzioni test.

7.4. Si realizzi un codice di calcolo basato sulla fattorizzazione di Cholesky modificata del tipo LL^T e su una ricerca unidimensionale tipo-Armijo non monotona e lo si sperimenti su funzioni test, per vari valori di M.

7.5. Si realizzi un codice di calcolo basato sulla tecnica watchdog non monotona e su una ricerca unidimensionale tipo-Armijo non monotona e lo si sperimenti su funzioni test.

8
Metodi delle direzioni coniugate

In questo capitolo analizziamo dapprima i *metodi delle direzioni coniugate* con riferimento al problema della minimizzazione di funzioni quadratiche convesse. Successivamente consideriamo l'estensione al caso non quadratico e analizziamo le proprietà di convegenza globale dei metodi più noti.

8.1 Generalità

Consideriamo una funzione quadratica definita su R^n

$$f(x) = 1/2 x^T Q x - c^T x,$$

in cui Q è una matrice simmetrica $n \times n$ e $c \in R^n$.

Dai risultati del Capitolo 2 sappiamo che la funzione f ammette punto di minimo se e solo se Q è semidefinita positiva ed esiste almeno un punto $x^\star$ tale che

$$\nabla f(x^\star) = Q x^\star - c = 0.$$

Se Q è simmetrica e definita positiva la funzione f è strettamente convessa (essendo la matrice Hessiana definita positiva) e ammette un unico punto di minimo globale $x^\star = Q^{-1} c$, che è soluzione del sistema lineare

$$Qx = c.$$

I *metodi delle direzioni coniugate* sono stati originariamente introdotti come *metodi iterativi* per la risoluzione di sistemi lineari con matrice dei coefficienti simmetrica e definita positiva, e quindi, equivalentemente, per la minimizzazione di funzioni quadratiche strettamente convesse.

Nel seguito definiamo il concetto di direzioni coniugate e analizziamo inizialmente il *metodo delle direzioni coniugate*, mostrando che nel caso quadratico esso consente di determinare il punto di minimo in un numero finito di iterazioni, a partire da un qualsiasi punto iniziale assegnato $x_0 \in R^n$.

8 Metodi delle direzioni coniugate

Successivamente, sempre nel caso quadratico, introduciamo il *metodo del gradiente coniugato* e ne studiamo le proprietà di convergenza essenziali. Infine, consideriamo varie estensioni del metodo del gradiente coniugato alla minimizzazione di funzioni non quadratiche e analizziamo due tra i più noti metodi delle direzioni coniugate per funzioni non quadratiche: il metodo di *Fletcher-Reeves* e il metodo di *Polyak-Polak-Ribiére*.

Per semplificare la notazione indicheremo con g il gradiente ∇f (in particolare, g_k indicherà $\nabla f(x_k)$).

8.2 Definizioni e risultati preliminari

La caratteristica principale dei metodi delle direzioni coniugate per la minimizzazione di funzioni quadratiche è quella di generare, in modo semplice, un insieme di direzioni che, oltre ad essere linearmente indipendenti, godono dell'ulteriore importante proprietà di essere mutuamente *coniugate*. Introduciamo formalmente il concetto di direzioni coniugate.

Definizione 8.1 (Direzioni coniugate).

Assegnata una matrice Q simmetrica, due vettori non nulli $d_i, d_j \in R^n$ si dicono coniugati rispetto a Q (oppure Q-coniugati, oppure Q-ortogonali) se risulta:
$$d_i^T Q d_j = 0.$$

La Definizione 8.1 non richiede ipotesi ulteriori sulla matrice Q oltre la simmetria. Tuttavia, per il fatto che stiamo considerando il problema di minimizzare funzioni quadratiche, ci riferiremo a matrici Q simmetriche e *definite positive* (in alcuni casi *semidefinite positive*). Osserviamo inoltre che nel caso $Q = I$ la definizione precedente coincide con la definizione usuale di vettori ortogonali.

Mostriamo ora che direzioni *mutuamente coniugate* sono necessariamente *linearmente indipendenti*.

Proposizione 8.1 (Indipendenza lineare di direzioni coniugate).

Siano $d_0, d_1, \ldots, d_m \in R^n$ vettori non nulli e mutuamente coniugati rispetto a una matrice Q simmetrica definita positiva $n \times n$. Allora $d_0, d_1, \ldots, d_m$ sono linearmente indipendenti.

Dimostrazione. Siano $\alpha_0, \alpha_1, \ldots, \alpha_m$ costanti reali tali che

$$\sum_{j=0}^{m} \alpha_j d_j = 0. \tag{8.1}$$

Moltiplicando a sinistra per Q ed eseguendo il prodotto scalare per d_i si ottiene, essendo $d_i^T Q d_j = 0$ per $i \neq j$,

$$0 = \sum_{j=0}^{m} \alpha_j d_i^T Q d_j = \alpha_i d_i^T Q d_i.$$

D'altra parte, poiché Q è definita positiva e $d_i \neq 0$ si ha $d_i^T Q d_i > 0$ e quindi deve essere necessariamente $\alpha_i = 0$. Ripetendo lo stesso ragionamento per $i = 0, 1, \ldots, m$ si può affermare che la (8.1) implica $\alpha_i = 0$ per $i = 0, 1, \ldots, m$, il che prova l'indipendenza lineare dei vettori $d_0, \ldots, d_m$. □

Analizziamo ora alcune relazioni che motivano l'importanza del concetto di direzioni coniugate. Supponiamo assegnati n vettori $d_0, d_1, \ldots, d_{n-1}$ mutuamente coniugati rispetto a Q. La Proposizione 8.1 implica che il punto di minimo $x^\star$ della f può essere espresso come combinazione lineare dei vettori $d_0, d_1, \ldots, d_{n-1}$ essendo questi linearmente indipendenti e formando quindi una base in R^n. Possiamo quindi scrivere

$$x^\star = \alpha_0 d_0 + \alpha_1 d_1 + \ldots + \alpha_{n-1} d_{n-1}, \tag{8.2}$$

in cui $\alpha_0, \alpha_1, \ldots, \alpha_{n-1}$ sono opportuni coefficienti. Per determinare il generico coefficiente α_i moltiplichiamo i membri della (8.2) per $d_i^T Q$ ottenendo, grazie all'ipotesi di coniugatezza e al fatto che $Qx^\star = c$,

$$\alpha_i = \frac{d_i^T Q x^\star}{d_i^T Q d_i} = \frac{d_i^T c}{d_i^T Q d_i}. \tag{8.3}$$

Dalle (8.2) e (8.3) otteniamo

$$x^\star = \sum_{i=0}^{n-1} \frac{d_i^T c}{d_i^T Q d_i} d_i. \tag{8.4}$$

Dalla (8.3) possiamo osservare che i coefficienti della combinazione lineare (8.2) dipendono dal vettore c ma non richiedono la conoscenza della soluzione $x^\star$. Ciò è conseguenza del fatto che le direzioni $d_0, d_1, \ldots, d_{n-1}$ sono mutuamente coniugate. Se le direzioni $d_0, d_1, \ldots, d_{n-1}$ fossero linearmente indipendenti ma non mutuamente coniugate il calcolo dei coefficienti α_i della combinazione lineare richiederebbe la conoscenza della soluzione $x^\star$. Tutto questo evidenzia l'importanza dell'ipotesi di direzioni coniugate rispetto a quella di direzioni linearmente indipendenti.

La (8.4) può essere interpretata come il risultato di una procedura iterativa in n passi, in cui alla generica iterazione i la soluzione corrente viene aggiornata mediante l'aggiunta del termine $\alpha_i d_i$. In quest'ottica, assumendo arbitrario il punto iniziale a cui viene applicata la procedura, abbiamo

$$x^\star = x_0 + \alpha_0 d_0 + \alpha_1 d_1 + \ldots + \alpha_{n-1} d_{n-1}, \tag{8.5}$$

da cui segue, con passaggi analoghi a quelli fatti in precedenza per ottenere la (8.3),

$$\alpha_k = \frac{d_k^T Q(x^\star - x_0)}{d_k^T Q d_k}. \qquad (8.6)$$

Le istruzioni della procedura iterativa implicano

$$x_k - x_0 = \alpha_0 d_0 + \alpha_1 d_1 + \ldots + \alpha_{k-1} d_{k-1},$$

da cui si ottiene, essendo le direzioni $d_0, d_1, \ldots, d_{n-1}$ mutuamente coniugate,

$$d_k^T Q(x_k - x_0) = 0. \qquad (8.7)$$

Dalla (8.6) e dalla (8.7), essendo $Q(x^\star - x_k) = -g_k$, otteniamo

$$\alpha_k = \frac{d_k^T Q(x^\star - x_0)}{d_k^T Q d_k} = \frac{d_k^T Q(x^\star - x_k + x_k - x_0)}{d_k^T Q d_k} = -\frac{g_k^T d_k}{d_k^T Q d_k},$$

ossia che il generico coefficiente α_k della (8.5) è proprio il punto di minimo di f lungo la corrispondente direzione d_k. La soluzione $x^\star$ può essere quindi determinata mediante *minimizzazioni esatte unidimensionali* lungo *direzioni coniugate*.

Possiamo enunciare la proposizione seguente.

Proposizione 8.2 (Metodo direzioni coniugate: convergenza finita).

Sia Q una matrice simmetrica definita positiva e sia $\{d_0, d_1, \ldots, d_{n-1}\}$ un sistema di n vettori non nulli e mutuamente coniugati rispetto a Q. Sia f una funzione quadratica

$$f(x) = \frac{1}{2} x^T Q x - c^T x,$$

e si definisca l'algoritmo (metodo delle direzioni coniugate)

$$x_{k+1} = x_k + \alpha_k d_k,$$

in cui $x_0 \in R^n$ è un punto iniziale arbitrario e α_k è scelto in modo da minimizzare f lungo d_k, ossia:

$$\alpha_k = -\frac{g_k^T d_k}{d_k^T Q d_k} = -\frac{(Q x_k - c)^T d_k}{d_k^T Q d_k}.$$

Allora:

(i) *se $g_i \neq 0$, per $i = 0, 1, \ldots, k-1$ si ha:*

$$g_k^T d_i = 0, \quad \text{per } i = 0, 1, \ldots, k-1;$$

(ii) *esiste $m \leq n-1$ tale che x_{m+1} coincide con il punto di minimo x^* di f.*

Dimostrazione. Sia k un intero tale che $g_i \neq 0$, per $i = 0, 1, \ldots, k-1$. Applicando ripetutamente l'algoritmo a partire dal punto x_i si può scrivere:

$$x_k = x_i + \sum_{j=i}^{k-1} \alpha_j d_j.$$

Premoltiplicando per Q si ottiene:

$$Q x_k = Q x_i + \sum_{j=i}^{k-1} \alpha_j Q d_j.$$

Poichè $g(x) = Qx - c$, dall'equazione precedente si ha:

$$g_k = g_i + \sum_{j=i}^{k-1} \alpha_j Q d_j,$$

da cui segue, moltiplicando scalarmente per d_i, e tenendo conto dell'ipotesi $d_i^T Q d_j = 0$ per $i \neq j$,

$$\begin{aligned} d_i^T g_k &= d_i^T g_i + \sum_{j=i}^{k-1} \alpha_j d_i^T Q d_j \\ &= d_i^T g_i + \alpha_i d_i^T Q d_i. \end{aligned}$$

Ricordando l'espressione di α_i si ha quindi

$$d_i^T g_k = 0.$$

Ripetendo lo stesso ragionamento per $i = 0, 1, \ldots, k-1$ risulta dimostrata la (i). Supponiamo ora che sia $g_k \neq 0$, per $k = 0, 1, \ldots, n-1$. Dalla (i), per $k = n$ si ha

$$g_n^T d_i = 0, \quad \text{per } i = 0, 1, \ldots, n-1$$

e quindi g_n è ortogonale agli n vettori $d_0, \ldots, d_{n-1}$ che, per la Proposizione 8.1 sono linearmente indipendenti. Ciò implica che

$$g_n = 0$$

e di conseguenza, per la stretta convessità di f, che x_n è il punto di minimo di f. □

212 8 Metodi delle direzioni coniugate

Dalla proposizione precedente abbiamo quindi che, assumendo note n direzioni mutuamente coniugate, possiamo determinare il punto di minimo di f al più in n iterazioni. Nel prossimo paragrafo vedremo come generare in modo iterativo direzioni mutamente coniugate.

La proposizione precedente consente di dimostare un altro risultato che riguarda le proprietà di discesa del metodo delle direzioni coniugate. In particolare, indicando con $\mathcal{B}_k$ il sottospazio lineare generato dai vettori $d_0, d_1, \ldots, d_{k-1}$, abbiamo che il punto x_k ottenuto con il metodo delle direzioni coniugate minimizza la funzione f sul sottospazio affine $x_0 + \mathcal{B}_k$.

Proposizione 8.3. *Supponiamo che valgano le ipotesi della Proposizione 8.2. Sia $\{x_k\}$ la sequenza generata dal metodo delle direzioni coniugate e sia per ogni $k \geq 1$*

$$\mathcal{B}_k = \{y \in R^n : y = \sum_{i=0}^{k-1} \gamma_i d_i, \quad \gamma_i \in R, \ i = 0, \ldots, k-1\}.$$

Allora risulta:

(i) $g_k^T d = 0$ *per ogni* $d \in \mathcal{B}_k$;
(ii) *per ogni $k \geq 1$ il punto x_k è punto di minimo della funzione f sul sottospazio affine $x_0 + \mathcal{B}_k$.*

Dimostrazione. L'asserzione (i) segue direttamente dalla (i) della Proposizione 8.2.

Per quanto riguarda il punto (ii), innanzitutto osserviamo che le istruzioni del metodo delle direzioni coniugate implicano $x_k \in x_0 + \mathcal{B}_k$. Per dimostrare la tesi è sufficiente mostrare che risulta

$$g_k^T(y - x_k) \geq 0 \qquad \text{per ogni } y \in x_0 + \mathcal{B}_k. \tag{8.8}$$

Infatti, la f è una funzione strettamente convessa, e la (8.8) è condizione necessaria e sufficiente affinchè x_k sia l'unico punto di minimo f sul sottospazio affine $x_0 + \mathcal{B}_k$ (si vedano le condizioni di ottimalità nel capitolo dedicato ai problemi con insieme ammissibile convesso). Per ogni $y \in x_0 + \mathcal{B}_k$ possiamo scrivere

$$g_k^T(y - x_k) = g_k^T\left(x_0 + \sum_{i=0}^{k-1}\gamma_i d_i - x_0 - \sum_{i=0}^{k-1}\alpha_i d_i\right) = 0,$$

dove l'ultima uguaglianza segue dal fatto che con la (i) abbiamo $g_k^T d_i = 0$ per $i = 0, \ldots, k-1$. □

Commento 8.1. Osserviamo che la retta $x = x_{k-1} + \alpha d_{k-1}$, $\alpha \in R$ appartiene al sottospazio affine $x_0 + \mathcal{B}_k$, per cui dalla proposizione precedente segue che il punto x_k minimizza la f lungo tale retta. □

8.3 Metodo del gradiente coniugato: caso quadratico

Nella Proposizione 8.2 si è supposto che le direzioni $d_0, d_1, \ldots, d_{n-1}$ fossero direzioni coniugate assegnate. Consideriamo ora uno schema di algoritmo, noto come *metodo del gradiente coniugato* in cui i vettori Q-coniugati vengono generati attraverso un processo iterativo.

Sia $x_0 \in R^n$ un punto iniziale arbitrario tale che $g_0 \neq 0$ e assumiamo inizialmente
$$d_0 = -g_0 = -(Qx_0 - c). \tag{8.9}$$

Poniamo
$$x_{k+1} = x_k + \alpha_k d_k, \tag{8.10}$$

in cui α_k è scelto in modo da minimizzare f lungo d_k, ossia
$$\alpha_k = -\frac{g_k^T d_k}{d_k^T Q d_k}. \tag{8.11}$$

Se $g_{k+1} \neq 0$, definiamo d_{k+1} assumendo:
$$d_{k+1} = -g_{k+1} + \beta_{k+1} d_k, \tag{8.12}$$

in cui
$$\beta_{k+1} = \frac{g_{k+1}^T Q d_k}{d_k^T Q d_k}. \tag{8.13}$$

È immediato verificare che la scelta di β_{k+1} assicura che la direzione d_{k+1} sia coniugata rispetto a d_k; dalle (8.12) (8.13) segue infatti:
$$d_{k+1}^T Q d_k = 0. \tag{8.14}$$

Prima di analizzare le proprietà dell'algoritmo precedente conviene stabilire alcune utili relazioni. Osserviamo anzitutto che, premoltiplicando ambo i membri della (8.10) per Q e ricordando l'espressione del gradiente, si ottiene:
$$g_{k+1} = g_k + \alpha_k Q d_k. \tag{8.15}$$

Notiamo inoltre che la scelta del passo espressa dalla (8.11) assicura che x_{k+1} sia il punto di minimo di f lungo d_k e quindi g_{k+1} deve essere ortogonale a d_k.

Ciò d'altra parte segue direttamente dalla (8.15), moltiplicando scalarmente ambo i membri per d_k e tenendo conto della (8.11). Possiamo quindi scrivere
$$g_{k+1}^T d_k = 0. \tag{8.16}$$

Dalla (8.12), scritta con k al posto di $k+1$, moltiplicando scalarmente per g_k e tenendo conto della (8.16) si ha poi
$$g_k^T d_k = -g_k^T g_k. \tag{8.17}$$

214   8 Metodi delle direzioni coniugate

Dalle (8.11) (8.17) segue immediatamente che si può porre:

$$\alpha_k = \frac{g_k^T g_k}{d_k^T Q d_k} = \frac{\|g_k\|^2}{d_k^T Q d_k}. \tag{8.18}$$

Verifichiamo ora che l'algoritmo è ben definito, nel senso che i denominatori che compaiono nelle (8.11) e (8.13) non si annullano. Più esattamente si ha il seguente risultato.

Proposizione 8.4. *L'algoritmo del gradiente coniugato produce direzioni d_k tali che $d_k = 0$ se e solo se $g_k = 0$. Inoltre $\alpha_k = 0$ se e solo se $g_k = 0$.*

Dimostrazione. Dalla (8.17) segue immediatamente che $d_k = 0$ implica $g_k = 0$. D'altra parte, se $g_k = 0$, per la (8.13) si ha $\beta_k = 0$ e quindi, dalla (8.12) (scritta con k al posto di $k+1$) segue $d_k = 0$. Ciò prova la prima affermazione. La seconda affermazione segue dalla (8.18), che implica $\alpha_k = 0$ se e solo se $g_k = 0$. □

Dimostriamo ora che l'algoritmo del gradiente coniugato genera direzioni coniugate e quindi determina in un numero finito di passi il punto di minimo di f.

Proposizione 8.5. *L'algoritmo del gradiente coniugato definito dalle (8.9)-(8.13) determina, in al più n iterazioni, il punto di minimo x^* della funzione quadratica*

$$f(x) = \frac{1}{2}x^T Q x - c^T x,$$

con Q definita positiva. In particolare, esiste un intero $m \leq n-1$ tale che per $i = 1, \ldots, m$ si ha

$$g_i^T g_j = 0, \quad j = 0, 1, \ldots, i-1, \tag{8.19}$$

per $i = 1, \ldots, m$ si ha

$$d_i^T Q d_j = 0 \quad j = 0, 1, \ldots, i-1, \tag{8.20}$$

e inoltre risulta $g_{m+1} = 0$.

8.3 Metodo del gradiente coniugato: caso quadratico

Dimostrazione. Se $g_0 = 0$ non viene generato nessun altro punto e x_0 è il punto di minimo. Supponiamo quindi che esista un intero $m > 0$ tale che $g_i \neq 0$ per $i = 0, 1 \ldots, m$ e dimostriamo, per induzione, che valgono le (8.19) (8.20). A tale scopo verifichiamo anzitutto che tali relazioni valgono per $i = 1$. Per $i = 1$, essendo $d_0 = -g_0$ si ha, per la (8.16),

$$g_1^T g_0 = -g_1^T d_0 = 0$$

e per la (8.14):

$$d_1^T Q d_0 = 0.$$

Facciamo quindi l'*ipotesi induttiva* che l'enunciato valga per un indice $i \geq 1$ assegnato e proponiamoci di mostrare che esso continua a valere sostituendo i con $i + 1 \leq m$, ossia che si abbia

$$g_{i+1}^T g_j = 0, \quad j = 0, 1, \ldots, i, \tag{8.21}$$

$$d_{i+1}^T Q d_j = 0 \quad j = 0, 1, \ldots, i. \tag{8.22}$$

Sia $\mathcal{B}_{i+1}$ il sottospazio lineare generato dai vettori mutuamente coniugati $d_0, d_1, \ldots, d_i$, ossia

$$\mathcal{B}_{i+1} = \{y \in R^n : y = \sum_{l=0}^{i} \gamma_l d_l, \gamma_l \in R, \ l = 0, \ldots, i\}.$$

Dalla (8.12) abbiamo per ogni $j = 0, \ldots, i$

$$g_j = -d_j + \beta_j d_{j-1},$$

da cui segue

$$g_j \in \mathcal{B}_{i+1} \quad j = 0, \ldots, i. \tag{8.23}$$

Tenendo conto della (8.23) e utilizzando la (i) della Proposizione 8.3 con $k = i + 1$ si ottiene la (8.21).

Dimostriamo ora la (8.22) distinguendo i due casi $j = i$ e $j < i$. Se $j = i$, la scelta di β_{i+1} assicura che d_{i+1} sia coniugata a d_i e quindi la (8.22) è soddisfatta per costruzione. Se $j < i$, per la (8.12) si ha $d_{i+1} = -g_{i+1} + \beta_{i+1} d_i$, e quindi si può scrivere:

$$d_{i+1}^T Q d_j = -g_{i+1}^T Q d_j + \beta_{i+1} d_i^T Q d_j,$$

da cui segue, tenendo conto della (8.15), scritta con $k = j$,

8 Metodi delle direzioni coniugate

$$d_{i+1}^T Q d_j = -g_{i+1}^T(g_{j+1} - g_j)\frac{1}{\alpha_j} + \beta_{i+1} d_i^T Q d_j. \qquad (8.24)$$

Essendo $j < i$ sarà anche $j+1 < i+1$ e quindi per la (8.21) (di cui abbiamo dimostrato la validità) e l'ipotesi induttiva (8.20) otteniamo dalla (8.24)

$$d_{i+1}^T Q d_j = 0.$$

Possiamo allora concludere che vale anche la (8.22). Abbiamo così stabilito la validità delle (8.19), (8.20) per un generico indice i.

Ne segue che le direzioni generate dall' algoritmo sono mutuamente coniugate e quindi, per la Proposizione 8.2 si ha che per un $m \leq n-1$ deve essere $g(x_{m+1}) = 0$, il che implica che x_{m+1} è il punto di minimo di f. □

A conclusione del paragrafo riportiamo lo schema formale del metodo del gradiente coniugato. A questo fine ricaviamo preliminarmente una formula semplificata di β_k equivalente alla (8.13). Dalla (8.15) ricaviamo Qd_k e possiamo quindi riscrivere la (8.13) nella forma

$$\begin{aligned}\beta_{k+1} &= \frac{g_{k+1}^T(g_{k+1} - g_k)/\alpha_k}{d_k^T(g_{k+1} - g_k)/\alpha_k} \\ &= \frac{g_{k+1}^T(g_{k+1} - g_k)}{d_k^T(g_{k+1} - g_k)}.\end{aligned} \qquad (8.25)$$

Dalla (8.25), tenendo conto della (8.16) abbiamo

$$\beta_{k+1} = -\frac{g_{k+1}^T(g_{k+1} - g_k)}{d_k^T g_k}. \qquad (8.26)$$

Utilizzando la (8.17) dalla (8.26) si ottiene

$$\beta_{k+1} = \frac{g_{k+1}^T(g_{k+1} - g_k)}{\|g_k\|^2}. \qquad (8.27)$$

Dalla (8.27), ricordando che $g_{k+1}^T g_k = 0$, (come si deduce dalla (8.19)), segue

$$\beta_{k+1} = \frac{\|g_{k+1}\|^2}{\|g_k\|^2}. \qquad (8.28)$$

8.3 Metodo del gradiente coniugato: caso quadratico

Metodo del gradiente coniugato

Dati. Punto iniziale $x_0 \in R^n$.

Poni $g_0 = Qx_0 - c$, $d_0 = -g_0$, $k = 0$.

While $g_k \neq 0$

Poni

$$\alpha_k = \frac{\|g_k\|^2}{d_k^T Q d_k}, \tag{8.29}$$

$$x_{k+1} = x_k + \alpha_k d_k, \tag{8.30}$$

$$g_{k+1} = g_k + \alpha_k Q d_k, \tag{8.31}$$

$$\beta_{k+1} = \frac{\|g_{k+1}\|^2}{\|g_k\|^2}, \tag{8.32}$$

$$d_{k+1} = -g_{k+1} + \beta_{k+1} d_k, \tag{8.33}$$

$$k = k + 1.$$

End While

Commento 8.2. I punti generati dal metodo del gradiente coniugato sono ottenuti mediante ricerche unidimensionali esatte lungo direzioni di discesa, per cui si ha che il valore della funzione obiettivo decresce in modo monotono. □

8.3.1 Il caso di matrice Hessiana semidefinita positiva*

In questo sottoparagrafo mostriamo che, assumendo che la funzione quadratica f ammetta punti di minimo, il metodo del gradiente coniugato converge a un punto di minimo, al più in n iterazioni, anche nel caso in cui la matrice Hessiana Q sia *semidefinita positiva*.

A questo fine introduciamo il sottospazio lineare denotato come *nullo* di Q e definito come

$$\mathcal{N}(Q) = \{x \in R^n : Qx = 0\},$$

e il sottospazio lineare generato dalle colonne di Q denotato come *spazio immagine* (*range*) di Q e definito come

$$\mathcal{R}(Q) = \{x \in R^n : x = Qy, \ y \in R^n\}.$$

Da noti risultati di algebra lineare abbiamo

$$\mathcal{R}(Q) \cap \mathcal{N}(Q) = \{0\}. \tag{8.34}$$

218   8 Metodi delle direzioni coniugate

Premettiamo il risultato seguente.

Proposizione 8.6. *Sia Q una matrice simmetrica e semidefinita positiva. Allora si ha*
$$x^T Q x = 0$$
se e solo se $x \in \mathcal{N}(Q)$.

Dimostrazione. È immediato verificare che $x \in \mathcal{N}(Q)$ implica $x^T Q x = 0$.
Si assuma ora che $x^T Q x = 0$: mostreremo che necessariamente si ha $x \in \mathcal{N}(Q)$. Infatti, utilizzando la decomposizione spettrale di Q, possiamo scrivere

$$x^T Q x = \sum_{i=1}^{n} \lambda_i x^T u_i u_i^T x = \sum_{i=1}^{n} \lambda_i (u_i^T x)^2 = 0,$$

essendo λ_i, u_i per $i = 1, \ldots, n$ autovalori e autovettori di Q. Ricordando che $\lambda_i \geq 0$, si ha $\lambda_i (u_i^T x) = 0$ per $i = 1, \ldots, n$, e quindi $Qx = \sum_{i=1}^{n} \lambda_i u_i u_i^T x = 0$.

Dimostriamo ora la convergenza del metodo del gradiente coniugato applicato al problema

$$min_{x \in R^n} f(x) = \frac{1}{2} x^T Q x - c^T x, \tag{8.35}$$

assumendo che Q sia semidefinita positiva. La differenza nell'analisi di convergenza del metodo tra il caso già analizzato di matrice Q definita positiva e quello di matrice Q semidefinita positiva è nel fatto che in quest'ultimo caso può verificarsi $d_k^T Q d_k = 0$.

Proposizione 8.7. *Sia Q una matrice simmetrica e semidefinita positiva e si assuma che il problema (8.35) ammetta soluzione. Allora il metodo del gradiente coniugato determina al più in n iterazioni una soluzione del problema (8.35). Inoltre, se il punto iniziale x_0 è tale che $x_0 \in \mathcal{R}(Q)$, allora la sequenza generata appartiene a $\mathcal{R}(Q)$.*

Dimostrazione. Per dimostrare la tesi è sufficiente far vedere che

$$d_k^T Q d_k = 0 \quad \text{implica} \quad g_k = 0. \tag{8.36}$$

Infatti, se $d_k^T Q d_k > 0$ per ogni $k \geq 0$, allora si possono ripetere i ragionamenti della dimostrazione della Proposizione 8.5 ottenendo le stesse conclusioni.

Innanzitutto mostriamo per induzione che per ogni $k \geq 0$ risulta

$$g_k, d_k \in \mathcal{R}(Q). \tag{8.37}$$

La (8.37) è vera per $k = 0$. Il problema (8.35) ammette soluzione, quindi esiste un punto $x^\star$ tale che
$$Qx^\star = c,$$
di conseguenza abbiamo che $c \in \mathcal{R}(Q)$ e quindi risulta $g_0 = Qx_0 - c \in \mathcal{R}(Q)$. Inoltre, essendo $d_0 = -g_0$ abbiamo $d_0 \in \mathcal{R}(Q)$.

Ragionando per induzione assumiamo che valga la (8.37) per $k-1$ (con $k \geq 1$) e dimostriamo che vale per k. Abbiamo
$$g_k = g_{k-1} + \alpha_{k-1} Q d_{k-1},$$
da cui segue $g_k \in \mathcal{R}(Q)$, e di conseguenza, essendo
$$d_k = -g_k + \beta_k d_{k-1},$$
risulta anche $d_k \in \mathcal{R}(Q)$.

Per dimostrare la (8.36) supponiamo $d_k^T Q d_k = 0$. La Proposizione 8.6 implica $d_k \in \mathcal{N}(Q)$. Tenendo conto della (8.37) abbiamo perciò
$$d_k \in \mathcal{R}(Q) \cap \mathcal{N}(Q),$$
per cui dalla (8.34) otteniamo $d_k = 0$.

Ricordando che $g_k^T d_k = -\|g_k\|^2$ (si veda la (8.17)) segue $g_k = 0$ e quindi possiamo concludere che x_k è soluzione di (8.35).

Infine, assumendo $x_0 \in \mathcal{R}(Q)$, tenendo conto che
$$x_k = x_{k-1} + \alpha_{k-1} d_{k-1},$$
dalla (8.37) per induzione segue che $x_k \in \mathcal{R}(Q)$ per ogni $k \geq 0$. □

8.3.2 Minimi quadrati lineari

Si consideri il problema *di minimi quadrati lineari*
$$min_{x \in R^n} f(x) = \frac{1}{2} \|Ax - b\|^2, \tag{8.38}$$

in cui A è una matrice $m \times n$ e $b \in R^m$. Il problema ai minimi quadrati lineari è un problema di programmazione quadratica convessa che scriviamo in forma esplicita
$$min_{x \in R^n} f(x) = \frac{1}{2} x^T A^T A x - b^T A x. \tag{8.39}$$

Per quanto visto nel Capitolo 2 sappiamo che il problema ammette soluzione e che un punto x^* è soluzione del problema (8.38) se e solo se è un punto stazionario di f, cioè è soluzione del sistema
$$A^T A x^* = A^T b. \tag{8.40}$$

8 Metodi delle direzioni coniugate

Il problema (8.39) soddisfa le ipotesi della Proposizione 8.7, per cui applicando il metodo del gradiente coniugato è possibile determinare una soluzione del problema ai minimi quadrati. In particolare, se $x_0 \in \mathcal{R}(A^T A)$, ad esempio se $x_0 = 0$, si può dimostrare che si determina la soluzione *a minima norma*, ossia la soluzione $x_m^\star$ tale che

$$\|x_m^\star\| < \|x^\star\| \qquad \text{per ogni} \quad x^\star : A^T A x^\star = A^T b.$$

La dimostrazione di ciò segue dal fatto che la soluzione a minima norma è l'unica soluzione del problema appartenente a $\mathcal{R}(A^T A)$ (si veda il capitolo dedicato ai metodi per problemi di minimi quadrati) e dalle proprietà (Proposizione 8.7) del metodo del gradiente coniugato di generare punti $x_k \in \mathcal{R}(A^T A)$ e di convergere a una soluzione del problema.

Riportiamo uno schema di algoritmo del gradiente coniugato per il problema ai minimi quadrati lineari.

Metodo del gradiente coniugato per minimi quadrati lineari

Dati. Punto iniziale $x_0 \in R^n$, *tol* ≥ 0

Poni $r_0 = b - A x_0$, $d_0 = -g_0 = A^T r_0$, $\gamma_0 = \|g_0\|^2$, $k = 0$.

While $\gamma_k \geq tol$

Poni

$$q_k = A d_k, \qquad (8.41)$$

$$\alpha_k = \gamma_k / \|q_k\|^2, \qquad (8.42)$$

$$x_{k+1} = x_k + \alpha_k d_k, \qquad (8.43)$$

$$r_{k+1} = r_k - \alpha_k q_k, \qquad (8.44)$$

$$-g_{k+1} = A^T r_{k+1}, \qquad (8.45)$$

$$\gamma_{k+1} = \|g_{k+1}\|^2, \qquad (8.46)$$

$$\beta_k = \gamma_{k+1} / \gamma_k, \qquad (8.47)$$

$$d_{k+1} = -g_{k+1} + \beta_k d_k, \qquad (8.48)$$

$$k = k + 1.$$

End While

8.3.3 Rapidità di convergenza

Il risultato della Proposizione 8.5 assicura che il metodo del gradiente coniugato, in assenza di errori numerici, determina il minimo di una funzione quadratica strettamente convessa, o, equivalentemente, risolve un sistema di equazioni lineari (con matrice dei coefficienti definita positiva) in al più n iterazioni.

È tuttavia ancora più significativo il fatto che il metodo si possa interpretare come un *metodo iterativo* in cui l'errore sulla soluzione del sistema, ossia il *residuo*

$$g_k = Qx_k - c$$

converge a zero.

L'analisi in termini di errore numerico è piuttosto complessa. Presentiamo uno dei risultati più importanti, la cui dimostrazione viene riportata alla fine del paragrafo ed è preceduta da alcuni risultati.

Proposizione 8.8. *Supponiamo che $n-k$ autovalori di Q siano contenuti nell'intervallo $[a, b]$ e che i rimanenti k autovalori siano maggiori di b. Il punto x_{k+1} generato con il metodo del gradiente coniugato è tale che*

$$\|x_{k+1} - x^\star\|_Q^2 \leq \left(\frac{b-a}{b+a}\right)^2 \|x_0 - x^\star\|_Q^2. \tag{8.49}$$

Commento 8.3. La proposizione precedente mostra che le prime k iterazioni del metodo del gradiente coniugato "eliminano l'effetto" dei k autovalori più grandi. L'efficienza del metodo del gradiente coniugato dipende, più che dal numero di condizionamento della matrice Hessiana (rapporto tra massimo e minimo autovalore), dalla distribuzione degli autovalori della stessa matrice.

Nel caso illustrato in Fig. 8.1 gli autovalori sono partizionati in due gruppi ben separati, il primo costituito da 5 autovalori e il secondo costituito dai 3 autovalori più grandi. Se l'intervallo $[a, b]$ (che contiene il primo gruppo di autovalori) è sufficientemente piccolo in ampiezza, dalla (8.49) possiamo dedurre che il metodo del gradiente coniugato fornisce una buona stima della soluzione ottima in $k + 1 = 4$ iterazioni. □

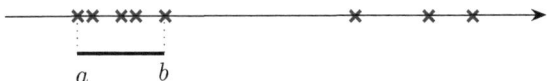

Fig. 8.1. Distribuzione di autovalori

Come immediata conseguenza della Proposizione 8.8 abbiamo il seguente risultato.

> **Corollario 8.1.** *Supponiamo che il numero di autovalori distinti della matrice Q sia k. Allora il metodo del gradiente coniugato converge al più in k iterazioni.*

Dimostrazione. La dimostrazione segue dalla (8.49) scegliendo a pari a un qualsiasi valore minore del minimo autovalore di Q e ponendo $b = a$. □

Alcuni risultati teorici e dimostrazione della Proposizione 8.8

La dimostrazione della Proposizione 8.8 richiede alcuni risultati riportati di seguito.

Dati m vettori $v_1, \ldots, v_m$ in R^n, indichiamo con $\text{lin}[v_1, \ldots, v_m]$ il sottospazio lineare generato da $v_1, \ldots, v_m$, ossia

$$\text{lin}[v_1, \ldots v_m] = \{y \in R^n : y = \gamma_1 v_1 + \gamma_2 v_2 + \ldots + \gamma_m v_m, \ \gamma_i \in R, i = 1, \ldots, m\}.$$

> **Proposizione 8.9.** *Si consideri l'algoritmo del gradiente coniugato definito dalle (8.9)-(8.13). Per ogni $k \geq 0$ risulta*
>
> (i) $\text{lin}[g_0, g_1, g_2, \ldots, g_k] = \text{lin}[g_0, Qg_0, Q^2 g_0, \ldots, Q^k g_0]$;
> (ii) $\text{lin}[d_0, d_1, d_2, \ldots, d_k] = \text{lin}[g_0, Qg_0, Q^2 g_0, \ldots, Q^k g_0]$.

Dimostrazione. Dimostreremo le asserzioni (i) e (ii) per induzione. A questo fine osserviamo che sono verificate per $k = 0$, essendo $d_0 = -g_0$. Supponendo che per un dato $k \geq 0$

$$\text{lin}[g_0, g_1, g_2, \ldots, g_k] = \text{lin}[g_0, Qg_0, Q^2 g_0, \ldots, Q^k g_0] \tag{8.50}$$

$$\text{lin}[d_0, d_1, d_2, \ldots, d_k] = \text{lin}[g_0, Qg_0, Q^2 g_0, \ldots, Q^k g_0], \tag{8.51}$$

mostreremo che risulta

$$\text{lin}[g_0, g_1, g_2, \ldots, g_k, g_{k+1}] = \text{lin}[g_0, Qg_0, Q^2 g_0, \ldots, Q^k g_0, Q^{k+1} g_0] \tag{8.52}$$

$$\text{lin}[d_0, d_1, d_2, \ldots, d_k, d_{k+1}] = \text{lin}[g_0, Qg_0, Q^2 g_0, \ldots, Q^k g_0, Q^{k+1} g_0]. \tag{8.53}$$

Per dimostrare la (8.52) faremo vedere che valgono contemporaneamente le inclusioni seguenti:

$$\text{lin}[g_0, g_1, g_2, \ldots, g_k, g_{k+1}] \subset \text{lin}[g_0, Qg_0, Q^2 g_0, \ldots, Q^k g_0, Q^{k+1} g_0] \tag{8.54}$$

$$\text{lin}[g_0, Qg_0, Q^2 g_0, \ldots, Q^k g_0, Q^{k+1} g_0] \subset \text{lin}[g_0, g_1, g_2, \ldots, g_k, g_{k+1}]. \tag{8.55}$$

8.3 Metodo del gradiente coniugato: caso quadratico

La (8.51) implica

$$Qd_k \in \text{lin}[Qg_0, Q^2g_0, Q^3g_0, \ldots, Q^{k+1}g_0]. \tag{8.56}$$

Dall'espressione del gradiente (8.15) abbiamo

$$g_{k+1} = g_k + \alpha_k Q d_k,$$

da cui segue, tenendo conto della (8.50) e della (8.56),

$$g_{k+1} \in \text{lin}[g_0, Qg_0, Q^2g_0, Q^3g_0, \ldots, Q^{k+1}g_0]. \tag{8.57}$$

La (8.54) segue quindi dalla (8.50) e dalla (8.57).

Per dimostrare la (8.55) osserviamo che utilizzando l'ipotesi (8.51) possiamo scrivere

$$Q^{k+1}g_0 = Q\left(Q^k g_0\right) \in \text{lin}[Qd_0, Qd_1, Qd_2, \ldots, Qd_k]. \tag{8.58}$$

L'espressione del gradiente (8.15) implica per $i = 0, \ldots, k$

$$Qd_i = \frac{g_{i+1} - g_i}{\alpha_i},$$

da cui segue, tenendo conto della (8.58),

$$Q^{k+1}g_0 \in \text{lin}[g_0, g_1, g_2, \ldots, g_k, g_{k+1}]. \tag{8.59}$$

L'ipotesi (8.50) e la (8.59) implicano la (8.55).

La (8.53) può essere dimostrata con i passaggi seguenti:

$$\text{lin}[d_0, d_1, \ldots, d_k, d_{k+1}]$$

$$= \text{lin}[d_0, d_1, \ldots, d_k, g_{k+1}] \quad \text{essendo } d_{k+1} = -g_{k+1} + \beta_k d_k$$

$$= \text{lin}[g_0, Qg_0, Q^2g_0, \ldots, Q^k g_0, g_{k+1}] \quad \text{per la (8.51)}$$

$$= \text{lin}[g_0, g_1, \ldots, g_k, g_{k+1}] \quad \text{per la (8.50)}$$

$$= \text{lin}[g_0, Qg_0, \ldots, Q^k g_0, Q^{k+1}g_0] \quad \text{per la (8.52).} \qquad \square$$

Sia P_k un polinomio di grado k con coefficienti $\gamma_0, \gamma_1, \ldots, \gamma_k$. Se l'argomento del polinomio è una matrice quadrata Q abbiamo

$$P_k(Q) = \gamma_0 + \gamma_1 Q + \gamma_2 Q^2 + \ldots + \gamma_k Q^k.$$

Introduciamo la *norma pesata* $\|\cdot\|_Q$ con matrice simmetrica e definita positiva Q

$$\|x\|_Q = \left(x^T Q x\right)^{1/2}.$$

Indicata con $x^\star$ la soluzione del sistema $Qx^\star = c$, ossia il punto di minimo della funzione
$$f(x) = \frac{1}{2}x^T Q x - c^T x,$$
possiamo scrivere
$$\frac{1}{2}\|x - x^\star\|_Q^2 = \frac{1}{2}(x - x^\star)^T Q(x - x^\star) = f(x) - f(x^\star). \qquad (8.60)$$

Proposizione 8.10. *Il punto x_{k+1} generato dal metodo del gradiente coniugato è tale che*
$$\frac{1}{2}\|x_{k+1} - x^\star\|_Q^2 = \min_{P_k} \frac{1}{2}(x_0 - x^\star)^T Q\left[I + QP_k(Q)\right]^2 (x_0 - x^\star). \quad (8.61)$$

Dimostrazione. Sia $\mathcal{B}_{k+1}$ il sottospazio lineare generato dalle direzioni coniugate $d_0, d_1, \ldots d_k$. Dalla (ii) della Proposizione 8.9 abbiamo
$$\mathcal{B}_{k+1} = \mathrm{lin}[d_0, d_1, \ldots d_k] = \mathrm{lin}[g_0, Qg_0, \ldots Q^k g_0],$$
e quindi, per ogni $x \in x_0 + \mathcal{B}_{k+1}$, possiamo scrivere
$$x = x_0 + \alpha_0 d_0 + \ldots + \alpha_k d_k = x_0 + P_k(Q)g_0 = x_0 + P_k(Q)(Qx_0 - Qx^\star). \quad (8.62)$$
Dalla (8.62) segue per ogni $x \in x_0 + \mathcal{B}_{k+1}$
$$\begin{aligned} x - x^\star &= x_0 - x^\star + P_k(Q)(Qx_0 - Qx^\star) \\ &= [I + P_k(Q)Q](x_0 - x^\star) = [I + QP_k(Q)](x_0 - x^\star), \end{aligned} \qquad (8.63)$$
da cui otteniamo
$$\frac{1}{2}\|x - x^\star\|_Q^2 = \frac{1}{2}(x_0 - x^\star)^T Q\left[I + QP_k(Q)\right]^2 (x_0 - x^\star). \qquad (8.64)$$
La Proposizione 8.3 implica $x_{k+1} \in \mathcal{B}_{k+1}$ e
$$f(x_{k+1}) \le f(x) \qquad \text{per ogni } x \in x_0 + \mathcal{B}_{k+1},$$
per cui, tenendo conto della (8.60) e della (8.64), possiamo scrivere
$$\frac{1}{2}\|x_{k+1} - x^\star\|_Q^2 \le \frac{1}{2}\|x - x^\star\|_Q^2 = \frac{1}{2}(x_0 - x^\star)^T Q\left[I + QP_k(Q)\right]^2 (x_0 - x^\star), \quad (8.65)$$
ottenendo in tal modo la (8.61). □

8.3 Metodo del gradiente coniugato: caso quadratico

Dalla Proposizione 8.10 è possibile ricavare un risultato in termini di autovalori della matrice Q utile per dedurre stime della differenza tra la soluzione corrente aggiornata iterativamente dal metodo del gradiente coniugato e la soluzione del problema.

Proposizione 8.11. *Il punto x_{k+1} generato dal metodo del gradiente coniugato è tale che per ogni polinomio P_k abbiamo*

$$\|x_{k+1} - x^\star\|_Q^2 \leq \max_{\lambda_i} \left[1 + \lambda_i P_k(\lambda_i)\right]^2 \|x_0 - x^\star\|_Q^2, \qquad (8.66)$$

dove il massimo è preso rispetto agli autovalori di Q.

Dimostrazione. Siano $\lambda_1, \ldots, \lambda_n$ gli autovalori della matrice Q e siano $v_1, \ldots, v_n$ i corrispondenti autovettori ortonormali. Abbiamo quindi

$$Q v_i = \lambda_i v_i \qquad i = 1, \ldots, n,$$

da cui segue per ogni $k \geq 0$

$$Q^k v_i = Q^{k-1} Q v_i = Q^{k-1} \lambda_i v_i = \lambda_i^k v_i \qquad i = 1, \ldots, n. \qquad (8.67)$$

La (8.67) implica per ogni polinomio P_k

$$P_k(Q) v_i = P_k(\lambda_i) v_i \qquad i = 1, \ldots, n. \qquad (8.68)$$

Tenendo conto che gli autovettori $v_1, \ldots, v_n$ formano una base in R^n possiamo scrivere

$$x_0 - x^\star = \sum_{i=1}^n \xi_i v_i, \qquad (8.69)$$

da cui si ottiene, usando la decomposizione spettrale

$$Q = \sum_{i=1}^n \lambda_i v_i v_i^T, \qquad (8.70)$$

$$\|x_0 - x^\star\|_Q^2 = \sum_{i=1}^n \lambda_i \xi_i^2. \qquad (8.71)$$

Posto

$$\mathcal{B}_{k+1} = \text{lin}[d_0, d_1, \ldots d_k],$$

dalla (8.62) otteniamo per ogni $x \in x_0 + \mathcal{B}_{k+1}$

$$x - x^\star = [I + P_k(Q) Q] (x_0 - x^\star),$$

da cui segue, con la (8.69),

$$x - x^\star = \sum_{i=1}^{n} [I + P_k(Q)Q]\, \xi_i v_i. \tag{8.72}$$

La (8.68) e la (8.70) implicano

$$P_k(Q)Q = \sum_{i=1}^{n} P_k(Q)\lambda_i v_i v_i^T = \sum_{i=1}^{n} \lambda_i P_k(\lambda_i) v_i v_i^T. \tag{8.73}$$

Utilizzando la (8.73) nella (8.72) otteniamo per ogni $x \in x_0 + \mathcal{B}_{k+1}$

$$x - x^\star = \sum_{i=1}^{n} [1 + \lambda_i P_k(\lambda_i)]\, \xi_i v_i,$$

e quindi possiamo scrivere

$$\|x - x^\star\|_Q^2 = \sum_{i=1}^{n} \lambda_i \left[1 + \lambda_i P_k(\lambda_i)\right]^2 \xi_i^2. \tag{8.74}$$

Dalla (8.65) e dalla (8.74) segue

$$\|x_{k+1} - x^\star\|_Q^2 \leq \sum_{i=1}^{n} \lambda_i \left[1 + \lambda_i P_k(\lambda_i)\right]^2 \xi_i^2 \leq \max_{\lambda_i} \left[1 + \lambda_i P_k(\lambda_i)\right]^2 \sum_{i=1}^{n} \lambda_i \xi_i^2$$

$$= \max_{\lambda_i} \left[1 + \lambda_i P_k(\lambda_i)\right]^2 \|x_0 - x^\star\|_Q^2,$$

dove l'ultima uguaglianza è ottenuta con la (8.71). □

La (8.66) della proposizione precedente consente di determinare con differenti scelte del polinomio P_k vari risultati di rapidità di convergenza. La Proposizione 8.8 è uno di tali risultati.

Dimostrazione Proposizione 8.8. Siano $\lambda_1, \ldots, \lambda_k$ gli autovalori di Q maggiori di b. Si consideri il polinomio P_k tale che

$$1 + \lambda P_k(\lambda) = \frac{2}{(a+b)\lambda_1 \ldots \lambda_k} \left(\frac{a+b}{2} - \lambda\right)(\lambda_1 - \lambda)\ldots(\lambda_k - \lambda). \tag{8.75}$$

Poichè $1 + \lambda_i P_k(\lambda_i) = 0$ per $i = 1, \ldots, k$, possiamo scrivere

$$\max_{\lambda_i} \left[1 + \lambda_i P_k(\lambda_i)\right]^2 \leq \max_{a \leq \lambda \leq b} \left[1 + \lambda P_k(\lambda)\right]^2 \leq$$

$$\max_{a \leq \lambda \leq b} \frac{\left(\lambda - \tfrac{1}{2}(a+b)\right)^2}{\left(\tfrac{1}{2}(a+b)\right)^2} = \left(\frac{b-a}{b+a}\right)^2,$$

dove l'ultima disuguaglianza segue dal fatto che per ogni $\lambda \in [a,b]$ abbiamo

$$0 < \frac{(\lambda_1 - \lambda)\ldots(\lambda_k - \lambda)}{\lambda_1 \ldots \lambda_k} \leq 1.$$

Utilizzando la precedente relazione nella (8.66) della Proposizione 8.11 otteniamo la (8.49). □

8.3.4 Precondizionamento

Si consideri il problema di minimizzare la funzione quadratica convessa

$$f(x) = \frac{1}{2}x^T Q x - c^T x,$$

in cui Q è una matrice $n \times n$ simmetrica e definita positiva, o equivalentemente il problema di determinare la soluzione $x^\star$ del sistema lineare

$$Qx = c. \tag{8.76}$$

I risultati del paragrafo precedente mostrano che l'efficienza del metodo del gradiente coniugato nel calcolo della soluzione $x^\star$ dipende dalla distribuzione degli autovalori della matrice Q. L'idea alla base delle tecniche di precondizionamento è di sostituire il sistema con uno "equivalente" (nel senso che dalla soluzione di quest'ultimo si ricava la soluzione del sistema originario) in cui la matrice dei coefficienti ha una distribuzione degli autovalori tale da rendere auspicabilmente più efficiente il metodo del gradiente coniugato.

Data una matrice simmetrica e definita positiva M, si consideri il sistema seguente (equivalente a quello originario (8.76))

$$MQx = Mc.$$

Una idea potrebbe essere quella di utilizzare una matrice M "prossima" alla matrice inversa Q^{-1} in modo di avere gli autovalori di MQ "raggruppati" intorno al valore unitario. Tuttavia, in generale non sarebbe possibile applicare il metodo del gradiente coniugato perchè non abbiamo nessuna garanzia sul fatto che la matrice MQ è ancora una matrice simmetrica e definita positiva.

Per ovviare a questa difficoltà il precondizionamento viene effettuato considerando la matrice B simmetrica e definita positiva tale che $Q = B^2$. Abbiamo

$$BBx = c,$$

ponendo $x = Sy$, con S matrice simmetrica e non singolare, otteniamo il sistema equivalente

$$SBBSy = Sc,$$

ossia

$$SQSy = Sc, \tag{8.77}$$

228   8 Metodi delle direzioni coniugate

in cui la matrice SQS risulta sicuramente simmetrica e definita positiva ed è "vicina" alla matrice identità se si assume $S \approx B^{-1}$. Si può quindi applicare in linea di principio il metodo del gradiente coniugato al sistema (8.77) per calcolare la soluzione $y^\star$ e di conseguenza ottenere la soluzione del sistema originario $x^\star = Sy^\star$.

Mostreremo che possiamo definire il *metodo del gradiente coniugato precondizionato* in cui le operazioni sono effettuate sul sistema equivalente (8.77), senza tuttavia calcolare la matrice dei coefficienti SQS, e in cui si aggiorna direttamente la soluzione corrente x_k del sistema originario (8.76).

A questo fine scriviamo le formule del metodo del gradiente coniugato applicato al sistema (8.77). Alla generica iterazione $k \geq 0$ abbiamo

$$y_{k+1} = y_k + \alpha_k \tilde{d}_k, \tag{8.78}$$

in cui

$$\alpha_k = \frac{\tilde{g}_k^T \tilde{g}_k}{\tilde{d}_k^T SQS \tilde{d}_k}, \tag{8.79}$$

$$\tilde{g}_k = SQSy_k - Sc = S(QSy_k - c). \tag{8.80}$$

Moltiplicando la (8.78) per S e utilizzando la trasformazione $x = Sy$ possiamo scrivere

$$x_{k+1} = x_k + \alpha_k S\tilde{d}_k, \tag{8.81}$$

da cui segue, ponendo

$$d_k = S\tilde{d}_k, \tag{8.82}$$

$$x_{k+1} = x_k + \alpha_k d_k. \tag{8.83}$$

La (8.80) può essere scritta equivalentemente

$$\tilde{g}_k = S(Qx_k - c) = Sg_k, \tag{8.84}$$

da cui segue, utilizzando nella (8.79) anche la (8.82)

$$\alpha_k = \frac{g_k^T SS g_k}{d_k^T Q d_k} = \frac{g_k^T M g_k}{d_k^T Q d_k}, \tag{8.85}$$

in cui si è posto

$$M = S^2.$$

Abbiamo inoltre

$$\tilde{d}_0 = -\tilde{g}_0, \tag{8.86}$$

$$\tilde{d}_k = -\tilde{g}_k + \beta_k \tilde{d}_{k-1} \quad k \geq 1, \tag{8.87}$$

dove

$$\beta_k = \frac{\|\tilde{g}_k\|^2}{\|\tilde{g}_{k-1}\|^2} = \frac{g_k^T SS g_k}{g_{k-1}^T SS g_{k-1}} = \frac{g_k^T M g_k}{g_{k-1}^T M g_{k-1}}. \tag{8.88}$$

Dalle (8.86) e (8.87) otteniamo moltiplicando per S

$$d_0 = -S\tilde{g}_0 = -SSg_0 = -Mg_0 \qquad (8.89)$$

$$d_k = -g_k + \beta_k d_{k-1} \qquad k \geq 1. \qquad (8.90)$$

Introducendo il vettore $z_k = Mg_k$ e lo scalare $\tau_k = z_k^T g_k$, dalle (8.85) e (8.88) possiamo ricavare le espressioni equivalenti

$$\alpha_k = \frac{\tau_k}{d_k^T Q d_k} \qquad \beta_{k+1} = \frac{\tau_{k+1}}{\tau_k}$$

utilizzate nello schema seguente.

Metodo del gradiente coniugato precondizionato

Dati. Punto iniziale $x_0 \in R^n$, M matrice $n \times n$ simmetrica e definita positiva.

Poni $g_0 = Qx_0 - c$, $d_0 = -Mg_0$, $k = 0$.

While $g_k \neq 0$

Poni

$$z_k = Mg_k \qquad \tau_k = z_k^T g_k, \qquad (8.91)$$

$$\alpha_k = \frac{\tau_k}{d_k^T Q d_k}, \qquad (8.92)$$

$$x_{k+1} = x_k + \alpha_k d_k, \qquad (8.93)$$

$$g_{k+1} = g_k + \alpha_k Q d_k, \qquad (8.94)$$

$$z_{k+1} = Mg_{k+1} \qquad \tau_{k+1} = z_{k+1}^T g_{k+1}, \qquad (8.95)$$

$$\beta_{k+1} = \frac{\tau_{k+1}}{\tau_k}, \qquad (8.96)$$

$$d_{k+1} = -g_{k+1} + \beta_{k+1} d_k, \qquad (8.97)$$

$$k = k + 1.$$

End While

8.4 Gradiente coniugato nel caso non quadratico

8.4.1 Generalità e schema concettuale del metodo

Il metodo del gradiente coniugato descritto in precedenza presuppone che la funzione da minimizzare sia quadratica. In particolare, notiamo che nelle

(8.11) e (8.13) compare esplicitamente la matrice Hessiana Q della funzione quadratica. Si può tuttavia definire l'algoritmo in modo da ottenere una versione, utilizzabile nel caso generale, che coincida nel caso quadratico con lo schema definito dalle (8.10)-(8.13) e non richieda la conoscenza esplicita della matrice Hessiana. A tale scopo occorre:

- definire la direzione di ricerca in modo tale che nell'espressione di β_{k+1} non compaia la matrice Q;
- sostituire all'espressione analitica del passo ottimo α_k un'opportuna ricerca unidimensionale.

Lo schema concettuale del metodo nel caso generale diviene il seguente.

Metodo del gradiente coniugato nel caso generale

Dati. Punto iniziale $x_0 \in R^n$.

Calcola g_0 e poni $d_0 = -g_0$, $k = 0$.

While $g_k \neq 0$

Utilizzando una tecnica di ricerca unidimensionale calcola α_k.

Poni $x_{k+1} = x_k + \alpha_k d_k$.

Calcola β_{k+1} e poni $d_{k+1} = -g_{k+1} + \beta_{k+1} d_k$.

Poni $k = k + 1$.

End While

I vari metodi proposti nel caso non quadratico differiscono fra loro sia per l'espressione di β_{k+1} utilizzata, sia per la ricerca unidimensionale adottata.

Consideriamo innanzitutto alcune delle espressioni più significative di β_{k+1}. Si è visto in precedenza che nel caso quadratico la (8.13) si può porre come segue

$$\beta_{k+1} = \frac{g_{k+1}^T (g_{k+1} - g_k)}{d_k^T (g_{k+1} - g_k)}. \tag{8.98}$$

Ponendo, per semplificare le notazioni,

$$y_k = g_{k+1} - g_k,$$

la (8.98) si può riscrivere nella forma

$$\beta_{k+1} = \frac{g_{k+1}^T y_k}{d_k^T y_k}. \tag{8.99}$$

8.4 Gradiente coniugato nel caso non quadratico

Se f è quadratica, come si è già visto, si ottengono le seguenti espressioni equivalenti, rispettivamente per il numeratore e il denominatore nella (8.99):

$$g_{k+1}^T y_k = \|g_{k+1}\|^2 \tag{8.100}$$

$$d_k^T y_k = -d_k^T g_k = \|g_k\|^2. \tag{8.101}$$

Combinando in tutti i modi possibili le espressioni precedenti si possono generare le sei formule indicate nella tabella successiva, dove sono riportati i nomi degli autori che hanno proposto o studiato ciascuna formula.

$$\beta_{k+1}^{\text{HS}} = \frac{g_{k+1}^T y_k}{d_k^T y_k} \quad \text{(Hestenes-Stiefel)}$$

$$\beta_{k+1}^{\text{FR}} = \frac{\|g_{k+1}\|^2}{\|g_k\|^2} \quad \text{(Fletcher-Reeves)}$$

$$\beta_{k+1}^{\text{PPR}} = \frac{g_{k+1}^T y_k}{\|g_k\|^2} \quad \text{(Polyak-Polak-Ribiére)}$$

$$\beta_{k+1}^{\text{F}} = \frac{\|g_{k+1}\|^2}{-d_k^T g_k} \quad \text{(Fletcher)}$$

$$\beta_{k+1}^{\text{LS}} = \frac{g_{k+1}^T y_k}{-d_k^T g_k} \quad \text{(Liu-Storey)}$$

$$\beta_{k+1}^{\text{DY}} = \frac{\|g_{k+1}\|^2}{d_k^T y_k} \quad \text{(Day-Yuan)}$$

Le due formule più note tra quelle prima riportate sono quella di Fletcher-Reeves e quella di Polyak-Polak-Ribiére che è attualmente la formula preferita nei codici di calcolo.

Ulteriori formule si possono generare sommando a una qualsiasi delle espressioni precedenti dei termini che si annullino nel caso quadratico. In particolare, se $\tilde{\beta}_{k+1}$ è una qualsiasi formula equivalente alla (8.99) allora ogni altra formula del tipo

$$\beta_{k+1} = \tilde{\beta}_{k+1} + \xi_k g_{k+1}^T d_k + \zeta_k g_{k+1}^T g_k,$$

con ξ_k e ζ_k scalari arbitrari sarà ancora equivalente, nel caso quadratico, alla (8.99). Ad esempio una delle formule studiate più recentemente (Hager-Zhang) si può porre nella forma

$$\beta_{k+1}^{\text{HZ}} = \left(y_k - 2d_k \frac{\|y_k\|^2}{d_k^T y_k} \right)^T \frac{g_{k+1}}{d_k^T y_k}$$

$$= \beta_{k+1}^{\text{HS}} - 2 \frac{\|y_k\|^2}{(d_k^T y_k)^2} g_{k+1}^T d_k.$$

Inoltre, poiché, nel caso quadratico,

$$\beta_{k+1} \geq 0,$$

se β_{k+1} è una qualsiasi formula equivalente alla (8.99) allora ogni altra formula del tipo

$$\beta_{k+1}^+ = \max\{0, \beta_{k+1}\}$$

è anch'essa equivalente.

Tutte le espressioni di β_{k+1} considerate sono equivalenti nel caso quadratico, ma possono definire direzioni di ricerca molto differenti nel caso non quadratico.

È da notare che per poter definire un metodo di discesa, la tecnica di ricerca unidimensionale deve essere necessariamente correlata alla formula scelta per β_{k+1}. Un primo requisito è ovviamente quello che la direzione di ricerca

$$d_{k+1} = -g_{k+1} + \beta_{k+1} d_k$$

sia una direzione di discesa. Una condizione sufficiente di discesa è quindi

$$-g_{k+1}^T g_{k+1} + \beta_{k+1} g_{k+1}^T d_k < 0.$$

Poiché β_{k+1} dipende da g_{k+1} e $g_{k+1} = g(x_k + \alpha_k d_k)$, il soddisfacimento della condizione precedente dipende dalla scelta di α_k e quindi dalla ricerca unidimensionale effettuata lungo d_k. In particolare, a seconda della formula scelta per β_{k+1}, si può soddisfare la condizione di discesa, sia rendendo β_{k+1} abbastanza piccolo, sia effettuando una ricerca unidimensionale accurata che renda piccolo il termine $g_{k+1}^T d_k$.

Il soddisfacimento della condizione di discesa non è tuttavia sufficiente, come è noto, per garantire la convergenza globale; in particolare, alcune delle formule considerate, come ad esempio quella di Polyak-Polak-Ribiére, non sono in grado di assicurare la convergenza nel caso non convesso, qualora si effettui una ricerca esatta che soddisfi la condizione $g_{k+1}^T d_k = 0$.

Il criterio più semplice per garantire almeno la convergenza di una sottosequenza a punti stazionari è quello di utilizzare periodicamente come direzione di ricerca la direzione dell'antigradiente (*restart*). In tal caso, in base a risultati già noti relativi al metodo del gradiente, la convergenza globale può esere assicurata (almeno per una sottosequenza) a condizione che si abbia $f(x_{k+1}) \leq f(x_k)$ per ogni k. Se il restart viene effettuato ogni n iterazioni il metodo coincide ancora con il metodo del gradiente coniugato nel caso quadratico. Tuttavia, l'esperienza di calcolo indica che è preferibile evitare il restart lungo l'antigradiente e quindi si preferiscono tecniche di globalizzazione basate su opportune modifiche adattative dell'espressione di β_{k+1} oppure sull'adozione di metodi di ricerca unidimensionale appropriati.

Nel seguito analizzeremo innanzitutto alcune tipiche tecniche di analisi con riferimento, in particolare, al metodo di Fletcher-Reeves e al metodo di Polyak-Polak-Ribiére.

8.4 Gradiente coniugato nel caso non quadratico

Le connessioni tra i metodi delle direzioni coniugate e i metodi Quasi-Newton e la definizione di metodi delle direzioni coniugate senza derivate verranno considerate in capitolo successivi.

8.4.2 Metodo di Fletcher-Reeves*

Come si è detto, il metodo di Fletcher-Reeves è stato il primo metodo del gradiente coniugato proposto per il caso non quadratico e si basa sull'adozione della formula β_{k+1}^{FR}. In tutto questo paragrafo supponiamo, salvo esplicito avviso, che sia

$$\beta_{k+1} = \beta_{k+1}^{FR} = \frac{\|g_{k+1}\|^2}{\|g_k\|^2}. \tag{8.102}$$

Parleremo quindi di *metodo di Fletcher-Reeves* con riferimento a un algoritmo definito attraverso lo schema concettuale introdotto nel paragrafo precedente in cui β_{k+1} è definito dalla (8.102).

Richiamiamo preliminarmente il risultato seguente, valido per una qualsiasi successione, noto come condizione di Zoutendijk, in cui si è posto:

$$\cos\theta_k = g_k^T d_k / \|g_k\| \|d_k\|.$$

Proposizione 8.12 (Condizione di Zoutendijk).

Sia $f : R^n \to R$ continuamente differenziabile su R^n e limitata inferiormente. Sia $\{x_k\}$ una successione infinita con $g_k \neq 0$, e supponiamo che esista $\mu > 0$ tale che

$$f(x_k) - f(x_{k+1}) \geq \mu \|g_k\|^2 \cos^2\theta_k. \tag{8.103}$$

Allora, se risulta

$$\sum_{k=0}^{\infty} \cos^2\theta_k = \infty, \tag{8.104}$$

si ha $\lim_{k\to\infty} \inf \|g_k\| = 0$.

Dimostrazione. Applicando ripetutamente la (8.103), comunque si fissi un intero m si può scrivere:

$$\sum_{k=0}^{m}(f(x_k) - f(x_{k+1})) \geq \mu \sum_{k=0}^{m} \|g_k\|^2 \cos^2\theta_k.$$

Essendo f limitata inferiormente deve esistere una costante $C > 0$ (indipendente da m) tale che

$$\sum_{k=0}^{m}(f(x_k) - f(x_{k+1})) = f(x_0) - f(x_{m+1}) \leq C.$$

Ne segue, per $m \to \infty$

$$\sum_{k=0}^{\infty} \|g_k\|^2 \cos^2 \theta_k \leq \frac{C}{\mu}.$$

Ragionando per assurdo, supponiamo che esista $\epsilon > 0$ tale che $\|g_k\| \geq \epsilon$ per tutti i k. Allora si ha

$$\sum_{k=0}^{\infty} \cos^2 \theta_k \leq \frac{C}{\mu \epsilon^2} < \infty,$$

il che porta a una contraddizione con la (8.104). Deve quindi esistere almeno una sottosuccessione di $\{\|g_k\|\}$ convergente a 0 e quindi vale la tesi. □

I primi risultati sulla convergenza del metodo di Fletcher-Reeves hanno riguardato il caso in cui la ricerca unidimensionale è "esatta". Per analizzare questo caso stabiliamo innanzitutto il risultato seguente.

Proposizione 8.13. *Supponiamo che $\{x_k\}$ sia una successione infinita con $g_k \neq 0$, generata dal metodo di Fletcher-Reeves in cui il passo α_k è determinato in modo tale che, per ogni k valga la condizione*

$$g_{k+1}^T d_k = 0. \tag{8.105}$$

Allora per ogni k la direzione d_k è una direzione di discesa e risulta

$$\|d_k\|^2 = \|g_k\|^4 \sum_{j=0}^{k} \|g_j\|^{-2} \tag{8.106}$$

$$\frac{g_k^T d_k}{\|g_k\| \|d_k\|} = -\|g_k\|^{-1} \left(\sum_{j=0}^{k} \|g_j\|^{-2} \right)^{-1/2}. \tag{8.107}$$

Dimostrazione. Osserviamo innanzitutto che, in base alla definizione di d_k e all'ipotesi (8.105) si ha, per ogni k

$$g_k^T d_k = -\|g_k\|^2, \tag{8.108}$$

per cui d_k è sempre una direzione di discesa. Dimostriamo ora, per induzione, la (8.106).

La tesi è ovviamente vera per $k=0$, in quanto $d_0 = -g_0$ e quindi $\|d_0\|^2 = \|g_0\|^2$.

Supponiamo quindi che la (8.106) sia vera per un qualsiasi $k \geq 0$ e proponiamoci di dimostrare che vale anche in corrispondenza all'indice $k+1$.

8.4 Gradiente coniugato nel caso non quadratico

Dalla definizione di d_{k+1}, dalla (8.102) e dalla (8.105) segue immediatamente

$$\|d_{k+1}\|^2 = \|g_{k+1}\|^2 + \beta_{k+1}^2 \|d_k\|^2 = \|g_{k+1}\|^2 + \frac{\|g_{k+1}\|^4}{\|g_k\|^4}\|d_k\|^2$$

e quindi, per l'ipotesi induttiva si ha, con facili passaggi,

$$\|d_{k+1}\|^2 = \|g_{k+1}\|^2 + \|g_{k+1}\|^4 \sum_{j=0}^{k} \|g_j\|^{-2} = \|g_{k+1}\|^4 \sum_{j=0}^{k+1} \|g_j\|^{-2}$$

per cui la (8.106) vale anche in corrispondenza all'indice $k+1$ e ciò completa la dimostrazione della (8.106). La (8.107) segue poi immediatamente dalla (8.108) e dalla (8.106). □

Commento 8.4. La proposizione precedente si applica, ovviamente, anche al caso quadratico in cui la ricerca unidimensionale è esatta e soddisfa quindi la (8.105). In particolare la (8.106) fornisce una stima della norma della direzione. □

Nella proposizione successiva dimostriamo la convergenza del metodo di Fletcher-Reeves (FR) con ricerca esatta per valori non negativi del passo.

Proposizione 8.14 (Convergenza metodo FR con ricerca esatta).

Sia $f : R^n \to R$ con gradiente Lipschitz-continuo su un insieme aperto convesso $\mathcal{D}$ contenente l'insieme di livello $\mathcal{L}_0$, e supponiamo che $\mathcal{L}_0$ sia compatto. Sia $\{x_k\}$ una successione infinita con $g_k \neq 0$, generata dal metodo di Fletcher-Reeves in cui il passo α_k è determinato assumendo

$$\alpha_k = \operatorname*{Arg\,min}_{\alpha \geq 0} f(x_k + \alpha d_k).$$

Allora esiste un punto di accumulazione di $\{x_k\}$ che è punto stazionario di f.

Dimostrazione. Osserviamo innanzitutto che, nelle ipotesi fatte, il passo α_k è ben definito e tutta la successione generata dal metodo FR rimane in $\mathcal{L}_0$. Ragionando per induzione e tenendo conto del fatto che $g_0^T d_0 = -\|g_0\|^2$, si verifica facilmente, in base alla definizione di d_k, che $g_k^T d_k < 0$, $g_{k+1}^T d_k = 0$ e $\alpha_k > 0$ per tutti i k tali che $g_k \neq 0$. Inoltre, per la continuità di g e la compattezza di $\mathcal{L}_0$ esiste una costante $M > 0$ tale che

$$\|g(x)\| \leq M \quad \text{per ogni } x \in \mathcal{L}_0 . \tag{8.109}$$

Essendo $g_{k+1}^T d_k = 0$, per la (8.107) della Proposizione 8.13 si può scrivere

$$\cos^2 \theta_k = \|g_k\|^{-2} \left(\sum_{j=0}^{k} \|g_j\|^{-2} \right)^{-1}. \tag{8.110}$$

Ragionando per assurdo, supponiamo che non esistano punti di accumulazione stazionari e quindi che esista $\epsilon > 0$ tale che, per ogni k, si abbia $\|g_k\| \geq \epsilon$.

Dalle (8.109) e (8.110), segue allora

$$\cos^2 \theta_k \geq \frac{\epsilon^2}{M^2(k+1)}, \tag{8.111}$$

il che implica

$$\sum_{k=0}^{\infty} \cos^2 \theta_k \geq \frac{\epsilon^2}{M^2} \sum_{k=0}^{\infty} \frac{1}{k+1} = \infty. \tag{8.112}$$

Posto

$$t_k = \left(\sum_{j=0}^{k} \|g_j\|^{-2} \right)^{-1/2},$$

per la (8.107) per ogni k si può scrivere

$$g_k^T d_k = -t_k \|d_k\|. \tag{8.113}$$

Utilizzando il teorema della media si ha, per ogni $\alpha \geq 0$ tale che $x_k + \alpha d_k \in \mathcal{L}_0$,

$$f(x_k + \alpha d_k) = f(x_k) + \alpha g(x_k)^T d_k + \alpha \left[g(u_k) - g(x_k) \right]^T d_k,$$

dove $u_k = x_k + \xi_k \alpha d_k$, con $\xi_k \in (0,1)$. Tenendo conto che il gradiente è Lipschitz-continuo (con costante L) su $\mathcal{D}$ possiamo scrivere

$$f(x_k + \alpha d_k) \leq f(x_k) + \alpha g(x_k)^T d_k + \alpha \|g(u_k) - g(x_k)\| \|d_k\|$$

$$\leq f(x_k) + \alpha g(x_k)^T d_k + \alpha^2 L \|d_k\|^2.$$

Per tutti gli α e i k considerati si ha quindi

$$f(x_k + \alpha d_k) \leq f(x_k) + \alpha g_k^T d_k + \alpha^2 L \|d_k\|^2. \tag{8.114}$$

Essendo

$$f(x_k + \alpha_k d_k) = \min_{\alpha \geq 0} f(x_k + \alpha d_k) = \min_{\alpha \geq 0, x_k + \alpha d_k \in \mathcal{L}_0} f(x_k + \alpha d_k),$$

dalle (8.113) e (8.114) segue

$$f(x_k + \alpha_k d_k) \leq \min_{\alpha \geq 0} \left\{ f(x_k) - \alpha t_k \|d_k\| + \alpha^2 L \|d_k\|^2 \right\}$$

$$= f(x_k) - \frac{t_k^2}{4L}.$$

Usando ancora la (8.113) si ha allora, per ogni k,

$$f(x_k) - f(x_{k+1}) \geq \frac{1}{4L}\|g_k\|^2 \cos^2 \theta_k.$$

Considerando anche la (8.112) abbiamo quindi che sono soddisfatte le ipotesi della Proposizione 8.12, di conseguenza, deve esistere una sottosuccessione di $\{g_k\}$ convergente a 0, il che contraddice l'ipotesi che sia $\|g_k\| \geq \epsilon$ per ogni k. Ne segue che deve essere

$$\liminf_{k \to \infty} \|g_k\| = 0.$$

Per la continuità di g e la compattezza di $\mathcal{L}_0$, ciò implica l'esistenza di un punto di accumulazione di $\{x_k\}$ che è punto stazionario di f. □

Il risultato precedente può essere esteso a un algoritmo, praticamente realizzabile nel caso generale, in cui la ricerca unidimensionale viene effettuata utilizzando le condizioni di Wolfe. Più precisamente, possiamo definire lo schema di calcolo per il metodo FR riportato di seguito.

Metodo FR con ricerca inesatta tipo Wolfe

Dati. Punto iniziale $x_0 \in R^n$, $0 < \gamma < \sigma < 1/2$.

Calcola g_0 e poni $d_0 = -g_0$, $k = 0$.

While $g_k \neq 0$

Detrmina α_k tale che

$$f(x_k + \alpha_k d_k) \leq f(x_k) + \gamma \alpha_k g_k^T d_k, \quad (8.115)$$

$$|g_{k+1}^T d_k| \leq \sigma |g_k^T d_k|. \quad (8.116)$$

Poni $x_{k+1} = x_k + \alpha_k d_k$.

Calcola β_{k+1} e poni $d_{k+1} = -g_{k+1} + \beta_{k+1} d_k$.

Poni $k = k+1$.

End While

Il risultato successivo si può vedere come una generalizzazione della Proposizione 8.13.

Proposizione 8.15. *Supponiamo che $\{x_k\}$ sia una successione infinita con $g_k \neq 0$, generata dal metodo di Fletcher-Reeves in cui il passo α_k è determinato in modo tale che, per ogni k valga la condizione (8.116) con $\sigma \in (0, 1/2]$. Allora per ogni k:*

(a) *si ha*

$$-\sum_{j=0}^{k} \sigma^j \leq \frac{g_k^T d_k}{\|g_k\|^2} \leq -2 + \sum_{j=0}^{k} \sigma^j; \qquad (8.117)$$

(b) *la direzione d_k soddisfa $g_k^T d_k < 0$;*
(c) *risulta*

$$\|d_k\|^2 \leq \left(\frac{1+\sigma}{1-\sigma}\right) \|g_k\|^4 \sum_{j=0}^{k} \|g_j\|^{-2}. \qquad (8.118)$$

Dimostrazione. Dimostriamo innanzitutto, per induzione, che valgono le (a), (b). Le (a), (b) sono ovviamente vere per $k = 0$, in quanto $d_0 = -g_0$. Supponiamo quindi che esse siano vere per un qualsiasi $k \geq 0$ e proponiamoci di dimostrare che valgono anche in corrispondenza all'indice $k + 1$. In base alla definizione di d_{k+1} e di β_{k+1} si ha

$$\frac{g_{k+1}^T d_{k+1}}{\|g_{k+1}\|^2} = -1 + \frac{g_{k+1}^T d_k}{\|g_k\|^2}. \qquad (8.119)$$

Essendo per ipotesi $g_k^T d_k < 0$, per la (8.116) si ha

$$\sigma g_k^T d_k \leq g_{k+1}^T d_k \leq -\sigma g_k^T d_k,$$

e quindi dalla (8.119) si ottiene

$$-1 + \sigma \frac{g_k^T d_k}{\|g_k\|^2} \leq \frac{g_{k+1}^T d_{k+1}}{\|g_{k+1}\|^2} \leq -1 - \sigma \frac{g_k^T d_k}{\|g_k\|^2}.$$

Per l'ipotesi induttiva (8.117) si ha allora

$$-\sum_{j=0}^{k+1} \sigma^j = -1 - \sigma \sum_{j=0}^{k} \sigma^j \leq \frac{g_{k+1}^T d_{k+1}}{\|g_{k+1}\|^2} \leq -1 + \sigma \sum_{j=0}^{k} \sigma^j = -2 + \sum_{j=0}^{k+1} \sigma^j,$$

per cui la (8.117) vale sostituendo a k l'indice $k + 1$. Inoltre, essendo

$$\sum_{j=0}^{k+1} \sigma^j < \sum_{j=0}^{\infty} \sigma^j = \frac{1}{1-\sigma},$$

8.4 Gradiente coniugato nel caso non quadratico

e avendo supposto $\sigma \leq 1/2$, si ha

$$\frac{g_{k+1}^T d_{k+1}}{\|g_{k+1}\|^2} \leq -2 + \sum_{j=0}^{k+1} \sigma^j < -2 + \frac{1}{1-\sigma} \leq 0. \qquad (8.120)$$

Ciò prova che si ha anche $g_{k+1}^T d_{k+1} < 0$ e completa l'induzione, per cui le (a), (b) valgono per ogni k. Dalle (a), (b) e dalla (8.116) si ha poi, per ogni $k \geq 1$, con facili passaggi

$$|g_k^T d_{k-1}| \leq -\sigma g_{k-1}^T d_{k-1} \leq \frac{\sigma}{1-\sigma}\|g_{k-1}\|^2. \qquad (8.121)$$

Osserviamo ora che la (8.118) vale per $k = 0$. Per $k \geq 1$, tenendo conto della (8.121) e della definizione di β_k si può scrivere

$$\|d_k\|^2 = \|g_k\|^2 + \beta_k^2\|d_{k-1}\|^2 - 2\beta_k g_k^T d_{k-1}$$

$$\leq \left(\frac{1+\sigma}{1-\sigma}\right)\|g_k\|^2 + \beta_k^2\|d_{k-1}\|^2$$

$$= \left(\frac{1+\sigma}{1-\sigma}\right)\frac{\|g_k\|^4}{\|g_k\|^2} + \frac{\|g_k\|^4}{\|g_{k-1}\|^4}\|d_{k-1}\|^2,$$

da cui segue, per induzione, la (8.118). □

Usando la condizione di Zoutendijk, possiamo dimostrare, con ragionamento analogo a quello seguito nel caso di ricerca esatta che, nelle stesse ipotesi, si può dimostrare l'esistenza di un punto di accumulazione che è punto stazionario per f.

> **Proposizione 8.16 (Convergenza metodo FR con ricerca inesatta).**
>
> *Sia $f : R^n \to R$ con gradiente Lipschitz-continuo su un insieme aperto convesso $\mathcal{D}$ contenente l'insieme di livello $\mathcal{L}_0$, e supponiamo che $\mathcal{L}_0$ sia compatto. Sia $\{x_k\}$ una successione infinita con $g_k \neq 0$, generata dal metodo di Fletcher-Reeves in cui il passo α_k è determinato in modo tale che, per ogni k, valgano le condizioni (8.115), (8.116) con $\sigma \in (0, 1/2)$. Allora esiste un punto di accumulazione di $\{x_k\}$ che è punto stazionario di f.*

Dimostrazione. Nelle ipotesi fatte tutta la successione generata dal metodo FR rimane in $\mathcal{L}_0$. Ragionando per assurdo, supponiamo che non esistano punti di accumulazione stazionari e quindi che esista $\epsilon > 0$ tale che, per ogni k, si abbia

$$\|g_k\| \geq \epsilon.$$

Per la continuità di g e la compattezza di $\mathcal{L}_0$ esiste $M > 0$ tale che

$$\|g(x)\| \leq M \quad \text{per ogni } x \in \mathcal{L}_0 . \tag{8.122}$$

Dalla (c) della Proposizione 8.15, dalla (8.122) e dall'ipotesi fatta segue

$$\|d_k\|^2 \leq \left(\frac{1+\sigma}{1-\sigma}\right) M^4 \frac{k+1}{\epsilon^2}.$$

Quindi esiste una costante $c > 0$ tale che, per ogni k:

$$\|d_k\|^2 \leq c(k+1). \tag{8.123}$$

Posto

$$\cos \theta_k = \frac{g_k^T d_k}{\|g_k\| \|d_k\|},$$

dalle (a), (b) della Proposizione 8.15 (si veda la (8.120)), dalla (8.123), tenendo conto che $\|g_k^2\| \geq \epsilon^2$, segue allora

$$\sum_{k=0}^{\infty} \cos^2 \theta_k \geq \frac{\epsilon^2}{c} \left(\frac{1-2\sigma}{1-\sigma}\right)^2 \sum_{k=0}^{\infty} \frac{1}{k+1} = \infty. \tag{8.124}$$

Essendo il gradiente Lipschitz-continuo (con costante L) su $\mathcal{D}$ si ha

$$g(x_k + \alpha d_k)^T d_k = g(x_k)^T d_k + [g(x_k + \alpha d_k) - g(x_k)]^T d_k$$

$$\leq g(x_k)^T d_k + \alpha L \|d_k\|^2.$$

Ne segue, per la (8.116),

$$\alpha_k \geq -\frac{(1-\sigma)}{L\|d_k\|^2} g_k^T d_k.$$

Dalla (8.115) si ottiene allora

$$f(x_{k+1}) \leq f(x_k) - \mu \|g_k\|^2 \cos^2 \theta_k,$$

avendo posto $\mu = \gamma(1-\sigma)/L$. Considerando anche la (8.124) abbiamo quindi che sono soddisfatte le ipotesi della Proposizione 8.12, di conseguenza, deve esistere una sottosuccessione di $\{g_k\}$ convergente a 0, il che contraddice l'ipotesi che sia $\|g_k\| \geq \epsilon$ per ogni k. Ne segue che deve essere

$$\liminf_{k \to \infty} \|g_k\| = 0.$$

Per la continuità di g e la compattezza di $\mathcal{L}_0$, ciò implica l'esistenza di un punto di accumulazione di $\{x_k\}$ che è punto stazionario di f. □

La realizzazione pratica del metodo di Fletche-Reeves introdotto in precedenza richiede, ovviamente, lo sviluppo di un algoritmo di ricerca unidimensionale basato sulle condizioni di Wolfe.

Dal punto di vista numerico, il metodo FR non è tra le versioni più efficienti del metodo del gradiente coniugato nel caso non quadratico e l'algoritmo può bloccarsi, di fatto, in regioni "difficili" dello spazio delle variabili, effettuando spostamenti di piccola entità. Le diverse varianti proposte recentemente non danno luogo a miglioramenti significativi.

8.4.3 Metodo di Polyak-Polak-Ribiére*

Generalità e ipotesi

Il metodo di Polyak-Polak-Ribiére (PPR) è ritenuto attualmente una delle versioni più efficienti del metodo del gradiente coniugato nel caso non quadratico ed è tuttora la versione più ampiamente utilizzata nei codici di calcolo. In questo paragrafo, assumiamo inizialmente

$$\beta_{k+1} = \beta_{k+1}^{PPR} = \frac{g_{k+1}^T y_k}{\|g_k\|^2}, \quad \text{con} \quad y_k = g_{k+1} - g_k. \quad (8.125)$$

La struttura di β_{k+1} suggerisce una possibile spiegazione della maggiore efficienza del metodo PPR rispetto al metodo FR. Notiamo infatti che se x_{k+1} non differisce molto da x_k e si ha $g_{k+1} \approx g_k$ allora $\beta_{k+1} \approx 0$ e di conseguenza $d_{k+1} \approx -g_{k+1}$. Il metodo possiede quindi una sorta di restart "automatico" lungo l'antigradiente che evita le difficoltà tipiche incontrate dal metodo FR. Ovviamente godono della stessa proprietà tutte le formule che hanno $g_{k+1}^T y_k$ a numeratore.

Una diversa (piuttosto vaga) motivazione del miglior comportamento del metodo PPR in molti problemi è stata data a partire dall'interpretazione di un'iterazione del metodo (nell'ipotesi di ricerche esatte) per $k > 1$ come la costruzione di una direzione coniugata alla precedente rispetto a una matrice che rappresenta una media del comportamento dell'Hessiana nel passo corrente. Infatti si può porre

$$g_{k+1} - g_k = \alpha_k B_k d_k,$$

dove

$$B_k = \int_0^1 \nabla^2 f(x_k + t\alpha_k d_k) dt.$$

Si ha quindi, in analogia con il caso quadratico, che $d_{k+1}^T B_k d_k = 0$ se si assume

$$\beta_{k+1} = \frac{g_{k+1}^T B_k d_k}{d_k^T B_k d_k} = \frac{g_{k+1}^T (g_{k+1} - g_k)}{d_k^T (g_{k+1} - g_k)}.$$

Se quindi si suppone $g_{k+1}^T d_k = 0$ e (per $k > 1$) $g_k^T d_{k-1} = 0$ (il che implica $d_k^T g_k = -\|g_k\|^2$) si ottiene la formula PPR. Si noti che lo stesso ragionamento non è applicabile alla formula FR, in quanto per ricavare la formula

β_{k+1}^{FR} bisognerebbe introdurre l'ulteriore ipotesi $g_{k+1}^T g_k = 0$, più difficilemnte giustificabile nel caso non quadratico.

Pur essendo il metodo PPR più efficiente, in pratica, del metodo FR la giustificazione della convergenza globale presenta maggiori difficoltà. I primi risultati di convergenza sono stati stabiliti nel caso di funzioni fortemente convesse. Nel caso non convesso sono stati costruiti controesempi in cui il metodo PPR con ricerche unidimensionali esatte non converge. Per garantire la convergenza del metodo nel caso generale, preservandone il più possibile le caratteristiche favorevoli, si possono seguire due diverse strade:

- si adottano appropriate ricerche unidimensionali inesatte;
- si modifica con criteri adattativi la formula di β_{k+1} e si definisce un'opportuna ricerca unidimensionale (che può essere anche esatta).

Nel seguito forniremo innanzitutto alcune condizioni sufficienti di convergenza e successivamente illustreremo esempi significativi delle due possibilità citate, ciascuna delle quali ammette a sua volta diverse possibili realizzazioni.

Condizioni di convergenza per il metodo PPR e caso convesso

In questo paragrafo stabiliamo alcune condizioni che implicano l'esistenza di punti di accumulazione stazionari di una successione generata attraverso un algoritmo del gradiente coniugato basato sul metodo PPR. Tali condizioni si possono interpretare come requisiti da imporre alla ricerca unidimensionale. La costruzione effettiva di metodi di ricerca unidimensionale in grado di soddisfare tali requisiti verrà considerata nei paragrafi successivi.
Premettiamo il lemma seguente, la cui dimostrazione (immediata, ragionando per induzione per $k \geq k_1$) si lascia per esercizio.

Lemma 8.1. *Sia $\{\xi_k\}$ una successione di numeri reali non negativi, siano $M > 0$ e $q \in (0,1)$ due costanti assegnate e supponiamo che esista $k_1 \geq 1$ tale che*

$$\xi_k \leq M + q\xi_{k-1}, \quad \text{per ogni} \quad k \geq k_1.$$

Allora si ha

$$\xi_k \leq \frac{M}{1-q} + \left(\xi_{k_1} - \frac{M}{1-q}\right) q^{k-k_1}, \quad \text{per ogni} \quad k \geq k_1. \quad (8.126)$$

8.4 Gradiente coniugato nel caso non quadratico

Dimostriamo la proposizione seguente.

Proposizione 8.17 (Condizioni di convergenza per il metodo PPR).

Sia $f : R^n \to R$ con gradiente Lipschitz-continuo su un insieme aperto convesso $\mathcal{D}$ contenente l'insieme di livello $\mathcal{L}_0$, e supponiamo che $\mathcal{L}_0$ sia compatto. Sia $\{x_k\}$ una successione infinita con $g_k \neq 0$, generata dal metodo PPR in cui il passo $\alpha_k > 0$ è determinato in modo tale che, per ogni k, valgano le condizioni seguenti:

(c$_1$) $x_k \in \mathcal{L}_0$;

(c$_2$) $\lim\limits_{k \to \infty} \dfrac{|g_k^T d_k|}{\|d_k\|} = 0$;

(c$_3$) $\lim\limits_{k \to \infty} \|\alpha_k d_k\| = 0$.

Allora si ha $\liminf\limits_{k \to \infty} \|g_k\| = 0$ e quindi esiste un punto di accumulazione di $\{x_k\}$ che è punto stazionario di f.

Dimostrazione. Si osservi innanzitutto che le ipotesi sul gradiente di f e sull'insieme di livello $\mathcal{L}_0$ implicano che esiste un numero $M > 0$ tale che

$$\|g(x)\| \leq M, \quad \text{per ogni} \quad x \in \mathcal{L}_0. \tag{8.127}$$

Per la (c$_1$) e la compattezza di $\mathcal{L}_0$ la successione $\{x_k\}$ ammette punti di accumulazione in $\mathcal{L}_0$. Ragionando per assurdo, supponiamo che esista $\varepsilon > 0$ tale che

$$\|g_k\| \geq \varepsilon, \quad \text{per ogni} \quad k. \tag{8.128}$$

Le ipotesi sul gradiente di f e su $\mathcal{L}_0$, e le (8.127), (c$_1$), (8.128) implicano, per ogni $k \geq 1$,

$$\|d_k\| \leq \|g_k\| + |\beta_k| \|d_{k-1}\| \tag{8.129}$$

$$\leq \|g_k\| + \frac{\|g_k\| \|g_k - g_{k-1}\|}{\|g_{k-1}\|^2} \|d_{k-1}\| \leq M + M \frac{L \|\alpha_{k-1} d_{k-1}\|}{\varepsilon^2} \|d_{k-1}\|.$$

Tenendo conto della (c$_3$) e fissando arbitrariamente $q \in (0, 1)$, si può assumere k_1 sufficientemente grande da avere:

$$\frac{ML}{\varepsilon^2} \|\alpha_{k-1} d_{k-1}\| \leq q < 1, \quad \text{per ogni} \quad k \geq k_1. \tag{8.130}$$

Ne segue

$$\|d_k\| \leq M + q \|d_{k-1}\|, \quad \text{per ogni} \quad k \geq k_1. \tag{8.131}$$

8 Metodi delle direzioni coniugate

Per il Lemma 8.1 otteniamo allora

$$\|d_k\| \leq \frac{M}{1-q} + \left(\|d_{k_1}\| - \frac{M}{1-q}\right) q^{k-k_1}, \quad \text{per ogni} \quad k \geq k_1, \qquad (8.132)$$

il che implica che $\|d_k\|$ è limitata per ogni k. Di conseguenza, per la (c$_3$) si ha

$$\lim_{k \to \infty} \alpha_k \|d_k\|^2 = 0. \qquad (8.133)$$

Inoltre, essendo $\|d_k\|$ limitata, per la (c$_2$) si ottiene anche

$$\lim_{k \to \infty} |g_k^T d_k| = 0. \qquad (8.134)$$

Ricordando la formula PPR si ha allora

$$\|g_k\|^2 \leq |g_k^T d_k| + \frac{\|g_k\|^2 L \alpha_{k-1} \|d_{k-1}\|^2}{\|g_{k-1}\|^2}, \qquad (8.135)$$

e quindi, per le (8.128), (8.134), (8.133) e la compattezza di $\mathcal{L}_0$, si ha, al limite

$$\lim_{k \to \infty} \|g_k\| = 0,$$

che contraddice la (8.128). Ciò completa la dimostrazione. □

Come si mostrerà in seguito le condizioni della proposizione precedente possono essere soddisfatte, nel caso generale, attraverso la definizione di opportune tecniche di ricerca unidimensionale. Sotto ipotesi di convessità possiamo tuttavia ricavare un risultato sulla convergenza del metodo PPR supponendo che la ricerca unidimensionale sia esatta.

Proposizione 8.18 (Convergenza metodo PPR: caso convesso).

Sia $f: R^n \to R$ due volte continuamente differenziabile su un insieme aperto convesso $\mathcal{D}$ contenente l'insieme di livello $\mathcal{L}_0$, e supponiamo che esistano costanti $0 < \lambda_m \leq \lambda_M$ tali che

$$\lambda_m \|h\|^2 \leq h^T \nabla^2 f(x) h \leq \lambda_M \|h\|^2, \quad \text{per ogni } x \in \mathcal{L}_0, h \in R^n. \quad (8.136)$$

Supponiamo inoltre che $\mathcal{L}_0$ sia compatto. Sia $\{x_k\}$ una successione infinita con $g_k \neq 0$, generata dal metodo PPR in cui il passo α_k è determinato assumendo

$$\alpha_k = \operatorname*{Arg\,min}_{\alpha \geq 0} f(x_k + \alpha d_k).$$

Allora la successione $\{x_k\}$ converge al punto di minimo di f su R^n.

8.4 Gradiente coniugato nel caso non quadratico

Dimostrazione. Osserviamo preliminarmente che le ipotesi sulla matrice Hessiana e sull'insieme di livello $\mathcal{L}_0$ implicano, in particolare, che esiste una costante $L > 0$ tale che

$$\|g(x) - g(y)\| \leq L\|x - y\| \quad \text{per ogni} \quad x, y \in \mathcal{L}_0, \tag{8.137}$$

per cui valgono le ipotesi della Proposizione 8.17.

Mostriamo ora che sono soddisfatte le condizioni (c_1), (c_2) e (c_3) della Proposizione 8.17. Nelle ipotesi fatte, il passo α_k è ben definito e tutta la successione generata dal metodo PPR rimane in $\mathcal{L}_0$, per cui vale la (c_1). Ragionando per induzione e tenendo conto del fatto che $g_0^T d_0 = -\|g_0\|^2$, si verifica facilmente, in base alla definizione di d_k, che $g_k^T d_k < 0$, $g_{k+1}^T d_k = 0$ e $\alpha_k > 0$ per tutti i k tali che $g_k \neq 0$. Per il teorema della media si può scrivere

$$g_{k+1}^T d_k = g_k^T d_k + \alpha_k d_k^T \nabla^2 f(z_k) d_k,$$

dove $z_k \in \mathcal{L}_0$ per la convessità di $\mathcal{L}_0$. Poiché $g_{k+1}^T d_k = 0$ si ha, usando la (8.136),

$$\frac{|g_k^T d_k|}{\lambda_m \|d_k\|^2} \geq \alpha_k \geq \frac{|g_k^T d_k|}{\lambda_M \|d_k\|^2}. \tag{8.138}$$

Utilizzando la formula di Taylor e tenendo conto del fatto che $g_{k+1}^T d_k = 0$, si può porre

$$f(x_k) = f(x_{k+1}) + \frac{1}{2}\alpha_k^2 d_k^T \nabla^2 f(w_k) d_k, \tag{8.139}$$

dove $w_k \in \mathcal{L}_0$ per la convessità di $\mathcal{L}_0$. Ne segue

$$f(x_k) - f(x_{k+1}) \geq \frac{\lambda_m}{2} \alpha_k^2 \|d_k\|^2. \tag{8.140}$$

Poiché $\{f(x_k)\}$ converge a un limite f^*, essendo monotonicamente decrescente e limitata inferiormente, dalla (8.140) segue

$$\lim_{k \to \infty} \alpha_k \|d_k\| = 0,$$

per cui vale la (c_3). La (c_2) segue allora immediatamente dalla (8.138). Sono quindi soddisfatte le condizioni della Proposizione 8.17 e di conseguenza, tenendo conto del fatto che l'ipotesi poste implicano quelle della Proposizione 8.17, per la stessa proposizione deve esistere una sottosuccessione di $\{g_k\}$ convergente a 0. Per la continuità di g, la compattezza di $\mathcal{L}_0$ e la convessità stretta di f, ciò implica l'esistenza di un punto di accumulazione x^* di $\{x_k\}$ che è punto stazionario di f ed è anche l'unico punto di minimo globale di f su R^n. Poiché la successione $\{f(x_k)\}$ converge al valore $f^* = f(x^*)$ non possono esistere altri punti di accumulazione in cui f assume lo stesso valore e quindi, per la compattezza di $\mathcal{L}_0$, si può concludere che $\{x_k\}$ converge a x^*. □

Tecniche di ricerca unidimensionale e convergenza

In assenza di ipotesi di convessità, il metodo PPR può non convergere se si adottano ricerche unidimensionali di tipo esatto e sono stati anche costruiti esempi specifici di non convergenza. Tuttavia, le condizioni stabilite nel paragrafo precedente possono essere soddisfatte utilizzando tecniche di ricerca unidimensionale inesatte, basate su semplici modifiche di metodi tipo Armijo. In particolare, in aggiunta ai requisisti usuali, occorre imporre limitazioni sulla scelta di α_k che garantiscano il soddisfacimento della condizione di discesa $g_{k+1}^T d_{k+1} < 0$ e assicurino che $\alpha_k \|d_k\|$ tenda a zero.

Uno degli schemi concettuali più semplici è l'algoritmo tipo Armijo riportato di seguito, in cui si impongono limitazioni sulla scelta del passo iniziale e sulla condizione di discesa relativa al passo successivo.

Algoritmo AM1 (Armijo modificato)

Dati. $\rho_2 > \rho_1 > 0$, $1 > \gamma > 0$, $\delta_1 \in [0, 1)$, $\theta \in (0, 1)$.

1. Poni $\tau_k = \dfrac{|g_k^T d_k|}{\|d_k\|^2}$ e scegli $\Delta_k \in [\rho_1 \tau_k, \rho_2 \tau_k]$.

2. Determina $\alpha_k = \max\{\theta^j \Delta_k, \quad j = 0, 1, \ldots\}$ tale che i vettori

$$x_{k+1} = x_k + \alpha_k d_k,$$

$$d_{k+1} = -g_{k+1} + \beta_{k+1} d_k,$$

soddisfino:

(i) $f_{k+1} \leq f_k + \gamma \alpha_k g_k^T d_k$;

(ii) $g_{k+1}^T d_{k+1} < -\delta_1 \|g_{k+1}\|^2$.

Diamo una breve giustificazione dell'algoritmo precedente. Ricordando i risultati già stabiliti per la versione base del metodo di Armijo, sappiamo che, se l'algoritmo AM1 è ben definito, allora valgono le condizioni (c_1) e (c_2) della Proposizione 8.17. La condizione (c_3) segue poi immediatamente dalla (c_2) e dalla limitazione superiore imposta al passo iniziale (si veda la discussione della (5.28)). Basta allora mostrare che le condizioni (i) e (ii) del Passo 2 sono compatibili. Poiché sappiamo già dalla Proposizione 5.1 che la condizione (i) deve essere soddisfatta per valori sufficientemente piccoli del passo di tentativo $\alpha = \theta^j \Delta_k$, basta mostrare che anche la (ii) deve valere per j sufficientemente grande.

8.4 Gradiente coniugato nel caso non quadratico

Supponiamo quindi, ragionando per induzione, che $g_k^T d_k < 0$ (il che è vero per $k = 0$) e ammettiamo, per assurdo, che esista un insieme infinito J di valori di j tali che per $j \in J$ la condizione (ii) non è soddisfatta. Indicando con $y^{(j)}$ il punto di tentativo $y^{(j)} = x_k + \theta^j \Delta_k d_k$, e ricordando la formula PPR deve essere

$$g(y^{(j)})^T \left(-g(y^{(j)}) + \frac{g(y^{(j)})^T \left(g(y^{(j)}) - g_k \right)}{\|g_k\|^2} d_k \right) \geq -\delta_1 \|g(y^{(j)})\|^2.$$

Andando al limite per $j \in J$, $j \to \infty$, si ha che $g(y^{(j)})$ converge a g_k e quindi deve essere $\|g_k\|^2 = 0$, il che contraddice l'ipotesi $g_k^T d_k < 0$. Si può concludere che, nell'ipotesi $g_k^T d_k < 0$ il Passo 2 è ben definito, assumendo j_k come il più grande indice per cui le (i) e (ii) sono entrambi soddisfatte e ponendo $\alpha_k = \theta^{j_k} \Delta_k$. Per induzione si avrà allora che l'algoritmo è ben definito per ogni k. Si può concludere che l'algoritmo AM1 consente di assicurare il soddisfacimento delle condizioni (c$_1$), (c$_2$) e (c$_3$) della Proposizione 8.17.

Uno schema differente con le stesse proprietà si può definire introducendo una condizione di sufficiente riduzione di tipo "parabolico".

Algoritmo AM2 (Armijo modificato con ricerca parabolica)

Dati. $\rho > 0$, $\gamma > 0$, $\delta_1 \in [0,1)$, $\theta \in (0,1)$.

1. Poni $\tau_k = \dfrac{|g_k^T d_k|}{\|d_k\|^2}$ e scegli $\Delta_k \geq \rho \tau_k$.

2. Determina $\alpha_k = \max\{\theta^j \Delta_k, \quad j = 0, 1, \ldots\}$ tale che i vettori

$$x_{k+1} = x_k + \alpha_k d_k,$$

$$d_{k+1} = -g_{k+1} + \beta_{k+1} d_k,$$

soddisfino:

(i) $f_{k+1} \leq f_k - \gamma \alpha_k^2 \|d_k\|^2$;

(ii) $g_{k+1}^T d_{k+1} < -\delta_1 \|g_{k+1}\|^2$.

Anche in questo caso, tenendo conto di risultati già noti e ripetendo i ragionamenti svolti a proposito dell'algoritmo AM1, si può mostrare facilmente che l'algoritmo AM2 consente di assicurare il soddisfacimento delle condizioni (c$_1$), (c$_2$) e (c$_3$) della Proposizione 8.17.

248   8 Metodi delle direzioni coniugate

Possiamo quindi enunciare il risultato di convergenza seguente.

Proposizione 8.19 (Convergenza metodo PPR: ricerca inesatta).

Sia $f : R^n \to R$ con gradiente Lipschitz-continuo su un insieme aperto convesso $\mathcal{D}$ contenente l'insieme di livello $\mathcal{L}_0$, e supponiamo che $\mathcal{L}_0$ sia compatto. Sia $\{x_k\}$ una successione infinita con $g_k \neq 0$, generata dal metodo PPR in cui il passo α_k è calcolato con l'algoritmo AM1 o con l'algoritmo AM2. Allora esiste un punto di accumulazione di $\{x_k\}$ che è punto stazionario di f.

Dimostrazione. Entrambi gli algoritmi assicurano il soddisfacimento delle condizioni (c_1), (c_2) e (c_3) della Proposizione 8.17. La tesi segue allora da tale proposizione. □

La principale limitazione degli algoritmi precedenti consiste nel fatto che essi potrebbero non consentire di effettuare ricerche unidimensionali accurate (ad esempio basate sulle condizioni di Wolfe) anche quando ciò non è strettamente indispensabile ai fini della convergenza. Per ovviare in parte a questa limitazione si può introdurre una scelta adattativa dei parametri che rendano le condizioni meno restrittive. Ad esempio, posto

$$\psi_k = \min\{1, \|g_k\|\}^\tau,$$

per qualche $\tau > 0$, si possono sostituire i parametri $\rho_1, \rho_2, \rho, \gamma$ negli algoritmi AM1 e AM2 con i numeri $\rho_1 \psi_k, \rho_2/\psi_k, \rho \psi_k, \gamma \psi_k$ in modo tale che le condizioni divengano meno restrittive se il gradiente sta convergendo a zero. Tuttavia, in linea teorica, se la funzione fosse quadratica l'algoritmo risultante potrebbe non coincidere esattamente (almeno nelle iterazioni iniziali) con il metodo del gradiente coniugato. Per superare tali limitazioni si può definire uno schema più complesso, descritto nel paragrafo successivo, che consenta di effettuare ricerche unidimensionali esatte nel caso quadratico e tuttavia possegga proprietà di convergenza nel caso generale.

Un algoritmo PPR con ricerca unidimensionale adattativa

Definiamo in questo paragrafo uno schema adattativo che consente di effettuare ricerche basate sulle condizioni di Wolfe e anche ricerche esatte entro un'opportuna "regione di confidenza" in prossimità del punto corrente. In particolare, se $\|d_k\|$ non supera una limitazione opportuna, basata sul modello quadratico, può essere effettuata una ricerca unidimensionale accurata, altrimenti viene utilizzato uno degli algoritmi convergenti del paragrafo precedente.

Definiamo prima una procedura di ricerca unidimensionale che garantisce il soddisfacimento della condizione di discesa $g_{k+1}^T d_{k+1} < 0$. A differenza del

8.4 Gradiente coniugato nel caso non quadratico

criterio seguito negli algoritmi tipo-Armijo del paragrafo precedente, in questo caso la condizione di discesa viene soddisfatta rendendo sufficientemente accurata la ricerca, anche più accurata, ove occorra, rispetto a quella consentita dalle condizioni di Wolfe.

Algoritmo WM (Condizioni di Wolfe modificate)

Dati. $1/2 > \gamma > 0$, $\sigma > \gamma$, $\varepsilon_k > 0$, $\delta_1 \in (0,1)$.

1. Calcola η_k in modo tale che valgano le condizioni:

    (i) $f(x_k + \eta_k d_k) \leq f_k + \gamma \eta_k g_k^T d_k$;

    (ii) $g(x_k + \eta_k d_k)^T d_k \geq \sigma g_k^T d_k$
    (oppure: $|g(x_k + \eta_k d_k)^T d_k| \leq \sigma |g_k^T d_k|$).

2. Calcola α_k in modo tale che si verifichi uno dei due casi seguenti:

    (2.1) i vettori $x_{k+1} = x_k + \alpha_k d_k$ e $d_{k+1} = -g_{k+1} + \beta_{k+1} d_k$ soddisfano

    (a$_1$) $f_{k+1} \leq f(x_k + \eta_k d_k)$,

    (a$_2$) $g_{k+1}^T d_{k+1} < -\delta_1 \|g_{k+1}\|^2$;

    (2.2) il punto $x_{k+1} = x_k + \alpha_k d_k$ soddisfa $\|g_{k+1}\| \leq \varepsilon_k$.

Si verifica facilmente, in base a risultati già noti, che l'algoritmo precedente è ben definito e termina in numero finito di passi, nell'ipotesi che $g_k^T d_k < 0$ e che $\mathcal{L}_0$ sia compatto. Infatti è noto che esiste una procedura finita per calcolare un passo η_k che soddisfi le condizioni di Wolfe. A partire da questo punto si può definire un algoritmo unidimensionale convergente (ad esempio il metodo del gradiente) in grado di generare una successione di passi $\alpha(j)$ per $j = 0, 1 \ldots$ con $\alpha(0) = \eta_k$ tale che per $j \to \infty$ si abbia:

$$f(x_k + \alpha(j) d_k) < f(x_k + \eta_k d_k) \quad \text{e} \quad g(x_k + \alpha(j) d_k)^T d_k \to 0.$$

Tenendo conto dell'espressione di d_{k+1}, è facile vedere che le condizioni (a$_1$) e (a$_2$) saranno soddisfatte in numero finito di passi, a meno che $\|g(x_k + \alpha(j) d_k)\|$ non converga a zero. In questo caso, tuttavia, l'algoritmo termina a causa della condizione di arresto $\|g(x_k + \alpha(j) d_k)\| \leq \varepsilon_k$.

Nello schema successivo definiamo un algoritmo in cui viene sempre utilizzata la formula PPR, ma si prevede la possibilità di usare algoritmi diversi per la ricerca unidimensionale, in base a una valutazione della norma di d_k. In particolare, se è soddisfatta una condizione del tipo $\|d_k\| \leq b_k$, essendo b_k un'opportuna stima valida nel caso quadratico, viene utilizzato l'algoritmo

WM definito nello schema precedente. Ci riferiremo a tale algoritmo usando la notazione WM(x, d, ε), per indicare che l'algoritmo WM calcola un passo lungo d a partire dal punto x e con il criterio di arresto definito al Passo 2. Se la condizione $\|d_k\| \leq b_k$, precedente non è soddisfatta, utilizziamo uno degli algoritmi tipo Armijo modificato del paragrafo precedente e ci riferiremo, in tal caso, genericamente, all'algoritmo AM.

Algoritmo PPR1

Dati. $\delta \in (0,1)$, $x_0 \in R^n$ e una successione $\{\varepsilon_k\}$ tale che $\varepsilon_k \to 0$.
Poni $\tilde{x}_0 = x_0$, $d_0 = -g_0$ e $k = 0$.
While $g_k \neq 0$
    Se risulta $\|d_k\| \leq b_k$ allora:
        calcola α_k e β_{k+1} per mezzo dell'algoritmo WM$(\tilde{x}_k, d_k, \varepsilon_k)$;
        se l'algoritmo termina al passo (2.1) poni
        $x_{k+1} = \tilde{x}_k + \alpha_k d_k,$
        $d_{k+1} = -g_{k+1} + \beta_{k+1} d_k,$
        $\tilde{x}_{k+1} = x_{k+1};$
        altrimenti, se l'algoritm termina al passo (2.2), poni
        $x_{k+1} = \tilde{x}_k + \alpha_k d_k,$
        $d_{k+1} = d_k,$
        $\tilde{x}_{k+1} = \tilde{x}_k.$
    Altrimenti, se $\|d_k\| > b_k$, calcola α_k con l'algoritmo AM con $\delta_1 \in (0,1)$ e poni
        $x_{k+1} = \tilde{x}_k + \alpha_k d_k,$
        $d_{k+1} = -g_{k+1} + \beta_{k+1} d_k,$
        $\tilde{x}_{k+1} = x_{k+1}.$
    Poni $k = k + 1$.
End While

Osserviamo che nello schema precedente, se l'algoritmo si arresta al passo (2.2) viene nuovamente applicata la procedura WM con un valore più piccolo di ε_k, a partire dallo stesso punto. Ciò è motivato dal fatto che il risultato di convergenza verrà espresso come convergenza di una successione infinita. In pratica, occorre introdurre un criterio di arresto all'interno della ricerca unidimensionale.

Per quanto riguarda la definizione di b_k si può far riferimento alla Proposizione 8.13. Infatti se f è quadratica e si usano ricerche esatte, allora $\beta_k^{(\text{PPR})} = \beta_k^{(\text{FR})}$ e quindi deve valere la stima data dalla (8.106), ossia:

$$\|d_k\|^2 = \|g_k\|^4 \sum_{j=0}^{k} \|g_{k-j}\|^{-2}.$$

8.4 Gradiente coniugato nel caso non quadratico

Si può allora assumere ragionevolmente

$$b_k = b\|g_k\|^2 \left(\sum_{j=0}^{\min\{k,n\}} \|g_{k-j}\|^{-2} \right)^{1/2}, \qquad (8.141)$$

dove $b \geq 1$ è una costante assegnata. Possiamo allora stabilire il risultato di convergenza seguente.

Proposizione 8.20 (Convergenza algoritmo PPR1).

Sia $f : R^n \to R$ con gradiente Lipschitz-continuo su un insieme aperto convesso D contenente l'insieme di livello $\mathcal{L}_0$, e supponiamo che $\mathcal{L}_0$ sia compatto. Sia $\{x_k\}$ una successione infinita con $g_k \neq 0$, generata dall'algoritmo PPR1 in cui b_k è definito dalla (8.141). Allora esiste un punto di accumulazione di $\{x_k\}$ che è punto stazionario di f.

Dimostrazione. Nelle ipotesi fatte, viene generata una successione infinita $\{x_k\}$. L'algoritmo assicura che $x_k \in \mathcal{L}_0$ per ogni k e quindi ogni sottosuccessione avrà punti di accumulazione in $\mathcal{L}_0$.

Supponiamo dapprima che l'algoritmo WM venga utilizzato in una sottosuccessione infinita di punti x_k, in corrispondenza ai quali l'algoritmo termina al passo (2.2). In tal caso, poiché ε_k converge a zero, l'algoritmo WM assicura che la sottosuccessione corrispondente di punti x_{k+1} converge a un punto stazionario e quindi vale la tesi.

Possiamo quindi supporre che, per valori sufficientemente elevati di k, l'algoritmo WM (se utilizzato) termina sempre al passo (2.1). In tale ipotesi, le istruzioni degli algoritmi WM e AM garantiscono che si abbia, per ogni k abbastanza grande:

$$g_k^T d_k < -\delta_1 \|g_k\|^2, \qquad (8.142)$$

con $\delta_1 \in (0,1)$.

Indichiamo con K l'insieme di indici relativi ai punti in cui viene richiamato l'algoritmo WM. Se K è un insieme finito, per k sufficientemente elevato viene utilizzato esclusivamente l'algoritmo AM e quindi, ragionando come nella dimostrazione della Proposizione 8.19, possiamo stabilire la tesi.

Consideriamo quindi il caso in cui K è un insieme infinito e supponiamo, per assurdo, che esista $\varepsilon > 0$ tale che $\|g_k\| \geq \varepsilon$ per ogni $k \in K$. Per la (8.141) deve allora esistere $B > 0$ tale che $b_k \leq B$ per ogni k, per cui si avrà $\|d_k\| \leq b_k \leq B$ per ogni k. Le istruzioni dell'algoritmo WM assicurano allora che esiste $\eta_k > 0$ tale che:

$$f_{k+1} = f(x_k + \alpha_k d_k) \leq f(x_k + \eta_k d_k) \leq f_k + \gamma \eta_k g_k^T d_k, \quad k \in K \qquad (8.143)$$

e

$$g(x_k + \eta_k d_k)^T d_k \geq \sigma g_k^T d_k, \quad k \in K. \qquad (8.144)$$

8 Metodi delle direzioni coniugate

Per le (8.142) e (8.143) si ha:

$$f_k - f_{k+1} \geq \gamma\eta_k|g_k^T d_k| > \gamma\delta_1\eta_k\|g_k\|^2, \quad k \in K. \tag{8.145}$$

Poiché η_k soddisfa le condizioni di Wolfe e vale l'ipotesi (H1), ragionando come nella dimostrazione della Proposizione 5.15 segue che

$$\eta_k \geq \frac{(1-\sigma)|g_k^T d_k|}{L\|d_k\|^2}. \tag{8.146}$$

Quindi, per le (8.142), (8.145), (8.146) e l'ipotesi $\|d_k\| \leq b_k \leq B$ si ha:

$$f_k - f_{k+1} > \frac{\gamma\delta_1^2(1-\sigma)}{LB^2}\|g_k\|^4, \quad k \in K. \tag{8.147}$$

Poiché $\{f_k\}$ converge, si ha $\lim_{k\to\infty}(f_k - f_{k+1}) = 0$ e quindi dalla (8.147) si ottiene

$$\lim_{k \in K, k \to \infty} \|g_k\| = 0,$$

che porta a una contraddizione con l'ipotesi $\|g_k\| \geq \varepsilon$. Vale quindi la tesi. □

L'algoritmo PPR1 è compatibile con ricerche unidimensionali esatte e quindi il gradiente coniugato (lineare) si può riottenere fin dalle prime iterazioni, a condizione di assumere la stima iniziale del passo lungo ciascuna direzione di ricerca come passo ottimo nel caso quadratico, il che è possibile realizzare senza conoscere esplicitamente la matrice Hessiana. Basta infatti utilizzare una formula di interpolazione quadratica (con le opportune salvaguardie) dopo aver calcolato la funzione in un punto di tentativo. In ogni caso è possibile effettuare ricerche unidimensionali accurate (anche più accurate di quanto sia consentito dalle condizioni di Wolfe) ogni volta che viene richiamato l'algoritmo WM.

Algoritmi PPR modificati

In alternativa ai criteri illustrati nel paragrafo precedente per garantire la convergenza globale, si possono introdurre opportune modifiche dell'espressione di β_{k+1} che consentono di stabilire la convergenza nel caso non quadratico, pur preservando le proprietà del metodo del gradiente coniugato nel caso quadratico. Una prima possibilità è quella di utilizzare una formula del tipo (Powell):

$$\beta_{k+1}^+ = \max\{0, \beta_{k+1}^{(\text{PPR})}\} = \max\left\{0, \frac{g_{k+1}^T(g_{k+1} - g_k)}{\|g_k\|^2}\right\},$$

mediante la quale si impone che sia sempre $\beta_{k+1}^+ \geq 0$. In tal caso, si può dimostrare [46] che se la ricerca unidimensionale è tale da soddisfare la condizione

8.4 Gradiente coniugato nel caso non quadratico

di Zoutendijk
$$\sum_{k=0}^{m} \|g_k\|^2 \cos^2 \theta_k < \infty,$$
e la condizione di "discesa sufficiente":
$$g_k^T d_k \leq -c\|g_k\|^2,$$
per qualche $c > 0$, allora si può stabilire, nelle ipotesi usuali, l'esistenza di punti di accumulazione stazionari. Poiché la condizione di Zoutendijk vale sia in corrrispondenza alle condizioni di Wolfe che in corrispondenza a una ricerca esatta, si possono effettuare in tutte le iterazioni ricerche unidimensionali accurate.

Una diversa modifica della formula PPR, che evita la necessità di restart lungo l'antigradiente, ammette ricerche unidimensionali esatte e tuttavia garantisce la convergenza globale e la coincidenza con il gradiente coniugato nel caso quadratico, si può basare sui criteri seguenti:

(i) si introduce una distinzione tra il passo η_k utilizzato per calcolare β_{k+1} (che viene identificato con un valore che soddisfa le condizioni di Wolfe) e il passo α_k usato per calcolare il nuovo punto x_{k+1}, che può richiedere una ricerca più accurata;

(ii) il valore β_{k+1} viene modificato con un fattore di scala ogni volta che la norma della direzione supera la limitazione b_k assegnata, che viene specificata dalla (8.141), ponendo, ad esempio.

$$\beta_{k+1}^* = \min\left\{1, \frac{b_k}{\|d_k\|}\right\} \frac{g(x_k + \eta_k d_k)^T \left(g(x_k + \eta_k d_k) - g_k\right)}{\|g_k\|^2}. \tag{8.148}$$

Si può dimostrare che tali modifiche consentono di garantire la convergenza anche con ricerche unidimensionali accurate e assicurano al tempo stesso la coincidenza con il gradiente coniugato nel caso quadratico.

Note e riferimenti

I metodi delle direzioni coniugate sono stati introdotti originariamente per la soluzione di sistemi lineari con matrice dei coefficienti simmetrica e definita positiva [65], o equivalentemente, per la minimizzazione di funzioni quadratiche convesse. La letteratura sui metodi delle direzioni coniugate è molto vasta e qui ci limitiamo a indicare alcuni riferimenti essenziali su cui ci si è basati. Per approfondimenti relativi al caso quadratico si rimanda, in particolare, a [64, 69, 83]. La prima estensione al caso non quadratico è stato il metodo FR [42]; il metodo PPR è stato introdotto indipendentemente in [104] e [102]. Una rassegna di risultati successivi si può trovare in [62] e nel recente libro [110]. La convergenza del metodo FR con ricerche inesatte è stata dimostrate in [1]. Gli algoritmi globalmente convergenti basati sul metodo PPR introdotti in questo capitolo sono stati proposti in [55, 56].

8.5 Esercizi

8.1. Si realizzi un codice di calcolo basato sull'impiego del metodo del gradiente coniugato e si sperimenti il comportamento del metodo nella minimizzazione di funzioni quadratiche strettamente convesse. In particolare, si consideri una matrice Hessiana diagonale positiva e si osservi il comportamento del metodo al variare del numero di condizionamento.

8.2. Si realizzi un codice di calcolo basato sull'impiego del metodo del gradiente coniugato e si sperimenti il comportamento del metodo per la soluzione di problemi di minimi quadrati lineari. Si preveda la possibilità di aggiungere alla funzione obiettivo $f(x) = 1/2\|Ax - b\|^2$ anche un termine di regolarizzazione $\rho\|x\|^2$.

8.3. Si realizzi un codice di calcolo per il metodo FR, basato sull'impiego di una ricerca unidimensionale di tipo Wolfe forte e si studi comportamento del metodo per la soluzione di problemi non quadratici.

8.4. Si realizzi un codice di calcolo per il metodo PPR, basato sull'impiego dell' Algoritmo PPR1 definito nel capitolo e si studi comportamento del metodo per la soluzione di problemi non quadratici.

9
Metodi di trust region

Nel capitolo sono presentati metodi di tipo *trust region* (*regione di confidenza*), e vengono analizzate le proprietà di convergenza globale. Vengono definite varie tecniche (esatte e non) di soluzione del sottoproblema quadratico vincolato che caratterizza gli algoritmi di trust region. Infine, si analizzano modifiche globalmente convergenti del metodo di Newton basate sulla strategia di trust region, e vengono dimostrati risultati di convergenza a punti stazionari del "secondo ordine".

9.1 Generalità

L'idea di base dei metodi di *trust region* è di determinare la direzione e l'ampiezza dello spostamento da effettuare a partire dal punto corrente x_k in modo da minimizzare un modello quadratico della funzione obiettivo in *una regione sferica di centro* x_k.

Per illustrare le motivazioni di questa impostazione, ricordiamo che il metodo di Newton per la minimizzazione non vincolata può essere interpretato come una sequenza di minimizzazioni dell'approssimazione di f definita da:

$$m_k(s) = f(x_k) + \nabla f(x_k)^T s + \frac{1}{2} s^T \nabla^2 f(x_k) s.$$

È tuttavia evidente che, se $\nabla^2 f(x_k)$ non è almeno semidefinita positiva, la funzione $m_k(s)$ non ammette minimo. In tal caso, invece di fornire un diverso criterio per il calcolo della direzione, si può pensare di effettuare la minimizzazione di $m_k(s)$ in un intorno di x_k, ossia per $\|s\| \leq \Delta_k$, assumendo

$$x_{k+1} = x_k + s_k,$$

dove $s_k \in R^n$ è la soluzione del problema

$$\begin{aligned} \min\ m_k(s) &= f(x_k) + \nabla f(x_k)^T s + \tfrac{1}{2} s^T \nabla^2 f(x_k) s \\ \|s\| &\leq \Delta_k. \end{aligned} \quad (9.1)$$

9 Metodi di trust region

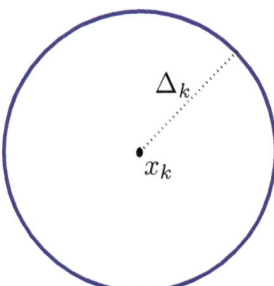

Fig. 9.1. Regione di confidenza $\mathcal{B}_k$

Nella maggior parte degli algoritmi proposti il raggio Δ_k che definisce la regione sferica attorno a x_k viene determinato in modo da assicurare che sia $f(x_{k+1}) < f(x_k)$ e che la riduzione di f sia prossima a quella che si dovrebbe ottenere se $f(x_k + s)$ fosse effettivamente una funzione quadratica. Ciò corrisponde a definire la regione quadratica attorno a x_k come la regione in cui si può ritenere ragionevolmente valida l'approssimazione quadratica. Di qui il nome di metodo della "regione di confidenza".

Prima di illustrare formalmente uno schema concettuale di un metodo di trust region, introduciamo gli elementi essenziali che caratterizzano l'approccio. Alla generica iterazione k, sia x_k il punto corrente.

- Viene definito un modello quadratico della funzione obiettivo

$$m_k(s) = f(x_k) + \nabla f(x_k)^T s + \frac{1}{2} s^T B_k s, \qquad (9.2)$$

  dove B_k è una matrice simmetrica $n \times n$ (non necessariamente definita positiva e non necessariamente uguale alla matrice Hessiana $\nabla^2 f(x_k)$).
- Viene definita la regione di confidenza come l'insieme di punti

$$\mathcal{B}_k = \{x \in R^n : \|x - x_k\| \leq \Delta_k\},$$

  dove $\Delta_k > 0$ è il *raggio della regione di confidenza*.
- Viene determinata una soluzione (eventualmente approssimata) s_k del sottoproblema

$$\begin{aligned} & \min\ m_k(s) = f(x_k) + \nabla f(x_k)^T s + \tfrac{1}{2} s^T B_k s \\ & \|s\| \leq \Delta_k. \end{aligned} \qquad (9.3)$$

- Il punto di prova $x_k + s_k$ viene accettato come il nuovo punto x_{k+1} se s_k determina una "sufficiente riduzione" del modello quadratico $m_k(s)$ e se a tale sufficiente riduzione del modello quadratico corrisponde una sufficiente riduzione della funzione obiettivo calcolata come $f(x_k + s_k) - f(x_k)$.
- Se il punto di prova $x_k + s_k$ viene accettato allora il raggio della regione di confidenza può essere incrementato o tenuto costante, altrimenti viene necessariamente diminuito.

Lo schema formale è il seguente [23].

> **Modello concettuale di un metodo di trust region**
>
> **Dati.** Punto iniziale $x_0 \in R^n$ e raggio iniziale $\Delta_0 > 0$; costanti positive $\eta_1, \eta_2, \gamma_1, \gamma_2$ tali da soddisfare le condizioni
>
> $$0 < \eta_1 < \eta_2 < 1 \quad \text{e} \quad 0 < \gamma_1 \leq \gamma_2 < 1. \tag{9.4}$$
>
> Poni $k = 0$.
>
> **Passo 1. Definizione del modello quadratico.**
> Definisci un modello quadratico tipo (9.2).
>
> **Passo 2. Soluzione del sottoproblema.**
> Detemina una soluzione (eventualmente) approssimata s_k del sottoproblema (9.3) che produca una "sufficiente riduzione" $m_k(s_k) - m_k(0)$ del modello quadratico.
>
> **Passo 3. Accettazione del punto di prova.**
> Calcola $f(x_k + s)$ e poni
>
> $$\rho_k = \frac{f(x_k) - f(x_k + s_k)}{m_k(0) - m_k(s_k)}. \tag{9.5}$$
>
> Se $\rho_k \geq \eta_1$ allora poni $x_{k+1} = x_k + s_k$, altrimenti poni $x_{k+1} = x_k$.
>
> **Passo 4. aggiornamento del raggio.**
> Definisci il nuovo raggio Δ_{k+1} in modo che risulti
>
> $$\Delta_{k+1} \in \begin{cases} [\Delta_k, \infty) & \text{se} \quad \rho_k \geq \eta_2, \\ [\gamma_2 \Delta_k, \Delta_k] & \text{se} \quad \rho_k \in [\eta_1, \eta_2), \\ [\gamma_1 \Delta_k, \gamma_2 \Delta_k] & \text{se} \quad \rho_k < \eta_1. \end{cases} \tag{9.6}$$
>
> Poni $k = k + 1$ e vai a Passo 1.

Nello schema descritto, in particolare al Passo 2, non è stato specificato:
- cosa si intende per sufficiente riduzione del modello quadratico;
- come determinare una soluzione (eventualmente) approssimata s_k del sottoproblema (9.3) che garantisca tale riduzione.

Osserviamo che il criterio di sufficiente riduzione del modello quadratico ha un ruolo essenziale per garantire la convergenza globale dell'algoritmo. Nel paragrafo successivo daremo la definizione formale della sufficiente riduzione del modello e descriveremo una semplice tecnica basata su uno spostamento lungo l'antigradiente (denominato *passo di Cauchy*) che garantisce tale riduzione. Nel Paragrafo 9.4 analizzeremo metodi di soluzione meno semplici ma più efficienti di quello basato sul passo di Cauchy.

9.2 Il sufficiente decremento del modello quadratico e il passo di Cauchy

Considerato il modello quadratico

$$m_k(s) = f(x_k) + \nabla f(x_k)^T s + \frac{1}{2} s^T B_k s, \tag{9.7}$$

si vuole determinare un vettore s_k che garantisca una sufficiente riduzione $m_k(s_k) - m_k(0)$ rispettando il vincolo di trust region. Il modo più semplice è quello di effettuare uno spostamento, a partire dal punto $s = 0$, lungo la direzione di *massima discesa*, ossia lungo l'antigradiente $-\nabla m_k(0) = -\nabla f(x_k)$. In modo formale, si pone nella (9.1) $s = -\tau \nabla f(x_k)$, e si ottiene il problema unidimensionale

$$\min\ m_k(\tau) = f(x_k) - \tau \|\nabla f(x_k)\|^2 + \tfrac{1}{2}\tau^2 \nabla f(x_k)^T B_k \nabla f(x_k)$$

$$0 \leq \tau \leq \frac{\Delta_k}{\|\nabla f(x_k)\|}. \tag{9.8}$$

Per determinare la soluzione $\tau^\star$ di (9.8) consideriamo i due casi possibili.

Caso 1: $\nabla f(x_k)^T B_k \nabla f(x_k) \leq 0$.

In questo caso la funzione obiettivo è monotona strettamente decrescente e quindi il punto di minimo si trova nell'estremo superiore dell'intervallo che definisce l'insieme ammissibile, ossia abbiamo

$$\tau^\star = \frac{\Delta_k}{\|\nabla f(x_k)\|}. \tag{9.9}$$

Caso 2: $\nabla f(x_k)^T B_k \nabla f(x_k) > 0$.

In questo caso la funzione obiettivo è quadratica e strettamente convessa. Dalle condizioni di ottimalità per problemi con vincoli di box segue

$$\tau^\star = \min\left\{\frac{\Delta_k}{\|\nabla f(x_k)\|}, \frac{\|\nabla f(x_k)\|^2}{\nabla f(x_k)^T B_k \nabla f(x_k)}\right\}. \tag{9.10}$$

9.2 Il sufficiente decremento del modello quadratico e il passo di Cauchy

Si osservi che il punto
$$\frac{\|\nabla f(x_k)\|^2}{\nabla f(x_k)^T B_k \nabla f(x_k)}$$
rappresenta il punto di minimo globale non vincolato della funzione $m_k(\tau)$.
Definiamo *passo di Cauchy* la direzione
$$s_k^c = -\tau^\star \nabla f(x_k), \qquad (9.11)$$
dove
$$\tau^\star = \begin{cases} \dfrac{\Delta_k}{\|\nabla f(x_k)\|} & \text{se } \nabla f(x_k)^T B_k \nabla f(x_k) \leq 0 \\[2ex] \min\left\{\dfrac{\Delta_k}{\|\nabla f(x_k)\|}, \dfrac{\|\nabla f(x_k)\|^2}{\nabla f(x_k)^T B_k \nabla f(x_k)}\right\} & \text{se } \nabla f(x_k)^T B_k \nabla f(x_k) > 0. \end{cases}$$
(9.12)

Definiamo *punto di Cauchy* il punto
$$x_k^c = x_k + s_k^c = x_k - \tau^\star \nabla f(x_k).$$

Mostreremo che il passo di Cauchy s_k^c determina un sufficiente decremento del modello quadratico, ossia è tale da soddisfare una disuguaglianza del tipo
$$m_k(0) - m_k(s_k) \geq c_1 \|\nabla f(x_k)\| \min\left(\Delta_k, \frac{\|\nabla f(x_k)\|}{1 + \|B_k\|}\right), \qquad (9.13)$$
con $c_1 > 0$.

Proposizione 9.1. *Il passo di Cauchy s_k^c definito dalla (9.11) soddisfa la (9.13) con $c_1 = 1/2$, ossia*
$$m_k(0) - m_k(s_k^c) \geq \frac{1}{2} \|\nabla f(x_k)\| \min\left(\Delta_k, \frac{\|\nabla f(x_k)\|}{1 + \|B_k\|}\right). \qquad (9.14)$$

Dimostrazione. Consideriamo il caso $\nabla f(x_k)^T B_k \nabla f(x_k) \leq 0$. Utilizzando la (9.11) e la (9.12) possiamo scrivere
$$m_k(0) - m_k(s_k^c) = \tau^\star \|\nabla f(x_k)\|^2 - \tfrac{1}{2}(\tau^\star)^2 \nabla f(x_k)^T B_k \nabla f(x_k)$$
$$= \Delta_k \|\nabla f(x_k)\| - \tfrac{1}{2} \frac{\Delta_k^2}{\|\nabla f(x_k)\|^2} \nabla f(x_k)^T B_k \nabla f(x_k)$$
$$\geq \Delta_k \|\nabla f(x_k)\| \geq \|\nabla f(x_k)\| \min\left\{\Delta_k, \frac{\|\nabla f(x_k)\|}{1 + \|B_k\|}\right\}$$

e quindi vale la (9.14).

Consideriamo il caso $\nabla f(x_k)^T B_k \nabla f(x_k) > 0$ e supponiamo inizialmente

$$\frac{\|\nabla f(x_k)\|^2}{\nabla f(x_k)^T B_k \nabla f(x_k)} \leq \frac{\Delta_k}{\|\nabla f(x_k)\|}. \tag{9.15}$$

Utilizzando la (9.11) e la (9.12) otteniamo

$$m_k(0) - m_k(s_k^c) = \frac{\|\nabla f(x_k)\|^4}{\nabla f(x_k)^T B_k \nabla f(x_k)} - \frac{1}{2}\frac{\|\nabla f(x_k)\|^4}{\nabla f(x_k)^T B_k \nabla f(x_k)}$$

$$= \frac{1}{2}\frac{\|\nabla f(x_k)\|^4}{\nabla f(x_k)^T B_k \nabla f(x_k)} \geq \frac{1}{2}\frac{\|\nabla f(x_k)\|^4}{\|\nabla f(x_k)\|^2 \|B_k\|}$$

$$\geq \frac{1}{2}\frac{\|\nabla f(x_k)\|^2}{1+\|B_k\|} \geq \|\nabla f(x_k)\|\frac{1}{2}\min\left\{\Delta_k, \frac{\|\nabla f(x_k)\|}{1+\|B_k\|}\right)$$

da cui segue che vale la (9.14).

Assumiamo ora che la (9.15) non sia verificata, per cui abbiamo

$$\nabla f(x_k)^T B_k \nabla f(x_k) < \frac{\|\nabla f(x_k)\|^3}{\Delta_k}. \tag{9.16}$$

Utilizzando la (9.11) e la (9.12), essendo $\tau^\star \|\nabla f(x_k)\| = \Delta_k$, possiamo scrivere

$$m_k(0) - m_k(s_k^c) = \tau^\star \|\nabla f(x_k)\|^2 - \tfrac{1}{2}(\tau^\star)^2 \nabla f(x_k)^T B_k \nabla f(x_k)$$

$$= \Delta_k \|\nabla f(x_k)\| - \tfrac{1}{2}\frac{\Delta_k^2}{\|\nabla f(x_k)\|^2}\nabla f(x_k)^T B_k \nabla f(x_k)$$

$$> \Delta_k \|\nabla f(x_k)\| - \tfrac{1}{2}\frac{\Delta_k^2}{\|\nabla f(x_k)\|^2}\frac{\|\nabla f(x_k)\|^3}{\Delta_k}$$

$$= \tfrac{1}{2}\Delta_k \|\nabla f(x_k)\| \geq \tfrac{1}{2}\|\nabla f(x_k)\| \min\left\{\Delta_k, \frac{\|\nabla f(x_k)\|}{1+\|B_k\|}\right\},$$

e possiamo quindi concludere che vale la (9.14). □

9.3 Analisi di convergenza globale*

In questo paragrafo dimostreremo le proprietà di convergenza globale della sequenza generata dall'Algoritmo avendo supposto che il Passo 2 sia tale da soddisfare la condizione di sufficiente riduzione

$$m_k(0) - m_k(s_k) \geq c_1 \|\nabla f(x_k)\| \min\left(\Delta_k, \frac{\|\nabla f(x_k)\|}{1+\|B_k\|}\right), \tag{9.17}$$

con $c_1 > 0$. Si osservi che la (9.17) e la condizione $\nabla f(x_k) \neq 0$ implicano

$$m_k(s_k) < m_k(0).$$

Premettiamo il lemma che segue.

Lemma 9.1. *Sia $f : R^n \to R$ continuamente differenziabile su R^n e supponiamo che esista una costante β tale che $\|B_k\| \leq \beta$ per ogni k. Assumiamo che per k sufficientemente grande risulti*

$$m_k(0) - m_k(s_k) \geq a \min\{\Delta_k, b\}, \quad (9.18)$$

con a, b costanti positive. Allora esiste un $\bar{\Delta} > 0$ tale che per k sufficientemente grande si ha

$$\Delta_k \geq \bar{\Delta}. \quad (9.19)$$

Dimostrazione. Ricaveremo inizialmente alcune relazioni utilizzate nel seguito della dimostrazione. In particolare, ricordando la definizione (9.5) di ρ_k, possiamo scrivere

$$|\rho_k - 1| = \left| \frac{f(x_k) - f(x_k + s_k) - (m_k(0) - m_k(s_k))}{m_k(0) - m_k(s_k)} \right|$$
$$= \left| \frac{m_k(s_k) - f(x_k + s_k)}{m_k(0) - m_k(s_k)} \right|. \quad (9.20)$$

Inoltre, con il teorema della media abbiamo

$$f(x_k + s_k) = f(x_k) + \nabla f(x_k)^T s_k + [\nabla f(x_k + t_k s_k) - \nabla f(x_k)]^T s_k,$$

con $t_k \in (0, 1)$, da cui segue

$$|m_k(s_k) - f(x_k + s_k)| = \left| \frac{1}{2} s_k^T B_k s_k - [\nabla f(x_k + t s_k) - \nabla f(x_k)]^T s_k \right|$$
$$\leq \frac{\beta}{2} \|s_k\|^2 + h(s_k)\|s_k\|, \quad (9.21)$$

dove $h(s_k)$ è tale che $h(s_k) \to 0$ se $s_k \to 0$.

Utilizzando le (9.20), (9.21), (9.18), e tenendo conto del vincolo di trust region $\|s_k\| \leq \Delta_k$ abbiamo

$$|\rho_k - 1| \leq \frac{\Delta_k (\beta \Delta_k / 2 + h(s_k))}{a \min\{\Delta_k, b\}}. \quad (9.22)$$

Per dimostrare la tesi, supponiamo per assurdo che la (9.19) non sia vera, e sia $K \subseteq \{0, 1, \ldots, \}$ il sottoinsieme infinito tale che

$$\Delta_{k+1} < \Delta_k \quad \forall k \in K \qquad \Delta_{k+1} \geq \Delta_k \quad \forall k \notin K. \tag{9.23}$$

Si osservi che la negazione della (9.19) implica l'esistenza dell'insieme K, da cui possiamo estrarre un sottoinsieme di K (denominato ancora K) tale che

$$\lim_{k \in K, k \to \infty} \Delta_{k+1} = \lim_{k \in K, k \to \infty} \Delta_k = 0, \tag{9.24}$$

dove abbiamo utilizzato il fatto che $\Delta_{k+1} \geq \gamma_1 \Delta_k$ per $k \in K$.

Per $k \in K$ e k sufficientemente grande abbiamo

$$\Delta_k \leq b \qquad \beta \Delta_k / 2 + h(s_k) \leq a(1 - \eta_2),$$

per cui dalla (9.22) segue

$$|\rho_k - 1| \leq \frac{\Delta_k a(1 - \eta_2)}{a \Delta_k} = 1 - \eta_2,$$

da cui possiamo dedurre che $\rho_k \geq \eta_2$ per $k \in K$ e k sufficientemente grande. Di conseguenza, le istruzioni dell'algoritmo implicano $\Delta_{k+1} \geq \Delta_k$ per $k \in K$ e k sufficientemente grande, in contraddizione con la (9.23). □

Possiamo ora stabilire il primo risultato di convergenza globale.

Proposizione 9.2. *Sia* $f : R^n \to R$ *continuamente differenziabile su* R^n. *Supponiamo che* f *sia limitata inferiormente, e che esista una costante* β *tale che* $\|B_k\| \leq \beta$ *per ogni k. Allora*

$$\lim_{k \to \infty} \inf \|\nabla f(x_k)\| = 0. \tag{9.25}$$

Dimostrazione. Osserviamo preliminarmente che le istruzioni dell'algoritmo implicano $f(x_{k+1}) \leq f(x_k)$ per ogni k, da cui segue, tenendo conto che la funzione f è limitata inferiormente,

$$\lim_{k \to \infty} f(x_k) - f(x_{k+1}) = 0. \tag{9.26}$$

Per dimostrare la tesi ragioniamo per assurdo e supponiamo quindi che esistano un $\epsilon > 0$ e un indice $\bar{k}$ tale che per ogni $k \geq \bar{k}$ abbiamo

$$\|\nabla f(x_k)\| \geq \epsilon. \tag{9.27}$$

Dalla (9.17) segue per $k \geq \bar{k}$

$$m_k(0) - m_k(s_k) \geq c_1 \epsilon \min \left\{ \Delta_k, \frac{\epsilon}{1 + \beta} \right\}. \tag{9.28}$$

Il Lemma 9.1 implica che esiste uno scalare $\bar{\Delta} > 0$ tale che

$$\Delta_k \geq \bar{\Delta} \tag{9.29}$$

per k sufficientemente grande.

Supponiamo che esista un sottoinsieme infinito $\tilde{K}$ tale che

$$\rho_k \geq \eta_1 \quad \forall k \in \tilde{K}. \tag{9.30}$$

Dalla (9.28) segue per $k \in \tilde{K}$ e $k \geq \bar{k}$

$$f(x_k) - f(x_{k+1}) = f(x_k) - f(x_k + s_k)$$
$$\geq \eta_1 \left(m_k(0) - m_k(s_k) \right) \tag{9.31}$$
$$\geq \eta_1 c_1 \epsilon \min\left\{ \Delta_k, \epsilon/(1+\beta) \right\}.$$

Dalla (9.26) e dalla (9.31) otteniamo

$$\lim_{k \in \tilde{K}, k \to \infty} \Delta_k = 0,$$

in contraddizione con la (9.29). Non può esistere perciò un sottoinsieme infinito $\tilde{K}$ per cui vale la (9.30). Quindi per k sufficientemente grande abbiamo $\rho_k < \eta_1$, da cui segue, tenendo conto delle istruzioni dell'algoritmo,

$$\Delta_{k+1} \leq \gamma_2 \Delta_k,$$

con $0 < \gamma_2 < 1$. La precedente disuguaglianza implica $\Delta_k \to 0$ per $k \to \infty$ e questo contraddice la (9.29). □

Un risultato di convergenza più forte è stabilito nella seguente proposizione, assumendo l'ulteriore ipotesi che il gradiente sia Lipschitz-continuo.

Proposizione 9.3. *Sia $f : R^n \to R$ continuamente differenziabile su R^n. Supponiamo che f sia limitata inferiormente, e che esista una costante β tale che $\|B_k\| \leq \beta$ per ogni k. Assumiamo inoltre che il gradiente sia Lipschitz-continuo sull'insieme di livello $\mathcal{L}_0$, ossia che esista una costante $L > 0$ tale che*

$$\|\nabla f(x) - \nabla f(y)\| \leq L\|x - y\| \quad \forall x, y \in \mathcal{L}_0. \tag{9.32}$$

Allora

$$\lim_{k \to \infty} \|\nabla f(x_k)\| = 0. \tag{9.33}$$

Dimostrazione. Le istruzioni dell'algoritmo implicano $f(x_{k+1}) \leq f(x_k)$ per cui possiamo affermare che tutti i punti della sequenza generata $\{x_k\}$ appartengono all'insieme di livello $\mathcal{L}_0$. Inoltre, essendo f limitata inferiormente, risulta

$$\lim_{k \to \infty} f(x_k) - f(x_{k+1}) = 0. \tag{9.34}$$

Sia K_S l'insieme di indici corrispondenti alle iterazioni di *successo*, ossia alle iterazioni in cui

$$x_{k+1} \neq x_k.$$

Dimostriamo la (9.33) per assurdo, e supponiamo quindi che esista un sottoinsieme infinito $\{k_i\} \subset \{0, 1, \ldots\}$ tale che per ogni i

$$\|\nabla f(x_{k_i})\| \geq 2\epsilon > 0. \tag{9.35}$$

Si osservi che, ridefinendo opportunamente la sequenza $\{k_i\}$, possiamo assumere $\{k_i\} \subseteq K_S$ perchè per ogni $k_i \notin K_S$ abbiamo $x_{k_i} = x_{k_i-1}$, e quindi per induzione risulterà

$$x_{k_i} = x_{k_i-1} = \ldots = x_{k_i-h_i},$$

dove $k_i - h_i \in K_S$.

Per ogni i sia $l(k_i) > k_i$ il più piccolo intero tale che

$$\|\nabla f(x_{l(k_i)})\| \leq \epsilon. \tag{9.36}$$

Si osservi che la Proposizione 9.2 assicura che l'indice $l(k_i)$ è ben definito (per comodità di esposizione poniamo $l_i = l(k_i)$). Analogamente a quanto fatto sopra, possiamo assumere che la sequenza $\{l_i\}$ sia contenuta in K_S.

Possiamo quindi scrivere

$$\|\nabla f(x_k)\| > \epsilon \quad k_i \leq k < l_i \qquad \|\nabla f(x_{l_i})\| \leq \epsilon. \tag{9.37}$$

Consideriamo ora il sottoinsieme di indici di iterazioni di successo

$$K = \{k \in K_S : k_i \leq k < l_i\}.$$

Tenendo conto della (9.37), per ogni $k \in K$ possiamo scrivere

$$f(x_k) - f(x_{k+1}) \geq \eta_1 \left[m_k(0) - m_k(x_k + s_k) \right]$$
$$\geq c_1 \epsilon \eta_1 \min\{\Delta_k, \epsilon/(1+\beta)\}. \tag{9.38}$$

Dalla (9.34) e dalla (9.38) otteniamo

$$\lim_{k \in K, k \to \infty} \Delta_k = 0. \tag{9.39}$$

Di conseguenza, utilizzando la (9.38) per $k \in K$ e k sufficientemente grande abbiamo

$$\Delta_k \leq \frac{1}{c_1 \epsilon \eta_1} \left[f(x_k) - f(x_{k+1}) \right]. \tag{9.40}$$

Per i sufficientemente grande possiamo scrivere

$$\|x_{k_i} - x_{l_i}\| \leq \sum_{j=k_i, j \in K}^{l_i-1} \|x_j - x_{j+1}\| \leq \sum_{j=k_i, j \in K}^{l_i-1} \Delta_j \qquad (9.41)$$

$$\leq \frac{1}{c_1 \epsilon \eta_1} [f(x_{k_i}) - f(x_{l_i})],$$

dove l'ultima disuguaglianza è stata ottenuta utilizzando la (9.40). La (9.34) e la (9.41) implicano che $\|x_{k_i} - x_{l_i}\| \to 0$ per $i \to \infty$. Dall'ipotesi (9.32) segue allora che $\|\nabla f(x_{k_i}) - \nabla f(x_{l_i})\| \to 0$ per $i \to \infty$, e questo contraddice il fatto che, dalle (9.35) e (9.36), abbiamo $\|\nabla f(x_{k_i}) - \nabla f(x_{l_i})\| \geq \epsilon$. □

9.4 Metodi di soluzione del sottoproblema

9.4.1 Classificazione

Lo schema generale di algoritmo di trust region si caratterizza mediante la definizione del metodo per il calcolo (al Passo 2) di una soluzione (eventualmente approssimata) del sottoproblema quadratico (9.3).

Distinguiamo tra:

(a) metodi che calcolano una soluzione esatta;
(b) metodi che calcolano una soluzione approssimata.

I metodi della classe (a) richiedono opportune fattorizzazioni della matrice B_k e quindi possono essere ragionevolmente applicati quando il numero di variabili n non è elevato. Alla base di questi metodi ci sono le condizioni necessarie e sufficienti affinchè un punto sia un minimo globale per il sottoproblema (9.3), derivanti dalla particolare struttura del sottoproblema stesso, che analizzeremo nel Paragrafo 9.4.2.

Osserviamo che non abbiamo fatto ipotesi di convessità sulla funzione obiettivo del sottoproblema (9.3), per cui l'esistenza di condizioni necessarie e sufficienti di ottimo globale costituisce un risultato di notevole importanza anche da un punto di vista teorico.

I metodi della classe (b), quali sono il metodo *dogleg* e il metodo del *gradiente coniugato di Steihaugh*, non si basano sulle condizioni di ottimalità del sottoproblema (9.3), ma determinano una soluzione approssimata con l'obiettivo di migliorare l'efficienza rispetto all'impiego del passo di Cauchy (che è ottenuto con uno spostamento lungo l'antigradiente).

Tutti i metodi che presenteremo garantiscono la convergenza globale dell'algoritmo di trust region poiché assicurano un decremento del modello quadratico maggiore o uguale a quello che si otterrebbe con il passo di Cauchy, il quale a sua volta determina un decremento che soddisfa la condizione di convergenza globale espressa dalla (9.17) (si veda la Proposizione 9.1).

9.4.2 Condizioni necessarie e sufficienti di ottimalità

Si consideri il problema (9.3) che riscriviamo per comodità semplificando la notazione:

$$\min_{s \in R^n} m(s) = f + g^T s + \frac{1}{2} s^T B s$$

$$\|s\| \leq \Delta.$$

(9.42)

Vale il seguente risultato di ottimalità.

Proposizione 9.4 (Condizioni necessarie di ottimo locale).

Se il punto s^* è un punto di minimo locale del problema (9.42), allora esiste un moltiplicatore $\lambda^* \in R$ tale che valgano le condizioni

(i) $Bs^* + g + \lambda^* s = 0$,

(ii) $\|s^*\| \leq \Delta$,

(iii) $\lambda^*(\|s^*\| - \Delta) = 0$,

(iv) $\lambda^* \geq 0$.

Dimostrazione. Per dimostrare la tesi scriviamo il problema (9.42) nella forma equivalente

$$\min_{s \in R^n} m(s) = f + g^T s + \frac{1}{2} s^T B s$$

$$\|s\|^2 \leq \Delta^2,$$

(9.43)

in cui anche la funzione che definisce il vincolo è continuamente differenziabile.

Possiamo quindi considerare le condizioni di ottimalità per problemi vincolati continuamente differenziabili. Osserviamo che sono soddisfatte le condizioni di *qualificazione dei vincoli*. Infatti, il gradiente del vincolo è $2s$, che è diverso da zero se il vincolo è attivo, ossia se $\|s\| = \Delta$. In corrispondenza quindi di un minimo locale s^* valgono le condizioni di Karush-Kuhn-Tucker. Possiamo perciò affermare che esiste uno scalare $\hat{\lambda}$ tale che, introdotta la funzione Lagrangiana

$$L(s, \lambda) = \frac{1}{2} s^T B s + g^T s + f + \lambda \left(\|s\|^2 - \Delta^2 \right),$$

risulta

(i) $\nabla_s L(s^\star, \hat{\lambda}) = 0$,

(ii) $\|s^\star\|^2 - \Delta^2 \leq 0$,

(iii) $\hat{\lambda} \left(\|s^\star\|^2 - \Delta^2 \right) 0$,

(iv) $\hat{\lambda} \geq 0$.

La tesi della proposizione segue tenendo conto che risulta

$$\nabla_s L(s^\star, \hat{\lambda}) = Bs^\star + g + 2\hat{\lambda}s,$$

e ponendo $\lambda^* = 2\hat{\lambda}$. □

Ci proponiamo ora di stabilire condizioni *necessarie e sufficienti* di minimo *globale*, dimostrando la proposizione seguente.

Proposizione 9.5 (Condizioni di ottimo globale).

Il punto s^* è un punto di minimo globale del problema (9.42) se e solo se esiste un moltiplicatore $\lambda^* \in R$ tale che valgano le condizioni:

(i) $Bs^* + g + \lambda^* s^* = 0$;

(ii) $\|s^*\| \leq \Delta$;

(iii) $\lambda^*(\|s^*\| - \Delta) = 0$;

(iv) $\lambda^* \geq 0$;

(v) *la matrice* $B + \lambda^* I$ *è semidefinita positiva.*

Dimostrazione. Necessità. Supponiamo che s^* sia un punto di minimo globale del problema. Poichè un punto di minimo globale è anche punto di minimo locale, devono valere le condizioni di Karush-Kuhn-Tucker espresse dalla Proposizione 9.4, da cui segue che valgono le (i)-(iv). Per dimostrare la (v), osserviamo preliminarmente che se $s^* = 0$, abbiamo dalla (i) che $g = 0$ e dalla (iii) che $\lambda^* = 0$. In questo caso, s^* è un punto di minimo globale non vincolato della forma quadratica $s^T B s$ e quindi, per risultati noti sulle forme quadratiche, la matrice B deve necessariamente essere semidefinita positiva, e quindi vale la (v).

Possiamo quindi supporre nel seguito $s^* \neq 0$. Procediamo per assurdo e supponiamo che la (v) non sia soddisfatta. Di conseguenza esiste un vettore $\hat{z} \in R^n$ tale che

$$\hat{z}^T (B + \lambda^* I) \hat{z} < 0. \tag{9.44}$$

Possiamo supporre che esista un vettore $z \in R^n$ tale che

$$z^T (B + \lambda^* I) z < 0, \quad \text{e} \quad z^T s^* \neq 0. \tag{9.45}$$

Infatti, se $\hat{z}^T s^* \neq 0$, si prende $z = \hat{z}$. Se invece $\hat{z}^T s^* = 0$, si può porre $z = \hat{z} + \alpha s^*$. Questo punto è tale che $z^T s^* = \hat{z}^T s^* + \alpha \|s^*\|^2 \neq 0$, inoltre per continuità esiste un $\varepsilon > 0$ tale che $z^T (B + \lambda^* I) z < 0$ per ogni $z \in R^n$ tale che $\|z - \hat{z}\| = \alpha \|s^*\| < \varepsilon$.

Mostriamo ora che la (9.45) porta a contraddire l'ipotesi che s^* sia un punto di minimo globale del problema. mostriamo cioè che possiamo costruire un punto ammissibile s tale che $m(s) < m(s^*)$. Consideriamo a tale scopo il punto $s = s^* + \eta z$, in cui z si suppone tale da soddisfare la (9.45). Determiniamo η in modo tale che il punto $s^* + \eta z$ sia un punto ammissibile. Risulta infatti:

$$\|s\|^2 = \|s^* + \eta z\|^2 = (s^* + \eta z)^T(s^* + \eta z) = \|s^*\|^2 + \eta^2\|z\|^2 + 2\eta z^T s^*.$$

Scegliendo $\eta \neq 0$ tale che $\eta^2\|z\|^2 + 2\eta z^T s^* = 0$, e quindi in particolare ponendo

$$\eta = -\frac{2z^T s^*}{\|z\|^2},$$

si ottiene $\|s\|^2 = \|s^*\|^2 \leq \Delta^2$. Mostriamo ora che il punto $s^* + \eta z$ è tale che risulta $m(s^* + \eta z) < m(s^*)$. Tenendo conto che per la (i) si ha $Bs^* + g = -\lambda^* s^*$, si può scrivere:

$$\begin{aligned} m(s^* + \eta z) - m(s^*) &= \eta \nabla m(s^*)^T z + \tfrac{1}{2}\eta^2 z^T B z = \eta(Bs^*+g)^T z + \tfrac{1}{2}\eta^2 z^T B z \\ &= -\eta \lambda^* z^T s^* + \tfrac{1}{2}\eta^2 s^T B s - \tfrac{1}{2}\eta^2 \lambda^*\|z\|^2 + \tfrac{1}{2}\eta^2 \lambda^*\|z\|^2 \\ &= \tfrac{1}{2}\eta^2 z^T(B+\lambda^* I)z - \tfrac{1}{2}\eta^2 \lambda^*\|z\|^2 - \eta \lambda^* z^T s^* \\ &= \tfrac{1}{2}\eta^2 z^T(B+\lambda^* I)z. \end{aligned}$$
(9.46)

Tenendo conto della (9.45), si ha $m(s^* + \eta z) - m(s^*) < 0$, e ciò contraddice l'ipotesi che s^* sia un punto di minimo globale, per cui deve valere necessariamente la (v). $\square$

Sufficienza. Supponiamo che s^* e λ^* siano tali che valgano le (i)-(v). Dalla (i) e dalla (v) segue che la funzione quadratica $p(s) = \tfrac{1}{2}s^T(B+\lambda^* I)s + g^T s$ è una funzione convessa che ha un punto stazionario in s^*. Ciò implica, per noti risultati, che $p(s)$ ha un punto di minimo globale non vincolato in s^* e di conseguenza si può scrivere, per ogni $s \in R^n$:

$$\frac{1}{2}s^T(B+\lambda^* I)s + g^T s \geq \frac{1}{2}s^{*T}(B+\lambda^* I)s^* + g^T s^*. \tag{9.47}$$

Ne segue, per ogni $s \in R^n$:

$$\frac{1}{2}s^T B s + g^T s \geq \frac{1}{2}s^{*T} B s^* + g^T s^* + \frac{\lambda^*}{2}(\|s^*\|^2 - \|s\|^2). \tag{9.48}$$

Osserviamo ora che se $\|s^*\| < \Delta$, dalla condizione (iii) segue $\lambda^* = 0$ e quindi la (9.48) implica $m(s) \geq m(s^*)$, ossia che s^* è un punto di minimo globale non vincolato su tutto R^n per la funzione obiettivo $m(s)$. Di conseguenza, a maggior ragione, il punto s^* è un punto di minimo globale del problema vincolato (9.42).

Se invece $\|s^*\| = \Delta$, utilizzando la condizione (iv) possiamo scrivere

$$\frac{\lambda^*}{2}(\|s^*\|^2 - \|s\|^2) = \frac{\lambda^*}{2}(\Delta^2 - \|s\|^2) \geq 0$$

per ogni s tale che $\|s\| \leq \Delta$. La (9.48) implica quindi che s^* è un punto di minimo globale del problema (9.42), e questo completa la dimostrazione. □

9.4.3 Cenni sul calcolo della soluzione esatta*

Le condizioni necessarie e sufficienti di ottimalità espresse dalla Proposizione 9.5 costituiscono la base per definire strategie di calcolo di una soluzione $s^\star$ del problema (9.42).

L'idea di base può essere così riassunta:

1. si verifica se lo scalare $\lambda^\star = 0$ soddisfa le condizioni (i) e (v) della Proposizione 9.5, con $\|s^\star\| \leq \Delta$;
2. altrimenti si determina un valore sufficientemente grande di λ in modo che la matrice $B + \lambda I$ risulti semidefinita positiva e che si abbia

$$\|s(\lambda)\| = \Delta, \tag{9.49}$$

dove
$$(B + \lambda I)\, s(\lambda) = -g.$$

Si osservi che la (9.49) conduce al problema di determinare una soluzione di una equazione non lineare in una incognita.

Caso 1.
Supponiamo che la matrice B sia definita positiva e che $\|B^{-1}g\| \leq \Delta$. Le (i)-(v) della Proposizione 9.5 sono soddisfatte con $\lambda^\star = 0$ e $s^\star = -B^{-1}g$.

Caso 2.
Come primo passo analizzeremo la particolare struttura della (9.49), che riscriviamo per comodità nella forma

$$\phi(\lambda) = \|s(\lambda)\| - \Delta = 0, \tag{9.50}$$

al fine di dedurre informazioni utili per la descrizione del metodo di soluzione.

La (i) della Proposizione 9.5 implica

$$(B + \lambda I)\, s(\lambda) = -g. \tag{9.51}$$

Inoltre dalla (v) della stessa proposizione abbiamo che λ deve essere maggiore o uguale del minimo autovalore di B cambiato di segno.

Poichè la matrice B è simmetrica, esistono una matrice ortonormale Q e una matrice diagonale Ω tali che

$$B = Q\Omega Q^T,$$

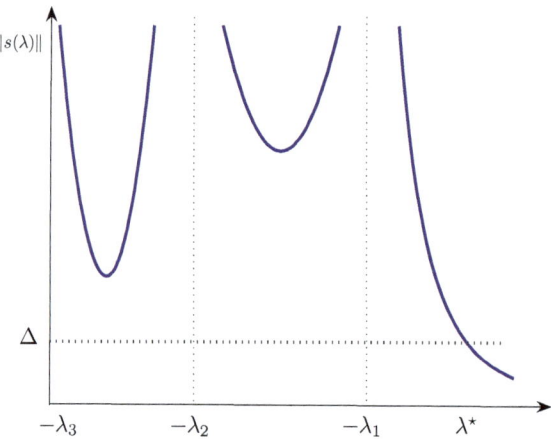

Fig. 9.2. Grafico funzione $\|s(\lambda)\|$

dove gli elementi diagonali di Ω sono gli autovalori $\lambda_1 \leq \lambda_2 \leq \ldots \leq \lambda_n$ di B. Quindi per $\lambda \neq \lambda_j$ possiamo scrivere

$$s(\lambda) = -Q\left(\Omega + \lambda I\right)^{-1} Q^T g = -\sum_{j=1}^{n} \frac{q_j^T g}{\lambda_j + \lambda} q_j, \qquad (9.52)$$

dove q_j rappresenta la j−esima colonna di Q. L'ortonormalità delle colonne $q_1, \ldots, q_n$ implica

$$\|s(\lambda)\|^2 = \sum_{j=1}^{n} \frac{\left(q_j^T g\right)^2}{(\lambda_j + \lambda)^2}. \qquad (9.53)$$

Dalla (9.53) osserviamo che se $\lambda > -\lambda_1$ allora $\lambda_j + \lambda > 0$ per $j = 1, \ldots, n$, da cui deduciamo che la funzione $\|s(\lambda)\|$ è una funzione continua e decrescente nell'intervallo $(-\lambda_1, \infty)$.

Abbiamo

$$\lim_{\lambda \to \infty} \|s(\lambda)\| = 0, \qquad (9.54)$$

supponendo $q_j^T g \neq 0$ risulta inoltre

$$\lim_{\lambda \to -\lambda_j} \|s(\lambda)\| = \infty. \qquad (9.55)$$

Nell'ipotesi $q_1^T g \neq 0$, la (9.54), (9.55), la continuità di $\|s(\lambda)\|$ e il fatto che quest'ultima è una funzione non crescente implicano che esiste un solo punto $\lambda^\star$ nell'intervallo $(-\lambda_1, \infty)$ tale che $\|s(\lambda^\star)\| - \Delta = 0$ (si veda la Fig. 9.2).

9.4 Metodi di soluzione del sottoproblema

Consideriamo inizialmente due dei tre sottocasi possibili.

Caso 2a: matrice B definita positiva e $\|B^{-1}g\| > \Delta$.

In questo caso $\|s(0)\| > \Delta$, e quindi esiste un valore strettamente positivo di λ per cui $\|s(\lambda)\| = \Delta$, per cui la ricerca della soluzione di (9.50) andrà effettuata nell'intervallo $(0, \infty)$.

Caso 2b: matrice B indefinita e $q_1^T g \neq 0$.

In questo caso la (9.54) e la (9.55) implicano che esiste una soluzione dell'equazione scalare (9.50) nell'intervallo $(-\lambda_1, \infty)$.

In entrambi i casi il problema diventa quello di determinare una soluzione dell'equazione non lineare (9.50) in un intervallo opportuno. Questo può essere fatto applicando il metodo di Newton per equazioni scalari.

Terminiamo il paragrafo analizzando il terzo possibile caso.

Caso 2c (Caso difficile): matrice B indefinita e $q_1^T g = 0$ (nel caso in cui ci fossero autovalori multipli $\lambda_1 = \lambda_2 = \ldots$ supponiamo che $q_j^T g = 0$ per ogni j tale che $\lambda_j = \lambda_1$).

In questo caso non vale la (9.55) con $j = 1$, per cui non è detto che l'intervallo $(-\lambda_1, \infty)$ contenga un valore tale da soddisfare la (9.50).
Se
$$\|s(-\lambda_1)\| > \Delta, \qquad (9.56)$$
denotato con λ_j il più piccolo autovalore (con $\lambda_j > \lambda_1$ necessariamente) tale che $q_j^T g \neq 0$, abbiamo che la $\phi(\lambda)$ è decrescente nell'intervallo $(-\lambda_j, \infty)$ e quindi la (9.56) implica che la ricerca del valore di λ deve essere effettuata nell'intervallo $(-\lambda_1, \infty)$ come nel Caso 2b.

Nel caso in cui
$$\|s(-\lambda_1)\| \leq \Delta, \qquad (9.57)$$
dalla decrescenza di ϕ segue che non esiste un valore di $\lambda \in (-\lambda_1, \infty)$ tale che vale la (9.49). D'altra parte, la Proposizione 9.5 assicura che esiste un $\lambda \in [-\lambda_1, \infty)$ che soddisfa la (9.49), e quindi avremo necessariamente $\lambda = -\lambda_1$ (si veda la Fig. 9.3). La Proposizione 9.5 implica anche che il sistema
$$B(-\lambda_1)s = -g$$
ammette soluzione, avendo posto $B(-\lambda_1) = B - \lambda_1 I$. In particolare il sistema ammette infinite soluzioni essendo singolare la matrice $B(-\lambda_1)$. Sia s_1 una di tali soluzioni, ad esempio quella a minima norma che può essere calcolata, ad esempio, mediante la *decomposizione ai valori singolari* di $B(-\lambda_1)$ (si veda l'Appendice A).

Sia u_1 un autovettore di B corrispondente all'autovalore λ_1. Possiamo scrivere
$$B(-\lambda_1)u_1 = (B - \lambda_1 I)u_1 = 0,$$

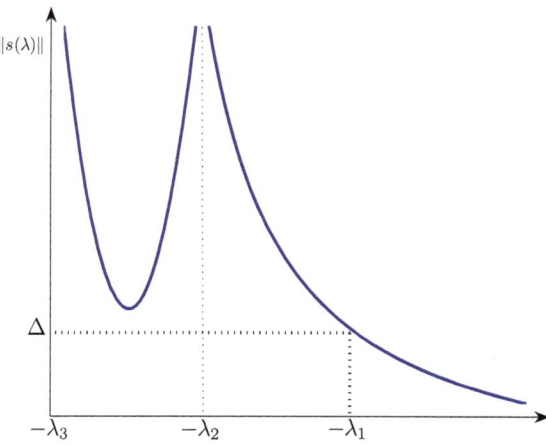

Fig. 9.3. Caso difficile

e di conseguenza abbiamo

$$B(-\lambda_1)(s_1 + \alpha u_1) = -g$$

per ogni α. Risolvendo una equazione di secondo grado in α si determina un valore $\alpha^\star$ tale che

$$\|s_1 + \alpha^\star u_1\| = \Delta$$

e si pone

$$s^\star = s_1 + \alpha^\star u_1.$$

Si vede immediatamente che $\lambda^\star = -\lambda_1$ e $s^\star$ sono tali da soddisfare le condizioni della Proposizione 9.5 e quindi si può concludere che $s^\star$ è soluzione del sottoproblema (9.42).

Il caso esaminato è denominato *difficile* (*hard case*) perchè richiede di determinare una soluzione di un sistema lineare con matrice dei coefficienti singolare e necessita del calcolo di un autovettore.

Il metodo di Newton per determinare la soluzione dell'equazione scalare (9.50) e uno schema di calcolo della soluzione esatta del sottoproblema di trust region sono descritti in modo dettagliato in [23].

9.4.4 Metodo dogleg per il calcolo di una soluzione approssimata*

La descrizione e l'analisi del metodo dogleg cui è dedicato questo paragrafo sono tratte da [97].

Supponiamo che il modello quadratico abbia matrice B simmetrica e definita positiva. La soluzione del sottoproblema (9.42) dipende dal raggio Δ della regione di confidenza. In maniera intuitiva possiamo affermare che se Δ è "sufficentemente grande" allora la soluzione sarà data dal minimo non

9.4 Metodi di soluzione del sottoproblema

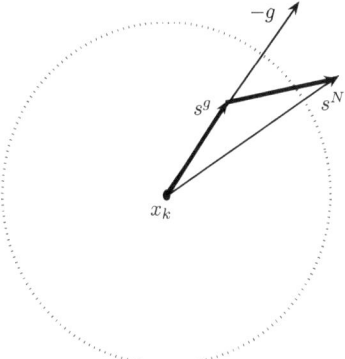

Fig. 9.4. Traiettoria dogleg $\hat{s}(\tau)$

vincolato della funzione quadratica ossia

$$s^\star(\Delta) = -B^{-1}g. \tag{9.58}$$

Viceversa, se il raggio Δ è "sufficientemente piccolo" il termine quadratico non ha grande influenza sulla soluzione che approsimativamente sarà quella corrispondente al modello lineare $f + g^T s$, ossia

$$s^\star(\lambda) \approx -\Delta \frac{g}{\|g\|}. \tag{9.59}$$

Per valori intermedi la soluzione $s^\star(\Delta)$ seguirà una traiettoria curvilinea. L'idea del metodo *dogleg* è di approssimare questa traiettoria curvilinea con una spezzata costituita da due segmenti. Il primo segmento congiunge l'origine con il punto di minimo lungo l'antigradiente, ossia è definito dal vettore

$$s^g = -\frac{g^T g}{g^T B g} g. \tag{9.60}$$

Il secondo segmento congiunge il vettore s^g con il punto definito dalla (9.58) che indichiamo con $s^N = -B^{-1}g$. La traiettoria dogleg è rappresentata in Fig. 9.4. Formalmente definiamo la traiettoria come segue

$$\tilde{s}(\tau) = \begin{cases} \tau s^g & 0 \leq \tau \leq 1 \\ s^g + (\tau - 1)(s^N - s^g) & 1 \leq \tau \leq 2. \end{cases} \tag{9.61}$$

274   9 Metodi di trust region

Prima di descrivere il metodo riportiamo il seguente risultato.

Lemma 9.2. *Si consideri il modello quadratico*

$$m(s) = f + g^T s + \frac{1}{2} s^T B s,$$

in cui supponiamo che la matrice B sia simmetrica e definita positiva. Allora:

(i) $\|\tilde{s}(\tau)\|$ *è una funzione crescente di τ;*
(ii) $m(\tilde{s}(\tau))$ *è una funzione decrescente di τ.*

Dimostrazione. Le asserzioni sono facilmente verificabili per $\tau \in [0,1]$. Ci limitiamo a considerare il caso $\tau \in [1,2]$.

(*i*). Posto

$$h(\tau) = \frac{1}{2}\|\tilde{s}(\tau)\|^2 = \frac{1}{2}\|s^g + (\tau-1)(s^N - s^g)\|^2,$$

proveremo che risulta $h'(\tau) \geq 0$. Possiamo scrivere

$$\begin{aligned} h'(\tau) &= \left(s^g + (\tau-1)(s^N - s^g)\right)^T \left(s^N - s^g\right) \geq (s^g)^T \left(s^N - s^g\right) \\ &= \frac{g^T g}{g^T B g} g^T \left(B^{-1} g - \frac{g^T g}{g^T B g} g\right) \\ &= g^T g \frac{g^T B^{-1} g}{g^T B g} \left(1 - \frac{(g^T g)^2}{(g^T B g)(g^T B^{-1} g)}\right). \end{aligned}$$

Usando la disuguaglianza di Cauchy-Schwarz possiamo scrivere

$$(g^T g)^2 = \left[\left(B^{-1/2} g\right)^T \left(B^{1/2} g\right)\right]^2 \leq \left(B^{-1/2} g\right)^T \left(B^{-1/2} g\right) \left(B^{1/2} g\right)^T \left(B^{1/2} g\right),$$

per cui risulta

$$\frac{(g^T g)^2}{(g^T B g)(g^T B^{-1} g)} \leq 1,$$

e di conseguenza abbiamo $h'(\tau) \geq 0$.

(*ii*). Le ipotesi poste implicano che la funzione $m(s)$ è una funzione strettamente convessa su R^n e che il punto $s^\star = -B^{-1}g = \tilde{s}(2)$ è il suo punto di minimo globale. A maggior ragione possiamo dire che la funzione di una variabile $m(\tau) = m(\tilde{s}(\tau))$ è una funzione strettamente convessa e ha il minimo globale in $\tau = 2$. Per ogni $\tau \in [1,2)$, tenendo conto della convessità e della differenziabilità di $m(\tau)$, possiamo scrivere

$$m(\tau) > m(2) \geq m(\tau) + m'(\tau)(2-\tau),$$

da cui segue $m'(\tau) < 0$ per ogni $\tau \in [1,2)$. □

9.4 Metodi di soluzione del sottoproblema

Dal lemma precedente possiamo dedurre che la spezzata $\tilde{s}(\tau)$ interseca la frontiera della regione di confidenza esattamente in un punto se $\|s^N\| \geq \Delta$. Se invece $\|s^N\| < \delta$ allora la frontiera della regione di confidenza non viene intersecata dalla spezzata in nessun punto. Dallo stesso lemma sappiamo che la funzione obiettivo è decrescente lungo tale spezzata per cui il metodo può essere riassunto come segue:

(i) se $\|s^N\| \leq \Delta$ poni $s^\star = s^N$;
(ii) se $\|s^N\| > \Delta$ allora
   (iia) se $\|s^g\| \leq \Delta$ determina il valore di $\tau^\star \in [1,2]$ tale che
   $$\|s^g + (\tau^\star - 1)(s^N - s^g)\|^2 = \Delta^2,$$
   poni $s^\star = s^g + \tau^\star(s^N - s^g)$;
   (iib) se $\|s^g\| > \Delta$ poni $s^\star = -\Delta \dfrac{g}{\|g\|}$.

Osserviamo che in tutti i casi otteniamo un decremento del modello quadratico maggiore o uguale a quello che si otterrebbe con il passo di Cauchy s^c. Infatti, nel caso (i) risulta
$$m(s^N) \leq m(s^c)$$
essendo s^N il punto di minimo globale della funzione quadratica.

Nel caso (iia), abbiamo $m(s^\star) \leq m(s^g) = m(s^c)$. Nel caso (iib) abbiamo $s^\star = s^c$.

9.4.5 Metodo del gradiente coniugato di Steihaug per il calcolo di una soluzione approssimata*

Il metodo descritto in questo paragrafo è una versione modificata del metodo del gradiente coniugato per il calcolo di una soluzione approssimata del sottoproblema di trust region (9.42) che è un problema quadratico (non necessariamente convesso) con un vincolo sferico.

Rispetto al metodo del gradiente standard il metodo che descriveremo presenta differenze nel criterio di arresto. In particolare, le regole di arresto aggiuntive riguardano:

- la violazione del vincolo di trust region;
- la generazione di una direzione *a curvatura negativa*, ossia di una direzione d tale che $d^T B d \leq 0$.

Possiamo ora descrivere formalmente il metodo.

Metodo del gradiente coniugato di Steihaug

Dati. $\epsilon > 0$.

1. Poni $s_0 = 0$, $r_0 = g$, $d_0 = -g$, $j = 0$.
2. Se $\|r_0\| \leq \epsilon$ poni $s = s_j$ ed esci.
3. Se $d_j^T B d_j \leq 0$
   determina il valore positivo $\tau^\star$ tale che
   $$\|s_j + \tau^\star d_j\| = \Delta,$$
   poni $s = s_j + \tau^\star d_j$ ed esci.
4. Poni $\alpha_j = r_j^T r_j / d_j^T B d_j$, $s_{j+1} = s_j + \alpha_j d_j$.
5. Se $\|s_{j+1}\| \geq \Delta$ determina il valore positivo $\tau^\star$ tale che
   $$\|s_j + \tau^\star d_j\| = \Delta,$$
   poni $s = s_j + \tau^\star d_j$ ed esci.
6. Poni $r_{j+1} = r_j + \alpha_j B d_j$. Se $\|r_{j+1}\| \leq \epsilon$ poni $s = s_{j+1}$ ed esci.
7. Poni $\beta_{j+1} = r_{j+1}^T r_{j+1} / r_j^T r_j$, $d_{j+1} = -r_{j+1} + \beta_{j+1} d_j$, $j = j+1$ e vai al Passo 3.

Dallo schema descritto si può notare che, in accordo con quanto detto in precedenza, il metodo differisce dal metodo del gradiente coniugato per i criteri di uscita introdotti al Passo 3 e al Passo 5.

È importante inoltre osservare che l'inizializzazione $s_0 = 0$ è fondamentale dal punto di vista teorico per assicurare la convergenza globale di un algoritmo di trust region. Infatti, dalle istruzioni del metodo del gradiente coniugato e dall'inizializzazione $s_0 = 0$ segue

$$s_1 = \alpha_0 d_0 = \frac{r_0^T r_0}{d_0^T B d_0} d_0 = -\frac{-g^T g}{g^T B g} g.$$

Se $d_0^T B d_0 \leq 0$ oppure se $\|s_1\| \geq \Delta$, il metodo termina rispettivamente al Passo 3 e al Passo 5 fornendo la direzione

$$s = \frac{\Delta}{\|g\|} g.$$

Possiamo perciò affermare che la prima iterazione fornisce esattamente il passo di Cauchy sia che il metodo si arresti o meno. Per quanto visto nel capitolo dei metodi delle direzioni coniugate sappiamo che ad ogni iterazione del metodo del gradiente coniugato il valore della funzione quadratica decresce. Quindi, la direzione s ottenuta con lo schema descritto sopra fornisce un decremento del modello quadratico maggiore o uguale di quello che si otterrebbe con il passo di Cauchy, e questo è sufficiente per garantire la convergenza globale dell'algoritmo di trust region.

Un'altra importante conseguenza dell'inizializzazione $s_0 = 0$, formalmente contenuta nel risultato seguente, è che il metodo genera vettori s_j in norma crescenti. Questo motiva il criterio di arresto del Passo 5, poichè consente di affermare che il metodo non può ottenere un ulteriore decremento della funzione quadratica senza violare il vincolo di trust region.

Proposizione 9.6. *La sequenza $\{s_0, s_1, s_2, \ldots, s_N\}$ generata dal metodo del gradiente coniugato è tale che*

$$0 = \|s_0\| < \|s_1\| < \ldots \|s_j\| < \|s_{j+1}\| < \ldots < \|s_N\| = \|s\| \leq \Delta. \quad (9.62)$$

Dimostrazione. Mostriamo inizialmente che per $j \geq 1$ risulta

$$s_j^T r_j = 0 \quad (9.63)$$

$$s_j^T d_j > 0. \quad (9.64)$$

Dalle istruzioni del metodo abbiamo per $j \geq 1$

$$s_j = s_0 + \sum_{i=1}^{j-1} \alpha_i d_i = \sum_{i=1}^{j-1} \alpha_i d_i,$$

da cui segue, ricordando le proprietà del metodo del gradiente coniugato,

$$s_j^T r_j = \sum_{i=1}^{j-1} \alpha_i d_i^T r_j = 0.$$

Dimostriamo ora per induzione che $s_j^T d_j > 0$. Per $j = 1$ abbiamo

$$s_1^T d_1 = (\alpha_0 d_0)^T (-r_1 + \beta_1 d_0) = \alpha_0 \beta_1 \|d_0\|^2 > 0. \quad (9.65)$$

Supponiamo quindi vera la (9.64) per j, faremo vedere che è vera per $j+1$. Utilizzando la (9.64) possiamo scrivere

$$s_{j+1}^T d_{j+1} = s_{j+1}^T (-r_{j+1} + \beta_{j+1} d_j)$$

$$= \beta_{j+1} s_{j+1}^T d_j = \beta_{j+1} (s_j + \alpha_j d_j)^T d_j$$

$$= \beta_{j+1} s_j^T d_j + \alpha_j \|d_j\|^2 > 0,$$

dove la disuguaglianza segue dall'ipotesi di induzione. Per dimostrare l'asserzione osserviamo che le istruzioni dell'algoritmo implicano $\|s\| \leq \Delta$. Resta da dimostrare che $\|s_j\| < \|s_{j+1}\|$. Abbiamo

$$\|s_{j+1}\|^2 = (s_j + \alpha_j d_j)^T (s_j + \alpha_j d_j) = \|s_j\|^2 + 2\alpha_j s_j^T d_j + \alpha_j^2 \|d_j\|^2 > \|s_j\|^2,$$

dove la disugualianza segue dalla (9.64). □

9.5 Modifiche globalmente convergenti del metodo di Newton

In questo paragrafo mostreremo che un algoritmo di trust region, basato su un modello quadratico in cui la matrice B_k è proprio la matrice Hessiana $\nabla^2 f(x_k)$ della funzione obiettivo, costituisce una *modifica globalmente convergente* del metodo di Newton nel senso introdotto in precedenza.

Si consideri l'algoritmo definito nel Paragrafo 9.1 e si assuma che il modello quadratico (9.2) abbia la forma

$$m_k(s) = f(x_k) + \nabla f(x_k)^T s + \frac{1}{2} s_k^T \nabla^2 f(x_k) s, \qquad (9.66)$$

per cui il sottoproblema considerato al Passo 2 è

$$\min m_k(s) = f(x_k) + \nabla f(x_k)^T s + \tfrac{1}{2} s^T \nabla^2 f(x_k) s$$
$$\|s\| \leq \Delta_k. \qquad (9.67)$$

Definiamo ora lo schema concettuale di un algoritmo, denominato NTR, di tipo Newton basato su una strategia di Trust Region, e faremo vedere che rappresenta una modifica globalmente convergente del metodo di Newton.

Ad ogni iterazione k:

(i) Calcola (se possibile) la direzione di Newton

$$s^N(x_k) = -\left[\nabla^2 f(x_k)\right]^{-1} \nabla f(x_k).$$

(ii) Se $\|s^N(x_k)\| \leq \Delta_k$ e $s^N(x_k)$ verifica la condizione

$$m_k(0) - m_k(s^N(x_k)) \geq c_1 \|\nabla f(x_k)\| \min\left(\Delta_k, \frac{\|\nabla f(x_k)\|}{1 + \|\nabla^2 f(x_k)\|}\right), \qquad (9.68)$$

con $c_1 \in (0, 1/2)$, allora poni $s_k = s^N(x_k)$, altrimenti determina una direzione s_k tale che $\|s_k\| \leq \Delta_k$ e

$$m_k(0) - m_k(s_k) \geq c_1 \|\nabla f(x_k)\| \min\left(\Delta_k, \frac{\|\nabla f(x_k)\|}{1 + \|\nabla^2 f(x_k)\|}\right). \qquad (9.69)$$

Al punto (ii) si può utilizzare, ad esempio, il passo di Cauchy, oppure la soluzione esatta, oppure una soluzione approssimata determinata con il metodo dogleg o con il metodo del gradiente coniugato. Infatti, in ognuno di questi casi è garantito che la (9.69) è soddisfatta.

Possiamo dimostrare che se un punto limite della sequenza generata dall'Algoritmo NTR è un punto di minimo isolato allora tutta la sequenza converge a tale minimo con rapidità di convergenza quadratica.

9.5 Modifiche globalmente convergenti del metodo di Newton

Preliminarmente dimostriamo il seguente risultato.

Lemma 9.3. *Supponiamo che*

$$\lambda_m \left(\nabla^2 f(x_k)\right) \geq \epsilon > 0, \tag{9.70}$$

dove $\lambda_m \left(\nabla^2 f(x_k)\right)$ *denota il minimo autovalore di* $\nabla^2 f(x_k)$ *e che* $m_k(s_k) < m_k(0)$. *Allora risulta*

$$\|s_k\| \leq \frac{2}{\epsilon} \|\nabla f(x_k)\|. \tag{9.71}$$

Dimostrazione. Sia

$$\phi(t) = m_k(0) - m_k(ts_k) = -t\nabla f(x_k)^T s_k - \frac{1}{2} t^2 s_k^T \nabla^2 f(x_k) s_k,$$

per $t > 0$. La funzione $\phi(t)$ è una funzione quadratica concava (in virtù dell'ipotesi (9.70)) tale che $\phi(0) = 0$, e $\phi(1) > 0$ per ipotesi. Di conseguenza abbiamo

$$t^* = \arg\max_t \phi(t) > 1/2,$$

essendo la $\phi(t)$ simmetrica rispetto a t^*. Utilizzando la disuguaglianza di Cauchy-Schwarz e la (9.70), possiamo scrivere

$$\frac{1}{2} < t^* = \frac{|\nabla f(x_k)^T s_k|}{s_k^T \nabla^2 f(x_k) s_k} \leq \frac{\|\nabla f(x_k)\| \|s_k\|}{\|s_k\|^2 \epsilon} = \frac{\|\nabla f(x_k)\|}{\|s_k\| \epsilon},$$

e quindi la tesi è dimostrata. □

Proposizione 9.7. *Sia* $f : R^n \to R$ *due volte continuamente differenziabile su* R^n, *con gradiente Lipschitz-continuo sull'insieme di livello* $\mathcal{L}_0$. *Sia* $\{x_k\}$ *la successione prodotta dall'Algoritmo NTR. Supponiamo che esista una costante* β *tale che* $\|\nabla^2 f(x_k)\| \leq \beta$ *per ogni* k. *Allora:*

(i) *ogni punto di accumulazione è un punto stazionario;*
(ii) *se esiste un punto di accumulazione* x^* *in cui la matrice Hessiana è definita positiva e soddisfa una condizione di Lipschitz locale tutta la successione converge a* x^* *con rapidità di convergenza quadratica.*

Dimostrazione. Osserviamo che le istruzioni dell'algoritmo implicano che il passo s_k soddisfa la condizione

$$m_k(0) - m_k(s_k) \geq c_1 \|\nabla f(x_k)\| \min\left(\Delta_k, \frac{\|\nabla f(x_k)\|}{1 + \|\nabla^2 f(x_k)\|}\right), \tag{9.72}$$

con $c_1 \in (0, 1/2)$. L'asserzione (i) segue dalla (9.72) e dalla Proposizione 9.3.

Per dimostrare la (ii), supponiamo che esista un punto di accumulazione $x^\star$ in cui $\nabla^2 f(x^\star)$ sia definita positiva ed indichiamo con $\{x_k\}_K$ la sottosuccessione convergente a $x^\star$.

Dimostriamo dapprima che tutta la successione converge a $x^\star$. Per continuità, deve esistere un intorno di $x^\star$ di raggio r, indicato con $B(x^\star; r)$ in cui $\nabla^2 f(x^\star)$ è definita positiva. Inoltre, poichè la (i) implica $\nabla f(x^\star) = 0$ e poichè s^N è una funzione continua di x e tende a zero per $x_k \to x^\star$, possiamo determinare una sfera di raggio $r_1 \leq r/4$ tale che, per valori elevati di $k \in K$ si abbia:

$$x_k \in B(x^\star; r_1) \qquad \|s^N(x_k)\| < r/2.$$

Indichiamo con $\hat{f}$ il minimo di $f(x)$, per $x \in B(x^\star; r) \setminus B(x^\star; r_1)$. Poichè in $B(x^\star; r)$ la f è strettamente convessa ed ha un minimo assoluto in $x^\star$ e poichè la successione $\{f(x_k)\}$ converge monotonamente a $f(x^\star)$, possiamo sempre trovare un $k_1 \in K$, tale che $x_{k_1} \in B(x^\star; r_1)$ ed inoltre $f(x_{k_1}) < \hat{f}$.

Se tutta la successione non rimane in $B(x^\star; r_1)$ deve esistere un punto $x_{\hat{k}} \in B(x^\star; r_1)$ con $\hat{k} \geq k_1$ tale che il punto successivo $x_{\hat{k}+1}$ stia fuori da $B(x^\star; r_1)$. Tuttavia, il punto $x_{\hat{k}+1}$ non può stare in $B(x^\star; r) \setminus B(x^\star; r_1)$ (altrimenti, essendo $\{f(x_k)\}$ decrescente, si otterrebbe una contraddizione con l'ipotesi $f(x_{\hat{k}}) < \hat{f}$) e quindi deve stare al di fuori di $B(x^\star; r)$. Ma ciò implica $\|s_{\hat{k}}\| > 3r/4$ e quindi, a maggior ragione $\Delta_{\hat{k}} \geq 3r/4$. Per le ipotesi fatte si avrebbe allora $\|s^N(x_{\hat{k}})\| \leq \Delta_{\hat{k}}$ e quindi, come si è osservato in precedenza, segue dalla Proposizione 9.5 che deve essere $s_{\hat{k}} = s^N(x_{\hat{k}})$. D'altra parte, si è supposto che per $x \in B(x^\star; r_1)$ sia $\|s^N(x)\| < r/2$ e quindi di ottiene una contraddizione. Possiamo allora affermare che tutta la successione rimane in $B(x^\star; r_1)$ con r_1 arbitrariamente piccolo. In tale intorno, d'altra parte, non possono esistere punti limite distinti. Infatti, per la stretta convessità di f in $B(x^\star; r_1)$ non possiamo avere un punto stazionario differente da $x^\star$. Quindi tutta la successione converge a $x^\star$.

Osserviamo che per k sufficientemente grande abbiamo, per continuità, che esistono delle costanti $\epsilon, M > 0$ tali che

$$\lambda_m\left(\nabla^2 f(x_k)\right) \geq \epsilon > 0 \qquad \|\nabla^2 f(x_k)\| \leq M.$$

Utilizzando la condizione (9.72) e il Lemma 9.3 possiamo scrivere

$$m_k(0) - m_k(s_k) \geq c_1 \frac{2}{\epsilon} \|s_k\| \min\left(\Delta_k, \frac{2\|s_k\|}{\epsilon(1+M)}\right)$$

$$\geq c_1 \frac{2}{\epsilon} \|s_k\| \min\left(\|s_k\|, \frac{2\|s_k\|}{\epsilon(1+M)}\right)$$

$$= \frac{1}{2} m \|s_k\|^2,$$

dove si è posto
$$\frac{1}{2}m = c_1 \frac{2}{\epsilon} \min\left(1, \frac{2}{\epsilon(1+M)}\right).$$

Abbiamo inoltre
$$|\rho_k - 1| = \left|\frac{f(x_k) - f(x_k + s_k) - (m_k(0) - m_k(s_k))}{m_k(0) - m_k(s_k)}\right| = \left|\frac{m_k(s_k) - f(x_k + s_k)}{m_k(0) - m_k(s_k)}\right|.$$

Nelle ipotesi poste risulta
$$f(x_k + s_k) = f(x_k) + \nabla f(x_k)^T s_k + \frac{1}{2} s_k^T \nabla^2 f(\xi_k) s_k,$$

dove $\xi_k = x_k + \theta_k s_k$, con $\theta_k \in (0,1)$. Dalle precedenti relazioni otteniamo
$$|\rho_k - 1| = \left|\frac{1/2 s_k^T \left[\nabla^2 f(x_k) - \nabla^2 f(\xi_k)\right] s_k}{m_k(0) - m_k(s_k)}\right| \leq \frac{1/2 \|s_k\|^2 L_H \|s_k\|}{1/2 m \|s_k\|^2} = \frac{L_H}{m} \|s_k\|,$$

dove $L_H > 0$ è la costante di Lipschitz relativa alla matrice Hessiana.

Poiché $s_k \to 0$ (il che segue dalla convergenza di $\{x_k\}$ a $x^\star$ e dal Lemma 9.3) si avrà definitivamente $\rho_k > \eta_2$ e quindi la strategia di trust region implica che per k sufficientemente grande il raggio Δ_k non viene ridotto, per cui si ha
$$\Delta_k \geq \bar{\Delta} > 0.$$

Nelle ipotesi poste, per k sufficientemente grande la direzione di Newton $s^N(x_k)$ è ben definita, inoltre, poiché $\Delta_k \geq \bar{\Delta}$ e $s^N(x_k) \to 0$, abbiamo $\|s^N(x_k)\| < \Delta_k$ e quindi dalla Proposizione 9.5 segue che $s^N(x_k)$ è la soluzione del problema strettamente convesso (9.67). Di conseguenza, per k sufficientemente grande, la (9.68) è soddisfatta, il che implica $s_k = s^N(x_k)$, e quindi, per le proprietà del metodo di Newton, si ottiene una rapidità di convergenza quadratica. □

9.6 Convergenza a punti stazionari del "secondo ordine"*

Analogamente a quanto visto con i metodi basati su ricerche unidimensionali, per stabilire un risultato di convergenza globale "più forte", ossia la convergenza a punti che soddisfano le condizioni di ottimalità del secondo ordine, occorre utilizzare, anche in una strategia di tipo trust region, informazioni relative agli autovalori della matrice Hessiana $\nabla^2 f(x)$.

Si consideri il modello quadratico
$$m_k(s) = f(x_k) + \nabla f(x_k)^T s + \frac{1}{2} s^T \nabla^2 f(x_k) s.$$

Supponiamo che per un dato k la matrice Hessiana $\nabla^2 f(x_k)$ sia indefinita, e quindi che risulti

$$\lambda_m\left(\nabla^2 f(x_k)\right) < 0,$$

dove $\lambda_m(\nabla^2 f(x_k))$ (che per brevità indicheremo con λ_m^k) è l'autovalore minimo di $\nabla^2 f(x_k)$.

Sia u_k un vettore tale che

$$\nabla f(x_k)^T u_k \leq 0, \qquad \|u_k\| = \Delta_k, \qquad u_k^T \nabla^2 f(x_k) u_k \leq \tau \lambda_m^k \Delta_k^2, \qquad (9.73)$$

dove $\tau \in (0,1]$.

Il vettore u_k costituisce una direzione a *curvatura negativa*. Si osservi che la condizione precedente è soddisfatta, per esempio, considerando l'autovettore v_k (con il segno opportuno per garantire $\nabla f(x_k)^T v_k \leq 0$) corrispondente all'autovalore minimo λ_m^k e ponendo

$$u_k = \Delta_k \frac{v_k}{\|v_k\|}.$$

Abbiamo un primo risultato riguardante il modello quadratico.

Proposizione 9.8. *Supponiamo che la matrice Hessiana $\nabla^2 f(x_k)$ abbia almeno un autovalore negativo. Sia u_k un vettore che soddisfa la condizione (9.73). Allora*

$$m_k(0) - m_k(u_k) \geq -1/2 \tau \lambda_m^k \Delta_k^2. \qquad (9.74)$$

Dimostrazione. Utilizzando la condizione (9.73) possiamo scrivere

$$m_k(0) - m_k(u_k) = -\nabla f(x_k)^T u_k - \tfrac{1}{2} u_k^T \nabla^2 f(x_k) u_k$$

$$\geq -\tfrac{1}{2} \tau \lambda_m^k \Delta_k^2. \qquad \square$$

Abbiamo visto in precedenza che per ottenere la convergenza a punti stazionari viene richiesta la condizione

$$m_k(0) - m_k(s_k) \geq c_1 \|\nabla f(x_k)\| \min\left(\Delta_k, \frac{\|\nabla f(x_k)\|}{1 + \|\nabla^2 f(x_k)\|}\right), \qquad (9.75)$$

con $c_1 > 0$.

Al fine di ottenere la convergenza a punti per i quali valgono le condizioni di ottimalità del secondo ordine dovremo assumere che lo spostamento s_k, quando la matrice Hessiana ha almeno un autovalore negativo, soddisfi una

9.6 Convergenza a punti stazionari del "secondo ordine"*

condizione (derivata dalla (9.74)) del tipo

$$m_k(0) - m_k(s_k) \geq \tau |\lambda_m^k| \min\{\Delta_k^2, (\lambda_m^k)^2\}, \tag{9.76}$$

dove $\tau \in (0, 1/2]$.

Dimostriamo preliminarmente il risultato che segue.

Lemma 9.4. *Sia $f : R^n \to R$ due volte continuamente differenziabile e supponiamo che la matrice Hessiana $\nabla^2 f$ sia Lipschitz-continua su R^n. Assumiamo che per k sufficientemente grande risulti*

$$m_k(0) - m_k(s_k) \geq a \min\{\Delta_k^2, b\}, \tag{9.77}$$

con a, b costanti positive. Allora esiste un $\bar{\Delta} > 0$ tale che per k sufficientemente grande si ha

$$\Delta_k \geq \bar{\Delta}. \tag{9.78}$$

Dimostrazione. La dimostrazione è simile a quella del Lemma 9.1. Osserviamo che

$$|\rho_k - 1| = \left| \frac{f(x_k) - f(x_k + s_k) - (m_k(0) - m_k(s_k))}{m_k(0) - m_k(s_k)} \right|$$

$$= \left| \frac{m_k(s_k) - f(x_k + s_k)}{m_k(0) - m_k(s_k)} \right|. \tag{9.79}$$

Inoltre, con il teorema di Taylor abbiamo

$$f(x_k + s_k) = f(x_k) + \nabla f(x_k)^T s_k + s_k^T \nabla^2 f(\xi_k) s_k,$$

con $\xi_k = x_k + t_k s_k$, $t_k \in (0, 1)$, da cui segue

$$|m_k(s_k) - f(x_k + s_k)| = \left| \frac{1}{2} s_k^T \nabla^2 f(x_k) s_k - \frac{1}{2} s_k^T \nabla^2 f(\xi_k) s_k \right|$$

$$\leq \frac{1}{2} \|s_k\|^2 \|\nabla^2 f(x_k) - \nabla^2 f(\xi_k)\| \tag{9.80}$$

$$\leq \frac{1}{2} L \|s_k\|^3.$$

Utilizzando le (9.79), (9.80), (9.77), e tenendo conto del vincolo di trust region $\|s_k\| \leq \Delta_k$ abbiamo

$$|\rho_k - 1| \leq \frac{1/2 L \Delta_k^3}{a \min\{\Delta_k^2, b\}}. \tag{9.81}$$

Per dimostrare la tesi, supponiamo per assurdo che la (9.78) non sia vera, e sia $K \subseteq \{0, 1, \ldots,\}$ il sottoinsieme infinito tale che

$$\Delta_{k+1} < \Delta_k \quad \forall k \in K \qquad \Delta_{k+1} \geq \Delta_k \quad \forall k \notin K. \qquad (9.82)$$

Si osservi che la negazione della (9.78) implica l'esistenza dell'insieme K, da cui possiamo estrarre un sottoinsieme di K (denominato ancora K) tale che

$$\lim_{k \in K, k \to \infty} \Delta_{k+1} = \lim_{k \in K, k \to \infty} \Delta_k = 0, \qquad (9.83)$$

dove abbiamo utilizzato il fatto che $\Delta_{k+1} \geq \gamma_1 \Delta_k$ per $k \in K$.

Per $k \in K$ e k sufficientemente grande abbiamo

$$\Delta_k^2 \leq b \qquad \frac{1}{2a} L \Delta_k \leq 1 - \eta_2,$$

per cui dalla (9.81) segue

$$|\rho_k - 1| \leq 1 - \eta_2,$$

da cui possiamo dedurre che $\rho_k \geq \eta_2$ per $k \in K$ e k sufficientemente grande. Di conseguenza, le istruzioni dell'algoritmo implicano $\Delta_{k+1} \geq \Delta_k$ per $k \in K$ e k sufficientemente grande, in contraddizione con la (9.82). □

Vale il risultato che segue.

Proposizione 9.9. *Sia $f : R^n \to R$ due volte continuamente differenziabile con matrice Hessiana $\nabla^2 f$ Lipschitz-continua su R^n, e supponiamo che f sia limitata inferiormente. Assumiamo che valga la (9.76). Allora*

$$\lim_{k \to \infty} \sup \lambda_m \left(\nabla^2 f(x_k) \right) \geq 0. \qquad (9.84)$$

Dimostrazione. Osserviamo preliminarmente che le istruzioni dell'algoritmo implicano $f(x_{k+1}) \leq f(x_k)$ per ogni k, da cui segue, tenendo conto che la funzione f è limitata inferiormente,

$$\lim_{k \to \infty} f(x_k) - f(x_{k+1}) = 0. \qquad (9.85)$$

Ragionando per assurdo, supponiamo che la tesi non sia vera e quindi che per k sufficientemente grande risulti

$$\lambda_m^k \leq -|\bar{\lambda}| < 0.$$

La (9.76) implica, per k sufficientemente grande,

$$m_k(0) - m_k(s_k) \geq \tau |\bar{\lambda}| \min\{\Delta_k^2, \bar{\lambda}^2\}, \qquad (9.86)$$

dove $\tau \in (0, 1/2]$.

9.6 Convergenza a punti stazionari del "secondo ordine"*

Il Lemma 9.4 implica che esiste uno scalare $\bar{\Delta} > 0$ tale che

$$\Delta_k \geq \bar{\Delta} \tag{9.87}$$

per k sufficientemente grande.

Supponiamo che esista un sottoinsieme infinito $\tilde{K}$ tale che

$$\rho_k \geq \eta_1 \quad \forall k \in \tilde{K}. \tag{9.88}$$

Dalla (9.86) segue per $k \in \tilde{K}$ e k sufficientemente grande

$$f(x_k) - f(x_{k+1}) = f(x_k) - f(x_k + s_k)$$

$$\geq \eta_1 \left(m_k(0) - m_k(s_k) \right) \tag{9.89}$$

$$\geq \eta_1 \tau |\bar{\lambda}| \min\{\Delta_k^2, \bar{\lambda}^2\}.$$

Dalla (9.85) e dalla (9.89) otteniamo

$$\lim_{k \in \tilde{K}, k \to \infty} \Delta_k = 0,$$

in contraddizione con la (9.87). Non può esistere perciò un sottoinsieme infinito $\tilde{K}$ per cui vale la (9.88). Quindi per k sufficientemente grande abbiamo $\rho_k < \eta_1$, da cui segue, tenendo conto delle istruzioni dell'algoritmo,

$$\Delta_{k+1} \leq \gamma_2 \Delta_k,$$

con $0 < \gamma_2 < 1$. La precedente disuguaglianza implica $\Delta_k \to 0$ per $k \to \infty$ e questo contraddice la (9.87). $\square$

Con l'ipotesi aggiuntiva di compattezza dell'insieme di livello possiamo stabilire il seguente risultato di convergenza del "secondo ordine".

Proposizione 9.10. *Sia $f : R^n \to R$ due volte continuamente differenziabile, supponiamo che la matrice Hessiana sia Lipschitz-continua su R^n e che l'insieme di livello $\mathcal{L}_0$ sia compatto. Assumiamo che valgano le condizioni (9.75), (9.76). Allora esiste almeno un punto limite della sequenza $\{x_k\}$ che soddisfa le condizioni di ottimalità del secondo ordine, ossia è un punto stazionario in cui la matrice Hessiana è semidefinita positiva.*

Dimostrazione. Le istruzioni dell'algoritmo implicano $f(x_{k+1}) \leq f(x_k)$ per ogni k, per cui i punti della sequenza $\{x_k\}$ appartengono all'insieme compatto $\mathcal{L}_0$, e quindi $\{x_k\}$ ammette punti limite.

Le ipotesi poste implicano che valgono quelle della Proposizione 9.3, per cui abbiamo
$$\lim_{k\to\infty} \nabla f(x_k) = 0. \tag{9.90}$$
Dalla Proposizione 9.9 segue che esiste un sottoinsieme infinito K tale che per ogni $k \in K$ si ha
$$\lambda_m\left(\nabla^2 f(x_k)\right) \geq 0. \tag{9.91}$$
Poiché i punti della sottosequenza $\{x_k\}_K$ appartengono all'insieme compatto $\mathcal{L}_0$, esiste un sottoinsieme $K_1 \subseteq K$ tale che
$$\lim_{k\in K_1, k\to\infty} x_k = x^\star.$$
Per continuità, dalle (9.90) e (9.91), si ottiene
$$\nabla f(x^\star) = 0, \tag{9.92}$$
$$\lambda_m\left(\nabla^2 f(x^\star)\right) \geq 0. \tag{9.93}$$
□

Commento 9.1. Un risultato di convergenza più forte, ossia che ogni punto limite della sequenza $\{x_k\}$ soddisfa le condizioni di ottimalità del secondo ordine, può essere ottenuto con una modifica della regola di aggiornamento del raggio Δ_k nelle iterazioni di successo in cui $\rho_k \geq \eta_2$. □

Note e riferimenti

Testi di riferimento per i metodi di trust region, su cui è in buona parte basata la trattazione del presente capitolo, sono [23] e [97]. In particolare, si rimanda a [23], essendo un libro interamente dedicato interamente ai metodi di trust region, per uno studio approfondito. Osserviamo infine che sono stati proposti in letteratura anche metodi non monotoni di trust region (si veda, ad esempio, [119]), che nel capitolo non sono descritti.

9.7 Esercizi

9.1. Si consideri il problema
$$min\ m_k(s) = f(x_k) + \nabla f(x_k)^T s + \tfrac{1}{2} s^T B_k s$$
$$\|s\| \leq \Delta_k. \tag{9.94}$$
Sia
$$B_k^{-1} = \begin{pmatrix} 2 & 2 \\ 2 & 4 \end{pmatrix} \qquad \nabla f(x_k) = \begin{pmatrix} -1 \\ 2 \end{pmatrix}.$$
Determinare il valore minimo di Δ_k affinché il vettore $s^\star = -B_k^{-1}\nabla f(x_k)$ sia la soluzione ottima di (9.94).

9.2. Considerato il problema (9.94), dimostrare che se B_k è la matrice identità allora il passo di Cauchy è la soluzione ottima di (9.94).

9.3. Si realizzi un codice di calcolo di tipo trust region che usi la matrice Hessiana $\nabla^2 f(x_k)$ come matrice B_k e il metodo *dogleg* per il calcolo della soluzione approssimata del sottoproblema.

10
Metodi Quasi-Newton

Nel capitolo vengono descritti i metodi *Quasi-Newton* (noti anche come *metodi tipo-secante* o *metodi a metrica variabile*), che costituiscono una classe di metodi per la minimizzazione non vincolata basati sulla conoscenza delle derivate prime. Il più noto dei metodi Quasi-Newton è il metodo BFGS, del quale analizziamo, nel caso convesso, le proprietà di convergenza globale e di rapidità di convergenza.

10.1 Generalità

I metodi Quasi-Newton forniscono una "approssimazione" del metodo di Newton che conserva (sotto appropriate ipotesi) una rapidità di convergenza superlineare, pur non richiedendo che venga prodotta un'approssimazione *consistente* della matrice Hessiana.

Come si è già visto, il metodo di Newton per la minimizzazione non vincolata si può descrivere per mezzo dell'iterazione

$$x_{k+1} = x_k - \left[\nabla^2 f(x_k)\right]^{-1} \nabla f(x_k).$$

I metodi Quasi-Newton si possono descrivere con un algoritmo del tipo

$$x_{k+1} = x_k - \alpha_k B_k^{-1} \nabla f(x_k),$$

in cui B_k è una matrice opportuna, aggiornata iterativamente, che approssima (in un senso da specificare) la matrice Hessiana ed α_k definisce lo spostamento lungo la direzione di ricerca. Se la funzione da minimizzare è quadratica, ossia:

$$f(x) = \frac{1}{2} x^T Q x - c^T x,$$

in cui Q è una matrice simmetrica, si ha, come è noto:

$$\nabla f(x) = Qx - c.$$

10 Metodi Quasi-Newton

Di conseguenza, assegnati due punti x ed y qualsiasi, si può scrivere:

$$\nabla f(y) - \nabla f(x) = Q(y-x),$$

o, equivalentemente:

$$Q^{-1}\left(\nabla f(y) - \nabla f(x)\right) = y - x.$$

Si può allora pensare, nel caso generale, di determinare la matrice B_{k+1} in modo da soddisfare la condizione (nota come *equazione Quasi-Newton*):

$$\nabla f(x_{k+1}) - \nabla f(x_k) = B_{k+1}(x_{k+1} - x_k). \tag{10.1}$$

Ciò assicura che venga preservata una proprietà di cui godrebbe la matrice Hessiana ove la funzione da minimizzare fosse effettivamente quadratica. Ponendo, per semplicità:

$$s_k = x_{k+1} - x_k$$
$$y_k = \nabla f(x_{k+1}) - \nabla f(x_k),$$

si può definire B_{k+1} aggiornando B_k in modo che risulti

$$B_{k+1} = B_k + \Delta B_k, \quad \text{con} \quad y_k = (B_k + \Delta B_k)\, s_k. \tag{10.2}$$

In modo sostanzialmente equivalente, si può anche far riferimento, invece che alla (10.1), all'equazione Quasi-Newton scritta nella forma:

$$H_{k+1}\left(\nabla f(x_{k+1}) - \nabla f(x_k)\right) = x_{k+1} - x_k, \tag{10.3}$$

in cui ora H_{k+1} è pensata come un'approssimazione dell'Hessiana inversa. In tal caso l'iterazione di un metodo Quasi-Newton è definita da

$$x_{k+1} = x_k - \alpha_k H_k \nabla f(x_k),$$

e la matrice H_{k+1} è ottenuta imponendo

$$H_{k+1} = H_k + \Delta H_k, \quad \text{con} \quad (H_k + \Delta H_k)\, y_k = s_k. \tag{10.4}$$

I vari metodi Quasi-Newton finora proposti differiscono fra loro essenzialmente per la formule usate nella definizione della matrici di aggiornamento ΔB_k o ΔH_k che compaiono nella (10.2) o nella (10.3). Diremo nel seguito *formule dirette* le formule di aggiornamento relative a ΔB_k e *formule inverse* quelle relative a ΔH_k. È da notare che, se ci si riferisce alle formule dirette, una volta calcolata la matrice B_k, è necessario risolvere il sistema

$$B_k d = -\nabla f(x_k),$$

mentre le formule inverse forniscono direttamente la matrice che definisce la direzione di ricerca.

Come il metodo di Newton, anche i metodi Quasi-Newton si possono riferire alla soluzione di un sistema di equazioni non lineari $F(x) = 0$, in cui $F : R^n \to R^n$. In tal caso, uno schema Quasi-Newton si può descrivere per mezzo dell'iterazione:
$$x_{k+1} = x_k - \alpha_k B_k^{-1} F(x_k), \quad (10.5)$$
o, equivalentemente
$$x_{k+1} = x_k - \alpha_k H_k F(x_k) \quad (10.6)$$
dove B_k e H_k sono approssimazioni, rispettivamente, di $J(x_k)$ e di $J(x_k)^{-1}$, essendo J la matrice Jacobiana di F.

Le equazioni precedenti consentono di interpretare i metodi Quasi-Newton come una *particolare generalizzazione n-dimensionale del metodo della secante*. Infatti, assegnata l'equazione scalare $g(x) = 0$, con $x \in R$ e $g : R \to R$, il metodo della secante si può descrivere (supponendo di aver già generato i punti x_k e x_{k+1}), ponendo:
$$x_{k+2} = x_{k+1} - h_{k+1} g(x_{k+1}),$$
in cui
$$h_{k+1} = \frac{x_{k+1} - x_k}{g(x_{k+1}) - g(x_k)}.$$
Si ottiene quindi:
$$h_{k+1} \left(g(x_{k+1}) - g(x_k) \right) = x_{k+1} - x_k,$$
che è un'equazione formalmente analoga all'equazione Quasi-Newton (10.3), ove si identifichi ∇f con g.

Un'ulteriore interpretazione di alcuni metodi Quasi-Newton si può derivare con riferimento al metodo della discesa più ripida. Infatti, se si suppone che B_k sia una matrice simmetrica definita positiva e si definisce la norma non-euclidea:
$$\|x\|_{B_k} = \left[x^T B_k x \right]^{1/2}, \quad (10.7)$$
la direzione che minimizza la derivata direzionale, tra quelle di lunghezza unitaria nella norma fissata, è data da:
$$d_k = - \frac{B_k^{-1} \nabla f(x_k)}{\left[\nabla f(x_k)^T B_k^{-1} \nabla f(x_k) \right]^{1/2}}.$$

Ne segue che il metodo della discesa più ripida, relativamente alla metrica definita dalla (10.7), assume la forma: $x_{k+1} = x_k - \alpha_k B_k^{-1} \nabla f(x_k)$. Per tale motivo, tenendo conto del fatto che B_k varia con k, i metodi Quasi-Newton vengono talvolta definiti come *metodi a metrica variabile*. Questa interpretazione, tuttavia, non mette particolarmente in evidenza la caratteristica principale dei metodi considerati, che è quella di consentire l'ottenimento di una rapidità di convergenza superlineare nelle stesse ipotesi introdotte per il metodo di Newton. Ciò fa preferire attualmente la denominazione *metodi Quasi-Newton*.

10 Metodi Quasi-Newton

I metodi Quasi-Newton sono comunemente ritenuti i metodi più efficienti, tra quelli che utilizzano informazioni sulle derivate prime, quando le dimensioni del problema non sono particolarmente elevate ($n < 1000$); infatti la matrice H_k è in generale densa, per cui la memorizzazione di H_k ed il costo delle operazioni algebriche possono rendere proibitivo l'impiego del metodo.

Per ovviare a questa difficoltà sono stati proposti i *metodi Quasi-Newton a memoria limitata* in cui una versione modificata di H_k è memorizzata *implicitamente* utilizzando un numero fissato m di coppie $\{s_i, y_i\}$. Si studieranno tali metodi in un capitolo successivo.

In questo capitolo definiamo innanzitutto alcune delle formule di aggiornamento più note e, in particolare, *le formule di rango* 1, usate prevalentemente nella soluzione di equazioni non lineari e le *le formule di rango* 2, utilizzate negli algoritmi di ottimizzazione non vincolata. Successivamente, con riferimento alla versione più nota (metodo BFGS) dei metodi di rango 2, analizziamo le proprietà di convergenza globale nel caso convesso e ricaviamo alcuni risultati significativi sulla rapidità di convergenza.

Riportiamo qui una formula per la determinazione dell'inversa di una matrice modificata attraverso un termine di aggiornamento, nota come *formula di Sherman-Morrison-Woodbury*), la cui dimostrazione si effettua per verifica diretta.

Proposizione 10.1. *Sia A una matrice $n \times n$ non singolare e siano U e V due matrici $n \times m$ con $m \leq n$. Allora la matrice $A + UV^T$ è non singolare se e solo se è non singolare la matrice $I + V^T A^{-1} U$, nel qual caso risulta*

$$(A + UV^T)^{-1} = A^{-1} - A^{-1} U \left(I + V^T A^{-1} U \right)^{-1} V^T A^{-1}. \qquad (10.8)$$

In particolare, se $m = 1$ e $u, v \in R^n$ si ha che la matrice $A + uv^T$ è non singolare se e solo se $1 + v^T A^{-1} u \neq 0$, nel qual caso si ha:

$$(A + uv^T)^{-1} = A^{-1} - \frac{A^{-1} uv^T A^{-1}}{1 + v^T A^{-1} u}. \qquad (10.9)$$

10.2 Formule di rango 1

Esaminiamo ora le proprietà delle principali formule di aggiornamento proposte per il calcolo della matrice B_{k+1} a partire da B_k. La condizione Quasi-Newton espressa dalla (10.2), ossia

$$y_k = (B_k + \Delta B_k) s_k, \qquad (10.10)$$

non definisce univocamente il termine di correzione ΔB_k; esistono quindi *infinite* possibili formule di aggiornamento, in cui si assume, tipicamente, che ΔB_k sia una matrice di rango 1 o di rango 2.

Il criterio più semplice è quello di far riferimento ad una formula del tipo:

$$\Delta B_k = \rho_k u_k v_k^T, \qquad (10.11)$$

in cui $\rho_k \in R$ e $u_k, v_k \in R^n$. La matrice $u_k v_k^T$ è una matrice $n \times n$ di rango 1 e quindi le formule basate sulla (10.11) sono denominate *formule di rango 1*. Imponendo la condizione (10.10) si ottiene:

$$y_k = B_k s_k + \rho_k u_k v_k^T s_k,$$

che può essere soddisfatta assumendo

$$u_k = y_k - B_k s_k$$
$$\rho_k = 1/v_k^T s_k,$$

in cui v_k è un vettore arbitrario purchè $v_k^T s_k \neq 0$. Si ha quindi:

$$B_{k+1} = B_k + \frac{(y_k - B_k s_k) v_k^T}{v_k^T s_k}. \qquad (10.12)$$

In particolare, assumendo $v_k = s_k$ si ottiene la formula di aggiornamento:

$$B_{k+1} = B_k + \frac{(y_k - B_k s_k) s_k^T}{s_k^T s_k}, \qquad (10.13)$$

che è nota come *formula di Broyden*. Sono state fornite diverse motivazioni concettuali della formula di Broyden. La più semplice deriva dall'osservazione che, se si impone la condizione Quasi-Newton $B_{k+1} s_k = y_k$ si intende aggiornare B_k con informazioni ottenute nella direzione determinata da s_k e non ci sono ragioni per far differire B_{k+1} da B_k nel complemento ortogonale di s_k. Si verifica che, imponendo, in aggiunta alla condizione Quasi-Newton, anche la condizione:

$$B_{k+1} z = B_k z, \quad \text{se} \quad z^T s_k = 0,$$

si ottiene la formula (10.13). Un'altra interpretazione è legata ad una giustificazione variazionale. È infatti possibile dimostrare che la matrice definita dalla (10.13) è l'unica soluzione del problema:

$$min_B \|B - B_k\|_F$$

con il vincolo $\quad y_k = B s_k,$

in cui $\|\cdot\|_F$ indica la norma di Frobenius. La (10.13) definisce quindi la matrice che rende minima la variazione in norma di Frobenius rispetto a B_k, tra tutte le matrici B che soddisfano l'equazione Quasi-Newton.

A partire dalla (10.13) si può poi ricavare la formula inversa utilizzando la Proposizione 10.1.

Dalla (10.9) si ottiene la formula inversa:

$$H_{k+1} = H_k + \frac{(s_k - H_k y_k) s_k^T H_k}{s_k^T H_k y_k}, \qquad (10.14)$$

a condizione che sia $s_k^T H_k y_k \neq 0$.

Il metodo di Broyden trova applicazione essenzialmente nella soluzione di equazioni non lineari ma non è conveniente nel caso di problemi di minimizzazione. Si può notare, in particolare, che la (10.13) non assicura che B_{k+1} sia una matrice simmetrica nè garantisce che la direzione $-B_k^{-1} \nabla f(x_k)$ sia una direzione di discesa. È possibile tuttavia definire una formula di rango 1 che dia luogo ad un termine di correzione simmetrico, assumendo nella (10.12)

$$v_k = y_k - B_k s_k.$$

Si ottiene in tal modo, nell'ipotesi $(y_k - B_k s_k)^T s_k \neq 0$, la formula:

$$B_{k+1} = B_k + \frac{(y_k - B_k s_k)(y_k - B_k s_k)^T}{(y_k - B_k s_k)^T s_k}, \qquad (10.15)$$

a cui corrisponde (nell'ipotesi che B_k e B_{k+1} siano non singolari) la formula inversa:

$$H_{k+1} = H_k + \frac{(s_k - H_k y_k)(s_k - H_k y_k)^T}{(s_k - H_k y_k)^T y_k}. \qquad (10.16)$$

Si dimostra che, nel caso quadratico, se vale la condizione:

$$(s_k - H_k y_k)^T y_k \neq 0,$$

e se i vettori $s_0, s_1, \ldots$, sono linearmente indipendenti, il metodo di rango 1 simmetrico definito da:

$$x_{k+1} = x_k - H_k \nabla f(x_k),$$

determina in al più n iterazioni il minimo della funzione quadratica e la matrice H_n coincide con l'Hessiana inversa della funzione quadratica.

Nel caso generale, tuttavia, la formula (10.16) non assicura che la direzione di ricerca sia una direzione di discesa e può dar luogo a fenomeni di instabilità numerica quando il denominatore è molto piccolo. Nella minimizzazione non vincolata si preferisce quindi l'uso di formule di rango 2.

10.3 Formule di rango 2

Le formule di aggiornamento di rango 2 sono quelle in cui la correzione ΔH_k (o ΔB_k) è una matrice di rango 2 rappresentata dalla somma di due diadi di rango 1.

10.3 Formule di rango 2

In particolare, se ci riferisce alla formula inversa si assume:

$$H_{k+1} = H_k + a_k u_k u_k^T + b_k v_k v_k^T.$$

Imponendo la condizione Quasi-Newton:

$$H_{k+1} y_k = s_k$$

deve risultare:

$$H_k y_k + a_k u_k u_k^T y_k + b_k v_k v_k^T y_k = s_k. \tag{10.17}$$

Uno dei primi metodi proposti che soddisfa la (10.17) è quello noto come *metodo di Davidon-Fletcher-Powell* (DFP), in cui la (10.17) viene soddisfatta assumendo:

$$u_k = s_k, \quad v_k = H_k y_k$$
$$a_k = 1/s_k^T y_k \quad b_k = -1/y_k^T H_k y_k.$$

In tal modo si ottiene la formula inversa DFP:

$$H_{k+1} = H_k + \frac{s_k s_k^T}{s_k^T y_k} - \frac{H_k y_k y_k^T H_k}{y_k^T H_k y_k}, \tag{10.18}$$

a cui corrisponde la formula diretta:

$$B_{k+1} = B_k + \frac{(y_k - B_k s_k) y_k^T + y_k (y_k - B_k s_k)^T}{s_k^T y_k} - \frac{s_k^T (y_k - B_k s_k) y_k y_k^T}{(s_k^T y_k)^2}. \tag{10.19}$$

Vale il risultato seguente.

> **Proposizione 10.2.** *Sia H_k definita positiva. Allora la matrice: H_{k+1} data dalla (10.18) è definita positiva se e solo se $s_k^T y_k > 0$.*

Dimostrazione. Sufficienza. Per ipotesi $z^T H_k z > 0$ per ogni $z \in R^n, z \neq 0$. Dimostriamo che $z^T H_{k+1} z > 0$. Poichè H_k è definita positiva è sempre possibile assumere $H_k = LL^T$, in cui L è una matrice triangolare inferiore definita positiva. Assegnato $z \in R^n$ con $z \neq 0$ poniamo:

$$p = L^T z \quad q = L^T y_k. \tag{10.20}$$

Si può allora scrivere:

$$z^T H_{k+1} z = z^T H_k z + \frac{(s_k^T z)^2}{s_k^T y_k} - \frac{z^T LL^T y_k y_k^T LL^T z}{y_k^T LL^T y_k}$$

$$= p^T p + \frac{(s_k^T z)^2}{s_k^T y_k} - \frac{(p^T q)^2}{q^T q}$$

$$= \frac{\|p\|^2 \|q\|^2 - (p^T q)^2}{\|q\|^2} + \frac{(s_k^T z)^2}{s_k^T y_k}.$$

10 Metodi Quasi-Newton

Per la diseguaglianza di Schwarz si ha $\|p\|^2\|q\|^2 \geq (p^Tq)^2$ e quindi, avendo supposto $s_k^T y_k > 0$, deve essere $z^T H_{k+1} z \geq 0$. Inoltre, per $z \neq 0$, se risulta $z^T H_{k+1} z = 0$ deve essere $\|p\|^2\|q\|^2 - (p^Tq)^2 = 0$. In tal caso, sempre per la diseguaglianza di Schwarz, i vettori p e q devono soddisfare la condizione $p = \lambda q$ con $\lambda \in R$. Poichè L^T è non singolare, ciò implica, in base alle (10.20), che sia $z = \lambda y_k$, con $\lambda \neq 0$ (in quanto si è supposto $z \neq 0$). Di conseguenza si ha

$$z^T H_{k+1} z = \lambda^2 \frac{(s_k^T y_k)^2}{s_k^T y_k} > 0$$

e ciò conclude la dimostrazione della sufficienza.

Necessità. Supponiamo ora che $z^T H_{k+1} z > 0$ per ogni $z \in R^n$ con $z \neq 0$. Scegliamo, in particolare, $z = y_k$. Poichè H_{k+1} deve soddisfare la condizione Quasi-Newton $H_{k+1} y_k = s_k$ si può scrivere: $0 < y_k^T H_{k+1} y_k = y_k^T s_k$, e quindi l'asserzione è dimostrata. □

La proposizione precedente assicura che, se H_0 è scelta definita positiva e se per ogni k vale la condizione:

$$s_k^T y_k > 0, \tag{10.21}$$

tutte le matrici generate attraverso la formula DFP rimangono definite positive. Se si considera l'algoritmo:

$$x_{k+1} = x_k - \alpha_k H_k \nabla f(x_k),$$

è possibile imporre condizioni su α_k in modo che valga la (10.21). Infatti la (10.21) equivale a richiedere: $d_k^T(\nabla f(x_{k+1}) - \nabla f(x_k)) > 0$, ossia:

$$d_k^T \nabla f(x_{k+1}) > d_k^T \nabla f(x_k),$$

condizione che può essere soddisfatta imponendo le condizioni di pendenza di Wolfe nella ricerca unidimensionale.

Una classe di formule di aggiornamento che comprende, come caso particolare, la formula DFP è la cosiddetta *classe di Broyden* che è definita dalla formula inversa:

$$H_{k+1} = H_k + \frac{s_k s_k^T}{s_k^T y_k} - \frac{H_k y_k y_k^T H_k}{y_k^T H_k y_k} + \phi v_k v_k^T, \tag{10.22}$$

in cui $\phi \geq 0$ e

$$v_k = \left(y_k^T H_k y_k\right)^{1/2} \left(\frac{s_k}{s_k^T y_k} - \frac{H_k y_k}{y_k^T H_k y_k}\right). \tag{10.23}$$

Dalla (10.21) si ottiene per $\phi = 0$ la formula DFP. Per $\phi = 1$ si ottiene una formula di aggiornamento nota come *formula di Broyden-Fletcher-Goldfarb-Shanno* (BFGS). La formula BFGS si può porre nella forma:

$$H_{k+1} = H_k + \left(1 + \frac{y_k^T H_k y_k}{s_k^T y_k}\right) \frac{s_k s_k^T}{s_k^T y_k} - \frac{s_k y_k^T H_k + H_k y_k s_k^T}{s_k^T y_k}, \tag{10.24}$$

a cui corrisponde la formula diretta:

$$B_{k+1} = B_k + \frac{y_k y_k^T}{s_k^T y_k} - \frac{B_k s_k s_k^T B_k}{s_k^T B_k s_k}. \qquad (10.25)$$

Notiamo che la formula BFGS diretta ha la stessa struttura della formula DFP inversa, che si può ottenere dalla (10.25) sostituendo B_k con H_k, e scambiando s_k con y_k e viceversa. Notiamo anche che si può porre:

$$H_{k+1}^{(\text{BFGS})} = H_{k+1}^{(\text{DFP})} + v_k v_k^T, \qquad (10.26)$$

in cui v_k è definito dalla (10.23), e che le matrici della classe di Broyden possono essere definite ponendo:

$$H_{k+1}^{(\text{Broyden})} = (1-\phi) H_{k+1}^{(\text{DFP})} + \phi H_{k+1}^{(\text{BFGS})}.$$

In base alla Proposizione 10.2 tutte le formule della classe di Broyden assicurano che la matrice aggiornata rimanga definita positiva purchè sia $s_k^T y_k > 0$ e $\phi \geq 0$.

L'esperienza di calcolo sembra indicare che la formula BFGS è preferibile alle altre alternative. Come esempio di algoritmo Quasi-Newton consideriamo quindi l'algoritmo seguente, in cui si è fatto riferimento alla formula diretta.

Metodo BFGS con ricerca tipo-Wolfe

Dati. $x_0 \in R^n$, B_0 definita positiva, $0 < \gamma < \sigma < 1/2$.
Poni $k = 0$.
While $\nabla f(x_k) \neq 0$
  Poni $d_k = -B_k^{-1} \nabla f(x_k)$.

  Determina α_k tale che

$$f(x_k + \alpha_k d_k) \leq f(x_k) + \gamma \alpha_k g_k^T d_k, \qquad (10.27)$$

$$g_{k+1}^T d_k \geq \sigma g_k^T d_k. \qquad (10.28)$$

  Poni
  $x_{k+1} = x_k + \alpha_k d_k;$

  $y_k = \nabla f(x_{k+1}) - \nabla f(x_k), \qquad s_k = x_{k+1} - x_k.$

  Calcola

$$B_{k+1} = B_k + \frac{y_k y_k^T}{s_k^T y_k} - \frac{B_k s_k s_k^T B_k}{s_k^T B_k s_k}.$$

  Poni $k = k + 1$.
End While

Nel caso di funzioni non convesse non è stato finora dimostrato che il metodo BFGS converga a punti stazionari a partire da punti iniziali e stime iniziali H_0 qualsiasi. Sotto opportune ipotesi, tuttavia, è possibile stabilire la convergenza locale e fornire stime della rapidità di convergenza. Risultati di convergenza globale sono stati ottenuti soltanto nel caso in cui la funzione obiettivo sia convessa. Nel caso generale è sempre possibile, in linea di principio, assicurare la convergenza globale lungo le stesse linee seguite per modificare il metodo di Newton. In particolare, si possono costruire modifiche globalmente convergenti sia ricorrendo, quando necessario, a ricerche lungo la direzione dell'antigradiente, sia adottando tecniche di fattorizzazione di Cholesky modificate, sia aggiungendo, alla matrice B_k una matrice $\rho_k I$ per un opportuno valore di $\rho_k > 0$, eventualmente utilizzando tecniche tipo *trust region*.

Dal punto di vista teorico sono state studiate varie proprietà dei metodi Quasi-Newton. In particolare, si è mostrato che nel caso di funzioni quadratiche strettamente convesse un'ampia classe di metodi Quasi-Newton comprendente la classe di Broyden, genera, se si impiegano ricerche esatte, direzioni coniugate e quindi consente di ottenere il punto di minimo in numero finito di passi. In tal caso si dimostra anche che la matrice B_k converge alla matrice Hessiana della funzione quadratica. Per la stessa classe è stato anche stabilito l'interessante risultato che, se si utilizzano ricerche esatte, anche nel caso non quadratico, tutti i metodi generano gli stessi punti, a partire da una stessa matrice iniziale, per cui le differenze tra le varie formule si manifestano solo con ricerche inesatte o in presenza di errori numerici.

10.4 Convergenza globale metodo BFGS: caso convesso*

Nel seguito ci riferiamo all'algoritmo BFGS definito nel paragrafo precedente e ci proponiamo di dimostrare che, nel caso convesso, si ha convergenza globale per una qualsiasi matrice iniziale B_0 definita positiva assegnata. In questa analisi ci basiamo sostanzialmente sullo studio svolto in [107].

Stabiliamo innanzitutto un risultato preliminare, in cui interviene in modo essenziale l'ipotesi di convessità.

Proposizione 10.3. *Sia $f : R^n \to R$ una funzione convessa due volte continuamente differenziabile su un insieme aperto convesso $\mathcal{D}$ contenente l'insieme di livello $\mathcal{L}_0$ e supponiamo che $\mathcal{L}_0$ sia compatto. Sia $\{x_k\}$ la successione generata dal Metodo BFGS con $\nabla f(x_k) \neq 0$ per ogni k. Allora, esiste $M > 0$ tale che, per ogni k si ha:*

$$\frac{\|y_k\|^2}{s_k^T y_k} \leq M. \tag{10.29}$$

10.4 Convergenza globale metodo BFGS: caso convesso*

Dimostrazione. Si può scrivere:

$$y_k = \nabla f(x_k + s_k) - \nabla f(x_k) = \int_0^1 \nabla^2 f(x_k + ts_k) s_k dt.$$

Quindi, posto:

$$G_k = \int_0^1 \nabla^2 f(x_k + ts_k) dt,$$

si ottiene:

$$y_k = G_k s_k. \tag{10.30}$$

Per la continuità di $\nabla^2 f$ e la compattezza di $\mathcal{L}_0$ deve esistere $M > 0$ tale che:

$$\|G_k\| \leq M. \tag{10.31}$$

Per la (H) la matrice G_k sarà semidefinita positiva. Esiste quindi la matrice (radice quadrata) $G_k^{1/2}$ tale che:

$$G_k = G_k^{1/2} G_k^{1/2}$$

e quindi, posto $z = G_k^{1/2} s_k$, tenendo conto della (10.30), si ha:

$$\|y_k\|^2 = z^T G_k z, \qquad s_k^T y_k = \|z\|^2.$$

Si può scrivere quindi:

$$\frac{\|y_k\|^2}{s_k^T y_k} = \frac{z^T G_k z}{\|z\|^2} \leq \|G_k\|, \tag{10.32}$$

per cui la (10.31) implica la (10.29). □

Ricaviamo ora l'espressione del determinante di una matrice ottenuta sommando due diadi alla matrice identità; tale espressione consentirà di calcolare il determinante di una matrice aggiornata con una formula di rango due.

Proposizione 10.4. *Siano $u_1, u_2, u_3, u_4 \in R^n$ dei vettori assegnati. Si ha:*

$$\text{Det}\left(I + u_1 u_2^T + u_3 u_4^T\right) = \left(1 + u_1^T u_2\right)\left(1 + u_3^T u_4\right) - u_1^T u_4 u_2^T u_3. \tag{10.33}$$

Dimostrazione. Consideriamo anzitutto il caso di una matrice $A = I + vw^T$ con $v, w \in R^n$ non nulli. Se a è un autovettore di A a cui corrisponde l'autovalore λ deve essere $a + vw^T a = \lambda a$ e di conseguenza si ha:

$$a(\lambda - 1) = vw^T a, \tag{10.34}$$

da cui segue: $w^T a(\lambda - 1) = w^T v w^T a$, per cui, se $w^T a \neq 0$ si ha $\lambda = 1 + w^T v$ e l'autovettore a sarà un multiplo scalare di v. Ogni altro autovettore a (che non sia multiplo scalare di v) deve allora essere tale che $w^T a = 0$, per cui dalla (10.34) segue $\lambda = 1$. Il determinante di A, espresso come prodotto degli autovalori sarà allora dato da:

$$\text{Det}(A) = \text{Det}\left(I + vw^T\right) = 1 + w^T v, \qquad (10.35)$$

da cui segue, in particolare, che A è non singolare se e solo se $1 + w^T v \neq 0$. Consideriamo ora la matrice:

$$B = I + u_1 u_2^T + u_3 u_4^T,$$

e supponiamo inizialmente che sia $1 + u_1^T u_2 \neq 0$. Ciò implica che è non singolare la matrice

$$C = I + u_1 u_2^T.$$

Utilizzando la formula di Sherman-Morrison-Woodbury si può allora scrivere:

$$C^{-1} = I - \frac{u_1 u_2^T}{(1 + u_1^T u_2)}. \qquad (10.36)$$

Inoltre, per la (10.35) si ha:

$$\text{Det}(C) = 1 + u_1^T u_2. \qquad (10.37)$$

D'altra parte si può porre:

$$B = C\left(I + C^{-1} u_3 u_4^T\right),$$

e quindi, ponendo $v = C^{-1} u_3$ e $w = u_4$ e tenendo conto della (10.37) si ottiene:

$$\text{Det}(B) = \text{Det}(C)\text{Det}(I + vw^T) = (1 + u_1^T u_2)\text{Det}(I + vw^T).$$

Utilizzando le (10.35) (10.36) si ottiene allora, con facili passaggi, la (10.33).
Supponiamo ora che sia

$$1 + u_1^T u_2 = 0.$$

Possiamo costruire una sequenza di vettori $u_1(k) = u_1 + z_k$ con $z_k \to 0$ tali che $1 + u_1(k)^T u_2 \neq 0$. In corrispondenza a ciascuno di tali vettori possiamo calcolare con la (10.33) il determinante della matrice

$$B_k = I + u_1(k) u_2^T + u_3 u_4^T.$$

Poiché il determinante è una funzione continua degli elementi della matrice e

10.4 Convergenza globale metodo BFGS: caso convesso*

$u_1(k) \to u_1$ si ha:

$$\text{Det}(B) = \lim_{k \to \infty} \text{Det}(B_k) = -u_1^T u_4 u_2^T u_3$$

e quindi la (10.33) vale anche nel Caso $1 + u_1^T u_2 = 0$. □

Utilizziamo la proposizione precedente per ricavare un'espressione del determinante di B_{k+1} in funzione di quello di B_k nel caso della formula BFGS. Ricaviamo anche un'espressione della traccia $\text{Tr}(B_{k+1})$.

Proposizione 10.5. *Sia $\{B_k\}$ la successione di matrici definite positive prodotta dal metodo BFGS, con la formula.*

$$B_{k+1} = B_k + \frac{y_k y_k^T}{s_k^T y_k} - \frac{B_k s_k s_k^T B_k}{s_k^T B_k s_k},$$

in cui $s_k^T y_k > 0$. per ogni k. Allora si ha:

$$\frac{\text{Det}(B_{k+1})}{\text{Det}(B_k)} = \frac{s_k^T y_k}{s_k^T B_k s_k}; \qquad (10.38)$$

$$\text{Tr}(B_{k+1}) = \text{Tr}(B_k) + \frac{\|y_k\|^2}{s_k^T y_k} - \frac{\|B_k s_k\|^2}{s_k^T B_k s_k}. \qquad (10.39)$$

Dimostrazione. Osserviamo anzitutto che si può porre:

$$B_{k+1} = B_k \left(I + \frac{B_k^{-1} y_k y_k^T}{s_k^T y_k} - \frac{s_k s_k^T B_k}{s_k^T B_k s_k} \right),$$

da cui segue:

$$\text{Det}(B_{k+1}) = \text{Det}(B_k) \text{Det}\left(I + \frac{B_k^{-1} y_k y_k^T}{s_k^T y_k} - \frac{s_k s_k^T B_k}{s_k^T B_k s_k} \right).$$

Basta allora applicare la (10.33) per calcolare il secondo determinante a secondo membro. Con facili passaggi si ricava la (10.38). La (10.39) si ottiene poi direttamente dalla formula di aggiornamento, utilizzando la definizione di traccia e ricordando che, se $a \in R^n$, si ha

$$\text{Tr}(aa^T) = \|a\|^2.$$

□

302 10 Metodi Quasi-Newton

Dimostriamo ora la convergenza globale del metodo BFGS nel caso convesso.

Proposizione 10.6 (Convergenza del metodo BFGS: caso convesso (Powell)).

Sia $f : R^n \to R$ una funzione convessa due volte continuamente differenziabile su un insieme aperto convesso $\mathcal{D}$ contenente l'insieme di livello $\mathcal{L}_0$ e supponiamo che $\mathcal{L}_0$ sia compatto. Sia $\{x_k\}$ una successione infinita generata dal metodo BFGS con $\nabla f(x_k) \neq 0$ per ogni k. Allora ogni punto di accumulazione di $\{x_k\}$ è un punto di minimo globale di f su R^n.

Dimostrazione. Per dimostrare la tesi è sufficiente far vedere che:

$$\lim_{k \to \infty} \inf \|\nabla f(x_k)\| = 0. \tag{10.40}$$

Infatti, dalle istruzioni dell'algoritmo si ha che la sequenza $\{f(x_k)\}$ è non decrescente, per cui abbiamo che:

- $\{x_k\}$ appartiene all'insieme compatto $\mathcal{L}_0$ e di conseguenza ammette punti di accumulazione;
- $\{f(x_k)\}$ converge a un limite $f^\star$.

La (10.40), la compattezza di $\mathcal{L}_0$ e la continuità di ∇f implicano che esiste almeno un punto di accumulazione $\bar{x}$ che è un punto stazionario (e quindi, per la convessità di f, di minimo globale) per f. Di conseguenza abbiamo

$$f^\star = f(\bar{x}) \leq f(x) \qquad \text{per ogni } x \in R^n. \tag{10.41}$$

Dalla (10.41), tenendo conto della convergenza di $\{f(x_k)\}$ e della continuità di f, segue che un qualsiasi punto di accumulazione di $\{x_k\}$ è punto di minimo globale di f.

Indichiamo con $\cos \theta_k$ il coseno dell'angolo tra la direzione di ricerca

$$d_k = -B_k^{-1} \nabla f(x_k)$$

e l'antigradiente $-\nabla f(x_k)$. Essendo $s_k = \alpha_k d_k$ con $\alpha_k > 0$, si può porre:

$$\cos \theta_k = -\frac{s_k^T \nabla f(x_k)}{\|\nabla f(x_k)\| \|s_k\|}.$$

Ci proponiamo di mostrare che, se la (10.40) è falsa, non può essere:

$$\lim_{k \to \infty} \cos \theta_k = 0,$$

di conseguenza si ha:

$$\sum_{k=1}^{\infty} \cos^2 \theta_k = \infty.$$

10.4 Convergenza globale metodo BFGS: caso convesso*

Ricordando i risultati stabiliti per le condizioni di Wolfe, ciò porta a una contraddizione con l'ipotesi

$$\liminf_{k \to \infty} \|\nabla f(x_k)\| > 0$$

e quindi deve necessariamente valere la (10.40).

Ricaviamo preliminarmente un'opportuna diseguaglianza basata sulle stime ricavate nelle proposizioni precedenti. Per la Proposizione 10.3 si ha:

$$\frac{\|y_k\|^2}{s_k^T y_k} \leq M$$

e quindi, applicando ripetutamente la (10.39), possiamo scrivere:

$$\operatorname{Tr}(B_k) < \operatorname{Tr}(B_0) + Mk \leq (C_1)^k, \tag{10.42}$$

avendo posto $C_1 = \operatorname{Tr}(B_0) + M$. Inoltre, ricordando le relazioni tra determinante, traccia e autovalori di una matrice, e facendo uso della nota diseguaglianza fra media geometrica e media aritmetica, si ottiene

$$\operatorname{Det}(B_k) = \prod_{i=1}^n \lambda_i(B_k) \leq \left(\frac{\sum_{i=1}^n \lambda_i(B_k)}{n}\right)^n = \left(\frac{\operatorname{Tr}(B_k)}{n}\right)^n,$$

per cui dalla (10.42) segue:

$$\operatorname{Det}(B_k) < \left(\frac{C_1 k}{n}\right)^n. \tag{10.43}$$

Poiché deve essere $\operatorname{Tr}(B_k) > 0$, dalle (10.39) (10.42) si ottiene:

$$\sum_{j=0}^{k-1} \frac{\|B_j s_j\|^2}{s_j^T B_j s_j} < \operatorname{Tr}(B_0) + \sum_{j=0}^{k-1} \frac{\|y_j\|^2}{s_j^T y_j} \leq C_1 k,$$

da cui segue, applicando ancora la diseguaglianza tra media geometrica e media aritmetica:

$$\prod_{j=0}^{k-1} \frac{\|B_j s_j\|^2}{s_j^T B_j s_j} < C_1^k. \tag{10.44}$$

Per la (10.38) si ha inoltre:

$$\prod_{j=0}^{k-1} \frac{s_j^T y_j}{s_j^T B_j s_j} = \frac{\operatorname{Det}(B_k)}{\operatorname{Det}(B_0)}. \tag{10.45}$$

Moltiplicando ora membro a membro le relazioni (10.43), (10.44) e (10.45) otteniamo:

$$\prod_{j=0}^{k-1} \frac{\|B_j s_j\|^2 s_j^T y_j}{(s_j^T B_j s_j)^2} < \frac{(C_1 k/n)^n C_1^k}{\operatorname{Det}(B_0)} \leq (C_2)^k, \tag{10.46}$$

essendo C_2 una costante opportuna. Ricordando che: $s_j = \alpha_j d_j$ e che

$$B_j s_j = -\alpha_j \nabla f(x_j),$$

dalla condizione di Wolfe (10.28) su α_j segue:

$$s_j^T y_j \geq (1-\sigma)(-s_j^T \nabla f(x_j)). \tag{10.47}$$

Dalle (10.46) (10.47), ponendo: $C_3 = C_2/(1-\sigma)$ si ottiene:

$$\prod_{j=0}^{k-1} \frac{\|\nabla f(x_j)\|^2}{(-s_j^T \nabla f(x_j))} < (C_3)^k, \tag{10.48}$$

e quindi, ricordando la definizione di $\cos\theta_j$ si ha:

$$\prod_{j=0}^{k-1} \frac{\|\nabla f(x_j)\|}{\|s_j\| \cos\theta_j} < C_3^k. \tag{10.49}$$

Supponiamo ora, per assurdo, che sia $\|\nabla f(x_k)\| \geq \eta$ per ogni k e per qualche $\eta > 0$. In tal caso non può essere $\lim_{k\to\infty} \cos\theta_k = 0$. Infatti, se $\lim_{k\to\infty} \cos\theta_k = 0$, il che implica, per la compattezza di $\mathcal{L}_0$, anche $\lim_{k\to\infty} \|s_k\| \cos\theta_k = 0$, per ogni fissato $\varepsilon > 0$ si può trovare un k_ε tale che, per $j \geq k_\varepsilon$, si abbia $\|s_j\| \cos\theta_j \leq \varepsilon$. Si ha quindi:

$$\frac{\|\nabla f(x_j)\|}{\|s_j\| \cos\theta_j} \geq \frac{\eta}{\varepsilon},$$

e di conseguenza, per ε sufficientemente piccolo, ad esempio tale che $\eta/\varepsilon > 2C_3$, si ottiene una contraddizione con la (10.49) per k sufficientemente elevato. Si può concludere quindi che, se la tesi è falsa, deve essere necessariamente

$$\sum_{k=1}^{\infty} \cos^2 \theta_k = \infty.$$

La dimostrazione può allora essere completata lungo le linee descritte inizialmente, arrivando alla conclusione che ogni punto di accumulazione è punto stazionario e quindi, per l'ipotesi di convessità, punto di minimo globale di f. □

10.5 Condizioni di convergenza superlineare*

Per analizzare le proprietà di convergenza dei metodi Quasi-Newton conviene, per semplicità, riferirsi al caso di un sistema di equazioni non lineari

$$F(x) = 0,$$

10.5 Condizioni di convergenza superlineare*

in cui $F: R^n \to R^n$ si assume continuamente differenziabile. Indicheremo con $J: R^n \to R^n$ la matrice Jacobiana di F.

Assumendo $\alpha_k = 1$, l'iterazione Quasi-Newton si può porre nella forma:

$$x_{k+1} = x_k - B_k^{-1} F(x_k).$$

Ci proponiamo di ricavare una condizione necessaria e sufficiente (nota come condizione di Dennis-Moré) perché un algoritmo con questa struttura (che potrebbe anche non corrispondere a un metodo Quasi-Newton) possegga rapidità di convergenza superlineare. Enunciamo alcuni risultati preliminari stabiliti in [99].

Proposizione 10.7. *Sia $\{x_k\}$ una successione convergente a x^* con rapidità di convergenza Q-superlineare. Deve essere necessariamente*

$$\lim_{k \to \infty} \frac{\|x_{k+1} - x_k\|}{\|x_k - x^*\|} = 1. \tag{10.50}$$

Dimostrazione. Si può scrivere

$$\big| \|x_{k+1} - x_k\| - \|x_k - x^*\| \big| \leq \|x_{k+1} - x^*\|,$$

da cui segue

$$\left| \frac{\|x_{k+1} - x_k\|}{\|x_k - x^*\|} - 1 \right| \leq \frac{\|x_{k+1} - x^*\|}{\|x_k - x^*\|}. \tag{10.51}$$

Poiché la convergenza superlineare implica

$$\lim_{k \to \infty} \frac{\|x_{k+1} - x^*\|}{\|x_k - x^*\|} = 0,$$

dalla (10.51) si ottiene la (10.50). □

Proposizione 10.8. *Sia $F: R^n \to R^n$ continuamente differenziabile sull'insieme convesso aperto $\mathcal{D}$. Allora, comunque si fissino $x, y, z \in \mathcal{D}$ si ha*

$$\|F(y) - F(z) - J(x)(y - z)\| \leq \sup_{0 \leq t \leq 1} \|J(z + t(y - z)) - J(x)\| \|y - z\|. \tag{10.52}$$

Dimostrazione. Per ogni $x \in \mathcal{D}$ assegnato definiamo su $\mathcal{D}$ la funzione

$$\Phi(w) = F(w) - J(x)w,$$

che è ancora continuamente differenziabile rispetto a $w \in \mathcal{D}$. Lo Jacobiano di Φ rispetto a w è dato da $J_\Phi(w) = J(w) - J(x)$. Poiché Φ è continuamente differenziabile, per ogni $y, z \in \mathcal{D}$ si può scrivere

$$\Phi(y) = \Phi(x) + \int_0^1 J_\Phi\left(z + t(y-z)\right)(y-z)dt,$$

da cui segue

$$\|\Phi(y) - \Phi(z)\| \leq \sup_{0 \leq t \leq 1} \|J_\Phi\left(z + t(y-z)\right) - J(x)\| \|y - z\|,$$

che coincide con la (10.52). □

Proposizione 10.9. *Sia $F : R^n \to R^n$ continuamente differenziabile sull'insieme convesso aperto $\mathcal{D}$. Sia $x \in \mathcal{D}$ e si supponga che esista $L > 0$, tale che, per ogni $u \in \mathcal{D}$ si abbia $\|J(u) - J(x)\| \leq L\|u - x\|$. Allora, comunque si fissino $x, z \in \mathcal{D}$ si ha*

$$\|F(y) - F(z) - J(x)(y-z)\| \leq \max\{\|y-x\|, \|z-x\|\}\|y-z\|. \quad (10.53)$$

Dimostrazione. Tenendo conto della (10.52) e dell'ipotesi fatta, si può scrivere

$$\|F(y) - F(z) - J(x)(y-z)\|$$
$$\leq L \sup_{0 \leq t \leq 1} \|z + t(y-z) - x\| \|y - z\|$$
$$\leq L \sup_{0 \leq t \leq 1} \|(1-t)(z-x) + t(y-x)\| \|y - z\|$$
$$\leq \max\{\|y-x\|, \|z-x\|\} \|y-z\|. \quad \square$$

Proposizione 10.10. *Sia $F : R^n \to R^n$ differenziabile su un insieme convesso aperto $\mathcal{D}$. Sia $x^* \in \mathcal{D}$ e si assuma che $J(x^*)$ sia non singolare. Allora, esistono $\beta > 0$ e $\eta > 0$ tali che, per ogni x che soddisfa $\|x - x^*\| < \eta$, si ha*

$$\|F(x) - F(x^*)\| \geq \beta \|x - x^*\|. \quad (10.54)$$

Dimostrazione. Essendo F differenziabile in x^* si ha

$$F(x) = F(x^*) + J(x^*)(x - x^*) + \delta(x^*, x), \tag{10.55}$$

con

$$\lim_{\|x-x^*\| \to 0} \frac{\|\delta(x^*, x)\|}{\|x - x^*\|} = 0.$$

Ciò implica, in particolare, che esiste $\eta > 0$ tale che, se $\|x - x^*\| < \eta$, si ha

$$\|\delta(x^*, x)\| \leq \frac{1}{2\|J^{-1}(x^*)\|} \|x - x^*\|. \tag{10.56}$$

Dalla (10.55) si ottiene:

$$\|J^{-1}(x^*)\| \|F(x) - F(x^*)\| \geq \|J^{-1}(x^*)(F(x) - F(x^*))\|$$

$$\geq \|x - x^*\| - \|J^{-1}(x^*)\| \|\delta(x^*, x)\|$$

e quindi, tenendo conto della (10.56), per ogni x che soddisfa $\|x - x^*\| < \eta$, si ottiene la (10.54) con

$$\beta = \frac{1}{2\|J^{-1}(x^*)\|}. \qquad \square$$

Possiamo ora enunciare una condizione necessaria e sufficiente di convergenza superlineare applicabile sia a metodi tipo-Newton che a metodi Quasi-Newton.

Proposizione 10.11 (Condizione di Dennis-Moré).

Sia $F : R^n \to R^n$ continuamente differenziabile sull'insieme convesso aperto $\mathcal{D}$ e supponiamo che esista $x^* \in \mathcal{D}$ tale che $J(x^*)$ sia non singolare. Sia $\{B_k\}$ una successione di matrici non singolari tali che per un $x_0 \in \mathcal{D}$ la successione $\{x_k\}$ definita dall'iterazione

$$x_{k+1} = x_k - B_k^{-1} F(x_k) \tag{10.57}$$

rimanga in $\mathcal{D}$ e converga a x^*. Allora $\{x_k\}$ converge Q-superlinearmente a x^* e risulta $F(x^*) = 0$ se e solo se

$$\lim_{k \to \infty} \frac{\|(B_k - J(x^*))(x_{k+1} - x_k)\|}{\|x_{k+1} - x_k\|} = 0. \tag{10.58}$$

Dimostrazione. Osserviamo preliminarmente che, utilizzando la (10.57) ed effettuando semplici passaggi, si può scrivere

$$(B_k - J(x^*))(x_{k+1} - x_k) = -F(x_k) - J(x^*)(x_{k+1} - x_k)$$
$$= F(x_{k+1}) - F(x_k) - J(x^*)(x_{k+1} - x_k) - F(x_{k+1}). \tag{10.59}$$

Per la Proposizione 10.8, assumendo nella (10.52) $y = x_{k+1}$, $z = x_k$ e $x = x^*$ si ha

$$\|F(x_{k+1}) - F(x_k) - J(x^*)(x_{k+1} - x_k)\|$$
$$\leq \sup_{0 \leq t \leq 1} \|J(x^* + t(x_{k+1} - x_k)) - J(x^*)\| \|x_{k+1} - x_k\|. \qquad (10.60)$$

Dalla (10.59), dividendo per $\|x_{k+1} - x_k\|$, passando al limite per $k \to \infty$ e tenendo conto della (10.60) e della continuità di J, si ottiene

$$\lim_{k \to \infty} \frac{\|(B_k - J(x^*))(x_{k+1} - x_k)\|}{\|x_{k+1} - x_k\|} = \lim_{k \to \infty} \frac{\|F(x_{k+1})\|}{\|x_{k+1} - x_k\|}. \qquad (10.61)$$

Dimostriamo ora la *sufficienza*. Dalle (10.58) (10.61) si ottiene immediatamente

$$\lim_{k \to \infty} \frac{\|F(x_{k+1})\|}{\|x_{k+1} - x_k\|} = 0, \qquad (10.62)$$

da cui segue che $F(x^*) = 0$. Poiché $J(x^*)$ è non singolare e $F(x^*) = 0$, per la Proposizione 10.10 deve esistere $\beta > 0$ tale che, per valori sufficientemente elevati di k, si abbia

$$\|F(x_{k+1})\| = \|F(x_{k+1}) - F(x^*)\| \geq \beta \|x_{k+1} - x_k\|,$$

e quindi si può scrivere

$$\frac{\|F(x_{k+1})\|}{\|x_{k+1} - x_k\|} \geq \frac{\beta \|x_{k+1} - x^*\|}{\|x_{k+1} - x^*\| + \|x_k - x^*\|} = \beta \frac{\rho_k}{1 + \rho_k},$$

avendo posto

$$\rho_k = \frac{\|x_{k+1} - x^*\|}{\|x_k - x^*\|}.$$

Per la (10.62) si ha allora che $\{\rho_k\}$ converge a 0 e ciò prova la convergenza superlineare.

Necessità. Supponiamo ora che $\{x_k\}$ converga Q-superlinearmente a x^* e risulti $F(x^*) = 0$. Si può scrivere

$$\frac{\|F(x_{k+1})\|}{\|x_{k+1} - x_k\|} \leq \frac{\|F(x_{k+1}) - F(x^*)\|}{\|x_{k+1} - x^*\|} \frac{\|x_k - x^*\|}{\|x_{k+1} - x_k\|}. \qquad (10.63)$$

Tenendo conto della Proposizione 10.7, della Proposizione 10.8 (con le posizioni $y = x_{k+1}$, $x = z = x^*$) e della continuità di J, dalla (10.63) si ricava la (10.62) e quindi, dalla (10.61) si ottiene la (10.58). □

Il risultato enunciato nella proposizione precedente implica, in particolare, che se B_k è un'*approssimazione consistente* di $J(x^*)$, ossia se risulta $\|B_k - J(x^*)\| \to 0$, si ha una rapidità di convergenza superlineare. Si riottiene

10.5 Condizioni di convergenza superlineare*

quindi, nell'ipotesi di continuità della derivata, la convergenza superlineare del metodo di Newton e, più in generale, di ogni metodo *tipo-Newton* in cui l'approssimazione della matrice Jacobiana converga, al limite, a $J(x^*)$. La Proposizione 10.11 mostra tuttavia che la convergenza superlineare non richiede necessariamente la convergenza di B_k a $J(x^*)$. Ciò consente, come si vedrà nel paragrafo successivo, di stabilire risultati sulla convergenza superlineare dei metodi Quasi-Newton che non utilizzano, in genere, stime consistenti di J.

Il risultato della Proposizione 10.11 si può estendere al caso in cui si tenga conto di un parametro scalare α_k determinato attraverso una ricerca unidimensionale, ossia quando si faccia riferimento a un'iterazione del tipo:

$$x_{k+1} = x_k - \alpha_k B_k^{-1} F(x_k),$$

con $\alpha_k > 0$. Vale, infatti, la proposizione seguente.

Proposizione 10.12. *Sia $F : R^n \to R^n$ continuamente differenziabile sull'insieme convesso aperto $\mathcal{D}$ e supponiamo che esista $x^* \in \mathcal{D}$ tale che $J(x^*)$ sia non singolare. Sia $\{B_k\}$ una successione di matrici non singolari tali che per un $x_0 \in \mathcal{D}$ la successione $\{x_k\}$ definita dall'iterazione*

$$x_{k+1} = x_k - \alpha_k B_k^{-1} F(x_k) \qquad (10.64)$$

rimanga in $\mathcal{D}$ e converga a x^*. Supponiamo inoltre che valga la condizione

$$\lim_{k \to \infty} \frac{\left\| (B_k - J(x^*)) B_k^{-1} F(x_k) \right\|}{\| B_k^{-1} F(x_k) \|} = 0. \qquad (10.65)$$

Allora $\{x_k\}$ converge Q-superlinearmente a x^* e risulta $F(x^*) = 0$ se e solo se

$$\lim_{k \to \infty} \alpha_k = 1. \qquad (10.66)$$

Dimostrazione. Necessità. Supponiamo che $\{x_k\}$ converga Q-superlinearmente a x^* e risulti $F(x^*) = 0$. Per la proposizione precedente deve essere necessariamente

$$\lim_{k \to \infty} \frac{\left\| \left(\alpha_k^{-1} B_k - J(x^*) \right) (x_{k+1} - x_k) \right\|}{\| x_{k+1} - x_k \|} = 0 \qquad (10.67)$$

e quindi, la (10.65) implica

$$\lim_{k \to \infty} \frac{\left\| (\alpha_k^{-1} - 1) B_k (x_{k+1} - x_k) \right\|}{\| x_{k+1} - x_k \|} = 0,$$

da cui segue, ponendo $B_k(x_{k+1} - x_k) = -\alpha_k F(x_k)$,

$$\lim_{k \to \infty} \frac{\left\| (\alpha_k^{-1} - 1) F(x_k) \right\|}{\| x_{k+1} - x_k \|} = 0.$$

310 10 Metodi Quasi-Newton

Poiché $J(x^*)$ è non singolare e $F(x^*) = 0$, per la Proposizione 10.10 deve esistere un $\beta > 0$ tale che $\|F(x_k)\| \geq \beta \|x_k - x^*\|$. Ne segue che, per la (10.50) della Proposizione 10.7, deve valere la (10.66). □

Sufficienza. Supponiamo che vallga la (10.66). È facile verificare che allora la (10.65) implica la (10.67) e quindi la convergenza superlineare segue dalla Proposizione 10.11. □

Dai risultati precedenti, identificando F con ∇f si ottengono in modo immediato risultati analoghi nel caso di problemi di minimizzazione. Possiamo enunciare, in particolare, i risultati seguenti.

Proposizione 10.13. *Sia $f : R^n \to R$ due volte continuamente differenziabile sull'insieme convesso aperto $\mathcal{D}$ e supponiamo che esista $x^* \in \mathcal{D}$ tale che $\nabla^2 f(x^*)$ sia non singolare. Sia $\{B_k\}$ una successione di matrici non singolari tali che per un $x_0 \in \mathcal{D}$ la successione $\{x_k\}$ definita dall'iterazione*

$$x_{k+1} = x_k - B_k^{-1} \nabla f(x_k) \tag{10.68}$$

rimanga in $\mathcal{D}$ e converga a x^*. Allora $\{x_k\}$ converge Q-superlinearmente a x^* e risulta $\nabla f(x^*) = 0$ se e solo se

$$\lim_{k \to \infty} \frac{\|(B_k - \nabla^2 f(x^*))(x_{k+1} - x_k)\|}{\|x_{k+1} - x_k\|} = 0.$$

Proposizione 10.14. *Sia $f : R^n \to R$ due volte continuamente differenziabile sull'insieme convesso aperto $\mathcal{D}$ e supponiamo che esista $x^* \in \mathcal{D}$ tale che $\nabla^2 f(x^*)$ sia non singolare. Sia $\{B_k\}$ una successione di matrici non singolari tali che per un $x_0 \in \mathcal{D}$ la successione $\{x_k\}$ definita dall'iterazione*

$$x_{k+1} = x_k - \alpha_k B_k^{-1} \nabla f(x_k)$$

rimanga in $\mathcal{D}$ e converga a x^*. Supponiamo inoltre che valga la condizione

$$\lim_{k \to \infty} \frac{\|(B_k - \nabla^2 f(x^*)) B_k^{-1} \nabla f(x_k)\|}{\|B_k^{-1} \nabla f(x_k)\|} = 0.$$

Allora $\{x_k\}$ converge Q-superlinearmente a x^* e risulta $\nabla f(x^*) = 0$ se e solo se

$$\lim_{k \to \infty} \alpha_k = 1.$$

10.6 Rapidità di convergenza del metodo BFGS*

Lo studio della rapidità di convergenza del metodo BFGS consiste nel mostrare che, se $\{x_k\}$ è una successione generata dall'algoritmo BFGS, convergente a un punto di minimo locale x^*, allora sotto opportune ipotesi di convessità locale, risulta soddisfatta la condizione di Dennis-Moré ricavata nel paragrafo precedente. In questa analisi ci baseremo sia sui risultati stabiliti in [107], sia sulla tecnica introdotta in [18] che consente di semplificare notevolmente alcuni risultati.

Stabilire la convergenza superlineare non è immediato ed è richiesta una serie di passi che possiamo articolare secondo lo schema seguente.

(i) Si dimostra innanzitutto che, se il punto iniziale è scelto in un opportuno intorno di x^* in cui valgono ipotesi di convessità uniforme, allora la successione generata dall'algoritmo BFGS, attraverso l'iterazione

$$x_{k+1} = x_k - \alpha_k B_k^{-1} \nabla f(x_k),$$

ha rapidità di convergenza lineare e soddisfa

$$\sum_{k=0}^{\infty} \|x_k - x^\star\| < \infty.$$

Questo risultato si basa sull'equazione Quasi-Newton, sulle proprietà della ricerca unidimensionale e sulle stime già ottenute nel caso convesso per il metodo BFGS.

(ii) Si dimostra che, se vale la proprietà stabilita al punto (i), allora vale la condizione

$$\lim_{k \to \infty} \frac{\|(B_k - \nabla^2 f(x^*)) s_k\|}{\|s_k\|} = 0.$$

Per ricavare questa implicazione si fa uso delle stime già ottenute per la traccia e il determinante di B_k nel caso del metodo BFGS.

(iii) Supponendo che valga il limite stabilito al punto (ii) si dimostra che il passo $\alpha_k = 1$ soddisfa le condizioni di Wolfe, per valori sufficientemente elevati di k. Se quindi la ricerca unidimensionale è realizzata in modo tale da assumere come valore di primo tentativo il passo $\alpha = 1$, per valori sufficientemente elevati di k si avrà

$$x_{k+1} = x_k - B_k^{-1} \nabla f(x_k).$$

(iv) In base a quanto stabilito nei punti (ii) e (iii), vale la condizione di Dennis-Moré del paragrafo precedente e di conseguenza si può concludere che il metodo BFGS ha rapidità di convergenza Q-superlineare.

Per semplificare le notazioni, poniamo nel seguito

$$g_k = \nabla f(x_k), \quad s_k = x_{k+1} - x_k = \alpha_k d_k, \quad y_k = g_{k+1} - g_k,$$

e indichiamo con $\cos\theta_k$ il coseno dell'angolo tra d_k e $-g_k$, per cui si ha, essendo $\alpha_k > 0$,
$$-g_k^T s_k = \|g_k\|\|s_k\|\cos\theta_k. \tag{10.69}$$
Il passo α_k soddisfa le condizioni di Wolfe, che riscriviamo nella forma
$$f(x_k + \alpha_k d_k) \leq f(x_k) + \gamma\alpha_k g_k^T d_k, \tag{10.70}$$
$$g_{k+1}^T d_k \geq \sigma g_k^T d_k. \tag{10.71}$$
Ponendo
$$G_k = \int_0^1 \nabla^2 f(x_k + ts_k)dt$$
risulta soddisfatta per ogni k l'equazione Quasi-Newton
$$y_k = G_k s_k. \tag{10.72}$$
In base alle ipotesi fatte, essendo $y_k^T s_k = s_k^T G_k s_k$, si ha allora
$$m\|s_k\|^2 \leq y_k^T s_k \leq M\|s_k\|^2. \tag{10.73}$$
Dalla condizione di Wolfe (10.71) segue poi, con facili passaggi,
$$y_k^T s_k \geq -(1-\sigma)s_k^T g_k. \tag{10.74}$$

Per arrivare a stabilire il punto (i) dello schema illustrato in precedenza, ricaviamo dalle formule ora riportate e dai risultati dei paragrafi precedenti alcune stime preliminari. Nel seguito indichiamo con $\{x_k\}$ una successione infinita generata dal metodo BFGS, convergente, come già si è detto, al punto x^* in cui $\nabla f(x^*) = 0$ e supponiamo che tutta la successione rimanga in un intorno sferico in cui valgono ipotesi più forti di quelle utilizzate nello studio della convergenza globale.

Proposizione 10.15. *Sia $f : R^n \to R$ due volte continuamente differenziabile in un intorno sferico $\mathcal{D}$ di un punto di minimo locale x^* di f. Supponiamo che esistono numeri positivi m, M tali che*
$$m\|z\|^2 \leq z^T \nabla^2 f(x) z \leq M\|z\|^2, \quad \text{per ogni } x \in \mathcal{D} \text{ e } z \in R^n. \tag{10.75}$$
Allora si ha
$$c_1\|g_k\|\cos\theta_k \leq \|s_k\| \leq c_2\|g_k\|\cos\theta_k, \tag{10.76}$$
e inoltre risulta
$$f(x_{k+1}) - f(x^*) \leq c_3(f(x_k) - f(x^*)), \tag{10.77}$$
dove
$$c_1 = (1-\sigma)/M, \quad c_2 = 2(1-\gamma)/m, \quad c_3 = (1 - \gamma m c_1 \cos^2\theta_k).$$

Dimostrazione. Dalle (10.69), (10.73) e (10.74) si ricava immediatamente

$$\|s_k\| \geq c_1 \|g_k\| \cos\theta_k,$$

dove $c_1 = (1-\sigma)/M$. Utilizzando la formula di Taylor si può scrivere

$$f(x_{k+1}) = f(x_k) + g_k^T s_k + \frac{1}{2} s_k^T \nabla^2 f(z_k) s_k,$$

in cui $z_k = x_k + t_k s_k$ con $t_k \in (0,1)$. Per l'ipotesi (10.75) e la condizione di Wolfe (10.70) si ha allora

$$\gamma g_k^T s_k \geq g_k^T s_k + \frac{1}{2} m \|s_k\|^2,$$

e quindi, ricordando la (10.69) si ottiene

$$\|s_k\| \leq c_2 \|g_k\| \cos\theta_k,$$

dove $c_2 = 2(1-\gamma)/m$. Risulta così provata la (10.76).

Osserviamo ora che, in base all'ipotesi (10.75), la funzione f è convessa nell'intorno convesso considerato e quindi si ha

$$f(x_k) - f(x^*) \leq g_k^T(x_k - x^*),$$

da cui segue

$$f(x_k) - f(x^*) \leq \|g_k\| \|x_k - x^*\|. \tag{10.78}$$

Possiamo inoltre scrivere (essendo $\nabla f(x^*) = 0$)

$$g_k = \int_0^1 \nabla^2 f(x_k + t(x^* - x_k)) dt (x_k - x^*),$$

e quindi, per l'ipotesi (10.75), con immediate maggiorazioni si ottiene

$$g_k^T(x_k - x^*) \geq m \|x_k - x^*\|^2,$$

che implica, a sua volta,

$$\|x_k - x^*\| \leq \frac{1}{m} \|g_k\|.$$

Per la (10.78) si ha allora

$$\|g_k\|^2 \geq m(f(x_k) - f(x^*)). \tag{10.79}$$

Osserviamo ora che, in base alle (10.70) (10.69) e (10.76) si ha

$$f(x_{k+1}) - f(x_k) \leq \gamma g_k^T s_k \leq -\gamma c_1 \|g_k\|^2 \cos^2\theta_k$$

da cui, per la (10.79), si ottiene la (10.77). □

314   10 Metodi Quasi-Newton

Proposizione 10.16. *Sia $f : R^n \to R$ e supponiamo che valgano le ipotesi delle Proposizione 10.15. Allora esiste una costante $0 \le C < 1$ tale che*
$$f(x_{k+1}) - f(x^*) \le C^k(f(x_0) - f(x^*)). \tag{10.80}$$

Dimostrazione. Ricordando la (10.49) si può scrivere, nelle notazioni qui adottate,
$$\prod_{j=0}^{k-1} \frac{\|g_j\|}{\|s_j\| \cos \theta_j} < C_3^k, \tag{10.81}$$

dove $C_3 > 0$. Dalla diseguaglianza precedente, usando la (10.76), con facili passaggi, si ottiene
$$\prod_{j=0}^{k-1} \cos^2 \theta_j > \left(\frac{1}{C_3 c_2}\right)^k, \tag{10.82}$$

e ciò implica anche
$$\frac{1}{C_3 c_2} < 1.$$

Inoltre, dalla (10.77), esplicitando l'espressione di c_3, e ragionando per induzione, si ricava
$$f(x_k) - f(x^*) \le \prod_{j=0}^{k-1} (1 - \gamma m c_1 \cos^2 \theta_j)(f(x_0) - f(x^*)), \tag{10.83}$$

da cui, applicando due volte la nota diseguaglianza tra media geometrica e media aritmetica, si ottiene
$$f(x_k) - f(x^*) \le \left[\frac{1}{k} \sum_{j=0}^{k-1} (1 - \gamma m c_1 \cos^2 \theta_j)\right]^k (f(x_0) - f(x^*))$$
$$\le \left[1 - \gamma m c_1 \left(\prod_{j=0}^{k-1} \cos^2 \theta_j\right)^{\frac{1}{k}}\right]^k (f(x_0) - f(x^*)),$$

e quindi per la (10.82) si ottiene la (10.80) con
$$C = 1 - \frac{\gamma m c_1}{C_3 c_2}.$$

Poiché $c_1 = (1-\sigma)/M$ e inoltre $\gamma < 1$, $m/M < 1$, $1-\sigma < 1$ e $1/(C_3 c_2) < 1$, possiamo concludere che deve essere $0 \le C < 1$.   □

10.6 Rapidità di convergenza del metodo BFGS*

Possiamo ora concludere la dimostrazione del punto (i) dello schema illustrato inizialmente stabilendo la proposizione seguente.

Proposizione 10.17. *Sia $f : R^n \to R$ e supponiamo che valgano le ipotesi delle Proposizione 10.15. Allora si ha*

$$\sum_{k=0}^{\infty} \|x_k - x^*\| < \infty.$$

Dimostrazione. Utilizzando la formula di Taylor e tenendo conto dell'ipotesi $\nabla f(x^*) = 0$ e dell'ipotesi (10.75) possiamo scrivere

$$f(x_k) \geq f(x^*) + \frac{m}{2}\|x_k - x^*\|^2,$$

e quindi, per la (10.80) si ha

$$\|x_k - x^*\|^2 \leq \frac{2}{m} C^k (f(x_0) - f(x^*)),$$

che implica, a sua volta

$$\sum_{k=0}^{\infty} \|x_k - x^*\| \leq \left[\frac{2}{m}(f(x_0) - f(x^*))\right]^{1/2} \sum_{k=0}^{\infty} C^{k/2},$$

e ciò prova la tesi, essendo $C < 1$. □

Per stabilire il punto (ii) dello schema illustrato inizialmente conviene innanzitutto stabilire alcuni risultati preliminari e semplificare le notazioni. In quanto segue supponiamo che, oltre a valere le ipotesi della Proposizione 10.15, valga la seguente: esiste $L > 0$ tale che

$$\|\nabla^2 f(x) - \nabla^2 f(y)\| \leq L\|x - y\|, \quad \text{per ogni } x, y \in \mathcal{D}. \tag{10.84}$$

Poniamo

$$m_k = \frac{y_k^T s_k}{s_k^T s_k}, \quad M_k = \frac{y_k^T y_k}{y_k^T s_k}. \tag{10.85}$$

Ricordando la la (10.72) si ha $y_k = G_k s_k$, e quindi, tenendo conto dell'ipotesi (10.75), si può scrivere

$$m_k = \frac{s_k^T G_k s_k}{s_k^T s_k} \geq m, \quad M_k = \frac{y_k^T y_k}{y_k^T s_k} = \frac{(G_k^{1/2} s_k)^T G_k (G_k^{1/2} s_k)}{(G_k^{1/2} s_k)^T (G_k^{1/2} s_k)} \leq M. \tag{10.86}$$

Ricordando la definizione di $\cos\theta_k$ ed essendo $-g_k = B_k s_k/\alpha_k$, possiamo scrivere

$$\cos\theta_k = \frac{s_k^T B_k s_k}{\|s_k\|\|B_k s_k\|}. \tag{10.87}$$

Poniamo inoltre

$$q_k = \frac{s_k^T B_k s_k}{\|s_k\|^2}. \tag{10.88}$$

Dalle relazioni precedenti segue immediatamente, con facili passaggi,

$$\frac{\|B_k s_k\|^2}{s_k^T B_k s_k} = \frac{q_k}{\cos^2\theta_k}. \tag{10.89}$$

Assegnata una matrice $n \times n$ simmetrica definita positiva Q, definiamo la funzione a valori reali Ψ ponendo

$$\Psi(Q) = \mathrm{Tr}(Q) - \ln(\mathrm{Det}(Q)) = \sum_{j=1}^{n} (\lambda_j - \ln(\lambda_j)), \tag{10.90}$$

essendo $\lambda_j > 0, j = 1,\ldots,n$ gli autovalori Q. Notiamo che, se il valore di $\Psi(Q)$ è "piccolo", il minimo autovalore di Q non è "molto vicino" all'origine e il massimo autovalore di Q non è "molto elevato".

Ricordando i risultati stabiliti nel Paragrafo 10.4 per il metodo BFGS e facendo uso delle relazioni introdotte si può scrivere

$$\mathrm{Tr}(B_{k+1}) = \mathrm{Tr}(B_k) + M_k - \frac{q_k}{\cos^2\theta_k}, \tag{10.91}$$

$$\mathrm{Det}(B_{k+1}) = \mathrm{Det}(B_k)\frac{m_k}{q_k}, \tag{10.92}$$

per cui, usando la (10.90) si ottiene

$$\Psi(B_{k+1}) = \mathrm{Tr}(B_k) + M_k - \frac{q_k}{\cos^2\theta_k} - \ln(\mathrm{Det}(B_k)) - \ln m_k + \ln q_k$$

$$= \Psi(B_k) + (M_k - \ln m_k - 1) \tag{10.93}$$

$$+ \left[1 - \frac{q_k}{\cos^2\theta_k} + \ln\frac{q_k}{\cos^2\theta_k}\right] + \ln\cos^2\theta_k.$$

Per semplificare la trattazione conviene ora effettuare una trasformazione di variabili tale che l'Hessiana del problema trasformato nel punto x^* sia la matrice identità.

A tale scopo, ponendo per semplicità $B_* = \nabla^2 f(x^*)$, definiamo

$$\tilde{s}_k = B_*^{1/2} s_k, \quad \tilde{y} = B_*^{-1/2} y_k, \quad \tilde{B}_k = B_*^{-1/2} B_k B_*^{-1/2},$$

e quindi, in analogia con le notazioni prima introdotte, poniamo

$$\cos\tilde{\theta}_k = \frac{\tilde{s}_k^T \tilde{B}_k \tilde{s}_k}{\|\tilde{s}_k\|\|\tilde{B}_k \tilde{s}_k\|}, \quad \tilde{q}_k = \frac{\tilde{s}_k^T \tilde{B}_k \tilde{s}_k}{\|\tilde{s}_k\|^2}, \quad \tilde{m}_k = \frac{\tilde{y}_k^T \tilde{s}_k}{\tilde{s}_k^T \tilde{s}_k}, \quad \tilde{M}_k = \frac{\tilde{y}_k^T \tilde{y}_k}{\tilde{y}_k^T \tilde{s}_k}.$$

10.6 Rapidità di convergenza del metodo BFGS*

Dalla formula di aggiornamento (BFGS) premoltiplicando e post-moltiplicando per $B_*^{-1/2}$ e notando che

$$s_k^T y_k = \tilde{s}_k^T B_*^{-1/2} B_*^{1/2} \tilde{y}_k = \tilde{s}_k^T \tilde{y}_k,$$

$$s_k^T B_k s_k = \tilde{s}_k^T B_*^{-1/2} B_*^{1/2} \tilde{B}_k B_*^{1/2} B_*^{-1/2} \tilde{s}_k = \tilde{s}_k^T \tilde{B}_k \tilde{s}_k$$

si ottiene

$$B_*^{-1/2} B_{k+1} B_*^{-1/2} = B_*^{-1/2} B_k B_*^{-1/2} + \frac{B_*^{-1/2} y_k y_k^T B_*^{-1/2}}{\tilde{s}_k^T \tilde{y}_k} - \frac{B_*^{-1/2} B_k s_k s_k^T B_k B_*^{-1/2}}{\tilde{s}_k^T \tilde{B}_k \tilde{s}_k},$$

da cui segue

$$\tilde{B}_{k+1} = \tilde{B}_k + \frac{\tilde{y}_k \tilde{y}_k^T}{\tilde{s}_k^T \tilde{y}_k} - \frac{\tilde{B}_k \tilde{s}_k \tilde{s}_k^T \tilde{B}_k}{\tilde{s}_k^T \tilde{B}_k \tilde{s}_k}, \qquad (10.94)$$

per cui la formula di aggiornamento delle matrici trasformate coincide con quella del metodo BFGS. Ciò implica che valgono nelle variabili trasformate tutte le relazioni stabilite a partire dalla formula di aggiornamento BFGS. In particolare, dalla (10.94) si ottiene l'espressione corrispondente alla (10.93):

$$\Psi(\tilde{B}_{k+1}) = \Psi(\tilde{B}_k) + (\tilde{M}_k - \ln \tilde{m}_k - 1) + \left[1 - \frac{\tilde{q}_k}{\cos^2 \tilde{\theta}_k} + \ln \frac{\tilde{q}_k}{\cos^2 \tilde{\theta}_k}\right] + \ln \cos^2 \tilde{\theta}_k. \qquad (10.95)$$

Dalla (10.72) si ottiene poi

$$y_k - B_* s_k = (\tilde{G}_k - B_*) s_k$$

e quindi, premoltiplicando per $B_*^{-1/2}$, e ricordando le definizioni introdotte, possiamo scrivere

$$\tilde{y}_k - \tilde{s}_k = B_*^{-1/2}(\tilde{G}_k - B_*) B_*^{-1/2} \tilde{s}_k.$$

In base alla definizione di $\tilde{G}_k$ e tenendo conto dell'ipotesi (10.84) si ha

$$\|\tilde{y}_k - \tilde{s}_k\| \leq \|B_*^{-1/2}\|^2 \|\tilde{s}_k\| \|\tilde{G}_k - B_*\|$$
$$\leq \|B_*^{-1/2}\|^2 \|\tilde{s}_k\| L \max_{t \in [0,1]} \{\|x_k + t\alpha_k d_k - x^*\|\} \leq \|B_*^{-1/2}\|^2 \|\tilde{s}_k\| L \varepsilon_k,$$

dove

$$\varepsilon_k = \max\{\|x_{k+1} - x^*\|, \|x_k - x^*\|\}.$$

Si ottiene quindi la stima

$$\frac{\|\tilde{y}_k - \tilde{s}_k\|}{\|\tilde{s}_k\|} \leq \tilde{c} \varepsilon_k, \qquad (10.96)$$

dove $\tilde{c} = L \|B_*^{-1/2}\|^2$.

Possiamo ora dimostrare il risultato seguente che stabilisce il punto (ii) dello schema inizialmente delineato. Seguiremo essenzialmente lo schema dimostrativo utilizzato in [97], a sua volta basato sulla tecnica introdotta in [18].

Proposizione 10.18. *Sia $f : R^n \to R$ due volte continuamente differenziabile in un intorno sferico $\mathcal{D}$ di un punto di minimo locale x^* di f. Supponiamo che valgano le condizioni seguenti:*

(a) *esistono numeri positivi m, M tali che*

$$m\|z\|^2 \leq z^T \nabla^2 f(x) z \leq M\|z\|^2, \quad \text{per ogni } x \in \mathcal{D} \text{ e } z \in R^n;$$

(b) *esiste $L > 0$ tale che*

$$\|\nabla^2 f(x) - \nabla^2 f(y)\| \leq L\|x - y\|, \quad \text{per ogni } x, y \in \mathcal{D}.$$

Allora si ha

$$\lim_{k \to \infty} \frac{\|(B_k - \nabla^2 f(x^*)) s_k\|}{\|s_k\|} = 0.$$

Dimostrazione. Dalla (10.96) segue

$$|\|\tilde{y}_k\| - \|\tilde{s}_k\|| \leq \|\tilde{y}_k - \tilde{s}_k\| \leq \tilde{c}\varepsilon_k \|\tilde{s}_k\|,$$

che implica

$$(1 - \tilde{c}\varepsilon_k)\|\tilde{s}_k\| \leq \|\tilde{y}_k\| \leq (1 + \tilde{c}\varepsilon_k)\|\tilde{s}_k\|. \tag{10.97}$$

Dalla (10.96), elevando al quadrato ambo i membri della diseguaglianza e facendo uso della (10.97) si ha:

$$\tilde{c}^2\varepsilon_k^2\|\tilde{s}_k\|^2 \geq \|\tilde{y}_k\|^2 + \|\tilde{s}_k\|^2 - 2\tilde{s}_k^T\tilde{y}_k \geq (1 - \tilde{c}\varepsilon_k)^2\|\tilde{s}_k\|^2 + \|\tilde{s}_k\|^2 - 2\tilde{s}_k^T\tilde{y}_k,$$

da cui

$$2\tilde{s}_k^T\tilde{y}_k \geq (1 - 2\tilde{c}\varepsilon_k + \tilde{c}^2\varepsilon_k^2 + 1 - \tilde{c}^2\varepsilon_k^2)\|\tilde{s}_k\|^2 = 2(1 - \tilde{c}\varepsilon_k)\|\tilde{s}_k\|^2.$$

Dalla definizione di $\tilde{m}_k$ segue quindi

$$\tilde{m}_k = \frac{\tilde{y}_k^T \tilde{s}_k}{\|s_k\|^2} \geq (1 - \tilde{c}\varepsilon_k). \tag{10.98}$$

Dalle (10.97) e (10.98) si ottiene poi

$$\tilde{M}_k = \frac{\tilde{y}_k^T \tilde{y}_k}{\tilde{y}_k^T \tilde{s}_k} \leq \frac{1 + \tilde{c}\varepsilon_k}{1 - \tilde{c}\varepsilon_k}. \tag{10.99}$$

10.6 Rapidità di convergenza del metodo BFGS*

Poiché $\{x_k\}$ converge, per la Proposizione 10.17, a x^* si ha che ε_k converge a zero e quindi, per la (10.99) è possibile trovare $c > \tilde{c}$ tale che valga la diseguaglianza

$$\tilde{M}_k \leq \frac{1 + 2\tilde{c}\varepsilon_k - \tilde{c}\varepsilon_k}{1 - \tilde{c}\varepsilon_k} = 1 + \frac{2\tilde{c}}{1 - \tilde{c}\varepsilon_k}\varepsilon_k \leq 1 + c\varepsilon_k. \tag{10.100}$$

Ricordando la (10.95) si ha

$$0 < \Psi(\tilde{B}_{k+1}) = \Psi(\tilde{B}_k) + (\tilde{M}_k - \ln \tilde{m}_k - 1) + \left[1 - \frac{\tilde{q}_k}{\cos^2 \tilde{\theta}_k} + \ln \frac{\tilde{q}_k}{\cos^2 \tilde{\theta}_k}\right] + \ln \cos^2 \tilde{\theta}_k. \tag{10.101}$$

Consideriamo la funzione $h(t) = 1 - t + \ln t$, definita per $t > 0$; si verifica facilmente che $h(t) \leq 0$ per ogni $t > 0$, per cui se poniamo $t = 1/(1-u)$ con $u < 1$ vale la diseguaglianza

$$1 - \frac{1}{1-u} + \ln\left(\frac{1}{1-u}\right) = \frac{-u}{1-u} - \ln(1-u) \leq 0. \tag{10.102}$$

Supponiamo ora che k sia sufficientemente grande da avere $\tilde{c}\varepsilon_k < 1/2$; utilizzando la diseguaglianza precedente, con $u = \tilde{c}\varepsilon_k$ si ha

$$\ln(1 - \tilde{c}\varepsilon_k) \geq \frac{-\tilde{c}\varepsilon_k}{1 - \tilde{c}\varepsilon_k} \geq -2\tilde{c}\varepsilon_k.$$

Per k sufficientemente grande, tenendo conto della (10.98), e del fatto che $c > \tilde{c}$, si ottiene

$$\ln \tilde{m}_k \geq \ln(1 - \tilde{c}\varepsilon_k) \geq -2\tilde{c}\varepsilon_k > -2c\varepsilon_k. \tag{10.103}$$

Dalle (10.101), (10.100) e (10.103) si ottiene allora

$$0 < \Psi(\tilde{B}_{k+1}) \leq \Psi(\tilde{B}_k) + 3c\varepsilon_k + \ln \cos^2 \tilde{\theta}_k + \left[1 - \frac{\tilde{q}_k}{\cos^2 \tilde{\theta}_k} + \ln \frac{\tilde{q}_k}{\cos^2 \tilde{\theta}_k}\right], \tag{10.104}$$

ossia

$$\Psi(\tilde{B}_{k+1}) - \ln \cos^2 \tilde{\theta}_k - \left[1 - \frac{\tilde{q}_k}{\cos^2 \tilde{\theta}_k} + \ln \frac{\tilde{q}_k}{\cos^2 \tilde{\theta}_k}\right] \leq \Psi(\tilde{B}_k) + 3c\varepsilon_k,$$

per cui, sommando, si può scrivere

$$\sum_{k=0}^{\infty} \left(\ln \frac{1}{\cos^2 \tilde{\theta}_k} - \left[1 - \frac{\tilde{q}_k}{\cos^2 \tilde{\theta}_k} + \ln \frac{\tilde{q}_k}{\cos^2 \tilde{\theta}_k}\right]\right) \leq \Psi(\tilde{B}_0) + 3c \sum_{k=0}^{\infty} \varepsilon_k.$$

Dalla definizione di ε_k e dalla Proposizione 10.17 segue che

$$\sum_{k=0}^{\infty} \varepsilon_k < \infty$$

e di conseguenza, essendo non negativi tutti i termini della sommatoria, si ha

$$\lim_{k\to\infty} \ln \frac{1}{\cos^2 \tilde{\theta}_k} = 0 \qquad \lim_{k\to\infty} \left[1 - \frac{\tilde{q}_k}{\cos^2 \tilde{\theta}_k} + \ln \frac{\tilde{q}_k}{\cos^2 \tilde{\theta}_k} \right] = 0,$$

da cui segue

$$\lim_{k\to\infty} \cos \tilde{\theta}_k = 1, \qquad \lim_{k\to\infty} \tilde{q}_k = 1. \tag{10.105}$$

Con facili passaggi, ricordando le definizioni introdotte, i può scrivere

$$\frac{\|B_*^{-1/2}(B_k - B_*)s_k\|^2}{\|B_*^{1/2} s_k\|^2} = \frac{\|(\tilde{B}_k - I)\tilde{s}_k\|^2}{\|\tilde{s}_k\|^2}$$

$$= \frac{\|\tilde{B}_k \tilde{s}_k\|^2 - 2\tilde{s}_k^T \tilde{B}_k \tilde{s}_k + \|\tilde{s}_k\|^2}{\|\tilde{s}_k\|^2}$$

$$= \frac{\tilde{q}_k^2}{\cos^2 \tilde{\theta}_k} - 2\tilde{q}_k + 1$$

e quindi, per le (10.105) si ottiene

$$\lim_{k\to\infty} \frac{\|B_*^{-1/2}(B_k - B_*)s_k\|^2}{\|B_*^{1/2} s_k\|^2} = 0. \tag{10.106}$$

Osserviamo ora che

$$\|B_*^{-1/2}(B_k - B_*)s_k\|^2 \geq \lambda_{\min}(B_*^{-1}) \|(B_k - B_*)s_k\|^2$$

e

$$\|B_*^{1/2} s_k\|^2 \leq \lambda_{\max}(B_*) \|s_k\|^2$$

e quindi, dalla (10.106), ricordando che si è posto $B_* = \nabla^2 f(x^*)$, segue anche il limite

$$\lim_{k\to\infty} \frac{\|(B_k - \nabla^2 f(x^*))s_k\|}{\|s_k\|} = 0,$$

il che prova l'enunciato. □

Abbiamo così completato al dimostrazione del punto (ii) dello schema iniziale. Per completare l'analisi, come annunciato al punto (iii), occorre ora mostrare che la ricerca unidimensionale consente di accettare il passo unitario per valori sufficientemente elevati di k. Vale il risultato seguente.

10.6 Rapidità di convergenza del metodo BFGS*

Proposizione 10.19 (Accettazione del passo unitario).

Sia $f : R^n \to R$ una funzione due volte continuamente differenziabile su R^n e sia $\{x_k\}$ la successione generata dal metodo BFGS in cui $d_k = -B_k^{-1} g_k$ e α_k soddisfa le condizioni di Wolfe

$$f(x_k + \alpha_k d_k) \leq f(x_k) + \gamma \alpha_k g_k^T d_k, \tag{10.107}$$

$$g_{k+1}^T d_k \geq \sigma g_k^T d_k, \tag{10.108}$$

con $0 < \gamma < \sigma < 1$ e $\gamma < 1/2$. Supponiamo che $\{x_k\}$ converga a $x^\star$, in cui $\nabla f(x^\star) = 0$, $\nabla^2 f(x^\star)$ è definita positiva e che valgano le ipotesi (a) e (b) della Proposizione 10.18. Supponiamo inoltre che si abbia

$$\lim_{k \to \infty} \frac{\|g_k + \nabla^2 f(x^\star) d_k\|}{\|d_k\|} = 0. \tag{10.109}$$

Allora esiste un indice $k^\star$, tale che, per ogni $k \geq k^\star$ il passo $\alpha_k = 1$ soddisfa le condizioni (10.107) (10.108).

Dimostrazione. Per l'ipotesi (a) della Proposizione 10.18, per k abbastanza elevato deve essere

$$d_k^T \nabla^2 f(x^\star) d_k \geq m \|d_k\|^2. \tag{10.110}$$

Inoltre si può scrivere

$$-g_k^T d_k = d_k^T \nabla^2 f(x^\star) d_k - d_k^T (g_k + \nabla^2 f(x^\star) d_k)$$
$$\geq d_k^T \nabla^2 f(x^\star) d_k - \|d_k\| \|g_k + \nabla^2 f(x^\star) d_k\|,$$

e quindi per le (10.109) e (10.110), per k abbastanza elevato deve esistere $\eta > 0$ tale che

$$-g_k^T d_k \geq \eta \|d_k\|^2. \tag{10.111}$$

Per il teorema della media si può porre

$$f(x_k + d_k) = f(x_k) + \frac{1}{2} g_k^T d_k + \frac{1}{2} d_k^T (g_k + \nabla^2 f(z_k) d_k), \tag{10.112}$$

in cui $z_k = x_k + t_k d_k$ con $t_k \in (0, 1)$. Poiché α_k soddisfa le condizioni di Wolfe, da risultati già noti segue che

$$\lim_{k \to \infty} \frac{g_k^T d_k}{\|d_k\|} = 0,$$

e quindi la (10.111) implica che $\|d_k\|$ converge a zero. Per la (10.112), tenendo conto della (10.111) si può scrivere

$$f(x_k + d_k) - f(x_k) - \gamma g_k^T d_k = \left(\frac{1}{2} - \gamma\right) g_k^T d_k + \frac{1}{2} d_k^T (g_k + \nabla^2 f(z_k) d_k)$$

$$\leq -\left(\frac{1}{2} - \gamma\right) \eta \|d_k\|^2 + \frac{1}{2} \|d_k\| \|g_k + \nabla^2 f(x_k) d_k\|$$

$$+ \frac{1}{2} \|\nabla^2 f(z_k) - \nabla^2 f(x_k)\| \|d_k\|^2.$$

Poché $d_k \to 0$ si ha anche $z_k \to 0$ e di conseguenza, per la (10.109) e la diseguaglianza precedente, si ha, per k abbastanza elevato

$$f(x_k + d_k) - f(x_k) - \gamma g_k^T d_k \leq 0,$$

il che prova che il passo $\alpha = 1$ soddisfa definitivamente la condizione (10.107). Per dimostrare che vale anche la (10.108) si può osservare che, per il teorema della media riferito alla funzione scalare $\psi(x) = \nabla f(x)^T d_k$ (il cui gradiente è evidentemente $\nabla \psi(x) = \nabla^2 f(x) d_k$) si può scrivere, con facili passaggi

$$|g(x_k + d_k)^T d_k| = |(g_k^T d_k + \nabla^2 f(v_k) d_k)|$$

$$\leq \|d_k\| \|g_k + \nabla^2 f(x_k) d_k\| + \|\nabla^2 f(v_k) - \nabla^2 f(x_k)\| \|d_k\|^2,$$

dove $v_k = x_k + \xi_k d_k$ con $\xi_k \in (0, 1)$. Tenendo conto della (10.109) e del fatto che $d_k \to 0$ si può quindi trovare un $\varepsilon > 0$ abbastanza piccolo tale che si abbia definitivamente

$$|g(x_k + d_k)^T d_k| \leq \varepsilon \|d_k\|^2.$$

Assumendo $\varepsilon < \eta \sigma$, dalla (10.111) segue allora, per k abbastanza elevato

$$|g(x_k + d_k)^T d_k| \leq \eta \sigma \|d_k\|^2 \leq -\sigma g_k^T d_k,$$

e ciò prova che il passo $\alpha = 1$ soddisfa le condizioni di Wolfe forti e quindi, in particolare, che vale la (10.108). □

Possiamo allora enunciare il risultato seguente che conclude la dimostrazione della convergenza superlineare del metodo BFGS.

Proposizione 10.20 (Convergenza superlineare del metodo BFGS).

Sia $f : R^n \to R$ una funzione due volte continuamente differenziabile su R^n e sia $\{x_k\}$ la successione generata dal metodo BFGS. Supponiamo che $\nabla f(x_k) \neq 0$ per ogni k e che $\{x_k\}$ converga a $x^\star$, in cui $\nabla f(x^\star) = 0$, $\nabla^2 f(x^\star)$ è definita positiva e che valgano le ipotesi (a) e (b) della Proposizione 10.18. Supponiamo inoltre che nella ricerca unidimensionale si assuma come valore di primo tentativo $\alpha = 1$. Allora la successione $\{x_k\}$ converge a $x^\star$ con rapidità di convergenza Q−superlineare.

Dimostrazione. Per la Proposizione 10.18 si ha:

$$\lim_{k \to \infty} \frac{\left\|\left(B_k - \nabla^2 f(x^*)\right) s_k\right\|}{\|s_k\|} = 0. \tag{10.113}$$

Essendo $s_k = \alpha_k d_k$ e $B_k d_k = -g_k$ si può porre

$$\frac{\left\|\left(B_k - \nabla^2 f(x^*)\right) s_k\right\|}{\|s_k\|} = \frac{\left\|g_k + \nabla^2 f(x_k)d_k - \left(\nabla^2 f(x_k) - \nabla^2 f(x^*)\right) d_k\right\|}{\|d_k\|}$$
$$\geq \frac{\left\|g_k + \nabla^2 f(x_k)d_k\right\|}{\|d_k\|} - \left\|\nabla^2 f(x_k) - \left(\nabla^2 f(x^*)\right)\right\|,$$

per cui dall'ipotesi $x_k \to x^*$ e dalla (10.113) segue che deve valere la (10.109). La Proposizione 10.19 e le ipotesi fatte implicano allora che per valori sufficientemente elevati di k viene usato il passo $\alpha_k = 1$ e si avrà $x_{k+1} = x_k - B_k^{-1} g_k$. Dalla (10.113) e dalla Proposizione 10.14 segue allora che la successione $\{x_k\}$ converge a x^* con rapidità di convergenza Q−superlineare. □

Note e riferimenti

La letteratura sui metodi Quasi-Newton è molto vasta; numerosi riferimenti e approfondimenti possono essere trovati nei libri citati nel Capitolo 1. Ci limitiamo qui a richiamare i lavori su cui è basato lo studio svolto in questo capitolo e, in particolare, [31], [107], [18], [97]. Molti risultati importanti sono riportati in dettaglio in [118].

10.7 Esercizi

10.1. Si realizzi un codice di calcolo basato sull'impiego del metodo DFP con ricerche esatte e lo si utilizzi per minimizzare una funzione quadratica strettamente convessa. Si verifichi che la matrice finale prodotta dal metodo utilizzando la formula inversa coincide con la matrice inversa della matrice Hessiana della funzione.

10.2. Si realizzi un codice di calcolo basato sull'impiego del metodo BFGS con ricerca unidimensionale di Wolfe (debole) e lo si sperimenti su funzioni quadratiche e non quadratiche.

11
Metodo del gradiente di Barzilai-Borwein

Nel seguito analizziamo una versione recente del metodo del gradiente, nota come *metodo di Barzilai-Borwein* (BB) o come *metodo spettrale del gradiente*, che si è rivelata particolarmente efficiente nella soluzione di problemi "difficili" e a grande dimensione. In particolare, illustriamo la derivazione del metodo nel caso quadratico e successivamente descriviamo un algoritmo per il caso generale, basato su tecniche di globalizzazione di tipo non monotono.

11.1 Generalità

Consideriamo il problema di minimizzare una funzione quadratica strettamente convessa

$$f(x) = \frac{1}{2}x^T Q x - c^T x, \qquad (11.1)$$

il cui gradiente è

$$\nabla f(x) = Qx - c,$$

con Q simmetrica definita positiva.

Si è già visto che il metodo della *discesa più ripida* (o *metodo "ottimo" del gradiente*) consente di determinare il punto di minimo globale di f dato da

$$x^* = Q^{-1}c,$$

attraverso uno schema iterativo del tipo

$$x_{k+1} = x_k - \alpha_k^* \nabla f(x_k),$$

essendo $x_0 \in R^n$ un punto iniziale assegnato e α_k^* lo spostamento che minimizza f lungo $d_k = -\nabla f(x_k)$, dato da

$$\alpha_k^* = \frac{\nabla f(x_k)^T \nabla f(x_k)}{\nabla f(x_k)^T Q \nabla f(x_k)}. \qquad (11.2)$$

Il metodo della discesa più ripida converge con rapidità Q-lineare a x^*, ma risulta in genere inefficiente, soprattutto in presenza di mal condizionamento di Q. Con l'introduzione del metodo del gradiente coniugato e dei metodi Quasi-Newton il metodo della discesa più ripida è stato quindi, di fatto, abbandonato, anche se è continuato a comparire in tutti i libri di testo come prototipo di algoritmo globalmente convergente. In realtà, si è già visto che, con opportuna scelta dei passo lungo la direzione dell'antigradiente, in particolare assumendo i passi come inversi degli autovalori di Q, si potrebbe costruire un metodo del gradiente con convergenza finita nel caso quadratico. Nel caso ideale in cui il gradiente coincidesse con un autovettore si potrebbe avere anche convergenza in un singolo passo. Tuttavia le informazioni sugli autovalori non sono disponibili e ottenerle sarebbe molto più costoso che risolvere il problema di minimo.[1]

Le considerazioni precedenti sembrano però indicare che una delle cause di inefficienza del metodo della discesa più ripida è legata anche alla scelta del passo lungo l'antigradiente. Ha destato quindi un certo interesse un lavoro di Barzilai e Borwein del 1988 in cui è stata proposta una nuova versione del metodo del gradiente, caratterizzata dal fatto che il passo lungo l'antigradiente è calcolato in base a informazioni relative al passo precedente, in modo da approssimare l'equazione Quasi-Newton. Gli sviluppi successivi e, in particolare, l'estensione al caso non quadratico e l'adozione di tecniche di globalizzazione di tipo non monotono hanno dato luogo a numerose versioni di un nuovo metodo del gradiente che sono risultate competitive con i metodi più efficienti e sono tuttora oggetto di attività di ricerca.

Rinviando alla letteratura per approfondimenti, ci limitiamo a illustrare nel capitolo alcuni concetti e risultati essenziali. In particolare, descriveremo il metodo per la minimizzazione di funzioni quadratiche, e successivamente analizzeremo l'estensione al caso non quadratico.

11.2 Metodo BB nel caso quadratico

In questo paragrafo consideriamo il problema di mininizzare la funzione quadratica f, definita dalla (11.1), supponendo che Q sia definita positiva.

Il metodo proposto da Barzilai e Borwein per la minimizzazione di f è un metodo di tipo gradiente descritto dallo schema iterativo

$$x_{k+1} = x_k - \frac{1}{\mu_k}\nabla f(x_k),$$

dove lo scalare μ_k è definito in modo da approssimare la matrice Hessiana Q con una matrice del tipo
$$B = \mu_k I,$$

---
[1] Il metodo del gradiente è usato come metodo iterativo per la stima degli autovalori di una matrice simmetrica.

11.2 Metodo BB nel caso quadratico

o, equivalentemente, la matrice inversa Q^{-1} con una matrice del tipo

$$H = (1/\mu_k)I,$$

essendo I la matrice identità $n \times n$.

L'approssimazione di Q (o di Q^{-1}) viene costruita determinando il valore di μ (o di $1/\mu$) che minimizza l'errore sul soddisfacimento di un'equazione Quasi-Newton. Ricordiamo che le equazioni Quasi-Newton si possono porre nella forma

$$Qs = y, \quad s = Q^{-1}y,$$

dove

$$s = x_k - x_{k-1}, \quad y = \nabla f(x_k) - \nabla f(x_{k-1}),$$

(quando possibile, omettiamo, per semplicità, l'indicazione del pedice $k-1$ in y e s).

Possiamo allora pensare di determinare il valore di μ che minimizza l'errore sul soddisfacimento dell'equazione Quasi-Newton

$$Bs - y = 0$$

ove si assume $B = \mu I$, o, alternativamente di determinare il valore di $\beta = 1/\mu$ che minimizza l'errore sull'equazione

$$s - Hy = 0$$

quando si ponga $H = \beta I$.

Nel primo caso, ciò corrisponde a trovare il valore di μ che minimizza la quantità

$$f(\mu) = \|\mu s - y\|^2 = \mu^2 \|s\|^2 - 2\mu s^T y + \|y\|^2.$$

La derivata di $f(\mu)$ rispetto ad μ è data da

$$\frac{df(\mu)}{d\mu} = 2\mu \|s\|^2 - 2s^T y,$$

e quindi, imponendo che tale derivata si annulli, si ottiene una prima stima del tipo

$$\mu_k^a = \frac{s_{k-1}^T y_{k-1}}{\|s_{k-1}\|^2}. \tag{11.3}$$

Analogamente, minimizzando rispetto a β l'errore $\|s - \beta y\|^2$ e ponendo poi $\mu = 1/\beta$, si ottiene la stima:

$$\mu_k^b = \frac{y_{k-1}^T y_{k-1}}{s_{k-1}^T y_{k-1}}. \tag{11.4}$$

Nel caso di obiettivo quadratico strettamente convesso il metodo BB può anche essere interpretato come un metodo del gradiente in cui, a ogni iterazione, il passo è un'approssimazione dell'inverso di qualche autovalore della matrice

Hessiana, e per tale motivo il metodo BB è anche denominato in letteratura *metodo spettrale del gradiente*.

Una possibile motivazione di questa strategia è costituita dal fatto, già ricordato, che, utilizzando in sequenza gli inversi degli autovalori esatti dell'Hessiana come passi lungo l'antigradiente, si determinerebbe in un numero finito di iterazioni il punto di minimo di una funzione quadratica strettamente convessa. Poiché tuttavia gli autovalori di Q non sono noti, si può pensare di generarne delle approssimazioni per mezzo dei cosiddetti *rapporti di Rayleigh*, definiti da

$$R_Q(x) = \frac{x^T Q x}{\|x\|^2},$$

per ogni $\in R^n$ con $x \neq 0$. Si verifica infatti facilmente che ogni autovalore di Q si può esprimere come rapporto di Rayleigh, ove si assuma x coincidente con un autovettore ad esso corrispondente. Al variare di x in R^n, il rapporto $R_Q(x)$ varia (nel caso di matrici reali simmetriche) in un intervallo (che costituisce la cosiddetta *immagine numerica* di Q) i cui estremi sono costituiti dall'autovalore minimo e da quello massimo, ossia

$$\lambda_{\min}(Q) = \min_x R_Q(x), \quad \lambda_{\max}(Q) = \max_x R_Q(x),$$

per cui risulta

$$\lambda_{\min}(Q) \leq \frac{x^T Q x}{\|x\|^2} \leq \lambda_{\max}(Q). \tag{11.5}$$

Le stime di μ prima ricavate a partire dalla minimizzazione degli errori sull'equazione Quasi-Newton corrispondono a particolari rapporti di Rayleigh che possono essere valutati in base alle iterazioni passate, *senza fare intervenire esplicitamente la matrice Q*. Infatti, poiché $y = Qs$, si ha

$$\mu^a = \frac{s^T y}{\|s\|^2} = \frac{s^T Q s}{\|s\|^2} = R_Q(s).$$

Analogamente, si può scrivere

$$\mu^b = \frac{y^T y}{s^T y} = \frac{s^T Q Q s}{s^T Q s} = \frac{(Q^{1/2}s)^T Q (Q^{1/2}s)}{\|Q^{1/2}s\|^2} = R_Q(Q^{1/2}s).$$

Essendo $s = Q^{-1}y$, si può anche interpretare μ^b come inverso del rapporto di Rayleigh relativo a Q^{-1} in y, ossia:

$$R_{Q^{-1}}(y) = \frac{y^T Q^{-1} y}{\|y\|^2}.$$

Al variare di y e s si può quindi pensare che μ^a e μ^b forniscano delle approssimazioni degli autovalori di Q, almeno quando l'immagine numerica di Q non è un intervallo molto grande (ossia Q non è troppo mal condizionata).

11.2 Metodo BB nel caso quadratico

Nel seguito faremo riferimento al passo BB definito da μ^a, ma tutti i rsultati si estendono facilmente anche al caso in cui ci si riferisca al passo definito da μ^b.

Per semplificare le notazioni, poniamo

$$g_k = g(x_k) = \nabla f(x_k), \quad \alpha_k = 1/\mu_k.$$

Un'iterazione del metodo BB si può quindi porre nella forma

$$x_k = x_{k-1} - \alpha_k g_{k-1},$$

da cui segue

$$g_k = g_{k-1} - \alpha_k Q g_{k-1}.$$

Con facili passaggi, si ottiene

$$\mu_k = \frac{s_{k-1}^T y_{k-1}}{\|s_{k-1}\|^2} = \frac{g_{k-1}^T Q g_{k-1}}{\|g_{k-1}\|^2}.$$

da cui segue

$$\alpha_k = \frac{\|g_{k-1}\|^2}{g_{k-1}^T Q g_{k-1}}. \tag{11.6}$$

Si può osservare che il passo BB α_k all'iterazione k coincide con il passo "ottimo" relativo all'iterazione precedente, ossia $\alpha_k = \alpha_{k-1}^*$.

Osserviamo anche, come conseguenza della (11.5), che essendo μ_k un particolare rapporto di Rayleigh deve essere, per ogni k

$$0 < \lambda_{\min}(Q) \le \mu_k \le \lambda_{\max}(Q), \tag{11.7}$$

per cui $\alpha_k = 1/\mu_k$ è sempre ben definito. Possiamo allora considerare lo schema concettuale seguente, in cui occorre assegnare un valore arbitrario $\alpha_0 > 0$ al passo iniziale.

Metodo BB nel caso quadratico

Dati. Punto iniziale $x_0 \in R^n$, passo iniziale $\alpha_0 > 0$.

Poni $g_0 = Qx_0 - c$, $k = 0$.

While $g_k \neq 0$

Poni

$$x_{k+1} = x_k - \alpha_k g_k,$$
$$g_{k+1} = g_k - \alpha_k Q g_k,$$
$$\alpha_{k+1} = \|g_k\|^2 / g_k^T Q g_k.$$

Poni $k = k + 1$.

End While

L'algoritmo così definito risulta in genere molto più efficiente del metodo della discesa più ripida. Dal punto di vista teorico, si dimostrerà nel paragrafo successivo che il metodo BB converge al punto di minimo della funzione quadratica f.

11.3 Convergenza nel caso quadratico*

Riportiamo in questo paragrafo l'analisi della convergenza del metodo BB nel caso di funzione quadratica strettamente convessa.

Indichiamo con $\{x_k\}$ la successione generata dal metodo BB e definiamo l'errore e_k al passo k ponendo

$$e_k = x^* - x_k,$$

essendo x^* il punto di minimo di f. Essendo $Qx^* = c$ e $g_k = Qx_k - c$, si ha

$$g_k = Q(x_k - x^*) = -Qe_k.$$

Inoltre, si ha $s_k = x_{k+1} - x_k = -\alpha_k g_k$ e quindi si può scrivere

$$\alpha_k Q e_k = -\alpha_k g_k = s_k. \tag{11.8}$$

D'altra parte, si ha

$$s_k = x_{k+1} - x_k = (x_{k+1} - x^*) - (x_k - x^*) = -e_{k+1} + e_k,$$

e quindi si ottiene

$$\alpha_k Q e_k = e_k - e_{k+1},$$

ossia

$$e_{k+1} = (I - \alpha_k Q) e_k. \tag{11.9}$$

Supponiamo ora che gli autovalori di Q siano ordinati ponendo

$$\lambda_{\min} = \lambda_1 \leq \lambda_2 \leq \ldots \lambda_n = \lambda_{\max}$$

e indichiamo con $\{u_i \in R^n, i = 1, \ldots, n\}$ un insieme di n autovettori reali ortonormali di Q, associati agli autovalori λ_i, per cui

$$Qu_i = \lambda_i u_i, \quad i = 1, \ldots, n.$$

Assumendo $\{u_i \in R^n, i = 1, \ldots, n\}$ come base di R^n, possiamo rappresentare l'errore e_k al passo k nella forma

$$e_k = \sum_{i=1}^{n} \beta_i^k u_i,$$

essendo $\beta_i^k \in R$ degli scalari opportuni.

11.3 Convergenza nel caso quadratico*

Per la (11.9) si ottiene quindi

$$e_{k+1} = \sum_{i=1}^{n} (I - \alpha_k Q) \beta_i^k u_i,$$

da cui segue

$$e_{k+1} = \sum_{i=1}^{n} \beta_i^{k+1} u_i = \sum_{i=1}^{n} (1 - \alpha_k \lambda_i) \beta_i^k u_i. \tag{11.10}$$

Dalla relazione precedente, ponendo $\alpha_k = 1/\mu_k$, abbiamo

$$\beta_i^{k+1} = \left(1 - \frac{\lambda_i}{\mu_k}\right) \beta_i^k, \quad i = 1, \ldots, n, \tag{11.11}$$

e quindi, per induzione, si ha anche

$$\beta_i^{k+1} = \prod_{j=0}^{k} \left(1 - \frac{\lambda_i}{\mu_j}\right) \beta_i^0, \quad i = 1, \ldots, n. \tag{11.12}$$

Per dimostrare che $e_k \to 0$ basta mostrare che $\beta_i^k \to 0$ per ogni i. Per stabilire questo risultato ricaviamo alcuni risultati preliminari.

Lemma 11.1. *Supponiamo che per qualche i risulti $\lambda_i \leq \mu_k$ per ogni $k \geq \bar{k}$, allora si ha*

$$|\beta_i^{k+1}| \leq c_i |\beta_i^k|, \quad k \geq \bar{k}$$

con $c_i = 1 - \lambda_i/\lambda_n < 1$ e quindi $\{\beta_i^k\}$ converge a zero almeno Q-linearmente.

Dimostrazione. Dalla (11.11), tenendo conto del fatto che $\mu_k \leq \lambda_n$ e dell'ipotesi $\lambda_i \leq \mu_k$, segue immediatamente, per $k \geq \bar{k}$:

$$|\beta_i^{k+1}| = \left(1 - \frac{\lambda_i}{\mu_k}\right) |\beta_i^k| \leq \left(1 - \frac{\lambda_i}{\lambda_n}\right) |\beta_i^k|,$$

che stabilisce la tesi. □

Essendo $\mu_k \geq \lambda_1 = \lambda_{min}$ per ogni k, in base al lemma precedente, si ha

$$\lim_{k \to \infty} \beta_1^k = 0. \tag{11.13}$$

Lemma 11.2. *Si ha:*
$$\mu_{k+1} = \frac{\sum_{i=1}^{n}(\beta_i^k)^2 \lambda_i^3}{\sum_{i=1}^{n}(\beta_i^k)^2 \lambda_i^2}, \quad \text{per ogni } k. \tag{11.14}$$

Dimostrazione. Per definizione di $\mu_k(=\mu_k^a)$, tenendo conto della (11.8), si ha:

$$\mu_{k+1} = \frac{s_k^T Q s^k}{s_k^T s_k} = \frac{(Qe_k)^T Q(Qe_k)}{(Qe_k)^T (Qe_k)} = \frac{e_k^T Q^3 e_k}{e_k^T Q^2 e_k}. \tag{11.15}$$

Dalla (11.15), ponendo
$$e_k = \sum_{i=1}^{n} \beta_i^k u_i,$$

e tenendo conto del fatto che gli autovettori $u_1, \ldots, u_n$ sono ortonormali, con facili passaggi si ottiene poi la (11.14). □

Lemma 11.3. *Supponiamo che per qualche intero $p \geq 1$ con $1 \leq p \leq n-1$ tutte le successioni $\{\beta_i^k\}$ per $i = 1, \ldots, p$ convergano a zero. Allora si ha*
$$\liminf_{k \to \infty} |\beta_{p+1}^k| = 0.$$

Dimostrazione. Ragionando per assurdo, supponiamo che sia

$$\liminf_{k \to \infty} |\beta_{p+1}^k| > 0.$$

Per la (11.11) deve essere $|\beta_{p+1}^k| > 0$ per ogni k e quindi deve esistere un numero $\varepsilon > 0$ tale che

$$(\beta_{p+1}^k)^2 \lambda_{p+1}^2 \geq \varepsilon, \quad \text{per ogni } k. \tag{11.16}$$

Inoltre, per l'ipotesi fatta, deve esistere $\hat{k}$ tale che

$$\sum_{i=1}^{p}(\beta_i^k)^2 \lambda_i^2 \leq \frac{\varepsilon}{2}, \quad \text{per ogni } k \geq \hat{k}. \tag{11.17}$$

Dalla (11.14), tenendo conto del fatto che gli autovalori sono ordinati in senso crescente, e usando la (11.17) si ottiene facilmente, per $k \geq \hat{k}$:

$$\mu_{k+1} \geq \frac{\sum_{i=1}^{p}(\beta_i^k)^2\lambda_i^3 + \left(\sum_{i=p+1}^{n}(\beta_i^k)^2\lambda_i^2\right)\lambda_{p+1}}{\sum_{i=1}^{p}(\beta_i^k)^2\lambda_i^2 + \sum_{i=p+1}^{n}(\beta_i^k)^2\lambda_i^2} \quad (11.18)$$

$$\geq \frac{M_k \lambda_{p+1}}{\varepsilon/2 + M_k}$$

dove si posto $M_k = \sum_{i=p+1}^{n}(\beta_i^k)^2\lambda_i^2$.
Per la (11.16) si ha ovviamente

$$M_k \geq (\beta_{p+1}^k)^2 \lambda_{p+1}^2 \geq \varepsilon.$$

Di conseguenza, dalla (11.18), usando la diseguaglianza precedente, si ottiene

$$\mu_{k+1} \geq \frac{M_k \lambda_{p+1}}{\varepsilon/2 + M_k} = \frac{\lambda_{p+1}}{\varepsilon/(2M_k) + 1} \geq \frac{2}{3}\lambda_{p+1}. \quad (11.19)$$

Si ha quindi

$$\frac{2}{3}\lambda_{p+1} \leq \mu_{k+1} \leq \lambda_n, \quad \text{per ogni } k \geq \hat{k},$$

da cui segue la stima

$$\left|1 - \frac{\lambda_{p+1}}{\mu_k}\right| \leq \bar{c} = \max\left\{1/2, 1 - \frac{\lambda_{p+1}}{\lambda_n}\right\} < 1 \quad \text{per ogni } k \geq \hat{k}+1.$$

Dalla (11.11) segue allora

$$|\beta_{p+1}^{k+1}| = \left|1 - \frac{\lambda_{p+1}}{\mu_k}\right||\beta_{p+1}^k| \leq \bar{c}|\beta_{p+1}^k|, \quad \text{per ogni } k \geq \hat{k}+1,$$

il che contraddice l'ipotesi (11.16) per valori sufficientemente elevati di k. Vale quindi la tesi. □

Possiamo quindi dimostrare il risultato di convergenza seguente.

Proposizione 11.1 (Convergenza del metodo BB (Raydan, 1993)).

Sia $f : R^n \to R$ una funzione quadratica strettamente convessa e supponiamo che il metodo BB generi una successione infinita $\{x_k\}$ tale che $g_k \neq 0$ per ogni k. Allora la successione converge al punto di minimo x^* di f.

Dimostrazione. Per dimostrare la tesi basta mostrare che la successione degli errori $\{e_k\}$ converge a zero. D'altra parte, essendo gli autovettori ortonormali, si ha

$$\|e_k\|_2^2 = \sum_{i=1}^{n}(\beta_i^k)^2,$$

e quindi $\{e_k\}$ converge a zero, se e solo se tutte le successioni $\{\beta_i^k\}$ per $i = 1,\dots,n$ convergono a zero. Per la (11.13) si ha che $\{\beta_1^k\}$ converge a zero. Stabiliamo quindi il risultato per induzione su p, con $1 \leq p \leq n-1$, assumendo che le successioni $\{\beta_i^k\}$ per $i = 1,\dots,p$ convergono a zero e mostrando che anche $\{\beta_{p+1}^k\}$ converge a zero.

Per l'ipotesi fatta, comunque si fissi $\varepsilon > 0$, deve esistere $k(\varepsilon)$ tale che:

$$\sum_{i=1}^{p}(\beta_i^k)^2\lambda_i^2 \leq \frac{\varepsilon}{2}, \quad \text{per ogni } k \geq k(\varepsilon). \tag{11.20}$$

Quindi, per $k \geq k(\varepsilon)$, deve valere una diseguaglianza analoga alla (11.18), per cui si ha:

$$\frac{\sum_{i=p+1}^{n}(\beta_i^k)^2\lambda_i^2\lambda_{p+1}}{\varepsilon/2 + \sum_{i=p+1}^{n}(\beta_i^k)^2\lambda_i^2} \leq \mu_{k+1} \leq \lambda_n, \quad \text{per ogni } k \geq k(\varepsilon). \tag{11.21}$$

Per il Lemma 11.3 deve esistere ua sottosequenza $\{\beta_{p+1}^k\}_K$ convergente a zero e quindi deve esistere $\hat{k}(\varepsilon) \geq k(\varepsilon)$ tale che

$$(\beta_{p+1}^k)^2\lambda_{p+1}^2 < \varepsilon, \quad k \in K, \ k \geq \hat{k}(\varepsilon).$$

Siano ora k_r, k_s due indici consecutivi in K tali che $k_s > k_r > \hat{k}(\varepsilon)$. Se, per k sufficientemente elevato, risulta sempre $k_s = k_r + 1$, tutta la sequenza $\{\beta_{p+1}^k\}$ soddisfa, per k abbastanza grande:

$$(\beta_{p+1}^k)^2\lambda_{p+1}^2 < \varepsilon. \tag{11.22}$$

Supponiamo ora che per tutti gli indici k tali che $k_r + 1 \leq k \leq k_s - 1$ si abbia invece $k \notin K$, ossia risulti:

$$(\beta_{p+1}^k)^2\lambda_{p+1}^2 \geq \varepsilon. \tag{11.23}$$

Allora, ragionando come nella dimostrazione del lemma precedente, segue dalle (11.21), (11.23),

$$\frac{2}{3}\lambda_{p+1} \leq \mu_{k+1} \leq \lambda_n, \quad \text{per ogni } k: k_r + 1 \leq k \leq k_s - 1,$$

che implica a sua volta

$$\left|1 - \frac{\lambda_{p+1}}{\mu_{k+1}}\right| \leq \bar{c} < 1 \quad \text{per ogni } k\colon k_r + 1 \leq k \leq k_s - 1,$$

dove

$$\bar{c} = \max\left\{1/2, 1 - \frac{\lambda_{p+1}}{\lambda_n}\right\}.$$

Dalla (11.11) segue allora

$$|\beta_{p+1}^{k+2}| = \left|1 - \frac{\lambda_{p+1}}{\mu_{k+1}}\right| |\beta_{p+1}^{k+1}| \leq \bar{c}|\beta_{p+1}^{k+1}|, \quad \text{per ogni } k\colon k_r + 1 \leq k \leq k_s - 1. \tag{11.24}$$

Dalla (11.11) e dalla (11.7) segue poi

$$|\beta_{p+1}^{k_r+2}| \leq \left(\frac{\lambda_n - \lambda_1}{\lambda_1}\right)^2 |\beta_{p+1}^{k_r}|.$$

Si può quindi scrivere:

$$(\beta_{p+1}^k)^2 \leq \left(\frac{\lambda_n - \lambda_1}{\lambda_1}\right)^4 (\beta_{p+1}^{k_r})^2 \leq \left(\frac{\lambda_n - \lambda_1}{\lambda_1}\right)^4 \frac{\varepsilon}{\lambda_{p+1}^2},$$

per ogni $k\colon k_r + 2 \leq k \leq k_s + 1$.

Inoltre, per la (11.11) si ha anche

$$(\beta_{p+1}^{k_r+1})^2 \leq \left(\frac{\lambda_n - \lambda_1}{\lambda_1}\right)^2 (\beta_{p+1}^{k_r})^2.$$

Si può concludere, ripetendo lo stesso ragionamento per ogni coppia di indici consecutivi in K, e tenendo anche conto, ove occorra, della (11.22), che $|(\beta_{p+1}^k)^2|$ è limitato superiormente da un multiplo di $\varepsilon > 0$ (indipendente da k) per tutti i $k \geq \hat{k}(\varepsilon)$. Per l'arbitrarietà di ε ne segue che

$$\lim_{k \to \infty} \beta_{p+1}^k = 0$$

e ciò completa la dimostrazione. □

La dimostrazione di convergenza si estende facilmente al caso in cui si faccia riferimento alla formula μ^b. In tal caso si ha, come già si è visto:

$$\mu_{k+1}^b = \frac{s_k^T Q^2 s_k}{s_k^T Q s_k}.$$

11 Metodo del gradiente di Barzilai-Borwein

In luogo della (11.14), si può quindi far riferimento all'espressione:

$$\mu_{k+1}^b = \frac{\sum_{i=1}^{n}(\beta_i^k)^2\lambda_i^4}{\sum_{i=1}^{n}(\beta_i^k)^2\lambda_i^3}, \qquad (11.25)$$

che segue, come la (11.14), dall'ipotesi che gli autovettori di Q sono ortonormali. A partire dalla (11.25) si può procedere poi lungo le stesse linee seguite per stabilire la convergenza nel caso $\mu_k = \mu_a^k$.

Il risultato enunciato nella Proposizione 11.1 si può anche estendere al caso più generale in cui f è una funzione quadratica che ammetta minimo su R^n, ossia quando Q è semidefinita positiva ed esiste x tale che $c = Qx$.

Per quanto riguarda la rapidità di convergenza, nel lavoro di Barzilai-Borwein è stato mostrato che il metodo ha rapidità R-superlineare nella minimizzazione di funzioni quadratiche convesse in due dimensioni. Sotto ipotesi limitative sugli autovalori, si può stabilire facilmente nel caso quadratico con n qualsiasi che il metodo BB converge con rapidità almeno Q-lineare. Più precisamente vale il risultato seguente.

> **Proposizione 11.2.** *Sia $f : R^n \to R$ una funzione quadratica strettamente convessa tale che*
>
> $$\lambda_n < 2\lambda_1$$
>
> *e supponiamo che il metodo BB generi una successione infinita $\{x_k\}$ tale che $g_k \neq 0$ per ogni k. Allora l'errore e_k si riduce a ogni iterazione e $\{x_k\}$ converge al punto di minimo x^* di f con rapidità almeno Q-lineare.*

Dimostrazione. Ricordando la (11.10) si può scrivere:

$$e_{k+1} = \sum_{i=1}^{n} \beta_i^{k+1} u_i = \sum_{i=1}^{n} \left(\frac{\mu_k - \lambda_i}{\mu_k}\right) \beta_i^k u_i. \qquad (11.26)$$

Tenendo conto del fatto che gli autovettori sono ortonormali, si ha

$$\|e_{k+1}\|_2^2 = \sum_{i=1}^{n} (\beta_i^k)^2 \left(\frac{\mu_k - \lambda_i}{\mu_k}\right)^2$$
$$\leq \max_i \left\{\left(\frac{\mu_k - \lambda_i}{\mu_k}\right)^2\right\} \|e_k\|_2^2. \qquad (11.27)$$

D'altra parte, essendo $\lambda_1 \leq \mu_k \leq \lambda_n$, si ha

$$\max_i \left|\frac{\mu_k - \lambda_i}{\mu_k}\right| \leq \frac{\lambda_n - \lambda_1}{\lambda_1},$$

e quindi, dalla (11.27), essendo $\lambda_n < 2\lambda_1$, si ottiene:

$$\|e_{k+1}\|_2 \le c\|e_k\|_2, \quad \text{dove } c = \frac{\lambda_n - \lambda_1}{\lambda_1} < 1,$$

che stabilisce la tesi. $\square$

Nel caso generale di funzione quadratica strettamente convessa in cui gli autovalori non soddisfano la limitazione $\lambda_n < 2\lambda_1$ la convergenza non è più monotona e non è possibile stabilire che la rapidità di convergenza sia Q-lineare. È tuttavia possibile dimostare che la rapidità è almeno R-lineare, ossia esistono costanti c_a e c_b con $c_a > 0, 0 < c_b < 1$, tali che

$$\|g_k\| \le c_a c_b^k.$$

Pur non essendo dimostrabile, dal punto di vista teorico, che il metodo BB abbia proprietà di convergenza migliori o solo comparabili rispetto a quelle del metodo della discesa più ripida, l'esperienza di calcolo mostra che, in pratica, il metodo e le varianti cui accenneremo nel paragrafo successivo sono notevolmente più efficienti. Una delle spiegazioni più convincenti del buon funzionamento del metodo BB sembra essere il fatto che, in molti casi, il vettore g_k approssima, per $k \to \infty$, un autovettore di Q e, di conseguenza, il punto di minimo può essere ben approssimato da uno spostamento lungo g_k.

11.4 Estensioni del metodo BB*

Sono state studiate e sperimentate diverse varianti del metodo BB. Alcune delle proposte esistenti sono illustrate brevemente nel seguito, facendo sempre riferimento al caso quadratico.

Una generalizzazione del metodo BB si può ottenere utilizzando al passo k delle stime del passo "ottimo" generate in passi precedenti che corrispondono agli inversi di opportuni rapporti di Rayleigh. Per illustrare questa possibilità definiamo, per ogni $x \in R^n$ la funzione

$$\alpha^*(x) = \frac{g(x)^T g(x)}{g(x)^T Q g(x)},$$

dove indichiamo ancora $\nabla f(x)$ con $g(x)$.

Nel caso del metodo della discesa più ripida, l'iterazione al passo k è definita da:

$$x_{k+1} = x_k - \alpha^*(x_k)g(x_k).$$

Nel caso del metodo BB, come già si è mostrato nella (11.6) il passo corrisponde al passo ottimo dell'iterazione precedente, ossia si ha per $k \geq 1$

$$x_{k+1} = x_k - \alpha^*(x_{k-1})g(x_k).$$

Possiamo generalizzare l'espressione precedente, indicando con $\nu(k)$ un qualsiasi intero nell'insieme $\{k, k-1, \ldots, \max\{0, k-m\}\}$ e definendo l'iterazione

$$x_{k+1} = x_k - \alpha^*(x_{\nu(k)})g(x_k), \qquad (11.28)$$

che comprende come casi particolari il metodo della discesa più ripida, in cui si ha $\nu(k) = k$ e il metodo BB (con $\mu = \mu^a$) in cui $\nu(k) = k - 1$. L'iterazione così definita è stata denominata *metodo del gradiente con ritardi* (GMR) e può dar luogo a diverse realizzazioni.

Una di quelle più significative consiste nello scegliere dinamicamente $\nu(k) = k - 1$ (passo BB) oppure $\nu(k) = k$ (passo ottimo) con opportuni criteri. La motivazione è che se, come spesso accade, si può stimare che $g(x_k)$ approssimi un autovettore di Q, allora potrebbe essere conveniente effettuare una minimizzazione esatta che potrebbe portare in un solo passo al punto di minimo.

L'iterazione (11.28) può essere ulteriormente generalizzata per comprendere anche la formula μ^b di BB, che non può essere dedotta dalla (11.28). A tale scopo, consideriamo un intero positivo m, un insieme di m numeri reali $q_j \geq 1$, $j = 1, \ldots, m$ e definiamo

$$\mu_{\nu(k)} = \frac{g_{\nu(k)}^T Q^{\rho(k)} g_{\nu(k)}}{g_{\nu(k)}^T Q^{\rho(k)-1} g_{\nu(k)}}, \qquad (11.29)$$

dove $\nu(k) \in \{k, k-1, \ldots, \max\{0, k-m\}\}$, e $\rho(k) \in \{q_1, q_2, \ldots, q_m\}$.
Si può quindi definire l'iterazione

$$x_{k+1} = x_k - \alpha_k g(x_k), \qquad \alpha_k = 1/\mu_{\nu(k)}.$$

In questo caso, per $\rho_k = 1$ si riottiene la formula (11.28), mentre assumendo $\rho_k = 2$ e $\nu(k) = k - 1$ si ottiene la formula di BB definita da μ^b.

11.5 Estensioni del metodo BB al caso non quadratico

Nel caso di funzioni obiettivo non quadratiche (continuamente differenziabili) il metodo di BB può essere definito come un algoritmo tipo-gradiente in cui la direzione di ricerca d_k è del tipo

$$d_k = -\frac{1}{\mu_k} \nabla f(x_k),$$

dove μ_k viene determinato, quando possibile, attraverso le formule di BB (che non fanno intervenire esplicitamente la matrice Hessiana) prima definite.

11.5 Estensioni del metodo BB al caso non quadratico

Osserviamo che, nel caso generale, se f è due volte continuamente differenziabile, si può porre

$$\nabla f(x_k) = \nabla f(x_{k-1}) + \int_0^1 \nabla^2 f(x_{k-1} + t(x_k - x_{k-1})(x_k - x_{k-1})dt,$$

per cui

$$\mu_k^a = \frac{(\nabla f(x_k) - \nabla f(x_{k-1}))^T (x_k - x_{k-1})}{\|x_k - x_{k-1}\|^2}$$

$$= \int_0^1 \frac{(x_k - x_{k-1})^T \nabla^2 f(x_{k-1} + t(x_k - x_{k-1}))(x_k - x_{k-1})}{\|x_k - x_{k-1}\|^2} dt,$$

e quindi μ_k^a si può interpretare come media dei rapporti di Rayleigh $R(s)$ al variare della matrice Hessiana nel segmento di estremi x_{k-1}, x_k.

Tuttavia, se f è non quadratica i valori di μ_k^a e μ_k^b forniti dalle formule di BB possono non essere calcolabili o possono dar luogo a valori inaccettabili (anche negativi o nulli) di μ_k. È necessario quindi assicurarsi che risulti

$$\varepsilon \leq \mu_k \leq 1/\varepsilon, \tag{11.30}$$

essendo $\varepsilon > 0$ una quantità prefissata (ad esempio $\varepsilon = 10^{-10}$), modificando, se necessario, i valori forniti dalle formule di BB.

Per assicurare la convergenza è poi necessario introdurre una ricerca unidimensionale opportuna. È da notare, a tale riguardo che, anche nel caso quadratico, il valore di μ_k fornito dalle formule di BB non assicura una riduzione monotona di f e quindi, per preservare le proprietà di convergenza locale del metodo, accettando il più possibile il passo di BB, sembra opportuno far ricorso a tecniche di tipo non monotono.

Un metodo di stabilizzazione globale non monotono (denominato *Gobal Barzilai-Borwein method* (GBB)) può essere definito dall'iterazione

$$x_{k+1} = x_k - \eta_k \frac{1}{\mu_k} \nabla f(x_k)$$

dove $0 < \eta_k \leq 1$ è calcolato per mezzo di una ricerca unidimensionale *non monotona* di tipo Armijo basata sulla condizione di accettabilità

$$f(x_k + \eta d_k) \leq \max_{0 \leq j \leq \min(k,M)} \{f(x_{k-j})\} + \gamma \eta \nabla f(x_k)^T d_k, \tag{11.31}$$

dove $d_k = -(1/\mu_k)\nabla f(x_k)$ e μ_k è il passo BB (eventualmente modificato in modo da soddisfare la (11.30)).

Il metodo GBB consente di migliorare notevolmente il comportamento del metodo del gradiente ed è competitivo con il metodo del gradiente coniugato anche nei problemi convessi a grande dimensione. Tuttavia esso può richiedere un costo computazionale elevato in problemi difficili, in cui può essere necessario un ulteriore rilassamento della non monotonicità. Come già si è osservato a proposito della globalizzazione del metodo di Newton, la ricerca non monotona impone che i punti generati dall'algoritmo si mantengano comunque entro l'insieme di livello definito dal punto iniziale, per cui il comportamento del metodo può dipendere criticamente dalla scelta del punto iniziale e dal valore prescelto per M.

Una tecnica di stabilizzazione non monotona del metodo BB, risultata conveniente in molte applicazioni, può essere basata sullo schema già considerato nel Capitolo 7 in cui si utilizza la combinazione di una tecnica di tipo *watchdog* non monotona con un metodo di ricerca unidimensionale non monotono. Lo schema di globalizzazione proposto è applicabile, in linea di principio, a una qualsiasi versione del metodo BB e può prevedere anche l'impiego di formule differenti per la definizione di μ_k durante una sequenza finita di iterazioni. Lo schema concettuale di un algoritmo basato su questa strategia è descritto nel paragrafo successivo.

11.6 Globalizzazione non monotona del metodo BB*

Nel seguito supponiamo che d_k sia la direzione di discesa definita da

$$d_k = -(1/\mu_k)\nabla f(x_k),$$

dove

$$0 < \varepsilon \leq \mu_k \leq 1/\varepsilon. \tag{11.32}$$

In particolare, assumiamo che per $k = 0$ lo scalare μ_0 sia prefissato a un valore positivo, ad esempio ottenuto effettuando una ricerca unidimensionale tipo Armijo-Goldstein lungo la direzione $-\nabla f(x_0)$.

Per $k > 0$ supponiamo che μ_k sia calcolato con una delle formule BB (eventualmente modificata in modo che valga la (11.32). Il valore di riferimento per la funzione obiettivo è definito da

$$W_k = \max_{0 \leq j \leq \min(k,M)} \{f(x_{k-j})\},$$

dove $M > 0$ è un intero prefissato (tipicamente dell'ordine di 10-20).

L'algoritmo di stabilizzazione è descritto dallo schema seguente, che riproduce lo schema considerato nel Paragrafo 7.7.3 del Capitolo 7 con le opportune modifiche.

11.6 Globalizzazione non monotona del metodo BB*

Algoritmo WNM-BB

Dati. $x_0 \in R^n$, interi $N \geq 1$, $M \geq 0$, $k = 0$.
While $\nabla f(x_k) \neq 0$ **do**

1. Poni $z_k^0 = x_k$ e *linesearch*= true.
2. **For** $i = 0, 1, N-1$

    Definisci $\mu_k^i \neq 0$ e determina il punto
    $$z_k^{i+1} = z_k^i - \frac{1}{\mu_k^i}\nabla f(z_i^k);$$
    se risulta soddisfatto il test *watchdog*:
    $$f(z_k^{i+1}) \leq W_k - \max\{\sigma_a(\|\nabla f(x_k)\|), \sigma_b(\|z_k^{i+1} - x_k\|)\}$$
    poni $x_{k+1} = z_k^{i+1}$, *linesearch*=false ed esci dal Passo 2.
    End For
3. **If** *linesearch*=true **then**

    determina un passo α_k lungo d_k per mezzo del metodo di Armijo non monotono e poni $x_{k+1} = x_k + \alpha_k d_k$.
    End if
4. Poni $k = k + 1$.

End While

Osserviamo che in ciascun ciclo di iterazioni locali vengono utilizzate le direzioni di ricerca
$$p_k^i = -\frac{1}{\mu_k^i}\nabla f(z_i^k),$$
dove gli scalari μ_k^i possono essere calcolati per mezzo delle formule BB. In linea di principio, possono essere usate stime diverse per ogni i. In particolare, può essere conveniente alternare, quando possibile, i valori μ^a e μ^b forniti dalle formule BB riportate in precedenza.

Le proprietà di convergenza dell'Algoritmo WNM-BB seguono dai risultati già stabiliti nel Capitolo 7 nella Proposizione 7.8. Vale quindi il risultato che segue.

Proposizione 11.3. *Supponiamo che la funzione* $f : R^n \to R$ *sia continuamente differenziabile su* R^n *e che l'insieme di livello* $\mathcal{L}_0$ *sia compatto. Sia* $\{x_k\}$ *la successione prodotta dall'Algoritmo* WNM-BB. *Allora esistono punti di accumulazione di* $\{x_k\}$ *e ogni punto di accumulazione è un punto stazionario di* f *in* $\mathcal{L}_0$.

Note e riferimenti

Il metodo del gradiente di tipo BB per la minimizzazione di funzioni quadratiche strettamente convesse è stato proposto in [3]. Lavori successivi relativi al caso quadratico sono [25], [90], [111]. In particolare, il risultato di convergenza della Proposizione 11.1 è stato stabilito in [111], quello della Proposizione 11.2 in [90]. Le estensioni presentate nel Paragrafo 11.4 sono state studiate in [45].

Per quanto riguarda il caso non quadratico, in [112] è stato definita una versione globalmente convergente del metodo BB basata su una tecnica di ricerca unidimensionale non monotona di tipo Armijo. L'Algoritmo WNM-BB descritto nel paragrafo 11.6 è stato proposto in [59]. Altre versioni del metodo BB sono state studiate in [26] e [28].

11.7 Esercizi

11.1. Si realizzi un codice di calcolo basato sull'impiego del metodo di Barzilai-Borwein nel caso quadratico e lo si sperimenti su problemi test quadratici. Si confrontino i risultati con quelli ottenuti con il metodo del gradiente coniugato.

11.2. Si realizzi un codice di calcolo basato sull'impiego dell'algoritmo WNM-BB e lo si sperimenti su problemi test non quadratici. Si effettuino esperimenti con varie regole di scelta della formula di tipo BB per la determinazione dello scalare μ_k. Una prima possibilità è quella di prendere

$$\mu_k = \mu_k^a = \frac{s_{k-1}^T y_{k-1}}{\|s_{k-1}\|^2},$$

una seconda possibilità è quella di prendere

$$\mu_k = \mu_k^b = \mu_k^b = \frac{y_{k-1}^T y_{k-1}}{s_{k-1}^T y_{k-1}},$$

una terza possibilità è quella di alternare, con qualche regola, μ_k^a e μ_k^b.

12
Metodi per problemi di minimi quadrati

In questo capitolo consideriamo i problemi di *minimi quadrati*, che costituiscono una classe significativa di problemi non vincolati. Richiamiamo innanzitutto alcuni concetti di base sui problemi di minimi quadrati lineari; successivamente analizziamo in dettaglio alcuni dei metodi più noti (*metodo di Gauss-Newton*, metodo di *Levenberg-Marquardt*) per la soluzione di problemi di minimi quadrati non lineari. Infine accenniamo ad alcuni metodi *incrementali*.

12.1 Generalità

Una classe significativa di problemi non vincolati è quella dei problemi di minimi quadrati, in cui la funzione da minimizzare è del tipo

$$f(x) = \frac{1}{2}\sum_{i=1}^{m} r_i(x)^2,$$

dove i termini $r_i : R^n \to R$ sono detti *residui*.

Problemi con questa struttura sono frequenti in vari campi applicativi. L'applicazione classica in cui intervengono problemi di minimi quadrati è quella relativa alla costruzione di un modello matematico a partire da misure sperimentali (*data fitting*), in cui ogni residuo misura lo scostamento tra la previsione fornita da un modello analitico e un dato sperimentale.

Si supponga, ad esempio, di misurare in determinate ore della giornata la temperatura (media) in una città. Indichiamo con $t_1, t_2, \ldots, t_m$ le ore della giornata, e con $b(t_1), b(t_2), \ldots, b(t_m)$, le corrispondenti temperature misurate. L'insieme

$$\{(t_i, b(t_i)), i = 1, \ldots, m\}$$

costituisce l'insieme di dati sperimentali disponibili.

Sulla base dei dati sperimentali, si vuole costruire un modello matematico che esprima, in modo analitico, la temperatura in funzione del tempo.

Se utilizziamo un *modello polinomiale*

$$c_1 + c_2 t + c_3 t^2 + \ldots + c_p t^{p-1}, \qquad (12.1)$$

dobbiamo determinare i parametri del modello, ossia i coefficienti del polinomio $c_1, c_2, \ldots, c_p$, in modo da "approssimare" i dati sperimentali. A questo fine, possiamo definire il seguente problema di ottimizzazione (in p variabili, $c_1, c_2, \ldots c_p$)

$$min_{c_1,c_2,\ldots,c_p} \frac{1}{2} \sum_{i=1}^{m} \left(b(t_i) - c_1 - c_2 t_i - c_3 t_i^2 - \ldots c_p t_i^{p-1} \right)^2. \qquad (12.2)$$

Per comodità di notazione definiamo

$$b = \begin{pmatrix} b(t_1) \\ b(t_2) \\ \vdots \\ b(t_m) \end{pmatrix} \qquad A = \begin{pmatrix} 1 & t_1 & t_1^2 & \ldots & t_1^{p-1} \\ 1 & t_2 & t_2^2 & \ldots & t_2^{p-1} \\ \vdots & \vdots & \vdots & & \vdots \\ 1 & t_m & t_m^2 & \ldots & t_m^{p-1} \end{pmatrix} = \begin{pmatrix} a_1^T \\ a_2^T \\ \vdots \\ a_m^T \end{pmatrix}.$$

Posto

$$x_1 = c_1, x_2 = c_2, \ldots, x_p = c_p,$$

possiamo scrivere il problema (12.2) nella forma equivalente

$$min_{x \in R^p} \frac{1}{2} \sum_{i=1}^{m} r_i^2(x) = \frac{1}{2} \sum_{i=1}^{m} \left(a_i^T x - b_i \right)^2. \qquad (12.3)$$

Il problema (12.3) è un problema di *minimi quadrati lineari*, in cui ogni *residuo* r_i è una funzione affine $a_i^T x - b_i$.

In alternativa al modello polinomiale (12.1) si potrebbe pensare di usare, ad esempio, un modello della forma

$$c_1 sin(\omega_1 t) + c_2 sin(\omega_2 t) + \ldots + c_p sin(\omega_p t). \qquad (12.4)$$

In questo caso il modello dipende da $2p$ parametri $c_1, \ldots, c_p, \omega_1, \ldots, \omega_p$ che devono essere determinati, come prima, sulla base dei dati sperimentali.

Il problema di ottimizzazione, analogo al problema (12.2), diventa

$$min_{c_1,c_2,\ldots,c_p,\omega_1,\ldots,\omega_p} \frac{1}{2} \sum_{i=1}^{m} (b_i - c_1 sin(\omega_1 t_i) - c_2 sin(\omega_2 t_i) - \ldots - c_p sin(\omega_p t_i))^2.$$

$$(12.5)$$

Posto

$$x_1 = c_1, x_2 = c_2, \ldots, x_p = c_p, x_{p+1} = \omega_1, x_{p+2} = \omega_2, \ldots, x_{2p} = \omega_p,$$

possiamo riscrivere il problema nella forma seguente.

$$min_{x \in R^{2p}} \frac{1}{2} \sum_{i=1}^{m} r_i^2(x), \qquad (12.6)$$

in cui
$$r_i(x) = (b_i - x_1 sin(x_{p+1} t_i) - x_2 sin(x_{p+2} t_i) - \ldots - x_p sin(x_{2p} t_i)).$$

Il problema (12.6) è un problema di *minimi quadrati non lineari*, perché ogni residuo r_i è una funzione non lineare.

I problemi di minimi quadrati lineari sono problemi *quadratici convessi*, per i quali, come vedremo, possono essere utilizzati sia metodi *diretti* che *iterativi*.

I problemi di minimi quadrati non lineari sono, in generale, problemi *non convessi* a cui possono essere applicati i metodi di ottimizzazione non vincolata precedentemente introdotti. Esistono tuttavia algoritmi che tengono conto della particolare struttura di tali problemi. In particolare, sono stati proposti specifici metodi che, pur non richiedendo informazioni sulle derivate seconde della funzione obiettivo, possono avere, sotto opportune ipotesi, la stessa rapidità di convergenza del metodo di Newton.

12.2 Problemi di minimi quadrati lineari

Abbiamo visto che una classe particolare di problemi di minimi quadrati è quella in cui ogni residuo $r_i : R^n \to R$ è una funzione affine, ossia abbiamo
$$r_i(x) = a_i^T x - b_i,$$
con $a_i \in R^n$ e $b_i \in R$. Il problema di *minimi quadrati lineari* è quindi il seguente
$$\min \quad f(x) = \frac{1}{2} \sum_{i=1}^{m} (a_i^T x - b_i)^2 \qquad (12.7)$$
$$x \in R^n.$$

Definendo una matrice A $(m \times n)$, con righe $a_i^T \in R^n$ e un vettore $b \in R^m$ con componenti b_i, si può porre
$$f(x) = \frac{1}{2} \|Ax - b\|^2$$
dove $\|\cdot\|$ è la norma euclidea. Si ha ovviamente
$$\nabla f(x) = A^T(Ax - b), \qquad \nabla^2 f(x) = A^T A,$$
e quindi la matrice Hessiana è semidefinita positiva; infatti:
$$x^T A^T A x = \|Ax\|^2 \geq 0.$$

La funzione obiettivo è quindi una funzione quadratica convessa e l'annullamento del gradiente si esprime attraverso le cosiddette *equazioni normali*:
$$A^T A x = A^T b.$$

Se A ha rango n la matrice $A^T A$ è non singolare e definita positiva e quindi il problema di minimi quadrati ammette l'unica soluzione

$$x^* = (A^T A)^{-1} A^T b.$$

Abbiamo visto nel Capitolo 1 (Proposizione 1.8) che le equazioni normali ammettono sempre soluzione, quale che sia il rango di A. Un altro modo per mostrarlo si basa sul fatto che un qualsiasi vettore $b \in R^m$ si può rappresentare nella forma

$$b = b_1 + b_2, \quad b_1 \in \mathcal{R}(A), \quad b_2 \in \mathcal{N}(A^T),$$

dove

$$\mathcal{R}(A) = \{y \in R^m : y = Ax, \quad x \in R^n\}, \quad \mathcal{N}(A^T) = \{y \in R^m : A^T y = 0\},$$

essendo A una qualsiasi matrice $m \times n$, e avendo indicato con $\mathcal{R}(A)$ lo *spazio immagine* di A e con $\mathcal{N}(A^T)$ il *nullo* di A^T. Tale risultato, ben noto nell'algebra lineare, può essere ricavato in modo diretto applicando il metodo dei moltiplicatori di Lagrange al problema

$$min \ \tfrac{1}{2}\|b - y\|^2$$

$$A^T y = 0.$$

Osserviamo che il problema ammette soluzione perché l'insieme ammissibile è chiuso e la funzione obiettivo è coerciva sull'insieme ammissibile. Essendo i vincoli lineari, nella soluzione ottima y^* devono valere le condizioni di ottimo che esprimono l'annullamento del gradiente rispetto a y della funzione Lagrangiana

$$L(y, \mu) = \frac{1}{2}\|b - y\|^2 + \mu^T A^T y = \frac{1}{2}\|b - y\|^2 + (A\mu)^T y$$

e quindi deve esistere un moltiplicatore $\mu^* \in R^n$ tale che

$$-(b - y^*) + A\mu^* = 0, \quad A^T y^* = 0.$$

Ne segue che

$$b = y^* + A\mu^*, \tag{12.8}$$

con $A^T y^* = 0$. Ciò fornisce la rappresentazione di b come somma di un vettore y^* nello spazio nullo di A^T e di un vettore $A\mu^*$ nello spazio immagine di A.

È anche immediato verificare che μ^* è una soluzione delle equazioni normali. Infatti, premoltiplicando ambo i membri della (12.8) per A^T e ricordando che $A^T y^* = 0$, si ottiene

$$A^T A \mu^* = A^T b.$$

Ciò mostra che il problema di minimi quadrati lineari ammette sempre soluzione, quale che sia il rango di A, e che una soluzione si può ottenere risolvendo le equazioni normali.

Dal punto di vista numerico, la soluzione delle equazioni normali può essere difficile per i problemi di mal condizionamento, che rendono sconsigliabile l'impiego di metodi di tipo generale come il metodo di Gauss. Vengono in genere adottati (fino a valori di n non superiori al migliaio) metodi diretti basati su procedimenti di fattorizzazione della matrice A.

Per dimensioni più elevate è necessario utilizzare metodi iterativi ed una delle possibili tecniche è quella vista nel Capitolo 8 e basata sull'impiego del metodo del gradiente coniugato, opportunamente precondizionato. Può essere consigliabile, in molte applicazioni, introdurre un termine additivo di regolarizzazione del tipo $\varepsilon \|x\|^2$ (giustificato anche da considerazioni sulle proprietà di generalizzazione, nel caso di problemi di modellistica) e quindi risolvere un problema del tipo

$$min\ f(x) = \frac{1}{2}\|Ax - b\|^2 + \frac{\varepsilon}{2}\|x\|^2.$$

Dimostriamo ora una proprietà che sarà utilizzata in seguito.

Proposizione 12.1. *Sia $\bar{x}$ una soluzione del problema di minimi quadrati (12.7). Allora risulta*

$$A\bar{x} = b_1, \tag{12.9}$$

avendo posto

$$b = b_1 + b_2, \quad b_1 \in \mathcal{R}(A), \quad b_2 \in \mathcal{N}(A^T).$$

Dimostrazione. Essendo $\bar{x}$ soluzione di (12.7) abbiamo

$$A^T A \bar{x} = A^T b = A^T b_1.$$

Segue quindi che $\bar{x}$ è soluzione del problema

$$min\ \frac{1}{2}\|Ax - b_1\|^2,$$

per cui, tenendo conto che $b_1 \in \mathcal{R}(A)$, possiamo concludere che deve valere la (12.9). □

Soluzione a minima norma

Supponiamo che il rango di A sia minore di n. In questo caso il problema di minimi quadrati lineari ammette infinite soluzioni. Consideriamo il problema di determinare la *soluzione a minima norma*, ossia il problema

$$\begin{aligned} min\ \tfrac{1}{2}\|x\|^2 \\ A^T A x = A^T b. \end{aligned} \tag{12.10}$$

L'insieme ammissibile è chiuso, la funzione obiettivo è coerciva, per cui possiamo affermare che il problema ammette soluzione. Inoltre, essendo la funzione obiettivo strettamente convessa, la soluzione a minima norma è unica.

Sia $\hat{x}$ la *soluzione a minima norma* e si consideri la funzione Lagrangiana associata al problema (12.10)

$$L(x,\lambda) = \frac{1}{2}\|x\|^2 + \lambda^T\left(A^T A x - A^T b\right).$$

Utilizzando le condizioni di Karush-Khun-Tucker possiamo scrivere

$$\nabla_x L(\hat{x},\hat{\lambda}) = \hat{x} + A^T A\hat{\lambda} = 0,$$

da cui segue che $\hat{x} \in \mathcal{R}(A^T)$.

Si verifica facilmente che un vettore $x \in R^n$ è soluzione del problema di minimi quadrati *se e solo se*

$$x = \hat{x} + z, \tag{12.11}$$

dove $z \in \mathcal{N}(A)$. Infatti, la (12.11) implica ovviamente che x è soluzione del problema di minimi quadrati. Viceversa, data una soluzione x del problema di minimi quadrati, posto

$$x = \hat{x} + y,$$

deve essere

$$A^T A x = A^T A(\hat{x} + y) = A^T b,$$

da cui segue $A^T A y = 0$, e quindi che $y \in \mathcal{N}(A)$.

Come conseguenza abbiamo che $\hat{x}$ è l'unica soluzione appartenente a $\mathcal{R}(A^T)$.

Per il calcolo della soluzione a minima norma, si può utilizzare un metodo *diretto*, ad esempio, il metodo basato sulla *decomposizione ai valori singolari* (SVD) (si veda l'Appendice A) oppure un metodo *iterativo*, ad esempio, il metodo del *gradiente coniugato* già visto. La scelta del tipo di metodo dipende dalle dimensioni del problema, in particolare, per dimensioni "non elevate" è, in generale, preferibile un metodo diretto.

12.3 Metodi per problemi di minimi quadrati non lineari

12.3.1 Motivazioni

Nei problemi di minimi quadrati *non lineari* la funzione obiettivo $f : R^n \to R$ assume la forma

$$f(x) = \frac{1}{2}\sum_{i=1}^{m} r_i^2(x),$$

dove ogni *residuo* r_i è una funzione: $R^n \to R$ non lineare. Nel seguito assumeremo $m \geq n$, e che ogni residuo $r_i : R^n \to R$, con $i = 1, \ldots, m$, sia una funzione continuamente differenziabile su R^n.

12.3 Metodi per problemi di minimi quadrati non lineari

Introduciamo il *vettore residuo* $r : R^n \to R^m$

$$r(x) = \begin{pmatrix} r_1(x) \\ r_2(x) \\ \vdots \\ r_m(x) \end{pmatrix}.$$

Usando tale notazione, il problema di minimi quadrati assume la forma

$$min_{x \in R^n} f(x) = \frac{1}{2}\|r(x)\|^2. \tag{12.12}$$

Per ricavare l'espressione delle derivate di f utilizzeremo la matrice Jacobiana J di r, ossia la matrice $m \times n$ definita come segue

$$J(x) = \begin{pmatrix} \nabla r_1(x)^T \\ \nabla r_2(x)^T \\ \vdots \\ \nabla r_m(x)^T \end{pmatrix} = \left[\frac{\partial r_i}{\partial x_j}\right] \begin{matrix} i=1,\ldots,m \\ j=1,\ldots,n. \end{matrix}$$

Possiamo scrivere

$$\nabla f(x) = \sum_{i=1}^m r_i(x) \nabla r_i(x) = J(x)^T r(x)$$

$$\nabla^2 f(x) = \sum_{i=1}^m \nabla r_i(x) \nabla r_i(x)^T + \sum_{i=1}^m r_i(x) \nabla^2 r_i(x)$$

$$= J(x)^T J(x) + \sum_{i=1}^m r_i(x) \nabla^2 r_i(x) \tag{12.13}$$

$$= J(x)^T J(x) + Q(x).$$

La matrice Hessiana è data quindi dalla somma di due termini, $J(x)^T J(x)$ e $\sum_{i=1}^m r_i(x) \nabla^2 r_i(x)$.

I metodi specifici per problemi di minimi quadrati sono basati, in generale, sull'assunzione che il primo di tali termini, cioè $J(x)^T J(x)$, è *dominante* rispetto all'altro. In particolare, nei problemi in cui i residui r_i sono sufficientemente "piccoli" in un intorno di una soluzione, tale assunzione appare giustificata.

Nel seguito, per semplificare la notazione useremo in alcuni casi i simboli J_k per indicare $J(x_k)$, r_k per indicare $r(x_k)$, ∇f_k per indicare $\nabla f(x_k)$, $\nabla^2 f_k$ per indicare $\nabla^2 f(x_k)$.

12.3.2 Metodo di Gauss-Newton

Uno dei metodi più noti per problemi di minimi quadrati è il metodo di Gauss-Newton, la cui k-esima iterazione è così descritta

$$x_{k+1} = x_k + d_k^{gn},$$

dove d_k^{gn} è soluzione del sistema

$$J_k^T J_k d = -J_k^T r_k. \qquad (12.14)$$

Questo metodo può essere posto in relazione con il metodo di Newton. La direzione di ricerca d_k che caratterizza il metodo di Newton è ottenuta risolvendo il sistema

$$\nabla^2 f(x_k) d = -\nabla f(x_k). \qquad (12.15)$$

Osservando che $\nabla^2 f_k = J_k^T J_k + Q_k$, si deduce immediatamente che il sistema (12.14) deriva dal sistema (12.15) escludendo il secondo dei termini di cui è composta la matrice Hessiana $\nabla^2 f(x_k)$. I potenziali vantaggi del metodo sono i seguenti:

- l'approssimazione $\nabla^2 f_k \approx J_k^T J_k$ consente di evitare il calcolo delle singole matrici Hessiane $\nabla^2 r_i$ per $i = 1, \ldots, m$;
- in molte situazioni il termine $J^T J$ è effettivamente dominante, per cui l'efficienza del metodo è paragonabile a quella del metodo di Newton anche se il secondo termine $\sum_{i=1}^m r_i \nabla^2 r_i$ non è considerato nel calcolo della matrice Hessiana;
- si vede facilmente che, se la matrice J_k ha rango pieno ed il gradiente ∇f_k è diverso da zero, la direzione d_k^{gn} è una direzione di discesa; infatti si ha

$$\nabla f_k^T d_k^{gn} = r_k^T J_k d_k^{gn} = -(d_k^{gn})^T J_k^T J_k d_k^{gn} = -\|J_k d_k^{gn}\|^2 \leq 0,$$

dove il segno di uguale implicherebbe $J_k d_k^{gn} = 0$, da cui seguirebbe, tenendo conto della (12.14), $J_k^T r_k = \nabla f_k = 0$;
- la direzione d_k^{gn} è la soluzione del seguente problema di minimi quadrati lineari

$$min_{d \in R^n} \|J_k d + r_k\|^2, \qquad (12.16)$$

per cui possono essere utilizzati vari algoritmi efficienti per il calcolo di d_k^{gn}.

Le proprietà di convergenza locale e la rapidità di convergenza del metodo di Gauss-Newton dipenderanno dall'influenza del termine $\sum_{i=1}^m r_i(x) \nabla^2 r_i(x)$ che si è omesso nell'approssimazione della matrice Hessiana.

Quello che ci si può aspettare è che le proprietà locali del metodo saranno "simili" a quelle del metodo di Newton quando il residuo $r(x^\star)$ nel punto stazionario $x^\star$ è "sufficientemente piccolo", per cui il fatto di avere ignorato, per il calcolo della direzione, il termine $\sum_{i=1}^{m} r_i(x)\nabla^2 r_i(x)$ diviene localmente trascurabile.

In particolare vedremo che, sotto opportune ipotesi, nei problemi a *residui nulli* il metodo di Gauss-Newton è *localmente quadraticamente convergente* come il metodo di Newton.

In generale, abbiamo il seguente risultato di convergenza locale (tratto da [32]) nella cui dimostrazione, per semplificare la notazione, useremo in alcuni passaggi il simbolo J_k per indicare $J(x_k)$.

Proposizione 12.2. *Sia* $f(x) = \dfrac{1}{2}\|r(x)\|^2$ *due volte continuamente differenziabile su un insieme aperto convesso* $D \subseteq R^n$. *Si supponga che valgano le seguenti condizioni:*

(i) *esiste un* $x^* \in D$ *tale che* $J(x^*)^T r(x^*) = 0$;
(ii) *la matrice Jacobiana* $J(x)$ *è Lipschitz continua su* D, *cioè esiste una costante* $L > 0$ *tale che*
$$\|J(x) - J(y)\| \leq L\|x - y\| \quad \text{per ogni } x, y \in D;$$
(iii) *esiste un* $\sigma \geq 0$ *tale che*
$$\|(J(x) - J(x^*))^T r(x^*)\| \leq \sigma\|x - x^*\| \quad \text{per ogni } x \in D. \quad (12.17)$$

Sia $\lambda \geq 0$ *il più piccolo autovalore di* $J(x^*)^T J(x^*)$. *Se* $\lambda > \sigma$, *allora esiste una sfera aperta* $B(x^*; \epsilon)$ *tale che per ogni* $x_0 \in B(x^*; \epsilon)$ *la sequenza generata con il metodo di Gauss-Newton*
$$x_{k+1} = x_k - \left(J(x_k)^T J(x_k)\right)^{-1} J(x_k)^T r(x_k) \quad (12.18)$$
è ben definita, rimane in $B(x^*; \epsilon)$, *converge a* x^* *e si ha*
$$\|x_{k+1} - x^*\| \leq c_1\|x_k - x^*\| + c_2\|x_k - x^*\|^2 \quad c_1 \geq 0, \, c_2 > 0. \quad (12.19)$$

Dimostrazione. Sia $\lambda > \sigma \geq 0$ e sia c una costante fissata in $(1, \lambda/\sigma)$. Poiché la matrice $J(x)^T J(x)$ è non singolare in x^* (l'autovalore minimo λ è strettamente maggiore di zero) ed è continua su D, esiste un $\epsilon_1 > 0$ tale che $B(x^*; \epsilon_1) \subseteq D$, $J(x)^T J(x)$ è non singolare per ogni $x \in B(x^*; \epsilon_1)$ ed inoltre

$$\|(J(x)^T J(x))^{-1}\| \leq \frac{c}{\lambda} \quad \text{per ogni } x \in B(x^*; \epsilon_1). \quad (12.20)$$

(La (12.20) segue dal fatto che $\|(J(x^*)^T J(x^*))^{-1}\| = \frac{1}{\lambda}$ e $c > 1$.)

Dalla continuità di $J(x)$ segue, inoltre, che esiste un $\alpha > 0$ tale che
$$\|J(x)\| \leq \alpha \quad \text{per ogni } x \in B(x^*; \epsilon_1).$$

Sia
$$\epsilon = \min\left\{\epsilon_1, \frac{\lambda - c\sigma}{c\alpha L}\right\}, \quad (12.21)$$

e supponiamo che sia $x_k \in B(x^*;\epsilon)$. La (12.18) è quindi ben definita, e può essere riscritta nella forma

$$x_{k+1} - x^* = x_k - x^* - (J_k^T J_k)^{-1} J_k^T r(x_k)$$

$$= -(J_k^T J_k)^{-1}[J_k^T r(x_k) - J_k^T J_k(x_k - x^*)]$$

$$= -(J_k^T J_k)^{-1}[J_k^T r(x^*) - J_k^T (r(x^*) - r(x_k) - J_k(x^* - x_k))].$$

Poiché

$$r(x^*) - r(x_k) = \int_0^1 J(x_k + t(x^* - x_k))(x^* - x_k) dt,$$

abbiamo

$$\|r(x^*) - r(x_k) - J_k(x^* - x_k)\| = \|\int_0^1 [J(x_k + t(x^* - x_k)) - J_k](x^* - x_k) dt\|$$

$$\leq \int_0^1 \|[J(x_k + t(x^* - x_k)) - J(x_k)](x^* - x_k)\| dt$$

$$\leq L \int_0^1 \|(x_k + t(x^* - x_k)) - x_k\| \|(x^* - x_k)\| dt \leq \frac{L}{2} \|x^* - x_k\|^2.$$

Dalla (12.17), tenendo conto che $J(x^*)^T r(x^*) = 0$, segue

$$\|J(x_k)^T r(x^*)\| \leq \sigma \|x_k - x^*\|.$$

Quindi possiamo scrivere

$$\|x_{k+1} - x^*\| \leq$$

$$\|(J_k^T J_k)^{-1}\| [\|J_k^T r(x^*)\| + \|J_k\| \|r(x^*) - r(x_k) - J_k(x^* - x_k)\|]$$

$$\leq \frac{c}{\lambda} \left[\sigma \|x_k - x^*\| + \frac{L\alpha}{2} \|x_k - x^*\|^2 \right].$$

Dalla precedente disuguaglianza e dalla (12.21) segue

$$\|x_{k+1} - x^*\| \leq \|x_k - x^*\| \left[\frac{c\sigma}{\lambda} + \frac{Lc\alpha}{2\lambda} \|x_k - x^*\| \right]$$

$$\leq \|x_k - x^*\| \left[\frac{c\sigma}{\lambda} + \frac{\lambda - c\sigma}{2\lambda} \right] \qquad (12.22)$$

$$= \frac{c\sigma + \lambda}{2\lambda} \|x_k - x^*\|.$$

Essendo $c \in (1, \lambda/\sigma)$ risulta $\frac{c\sigma+\lambda}{2\lambda} < 1$, e quindi $x_{k+1} \in B(x^*; \epsilon)$. Di conseguenza, per induzione, si ottiene $\{x_k\} \subset B(x^*; \epsilon)$. Applicando ripetutamente la (12.22) si ha

$$\|x_k - x^*\| \leq \left(\frac{c\sigma + \lambda}{2\lambda}\right)^k \|x_0 - x^*\|,$$

da cui segue che $x_k \to x^*$. Infine, la (12.22) implica la (12.19) con

$$c_1 = \frac{c\sigma}{\lambda} \qquad c_2 = \frac{Lc\alpha}{2\lambda}. \tag{12.23}$$

□

Commento 12.1. Il risultato di convergenza locale è valido sotto l'ipotesi che la norma adottata sia la norma euclidea. □

Come immediata conseguenza della proposizione precedente abbiamo un risultato di convergenza quadratica per problemi *a residui nulli* [32].

Corollario 12.1. *Si supponga che le ipotesi della Proposizione 12.2 siano verificate e che $r(x^*) = 0$. Allora esiste una sfera aperta $B(x^*; \epsilon)$ tale che se $x_0 \in B(x^*; \epsilon)$ la sequenza generata dal metodo di Gauss-Newton è ben definita, rimane in $B(x^*; \epsilon)$ e converge a x^* con rapidità di convergenza quadratica.*

Dimostrazione. Tenendo conto del risultato dato nella Proposizione 12.2, occorre solamente dimostrare che la rapidità di convergenza del metodo è quadratica. Poiché $r(x^*) = 0$, la (12.17) della Proposizione 12.2 è soddisfatta con $\sigma = 0$. Essendo nella (12.19) $c_1 = \frac{c\sigma}{\lambda} = 0$ (si veda la (12.23)), si ha che la rapidità di convergenza è quadratica. □

Riportiamo un risultato riguardante il fatto che una qualsiasi soluzione del problema di minimi quadrati lineari (12.16) è una direzione di discesa per f in x_k.

Proposizione 12.3. *Sia $f(x) = \frac{1}{2}\|r(x)\|^2$ continuamente differenziabile su R^n. Sia x_k un punto tale che $\nabla f(x_k) \neq 0$. Allora una qualsiasi soluzione del problema (12.16) è una direzione di discesa per f in x_k.*

12 Metodi per problemi di minimi quadrati

Dimostrazione. Sia d_k una soluzione del problema (12.16). Si ponga

$$r(x_k) = r_1(x_k) + r_2(x_k), \quad r_1(x_k) \in \mathcal{R}(J(x_k)), \quad r_2(x_k) \in \mathcal{N}(J(x_k)^T).$$

Essendo $\nabla f_k = J_k^T \left(r_1^k + r_2^k \right) = J_k^T r_1^k \neq 0$, abbiamo $r_1(x_k) \neq 0$.
Ricordando la (12.9) possiamo scrivere

$$J(x_k)d_k = -r_1(x_k),$$

da cui segue

$$\nabla f(x_k)^T d_k = r(x_k)^T J(x_k) d_k = -\|r_1(x_k)\|^2 - d_k^T J^T(x_k) r_2(x_k)$$

$$= -\|r_1(x_k)\|^2 < 0,$$

e quindi la tesi è dimostrata. □

Definiamo ora una modifica *globalmente convergente*, sotto opportune ipotesi, del metodo di Gauss-Newton.

Metodo di Gauss-Newton

Dati. $x_0 \in R^n$, $\mu_1 > 0$, $k = 0$.

While $\nabla f(x_k) \neq 0$ **do**

    Determina una soluzione d_k del problema

$$min_{d \in R^n} \|J_k d + r_k\|^2. \qquad (12.24)$$

    Determina il passo α_k lungo d_k con il metodo di Armijo con passo iniziale unitario.
    Poni $x_{k+1} = x_k + \alpha_k d_k$, $k = k + 1$.

End While

Commento 12.2. Dalla Proposizione 12.3 segue che la direzione d_k calcolata al Passo 1 è una direzione di discesa, per cui al Passo 2 si può utilizzare il metodo di ricerca unidimensionale di Armijo. Se la matrice J_k ha rango n, la soluzione di (12.24) è unica. □

Assumendo che le colonne della matrice Jacobiana siano *uniformemente linearmente indipendenti* (il che equivale ad assumere che la matrice $J(x)^T J(x)$ sia *uniformemente definita positiva*) vale il seguente risultato di convergenza globale.

12.3 Metodi per problemi di minimi quadrati non lineari

Proposizione 12.4. *Sia* $f(x) = \frac{1}{2}\|r(x)\|^2$ *continuamente differenziabile su* R^n. *Supponiamo che l'insieme di livello* $\mathcal{L}_0$ *sia compatto, e sia* $\{x_k\}$ *la sequenza generata dal metodo di* Gauss-Newton. *Si assuma che la matrice Jacobiana* $J(x)$ *abbia i valori singolari tali che*

$$\sigma_1(x) \geq \sigma_2(x) \geq \ldots \geq \sigma_n \geq \sigma > 0 \qquad \text{per ogni } x \in \mathcal{L}_0. \tag{12.25}$$

Allora, la sequenza $\{x_k\}$ *ammette punti di accumulazione e ogni punto di accumulazione di* $\{x_k\}$ *è un punto stazionario di* f.

Dimostrazione. Escludiamo il caso di convergenza finita, per cui assumiamo che l'algoritmo generi una sequenza infinita $\{x_k\}$ con $\nabla f(x_k) \neq 0$ per ogni k.

Per dimostrare la tesi mostreremo che sono soddisfatte le condizioni di convergenza globale. In particolare, dimostreremo che la direzione di ricerca d_k soddisfa per ogni k le seguenti condizioni:

(a) $\nabla f(x_k)^T d_k < 0$;

(b) $\|d_k\| \geq c_1 \dfrac{|\nabla f(x_k)^T d_k|}{\|d_k\|}$ con $c_1 > 0$;

(c) $\dfrac{|\nabla f(x_k)^T d_k|}{\|d_k\|} \geq c_2 \|\nabla f(x_k)\|$ con $c_2 > 0$.

Supponendo soddisfatte le condizioni (a) e (b), tenendo conto anche della compattezza di $\mathcal{L}_0$, si ha che le proprietà teoriche della ricerca unidimensionale tipo Armijo assicurano

$$f(x_{k+1}) < f(x_k) \qquad \text{per ogni } k \tag{12.26}$$

$$\lim_{k \to \infty} \frac{\nabla f(x_k)^T d_k}{\|d_k\|} = 0. \tag{12.27}$$

Se valgono le (12.26), (12.27) e la (c), sono soddisfatte le condizioni di convergenza globale e quindi la tesi è valida.

Abbiamo visto in precedenza che, nell'ipotesi di matrice $J(x_k)$ con rango pieno e $\nabla f(x_k) \neq 0$, si ha

$$\nabla f(x_k)^T d_k < 0,$$

quindi la (a) è dimostrata e, corrispondentemente, anche la (12.26).

Per dimostrare la (b) osserviamo che

$$\frac{|\nabla f(x_k)^T d_k|}{\|d_k\|} = \frac{\|J(x_k)d_k\|^2}{\|d_k\|} \leq \|J(x_k)\|^2 \|d_k\|. \tag{12.28}$$

La (12.26) implica che $\{x_k\} \subset \mathcal{L}_0$, da cui, tenendo conto della continuità di $J(x)$ e della compattezza di $\mathcal{L}_0$ segue che, per ogni k, $\|J(x_k)\| \leq \beta$ con $\beta > 0$.

356   12 Metodi per problemi di minimi quadrati

Dalla (12.28) otteniamo quindi

$$\|d_k\| \geq \frac{1}{\beta^2} \frac{|\nabla f(x_k)^T d_k|}{\|d_k\|},$$

cioè la (b).

Per dimostrare la (c), osserviamo preliminarmente che, nelle ipotesi poste, in particolare utilizzando la (12.25), si ha per ogni $x \in \mathcal{L}_0$,

$$\|J(x)z\| \geq \sigma\|z\| \qquad \text{per ogni } z \in R^n.$$

Infatti, abbiamo

$$\|J(x)z\| = \left(\|J(x)z\|^2\right)^{1/2} = \left(\|z^T J^T J(x)z\|\right)^{1/2} \geq \left(\lambda_{min}(J^T(x)J(x))\right)^{1/2}\|z\|$$

$$= \sigma_n\|z\| \geq \sigma\|z\|.$$

Si ottiene quindi

$$\frac{|\nabla f(x_k)^T d_k|}{\|d_k\|} = \frac{|\nabla f(x_k)^T d_k|}{\|\nabla f(x_k)\|\|d_k\|}\|\nabla f(x_k)\| = \frac{\|J(x_k)d_k\|^2}{\|\nabla f(x_k)\|\|d_k\|}\|\nabla f(x_k)\|$$

$$= \frac{\|J(x_k)d_k\|^2}{\|J(x_k)^T J(x_k)d_k\|\|d_k\|}\|\nabla f(x_k)\| \geq \frac{\sigma^2\|d_k\|^2}{\beta^2\|d_k\|^2}\|\nabla f(x_k)\|$$

$$= \frac{\sigma^2}{\beta^2}\|\nabla f(x_k)\|,$$

ossia che vale la (c). □

La convergenza globale del metodo di Gauss-Newton è stata dimostrata nell'ipotesi in cui le colonne della matrice Jacobiana sono *uniformemente linearmente indipendenti*. Se per qualche k la matrice $J(x_k)$ non ha rango pieno, la matrice dei coefficienti $J(x_k)^T J(x_k)$ del sistema (12.14) è singolare. Il sistema (12.14) ammette comunque soluzione. Infatti, risolvere (12.14) è equivalente a risolvere il problema di minimi quadrati lineari (12.16) che, come visto in precedenza, ammette sempre soluzione.

La Proposizione 12.3 mostra che è possibile, anche se la matrice Jacobiana non ha rango pieno, soddisfare la condizione (a) di discesa utilizzata nella dimostrazione della Proposizione 12.4. Tuttavia, senza le ipotesi della Proposizione 12.4, non possiamo garantire che la condizione (c), utilizzata nella dimostrazione della Proposizione 12.4, sia soddisfatta (senza tali ipotesi la direzione d_k^{gn} potrebbe tendere ad essere ortogonale al gradiente).

Al fine di ottenere proprietà di convergenza globale sotto ipotesi più generali, il metodo di Gauss-Newton è spesso implementato nella forma modificata

$$x_{k+1} = x_k - \alpha_k \left(J(x_k)^T J(x_k) + D_k\right)^{-1} J(x_k)^T r(x_k),$$

dove α_k è il passo scelto con una opportuna ricerca unidimensionale e D_k è una matrice diagonale tale che la matrice

$$J(x_k)^T J(x_k) + D_k$$

risulti definita positiva. Ad esempio, D_k può essere determinata con una procedura di fattorizzazione di *Cholesky modificata*. Un'alternativa è quella di scegliere come matrice D_k un multiplo positivo della matrice identità. In questo secondo caso, il metodo è noto come metodo di Levenberg-Marquardt che analizzeremo nel sottoparagrafo successivo.

12.3.3 Metodo di Levenberg-Marquardt

Come precedentemente accennato, una versione modificata del metodo di Gauss-Newton è nota come *metodo di Levenberg-Marquardt*, la cui k-esima iterazione è definita come segue

$$x_{k+1} = x_k - \left(J(x_k)^T J(x_k) + \mu_k I\right)^{-1} J(x_k)^T r(x_k), \qquad (12.29)$$

dove $\mu_k \geq 0$ è uno scalare opportunamente scelto.

Molte versioni del metodo di Levenberg-Marquardt sono state proposte in letteratura e differiscono nella regola di aggiornamento dello scalare μ_k.

Le proprietà di convergenza locale del metodo sono analoghe a quelle del metodo di Gauss-Newton e sono riportate nella seguente proposizione [32].

Proposizione 12.5. *Si assumano soddisfatte le ipotesi della Proposizione 12.2 e sia $\{\mu_k\}$ una sequenza di numeri non negativi tale che*

$$\mu_k \leq b < \lambda - \sigma \qquad \text{per ogni } k. \qquad (12.30)$$

Allora esiste una sfera aperta $B(x^*;\epsilon)$ tale che per ogni $x_0 \in B(x^*;\epsilon)$ la sequenza generata con il metodo di Levenberg-Marquardt

$$x_{k+1} = x_k - \left(J(x_k)^T J(x_k) + \mu_k I\right)^{-1} J(x_k)^T r(x_k) \qquad (12.31)$$

è ben definita, rimane in $B(x^*;\epsilon)$, converge a x^* e si ha

$$\|x_{k+1} - x^*\| \leq c_1 \|x_k - x^*\| + c_2 \|x_k - x^*\|^2 \qquad c_1 \geq 0,\ c_2 > 0. \quad (12.32)$$

Inoltre, se $r(x^*) = 0$ e $\mu_k = O(\|J(x_k)^T r(x_k)\|)$, la sequenza $\{x_k\}$ converge a x^* con rapidità di convergenza quadratica.

Dimostrazione. Sia $\lambda > \sigma \geq 0$ e sia c una costante fissata in $(1, \frac{\lambda}{\sigma+b})$. Poichè la matrice $J(x^*)^T J(x^*)$ è non singolare (l'autovalore minimo λ è strettamente maggiore di zero) ed è continua su D, esiste un $\epsilon_1 > 0$ tale che $B(x^*; \epsilon_1) \subseteq D$, $J(x)^T J(x)$ è non singolare per ogni $x \in B(x^*; \epsilon_1)$ ed inoltre

$$\| \left(J(x)^T J(x) + \mu_k I\right)^{-1} \| \leq \frac{c}{\lambda} \qquad \text{per ogni } x \in B(x^*; \epsilon_1). \tag{12.33}$$

(La (12.33) vale poichè $\| \left(J(x^*)^T J(x^*) + \mu_k I\right)^{-1} \| = \frac{1}{\lambda + \mu_k}$ e $c > 1$.)
Dalla continuità di $J(x)$ segue, inoltre, che esiste un $\alpha > 0$ tale che

$$\|J(x)\| \leq \alpha \qquad \text{per ogni } x \in B(x^*; \epsilon_1).$$

Sia
$$\epsilon = \min\left\{\epsilon_1, \frac{\lambda - c(\sigma + b)}{c\alpha L}\right\}, \tag{12.34}$$

e supponiamo che sia $x_k \in B(x^*; \epsilon)$. Ripetendo gli stessi passaggi utilizzati nella dimostrazione della Proposizione 12.2 si ottiene

$$\|x_{k+1} - x^*\| \leq \| \left(J_k^T J_k + \mu_k I\right)^{-1} \| [\|J_k^T r(x^*)\| +$$
$$+ \|J_k\| \|r(x^*) - r(x_k) - J_k(x^* - x_k) + \mu_k(x_k - x^*)\|]$$
$$\leq \frac{c}{\lambda}\left[(\sigma + \mu_k)\|x_k - x^*\| + \frac{L\alpha}{2}\|x_k - x^*\|^2\right].$$

Dalla precedente disuguaglianza, utilizzando la (12.30) e la (12.34), si ottiene

$$\|x_{k+1} - x^*\| \leq \|x_k - x^*\| \left[\frac{c(\sigma + \mu_k)}{\lambda} + \frac{Lc\alpha}{2\lambda}\|x_k - x^*\|\right]$$
$$\leq \|x_k - x^*\| \left[\frac{c(\sigma + b)}{\lambda} + \frac{\lambda - c(\sigma + b)}{2\lambda}\right] \tag{12.35}$$
$$= \frac{\lambda + c(\sigma + b)}{2\lambda}\|x_k - x^*\|.$$

Essendo $\frac{\lambda+c(\sigma+b)}{2\lambda} < 1$, si ha $x_{k+1} \in B(x^*; \epsilon)$ e di conseguenza, per induzione, si ottiene $\{x_k\} \subset B(x^*; \epsilon)$. Applicando ripetutamente la (12.35) si ha

$$\|x_k - x^*\| \leq \left(\frac{\lambda + c(\sigma + b)}{2\lambda}\right)^k \|x_0 - x^*\|,$$

da cui segue che $x_k \to x^*$. La (12.35) implica la (12.32) con $c_1 = \frac{c(\sigma+b)}{\lambda}$ e $c_2 = \frac{Lc\alpha}{2\lambda}$.

12.3 Metodi per problemi di minimi quadrati non lineari

Infine, nel caso in cui $r(x^\star) = 0$, possiamo porre $\sigma = 0$ (si veda la (12.17) della Proposizione 12.2), e si ottiene

$$\|x_{k+1} - x^\star\| \leq \frac{c}{\lambda}\left[\mu_k \|x_k - x^\star\| + \frac{L\alpha}{2}\|x_k - x^\star\|^2\right]. \tag{12.36}$$

Dall'ipotesi $\mu_k = O(\|J(x_k)^T r(x_k)\|)$ segue che per k sufficientemente grande si ha $\mu_k \leq \beta \|J_k^T(r(x_k) - r(x^\star))\|$ con $\beta > 0$. Essendo

$$r(x_k) - r(x^\star) = \int_0^1 J(x^\star + t(x_k - x^\star))(x_k - x^\star)dt,$$

segue $\|r(x_k) - r(x^\star)\| \leq \alpha \|x_k - x^\star\|$, e quindi

$$\mu_k \leq \beta \alpha^2 \|x_k - x^\star\|. \tag{12.37}$$

Utilizzando la (12.37) e la (12.36), segue che la rapidità di convergenza è quadratica. □

Definiamo ora una modifica *globalmente convergente* del metodo di Levenberg-Marquardt. L'iterazione del metodo può essere così descritta:

$$x_{k+1} = x_k - \alpha_k (J_k^T J_k + \mu_k I)^{-1} J_k^T r_k, \tag{12.38}$$

dove il passo α_k è determinato con una tecnica di ricerca unidimensionale tipo Armijo (con passo iniziale unitario), e lo scalare μ_k è definito con la regola

$$\mu_k = \min\{\mu_1, \|J_k^T r_k\|\}, \tag{12.39}$$

essendo $\mu_1 > 0$. Vedremo in seguito che, sotto opportune ipotesi, la regola (12.39) consente di garantire una rapidità di convergenza superlineare. Per la convergenza globale sarebbe sufficiente una regola del tipo

$$\mu_1 \leq \mu \leq \mu_2.$$

Lo schema formale di un metodo tipo Levenber-Marquardt è il seguente.

Metodo di Levenberg-Marquardt

Dati. $x_0 \in R^n$, $\mu_1 > 0$, $k = 0$.

While $\nabla f(x_k) \neq 0$ **do**

Poni $\mu_k = \min\{\mu_1, \|J_k^T r_k\|\}$ e calcola la soluzione d_k del sistema

$$(J_k^T J_k + \mu_k I)\, d = -J_k^T r_k.$$

Determina il passo α_k lungo d_k con il metodo di Armijo con passo iniziale unitario.
Poni $x_{k+1} = x_k + \alpha_k d_k$, $k = k + 1$.

End While

12 Metodi per problemi di minimi quadrati

Vale il risultato seguente di convergenza globale.

> **Proposizione 12.6.** *Sia* $f(x) = \frac{1}{2}\|r(x)\|^2$ *continuamente differenziabile su* R^n *e supponiamo che l'insieme di livello* $\mathcal{L}_0$ *sia compatto. Sia* $\{x_k\}$ *la sequenza generata dal metodo di Levenberg-Marquardt. Allora, la sequenza* $\{x_k\}$ *ammette punti di accumulazione e ogni punto di accumulazione di* $\{x_k\}$ *è un punto stazionario di* f.

Dimostrazione. Supponiamo che sia generata una sequenza infinita tale che

$$\nabla f(x_k) = J(x_k)^T r(x_k) \neq 0 \quad \forall k.$$

Osserviamo innanzitutto che la direzione di ricerca

$$d_k = -(J_k^T J_k + \mu_k I)^{-1} J_k^T r_k$$

è una direzione di discesa, ossia soddisfa la condizione

$$\nabla f(x_k)^T d_k = -\nabla f(x_k)^T (J_k^T J_k + \mu_k I) \nabla f(x_k) < 0. \tag{12.40}$$

Tenendo conto che il passo α_k viene determinato con il metodo di Armijo abbiamo $f(x_{k+1}) < f(x_k)$, da cui segue che $x_k \in \mathcal{L}_0$ per ogni k, e quindi possiamo affermare che $\{x_k\}$ ammette punti di accumulazione essendo compatto l'insieme $\mathcal{L}_0$.

Supponiamo per assurdo che esista una sottosequenza $\{x_k\}_K$ tale che $x_k \to \bar{x}$ per $k \in K$ e $k \to \infty$, e

$$\|\nabla f(\bar{x})\| \neq 0. \tag{12.41}$$

Ricordando la definizione (12.39) di μ_k, tenendo conto che la sequenza $\{x_k\}$ appartiene all'insieme (compatto) di livello $\mathcal{L}_0$ abbiamo per $k \in K$ e k sufficientemente grande

$$0 < \mu_1 \leq \mu_k \leq \mu_2. \tag{12.42}$$

Faremo vedere che per $k \in K$ la direzione di ricerca d_k, oltre ad essere una direzione di discesa, soddisfa le condizioni sufficienti per assicurare la convergenza globale, ossia che risulta

$$\|d_k\| \geq c_1 \frac{|\nabla f(x_k)^T d_k|}{\|d_k\|} \quad c_1 > 0 \tag{12.43}$$

$$\frac{|\nabla f(x_k)^T d_k|}{\|d_k\|} \geq c_2 \|\nabla f(x_k)\| \quad c_2 > 0. \tag{12.44}$$

Per dimostrare la (12.43) osserviamo che

$$\frac{|\nabla f(x_k)^T d_k|}{\|d_k\|} = \frac{|d_k^T (J_k^T J_k + \mu_k I) d_k|}{\|d_k\|} \leq \lambda_{max}(J_k^T J_k + \mu_k I)\|d_k\|, \tag{12.45}$$

12.3 Metodi per problemi di minimi quadrati non lineari

avendo indicato con $\lambda_{max}(J_k^T J_k + \mu_k I)$ l'autovalore massimo di $(J_k^T J_k + \mu_k I)$. Tenendo conto che la sequenza $\{x_k\}$ appartiene all'insieme (compatto) di livello $\mathcal{L}_0$ e che $J(x)$ è continua in $\mathcal{L}_0$, si ha, per ogni k, $\lambda_{max}(J_k^T J_k) \leq C$ con $C > 0$, inoltre, utilizzando la (12.42), segue

$$\lambda_{max}(J_k^T J_k + \mu_k I) \leq C + \mu_2.$$

La (12.44) segue quindi dalla (12.45) con $c_1 = \dfrac{1}{C + \mu_2}$.

Per dimostrare la (12.43) osserviamo che

$$\begin{aligned}
\frac{|\nabla f(x_k)^T d_k|}{\|d_k\|} &= \frac{|\nabla f(x_k)^T d_k|}{\|d_k\| \|\nabla f(x_k)\|} \|\nabla f(x_k)\| \\
&= \frac{|d_k^T (J_k^T J_k + \mu_k I) d_k|}{\|d_k\| \|\nabla f(x_k)\|} \|\nabla f(x_k)\| \\
&\geq \lambda_{min}(J_k^T J_k + \mu_k I) \frac{\|d_k\|^2 \|\nabla f(x_k)\|}{\|d_k\| \|\nabla f(x_k)\|} \\
&= \lambda_{min}(J_k^T J_k + \mu_k I) \frac{\|d_k\| \|\nabla f(x_k)\|}{\|(J_k^T J_k + \mu_k I) d_k\|} \\
&\geq \frac{\lambda_{min}(J_k^T J_k + \mu_k I)}{\|(J_k^T J_k + \mu_k I)\|} \|\nabla f(x_k)\| \\
&= \frac{\lambda_{min}(J_k^T J_k + \mu_k I)}{\lambda_{max}(J_k^T J_k + \mu_k I)} \|\nabla f(x_k)\|,
\end{aligned}$$

avendo indicato con $\lambda_{min}(J_k^T J_k + \mu_k I)$ l'autovalore minimo di $(J_k^T J_k + \mu_k I)$. Tenendo conto nuovamente del fatto che la sequenza $\{x_k\}$ appartiene all'insieme (compatto) di livello $\mathcal{L}_0$ e che $J(x)$ è continua in $\mathcal{L}_0$, utilizzando la (12.42), si ha

$$\frac{\lambda_{min}(J_k^T J_k + \mu_k I)}{\lambda_{max}(J_k^T J_k + \mu_k I)} \geq \frac{\mu_1}{\mu_2 + C}$$

con $C > 0$, e quindi la (12.44) è dimostrata. Le (12.40), (12.43), (12.44), e le proprietà del metodo di Armijo implicano che le condizioni di convergenza globale della Proposizione 4.1 sono soddisfatte, per cui possiamo scrivere

$$\lim_{k \in K, k \to \infty} \nabla f(x_k) = 0,$$

che contraddice la (12.41). □

Possiamo anche stabilire un risultato di convergenza superlineare. A questo fine dobbiamo premettere un risultato di carattere generale [6].

Proposizione 12.7 (Accettazione del passo unitario).
Sia $f : R^n \to R$ una funzione due volte continuamente differenziabile su R^n e sia $\{x_k\}$ una sequenza generata con un metodo descritto da un'iterazione della forma

$$x_{k+1} = x_k + \alpha_k d_k.$$

Supponiamo che $\{x_k\}$ converga a $x^\star$, in cui $\nabla f(x^\star) = 0$ e $\nabla^2 f(x^\star)$ è definita positiva. Assumiamo inoltre che $\nabla f(x_k) \neq 0$ per ogni k e

$$\lim_{k \to \infty} \frac{\|d_k + \nabla^2 f(x^\star)^{-1} \nabla f(x_k)\|}{\|\nabla f(x_k)\|} = 0. \qquad (12.46)$$

Allora, se $\gamma \in (0, 1/2)$, esiste un indice $k^\star$, tale che, per ogni $k \geq k^\star$ si ha

$$f(x_k + d_k) \leq f(x_k) + \gamma \nabla f(x_k)^T d_k,$$

ossia il passo unitario è accettato dalla regola di Armijo. Inoltre abbiamo

$$\lim_{k \to \infty} \frac{\|x_{k+1} - x^\star\|}{\|x_k - x^\star\|} = 0. \qquad (12.47)$$

Proposizione 12.8 (Convergenza superlineare).
Sia $f(x) = \frac{1}{2}\|r(x)\|^2$ due volte continuamente differenziabile su R^n. Sia $\{x_k\}$ la sequenza generata dal metodo di Levenberg-Marquardt. Supponiamo che la sequenza $\{x_k\}$ converga a un punto $x^\star$ in cui $f(x^\star) = 0$, $\nabla f(x^\star) = 0$, $\nabla^2 f(x^\star)$ sia definita positiva. Allora $\{x_k\}$ converge superlinearmente a $x^\star$.

Dimostrazione. La regola (12.39) per la scelta di μ_k implica

$$\lim_{k \to \infty} (J(x_k)^T J(x_k) + \mu_k I)^{-1} = \nabla^2 f(x^\star)^{-1}.$$

Tenendo conto che

$$\frac{\|d_k + \nabla^2 f(x_k)^{-1} \nabla f(x_k)\|}{\|\nabla f(x_k)\|} \leq \| -(J(x_k)^T J(x_k) + \mu_k I)^{-1} + \nabla^2 f(x_k)^{-1}\|,$$

otteniamo

$$\lim_{k \to \infty} \frac{\|d_k + \nabla^2 f(x_k)^{-1} \nabla f(x_k)\|}{\|\nabla f(x_k)\|} = 0.$$

La tesi segue dalla Proposizione 12.7. □

12.3 Metodi per problemi di minimi quadrati non lineari

Abbiamo visto nel paragrafo precedente che il metodo di Gauss-Newton può essere posto in relazione con il metodo di Newton perchè essenzialmente basato su una opportuna approssimazione della matrice Hessiana. La modifica globalmente convergente del metodo, analizzata nel precedente paragrafo, è basata su una strategia di tipo *line search*. Il metodo di Levenberg-Marquardt può essere interpretato come una tecnica di globalizzazione di tipo *trust region*, in alternativa a quella di tipo line search, applicata al metodo di Gauss-Newton. Per analizzare le connessioni del metodo di Levenberg-Marquardt con strategie di tipo trust region, consideriamo il seguente sottoproblema

$$min_{d \in R^n} \; \tfrac{1}{2}\|J_k d + r_k\|^2$$
$$\|d\| \le \Delta_k, \tag{12.48}$$

con $\Delta_k > 0$. Osserviamo che il sottoproblema (12.48) si riferisce ad un modello quadratico della funzione obiettivo $1/2\|r(x)\|^2$ del tipo

$$m_k(d) = \frac{1}{2}\|r_k\|^2 + d^T J_k^T r_k + \frac{1}{2} d^T J_k^T J_k d.$$

Dal teorema fondamentale che caratterizza i metodi di tipo trust region si ottiene il seguente risultato, da cui segue il corollario successivo.

Proposizione 12.9. *Un vettore d_k tale che $\|d_k\| \le \Delta_k$ è soluzione del sottoproblema (12.48) se e solo se esiste uno scalare $\mu_k \ge 0$ tale che*

$$(J_k^T J_k + \mu_k I)d_k = -J_k^T r_k \tag{12.49}$$

$$\mu_k(\|d_k\| - \Delta_k) = 0. \tag{12.50}$$

Corollario 12.2. *Si assuma $rango(J_k) = n$. Per ogni soluzione d_k del sottoproblema (12.48) si ha*

$$d_k = -\left(J(x_k)^T J(x_k) + \mu_k I\right)^{-1} J(x_k)^T r(x_k), \tag{12.51}$$

dove

$\mu_k = 0$ se $\|\left(J_k^T J_k\right)^{-1} J_k^T r_k\| \le \Delta_k$;
$\mu_k > 0$ altrimenti.

Dimostrazione. Supponiamo $\|\left(J_k^T J_k\right)^{-1} J_k^T r_k\| \le \Delta_k$. Ponendo $\mu_k = 0$ nella (12.51), si ha che il vettore d_k è ammissibile per il sottoproblema (12.48), inoltre, le condizioni (necessarie e sufficienti) di ottimalità della Proposizione 12.9 sono soddisfatte.

Supponiamo $\| (J_k^T J_k)^{-1} J_k^T r_k \| > \Delta_k$. Ponendo $\mu_k = 0$ nella (12.51), il vettore d_k risulta non ammissibile per il sottoproblema (12.48), e quindi, tenendo conto delle condizioni di ottimalità della Proposizione 12.9, segue che deve essere necessariamente $\mu_k > 0$. □

Commento 12.3. Determinare una soluzione del sistema lineare (12.49) equivale a risolvere il seguente problema di minimi quadrati lineari

$$min_{d \in R^n} \frac{1}{2} \left\| \begin{pmatrix} J_k \\ \mu_k^{1/2} I \end{pmatrix} d + \begin{pmatrix} r_k \\ 0 \end{pmatrix} \right\|^2.$$

La (12.29), la (12.49) e la (12.50) mostrano che il metodo di Levenberg-Marquardt può essere analizzato come un metodo di tipo trust region. Di conseguenza, versioni globalmente convergenti del metodo possono essere definite con tecniche di aggiornamento dei parametri Δ_k e μ_k proprie dei metodi trust region. □

12.4 Metodi incrementali: filtro di Kalman

In molti problemi applicativi la funzione obiettivo di un problema di minimi quadrati viene costruita in modo incrementale, in quanto i dati vengono ottenuti *on-line*. In queste situazioni può essere conveniente ottenere un aggiornamento incrementale della stima di x senza dover risolvere nuovamente il problema di minimo in corrispondenza ad ogni nuovo termine della funzione obiettivo. Nel caso dei problemi di minimi quadrati lineari ciò può essere ottenuto attraverso una particolarizzazione del cosiddetto *filtro di Kalman* (introdotto originariamente per la stima dello stato dei sistemi dinamici) che fornisce esplicitamente l'aggiornamento della soluzione ottima.

Consideriamo il problema di minimi quadrati lineare corrispondente alla funzione obiettivo:

$$f^{(k)}(x) = \frac{1}{2} \sum_{i=1}^{k} (a_i^T x - b_i)^2,$$

e indichiamo con $x(k)$ la soluzione ottima, ossia

$$x(k) = \text{Arg} \min_x \frac{1}{2} \sum_{i=1}^{k} (a_i^T x - b_i)^2.$$

Ci proponiamo di determinare la soluzione ottima del nuovo problema in corrisponenza alla funzione obiettivo

$$f^{(k+1)}(x) = \frac{1}{2} \sum_{i=1}^{k} (a_i^T x - b_i)^2 + \frac{1}{2} (a_{k+1}^T x - b_{k+1})^2,$$

che differisce da $f^{(k)}$ per l'aggiunta del nuovo termine $\frac{1}{2}(a_{k+1}^T x - b_{k+1})^2$.

12.4 Metodi incrementali: filtro di Kalman

Indichiamo con $x(k+1)$ la soluzione ottima del nuovo problema e rappresentiamo con notazioni matriciali le funzioni obiettivo, ponendo

$$\tilde{A} = \begin{pmatrix} a_1^T \\ \cdot \\ a_k^T \end{pmatrix} \quad \tilde{b} = \begin{pmatrix} b_1 \\ \cdot \\ b_k \end{pmatrix}, \quad A = \begin{pmatrix} \tilde{A} \\ a_{k+1}^T \end{pmatrix} \quad b = \begin{pmatrix} \tilde{b} \\ b_{k+1} \end{pmatrix}.$$

Con le notazioni introdotte si può scrivere

$$f^{(k)}(x) = \frac{1}{2} \|\tilde{A}x - \tilde{b}\|^2,$$

$$f^{(k+1)}(x) = \frac{1}{2} \|Ax - b\|^2.$$

Essendo $x(k)$ il punto di minimo di $f^{(k)}$ dovrà soddisfare le quazioni normali

$$\tilde{A}^T \tilde{A} x(k) = \tilde{A}^T \tilde{b} \tag{12.52}$$

e la soluzione $x(k+1)$ del nuovo problema deve soddisfare le equazioni normali

$$A^T A x(k+1) = A^T b.$$

L'ultima equazione si può riscrivere nella forma

$$\left[\begin{pmatrix} \tilde{A} \\ a_{k+1}^T \end{pmatrix}^T \begin{pmatrix} \tilde{A} \\ a_{k+1}^T \end{pmatrix} \right] x(k+1) = \begin{pmatrix} \tilde{A} \\ a_{k+1}^T \end{pmatrix}^T \begin{pmatrix} \tilde{b} \\ b_{k+1} \end{pmatrix},$$

da cui, ponendo

$$H(k+1) = A^T A = \tilde{A}^T \tilde{A} + a_{k+1} a_{k+1}^T,$$

si ottiene, con facili passaggi

$$H(k+1) x(k+1) = \tilde{A}^T \tilde{b} + a_{k+1} b_{k+1}.$$

Ricordando la (12.52) si ha

$$H(k+1) x(k+1) = \tilde{A}^T \tilde{A} x(k) + a_{k+1} b_{k+1}$$
$$= (\tilde{A}^T \tilde{A} + a_{k+1} a_{k+1}^T) x(k) - a_{k+1} a_{k+1}^T x(k) + a_{k+1} b_{k+1}$$
$$= H(k+1) x(k) + a_{k+1} (b_{k+1} - a_{k+1}^T x(k)).$$

Se ora si assume che $H(k) = \tilde{A}^T \tilde{A}$ sia non singolare, anche $H(k+1)$ sarà non singolare e di conseguenza si puó scrivere

$$x(k+1) = x(k) + H(k+1)^{-1} a_{k+1} (b_{k+1} - a_{k+1}^T x(k)),$$

con
$$H(k+1) = H(k) + a_{k+1}a_{k+1}^T, \quad k = k_0, k_0+1, \ldots$$

che forniscono le formule di aggiornamento cercate. Tali formule non richiedono la conoscenza della matrice $A(k+1, n)$, e questo risulta vantaggioso quando il numero $k+1$ di dati è "molto più grande" del numero n di variabili.

È da notare che, per ottenere le formule di aggiornamento precedenti occorre supporre che, in corrispondenza al valore iniziale k_0 la matrice $H(k_0)$ sia non singolare (e quindi anche che k_0 sia abbastanza grande).

Infine, osserviamo che anche nel caso di minimi quadrati non lineari è possibile definire metodi incrementali, come il *filtro di Kalman esteso* che consiste nell'applicare il filtro di Kalman ad un problema linearizzato.

12.5 Cenni sui metodi incrementali per problemi non lineari

Si consideri il problema

$$min_{x \in R^n} f(x) = \sum_{i=1}^m f_i(x), \qquad (12.53)$$

dove $f_i : R^n \to R$ sono funzioni continuamente differenziabili su R^n. Un caso particolare del problema (12.53) è un problema di minimi quadrati.

I metodi per la soluzione del problema (12.53) possono essere distinti in due classi:

- metodi di tipo *batch*, che utilizzano le informazioni riguardanti la funzione "complessiva" $f(x)$ e le sue derivate;
- metodi *incrementali* (anche denominati *online*), che utilizzano le informazioni riguardanti il singolo termine $f_i(x)$ e le sue derivate.

I metodi classici di ottimizzazione (gradiente, Newton, ...) sono ovviamente metodi di tipo batch.

Un metodo incrementale di tipo gradiente può essere descritto come segue. Dato il punto corrente x_k, il nuovo punto x_{k+1} è ottenuto alla fine del seguente ciclo:

$$\begin{aligned} z_0 &= x_k \\ z_i &= z_{i-1} - \alpha_k \nabla f_i(z_{i-1}) \quad i = 1, \ldots, m \\ x_{k+1} &= z_m, \end{aligned}$$

dove $\alpha_k > 0$ è il passo di ricerca unidimensionale, e si è omessa la dipendenza di z_i da k per non appesantire la notazione. Due potenziali vantaggi dei metodi di tipo incrementale sono i seguenti:

- possono fornire "buone" soluzioni approssimate nei problemi in cui i dati (da cui dipendono i singoli termini f_i) non sono assegnati *fuori linea*, ma sono generati in tempo reale;

12.5 Cenni sui metodi incrementali per problemi non lineari

- se il numero di dati è molto elevato (m "grande"), può accadere che i dati stessi siano *statisticamente omogenei*, nel senso che uno stesso vettore rappresenta (approssimativamente) un punto di minimo di molti termini f_i, per cui, una "buona" soluzione del problema potrebbe essere ottenuta dopo un singolo ciclo.

Ossserviamo che

$$x_{k+1} = x_k - \alpha_k \sum_{i=1}^{m} \nabla f_i(z_{i-1}). \tag{12.54}$$

Un metodo incrementale differisce quindi dal metodo del gradiente per il fatto che utilizza la direzione

$$-\sum_{i=1}^{m} \nabla f_i(z_{i-1})$$

al posto della direzione dell'antigradiente

$$-\sum_{i=1}^{m} \nabla f_i(x_k).$$

Di conseguenza, un metodo incrementale può essere visto come *un metodo del gradiente con errore*. In particolare, si ha

$$x_{k+1} = x_k - \alpha_k \left(\nabla f(x_k) + e_k \right), \tag{12.55}$$

dove

$$e_k = \sum_{i=1}^{m} \left(\nabla f_i(z_{i-1}) - \nabla f_i(x_k) \right). \tag{12.56}$$

La scelta del passo α_k è cruciale per assicurare la convergenza globale di un metodo incrementale. Dalla (12.55) si vede che la direzione di un metodo incrementale differisce dalla direzione del metodo del gradiente di un errore che é proporzionale al passo α_k. Per questa ragione, per assicurare la convergenza globale è essenziale che il passo si riduca iterativamente.

Osserviamo inoltre che, nel caso in cui la sequenza $\{x_k\}$ converge, allora i vettori

$$\alpha_k \nabla f_i(z_{i-1}), \qquad \text{per } i = 1, \ldots, m$$

devono convergere a zero. D'altra parte, poiché non è necessario che i singoli gradienti ∇f_i tendano a zero, segue che è necessario imporre $\alpha_k \to 0$.

Un risultato di convergenza del metodo incrementale visto come *metodo del gradiente con errore* è riportato nella proposizione successiva, stabilita in [7].

> **Proposizione 12.10 (Convergenza del metodo incrementale).**
> Sia $f(x) = \sum_{i=1}^{m} f_i(x)$, dove $f_i : R^n \to R$ sono funzioni continuamente differenziabili su R^n. Sia $\{x_k\}$ la sequenza (12.54) generata da un metodo incrementale tipo gradiente. Si assuma l'esistenza di tre costanti positive L, C, e D tali che per $i = 1, \ldots, m$ si ha
>
> $$\|\nabla f_i(x) - \nabla f_i(y)\| \leq L\|x - y\| \qquad \text{per ogni } x, y \in R^n \qquad (12.57)$$
>
> $$\|\nabla f_i(x)\| \leq C + D\|\nabla f(x)\| \qquad \text{per ogni } x \in R^n. \qquad (12.58)$$
>
> Si assuma inoltre che
>
> $$\sum_{k=0}^{\infty} \alpha_k = \infty \qquad \sum_{k=0}^{\infty} (\alpha_k)^2 < \infty. \qquad (12.59)$$
>
> Allora, o $f(y_k) \to -\infty$, oppure la sequenza $\{f(x_k)\}$ converge ad un valore finito e si ha:
> (i) $\lim_{k \to \infty} \|\nabla f(x_k)\| = 0$;
> (ii) ogni punto di accumulazione di $\{x_k\}$ è un punto stazionario di f.

Note e riferimenti

Metodi per problemi di minimi quadrati lineari sono descritti e analizzati approfonditamente in [11]. I risultati di convergenza locale dei metodi di Gauss-Newton e di Levenberg-Marquardt presentati nel capitolo sono tratti da [32]. Metodi incrementali, cui si è fatto cenno nel capitolo, sono descritti in maggiore dettaglio in [7].

12.6 Esercizi

12.1. Siano $t_1, t_2, \ldots, t_{12}$ istanti di tempo, e siano $b(t_1), b(t_2), \ldots, b(t_{12})$ le corrispondenti temperature misurate. Si consideri un modello della forma

$$c_1 e^t + c_2 e^{t^2} + c_3 e^{t-6}.$$

Formulare il problema di minimi quadrati per la determinazione dei parametri c_1, c_2, c_3, e stabilire se il problema è di *minimi quadrati lineari* oppure di *minimi quadrati non lineari*.

12.2. Sia J_k una matrice $m \times n$ con $m \geq n$. Dimostrare che $J_k^T J_k$ è definita positiva se e solo se $\text{rango} J_k = n$.

12.3. Dimostrare che risolvere il sistema lineare

$$(J_k^T J_k + \mu_k I)d = -J_k^T r_k$$

con $\mu_k \geq 0$, equivale a risolvere il problema di minimi quadrati lineari

$$min_{d \in R^n} \frac{1}{2} \left\| \begin{pmatrix} J_k \\ \mu_k^{1/2} I \end{pmatrix} d + \begin{pmatrix} r_k \\ 0 \end{pmatrix} \right\|^2.$$

12.4. Definire una semplice modifica del metodo di Gauss-Newton, basata su un test sulla condizione d'angolo e sull'eventuale *restart* lungo la direzione dell'antigradiente, che risulti globalmente convergente anche in assenza di ipotesi sul rango della matrice Jacobiana. Realizzare un codice di calcolo basato sull'algoritmo sopra definito, in cui la direzione di Gauss-Newton viene determinata con il metodo del gradiente coniugato per problemi di minimi quadrati lineari.

12.5. Realizzare un codice di calcolo basato sul metodo di Levenberg-Marquardt in cui si utilizza il metodo del gradiente coniugato per determinare la soluzione d_k del sistema

$$\left(J_k^T J_k + \mu_k I\right) d = -J_k^T r_k.$$

13
Metodi per problemi a larga scala

Nel capitolo vengono presentati metodi per la soluzione di problemi di ottimizzazione a larga scala. Vengono descritti metodi di tipo *Newton troncato* e metodi *Quasi-Newton a memoria limitata*. Con riferimento ai metodi di tipo Newton troncato, vengono inoltre riportati risultati di convergenza locale e globale.

13.1 Generalità

Molte applicazioni richiedono la soluzione di problemi di ottimizzazione a *larga scala*, ossia di problemi con centinaia di migliaia o milioni di variabili (il concetto di "larga scala" è chiaramente dipendente dalla potenza di calcolo delle macchine disponibili). In un problema a larga scala, in assenza di ipotesi di sparsità, la memorizzazione e il costo di fattorizzazione di matrici aventi la dimensione del problema potrebbero essere proibitivi.

Per la soluzione di problemi a larga scala possono essere utilizzati, senza dover introdurre nessuna modifica, metodi di tipo *gradiente* (in particolare, è consigliabile il metodo del gradiente di *Barzilai-Borwein* per la buona efficienza), e metodi di tipo *gradiente coniugato*. I metodi di queste classi, infatti, utilizzano informazioni sulla funzione obiettivo e sulle sue derivate prime, e non richiedono di memorizzare matrici e di effettuare operazioni matriciali.

I metodi di tipo *Newton* e i metodi *Quasi-Newton* richiedono la memorizzazione di matrici, per cui non sono direttamente applicabili per la soluzione di problemi a larga scala. Sono perciò stati introdotti:

- metodi di tipo *Newton troncato*, in cui il sistema di Newton viene risolto in modo approssimato mediante procedure iterative che non richiedono la conoscenza o la memorizzazione della matrice Hessiana, inoltre, l'equazione di Newton è risolta in modo *approssimato*;

Grippo L., Sciandrone M.: Metodi di ottimizzazione non vincolata.
© Springer-Verlag Italia 2011

- metodi *Quasi-Newton a memoria limitata*, in cui vengono utilizzate approssimazioni della matrice Hessiana ottenute mediante memorizzazione di "pochi" vettori di dimensione pari a quella del problema.

I metodi di tipo Newton troncato presentano proprietà teoriche di convergenza globale e di rapidità di convergenza che verranno analizzate nel capitolo.

Osserviamo infine che, generalmente, con la denominazione *metodo di Newton inesatto* si sottointende che il metodo è riferito alla soluzione di sistemi di equazioni, e con la denominazione *metodo di Newton troncato* si sottointende che il metodo è riferito alla soluzione di problemi di ottimizzazione.

13.2 Metodo di Newton inesatto

Per applicare il metodo di Newton alla soluzione dell'equazione $F(x) = 0$ è necessario risolvere numericamente (quando possibile) il sistema lineare

$$J(x_k)d + F(x_k) = 0, \qquad (13.1)$$

che fornisce la direzione di ricerca.

Per problemi di dimensioni elevate il calcolo della soluzione può risultare oneroso e quindi ci si può chiedere se sia possibile utilizzare una soluzione approssimata che tuttavia preservi le proprietà di convergenza del metodo di Newton.

In un metodo di *Newton inesatto* abbiamo

$$x_{k+1} = x_k + d_k,$$

dove d_k non risolve esattamente il sistema lineare (13.1), ma è una *soluzione approssimata*, ossia è tale da soddisfare la disuguaglianza

$$\|J(x_k)d_k + F(x_k)\| \leq \eta_k \|F(x_k)\|, \qquad (13.2)$$

essendo $\eta_k > 0$ il *termine di forzamento*.

Analizzeremo le condizioni da imporre sul termine η_k per garantire che un metodo di tipo Newton inesatto converga localmente alla soluzione $x^\star$ del sistema $F(x) = 0$ con una assegnata rapidità di convergenza. Vedremo che il metodo converge

- con rapidità lineare se η_k è "sufficientemente piccolo";
- con rapidità superlineare se η_k tende a zero;
- con rapidità quadratica se η_k non cresce più rapidamente di $\|F(x_k)\|$.

13.2 Metodo di Newton inesatto

Proposizione 13.1 (Convergenza locale Newton inesatto).

Sia $F: R^n \to R^n$ continuamente differenziabile su un insieme aperto $\mathcal{D} \subseteq R^n$. Supponiamo inoltre che valgano le condizioni seguenti:

(i) esiste un $x^\star \in \mathcal{D}$ tale che $F(x^\star) = 0$;
(ii) la matrice Jacobiana $J(x^\star)$ è non singolare.

Allora esistono una sfera aperta $\mathcal{B}(x^\star; \epsilon) \subset \mathcal{D}$, e una valore $\bar{\eta}$ tali che, se $x_0 \in \mathcal{B}(x^\star; \epsilon)$ e $\eta_k \in [0, \bar{\eta}]$ per ogni k, allora la successione $\{x_k\}$ generata dal metodo di Newton inesatto e definita dall'iterazione

$$x_{k+1} = x_k + d_k,$$

dove d_k soddisfa la condizione

$$\|J(x_k)d_k + F(x_k)\| \leq \eta_k \|F(x_k)\|, \qquad (13.3)$$

converge a $x^\star$ con rapidità di convergenza lineare. Inoltre,

(a) se $\eta_k \to 0$ allora $\{x_k\}$ converge superlinearmente;
(b) se la matrice Jacobiana J è Lipschitz-continua su $\mathcal{D}$, e se esiste una costante $C > 0$ tale che $\eta_k \leq C\|F(x_k)\|$ per ogni k allora $\{x_k\}$ converge quadraticamente.

Dimostrazione. Riscriviamo la (13.3) nella forma equivalente

$$J(x_k)d_k + F(x_k) = r_k \qquad \text{con} \quad \|r_k\| \leq \eta_k \|F(x_k)\|. \qquad (13.4)$$

Poiché $J(x^\star)$ è non singolare e J è continua su $\mathcal{D}$, è possibile trovare un $\epsilon_1 > 0$ e un $\mu > 0$ tali che $\mathcal{B}(x^\star; \epsilon_1) \subseteq \mathcal{D}$ e che risulti:

$$\left\|J(x)^{-1}\right\| \leq \mu, \quad \text{per ogni } x \in \mathcal{B}(x^\star; \epsilon_1).$$

Inoltre, sempre per la continuità di J, fissato un qualunque $\sigma \in (0,1)$ tale che

$$\sigma < \min\{1, \mu\|J(x^\star)\|\},$$

è possibile trovare $\epsilon \leq \epsilon_1$ tale che

$$\|J(x) - J(y)\| \leq \sigma/\mu, \quad \text{per ogni } x, y \in \mathcal{B}(x^\star; \epsilon). \qquad (13.5)$$

Supponiamo che sia $x_k \in \mathcal{B}(x^\star; \epsilon)$. Dalla (13.4) segue

$$\|d_k + J(x_k)^{-1} F(x_k)\| \leq \|J(x_k)^{-1}\| \eta_k \|F(x_k)\| \leq \mu \eta_k \|F(x_k)\|. \qquad (13.6)$$

L'ipotesi di differenziabilità di F implica che per $x_k \in \mathcal{B}(x^\star; \epsilon)$ possiamo scrivere

$$F(x_k) = J(x^\star)(x_k - x^\star) + \int_0^1 [J(x^\star + t(x_k - x^\star)) - J(x^\star)](x_k - x^\star)dt$$

$$= J(x_k)(x_k - x^\star) + \int_0^1 [J(x^\star + t(x_k - x^\star)) - J(x_k)](x_k - x^\star)dt, \tag{13.7}$$

da cui segue

$$\|F(x_k)\| < \|J(x^\star)\|\|x_k - x^\star\| + \int_0^1 \|J(x^\star + t(x_k - x^\star)) - J(x^\star)\|dt \|(x_k - x^\star)\|.$$

Tenendo conto della convessità di $B(x^\star, \epsilon)$, della (13.5) dove $\sigma/\mu < \|J(x^\star)\|$, abbiamo

$$\|F(x_k)\| \leq 2\|J(x^\star)\|\|x_k - x^\star\|. \tag{13.8}$$

Utilizzando la (13.6), la (13.7) e la (13.8) possiamo scrivere

$$\|x_k + d_k - x^\star\| =$$

$$\|d_k + J(x_k)^{-1}F(x_k) - J(x_k)^{-1}\int_0^1 [J(x^\star + t(x_k - x^\star)) - J(x_k)](x_k - x^\star)dt\| \leq$$

$$\mu\eta_k\|F(x_k)\| + \|J(x_k)^{-1}\|\int_0^1 \|J(x^\star + t(x_k - x^\star)) - J(x_k)\|\|(x_k - x^\star)\|dt \leq$$

$$\left(2\mu\eta_k\|J(x^\star)\| + \|J(x_k)^{-1}\|\int_0^1 \|J(x^\star + t(x_k - x^\star)) - J(x_k)\|dt\right)\|(x_k - x^\star)\| \leq$$

$$\left(2\mu\eta_k\|J(x^\star)\| + \frac{\sigma}{\mu}\|J(x_k)^{-1}\|\right)\|(x_k - x^\star)\| \leq (2\mu\eta_k\|J(x^\star)\| + \sigma)\|x_k - x^\star\|. \tag{13.9}$$

Essendo $\sigma < 1$, possiamo assumere che esiste una valore $\bar{\eta}$ tale che

$$2\mu\bar{\eta}\|J(x^\star)\| + \sigma < 1. \tag{13.10}$$

Dalla (13.9) risulta

$$\|x_{k+1} - x^\star\| \leq \tau\|x_k - x^\star\|, \tag{13.11}$$

con

$$\tau = 2\mu\bar{\eta}\|J(x^\star)\| + \sigma < 1,$$

e quindi per induzione se $x_k \in B(x^\star, \epsilon)$ si ha $x_k \in B(x^\star, \epsilon)$ per ogni k. Possiamo allora applicare ripetutamente la (13.11) a partire da x_0 ottenendo

$$\|x_k - x^\star\| \leq \tau^k \|x_0 - x^\star\|,$$

per cui, essendo $\tau < 1$, si ha che $\{x_k\}$ converge a $x^\star$ con rapidità lineare.

(a) Se $\eta_k \to 0$, tenendo conto che dalla (13.9) si ha

$$\|x_{k+1} - x^\star\| \leq \left(2\mu\eta_k\|J(x^\star)\| + \mu\int_0^1 \|J(x^\star + t(x_k - x^\star)) - J(x_k)\|dt\right)\|(x_k - x^\star)\|,$$

otteniamo
$$\lim_{k\to\infty} \frac{\|x_{k+1} - x^\star\|}{\|x_k - x^\star\|} = 0.$$

(b) La matrice Jacobiana è Lipschitz-continua su $\mathcal{D}$ con costante L, per cui possiamo scrivere
$$\int_0^1 \|J(x^\star + t(x_k - x^\star)) - J(x_k)\| dt \leq \frac{L}{2}\|x_k - x^\star\|.$$

Tenendo conto che $\eta_k \leq C\|F(x_k)\|$, dalla (13.8) segue
$$\mu\eta_k\|F(x_k)\| \leq C\mu\|F(x_k)\|^2 \leq 4C\mu\|J(x^\star)\|^2\|(x_k - x^\star)\|^2.$$

Utilizzando le precedenti relazione nella (13.9) otteniamo
$$\|x_{k+1} - x^\star\| \leq \left(4C\mu\|J(x^\star)\|^2 + \frac{\mu L}{2}\right)\|(x_k - x^\star)\|^2, \qquad (13.12)$$

per cui la rapidità di convergenza è quadratica. □

Analogamente a quanto visto nell'analisi di convergenza del metodo di Newton, il risultato espresso dalla Proposizione 13.1 si può facilmente ricondurre a un risultato sulla convergenza del metodo di Newton inesatto nella ricerca di punti stazionari di una funzione $f : R^n \to R$. In particolare, si può enunciare la proposizione seguente, che è una diretta conseguenza dalla Proposizione 13.1.

Proposizione 13.2 (Convergenza locale Newton inesatto).

Sia $f : R^n \to R$ una funzione due volte continuamente differenziabile su un insieme aperto $\mathcal{D} \subseteq R^n$. Supponiamo inoltre che valgano le condizioni seguenti:

(i) esiste un $x^\star \in \mathcal{D}$ tale che $\nabla f(x^\star) = 0$;
(ii) la matrice Hessiana $\nabla^2 f(x^\star)$ è non singolare.

Esistono una sfera aperta $\mathcal{B}(x^\star; \epsilon) \subset \mathcal{D}$, e una valore $\bar{\eta}$ tali che, se $x_0 \in \mathcal{B}(x^\star; \epsilon)$ e $\eta_k \in [0, \bar{\eta}]$ per ogni k, allora la successione $\{x_k\}$ generata dal metodo di Newton inesatto e definita dall'iterazione
$$x_{k+1} = x_k + d_k,$$

dove d_k soddisfa la condizione
$$\|\nabla^2 f(x_k)d_k + \nabla f(x_k)\| \leq \eta_k\|\nabla f(x_k)\|,$$

converge a $x^\star$ con rapidità di convergenza lineare. Inoltre,

> (a) *se* $\eta_k \to 0$ *allora* $\{x_k\}$ *converge superlinearmente;*
> (b) *se la matrice Hessiana* $\nabla^2 f$ *è Lipschitz-continua su* $\mathcal{D}$, *e se esiste una costante* $C > 0$ *tale che* $\eta_k \leq C \|\nabla f(x_k)\|$ *per ogni* k *allora* $\{x_k\}$ *converge quadraticamente.*

13.3 Metodi di Newton troncato

13.3.1 Concetti generali

Nel paragrafo precedente abbiamo visto risultati di convergenza locale basati su soluzioni inesatte del sistema lineare che caratterizza i metodi tipo Newton, ossia del sistema

$$\nabla^2 f(x_k) d + \nabla f(x_k) = 0. \tag{13.13}$$

Il metodo del gradiente coniugato può essere utilizzato, all'interno di un algoritmo tipo-Newton, per calcolare la direzione di ricerca, ossia per risolvere (in modo esatto o approssimato) il sistema (13.13).

Ponendo

$$q_k(d) = f(x_k) + \nabla f(x_k)^T d + \frac{1}{2} d^T \nabla^2 f(x_k) d,$$

possiamo impiegare l'algoritmo del gradiente coniugato relativo al caso quadratico per calcolare d_k minimizzando rispetto a d la funzione $q_k(d)$. Si può anche pensare di interrompere le iterazioni del gradiente coniugato non appena il residuo dell'equazione di Newton soddisfi un'opportuna condizione di convergenza.

Si verifica facilmente che il residuo dell'equazione di Newton è dato dal gradiente della funzione $q_k(d)$ rispetto a d, ossia dal vettore

$$\nabla q_k(d) = \nabla f(x_k) + \nabla^2 f(x_k) d.$$

Dalla Proposizione 13.2 abbiamo che una condizione di convergenza superlineare è data dalla condizione

$$\lim_{k \to \infty} \frac{\|\nabla q_k(d_k)\|}{\|\nabla f(x_k)\|} = 0.$$

Se indichiamo con $d^{(i)}$ le approssimazioni di d_k prodotte dal metodo del gradiente coniugato, si può definire un criterio di troncamento del ciclo interno di gradiente coniugato imponendo, ad esempio:

$$\|\nabla q_k(d^{(i)})\| \leq \eta \|\nabla f(x_k)\| \min\left\{\frac{1}{k+1}, \|\nabla f(x_k)\|\right\},$$

dove $\eta > 0$ è una costante assegnata. In tal modo si impone una precisione relativamente bassa nelle iterazioni iniziali, quando ancora si è distanti dalla soluzione, e una precisione sempre più elevata quando ci si avvicina alla soluzione.

Ciò consente, in genere, un notevole risparmio nei calcoli richiesti per approssimare la direzione di Newton. C'è da osservare, tuttavia, che nel caso generale la matrice $\nabla^2 f(x_k)$ non è necessariamente definita positiva e quindi occorre introdurre opportune verifiche nell'algoritmo del gradiente coniugato in modo da assicurare che venga comunque prodotta una direzione di discesa.

Nel seguito presentiamo due metodi di tipo Newton troncato, il primo basato su una tecnica di ricerca unidimensionale, il secondo basato su una strategia di tipo trust region

13.3.2 Metodo di Netwon troncato basato su ricerca unidimensionale*

Un possibile schema di un *metodo di Newton troncato* (NT) è quello riportato nell'algoritmo seguente, dove si è posto, per semplificare le notazioni

$$\nabla q^{(i)} = \nabla q_k(d^{(i)}) = \nabla f(x_k) + \nabla^2 f(x_k) d^{(i)}.$$

È da notare che, nello schema considerato, i vettori $d^{(i)}$ sono le approssimazioni della direzione di Newton prodotte dal gradiente coniugato, mentre $s^{(i)}$ sono le direzioni coniugate (rispetto a $\nabla^2 f(x_k)$) utilizzate nel ciclo interno per calcolare le $d^{(i)}$.

Algoritmo NT

Dati. $\eta > 0$, $\epsilon > 0$
Passo 1. Si assume $x_0 \in R^n$ e si pone k=0.
Passo 2. Si calcola $\nabla f(x_k)$. Se $\nabla f(x_k) = 0$ stop; altrimenti:
  Passo 2.1. Si pone $i = 0$, $d^{(0)} = 0$, $s^{(0)} = -\nabla q^{(0)} = -\nabla f(x_k)$.
  Passo 2.2. Se $s^{(i)T} \nabla^2 f(x_k) s^{(i)} \leq \epsilon \|s^{(i)}\|^2$ si assume

$$d_k = \begin{cases} -\nabla f(x_k), & \text{se } i = 0, \\ d^{(i)}, & \text{se } i > 0 \end{cases}$$

e si va al Passo 3.
  Passo 2.3. Si calcola:

$$\alpha^{(i)} = -\frac{\nabla q^{(i)T} s^{(i)}}{s^{(i)T} \nabla^2 f(x_k) s^{(i)}}$$

$$d^{(i+1)} = d^{(i)} + \alpha^{(i)} s^{(i)}$$

$$\nabla q^{(i+1)} = \nabla q^{(i)} + \alpha^{(i)} \nabla^2 f(x_k) s^{(i)}.$$

> Se risulta: $\|\nabla q^{(i)}\| \leq \eta \|\nabla f(x_k)\| \min\left\{\frac{1}{k+1}, \|\nabla f(x_k)\|\right\}$,
> si assume $d_k = d^{(i)}$ e si va al Passo 3.
>
> **Passo 2.4.** Si calcola:
>
> $$\beta^{(i+1)} = \frac{\nabla q^{(i+1)T} \nabla^2 f(x_k) s^{(i)}}{s^{(i)T} \nabla^2 f(x_k) s^{(i)}}$$
>
> $$s^{(i+1)} = -\nabla q^{(i+1)} + \beta^{(i+1)} s^{(i)},$$
>
> si pone $i = i+1$ e si ritorna al Passo 2.2.
>
> **Passo 3.** Si effettua una ricerca unidimensionale (con il metodo di Armijo con passo unitario) lungo la direzione d_k, si determina $x_{k+1} = x_k + \alpha_k d_k$, si pone $k = k+1$ e si ritorna al Passo 2.

È da notare che nell'algoritmo la matrice Hessiana $\nabla^2 f$ premoltiplica sempre $s^{(i)}$, per cui è sufficiente fornire un sottoprogramma che calcoli tale prodotto e ciò può risultare vantaggioso (in termini di occupazione di memoria) nei problemi a grandi dimensioni.

Se le derivate seconde non sono disponibili è possibile approssimare i prodotti $\nabla^2 f(x_k) s^{(i)}$ per mezzo di formule alle differenze finite, ponendo

$$\nabla^2 f(x_k) s^{(i)} \approx \frac{\nabla f(x_k + ts^{(i)}) - \nabla f(x_k)}{t},$$

per valori opportuni di t.

Commento 13.1. L'algoritmo descritto è ben definito, nel senso che il ciclo del Passo 2 termina in un numero finito di iterazioni. In particolare, abbiamo che l'algoritmo termina al più in n iterazioni. Infatti, se per $i = 0, \ldots, n-1$ i test al Passo 2.2 e al Passo 2.3 non sono mai soddisfatti, dalle proprietà del gradiente coniugato abbiamo necessariamente $\|\nabla q^{(n)}\| = 0$, da cui segue che il test al Passo 2.3 verrà soddisfatto. Infatti, il metodo del gradiente coniugato converge ad un punto stazionario di una funzione quadratica (qualsiasi) assumendo che le direzioni coniugate generate sono tali che $d_i^T Q d_i > 0$. □

Per dimostrare la convergenza dell'Algoritmo NT è sufficiente mostrare che la direzione generata d_k, oltre ad essere una direzione di discesa, gode di opportune proprietà. Infatti, vedremo che tali proprietà della direzione d_k e l'impiego di una ricerca unidimensionale di tipo Armijo per il calcolo del passo α_k sono sufficienti, in accordo con il risultato generale della Proposizione 4.1, per garantire la convergenza globale.

Riportiamo il seguente risultato preliminare.

Proposizione 13.3. *Sia $f : R^n \to R$ due volte continuamente differenziabile e si supponga che l'insieme di livello $\mathcal{L}_0$ sia compatto. Siano $\{x_k\}$ e $\{d_k\}$ le sequenze generate dall'Algoritmo NT. Esistono costanti $c_1 > 0$ e $c_2 > 0$ tali che per ogni k risulta*

$$\nabla f(x_k)^T d_k \leq -c_1 \|\nabla f(x_k)\|^2 \qquad (13.14)$$

$$\|d_k\| \leq c_2 \|\nabla f(x_k)\|. \qquad (13.15)$$

Dimostrazione. Osserviamo che rimangono valide tutte le proprietà del gradiente coniugato nel caso quadratico (fino a quando possono essere proseguite le iterazioni del ciclo interno). Osserviamo inoltre che nel metodo del gradiente coniugato si può sempre porre, nel caso quadratico

$$\alpha^{(i)} = -\frac{\nabla q^{(i)T} s^{(i)}}{s^{(i)T} \nabla^2 f(x_k) s^{(i)}} = -\frac{\nabla q^{(0)T} s^{(i)}}{s^{(i)T} \nabla^2 f(x_k) s^{(i)}}.$$

Ciò segue dal fatto che è possibile scrivere

$$\nabla q^{(i)} = \nabla q^{(0)} + \sum_{j=0}^{i-1} \alpha^{(j)} \nabla^2 f(x_k) s^{(j)},$$

da cui, premoltiplicando scalarmente per $s^{(i)}$ e tenendo conto dell'ipotesi che i vettori $s^{(j)}$ sono mutuamente coniugati, si ottiene:

$$s^{(i)T} \nabla q^{(i)} = s^{(i)T} \nabla q^{(0)}.$$

Sia ora d_k la direzione calcolata dall'Algoritmo NT. Si ha ovviamente, per costruzione, $d_k = -\nabla f(x_k)$ oppure $d_k = d^{(i)}$ (per un opportuno valore dell'indice i). Nel secondo caso, si può scrivere

$$d_k = d^{(i)} = \sum_{j=0}^{i-1} \alpha^{(j)} s^{(j)} = -\sum_{j=0}^{i-1} \frac{\nabla q^{(0)T} s^{(j)}}{s^{(j)T} \nabla^2 f(x_k) s^{(j)}} s^{(j)},$$

da cui, tenendo conto del fatto che si è assunto nell'algoritmo

$$\nabla q^{(0)} = \nabla f(x_k), \quad s^{(0)} = -\nabla f(x_k)$$

si ottiene

$$\nabla f(x_k)^T d_k = -\sum_{j=0}^{i-1} \frac{(\nabla f(x_k)^T s^{(j)})^2}{s^{(j)T} \nabla^2 f(x_k) s^{(j)}}$$

$$\leq -\frac{(\nabla f(x_k)^T \nabla f(x_k))^2}{\nabla f(x_k)^T \nabla^2 f(x_k) \nabla f(x_k)}.$$

380 13 Metodi per problemi a larga scala

Ne segue che $\nabla f(x_k)^T d_k < 0$ e che si può porre

$$|\nabla f(x_k)^T d_k| \geq \frac{\|\nabla f(x_k)\|^4}{\|\nabla f(x_k)\|^2 \|\nabla^2 f(x_k)\|} \geq \frac{1}{M}\|\nabla f(x_k)\|^2,$$

in cui $M > 0$ è una maggiorazione di $\|\nabla^2 f(x_k)\|$ sull'insieme di livello. Tenendo conto del fatto che può essere anche $d_k = -\nabla f(x_k)$, si può concludere che la (13.14) è soddisfatta con $c_1 \leq \min\{1, 1/M\}$. Per quanto riguarda la (13.15) basta osservare che se $d_k = d^{(i)}$ si ha

$$\|d_k\| = \|d^{(i)}\| \leq \sum_{j=0}^{i-1} \left| \frac{s^{(j)T} s^{(j)}}{s^{(j)T} \nabla^2 f(x_k) s^{(j)}} \right| \|\nabla f(x_k)\|,$$

e quindi, dovendo risultare

$$s^{(j)T} \nabla^2 f(x_k) s^{(j)} > \epsilon \|s^{(j)}\|^2$$

per quanto previsto al Passo 2.2, si ha

$$\|d^{(i)}\| \leq \frac{i}{\epsilon}\|\nabla f(x_k)\| \leq \frac{n}{\epsilon}\|\nabla f(x_k)\|.$$

La (13.15) è allora soddisfatta in ogni caso, qualora si assuma:

$$c_2 = \max\{1, \frac{n}{\epsilon}\}. \qquad \square$$

Vale il risultato seguente di convergenza globale.

Proposizione 13.4. *Sia* $f : R^n \to R$ *due volte continuamente differenziabile su* R^n *e si supponga che l'insieme di livello* $\mathcal{L}_0$ *sia compatto. La sequenza generata dall'Algoritmo NT ammette punti di accumulazione e ogni punto di accumulazione è un punto stazionario di* f.

Dimostrazione. La Proposizione 13.3 assicura che la direzione di ricerca d_k è sempre una direzione di discesa. L'impiego del metodo di Armijo al Passo 3 implica $f(x_{k+1}) < f(x_k)$. Le (13.14), (13.15), le proprietà del metodo di Armijo (si veda la Proposizione 5.2) e la Proposizione 4.1 implicano che la sequenza $\{x_k\}$ ammette punti di accumulazione e ogni punto di accumulazione è un punto stazionario di f. $\qquad \square$

Sotto opportune ipotesi sulla matrice Hessiana è possibile stabilire che l'Algoritmo NT ha rapidità di convergenza superlineare o quadratica. Preliminarmente richiamiamo un risultato di carattere generale, già introdotto nel

Capitolo 12, sull'accettazione del passo unitario con la regola del metodo di Armijo.

Proposizione 13.5 (Accettazione del passo unitario).
Sia $f : R^n \to R$ una funzione due volte continuamente differenziabile su R^n e sia $\{x_k\}$ una sequenza generata con un metodo descritto da un'iterazione della forma

$$x_{k+1} = x_k + \alpha_k d_k.$$

Supponiamo che $\{x_k\}$ converga a $x^\star$, in cui $\nabla f(x^\star) = 0$ e $\nabla^2 f(x^\star)$ è definita positiva. Assumiamo inoltre che $\nabla f(x_k) \neq 0$ per ogni k e

$$\lim_{k \to \infty} \frac{\|d_k + \nabla^2 f(x^\star)^{-1} \nabla f(x_k)\|}{\|\nabla f(x_k)\|} = 0. \qquad (13.16)$$

Allora, se $\gamma \in (0, 1/2)$, esiste un indice $k^\star$, tale che, per ogni $k \geq k^\star$ si ha

$$f(x_k + d_k) \leq f(x_k) + \gamma \nabla f(x_k)^T d_k,$$

ossia il passo unitario è accettato dalla regola di Armijo. Inoltre abbiamo

$$\lim_{k \to \infty} \frac{\|x_{k+1} - x^\star\|}{\|x_k - x^\star\|} = 0. \qquad (13.17)$$

Commento 13.2. Osserviamo che la condizione (13.16) è soddisfatta da una direzione d_k tale che

$$\|\nabla^2 f(x_k) d_k + \nabla f(x_k)\| \leq \eta_k \|\nabla f(x_k)\|,$$

in cui $\eta_k \to 0$. Infatti, preso k sufficientemente grande, possiamo scrivere

$$\eta_k \geq \frac{\|\nabla^2 f(x_k) d_k + \nabla f(x_k)\|}{\|\nabla f(x_k)\|} = \frac{\|\nabla^2 f(x_k)^{-1}\| \|\nabla^2 f(x_k) d_k + \nabla f(x_k)\|}{\|\nabla^2 f(x_k)^{-1}\| \|\nabla f(x_k)\|}$$

$$\geq \frac{\|d_k + \nabla^2 f(x_k)^{-1} \nabla f(x_k)\|}{\|\nabla^2 f(x_k)^{-1}\| \|\nabla f(x_k)\|},$$

per cui abbiamo

$$\frac{\|d_k + \nabla^2 f(x_k)^{-1} \nabla f(x_k)\|}{\|\nabla f(x_k)\|} \leq \eta_k \|\nabla^2 f(x_k)^{-1}\|.$$

Tenendo conto che

$$\frac{\|d_k + \nabla^2 f(x^\star)^{-1}\nabla f(x_k)\|}{\|\nabla f(x_k)\|} \leq \frac{\|d_k + \nabla^2 f(x_k)^{-1}\nabla f(x_k)\|}{\|\nabla f(x_k)\|}$$
$$+ \frac{\|\nabla^2 f(x^\star)^{-1} - \nabla^2 f(x_k)^{-1}\|\|\nabla f(x_k)\|}{\|\nabla f(x_k)\|},$$

possiamo concludere che vale la (13.16). □

Possiamo ora enunciare e dimostrare i risultati di convergenza superlineare e quadratica del metodo di Newton troncato.

Proposizione 13.6. *Sia $f : R^n \to R$ una funzione due volte continuamente differenziabile su R^n. Supponiamo che la sequenza $\{x_k\}$ generata dall'Algoritmo NT converga a $x^\star$, in cui $\nabla f(x^\star) = 0$ e $\nabla^2 f(x^\star)$ è definita positiva. Allora:*
(i) *esiste una valore $\bar\epsilon > 0$ tale che, per k sufficientemente grande e comunque si scelga $\epsilon \in (0, \bar\epsilon]$, il test al Passo 2.2 non è mai soddisfatto;*
(ii) *la sequenza $\{x_k\}$ converge superlinearmente a $x^\star$;*
(iii) *se la matrice Hessiana $\nabla^2 f$ è Lipschitz-continua in un intorno di $x^\star$, la sequenza $\{x_k\}$ converge quadraticamente a $x^\star$.*

Dimostrazione. (i). La convergenza di $\{x_k\}$, la continuità della matrice Hessiana e l'ipotesi che $\nabla^2 f(x^\star)$ è definita positiva implicano che per k sufficientemente grande

$$\lambda_m[\nabla^2 f(x_k)] \geq \bar\lambda > 0,$$

dove $\lambda_m[\nabla^2 f(x_k)]$ rappresenta l'autovalore minimo di $\nabla^2 f(x_k)$. Si ponga $\bar\epsilon = \frac{\bar\lambda}{4}$, e sia $\epsilon \in (0, \bar\epsilon]$. Per k sufficientemente grande possiamo scrivere

$$s^{(i)T}\nabla^2 f(x_k)s^{(i)} > \frac{\bar\lambda}{2}\|s^{(i)}\|^2 > \epsilon\|s^{(i)}\|^2,$$

per cui l'asserzione (i) è dimostrata.

(ii) Per k sufficientemente grande la matrice $\nabla^2 f(x_k)$ è definita positiva per cui, dalle proprietà del metodo del gradiente coniugato, segue che il test al Passo 2.3 è soddisfatto e quindi risulta

$$\|\nabla^2 f(x_k)d_k + \nabla f(x_k)\| \leq \eta\|\nabla f(x_k)\|\min\{1/(k+1), \|\nabla f(x_k)\}.$$

Abbiamo quindi

$$\|\nabla^2 f(x_k)d_k + \nabla f(x_k)\| \leq \eta_k\|\nabla f(x_k)\|, \tag{13.18}$$

con $\eta_k \to 0$ avendo posto $\eta_k = \eta \min\{1/(k+1), \|\nabla f(x_k)\|\}$. La (13.16) della Proposizione 13.5 è soddisfatta (si veda l'osservazione dopo la proposizione), per cui abbiamo

$$x_{k+1} = x_k + d_k, \qquad (13.19)$$

dove d_k soddisfa la (13.18). La Proposizione 13.2 implica quindi che $\{x_k\}$ converge a $x^\star$ superlinearmente.

(iii) L'asserzione segue dalle (13.18), (13.19) e dalla Proposizione 13.2, osservando che $\eta_k \leq \eta \|\nabla f(x_k)\|$. $\square$

13.3.3 Metodo di Netwon troncato di tipo trust region*

Si consideri in una strategia di tipo trust region il sottoproblema

$$\min \; m_k(s) = f(x_k) + \nabla f(x_k)^T s + \tfrac{1}{2} s^T \nabla^2 f(x_k) s \qquad (13.20)$$
$$\|s\| \leq \Delta_k.$$

Per il calcolo di una soluzione approssimata di (13.20) possiamo adottare il metodo del gradiente coniugato di Steihaug, già introdotto, che descriviamo nuovamente per agevolare la lettura del paragrafo. Per semplificare la notazione poniamo $\nabla f_k = \nabla f(x_k)$ e $\nabla^2 f_k = \nabla^2 f(x_k)$, e omettiamo quasi sempre la dipendenza da k.

Metodo del gradiente coniugato di Steihaug

Dati. $\epsilon_k > 0$.
1. Poni $s_0 = 0$, $r_0 = \nabla f_k$, $d_0 = -\nabla f_k$, $j = 0$.
2. Se $\|r_0\| \leq \epsilon_k$ poni $s_k = s_j$ ed esci.
3. Se $d_j^T \nabla^2 f_k d_j \leq 0$
   determina il valore positivo $\tau^\star$ tale che

   $$\|s_j + \tau^\star d_j\| = \Delta_k,$$

   poni $s_k = s_j + \tau^\star d_j$ ed esci.
4. Poni $\alpha_j = r_j^T r_j / d_j^T \nabla^2 f_k d_j$, $s_{j+1} = s_j + \alpha_j d_j$.
5. Se $\|s_{j+1}\| \geq \Delta$ determina il valore positivo $\tau^\star$ tale che

   $$\|s_j + \tau^\star d_j\| = \Delta_k,$$

   poni $s_k = s_j + \tau^\star d_j$ ed esci.
6. Poni $r_{j+1} = r_j + \alpha_j \nabla^2 f_k d_j$. Se $\|r_{j+1}\| \leq \epsilon_k$ poni $s_k = s_{j+1}$ ed esci.
7. Poni $\beta_{j+1} = r_{j+1}^T r_{j+1} / r_j^T r_j$, $d_{j+1} = -r_{j+1} + \beta_{j+1} d_j$, $j = j+1$ e vai al Passo 3.

13 Metodi per problemi a larga scala

Come già osservato, nell'algoritmo la matrice Hessiana $\nabla^2 f$ premoltiplica sempre d_j, per cui è sufficiente fornire un sottoprogramma che calcoli tale prodotto e ciò può risultare vantaggioso (in termini di occupazione di memoria) nei problemi a grandi dimensioni.

Se le derivate seconde non sono disponibili è possibile approssimare i prodotti $\nabla^2 f(x_k)d_j$ per mezzo di formule alle differenze finite, ponendo

$$\nabla^2 f(x_k)d_j \approx \frac{\nabla f(x_k + td_j) - \nabla f(x_k)}{t},$$

per valori opportuni di t.

Uno schema complessivo di un metodo di Newton troncato è il seguente.

Metodo di Netwon troncato di tipo trust region (NT-TR)

Dati. Punto iniziale $x_0 \in R^n$, raggio iniziale $\Delta_0 > 0$; parametro $\epsilon > 0$, costanti positive $\eta_1, \eta_2, \gamma_1, \gamma_2$ tali da soddisfare le condizioni

$$0 < \eta_1 < \eta_2 < 1 \quad \text{e} \quad 0 < \gamma_1 \leq \gamma_2 < 1. \tag{13.21}$$

Poni $k = 0$.

Passo 1. Definizione del modello quadratico.
Definisci il modello quadratico (13.20).

Passo 2. Soluzione del sottoproblema.
Poni

$$\epsilon_k = \epsilon \|\nabla f(x_k)\| \min\left\{\frac{1}{k+1}, \|\nabla f(x_k)\|\right\},$$

e determina lo spostamento s_k applicando il metodo del gradiente coniugato di Steihaug al sottoproblema (13.20).

Passo 3. Accettazione del punto di prova.
Calcola $f(x_k + s)$ e poni

$$\rho_k = \frac{f(x_k) - f(x_k + s_k)}{m_k(0) - m_k(s_k)}. \tag{13.22}$$

Se $\rho_k \geq \eta_1$ allora poni $x_{k+1} = x_k + s_k$, altrimenti poni $x_{k+1} = x_k$.

13.3 Metodi di Newton troncato

Passo 4. Aggiornamento del raggio.
Definisci il nuovo raggio Δ_{k+1} in modo che risulti

$$\Delta_{k+1} \in \begin{cases} [\Delta_k, \infty) & \text{if } \rho_k \geq \eta_2, \\ [\gamma_2 \Delta_k, \Delta_k] & \text{if } \rho_k \in [\eta_1, \eta_2), \\ [\gamma_1 \Delta_k, \gamma_2 \Delta_k] & \text{if } \rho_k < \eta_1. \end{cases} \quad (13.23)$$

Poni $k = k+1$ e vai a Passo 1.

La convergenza globale dell'Algoritmo NT-TR segue dalla (i) della Proposizione 9.7 del capitolo dedicato ai metodi di trust region. Per quanto riguarda la rapidità di convergenza, abbiamo il risultato che segue.

Proposizione 13.7. *Sia $f : R^n \to R$ una funzione due volte continuamente differenziabile su R^n. Supponiamo che la sequenza $\{x_k\}$ generata dall'Algoritmo NT-TR converga a $x^\star$, in cui $\nabla f(x^\star) = 0$ e $\nabla^2 f(x^\star)$ è definita positiva. Allora:*

(i) *la sequenza $\{x_k\}$ converge superlinearmente a $x^\star$;*
(ii) *se la matrice Hessiana $\nabla^2 f$ è Lipschitz-continua in un intorno di $x^\star$, la sequenza $\{x_k\}$ converge quadraticamente a $x^\star$.*

Dimostrazione. Ripetendo i ragionamenti utilizzati nella dimostrazione della (ii) della Proposizione 9.7 abbiamo che, nelle ipotesi poste, per k sufficientemente grande la direzione di Newton $s^N(x_k)$ soddisfa la condizione

$$\|s^N(x_k)\| < \Delta_k. \quad (13.24)$$

La (13.24) e la Proposizione 9.6 implicano che il test al Passo 5 del metodo del gradiente coniugato non è mai soddisfatto per k sufficientemente grande. Essendo $\nabla^2 f(x^\star)$ definita positiva, abbiamo che anche il test al Passo 3 non è mai soddisfatto per k sufficientemente grande. Di conseguenza, risulta soddisfatto il test al Passo 6, e quindi per k sufficientemente grande abbiamo

$$\|\nabla^2 f(x_k) s_k + \nabla f(x_k)\| \leq \epsilon_k = \eta_k \|\nabla f(x_k)\|, \quad (13.25)$$

dove si è posto $\eta_k = \epsilon \min\{\frac{1}{k+1}, \|\nabla f(x_k)\|\}$ (si veda il Passo 2 dell'Algoritmo NT-TR). Abbiamo quindi che $\eta_k \to 0$ per $k \to \infty$, la (13.25) e la Proposizione 13.2 implicano perciò che $\{x_k\}$ converge a $x^\star$ superlinearmente.

(iii) L'asserzione segue ancora dalla Proposizione 13.2, osservando che $\eta_k \leq \epsilon \|\nabla f(x_k)\|$. □

13.4 Metodi Quasi-Newton per problemi a larga scala

13.4.1 Concetti preliminari

Abbiamo visto che il metodo BFGS può essere descritto da una iterazione della forma

$$x_{k+1} = x_k - \alpha_k H_k \nabla f(x_k),$$

dove α_k è il passo determinato con una tecnica di ricerca unidimensionale in modo da soddisfare condizioni di Wolfe e la matrice H_k soddisfa l'equazione

$$H_k y_k = s_k,$$

con

$$s_k = x_{k+1} - x_k$$
$$y_k = \nabla f(x_{k+1}) - \nabla f(x_k).$$

La matrice H_k costituisce un'approssimazione dell'inversa della matrice Hessiana $\nabla^2 f(x_k)$ ed è aggiornata utilizzando la coppia $\{s_k, y_k\}$ secondo la formula

$$H_{k+1} = V_k^T H_k V_k + \rho_k s_k s_k^T, \qquad (13.26)$$

dove

$$\rho_k = \frac{1}{y_k^T s_k}, \qquad V_k = I - \rho_k y_k s_k^T. \qquad (13.27)$$

La matrice H_k è in generale densa, per cui la sua memorizzazione ed il costo computazionale di operazioni ad essa associate possono rendere proibitivo il suo impiego quando il numero di variabili è sufficientemente elevato. Per ovviare a questo limite sono stati proposti:

- i *metodi Quasi-Newton senza memoria* (*memoryless*);
- i *metodi Quasi-Newton a memoria limitata* (*limited-memory* BFGS, L-BFGS).

13.4.2 Metodi Quasi-Newton senza memoria

L'idea alla base di questi metodi è di effettuare ad ogni iterazione k un "reset" dell'approssimazione H_k della matrice Hessiana ponendo $H_k = I$ nella formula di aggiornamento BFGS data dalla (13.26), ossia definendo la formula

$$H_{k+1} = V_k^T V_k + \rho_k s_k s_k^T. \qquad (13.28)$$

I metodi che utilizzano come direzione di ricerca il vettore

$$d_{k+1} = -H_{k+1} \nabla f(x_{k+1}),$$

dove H_{k+1} è definita nella (13.28), sono detti *metodi Quasi-Newton senza memoria* perchè alla generica iterazione k richiedono solo la memorizzazione della coppia di vettori (s_k, y_k). Esistono in letteratura diverse varianti della formula (13.28) che tuttavia non analizzeremo.

È interessante analizzare la connessione tra metodi Quasi-Newton senza memoria e metodi di tipo gradiente coniugato. In particolare, possiamo far vedere che un metodo Quasi-Newton basato sulla (13.28) e che utilizza una *ricerca di linea esatta* corrisponde al metodo del gradiente coniugato di Hestenes-Stiefel. A questo fine osserviamo che, assumendo di effettuare una ricerca di linea esatta, abbiamo $\nabla f(x_{k+1})^T d_k = 0$, per cui la direzione di ricerca del metodo Quasi-Newton all'iterazione $k+1$ è

$$d_{k+1} = -H_{k+1}\nabla f(x_{k+1}) = -\nabla f(x_{k+1}) + \frac{\nabla f(x_{k+1})^T y_k}{y_k^T d_k} d_k, \qquad (13.29)$$

dove sono state utilizzate la (13.28) e la (13.27). La (13.29) corrisponde proprio alla direzione di ricerca generata dal del gradiente coniugato di Hestenes-Stiefel (che a sua volta, nel caso di ricerca di linea esatta, è equivalente al metodo di Polyak-Polak-Ribiére).

13.4.3 Metodi Quasi-Newton a memoria limitata

Nei *metodi Quasi-Newton a memoria limitata* (L-BFGS) la matrice H_k (opportunamente modificata) è memorizzata implicitamente utilizzando un numero fissato $m \geq 1$ di coppie $\{s_i, y_i\}$ nelle formule (13.26), (13.27). In particolare, il prodotto $H_k \nabla f(x_k)$ può essere ottenuto eseguendo una sequenza di prodotti scalari e di somme vettoriali in cui compaiono $\nabla f(x_k)$ e le coppie $\{s_i, y_i\}$. Una volta aggiornato il vettore corrente x_k, la coppia "più vecchia" $\{s_i, y_i\}$ è rimossa e sostituita con la nuova coppia $\{s_k, y_k\}$. In tal modo, l'insieme di coppie contiene informazioni relative alle ultime m iterazioni eseguite. L'esperienza pratica ha mostrato che si ottengono risultati soddisfacenti con valori relativamente piccoli (compresi tra 2 e 20) della *memoria m*. I metodi Quasi-Newton a memoria limitata possono quindi essere visti come una naturale estensione dei metodi senza memoria in quanto usano, oltre alla coppia corrente (s_k, y_k), ulteriori coppie di vettori relative alle iterazioni precedenti che consentono di arricchire il contenuto informativo per generare la direzione di ricerca.

Mostriamo innanzitutto che il calcolo del prodotto $H_k \nabla f(x_k)$ può essere effettuato in maniera efficiente mediante una procedura ricorsiva. Prima di descrivere formalmente la procedura, riportiamo di seguito una breve giustificazione.

Sia x_k il punto corrente, sia $\{s_i, y_i\}$, $i = k - m, \ldots, k - 1$, l'insieme delle coppie di vettori memorizzate, e sia H_{k-m} l'approssimazione della matrice Hessiana utilizzata all'iterazione $k - m$. Applicando ripetutamente la (13.26) a partire dalla matrice H_{k-m} scelta si ottiene

$$H_k = [V_{k-1}^T \ldots V_{k-m}^T]H_{k-m}[V_{k-m} \ldots V_{k-1}]$$

$$+\rho_{k-m}[V_{k-1}^T \ldots V_{k-m+1}^T]s_{k-m}s_{k-m}^T[V_{k-m+1} \ldots V_{k-1}]$$

$$+\rho_{k-m+1}[V_{k-1}^T \ldots V_{k-m+2}^T]s_{k-m+1}s_{k-m+1}^T[V_{k-m+2} \ldots V_{k-1}]$$

$$+\ldots$$

$$+\rho_{k-1}s_{k-1}s_{k-1}^T.$$

Si ponga $q_k = \nabla f(x_k)$ e si definiscano, per $i = k-1, \ldots, k-m$, i vettori

$$q_i = V_i \ldots V_{k-1}\nabla f(x_k).$$

Risulta perciò

$$q_i = V_i q_{i+1} = q_{i+1} - \rho_i y_i s_i^T q_{i+1},$$

da cui, ponendo $\alpha_i = \rho_i s_i^T q_{i+1}$, si ottiene

$$q_i = q_{i+1} - \alpha_i y_i.$$

Utilizzando i vettori q_i possiamo scrivere

$$H_k \nabla f(x_k) = [V_{k-1}^T \ldots V_{k-m}^T]H_{k-m}q_{k-m}$$

$$+\rho_{k-m}[V_{k-1}^T \ldots V_{k-m+1}^T]s_{k-m}s_{k-m}^T q_{k-m+1}$$

$$+\rho_{k-m+1}[V_{k-1}^T \ldots V_{k-m+2}^T]s_{k-m+1}s_{k-m+1}^T q_{k-m+2}$$

$$+\ldots$$

$$+\rho_{k-1}s_{k-1}s_{k-1}^T q_k,$$

da cui segue, ricordando la definizione degli scalari α_i,

$$H_k \nabla f(x_k) = [V_{k-1}^T \quad \ldots V_{k-m+2}^T V_{k-m+1}^T \ V_{k-m}^T]H_{k-m}q_{k-m}$$

$$+[V_{k-1}^T \quad \ldots V_{k-m+1}^T]\alpha_{k-m}s_{k-m}$$

$$+[V_{k-1}^T \quad \ldots V_{k-m+2}^T]\alpha_{k-m+1}s_{k-m+1} \qquad (13.30)$$

$$+\ldots$$

$$+\alpha_{k-1}s_{k-1}.$$

La formula (13.30) si riferisce al metodo BFGS. Osserviamo che nella (13.30) compare la matrice H_{k-m} relativa alla iterazione $k-m$.

13.4 Metodi Quasi-Newton per problemi a larga scala

L'idea che caratterizza i metodi L-BFGS è di sostituire nella (13.30) la "vera" matrice H_{k-m} con una generica matrice H_k^0 (che possiamo immaginare opportunamente sparsa)

$$H_k \nabla f(x_k) = [V_{k-1}^T \quad \cdots \quad V_{k-m+2}^T V_{k-m+1}^T \; V_{k-m}^T] H_k^0 q_{k-m}$$

$$+ [V_{k-1}^T \quad \cdots \quad V_{k-m+1}^T] \alpha_{k-m} s_{k-m}$$

$$+ [V_{k-1}^T \quad \cdots \quad V_{k-m+2}^T] \alpha_{k-m+1} s_{k-m+1} \qquad (13.31)$$

$$+ \ldots$$

$$+ \alpha_{k-1} s_{k-1}.$$

Si ponga ora $r_{k-m-1} = H_k^0 q_{k-m}$ e si definiscano i seguenti vettori r_i per $i = k-m, \ldots, k-1$

$$r_i = V_i^T r_{i-1} + \alpha_i s_i. \qquad (13.32)$$

Risulta perciò

$$r_i = r_{i-1} + \rho_i y_i^T r_{i-1} s_i + \alpha_i s_i,$$

da cui ponendo $\beta_i = \rho_i y_i^T r_{i-1}$ si ottiene

$$r_i = r_{i-1} + (\alpha_i - \beta_i) s_i.$$

Utilizzando la (13.31) e la definizione (13.32) dei vettori r_i possiamo far vedere che risulta

$$H_k \nabla f(x_k) = r_{k-1}. \qquad (13.33)$$

Infatti abbiamo

$$r_{k-m} = V_{k-m}^T H_k^0 q_{k-m} + \alpha_{k-m} s_{k-m}$$

$$r_{k-m+1} = V_{k-m+1}^T \left[V_{k-m}^T H_k^0 q_{k-m} + \alpha_{k-m} s_{k-m} \right] + \alpha_{k-m+1} s_{k-m+1}$$

$$= V_{k-m+1}^T V_{k-m}^T H_k^0 q_{k-m} + V_{k-m+1}^T \alpha_{k-m} s_{k-m} + \alpha_{k-m+1} s_{k-m+1}$$

$$\vdots$$

$$r_{k-1} = V_{k-1}^T \cdots V_{k-m+2}^T V_{k-m+1}^T \; V_{k-m}^T H_k^0 q_{k-m}$$

$$+ V_{k-1}^T \cdots V_{k-m+2}^T V_{k-m+1}^T \alpha_{k-m} s_{k-m}$$

$$\vdots$$

$$+ \alpha_{k-1} s_{k-1},$$

da cui possiamo dedurre, tenendo conto della (13.31), che vale la (13.33).

Utilizzando le varie formule sopra ricavate possiamo definire la procedura di calcolo di $H_k \nabla f(x_k)$.

Procedura (HG)

Poni $q_k = \nabla f(x_k)$.
For $i = k-1, k-2, \ldots, k-m$
  poni $\alpha_i = \rho_i s_i^T q_{i+1}$
  poni $q_i = q_{i+1} - \alpha_i y_i$.
End For
Poni $r_{k-m-1} = H_k^0 q_{k-m}$.
For $i = k-m, k-m+1, \ldots, k-1$
  poni $\beta_i = \rho_i y_i^T r_{i-1}$
  poni $r_i = r_{i-1} + s_i(\alpha_i - \beta_i)$.
End For
Poni $H_k \nabla f(x_k) = r_{k-1}$ e stop.

L'algoritmo BFGS a memoria limitata può essere riassunto nello schema seguente, dove si assumono assegnati il punto iniziale x_0 e l'intero m.

Algoritmo L-BFGS

Per $k = 0, \ldots$
  Scegli H_k^0.
  Calcola $d_k = -H_k \nabla f(x_k)$ utilizzando la Procedura HG.
  Poni $x_{k+1} = x_k + \alpha_k d_k$ dove α_k è calcolato in modo tale che le condizioni di Wolfe risultino soddisfatte.
  Se $k > m$ elimina la coppia $\{s_{k-m}, y_{k-m}\}$ dalla memoria.
  Calcola e memorizza s_k e y_k.

Senza considerare la moltiplicazione $H_k^0 q_{k-m}$, la procedura HG richiede $4mn$ moltiplicazioni. Si osservi inoltre che H_k^0 può essere scelta senza particolari vincoli e può variare da una iterazione all'altra. Una scelta che si è rivelata efficiente in pratica è quella di porre $H_k^0 = \gamma_k I$, con

$$\gamma_k = \frac{(s_{k-1})^T y_{k-1}}{(y_{k-1})^T y_{k-1}},$$

che corrisponde a una delle formule viste per il calcolo del passo nel metodo del *gradiente di Barzilai-Borwein*.

Note e riferimenti

I riferimenti principali per lo studio delle proprietà di convergenza locale del metodo di Newton inesatto per equazioni sono [16], [30]. e [69].

Metodi di Newton troncato sono stati definiti in [53, 81, 94]. In [93] si può trovare una rassegna dei metodi di Newton troncato.

I lavori di riferimento per i metodi quasi-Newton a memoria limitata sono [79, 96].

13.5 Esercizi

13.1. Si dimostri la convergenza di una versione *non monotona* dell'Algoritmo NT in cui al Passo 3 si utilizza il metodo *non monotono* di Armijo.

13.2. Realizzare un codice di calcolo basato su una semplice versione del metodo Quasi-Newton senza memoria che utilizzi una ricerca di linea di tipo Armijo.

14
Metodi senza derivate

Nel capitolo vengono presentati i principali metodi che non utilizzano informazioni sulle derivate della funzioni obiettivo. Vengono riportati risultati di convergenza globale sotto ipotesi di continua differenziabilità della funzione obiettivo.

14.1 Generalità

Molti problemi di ottimizzazione derivanti da applicazioni reali sono caratterizzati dal fatto che le derivate parziali della funzione obiettivo f non sono disponibili perché la funzione f non è nota in modo analitico. In pratica questo avviene quando la valutazione di $f(x)$ è il risultato di una procedura numerica oppure è ottenuta mediante misure sperimentali. Da un punto di vista concettuale possiamo quindi immaginare, come mostrato in Fig. 14.1, che un sistema *a scatola nera* (*black box*) riceve in ingresso il vettore delle variabili $x \in R^n$ e restituisce in uscita il valore $f(x)$ della funzione da minimizzare.

Gli algoritmi che non utilizzano la conoscenza delle derivate della funzione obiettivo possono essere raggruppati in due classi:

- metodi che fanno uso di *approssimazioni alle differenze finite*;
- metodi di *ricerca diretta*.

L'approssimazione alle differenze finite delle derivate può essere utilizzata in connessione con metodi standard che utilizzano le derivate. Una simile strategia può essere poco efficiente nei casi in cui la valutazione della funzione obiettivo è affetta da rumore (tale situazione is verifica tipicamente quando il valore della funzione obiettivo è ottenuto mediante misurazioni effettuate su sistemi fisici molto complessi).

I metodi di ricerca diretta sono basati sul confronto diretto dei valori della funzione obiettivo nei punti generati iterativamente dall'algoritmo. La strategia comune dei metodi di questa classe è di effettuare un campionamento della funzione obiettivo lungo opportune direzioni di ricerca e di intraprendere le

Fig. 14.1. Funzione "black box"

opportune decisioni sulla base dei valori della funzione obiettivo ottenuti. Non richiedono quindi in alcun modo di approssimare numericamente il gradiente della funzione obiettivo.

14.2 Metodi basati sull'approssimazione alle differenze finite

Si consideri il problema di minimizzare una funzione $f : R^n \to R$ continuamente differenziabile. Nell'Appendice E è descritta la tecnica di approssimazione delle derivate di f per mezzo delle *differenze finite*. In particolare, se e_i è l'i-esimo asse coordinato, con l'approssimazione alle *differenze in avanti* abbiamo

$$\frac{\partial f(x)}{\partial x_i} \approx \frac{f(x + \epsilon e_i) - f(x)}{\epsilon}, \tag{14.1}$$

dove ϵ è uno scalare positivo "sufficientemente piccolo" (valore tipico $\epsilon = 10^{-8}$). In appendice viene mostrato che, se assumiamo che f sia due volte continuamente differenziabile e che nella regione di interesse risulti $\|\nabla^2 f(\cdot)\| \leq L$, possiamo scrivere

$$\left| \frac{\partial f(x)}{\partial x_i} - \frac{f(x + \epsilon e_i) - f(x)}{\epsilon} \right| \leq (L/2)\epsilon. \tag{14.2}$$

Dalla (14.1) abbiamo che, supposto noto $f(x)$, con n calcoli di funzione possiamo ottenere un vettore che approssima il gradiente $\nabla f(x)$.

Per la minimizzazione di f, l'approssimazione alle differenze finite delle derivate può essere utilizzata in connessione con metodi standard di ottimizzazione che utilizzano le derivate (*gradiente, gradiente coniugato, Quasi-Newton*). Per fare questo è sufficiente utilizzare, al posto del gradiente, il vettore ottenuto con l'approssimazione alle differenze finite.

Tuttavia, l'applicazione di un metodo che utilizzi le differenze finite presenta forti limitazioni nei casi in cui, come in Fig. 14.2, la valutazione della funzione obiettivo sia affetta da rumore. Infatti, si consideri il caso in cui la funzione obiettivo assume la forma

$$\hat{f}(x) = f(x) + \rho(x),$$

dove f è una funzione due volte continuamente differenziabile e ρ rappresenta il rumore, che ragionevolmente si assume "piccolo" rispetto a f. In questa

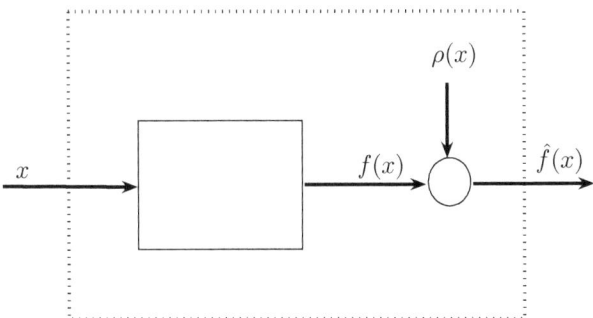

Fig. 14.2. Funzione "black box" con rumore

ipotesi si ha che una "sufficiente" riduzione di f implica ed è implicata da una "sufficiente" riduzione di $\hat{f}$.

Definiamo ora un limite superiore sull'errore che si commette con l'approssimazione della generica $i-$esima derivata parziale di f mediante differenze in avanti su $\hat{f}$.

Ripetendo i passaggi svolti in Appendice E per arrivare alla (14.2) possiamo scrivere

$$\left|\frac{\partial f(x)}{\partial x_i} - \frac{\hat{f}(x+\epsilon e_i) - \hat{f}(x)}{\epsilon}\right| \leq (L/2)\epsilon + \left|\frac{\rho(x+\epsilon e_i) - \rho(x)}{\epsilon}\right|,$$

da cui possiamo dedurre che in presenza di rumore l'approssimazione delle derivate alle differenze finite potrebbe non essere accurata. Infatti, un valore sufficientemente piccolo di ϵ renderebbe piccolo il termine $(L/2)\epsilon$ ma amplificherebbe il secondo termine, ossia il rumore. Viceversa, se il valore di ϵ non è sufficientemente piccolo, il termine $(L/2)\epsilon$ potrebbe risultare troppo elevato. Tipicamente, la scarsa accuratezza dell'approssimazione delle derivate si riflette con fallimenti delle ricerche unidimensionali dovuti al fatto che vengono generate direzioni di ricerca non di discesa per la funzione $\hat{f}$.

Queste considerazioni, legate al fatto che l'approssimazione con le differenze finite non è accurata in presenza di rumore, hanno motivato lo studio di metodi di ottimizzazione di ricerca diretta che, come detto in precedenza, non si basano sulle approssimazioni alle differenze finite.

14.3 Metodo di Nelder-Mead

Il metodo di Nelder-Mead è uno tra i più noti e utilizzati metodi di ricerca diretta. È anche noto come *metodo del simplesso di Nelder-Mead* (*Nelder-Mead simplex method*) per i motivi che saranno chiari tra breve, tuttavia non ha nulla in comune con il metodo del simplesso della programmazione lineare.

14 Metodi senza derivate

Il nome "simplesso di Nelder-Mead" trae origine dal fatto che il metodo ad ogni iterazione utilizza il simplesso di $n+1$ punti, ossia l'*involucro convesso* di tali punti.

Dato un simplesso S con vertici $x_1, \ldots, x_{n+1}$, indichiamo con $V(S)$ la seguente matrice $n \times n$ delle *direzioni del simplesso*

$$V(S) = [x_2 - x_1, x_3 - x_1, \ldots, x_{n+1} - x_1].$$

Se la matrice $V(S)$ è non singolare, il simplesso S è detto *non singolare*. Il *diametro* del simplesso $diam(S)$ è definito come segue

$$diam(S) = \max_{1 \leq i,j \leq n+1} \|x_i - x_j\|.$$

Il metodo di Nelder-Mead ad ogni iterazione utilizza un simplesso S con vertici $x_1, \ldots, x_{n+1}$, ordinati utilizzando i corrispondenti valori della funzione obiettivo in modo tale che risulta

$$f(x_1) \leq f(x_2) \leq \ldots \leq f(x_{n+1}).$$

Il punto x_1 rappresenta il *vertice migliore*, il punto x_{n+1} rappresenta il *vertice peggiore*.

Indichiamo con $\bar{x}$ il centroide dei migliori n punti, ossia

$$\bar{x} = \frac{1}{n} \sum_{i=1}^{n} x_i.$$

La strategia del metodo è quella tentare di sostituire il vertice peggiore x_{n+1} con un punto del tipo

$$x = \bar{x} + \mu(\bar{x} - x_{n+1}) \qquad \mu \in R.$$

Il valore di μ è selezionato da una sequenza e indica il tipo di iterazione. I valori tipici di μ sono i seguenti:

- $\mu = 1$ indica una *riflessione*;
- $\mu = 2$ indica una *espansione*;
- $\mu = 1/2$ indica una *contrazione esterna*;
- $\mu = -1/2$ indica una *contrazione interna*.

La selta dei punti di prova candidati a sostituire il vertice peggiore dipende dal valore che la funzione obiettivo assume nel punto ottenuto con la riflessione e dai valori che la funzione assume in alcuni vertici del simplesso. Il metodo prevede in alcuni casi un'operazione di *riduzione* (*shrink*) del simplesso. In particolare, vengono sostituiti tutti i vertici del simplesso ad eccezione del vertice migliore x_1. I nuovi vertici sono definiti come segue

$$x_1 + \gamma(x_i - x_1) \qquad i = 2, \ldots, n+1,$$

con $\gamma \in (0,1)$ (il valore tipico è $1/2$).

Possiamo ora presentare in modo formale il metodo di Nelder-Mead.

Metodo di Nelder-Mead

Dati. Insieme iniziale $X = [x_1, \ldots, x_{n+1}]$; costanti $\gamma, \mu^{ci}, \mu^{co}, \mu^r, \mu^e$
tali che
$$0 < \gamma < 1 \qquad -1 < \mu^{ci} < 0 < \mu^{co} < \mu^r < \mu^e.$$
Per $k = 0, 1, \ldots$.

Passo 1. Ordinamento. Ordina i vertici in modo che risulti
$$f(x_1) \leq f(x_2) \leq \ldots f(x_{n+1}).$$

Passo 2. Riflessione. Poni $x^r = \bar{x} + \mu^r(\bar{x} - x^{n+1})$.
Se $f(x_1) \leq f(x^r) < f(x_{n+1})$, aggiorna X sostistuendo x_{n+1} con x^r e termina l'iterazione se $f(x^r) < f(x_n)$.

Passo 3. Espansione. Se $f(x^r) < f(x_1)$ genera il punto di espansione $x^e = \bar{x} + \mu^e(\bar{x} - x^{n+1})$.
Se $f(x^e) < f(x^r)$ aggiorna X sostistuendo x_{n+1} con x^e e termina l'iterazione. Altrimenti, aggiorna S sostistuendo x_{n+1} con x^r e termina l'iterazione.

Passo 4. Contrazione. Se $f(x^r) \geq f(x_n)$ allora:
(a) *contrazione esterna*: se $f(x^r) < f(x_{n+1})$ poni $x^{ce} = \bar{x} + \mu^{co}(\bar{x} - x^{n+1})$. Se $f(x^{ce}) \leq f(x^r)$ aggiorna X sostistuendo x_{n+1} con x^{ce}, e termina l'iterazione. Altrimenti vai al Passo 5;
(b) *contrazione interna*: se $f(x^r) \geq f(x_{n+1})$ poni $x^{ci} = \bar{x} + \mu^{ci}(\bar{x} - x^{n+1})$. Se $f(x^{ci}) < f(x_{n+1})$ aggiorna X sostistuendo x_{n+1} con x^{ci}, e termina l'iterazione. Altrimenti vai al Passo 5.

Passo 5. Riduzione. Calcola la funzione obiettivo in n punti definiti come segue
$$x_1 + \gamma(x_i - x_1) \qquad i = 2, \ldots, n+1,$$
aggiorna X sostituendo i punti $x_2, \ldots, x_{n+1}$ con i punti generati, e termina l'iterazione.

La Fig. 14.3 mostra i punti generati dal metodo in un caso di dimensione $n = 2$.

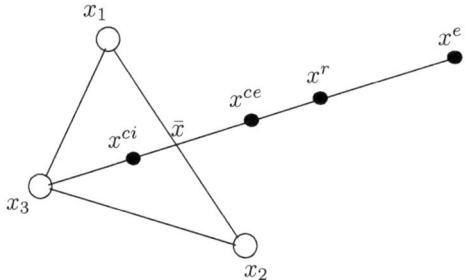

Fig. 14.3. Punti generati dal metodo di Nelder-Mead

Osserviamo che il metodo richiede un numero di valutazioni di funzioni pari a:

- 1 se l'iterazione è una *riflessione*;
- 2 se l'iterazione è una *espansione* oppure è una *contrazione*;
- $n+2$ se l'iterazione è una *riduzione*.

Un criterio ragionevole di arresto potrebbe essere quello di terminare le iterazioni quando il diametro del simplesso diventa minore di un assegnato valore di soglia (il cui valore tipico è 10^{-5}).

Il metodo è globalmente convergente nel caso unidimensionale. Per $n \geq 2$ non può essere garantita la convergenza del metodo. Infatti, è stato dimostrato che esistono problemi di dimensione 2, con funzione obiettivo differenziabile, in cui il metodo fallisce, nel senso che genera una sequenza che converge a un punto non stazionario. Tuttavia, sebbene non abbia proprietà teoriche di convergenza globale, il metodo fornisce nella pratica buone prestazioni computazionali.

Si può dimostrare che se il Passo 5 di riduzione non viene mai effettuato allora il valore medio

$$\frac{1}{n+1} \sum_{i=1}^{n+1} f(x_i)$$

decresce ad ogni iterazione. Una condizione sufficiente affinchè il Passo 5 non venga mai effettuato è che la funzione f sia *strettamente convessa*.

Esistono in letteratura diverse varianti del metodo di Nelder-Mead con proprietà di convergenza globale.

14.4 Metodi delle direzioni coordinate

14.4.1 Concetti preliminari

In un metodo senza derivate non è possibile utilizzare, ad una generica iterazione, una unica direzione di ricerca, per il semplice motivo che senza informazioni sulle derivate non è possibile garantire che la direzione scelta sia

14.4 Metodi delle direzioni coordinate

(almeno) di discesa nel punto corrente. Quindi la strategia di un metodo senza derivare deve prevedere l'impiego di un *insieme di direzioni*. Un requisito minimo di tale insieme di direzioni è che esso contenga almeno una direzione di discesa.

È facile verificare che, date n direzioni linearmente indipendenti $d_1, \ldots, d_n$, l'insieme di $2n$ direzioni

$$\{d_1, \ldots, d_n, -d_1, \ldots, -d_n\}$$

contiene almeno una direzione di discesa in un punto x_k che non sia un punto stazionario ($\nabla f(x_k) \neq 0$). Infatti, possiamo scrivere

$$-\nabla f(x_k) = \sum_{i=1}^{n} \beta_i d_i = \sum_{i \in I^+} \beta_i d_i - \sum_{i \in I^-} |\beta_i| d_i,$$

dove $I^+ = \{i \in \{1, \ldots, n\} : \beta_i \geq 0\}$, $I^- = \{i \in \{1, \ldots, n\} : \beta_i < 0\}$. Di conseguenza, moltiplicando scalarmente per $\nabla f(x_k)$ otteniamo

$$-\|\nabla f(x_k)\|^2 = \sum_{i \in I^+} \beta_i \nabla f(x_k)^T d_i + \sum_{i \in I^-} |\beta_i| \nabla f(x_k)^T (-d_i) < 0,$$

da cui segue che deve esistere necessariamente un indice i per cui risulti $\nabla f(x_k)^T d_i < 0$ oppure $\nabla f(x_k)^T (-d_i) < 0$.

Un insieme di direzioni linearmente indipendenti è quello costituito dalle direzioni coordinate e_i, $i = 1, \ldots, n$:

$$e_1 = \begin{pmatrix} 1 \\ 0 \\ \vdots \\ 0 \end{pmatrix}, \quad e_2 = \begin{pmatrix} 0 \\ 1 \\ \vdots \\ 0 \end{pmatrix}, \quad e_n = \begin{pmatrix} 0 \\ 0 \\ \vdots \\ 1 \end{pmatrix}.$$

Nel seguito presenteremo metodi delle direzioni coordinate che utilizzano come insieme di direzioni di ricerca gli assi coordinati e le loro direzioni opposte, ossia l'insieme di direzioni

$$D = \{e_1, \ldots, e_n, -e_1, \ldots, -e_n\}. \tag{14.3}$$

Per quanto appena detto, sappiamo che in corrispondenza di un punto corrente che non sia stazionario, con spostamenti sufficientemente piccoli lungo le direzioni dell'insieme D si riesce a determinare un nuovo punto in cui la funzione obiettivo sia diminuita.

I metodi delle coordinate campionano quindi la funzione obiettivo utilizzando sequenzialmente le direzioni dell'insieme D al fine di generare un nuovo punto in cui la funzione assuma un valore minore di quello corrispondente al punto corrente.

Distinguiamo tra metodi che richiedono un *semplice decremento* di f per l'aggiornamento del punto e metodi che effettuano una ricerca di linea basata su una condizione di *sufficiente decremento*.

14.4.2 Metodo delle coordinate con semplice decremento

Il metodo è molto semplice e si basa ad ogni iterazione k sul campionamento della funzione obiettivo in punti ottenuti, a partire dal punto corrente x_k, con spostamenti di ampiezza α_k lungo le direzioni $\pm e_i$. L'iterazione termina in uno dei due casi:

(i) quando viene soddisfatta una condizione di semplice decremento per qualche i

$$f(x_k + \alpha_k e_i) < f(x_k) \quad \text{(oppure } f(x_k - \alpha_k e_i) < f(x_k));$$

(ii) quando sono stati generati punti lungo le $2n$ direzioni dell'insieme D e non è stato ottenuto un decremento della funzione obiettivo, ossia quando risulta

$$f(x_k \pm \alpha_k e_i) \geq f(x_k) \qquad i = 1, \ldots, n.$$

Nel caso (i) il nuovo punto diviene $x_{k+1} = x_k + \alpha_k e_i$ (oppure $x_{k+1} = x_k - \alpha_k e_i$), e si lascia invariato il passo di campionamento, ossia si pone $\alpha_{k+1} = \alpha_k$.

Nel caso (ii) il punto corrente non viene cambiato, ossia si pone $x_{k+1} = x_k$, e il passo di campionamento viene ridotto ($\alpha_{k+1} < \alpha_k$). Il funzionamento del metodo è illustrato nella Fig. 14.4. Descriviamo ora in modo formale il metodo nella versione più semplice.

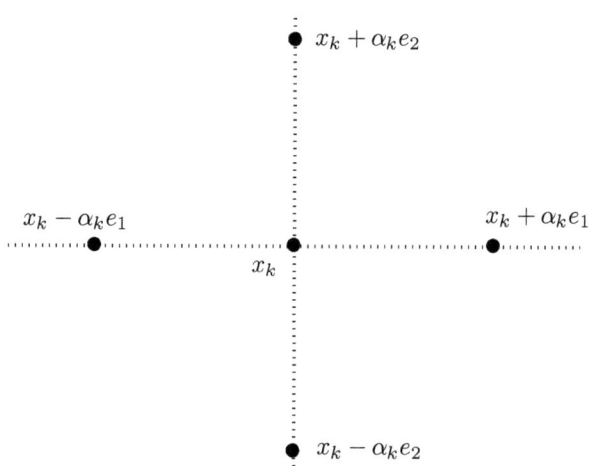

Fig. 14.4. Ricerca lungo le direzioni coordinate

14.4 Metodi delle direzioni coordinate

Metodo delle coordinate con semplice decremento (MC1)

Dati. Insieme di direzioni D definito nella (14.3); punto iniziale $x_0 \in R^n$, spostamento iniziale $\alpha_0 > 0$, costante $\theta \in (0,1)$.
Per $k = 0, 1, \ldots$.

Passo 1. Se esiste un indice $i \in \{1, \ldots, n\}$ tale che

$$f(x_k + \alpha_k e_i) < f(x_k) \quad \text{(oppure } f(x_k - \alpha_k e_i) < f(x_k)),$$

poni $x_{k+1} = x_k + \alpha_k e_i$ (oppure $x_{k+1} = x_k - \alpha_k e_i$),
$\alpha_{k+1} = \alpha_k$, vai al Passo 3.

Passo 2. Poni $x_{k+1} = x_k$, $\alpha_{k+1} = \theta \alpha_k$.

Passo 3. Poni $k = k + 1$ e vai al Passo 1.

Commento 14.1. Le iterazioni possono essere arrestate quando il passo α_k è diventato più piccolo di un valore di soglia (10^{-5} è un valore tipico). Il risultato della Proposizione 14.1 consente di affermare che un simile criterio di arresto verrà soddisfatto in un numero finito di iterazioni. □

Al fine di dimostrare il risultato di convergenza del metodo, premettiamo la seguente proposizione.

Proposizione 14.1. *Sia $f : R^n \to R$ e si assuma che l'insieme di livello $\mathcal{L}_0$ sia compatto. Sia $\{\alpha_k\}$ la sequenza di scalari prodotta dal metodo MC1. Allora risulta*

$$\lim_{k \to \infty} \alpha_k = 0. \tag{14.4}$$

Dimostrazione. Osserviamo innanzitutto che le istruzioni dell'algoritmo implicano $f(x_{k+1}) \leq f(x_k)$ e quindi abbiamo che $x_k \in \mathcal{L}_0$ per ogni $k \geq 0$. Abbiamo inoltre $\alpha_{k+1} \leq \alpha_k$ e quindi la sequenza $\{\alpha_k\}$ converge a un valore $\bar{\alpha} \geq 0$.

Supponiamo per assurdo che la tesi non sia vera e che quindi risulti $\bar{\alpha} > 0$. Se esistesse un sottoinsieme infinito $K = \{k_1, k_2, \ldots, k_j, \ldots\}$ in cui il passo α_{k_j} viene diminuito, ossia se

$$\alpha_{k_j+1} = \theta \alpha_{k_j} \quad \forall k_j \in K,$$

potremmo scrivere

$$\alpha_{k_j+1} = \theta^j \alpha_0,$$

il che implicherebbe, essendo $\theta \in (0,1)$, $\bar{\alpha} = 0$. Allora per k sufficientemente grande ($k \geq \bar{k}$) abbiamo necessariamente

$$\alpha_k = \bar{\alpha} > 0. \tag{14.5}$$

Faremo ora vedere che la sequenza $\{x_k\}$ generata dall'algoritmo è costituita da un numero finito di punti. A questo fine proveremo che la sottosequenza $\{x_k\}_{k \geq \bar{k}}$ è costituita da un numero finito di punti.

Si considerino due qualsiasi punti distinti $x_{\bar{k}+i}$, $x_{\bar{k}+j}$ ($i < j$) della sottosequenza $\{x_k\}_{k \geq \bar{k}}$.

Utilizzando il fatto che i punti sono generati con spostamenti lungo direzioni parallele agli assi coordinati, si può scrivere

$$x_{\bar{k}+j} - x_{\bar{k}+i} = \bar{\alpha} \sum_{t=\bar{k}+i}^{\bar{k}+j-1} e_{l_t}, \tag{14.6}$$

dove $e_{l_t} \in \{e_1, e_2, \ldots, e_n, -e_1, -e_2, \ldots, -e_n\}$. Poiché $x_{\bar{k}+i}$ e $x_{\bar{k}+j}$ sono distinti si ottiene

$$x_{\bar{k}+j} - x_{\bar{k}+i} = \bar{\alpha} \begin{pmatrix} a_1 \\ a_2 \\ \vdots \\ a_n \end{pmatrix} \neq 0, \tag{14.7}$$

dove $a_1, a_2, \ldots, a_n$ sono interi non tutti nulli. Dalla (14.7) otteniamo

$$\|x_{\bar{k}+i} - x_{\bar{k}+j}\| \geq \bar{\alpha}, \tag{14.8}$$

per ogni i, j tali che $x_{\bar{k}+i} \neq x_{\bar{k}+j}$.

I punti della sottosequenza $\{x_k\}_{k \geq \bar{k}}$ appartengono quindi ad un insieme compatto, inoltre per ogni coppia di punti distinti vale la (14.8), si può perciò affermare che la sottosequenza $\{x_k\}_{k \geq \bar{k}}$ è costituita da un numero finito di punti, e di conseguenza lo è tutta la sequenza $\{x_k\}$.

Faremo ora vedere che esiste un indice $\hat{k}$ tale che risulta $x_k = x_{\hat{k}}$ per ogni $k \geq \hat{k}$. Infatti, se così non fosse, tenendo conto delle istruzioni dell'algoritmo (in particolare del fatto che $x_{k+1} \neq x_k$ se e solo se $f(x_{k+1}) < f(x_k)$) avremmo che esiste un infinito di indici $\{k_1, k_2, k_3, \ldots\}$ tale che

$$f(x_{k_1}) < f(x_{k_2}) < f(x_{k_3}) < \ldots$$

in contraddizione con il fatto che l'insieme dei punti $\{x_{k_1}, x_{k_2}, x_{k_3} \ldots\}$ è finito.

Avendo dimostrato che $x_k = x_{\hat{k}}$ per ogni $k \geq \hat{k}$, dalle istruzioni dell'algoritmo otteniamo

$$\alpha_k = \theta^{k-\hat{k}} \alpha_{\hat{k}},$$

da cui segue $\alpha_k \to 0$ per $k \to \infty$, in contraddizione con la (14.5). □

14.4 Metodi delle direzioni coordinate

Le proprietà di convergenza del metodo delle coordinate sono riportate nella seguente proposizione.

Proposizione 14.2. *Sia $f : R^n \to R$ continuamente differenziabile su R^n e si assuma che l'insieme di livello $\mathcal{L}_0$ sia compatto. Sia $\{x_k\}$ la successione generata dal metodo delle coordinate MC1. Allora esiste almeno un punto di accumulazione di $\{x_k\}$ che è un punto stazionario.*

Dimostrazione. Poiché $f(x_{k+1}) \leq f(x_k)$ per ogni $k \geq 0$, si ha che la sequenza $\{x_k\}$ è contenuta nell'insieme compatto $\mathcal{L}_0$. La Proposizione 14.1 e le istruzioni dell'algoritmo implicano che esiste un sottoinsieme $K_1 \subseteq \{0, 1, \ldots, \}$ tale che, $\forall k \in K_1$, α_k viene aggiornato al Passo 2, ossia risulta per ogni $k \in K_1$

$$\alpha_{k+1} = \theta \alpha_k.$$

Si consideri ora la sottosequenza $\{x_k\}_{K_1}$: poichè i punti della sottosequenza $\{x_k\}_{K_1}$ appartengono all'insieme compatto $\mathcal{L}_0$, si può affermare che esiste un sottoinsieme $K_2 \subseteq K_1$ tale che

$$\lim_{k \in K_2, k \to \infty} x_k = \bar{x}. \tag{14.9}$$

D'altra parte, poichè per ogni $k \in K_2$ viene eseguito il Passo 2, deve necessariamente accadere che per $k \in K_2$ e per $i = 1, \ldots, n$ risulta

$$f(x_k + \alpha_k e_i) \geq f(x_k), \tag{14.10}$$

$$f(x_k - \alpha_k e_i) \geq f(x_k). \tag{14.11}$$

Per $i \in \{1, \ldots, n\}$, applicando il teorema della media si può scrivere

$$f(x_k + \alpha_k e_i) = f(x_k) + \alpha_k \nabla f(u_k^i)^T e_i, \tag{14.12}$$

$$f(x_k - \alpha_k e_i) = f(x_k) - \alpha_k \nabla f(v_k^i)^T e_i, \tag{14.13}$$

dove $u_k^i = x_k + \xi_k^i \alpha_k e_i$, con $\xi_k^i \in (0,1)$, $v_k^i = x_k - \mu_k^i \alpha_k e_i$, con $\mu_k^i \in (0,1)$.
Utilizzando la (14.4) e la (14.9), si ottiene per $i = 1, \ldots, n$

$$\lim_{k \in K_2, k \to \infty} u_k^i = \lim_{k \in K_2, k \to \infty} v_k^i = \bar{x}. \tag{14.14}$$

Sostituendo la (14.12) nella (14.10) e la (14.13) nella (14.11) segue

$$\alpha_k \nabla f(u_k^i)^T e_i \geq 0, \tag{14.15}$$

$$-\alpha_k \nabla f(v_k^i)^T e_i \geq 0. \tag{14.16}$$

Dalle (14.15) e (14.16), tenendo conto della (14.14) e della continuità di ∇f, si ha per $i = 1, \ldots, n$

$$\lim_{k \in K_2, k \to \infty} \nabla f(u_k^i)^T e_i = \nabla f(\bar{x})^T e_i \geq 0, \qquad (14.17)$$

$$\lim_{k \in K_2, k \to \infty} \nabla f(v_k^i)^T e_i = \nabla f(\bar{x})^T e_i \leq 0, \qquad (14.18)$$

da cui

$$\nabla f(\bar{x})^T e_i = \frac{\partial f(\bar{x})}{\partial x_i} = 0, \quad i = 1, \ldots, n. \qquad \square$$

Commento 14.2. Un risultato di convergenza più forte può essere ottenuto modificando il metodo delle coordinate descritto in precedenza. La modifica riguarda le iterazioni di *successo*, ossia le iterazioni in cui si è ottenuto uno stretto decremento di f. Nel metodo presentato l'aggiornamento del punto corrente x_k ($x_{k+1} \neq x_k$) avviene qualora si sia individuato lungo una delle direzioni di ricerca un punto di stretta decrescita della funzione obiettivo. In tal caso, il nuovo punto può essere uno qualsiasi tra i $2n$ *candidati*

$$x_k \pm \alpha_k e_i \qquad i = 1, \ldots, n,$$

per cui si ottiene uno stretto decremento di f.

Nella versione modificata del metodo, dopo aver esaminato tutti i $2n$ *candidati*, deve essere scelto quello cui corrisponde il valore più piccolo della funzione obiettivo. Quindi ad ogni iterazione occorre effettuare $2n$ valutazioni di funzioni.

Con la modifica descritta è possibile dimostrare, sotto le ipotesi della Proposizione 14.2, che $\nabla f(x_k) \to 0$ per $k \to \infty$, e quindi che *ogni punto di accumulazione* di $\{x_k\}$ è un punto stazionario di f. $\square$

14.4.3 Una variante del metodo delle coordinate: metodo di Hooke-Jeeves

Il metodo di Hooke-Jeeves rappresenta una variante del metodo delle coordinate presentato nel paragrafo precedente.

Il metodo differisce da quello delle coordinate solo nelle iterazioni di *successo*, ossia nelle iterazioni in cui si è ottenuto uno stretto decremento di f. Sia k una iterazione di successo, ossia sia tale che $x_{k+1} \neq x_k$ e $f(x_{k+1}) < f(x_k)$. Sia α_k il passo di ricerca che ha portato al punto x_{k+1} mediante spostamenti lungo le direzioni coordinate effettuati a partire da x_k. Si osservi quindi che in una iterazione di successo si effettuano spostamenti lungo tutte le direzioni coordinate che determinano un decremento della funzione obiettivo, per cui al termine di una iterazione di successo *almeno* una componente (ma potrebbero essere in numero maggiore) del punto corrente è stata modificata.

Nel metodo di Hooke-Jeeves, anziché condurre una ricerca lungo le direzioni coordinate a partire dal punto x_{k+1}, viene utilizzata la direzione $(x_{k+1} - x_k)$

14.4 Metodi delle direzioni coordinate

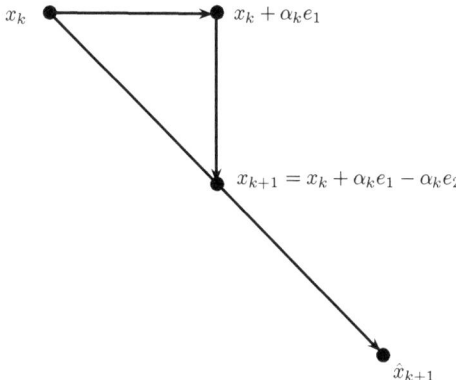

Fig. 14.5. Punti generati dal metodo di Hooke-Jeeves

(che potrebbe essere una "buona" direzione avendo determinato un decremento di f) per generare un punto $\hat{x}_{k+1}$ che viene "temporaneamente" accettato. In particolare abbiamo

$$\hat{x}_{k+1} = x_{k+1} + (x_{k+1} - x_k),$$

e tale punto viene temporaneamente accettato anche se

$$f(\hat{x}_{k+1}) \geq f(x_{k+1}).$$

A partire da $\hat{x}_{k+1}$ viene condotta una ricerca lungo le direzioni coordinate:
- se tale ricerca "fallisce", ossia se $f(\hat{x}_{k+1} \pm \alpha_k e_i) \geq f(x_{k+1})$ per $i = 1, \ldots, n$, allora il punto $\hat{x}_{k+1}$ viene rifiutato e si riparte dal punto x_{k+1} con il metodo delle coordinate;
- se tale ricerca "ha successo", ossia se per qualche i risulta

$$f(\hat{x}_{k+1} + \alpha_k e_i) < f(x_{k+1}) \quad (\text{oppure } f(\hat{x}_{k+1} - \alpha_k e_i) < f(x_{k+1})),$$

allora si pone

$$x_{k+2} = \hat{x}_{k+1} + \alpha_k e_i \quad (\text{oppure } x_{k+2} = \hat{x}_{k+1} + \alpha_k e_i).$$

Il funzionamento del metodo è illustrato nella Fig. 14.5. Nell'esempio mostrato in figura risulta

$$f(x_k + \alpha_k e_1 - \alpha_k e_2) < f(x_k + \alpha_k e_1) < f(x_k).$$

Per quanto riguarda gli aspetti teorici di convergenza, osserviamo che tutti i punti generati dall'algoritmo (compresi quelli accettati temporaneamente) sono ottenuti con spostamenti di ampiezza assegnata lungo direzioni parallele agli assi coordinati. Infatti abbiamo

$$x_{k+1} = x_k + \sum_{j=1}^{2n} \alpha_k^j e_j \qquad \hat{x}_{k+1} = x_{k+1} + \sum_{j=1}^{2n} \alpha_k^j e_j,$$

dove $\alpha_k^j = \alpha_k$ oppure $\alpha_k^j = 0$. Possono quindi essere ripetuti integralmente i ragionamenti delle dimostrazioni delle proposizioni 14.1 e 14.2. Di conseguenza, se $\{x_k\}$ è la sequenza generata dal metodo di Hooke-Jeeves, assumendo compatto l'insieme di livello $\mathcal{L}_0$, possiamo affermare che esiste almeno un punto di accumulazione di $\{x_k\}$ che è punto stazionario di f.

14.4.4 Metodi delle coordinate con sufficiente decremento

In questo paragrafo presenteremo due metodi delle coordinate in cui, differentemente dai metodi visti in precedenza, il punto corrente viene aggiornato solo quando si ottiene un "sufficiente" decremento della funzione obiettivo.

Il primo dei due metodi è basato su ricerche unidimensionali tipo-Armijo senza derivate effettuate lungo gli assi coordinati. Le tecniche di ricerca unidimensionale senza derivate sono state introdotte nel Capitolo 5.

Come già detto, in assenza di informazioni sulle derivate non è possibile stabilire se una data direzione di ricerca è di discesa. Data una direzione d_k all'iterazione k, l'idea delle tecniche di ricerca undimensionale senza derivate è di campionare la funzione obiettivo lungo $\pm d_k$ con spostamenti di ampiezza decrescente. Quando è stato ottenuto un sufficiente decremento della funzione obiettivo, l'algoritmo di ricerca unidimensionale termina fornendo in uscita uno spostamento (con segno opportuno che definisce il verso della direzione) $\alpha_k \neq 0$. Quando l'ampiezza dello spostamento è diventata minore di un valore di soglia ρ_k, l'algoritmo di ricerca unidimensionale termina fornendo in uscita $\alpha_k = 0$.

Per agevolare il lettore, riportiamo lo schema formale di un algoritmo di ricerca unidimensionale già descritto.

Algoritmo SD1. Ricerca unidimensionale tipo-Armijo senza derivate

Dati. $\Delta_k > 0$, $\gamma > 0$, $\delta \in (0,1)$, $\rho_k \in (0,1)$.

Poni $\alpha = \Delta_k$.
While $f(x_k + u\alpha d_k) > f(x_k) - \gamma \alpha^2 \|d_k\|^2$ per $u = \pm 1$, **do**
    If $\alpha \|d_k\| < \rho_k$ **then**
        poni $\alpha_k = 0$ ed **esci**;
    Else
        Poni $\alpha = \delta \alpha$.
    End If
End while
Poni $\alpha_k = u_k \alpha$, essendo $u_k \in \{-1, 1\}$ il valore per cui vale la condizione
$$f(x_k + u_k \alpha) \leq f(x_k) - \gamma \alpha^2 \|d_k\|^2, \qquad (14.19)$$
ed **esci**.

14.4 Metodi delle direzioni coordinate

Il metodo delle coordinate con ricerche unidimensionali utilizza l'Algoritmo SD1 applicato sequenzialmente agli assi coordinati. Lo schema del metodo è riportato di seguito.

Metodo delle coordinate con ricerche unidimensionali (MC2)

Dati. Punto iniziale $x_0 \in R^n$, $a > 0$, $\theta \in (0,1)$, $\rho_0 > 0$, $i = 1$.
Per $k = 0, 1, \ldots$.

Passo 1. Poni $d_k = e_i$.
Passo 2. Scegli uno spostamento iniziale $\Delta_k \geq a$ e calcola il passo α_k lungo d_k con l'Algoritmo SD1(d_k, Δ_k, ρ_k).
Passo 3. Poni $x_{k+1} = x_k + \alpha_k d_k$, $\rho_{k+1} = \theta \rho_k$, $k = k+1$.
Passo 4. Se $i < n$ poni $i = i+1$, altrimenti poni $i = 1$; vai al Passo 1.

Le proprietà dell'Algoritmo SD1 riportate nella Proposizione 5.18 e l'impiego di n direzioni linearmente indipendenti consentono di dimostrare la convergenza globale del metodo MC2 come conseguenza del risultato generale della Proposizione 4.5 del Capitolo 4.

Proposizione 14.3. *Sia $f : R^n \to R$ continuamente differenziabile su R^n e si assuma che l'insieme di livello $\mathcal{L}_0$ sia compatto. Sia $\{x_k\}$ la successione generata dal metodo delle coordinate MC2. Allora $\{x_k\}$ ammette punti di accumulazione e ogni punto di accumulazione è un punto stazionario.*

Dimostrazione. Per dimostrare le tesi faremo vedere che valgono le ipotesi della Proposizione 4.5.

Le ipotesi della Proposizione 5.18 sono soddisfatte (infatti $\Delta_k \geq a$, e $\rho_k \to 0$ per $k \to \infty$) per cui abbiamo:

- $f(x_{k+1}) \leq f(x_k)$;
- $\nabla f(x_k)^T d_k / \|d_k\| \to 0$ per $k \to \infty$;
- $\|x_{k+1} - x_k\| \to 0$ per $k \to \infty$.

Osserviamo inoltre che le colonne della matrice

$$P_k = \left[\frac{d_k}{\|d_k\|} \cdots \frac{d_{k+n-1}}{\|d_{k+n-1}\|} \right],$$

sono gli assi coordinati, per cui abbiamo $|\mathrm{Det}(P_k)| = 1$ per ogni k.

Tutte le ipotesi della Proposizione 4.5 sono quindi soddisfatte e la tesi è perciò dimostrata. □

408   14 Metodi senza derivate

Il secondo metodo che presentiamo è un metodo delle coordinate in cui ad ogni iterazione vengono utilizzate sequenzialmente le $2n$ direzioni di ricerca e viene eseguita una procedura di *espansione* del passo di ricerca lungo tutte le direzioni lungo le quali si è ottenuta una *sufficiente riduzione* della funzione obiettivo.

Per comodità di esposizione definiamo l'insieme di direzioni di ricerca come segue

$$D = \{e_1, \ldots, e_n, -e_1, \ldots, -e_n\} = \{d_1, \ldots, d_n, d_{n+1}, \ldots, d_{2n}\}. \qquad (14.20)$$

Ad ogni direzione d_i viene associato:

- un *passo di prova* $\tilde{\alpha}_k^i > 0$;
- un *passo effettivo* $\alpha_k^i \geq 0$.

Se in corrispondenza del passo di prova $\tilde{\alpha}_k^i$ si verifica una condizione di sufficiente riduzione, allora viene effettuata *un'espansione* che produce il passo effettivo $\alpha_k^i \geq \tilde{\alpha}_k^i$ (si veda la Fig. 14.6). Altrimenti (si veda la Fig. 14.7), il

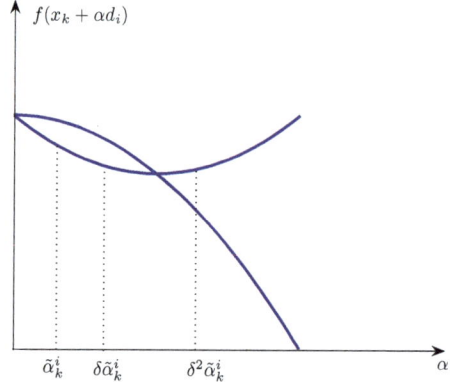

Fig. 14.6. Espansione che produce un passo $\alpha_k^i = \delta \tilde{\alpha}_k^i > 0$

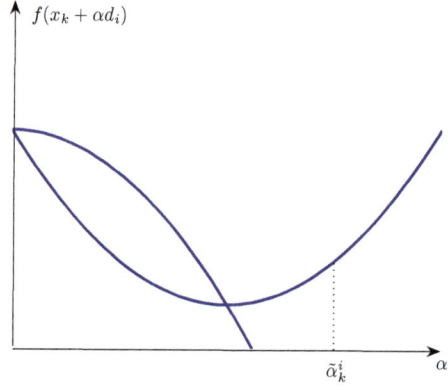

Fig. 14.7. Caso in cui $\alpha_k^i = 0$

passo di prova viene ridotto ponendo $\tilde{\alpha}^i_{k+1} = \theta \alpha^i_k$, con $\theta \in (0,1)$, e il passo effettivo α^i_k viene posto pari a zero.

Descriviamo in modo formale l'algoritmo.

Metodo delle coordinate con espansione (MC3)

Dati. Insieme di direzioni D definito nella (14.20); punto iniziale $x_0 \in R^n$, spostamenti iniziali $\tilde{\alpha}^1_0, \tilde{\alpha}^2_0, \ldots, \tilde{\alpha}^n_0 > 0$, costanti $\theta \in (0,1)$, $\gamma \in (0,1)$, $\delta > 1$.

Passo 0. Poni $k = 0$.

Passo 1. Poni $i = 1$, $y^1_k = x_k$.

Passo 2. If $f(y^i_k + \tilde{\alpha}^i_k d_i) \leq f(y^i_k) - \gamma(\tilde{\alpha}^i_k)^2$, then

poni $\alpha^i_k = \tilde{\alpha}^i_k$ ed esegui la procedura di *espansione*:

While $f(y^i_k + \delta \alpha^i_k d_i) \leq f(y^i_k) - \gamma(\delta \alpha^i_k)^2$

poni $\alpha^i_k = \delta \alpha^i_k$;

End While

poni $\tilde{\alpha}^i_{k+1} = \alpha^i_k$;

Else poni $\alpha^i_k = 0$, $\tilde{\alpha}^i_{k+1} = \theta \tilde{\alpha}^i_k$.

End If

Passo 3. Poni $y^{i+1}_k = y^i_k + \alpha^i_k d_i$.

Passo 4. Se $i \leq 2n$ poni $i = i+1$ e vai al Passo 2.

Passo 5. Determina x_{k+1} tale che $f(x_{k+1}) \leq f(y^{2n+1}_k)$, poni $k = k+1$, e vai al Passo 1.

Osserviamo che i Passi 1-4 generano i punti $y^1_k = x_k, y^2_k, \ldots, y^{2n}_k, y^{2n+1}_k$ mediante campionamento lungo le $2n$ direzioni. Al Passo 5 è possibile scegliere arbitrariamente il nuovo punto x_{k+1} purché risulti $f(x_{k+1}) \leq f(y^{2n+1}_k)$. In particolare quindi si potrebbe porre $x_{k+1} = y^{2n+1}_k$.

Prima di dimostrare le proprietà di convergenza riportiamo il risultato seguente.

Proposizione 14.4. *Sia* $f : R^n \to R$ *e si assuma che l'insieme di livello* $\mathcal{L}_0$ *sia compatto. Siano* $\{\alpha_k^i\}$, $\{\tilde{\alpha}_k^i\}$, *per* $i = 1, \ldots, 2n$ *le sequenze di scalari prodotte dal metodo* MC3. *Allora per* $i = 1, \ldots, 2n$ *risulta*

$$\lim_{k \to \infty} \alpha_k^i = 0 \qquad (14.21)$$

$$\lim_{k \to \infty} \tilde{\alpha}_k^i = 0. \qquad (14.22)$$

Dimostrazione. Dalle istruzioni dell'algoritmo segue $f(x_{k+1}) \leq f(x_k)$, per cui $x_k \in \mathcal{L}_0$ per ogni $k \geq 0$, e quindi la sequenza $\{f(x_k)\}$ converge. Inoltre risulta

$$f(x_{k+1}) \leq f(x_k) - \gamma \sum_{i=1}^{2n} (\alpha_k^i)^2,$$

e quindi, tenendo conto della convergenza di $\{f(x_k)\}$, abbiamo per $i = 1, \ldots, 2n$ che $\alpha_k^i \to 0$ per $k \to \infty$, ossia che vale la (14.21).

Per dimostrare la (14.22), consideriamo un qualsiasi $i \in \{1, \ldots, 2n\}$ e partizioniamo l'insieme degli indici delle iterazioni $\{0, 1, \ldots\}$ in due sottoinsiemi K e $\bar{K}$, in cui:

- $k \in K$ se e solo se $\alpha_k^i > 0$;
- $k \in \bar{K}$ se e solo se $\alpha_k^i = 0$.

Per ogni $k \in K$ abbiamo $\alpha_k^i \geq \tilde{\alpha}_k^i$, per cui se K ha cardinalità infinita, dalla (14.21) segue

$$\lim_{k \in K, k \to \infty} \tilde{\alpha}_k^i = 0. \qquad (14.23)$$

Per ogni $k \in \bar{K}$, sia $m_k < k$ l'indice più grande per cui risulta che $m_k \in K$ (assumiamo $m_k = 0$ se tale indice non esiste, ossia se K è vuoto). Quindi possiamo scrivere

$$\tilde{\alpha}_k^i = (\theta)^{k - m_k} \alpha_{m_k}^i \leq \alpha_{m_k}^i.$$

Per $k \in \bar{K}$ e $k \to \infty$ abbiamo che $m_k \to \infty$ (se K ha cardinalità infinita) oppure $k - m_k \to \infty$ (se K ha cardinalità finita). Di conseguenza, la (14.23) e il fatto che $\theta \in (0, 1)$ implicano che $\tilde{\alpha}_k^i \to 0$ per $k \in \bar{K}$ e $k \to \infty$. □

Dimostriamo ora la convergenza globale del metodo.

Proposizione 14.5. *Sia* $f : R^n \to R$ *continuamente differenziabile su* R^n *e si assuma che l'insieme di livello* $\mathcal{L}_0$ *sia compatto. Sia* $\{x_k\}$ *la successione generata dal metodo delle coordinate* MC3. *Allora* $\{x_k\}$ *ammette punti di accumulazione e ogni punto di accumulazione è un punto stazionario.*

Dimostrazione. Dalle istruzioni dell'algoritmo segue $f(x_{k+1}) \leq f(x_k)$, per cui $x_k \in \mathcal{L}_0$ per ogni $k \geq 0$, e quindi la sequenza $\{x_k\}$ ammette punti di accumulazione.

Sia $\bar{x}$ un qualsiasi punto di accumulazione di $\{x_k\}$. Esiste quindi un sottoinsieme infinito $K \subset \{0,1,\ldots\}$ tale che

$$\lim_{k \in K, k \to \infty} x_k = \bar{x}.$$

Per ogni $k \in K$ e per ogni $i = 1, \ldots, 2n$ abbiamo

$$\|y_k^i - x_k\| \leq \sum_{j=1}^{i-1} \alpha_k^j,$$

e quindi, tenendo conto della (14.21), otteniamo

$$\lim_{k \in K, k \to \infty} y_k^i = \bar{x}. \tag{14.24}$$

Dalle istruzioni dell'algoritmo segue che per ogni $k \in K$ abbiamo

$$\alpha_k^i > 0 \quad f(y_k^i + \delta \alpha_k^i d_i) \geq f(y_k^i) - \gamma(\delta \alpha_k^i)^2 \tag{14.25}$$

oppure

$$\alpha_k^i = 0 \quad f(y_k^i + \tilde{\alpha}_k^i d_i) \geq f(y_k^i) - \gamma(\tilde{\alpha}_k^i)^2. \tag{14.26}$$

Si ponga

$$\xi_k^i = \begin{cases} \delta \alpha_k^i & \text{se } \alpha_k^i > 0 \\ \tilde{\alpha}_k^i & \text{se } \alpha_k^i = 0. \end{cases}$$

Dalle (14.25) e (14.26) segue

$$f(y_k^i + \xi_k^i d_i) \geq f(y_k^i) - \gamma(\xi_k^i)^2. \tag{14.27}$$

Utilizzando il teorema della media nella (14.27) si ottiene

$$\nabla f(z_k^i)^T d_i \geq -\gamma \xi_k^i, \tag{14.28}$$

in cui $z_k^i = y_k^i + t_k \xi_k^i d_i$, con $t_k \in (0,1)$. Dalla definizione di ξ_k^i, dalla (14.21), dalla (14.22), e tenendo conto della (14.24), segue che $z_k^i \to \bar{x}$ per $k \in K$ e $k \to \infty$. Dalla (14.28), osservando ancora che $\xi_k^i \to 0$, otteniamo

$$\nabla f(\bar{x})^T d_i \geq 0 \quad i = 1, \ldots, 2n. \tag{14.29}$$

Ricordando che per $i = 1, \ldots, n$ abbiamo $d_i = e_i$, $d_{n+i} = -e_i$, dalla (14.29) segue

$$\nabla f(\bar{x})^T e_i = \frac{\partial f(\bar{x})}{\partial x_i} \geq 0, \quad \nabla f(\bar{x})^T (-e_i) = -\frac{\partial f(\bar{x})}{\partial x_i} \geq 0 \quad i = 1, \ldots, n,$$

da cui si ottiene

$$\frac{\partial f(\bar{x})}{\partial x_i} = 0 \quad i = 1, \ldots, n. \qquad \square$$

14.5 Metodi basati su direzioni che formano basi positive

I metodi delle direzioni coordinate presentati precedentemente sono basati sul campionamento della funzione obiettivo lungo le $2n$ direzioni

$$\pm e_1, \pm e_2, \ldots, \pm e_n.$$

Nel caso "peggiore" di fallimenti lungo tutte le direzioni occorre quindi effettuare $2n$ valutazioni di funzione. Vedremo tuttavia che è possibile definire metodi globalmente convergenti che utilizzano un numero di direzioni inferiore a $2n$. Alla base di tali metodi ci sono concetti riguardanti la *combinazione conica* di vettori.

Dati i vettori $d_i \in R^n$, $i = 1, \ldots, r$ e un insieme $S \subseteq R^n$, si dice che $S \subseteq cono\{d_1, \ldots, d_r\}$ se ogni elemento di S è esprimibile come combinazione conica dei vettori $d_1, \ldots, d_r$:

$$\forall x \in S, \ \exists \alpha_i \geq 0, i = 1, \ldots, r : \ x = \sum_{i=1}^{r} \alpha_i d_i.$$

La proprietà (fondamentale nel contesto dei metodi senza derivate) dell'insieme delle $2n$ direzioni coordinate è che

$$R^n = cono\{e_1, \ldots, e_n, -e_1, \ldots, -e_n\},$$

ossia che ogni vettore di R^n può essere espresso come *combinazione conica* di tali direzioni. Infatti, per ogni $x \in R^n$ possiamo scrivere

$$x = \sum_{i=1}^{n} x_i e_i = \sum_{i \in I^+} x_i e_i + \sum_{i \in I^-} |x_i|(-e_i),$$

dove $I^+ = \{i : x_i \geq 0\}$, $I^- = \{i : x_i < 0\}$.

La proprietà richiesta a un insieme $D = \{d_1, \ldots, d_r\}$ di direzioni di ricerca di un metodo senza derivate è che risulti

$$R^n = cono(D). \tag{14.30}$$

In particolare, si può facilmente verificare (ripetendo i passaggi esposti all'inizio del Paragrafo 14.3) che dato un generico punto $x_k \in R^n$ tale che $\nabla f(x_k) \neq 0$, esiste una direzione $d_i \in D$ di discesa per f in x_k.

Si osservi che ponendo, ad esempio,

$$D = \left\{ e_1, e_2, \ldots, e_n, -\sum_{i=1}^{n} e_i \right\} \tag{14.31}$$

la (14.30) è soddisfatta.

Dimostreremo ora che un insieme D che gode della proprietà (14.30) deve contenere almeno $n+1$ direzioni.

14.5 Metodi basati su direzioni che formano basi positive

Proposizione 14.6. *Sia $D = \{d_1, \ldots, d_r\}$ un insieme di vettori in R^n e supponiamo che la (14.30) sia soddisfatta. Allora*

$$r \geq n + 1.$$

Dimostrazione. Se vale la (14.30) allora in particolare d_1 è esprimibile come combinazione conica di $d_1, \ldots, d_r$, cioè:

$$d_1 = \sum_{i=1}^{r} \alpha_i d_i, \quad \alpha_i \geq 0, \qquad (14.32)$$

da cui segue

$$d_1 = \sum_{i=2}^{r} \tilde{\alpha}_i d_i, \quad \tilde{\alpha}_i = \frac{\alpha_i}{1 - \alpha_1}. \qquad (14.33)$$

Comunque si scelga $x \in R^n$, utilizzando la (14.30) e la (14.33), si può scrivere

$$x = \sum_{i=1}^{r} \gamma_i d_i = \sum_{i=2}^{r} \beta_i d_i,$$

dove $\beta_i = \gamma_1 \tilde{\alpha}_i + \gamma_i$, $i = 2, \ldots, r$.

Possiamo quindi affermare che un qualsiasi vettore $x \in R^n$ è esprimibile come combinazione lineare dei vettori $d_2, \ldots, d_r$. L'insieme $\{d_2, \ldots, d_r\}$ deve perciò contenere almeno una base di R^n, quindi deve essere di cardinalità maggiore o uguale a n, da cui segue $r - 1 \geq n$. □

Si dice che un insieme $D = \{d_1, \ldots, d_r\}$ è *positivamente dipendente* se uno dei vettori di D può essere espresso come combinazione conica degli altri. Altrimenti l'insieme D è detto *positivamente indipendente*.

Una *base positiva* è un insieme $D = \{d_1, \ldots, d_r\}$ positivamente indipendente e tale che vale la (14.30). Si può facilmente verificare che, dati n vettori $d_1, \ldots, d_n$ linearmente indipendenti, gli insiemi

$$\{d_1, \ldots, d_n, -d_1, \ldots, -d_n\}, \qquad \left\{d_1, d_2, \ldots, d_n, -\sum_{i=1}^{n} d_i\right\}.$$

sono basi positive.

La Proposizione 14.6 stabilisce che una base positiva deve contenere almeno $n+1$ elementi. Si può dimostrare che una base positiva non può contenere più di $2n$ vettori. Una base positiva con $n+1$ elementi è detta *minimale*, una base positiva con $2n$ elementi è detta *massimale*. Esempi di basi positive, minimale e massimale, in R^2 sono mostrati in Fig. 14.8.

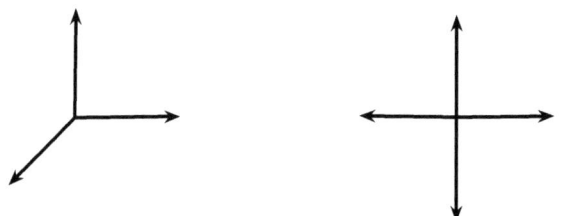

Fig. 14.8. Una base positiva minimale e una massimale in R^2

I metodi delle coordinate presentati nei paragrafi precedenti (sia quello con semplice decremento che quelli con sufficiente decremento) utilizzano come insieme di direzioni di ricerca una base positiva massimale, ossia l'insieme

$$D = \{e_1, \ldots, e_n, -e_1, \ldots, -e_n\}.$$

Ripercorrendo l'analisi di convergenza svolta in precedenza si può verificare che le proprietà di convergenza globale dei metodi MC1 e MC3 valgono se si utilizza un qualsiasi insieme di direzioni di ricerca D che soddisfi la (14.30). Valgono i seguenti risultati le cui dimostrazioni vengono lasciate per esercizio.

Proposizione 14.7. *Sia* $f : R^n \to R$ *continuamente differenziabile su* R^n *e si assuma che l'insieme di livello* $\mathcal{L}_0$ *sia compatto. Sia* $\{x_k\}$ *la successione generata dal metodo delle coordinate* MC1 *in cui l'insieme di direzioni* D *soddisfa la* (14.30). *Allora esiste almeno un punto di accumulazione di* $\{x_k\}$ *che è un punto stazionario.*

Proposizione 14.8. *Sia* $f : R^n \to R$ *continuamente differenziabile su* R^n *e si assuma che l'insieme di livello* $\mathcal{L}_0$ *sia compatto. Sia* $\{x_k\}$ *la successione generata dal metodo delle coordinate* MC3 *in cui l'insieme di direzioni* D *soddisfa la* (14.30). *Allora* $\{x_k\}$ *ammette punti di accumulazione e ogni punto di accumulazione è un punto stazionario.*

In particolare, l'insieme D potrebbe essere una base positiva minimale (ad esempio l'insieme definito nella (14.31)). Con tale scelta, le versioni modificate di MC1 e MC3 richiederebbero nel caso "peggiore", ossia nel caso di fallimenti lungo tutte le direzioni di ricerca, $n+1$ valutazioni di funzione.

14.6 Metodo delle direzioni coniugate

Si consideri il problema

$$minf(x) = \frac{1}{2}x^T Q x - c^T x \qquad (14.34)$$

in cui Q è una matrice $n \times n$ simmetrica e definita positiva. Abbiamo visto nel Capitolo 8 che è possibile determinare, al più in n iterazioni, l'unica soluzione $x^\star$ di (14.34) effettuando ricerche unidimensionali esatte lungo n direzioni mutuamente coniugate.

In questo paragrafo mostreremo come costruire direzioni mutuamente coniugate utilizzando esclusivamente i valori della funzione. Definiremo quindi un metodo senza derivate che, sotto opportune ipotesi, converge in un numero finito di iterazioni alla soluzione di (14.34).

L'idea si basa sulla *proprietà dei sottospazi paralleli* che illustreremo inizialmente nel caso $n = 2$. La proprietà è la seguente: sia d un vettore in R^2 e si considerino due punti $x_1, x_2 \in R^2$. Siano $x_1^\star$ e $x_2^\star$ i punti di minimo di f lungo le due rette parallele

$$l_1 = \{x \in R^2 : x = x_1 + \alpha d,\ \alpha \in R\} \qquad l_2 = \{x \in R^2 : x = x_2 + \alpha d,\ \alpha \in R\}.$$

Si può dimostrare che il vettore $x_2^\star - x_1^\star$ è coniugato rispetto a d. Quindi, se si effettua una minimizzazione esatta lungo $x_2^\star - x_1^\star$ si ottiene il punto di minimo di f perchè sono state effettuate in sequenza due minimizzazioni esatte lungo le due direzioni coniugate d e $x_2 - x_1$. Il caso di dimensione $n = 2$ è illustrato in Fig. 14.9.

Generalizziamo e formalizziamo quanto appena detto.

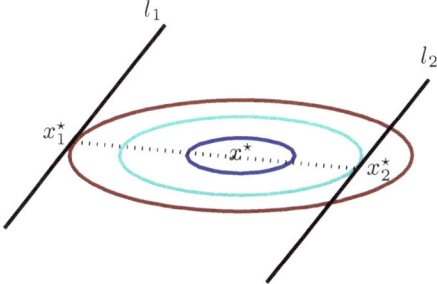

Fig. 14.9. Direzioni coniugate nel caso $n = 2$

Proposizione 14.9. *Si consideri un insieme $\{d_1, d_2, \ldots, d_h\}$ di direzioni in R^n linearmente indipendenti. Siano x_1, x_2 due punti distinti in R^n e si considerino i due sottospazi affini*

$$S_1 = \{x \in R^n : x = x_1 + \sum_{i=1}^{h} \alpha_i d_i, \ \alpha_i \in R, \ i = 1, \ldots, h\}$$
$$S_2 = \{x \in R^n : x = x_2 + \sum_{i=1}^{h} \alpha_i d_i, \ \alpha_i \in R, \ i = 1, \ldots, h\}.$$

Siano $x_1^\star$ e $x_2^\star$ i punti di minimo di f su S_1 e S_2 rispettivamente. Il vettore $x_1^\star - x_2^\star$ è coniugato rispetto alle direzioni $d_1, d_2, \ldots, d_h$.

Dimostrazione. Osserviamo inizialmente che le direzioni $d_1, \ldots, d_h$ e le loro opposte $-d_1, \ldots, -d_h$ sono direzioni ammissibili in $x_1^\star$ (e $x_2^\star$) rispetto S_1 (e a S_2). Infatti per ogni $j = 1, \ldots, h$ abbiamo

$$x_1^\star + \beta d_j = x_1 + \sum_{i=1}^{h} \alpha_i^{(1)} d_i + \beta d_j \in S_1 \quad \forall \beta \in R$$

$$x_2^\star + \beta d_j = x_2 + \sum_{i=1}^{h} \alpha_i^{(2)} d_i + \beta d_j \in S_2 \quad \forall \beta \in R.$$

Quindi dalle condizioni di ottimalità (si veda il capitolo dedicato ai metodi per problemi con insieme ammissibile convesso) risulta

$$\nabla f(x_1^\star)^T d_i \geq 0 \quad -\nabla f(x_1^\star)^T d_i \geq 0,$$
$$\nabla f(x_2^\star)^T d_i \geq 0 \quad -\nabla f(x_2^\star)^T d_i \geq 0,$$

ossia
$$\nabla f(x_1^\star)^T d_i = 0 \quad i = 1, \ldots, h \quad (14.35)$$
$$\nabla f(x_2^\star)^T d_i = 0 \quad i = 1, \ldots, h. \quad (14.36)$$

Utilizzando le (14.35) e (14.36) e tenendo conto che la funzione f è quadratica otteniamo per $i = 1, \ldots, h$

$$\begin{aligned} 0 &= (\nabla f(x_1^\star) - \nabla f(x_2^\star))^T d_i \\ &= (Q x_1^\star - c - Q x_2^\star + c)^T d_i \\ &= d_i^T Q (x_1^\star - x_2^\star). \end{aligned} \qquad \square$$

Il metodo può essere descritto come segue.

Metodo delle direzioni coniugate

Dati. Punto iniziale $x_0 \in R^n$, poni $d_i = e_i$ per $i = 1, \ldots, n$.
Calcola lo scalare α che minimizza f lungo d_n e poni $x_1 = x_0 + \alpha d_n$, $k = 1$.
While il criterio d'arresto non è soddisfatto
  Poni $z_1 = x_k$.
  Per $j = 1, \ldots, n$.
    Calcola lo scalare α_j che minimizza f lungo d_j,
    poni $z_{j+1} = z_j + \alpha_j d_j$.
  Per $j = 1, \ldots, n-1$ poni $d_j = d_{j+1}$ e $d_n = z_{n+1} - z_1$.
  Calcola lo scalare α_n che minimizza f lungo d_n.
  Poni $x_{k+1} = z_{n+1} + \alpha_n d_n$, $k = k+1$.
End While

Commento 14.3. La ricerca di linea esatta può essere effettuata con una interpolazione quadratica che richiede tre valutazioni di funzione in tre punti distinti. □

Osserviamo che alla fine di ogni iterazione $k \geq 1$ viene definito un insieme di direzioni della forma

$$[d_1, \ldots, d_n] = [e_{k+1}, \ldots, e_n, p_1, \ldots, p_k], \qquad (14.37)$$

in cui abbiamo distinto, per comodità di esposizione, le direzioni originarie costituite dagli assi coordinati da quelle che sono state ottenute come differenze dei punti z_{n+1} e z_1.

Si noti che, per $k \geq 1$, il punto x_{k+1} è ottenuto effettuando in sequenza minimizzazioni unidimensionali esatte lungo le direzioni

$$[e_n, p_1, \ldots, p_k]$$

a partire da un punto che indichiamo con y_k.

Commento 14.4. L'insieme definito dalla (14.37) potrebbe essere costituito da direzioni linearmente dipendenti. In tal caso, potrebbe accadere che risulti $\nabla f(x_k) \neq 0$ e

$$\nabla f(x_k)^T d_i = 0 \qquad i = 1, \ldots, n.$$

Di conseguenza, le minimizzazioni unidimensionali potrebbero determinare spostamenti di ampiezza nulla, e quindi l'algoritmo potrebbe arrestarsi in un punto x_k che non sia il punto di minimo di f, ossia potremmo avere $\nabla f(x_k) \neq 0$ e

$$x_k = z_1 = \ldots = z_{n+1} = x_{k+1}. \qquad (14.38)$$

Si osservi che se x_1 non è il punto di minimo allora sicuramente risulta $x_2 \neq x_1$. □

Proposizione 14.10. *Supponiamo che risulti $x_{k+1} \neq x_k$ per $k \geq 1$. Allora abbiamo che:*

(i) *l'insieme di direzioni generato al termine dell'iterazione k e definito nella (14.37) è tale che i vettori $e_n, p_1, \ldots, p_k$ sono mutuamente coniugati;*

(ii) *il punto x_{k+1} è il punto di minimo di f nel sottospazio affine*

$$S_k = \{x \in R^n : x = y_k + \alpha_0 e_n + \alpha_1 p_1 + \ldots + \alpha_k p_k,\ \alpha_0, \alpha_1, \ldots, \alpha_k \in R\},$$

dove y_k è un punto di R^n.

Dimostrazione. Dimostreremo la tesi per induzione. Quindi faremo inizialmente vedere che le due asserzioni sono vere per $k = 1$. Per quanto riguarda l'asserzione (i), osserviamo che le istruzioni dell'algoritmo implicano che x_1 è ottenuto mediante una minimizzazione esatta lungo e_n a partire da x_0, mentre z_{n+1} è ottenuto mediante una minimizzazione esatta lungo e_n a partire da z_n. Dalla Proposizione 14.9 segue quindi che il vettore $p_1 = z_{n+1} - z_1$ è coniugato rispetto a e_n.

Le istruzioni dell'algoritmo implicano anche che il punto x_2 è ottenuto, a partire da z_n, effettuando in sequenza due minimizzazioni esatte unidimensionali lungo le direzioni coniugate e_n e p_1. Dalla Proposizione 8.3 del capitolo delle direzioni coniugate segue che l'asserzione (ii) vale per $k = 1$.

Assumendo vere le asserzioni per k, faremo vedere che valgono anche per $k+1$. Dall'ipotesi di induzione segue che il punto iniziale dell'iterazione $k+1$, ossia il punto $z_1 = x_{k+1}$ è il punto di minimo di f del sottospazio affine

$$S^1_{k+1} = \{x \in R^n : x = y_k + \alpha_0 e_n + \alpha_1 p_1 + \ldots + \alpha_k p_k,\ \alpha_0, \alpha_1, \ldots, \alpha_k \in R\}.$$

Dalle istruzioni dell'algoritmo abbiamo che il punto z_{n+1} generato all'iterazione $k+1$ è

$$z_{n+1} = y_{k+1} + \alpha_0^\star e_n + \alpha_1^\star p_1 + \ldots + \alpha_k^\star p_k,$$

dove $\alpha_0^\star, \alpha_1^\star, \ldots, \alpha_k^\star$ sono i passi ottenuti con le minimizzazioni unidimensionali esatte lungo le direzioni coniugate $e_n, p_1, \ldots, p_k$. Tenendo conto della Proposizione 8.3, possiamo affermare che z_{n+1} è il punto di minimo di f nel sottospazio

$$S^2_{k+1} = \{x \in R^n : x = y_{k+1} + \alpha_0 e_n + \alpha_1 p_1 + \ldots + \alpha_k p_k,\ \alpha_0, \alpha_1, \ldots, \alpha_k \in R\}.$$

Di conseguenza, tenendo conto che z_1 è il punto di minimo di f nel sottospazio S^1_{k+1}, dalla Proposizione 14.9 otteniamo che il vettore $p_{k+1} = z_{n+1} - z_1$ è mutuamente coniugato rispetto alle direzioni $e_n, p_1, \ldots, p_k$, e quindi vale la (i) con $k+1$ al posto di k.

La (ii) segue dalla (i) e dalla Proposizione 8.3. □

Come conseguenza della proposizione precedente abbiamo che, nell'ipotesi in cui l'algoritmo generi direzioni non nulle, esso converge al punto di minimo di f al più dopo $n-1$ iterazioni. Tuttavia, l'ipotesi che siano generate direzioni non nulle non può essere garantita a priori, per cui sono state proposte varie modifiche dell'algoritmo per garantire la convergenza. Tali modifiche sono finalizzate ad assicurare che le n direzioni utilizzate ad ogni iterazione siano linearmente indipendenti.

Infine, sono state definite versioni del metodo delle direzioni coniugate per problemi generali non lineari basate su ricerche unidimensionali inesatte.

14.7 Cenni sui metodi basati su modelli di interpolazione

L'idea alla base dei metodi brevemente descritti in questo paragrafo è di costruire ad ogni iterazione un modello analitico (tipicamente un modello quadratico) della funzione obiettivo interpolando i valori della funzione obiettivo corrispondenti a punti generati in modo opportuno.

Sia x_k il punto corrente e sia $Y = [y_1, \ldots, y_p]$ un insieme di punti in R^n nei quali è stata valutata la funzione obiettivo.

Si consideri un modello quadratico

$$m_k(x_k + s) = f(x_k) + b^T s + \frac{1}{2} s^T Q s \tag{14.39}$$

in cui $b \in R^n$ e Q è una matrice simmetrica $n \times n$. I coefficienti incogniti del modello, rappresentati dagli elementi del vettore b e della matrice Q, sono in numero pari a $n + \dfrac{n(n+1)}{2}$ e possono essere determinati imponendo le condizioni di interpolazione

$$m_k(y_i) = f(y_i) \qquad i = 1, \ldots, p. \tag{14.40}$$

Le condizioni precedenti definiscono univocamente il modello m_k solo se $p = n + \dfrac{n(n+1)}{2}$. In questo caso le condizioni (14.40) definiscono un sistema quadrato lineare le cui incognite sono i coefficienti del modello.

Il modello m_k sarà in generale non convesso, per cui è ragionevole pensare di utilizzarlo in una strategia di tipo trust region. In particolare, viene determinata una soluzione (eventualmente approssimata) s_k del sottoproblema

$$\begin{aligned} & min \ m_k(x_k + s) = f(x_k) + b^T s + \tfrac{1}{2} s^T Q s \\ & \|s\| \leq \Delta_k. \end{aligned} \tag{14.41}$$

in cui $\Delta > 0$ è il raggio della trust region. Il punto di prova $x_k + s_k$ viene accettato come il nuovo punto x_{k+1} se s_k determina una "sufficiente riduzione" del modello quadratico $m_k(s)$ e se a tale riduzione del modello quadratico corrisponde una sufficiente riduzione della funzione obiettivo calcolata come $f(x_k + s_k) - f(x_k)$.

Quando non viene ottenuta una "sufficiente riduzione" le cause potrebbero essere:

(i) la distribuzione geometrica "non ottimale" dell'insieme di interpolazione Y;

(ii) l'ampiezza troppo elevata del raggio Δ.

Si tiene conto dell'eventualità (i) valutando il numero di condizionamento della matrice del sistema lineare originato dalle condizioni di interpolazione: se tale numero è troppo grande, viene sostituito un elemento di Y con un nuovo punto al fine di ottenere una matrice dei coefficienti ben condizionata. Esistono varie tecniche per l'aggiornamento dell'insieme di interpolazione Y (che richiede la scelta del punto da eliminare e la scelta del punto da inserire) e l'aggiornamento del modello m_k. In particolare, il modello m_k viene aggiornato piuttosto cha ricalcolato per ridurre il costo computazionale.

Nel caso in cui l'eventualità (i) sia esclusa, si procede con una semplice riduzione del raggio Δ_k in accordo con la strategia di trust region già esaminata.

Osserviamo infine che l'impiego di un modello quadratico potrebbe essere troppo oneroso da un punto di vista computazionale. In particolare, la sola inizializzazione dell'algoritmo richiede $n + \dfrac{n(n+1)}{2}$ valutazioni di funzioni, e questo potebbe essere proibitivo anche se la dimensione n del problema non è elevata. Per ovviare a questa limitazione si potrebbe pensare di utilizzare un modello lineare (ponendo Q pari alla matrice nulla) nelle prime iterazioni e passare a un modello quadratico (che ha un contenuto informativo maggiore) quando la funzione obiettivo è stata valutata in un numero sufficiente di punti.

14.8 Cenni sul metodo "implicit filtering"

Il metodo "implicit filtering" è stato studiato per la minimizzazione di funzioni la cui valutazione è affetta da rumore, ossia di funzioni della forma

$$\hat{f}(x) = f(x) + \rho(x),$$

dove f è una funzione continuamente differenziabile e ρ rappresenta il rumore.

Nella forma più semplice il metodo può essere visto come una variante del metodo del gradiente con ricerca di linea di tipo Armijo.

In particolare, il gradiente di $\hat{f}$ viene approssimato utilizzando le differenze finite con un opportuno passo di discretizzazione ϵ (non troppo piccolo), che viene diminuito in maniera sistematica. Alla generica iterazione k viene calcolato il gradiente approssimato $\nabla_\epsilon \hat{f}(x_k)$, viene definita la direzione di ricerca $d_k = -\nabla_\epsilon \hat{f}(x_k)$, e viene effettuata una ricerca unidimensionale lungo d_k con il metodo di Armijo. Se la ricerca di linea "fallisce", nel senso che dopo un numero massimo di prove non è stata soddisfatta una condizione di "sufficiente riduzione", allora il passo di discretizzazione ϵ viene ridotto e la procedura viene ripetuta.

Il metodo risulta particolarmente adatto quando il livello del rumore decresce in prossimità della soluzione. Quindi il metodo può essere vantaggiosamente impiegato quando il livello di rumore può essere controllato. Questo accade quando la valutazione della funzione obiettivo $\hat{f}(x)$ è ottenuta come risultato di una procedura numerica di soluzione (ad esempio, la procedura numerica di soluzione di un'equazione differenziale) in cui il grado di accuratezza, che può essere variato arbitrariamente, determina il livello di rumore (maggiore accuratezza minore rumore).

Note e riferimenti

I riferimenti principali dei metodi senza derivate sono [24] e [72].

Il metodo di Nelder-Mead è stato proposto in [95]. Come mostrato in [88], il metodo può non convergere anche in problemi di due variabili. Varianti del metodo, finalizzate a garantire la convergenza, sono state studiate in [70] e [121].

Il metodo di Hooke-Jeeves è stato introdotto in [66].

Una classe di metodi (detti di tipo *pattern search*), che include il metodo delle coordinate con semplice decremento e il metodo di Hooke-Jeeves, è stata definita in [120], dove possono essere trovati risultati di convergenza globale più generali di quelli riportati nel capitolo.

I metodi delle coordinate basati sul sufficiente decremento sono stati definiti in [52] e [82].

Il metodo delle direzioni coniugate è stato proposto in [105]. Estensioni del metodo al caso non quadratico sono descritte in [15].

Per gli approfondimenti dei metodi basati su modelli di interpolazione si rimanda al testo di riferimento [24].

Per quanto riguarda il metodo "implicit filtering", i riferimenti principali sono [22] e [71].

14.9 Esercizi

14.1. Sia
$$\hat{f}(x) = f(x) + \rho(x),$$
dove $f : R^n \to R$ una funzione due volte continuamente differenziabile $\rho : R^n \to R$ rappresenta il rumore, e si assuma $\|\nabla^2 f(\cdot)\| \leq L$. Dimostrare che

$$\left| \frac{\partial f(x)}{\partial x_i} - \frac{\hat{f}(x+\epsilon e_i) - \hat{f}(x)}{\epsilon} \right| \leq (L/2)\epsilon + \left| \frac{\rho(x+\epsilon e_i) - \rho(x)}{\epsilon} \right|.$$

14.2. Dimostrare la convergenza del seguente metodo delle *coordinate con sufficiente decremento*

> **Dati.** Insieme di direzioni D definito nella (14.3); punto iniziale $x_0 \in R^n$, spostamento iniziale $\alpha_0 > 0$, costanti $\theta \in (0,1)$, $\gamma > 0$.
> Per $k = 0, 1, \ldots$.
>
> **Passo 1.** Se esiste un indice $i \in \{1, \ldots, n\}$ tale che
>
> $$f(x_k + \alpha_k e_i) \leq f(x_k) - \gamma \alpha_k^2 \quad \text{(oppure } f(x_k - \alpha_k e_i) \leq f(x_k) - \gamma \alpha_k^2\text{),}$$
>
> poni $x_{k+1} = x_k + \alpha_k e_i$ (oppure $x_{k+1} = x_k - \alpha_k e_i$),
> scegli $\alpha_{k+1} \geq \alpha_k$, vai al Passo 3.
>
> **Passo 2.** Poni $x_{k+1} = x_k$, $\alpha_{k+1} = \theta \alpha_k$.
>
> **Passo 3.** Poni $k = k + 1$ e vai al Passo 1.

14.3. Realizzare un codice di calcolo basato sul metodo definito nel precedente esercizio.

14.4. Dimostrare il seguente risultato di convergenza globale "senza derivate".

Sia $f : R^n \to R$ continuamente differenziabile su R^n e si assuma che l'insieme di livello $\mathcal{L}_0$ sia compatto. Sia $\{x_k\}$ una successione di punti. Supponiamo che valgano le condizioni seguenti.

- $f(x_{k+1}) \leq f(x_k)$;
- *l'insieme di direzioni $\{d^1, \ldots, d^r\}$ forma una base positiva;*
- *esistono degli scalari non negativi $\xi_k^1, \ldots, \xi_k^r$ tali che, per $i = 1, \ldots, r$ abbiamo $\xi_k^i \to 0$ per $k \to \infty$, e*

$$f(x_k + \xi_k^i d_i) \geq f(x_k) - o(\xi_k^i).$$

Allora la sequenza $\{x_k\}$ ammette punti di accumulazione e ogni punto di accumulazione è un punto stazionario.

14.5. Dimostrare la Proposizione 14.7.

14.6. Dimostrare la Proposizione 14.8.

15
Metodi per sistemi di equazioni non lineari

Nel capitolo vengono considerati i metodi più noti per la soluzione di sistemi di equazioni non lineari e vengono analizzate, in particolare, strategie di globalizzazione di metodi *tipo Newton* e di metodi *basati sul residuo*.

15.1 Generalità

In molte applicazioni non si ha una funzione obiettivo esplicita da minimizzare, ma occorre determinare il valore delle variabili di decisione in modo che diverse equazioni non lineari siano soddisfatte simultaneamente. Tipicamente questo avviene nella costruzione di modelli matematici di processi fisici basati su equazioni alle derivate parziali, la cui discretizzazione determina sistemi (spesso a larga scala) di equazioni non lineari.

Sia F una funzione da R^n in R^n, ossia

$$F(x) = \begin{pmatrix} F_1(x) \\ F_2(x) \\ \vdots \\ F_n(x) \end{pmatrix},$$

dove $F_i : R^n \to R$, per $i = 1, \ldots, n$ sono funzioni che assumiamo continuamente differenziabili, e si introduca la matrice Jacobiana

$$J(x) = \begin{pmatrix} \nabla F_1(x)^T \\ \nabla F_2(x)^T \\ \vdots \\ \nabla F_n(x)^T \end{pmatrix}.$$

15 Metodi per sistemi di equazioni non lineari

Il problema che consideriamo in questo capitolo è quello di risolvere il sistema di equazioni

$$F(x) = 0,$$

ossia di determinare (se esiste) un vettore $x^\star$ tale che $F(x^\star) = 0$.

Come già si è osservato nel Capitolo 1, risolvere il sistema di equazioni $F(x) = 0$ (assumendo che ammetta soluzione) equivale a determinare un punto di minimo globale della funzione

$$f(x) = \|F(x)\|,$$

dove $\|\cdot\|$ è una qualsiasi norma. Esiste quindi una stretta connessione tra i sistemi di equazioni e i problemi di ottimizzazione. Esistono tuttavia alcune importanti differenze:

- la funzione obiettivo è spesso "naturalmente" definita nei problemi di ottimizzazione non vincolata, laddove non lo è nei sistemi di equazioni;
- nella soluzione un problema di ottimizzazione può essere sufficiente fornire un punto in cui il valore della funzione obiettivo si è ridotto significativamente rispetto al valore iniziale, per cui può essere sufficiente determinare una "buona" *soluzione locale*; nella soluzione di un sistema di equazioni una soluzione locale del problema di minimizzare $\|F(x)\|$ può non avere alcun valore ed è necessario determinare o approssimare soluzioni globali.

Ciò implica che gli algoritmi considerati nei capitoli precedenti possono essere giustificati solo sotto ipotesi abbastanza restrittive che devono implicare anche l'*esistenza* di soluzioni del sistema. Sotto opportune ipotesi possiamo, in linea di principio, utilizzare un qualsiasi algoritmo di ottimizzazione non vincolata di quelli introdotti in precedenza.

In questo capitolo ci riferiremo tuttavia ai metodi che tengono conto della struttura del problema. In particolare, faremo riferimento alle seguenti classi di metodi:

- metodi che utilizzano la matrice Jacobiana J: metodi di tipo *Newton, esatti* e *inesatti*;
- metodi che non utilizzano la matrice Jacobiana J, (*Jacobian-free*) e in particolare:
  - metodi di tipo *Newton alle differenze finite*,
  - metodi di tipo *Quasi-Newton*, con specifico riferimento al *metodo di Broyden*, che è uno dei metodi più noti,
  - metodi *basati sul residuo*.

Osserviamo infine che, per la soluzione di sistemi a larga scala, consideriamo solo metodi che non richiedono la memorizzazione di matrici, ossia metodi di tipo Newton alle differenze finite e metodi basati sul residuo.

15.2 Metodi di tipo Newton

Abbiamo già visto in precedenza il metodo di Newton come un metodo di soluzione di un sistema di equazioni non lineari

$$F(x) = 0,$$

in cui $F : R^n \to R^n$ si assume continuamente differenziabile, con componenti $F_i : R^n \to R$.

Il metodo di Newton si basa sulla costruzione di una successione $\{x_k\}$, a partire da un punto iniziale $x_0 \in R^n$, generata risolvendo a ogni passo il sistema lineare che approssima F nel punto corrente. Il metodo di *Newton esatto* per la soluzione del sistema $F(x) = 0$ diviene

$$x_{k+1} = x_k + d_k^N, \qquad (15.1)$$

dove d_k^N è soluzione del sistema lineare

$$J(x_k)d + F(x_k) = 0. \qquad (15.2)$$

Abbiamo visto che il metodo è localmente convergente a una soluzione $x^\star$ del sistema, con rapidità di convergenza Q-superlineare, nell'ipotesi che la matrice Jacobiana $J(x^\star)$ sia non singolare. Inoltre, la rapidità è quadratica se la matrice Jacobiana è Lipschitz-continua.

In un metodo di *Newton inesatto* abbiamo

$$x_{k+1} = x_k + d_k,$$

dove d_k non risolve esattamente il sistema lineare (15.2), ma è una *soluzione approssimata*, ossia è tale da soddisfare la disuguaglianza

$$\|J(x_k)d_k + F(x_k)\| \leq \eta_k \|F(x_k)\|, \qquad (15.3)$$

essendo $\eta_k > 0$ il *termine di forzamento*. Abbiamo analizzato le condizioni da imporre sul termine η_k per garantire che un metodo di tipo Newton inesatto converga localmente alla soluzione $x^\star$ del sistema $F(x) = 0$ con una assegnata rapidità di convergenza. In particolare abbiamo visto che il metodo converge

- con rapidità superlineare se η_k tende a zero;
- con rapidità quadratica se η_k non cresce più rapidamente di $\|F(x_k)\|$.

Osserviamo che nella soluzione di problemi di ottimizzazione per ottenere una rapidità di convergenza quadratica devono essere utilizzate le derivate seconde della funzione obiettivo. Nella soluzione di sistemi di equazioni la conoscenza delle derivate prime è sufficiente per garantire una rapidità di convergenza quadratica.

15.2.1 Globalizzazione di metodi di tipo Newton

Per rendere globalmente convergente un metodo tipo Newton occorre definire una *funzione di merito* che consenta di stabilire se è conveniente o meno, ai fini della convergenza ad una soluzione $x^\star$ del sistema di equazioni, aggiornare il punto corrente x_k con un nuovo punto generato dal metodo.

Una prima possibilità è di utilizzare come funzione di merito la funzione *somma dei quadrati*, ossia la funzione

$$f(x) = \frac{1}{2}\|F(x)\|_2^2 = \frac{1}{2}\sum_{i=1}^{n} F_i^2(x),$$

il cui gradiente è

$$\nabla f(x) = J(x)^T F(x).$$

Una condizione sufficiente ad assicurare che ogni punto stazionario di f sia soluzione del sistema di equazioni è che la matrice Jacobiana sia non singolare. Assumendo $F(x_k) \neq 0$, la direzione di Newton, ossia il vettore d_k tale che

$$J(x_k)d_k = -F(x_k)$$

è di discesa per f. Infatti abbiamo

$$\nabla f(x_k)^T d_k = F(x_k)^T J(x_k) d_k = -\|F(x_k)\|_2^2 < 0.$$

Per la minimizzazione della f si può pensare di applicare un strategia basata su ricerche unidimensionali oppure una strategia di tipo trust region. Le strategie di globalizzazione sono simili a quelle descritte nel capitolo dedicato al metodo di Newton per la minimizzazione di funzioni, per cui non verranno descritte e analizzate in dettaglio.

Ci limitiamo ad osservare che in una strategia di tipo trust region si considera il modello quadratico

$$m_k(s) = \frac{1}{2}\|J(x_k)s + F(x_k)\|_2^2 = f(x_k) + \nabla f(x_k)^T s + \frac{1}{2}s^T J(x_k)^T J(x_k) s$$

all'interno dello schema generale che caratterizza i metodi di trust region.

Nel seguito analizziamo in dettaglio un metodo di Newton *inesatto* in cui:

- si utilizza come funzione di merito la funzione

$$f(x) = \|F(x)\|, \tag{15.4}$$

dove $\|\cdot\|$ è una qualsiasi norma;
- ad ogni iterazione k si effettua una ricerca unidimensionale di tipo Armijo lungo una direzione *inesatta* di Newton, ossia una direzione d_k tale che

$$\|J(x_k)d_k + F(x_k)\| \leq \eta_k \|F(x_k)\|,$$

in cui $\eta_k \in (0,1)$.

La funzione di merito considerata non è continuamente differenziabile per cui occorre definire una specifica ricerca unidimensionale di tipo Armijo, inoltre i risultati dei capitoli precedenti non possono essere, in generale, direttamente utilizzati. Questo motiva la scelta di effettuare una analisi dettagliata nel caso di funzione di merito (15.4).

Si osservi inoltre che la descrizione e l'analisi di un metodo di Newton *esatto* possono essere immediatamente derivate da quelle relative al metodo inesatto ponendo il termine di forzamento η_k pari a zero. Lo schema del metodo di Newton inesatto per sistemi di equazioni è il seguente.

Metodo di Newton inesatto per equazioni (Newton-Inesatto)

Dati. Punto iniziale $x^0 \in R^n$, $\gamma \in (0,1)$, $\theta \in (0,1)$.

For $k = 0, 1, \ldots$

(a) Fissato $\eta_k \in (0, 1-\gamma)$, determina una direzione d_k tale che

$$\|J(x_k)d_k + F(x_k)\| \leq \eta_k \|F(x_k)\|.$$

(b) Poni $\alpha = 1$.
  While $\|F(x_k + \alpha d_k)\| > (1-\gamma\alpha)\|F(x_k)\|$ **do**
    poni $\alpha = \theta\alpha$;
  End While
(c) Poni $\alpha_k = \alpha$, $x_{k+1} = x_k + \alpha_k d_k$.

End For

Al Passo (a) viene determinata una soluzione approssimata del sistema lineare

$$J(x_k)d = -F(x_k),$$

in cui la matrice dei coefficienti $J(x_k)$ è, in generale, non simmetrica e indefinita. Un metodo iterativo per la soluzione di sistemi lineari indefiniti e non simmetrici è l'Algoritmo *GMRES (Generalized Minimum RESidual)*. Nell'ipotesi che la matrice dei coefficienti sia non singolare, questo algoritmo determina la soluzione del sistema lineare.

L'Algoritmo GMRES non richiede la conoscenza esplicita della matrice dei coefficienti $J(x_k)$, necessita solo di una procedura che fornisca il prodotto di $J(x_k)$ per un vettore v. È quindi adatto, in particolare, per la soluzione di sistemi a larga scala.

Si osservi che il prodotto $J(x_k)v$ può essere approssimato con le differenze finite ponendo

$$J(x_k)v \approx [F(x_k + \sigma v) - F(x_k)]/v, \qquad (15.5)$$

con $\sigma > 0$. Quindi, se al Passo (a) si utilizza l'Algoritmo GMRES con approssimazione (15.5), il metodo Newton-Inesatto diventa un metodo di tipo *Newton alle differenze finite (Jacobian-free)*

Il Passo (b) rappresenta una ricerca di linea di tipo Armijo, finalizzata a determinare uno scalare $\alpha_k \in (0,1]$ tale che

$$\|F(x_k + \alpha_k d_k)\| \leq (1 - \gamma \alpha_k)\|F(x_k)\|. \tag{15.6}$$

Possiamo innanzitutto dimostrare che, sotto opportune ipotesi, l'algoritmo è ben definito, nel senso che il ciclo "while" del Passo (b) termina in un numero finito di iterazioni. A questo fine dimostriamo la proposizione che segue.

Proposizione 15.1. *Sia $F : R^n \to R^n$ continuamente differenziabile su R^n e sia $x \in R^n$ tale che $F(x) \neq 0$. Sia $d \in R^n$ tale che*

$$\|J(x)d + F(x)\| \leq \eta \|F(x)\|, \tag{15.7}$$

dove $\eta \leq \bar{\eta} < (1 - \gamma)$ e $\gamma \in (0,1)$. Si assuma che la matrice Jacobiana J sia Lipschitz-continua con costante L_J sulla sfera chiusa

$$B(x,r) = \{y \in R^n : \|y - x\| \leq r\}.$$

Supponiamo che J sia non singolare su $B(x,r)$ e sia $m_J > 0$ tale che $\|J^{-1}(y)\| \leq m_J$ per ogni $y \in B(x,r)$. Allora risulta

$$\|F(x + \alpha d)\| \leq (1 - \gamma \alpha)\|F(x)\|,$$

per ogni $\alpha \in [0, \alpha(x)]$, dove

$$\alpha(x) = \min\left(1, \frac{r}{m_J(1+\bar{\eta})\|F(x)\|}, \frac{2(1-\gamma-\bar{\eta})}{(1+\bar{\eta})^2 m_J^2 L_J \|F(x)\|}\right).$$

Dimostrazione. Poiché F è continuamente differenziabile, per ogni $\alpha \in [0,1]$ possiamo scrivere

$$F(x + \alpha d) = F(x) + \alpha J(x) d + \int_0^1 (J(x + t\alpha d) - J(x))\alpha d\, dt \tag{15.8}$$

$$= (1 - \alpha) F(x) + \alpha \bar{r} + \int_0^1 (J(x + t\alpha d) - J(x))\alpha d\, dt$$

dove $\bar{r} = J(x)d + F(x)$. Dalla (15.7) segue $\|\bar{r}\| \leq \bar{\eta} \|F(x)\|$. Inoltre abbiamo

$$\|d\| \leq (1 + \eta)\|J(x)^{-1}\|\|F(x)\| \leq m_J(1+\bar{\eta})\|F(x)\|. \tag{15.9}$$

Le ipotesi poste implicano che J è Lipschitz-continua sul segmento $[x, x+\alpha d]$, assumendo che
$$\alpha \leq \alpha_1(x) = r/(m_J(1+\bar{\eta})\|F(x)\|).$$
Per $\alpha \leq \min(1, \alpha_1(x))$, dalla (15.8) otteniamo

$$\|F(x+\alpha d)\| \leq (1-\alpha)\|F(x)\| + \alpha\bar{\eta}\|F(x)\| + \frac{L_J}{2}\alpha^2\|d\|^2$$

$$\leq (1-\alpha)\|F(x)\| + \alpha\bar{\eta}\|F(x)\| + \|F(x)\|\frac{m_J^2 L_J(1+\bar{\eta})^2\alpha^2\|F(x)\|}{2}$$

$$= (1-\alpha+\bar{\eta}\alpha+c(x)\alpha^2)\|F(x)\|,$$

con $c(x) = (m_J^2 L_J(1+\bar{\eta})^2\|F(x)\|)/2$. Possiamo quindi scrivere

$$\|F(x+\alpha d)\| \leq (1-\gamma\alpha)\|F(x)\|,$$

assumendo che

$$\alpha \leq \alpha_2(x) = \min\left(1, \alpha_1(x), \frac{1-\gamma-\bar{\eta}}{c(x)}\right). \qquad \square$$

Se le ipotesi della Proposizione 15.1 sono soddisfatte in corrispondenza del punto corrente x_k generato dal metodo Newton-Inesatto, allora la direzione d_k calcolata al Passo (a) è una direzione di "sufficiente" discesa in x_k per la funzione $\|F(x)\|$. Di conseguenza, il ciclo while al Passo (b) termina in un numero finito di iterazioni interne.

Le proprietà di convergenza del metodo Newton-Inesatto sono riportate nella seguente proposizione.

Proposizione 15.2 (Convergenza Algoritmo Newton-Inesatto).

Sia $F: R^n \to R^n$ continuamente differenziabile su R^n. Supponiamo che l'insieme di livello $\mathcal{L}_0 = \{x \in R^n : \|F(x)\| \leq \|F(x_0)\|\}$ sia compatto e che esista uno scalare $r > 0$ tale che per ogni $x \in \mathcal{L}_0$ la sfera chiusa $B(x,r)$ è contenuta in un insieme aperto convesso Ω, dove J è non singolare e Lipschitz continua con costante L_J. Supponiamo inoltre che esista uno scalare $m_J > 0$ tale che $\|J^{-1}(x)\| \leq m_J$ per ogni $x \in \Omega$. Allora:

(i) *il metodo Newton-Inesatto è ben definito;*
(ii) *la sequenza $\{x_k\}$ generata dal metodo ammette punti di accumulazione e ogni punto di accumulazione è soluzione del sistema $F(x) = 0$.*

Dimostrazione. Osserviamo preliminarmente che se x_k appartiene a $\mathcal{L}_0$, poiché $B(x_k, r) \subset \Omega$, le ipotesi della Proposizione 15.1 sono soddisfatte. Di conseguenza, se $x_k \in \mathcal{L}_0$, necessariamente il ciclo while del Passo (b) termina e si ha

$$\|F(x_{k+1})\| \leq (1 - \gamma \alpha_k)\|F(x_k)\|, \qquad (15.10)$$

da cui segue che anche x_{k+1} appartiene a $\mathcal{L}_0$. Poiché x_0 appartiene a $\mathcal{L}_0$, possiamo ragionare per induzione e affermare perciò che vale l'asserzione (i).

Dalla (15.10). abbiamo che la sequenza $\{x_k\}$ generata dal metodo è contenuta nell'insieme compatto $\mathcal{L}_0$ e ammette perciò punti di accumulazione.

Proveremo ora che esiste un $\bar{\alpha} > 0$ tale che per k sufficientemente grande risulta

$$\alpha_k \geq \bar{\alpha}. \qquad (15.11)$$

Supponiamo per assurdo che la (15.11) non sia vera, per cui esiste un sottoinsieme infinito K tale che $\alpha_k \to 0$ per $k \in K$ e $k \to \infty$. Dalla Proposizione 15.1 segue

$$\|F(x_k + \alpha d_k)\| \leq (1 - \gamma \alpha)\|F(x_k)\| \qquad \forall \alpha \in [0, \alpha(x_k)]. \qquad (15.12)$$

Ricordando che $\|F(x_k)\| \leq \|F(x_0)\|$ e tenendo conto dell'espressione di $\bar{\alpha}(x_k)$ abbiamo

$$\bar{\alpha}(x_k) \geq \bar{\alpha}(x_0) \qquad \forall k \in K. \qquad (15.13)$$

D'altra parte, poiché $\alpha_k \to 0$, per $k \in K$ e k sufficientemente grande abbiamo $\alpha_k < 1$, e quindi, dalle istruzioni del Passo (b), segue necessariamente

$$\|F(x_k + \frac{\alpha_k}{\theta} d_k)\| > (1 - \gamma \frac{\alpha_k}{\theta})\|F(x_k)\|. \qquad (15.14)$$

La (15.14), la (15.12) e la (15.13) implicano

$$\alpha_k \geq \theta \bar{\alpha}(x_k) \geq \theta \bar{\alpha}(x_0),$$

e questo contraddice l'ipotesi che $\alpha_k \to 0$ per $k \in K$ e $k \to \infty$.

Dalla (15.10) e dalla (15.11) abbiamo

$$\|F(x_k)\| \leq (1 - \gamma \bar{\alpha})^k \|F(x_0)\|,$$

da cui si ottiene che $\|F(x_k)\| \to 0$ per $k \to \infty$, e di consguenza, tenendo conto della continuità di F, possiamo concludere che ogni punto di accumulazione di $\{x_k\}$ è soluzione del sistema $F(x) = 0$. □

15.3 Metodo di Broyden

Abbiamo visto nel capitolo dedicato ai metodi Quasi-Newton che, come il metodo di Newton, anche i metodi Quasi-Newton si possono riferire alla soluzione di un sistema di equazioni non lineari $F(x) = 0$, in cui $F : R^n \to R^n$. In tal caso, uno schema Quasi-Newton si può descrivere per mezzo dell'iterazione

$$x_{k+1} = x_k - \alpha_k B_k^{-1} F(x_k), \qquad (15.15)$$

o, equivalentemente

$$x_{k+1} = x_k - \alpha_k H_k F(x_k), \qquad (15.16)$$

dove B_k e H_k sono approssimazioni, rispettivamente, di $J(x_k)$ e di $J(x_k)^{-1}$, essendo $J(x)$ la matrice Jacobiana di F.

Le matrici B_{k+1} e H_{k+1} devono essere generate, a partire da B_k e H_k, in modo soddisfare le *equazioni Quasi-Newton*

$$B_{k+1}(x_{k+1} - x_k) = F(x_{k+1}) - F(x_k)$$

$$x_{k+1} - x_k = H_{k+1}(F(x_{k+1}) - F(x_k)).$$

I metodi Quasi-Newton possono essere visti come una generalizzazione n-dimensionale del *metodo della secante* per equazioni scalari, non richiedono la conoscenza della matrice Jacobiana e differiscono tra loro per la regola di aggiornamento di B_k (oppure di H_k).

Il *metodo di Broyden* è un metodo Quasi-Newton in cui la formula di aggiornamento di B_k assume la forma

$$B_{k+1} = B_k + \frac{(y_k - B_k s_k) s_k^T}{s_k^T s_k}, \qquad (15.17)$$

dove $y_k = F(x_{k+1}) - F(x_k)$ e $s_k = x_{k+1} - x_k$.

Riportiamo lo schema formale del metodo di Broyden.

Metodo di Broyden

Dati. Punto iniziale $x_0 \in R^n$, matrice non singolare B_0.

For $k = 0, 1, \ldots$

(a) Determina una direzione d_k tale che

$$B_k d_k = -F(x_k).$$

(b) Poni $x_{k+1} = x_k + d_k$, $y_k = F(x_{k+1}) - F(x_k)$, $s_k = x_{k+1} - x_k$ e determina B_{k+1} con la (15.17).

End For

Sotto opportune ipotesi il metodo è *localmente convergente* con rapidità superlineare. Vale in particolare il risultato che segue che riportiamo senza dimostrazione.

> **Proposizione 15.3 (Convergenza locale metodo di Broyden).**
>
> Sia $F : R^n \to R^n$ continuamente differenziabile su un insieme aperto $\mathcal{D} \subseteq R^n$. Supponiamo inoltre che valgano le condizioni seguenti:
>
> (i) esiste un $x^\star \in \mathcal{D}$ tale che $F(x^\star) = 0$;
> (ii) la matrice Jacobiana $J(x^\star)$ è non singolare.
>
> Esistono costanti positive ϵ e δ tali che, se
>
> $$\|x_0 - x^\star\| \leq \delta \qquad \|B_0 - J(x^\star)\| \leq \epsilon, \tag{15.18}$$
>
> allora la sequenza $\{x_k\}$ generata dal metodo di Broyden è ben definita e converge a $x^\star$ con rapidità di convergenza superlineare.

La condizione

$$\|B_0 - J(x^\star)\| \leq \epsilon$$

è in pratica difficile da garantire, e le prestazioni del metodo dipendono fortemente dalla scelta della matrice iniziale B_0.

Osserviamo inoltre che la matrice B_k può essere, in generale, densa anche se la matrice Jacobiana è sparsa, per cui il metodo di Broyden, nella forma descritta che prevede la memorizzazione di una matrice non sparsa $n \times n$, non è adatto per la soluzione di sistemi di equazione a larga scala.

15.4 Metodi basati sul residuo

In molti problemi applicativi può accadere che la matrice Jacobiana non sia nota. In casi simili, se il numero n di equazioni e variabili è troppo elevato, l'applicazione del metodo di Broyden, che si basa sull'impiego di una approssimazione della matrice Jacobiana, presenta forte limitazioni dovute al fatto che necessita della memorizzazione di una matrice $n \times n$, in generale, non sparsa. Abbiamo visto che un metodo applicabile, in questi casi, è un metodo di Newton-Inesatto alle differenze finite che utilizzi un opportuno algoritmo iterativo, ad esempio GMRES, per calcolare la soluzione approssimata del sistema lineare di Newton.

15.4 Metodi basati sul residuo

In questo paragrafo assumiamo che la matrice Jacobiana non sia nota e presentiamo, come alternativa al metodo di Newton-Inesatto alle differenze finite, un metodo (globalmente convergente sotto opportune ipotesi) che non richiede la memorizzazione di matrici che risulta quindi adatto per la soluzione di sistemi di equazioni a larga scala. Il metodo si caratterizza per i seguenti aspetti:

- utilizza come funzione di merito la funzione *somma dei quadrati*, ossia la funzione

$$f(x) = \frac{1}{2}\|F(x)\|_2^2 = \frac{1}{2}\sum_{i=1}^{n} F_i^2(x);$$

- ad ogni iterazione k usa come direzione di ricerca il *vettore residuo* $F(x_k)$ (opportunamente scalato), ossia la direzione

$$d_k = -\frac{1}{\mu_k} F(x_k),$$

dove lo scalare $\mu_k \neq 0$ è il parametro di scalatura che può essere determinato, ad esempio, con una strategia di tipo Barzilai-Borwein che descriveremo successivamente;
- l'iterazione del metodo assume la forma

$$x_{k+1} = x_k + t_k \alpha_k d_k,$$

dove l'intero $t_k \in \{-1, 1\}$ e lo spostamento $\alpha_k > 0$ sono determinati con metodo *non monotono senza derivate* di ricerca unidimensionale.

Si osservi che, non avendo informazioni sulla matrice Jacobiana, il gradiente della funzione obiettivo $f(x)$ non è noto, per cui non possiamo assicurare che la direzione d_k sia di discesa, questo motiva la necessità di impiego di un metodo di ricerca unidimensionale senza derivate che individui, quando possibile, il verso della direzione di discesa (definito mediante l'intero t_k) e calcoli lo spostamento α_k. Il metodo non monotono che presentiamo utilizza, nella ricerca unidimensionale, il valore di riferimento W_k che soddisfa la relazione

$$f(x_k) \leq W_k \leq \max_{0 \leq j \leq \min(k,M)} [f(x_{k-j})], \qquad (15.19)$$

dove $M \geq 0$ è un intero.

15 Metodi per sistemi di equazioni non lineari

Metodo non monotono basato sul residuo (NMRES)

Dati. Punto iniziale $x_0 \in R^n$, $\gamma \in (0,1)$, $\theta \in (0,1)$, $0 < \mu_l < \mu_u$, intero $M \geq 0$.

For $k = 0, 1, \ldots$

(a) Fissato lo scalare μ_k tale che $\mu_l \leq |\mu_k| \leq \mu_u$, poni
$$d_k = -\frac{1}{\mu_k}F(x_k)$$

(b) Poni $\alpha = 1$ e scegli W_k tale da soddisfare la (15.19).
   While $f(x_k \pm \alpha d_k) > W_k - \gamma \alpha^2 \|d_k\|^2$ **do**
      Poni $\alpha = \theta \alpha$.
   End While

(c) Sia $t_k \in \{-1, 1\}$ tale che $f(x_k + t_k \alpha d_k) \leq W_k - \gamma \alpha^2 \|d_k\|^2$, poni $\alpha_k = \alpha$, $x_{k+1} = x_k + t_k \alpha_k d_k$.

End For

Si noti che al Passo (b) viene effettuata una ricerca unidimensionale senza derivate di tipo non monotono.

Dimostriamo preliminarmente che il metodo è ben definito, nel senso che il ciclo "while" del Passo (b) termina in un numero finito di iterazioni.

Proposizione 15.4. *Sia $F : R^n \to R^n$ continuamente differenziabile su R^n. Supponiamo $F(x_k) \neq 0$ e che la matrice $J(x_k)$ sia definita (positiva o negativa). Allora il ciclo "while" del Passo (b) dell'Algoritmo NMRES termina in un numero finito di iterazioni e si ha*

$$f(x_k + t_k \alpha_k d_k) \leq W_k - \gamma(\alpha_k)^2 \|d_k\|^2, \qquad (15.20)$$

inoltre, una delle condizioni seguenti è soddisfatta

$$\alpha_k = 1, \qquad (15.21)$$

$$0 < \alpha_k < 1 \quad \text{e} \quad f(x_k \pm \frac{\alpha_k}{\theta}d_k) > f_k - \gamma \left(\frac{\alpha_k}{\theta}\right)^2 \|d_k\|^2. \qquad (15.22)$$

15.4 Metodi basati sul residuo

Dimostrazione. Osserviamo preliminarmente che risulta

$$\nabla f(x_k)^T d_k = \frac{1}{\mu_k} F(x_k)^T J(x_k) F(x_k) \neq 0, \qquad (15.23)$$

essendo $F(x_k) \neq 0$ e definita (positiva o negativa) la matrice $J(x_k)$.

Supponendo per assurdo che il ciclo "while" del Passo (b) non termini, possiamo scrivere per $j = 0, 1, \ldots$

$$f(x_k \pm \theta^j d_k) > W_k - \gamma(\theta^j)^2 \|d_k\|^2 \geq f(x_k) - \gamma(\theta^j)^2 \|d_k\|^2 \qquad (15.24)$$

da cui segue, applicando il teorema della media,

$$\nabla f(x_k + u_j \theta^j d_k)^T d_k > -\gamma \theta^j \|d_k\|^2 \qquad -\nabla f(x_k - v_j \theta^j d_k)^T d_k > -\gamma \theta^j \|d_k\|^2,$$

dove $u_j, v_j \in (0, 1)$. Prendendo i limiti per $j \to \infty$ si ottiene

$$\nabla f(x_k)^T d_k \geq 0 \qquad -\nabla f(x_k)^T d_k \geq 0,$$

ossia $\nabla f(x_k)^T d_k = 0$, in contraddizione con la (15.23).

La (15.21) e la (15.22) seguono immediatamente dalle istruzioni del Passo (b). □

Prima di enunciare e dimostrate il risultato di convergenza globale, per agevolare la lettura riportiamo un lemma del Capitolo 5 che viene utilizzato all'interno della dimostrazione.

Lemma 15.1. *Sia $f : R^n \to R$ limitata inferiormente. Sia $\{x_k\}$ una successione di punti tale che*

$$f(x_{k+1}) \leq W_k - \sigma(\|x_{k+1} - x_k\|), \qquad (15.25)$$

dove $\sigma : R^+ \to R^+$ è una funzione di forzamento e W_k è il valore di riferimento definito dalla (15.19), per $M \geq 0$ assegnato. Supponiamo che f sia Lipschitz-continua su $\mathcal{L}_0$, ossia che esista una costante $L > 0$ tale che per ogni $x, y \in \mathcal{L}_0$ si abbia

$$|f(x) - f(y)| \leq L\|x - y\|. \qquad (15.26)$$

Allora si ha:

(i) *$x_k \in \mathcal{L}_0$ per tutti i k;*
(ii) *le successioni $\{W_k\}$ e $\{f(x_k)\}$ convergono allo stesso limite $W_\star$;*
(iii) $\lim_{k \to \infty} \|x_{k+1} - x_k\| = 0.$

15 Metodi per sistemi di equazioni non lineari

Vale il risultato che segue di convergenza globale.

> **Proposizione 15.5 (Convergenza Algoritmo NMRES).**
> Sia $F: R^n \to R^n$ continuamente differenziabile su R^n, si assuma che l'insieme di livello $\mathcal{L}_0$ sia compatto e che la matrice Jacobiana $J(x)$ sia definita positiva (o negativa) su $\mathcal{L}_0$. Sia $\{x_k\}$ la sequenza generata dall'Algoritmo NMRES. Allora $\{x_k\}$ ammette punti di accumulazione e ogni punto di accumulazione è soluzione del sistema $F(x) = 0$.

Dimostrazione. Le ipotesi del Lemma 15.1 sono soddisfatte per cui abbiamo che $x_k \in \mathcal{L}_0$ per tutti i k, inoltre,

$$\lim_{k \to \infty} \|x_{k+1} - x_k\| = \lim_{k \to \infty} \alpha_k \|d_k\| = 0. \tag{15.27}$$

Dimostreremo ora che

$$\lim_{k \to \infty} \frac{\nabla f(x_k)^T d_k}{\|d_k\|} = 0. \tag{15.28}$$

Se la (15.28) non fosse vera, esisterebbe un sottoinsieme infinito K tale che

$$\lim_{k \in K, k \to \infty} x_k = \bar{x},$$

$$\lim_{k \in K, k \to \infty} \frac{\nabla f(x_k)^T d_k}{\|d_k\|} = \nabla f(\bar{x})^T \bar{d} \neq 0, \tag{15.29}$$

dove $\|\bar{d}\| = 1$. Infatti, le sequenze $\{x^k\}$ e $\{d^k/\|d^k\|\}$ sono limitate, e quindi, tenendo conto della continuità del gradiente, possiamo assicurare l'esistenza di un sottoinsieme K per cui vale il precedente limite.

Supponiamo inizialmente che esista un sottoinsieme infinito $K_1 \subseteq K$ per cui vale la (15.21), ossia che

$$\alpha_k = 1 \quad \forall k \in K_1.$$

Dalla (15.27) segue

$$\lim_{k \in K_1, k \to \infty} \|d_k\| = 0,$$

che implica $\|F(x_k)\| \to 0$ per $k \to \infty$ e $k \in K_1$ essendo

$$\|d_k\| \geq 1/\mu_u \|F(x_k)\|.$$

Di conseguenza, per continuità abbiamo $\nabla f(\bar{x}) = 0$ e questo è in contraddizione con la (15.29).

Assumiamo quindi che per $k \in K$ e k sufficientemente grande valga la (15.22), ossia $0 < \alpha_k < 1$ e

$$f(x_k + \frac{\alpha_k}{\theta} d_k) > f(x_k) - \gamma (\frac{\alpha_k}{\theta})^2 \|d_k\|^2 \qquad f(x_k - \frac{\alpha_k}{\theta} d_k) > f(x_k) - \gamma (\frac{\alpha_k}{\theta})^2 \|d_k\|^2.$$

Applicando il teorema della media possiamo scrivere

$$\frac{\nabla f(u_k)^T d_k}{\|d_k\|} > -\gamma \frac{\alpha_k}{\theta} \|d_k\| \qquad -\frac{\nabla f(v_k)^T d_k}{\|d_k\|} > -\gamma \frac{\alpha_k}{\theta} \|d_k\|, \qquad (15.30)$$

dove
$$u_k = x_k + \eta_k \frac{\alpha_k}{\theta} d_k, \qquad v_k = x_k - \xi_k \frac{\alpha_k}{\theta} d_k,$$

con $\eta_k, \xi_k \in (0, 1)$.

Dalla (15.27) segue che $u_k \to \bar{x}$ e $v_k \to \bar{x}$ per $k \in K$, $k \to \infty$. Prendendo nella (15.30) i limiti per $k \in K$, $k \to \infty$ si ottiene $\nabla f(\bar{x})^T \bar{d} = 0$, in contraddizione con la (15.29). Possiamo quindi assumere valida la (15.28).

Sia $K \subseteq \{0, 1, \ldots\}$ tale che $x_k \to \bar{x}$ per $k \in K$ e $k \to \infty$. Dalla (15.28) si ha

$$\lim_{k \in K, k \to \infty} \frac{\nabla f(x^k)^T d^k}{\|d^k\|} = \lim_{k \in K, k \to \infty} \frac{F(x^k)^T J(x^k)^T F(x^k)}{\|F(x^k)\|}$$
$$= \frac{F(\bar{x})^T J(\bar{x})^T F(\bar{x})}{\|F(\bar{x})\|} = 0,$$

da cui segue, essendo $J(\bar{x})$ matrice definita (positiva o negativa), $\|F(\bar{x})\| = 0$. □

Commento 15.1. La convergenza globale è assicurata sotto ipotesi più forti di quelle richieste dai metodi di Newton. In particolare, non è sufficiente che la matrice Jacobiana sia non singolare, ma è richiesto che sia definita positiva (oppure negativa). □

Terminiamo il paragrafo descrivendo il metodo di tipo Barzilai-Borwein come possibile strategia per determinare il fattore di scala $1/\mu_k$ al Passo (a). A questo fine richiamo brevemente l'approccio Quasi-Newton.

Siano x_+, x_- punti assegnati, e siano $F(x_+)$ e $F(x_-)$ i corrispondenti vettori dei residui. Nei metodi Quasi-Newton, la matrice Jacobiana $J(x_+)$ è approssimata con una opportuna matrice A_+ che soddisfa l'equazione

$$A_+ s = y, \qquad (15.31)$$

dove
$$s = x_+ - x_-,$$
$$y = F(x_+) - F(x_-).$$

Nel metodo di Barzilai-Borwein, la matrice Jacobiana $J(x_+)$ è approssimata con $A_+ = \mu_+^{(a)} I$, oppure $J(x_+)^{-1}$ è approssimata con $A_+^{-1} = (1/\mu_+^{(b)}) I$, dove gli scalari $\mu_+^{(a)}$ e $\mu_+^{(b)}$ sono ottenuti minimizzando rispetto a μ le quantità

$$\|\mu s - y\|,$$

e
$$\|s - \frac{1}{\mu}y\|,$$

che rappresentano gli errori rispetto all'equazione (15.31). In tal modo si ottengono le formula di Barzilai-Borwein

$$\mu_+^{(a)} = \frac{s^T y}{s^T s} \qquad (15.32)$$

$$\mu_+^{(b)} = \frac{y^T y}{s^T y}. \qquad (15.33)$$

Il metodo NMRES con strategia di Barzilai-Borwein definisce quindi al Passo (a) la direzione

$$d_k = -\frac{1}{\mu_k} F(x_k),$$

dove $\mu_k = s^T y / s^T s$, oppure $\mu_k = y^T y / s^T y$, con

$$s = x_k - x_{k-1} \quad \text{e} \quad y = F(x_k) - F(x_{k-1}).$$

Il valore di μ_k calcolato attraverso le precedenti formule è eventualmente modificato in modo che valga la condizione

$$\mu_l \leq |\mu_k| \leq \mu_u.$$

Una possibilità è di utilizzare le due formule in modo alternato in iterazioni successive.

Osserviamo infine che l'algoritmo presentato si basa su una strategia di globalizzazione che utilizza ricerche non monotone unidimensionali. In letteratura sono state proposte tecniche di globalizzazione che combinano, in modo analogo a quanto visto per il metodo del gradiente di Barzilai-Borwein, ricerche unidimensionali con una strategia di *watchdog*.

Note e riferimenti

Testi e lavori di riferimento per lo studio delle proprietà locali dei metodi di Newton e del metodo di Broyden sono [16, 30, 32, 69, 99].

Lavori dedicati alla globalizzazione di tipo monotono del metodo di Newton sono [5, 17, 35]. Per quanto riguarda strategie di globalizzazione non monotone, alcuni lavori di riferimento sono [12, 38, 61]. Il metodo GMRES per la soluzione di sistemi lineari indefiniti è stato proposto in [115]; si rimanda a [114] per ulteriori approfondimenti.

Una strategia di globalizzazione del metodo di Broyden, basata su una tecnica di ricerca unidimensionale senza derivate e non monotona, è stata proposta in [77].

Metodi basati sul residuo sono stati studiati in [60, 73, 74].

15.5 Esercizi

15.1. Definire una semplice modifica globalmente convergente del metodo di Newton basata sull'impiego della funzione di merito

$$f(x) = \frac{1}{2}\|F(x)\|^2 = \frac{1}{2}\sum_{i=1}^{n} F_i^2(x).$$

15.2. Realizzare un codice di calcolo basato sull'Algoritmo NMRES in cui il fattore di scala $1/\mu_k$ viene determinato con una delle formule del metodo di tipo Barzilai-Borwein. Utilizzare il codice realizzato per determinare la soluzione del seguente sistema di equazioni non lineari (*Broyden Tridiagonal*):

$$f_1(x) = (3 - 0.5x_1)x_1 - 2x_2 + 1 = 0$$

$$f_i(x) = (3 - 0.5x_i)x_i - x_{i-1} - 2x_{i+1} + 1 = 0 \quad i = 2, 3, \ldots, n-1$$

$$f_n(x) = (3 - 0.5x_n)x_n - x_{n-1} + 1 = 0.$$

Il punto iniziale è $x_0 = (-1, -1, \ldots, -1)$. Effettuare gli esperimenti con $n = 100, 1000, 2000$.

16
Metodi di decomposizione

In questo capitolo consideriamo alcuni dei più significativi metodi di decomposizione dei problemi di ottimizzazione non vincolata con funzione obiettivo continuamente differenziabile. In particolare vengono presentati metodi di tipo *Gauss-Seidel*, metodi di tipo *Gauss-Southwell*, metodi di tipo *Jacobi*, metodi di *discesa a blocchi* e vengono dimostrati risultati di convergenza globale sia nel caso convesso che nel caso non convesso.

16.1 Generalità

Consideriamo il problema di minimizzare una funzione $f : R^n \to R$ continuamente differenziabile. La principale motivazione per l'impiego di tecniche di decomposizione nell'ottimizzazione non vincolata è che, quando alcune variabili sono fissate, si ottengono sottoproblemi di dimensioni minori e spesso di struttura particolare, tale da consentire l'impiego di tecniche specializzate. Alcuni specifiche motivazioni sono le seguenti.

- Se n è molto elevato, può essere difficile e, al limite, impossibile, risolvere il problema con gli algoritmi standard, per le limitazioni della "memoria di lavoro" del mezzo di calcolo disponibile; in tal caso il problema assegnato deve essere risolto necessariamente attraverso la soluzione di sottoproblemi di dimensioni inferiori, estraendo di volta in volta i dati occorrenti da una "memoria di massa";
- fissando un gruppo di variabili, si possono talvolta ottenere sottoproblemi separabili nelle variabili rimanenti, risolubili anche attraverso tecniche di calcolo parallelo;
- in alcuni casi i sottoproblemi ottenuti dalla decomposizione possono essere risolti efficientemente dal punto di vista locale o globale, talora anche per via analitica. In particolare, in alcuni problemi non convessi i sottoproblemi possono risultare convessi rispetto al blocco di variabili ad essi associato e si possono determinare (o approssimare) facilmente gli ottimi globali dei

Grippo L., Sciandrone M.: Metodi di ottimizzazione non vincolata.
© Springer-Verlag Italia 2011

sottoproblemi. Ciò può tradursi in soluzioni complessivamente migliori di quelle ottenibili applicando metodi locali al problema non decomposto;
- introducendo opportune variabili ausiliarie e tecniche di penalizzazione, la minimizzazione con metodi incrementali di funzioni obiettivo composite può essere affrontata con metodi di decomposizione rispetto alle variabili.

Notiamo tuttavia che la decomposizione può portare sia a difficoltà di stabilire la convergenza globale, sia a far deteriorare la rapidità di convergenza complessiva, rispetto a quella ottenibile con i metodi standard. La convenienza di adottare tecniche di decomposizione va quindi valutata caso per caso, spesso anche attraverso sperimentazioni numeriche. In generale possiamo aspettarci che un metodo di decomposizione, proprio perché opera su blocchi di variabili, richieda un numero di iterazioni maggiore rispetto a quello di un metodo standard. Tuttavia, il tempo di calcolo di ogni singola iterazione del metodo di decomposizione, grazie alla particolare struttura dei sottoproblemi e alla tecnica di soluzione adottata, potrebbe essere notevolmente più basso, per cui il tempo complessivo di calcolo richiesto dal metodo di decomposizione potrebbe essere inferiore.

Alcuni esempi che motivano l'impiego di tecniche di decomposizione sono i seguenti.

Esempio 16.1. Si consideri il problema di minimizzare una funzione obiettivo f della forma

$$f(x) = \psi_1(x_1) + \sum_{i=2}^{n} \psi_i(x_1)\phi_i(x_i)$$

in cui $f : R^n \to R$, $\psi_i : R \to R$, per $i = 1, \ldots, n$, $\phi_i : R \to R$, per $i = 2, \ldots, n$. Osserviamo che, fissata la variabile x_1, si ottiene una funzione *separabile* nelle restanti variabili, che quindi può essere minimizzata in *parallelo*. Un modello concettuale di decomposizione, in questo caso, ad ogni iterazione k avrebbe la struttura seguente:

- dato il punto corrente x^k, determinata una soluzione $x_1^\star$ del sottoproblema unidimensionale

$$min_{x_1} \ \psi_1(x_1) + \sum_{i=2}^{n} \psi_i(x_1)\phi_i(x_i^k),$$

poni $x_1^{k+1} = x_1^\star$;
- per $i = 2, \ldots, n$, determina *in parallelo* le soluzioni $x_i^\star$ dei sottoproblemi unidimensionali

$$min_{x_i} \ \psi_i(x_1^{k+1})\phi_i(x_i),$$

poni $x_i^{k+1} = x_i^\star$, $k = k+1$ e vai al Passo 1.

I vantaggi che l'applicazione di un algoritmo di decomposizione fornirebbe, rispetto all'impiego di un metodo di ottimizzazione standard, sono legati essenzialmente al fatto che ad ogni iterazione vengono risolti n problemi unidimensionali dei quali $n-1$ possono essere risolti in parallelo.

Esempio 16.2. Si consideri il problema di minimi quadrati non lineari

$$min_{x,y} f(x,y) = \frac{1}{2}\|\Phi(y)x - b\|^2,$$

in cui $\Phi \in R^{m \times n}$ è una matrice dipendente da un vettore di variabili $y \in R^p$, $b \in R^m$. Il vettore "complessivo" delle variabili è quindi

$$\begin{pmatrix} x \\ y \end{pmatrix} \in R^{n+p}.$$

Si noti che, fissato il vettore y, il sottoproblema nel vettore x è un problema di minimi quadrati *lineari* che, per quanto visto in capitoli precedenti, può essere risolto efficientemente sia con metodi diretti che iterativi. In questo caso, appare naturale applicare uno schema di decomposizione *a due blocchi*:

- dato il punto corrente (x^k, y^k), determinata una soluzione $x^\star$ del sottoproblema di minimi quadrati *lineari*

$$min_x f(x, y^k) = \frac{1}{2}\|\Phi(y^k)x - b\|^2,$$

poni $x^{k+1} = x^\star$;
- determina una soluzione $y^\star$ del sottoproblema di minimi quadrati *non lineari*

$$min_y f(x^{k+1}, y) = \frac{1}{2}\|\Phi(y)x^{k+1} - b\|^2,$$

poni $y^{k+1} = y^\star$, $k = k+1$ e vai al Passo 1.

Il vantaggio della decomposizione in questo caso deriva dal fatto che ad ogni iterazione occorre risolvere due sottoproblemi, uno dei quali particolarmente "semplice".

Esempio 16.3. Si consideri il problema

$$min f(x) = \sum_{i=1}^{n}(x_i - 1)^2 + 4\prod_{i=1}^{n} x_i + \prod_{i=1}^{n} x_i^2.$$

La funzione obiettivo $f : R^n \to R$ non è convessa, ma è *strettamente convessa per componenti*, ossia, fissando $n-1$ componenti di x, la funzione della restante variabile è strettamente convessa. In particolare, la soluzione del generico sottoproblema è determinabile per via analitica essendo il vertice di una parabola. Uno schema di decomposizione particolarmente semplice è il seguente:

- dato il punto corrente x^k, per $i = 1, \ldots, n$ determina analiticamente la soluzione $x_i^\star$ del sottoproblema quadratico

$$\min_{x_i} f(x_1^{k+1}, x_2^{k+1}, \ldots, x_{i-1}^{k+1}, x_i, x_{i+1}^k, \ldots, x_n^k)$$

poni $x_i^{k+1} = x_i^\star$;
- poni $k = k+1$ e vai al Passo 1.

Lo schema concettuale descritto è in effetti un metodo delle *coordinate* con *ricerca di linea esatta*. Può essere vantaggioso, oltre che per il fatto che i sottoproblemi sono risolvibili in forma chiusa, anche in termini di ottimizzazione globale, nel senso che le minimizzazioni esatte lungo gli assi coordinati potrebbero aiutare ad uscire da *minimi locali non globali*.

16.2 Notazioni e tipi di decomposizione

Supponiamo che il vettore $x \in R^n$ sia partizionato in $m \leq n$ vettori componenti $x_i \in R^{n_i}$ in modo tale che si abbia

$$\sum_{i=1}^{m} n_i = n$$

e poniamo $x = (x_1, \ldots, x_i, \ldots, x_m)$. Quando opportuno il valore $f(x)$ viene anche indicato da $f(x_1, \ldots, x_i, \ldots, x_m)$. Indichiamo poi con $\nabla_i f \in R^{n_i}$ il gradiente parziale di f rispetto al vettore x_i. Ne segue che x^* è punto stazionario di f, ossia soddisfa $\nabla f(x^*) = 0$ se e solo se $\nabla_i f(x^*) = 0$, $i = 1, \ldots, m$.

Gli algoritmi che prenderemo in considerazione generano una successione $\{x^k\}$, attraverso iterazioni principali (indicizzate da k) all'interno delle quali vengono effettuati opportuni passi elementari (indicizzati da i) che aggiornano le componenti di x. Faremo riferimento nel seguito a due schemi di base sulla interconnessione della sequenza di minimizzazioni parziali: decomposizione di tipo *sequenziale* e decomposizione di tipo *parallelo*.

Negli algoritmi sequenziali, a partire dal punto

$$x^k = (x_1^k, \ldots, x_i^k, \ldots, x_m^k)$$

in ogni iterazione principale vengono effettuati, in sequenza, m passi, in ciascuno dei quali viene aggiornato un singolo blocco componente x_i, ottenendo il vettore x_i^{k+1}. Si generano così i punti:

$$(x_1^{k+1}, \ldots, x_i^{k+1}, \ldots, x_m^k), \quad i = 1, \ldots, m,$$

e al termine del passo m si avrà quindi

$$x^{k+1} = (x_1^{k+1}, \ldots, x_i^{k+1}, \ldots, x_m^{k+1}).$$

In corrispondenza all'iterazione k, per $i = 1, \ldots, m+1$ definiamo i vettori $z(k,i)$ tali che sia $z(k,1) \equiv x^k$ e che per $i > 1$ il punto $z(k,i)$ rappresenti il vettore in cui sono state aggiornate le componenti $1, \ldots, i-1$, mentre la componenti $i, i+1, \ldots, m$ sono rimaste invariate, ossia:

$$z(k,i) = (x_1^{k+1}, \ldots, x_{i-1}^{k+1}, x_i^k, x_{i+1}^k, \ldots, x_m^k).$$

16.2 Notazioni e tipi di decomposizione

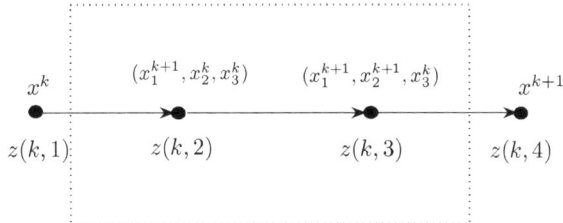

Fig. 16.1. Decomposizione sequenziale con $m = 3$ blocchi

A partire da $z(k,i)$ supponiamo sia aggiornata la componente i−ma, ottenendo x_i^{k+1}, per cui si puó costruire il vettore

$$z(k, i+1) = (x_1^{k+1}, \ldots, x_{i-1}^{k+1}, x_i^{k+1}, x_{i+1}^k, \ldots, x_m^k).$$

Al termine della k−ma iterazione si ha quindi

$$x^{k+1} = z(k, m+1) = z(k+1, 1).$$

La Fig. 16.1 si riferisce a una decomposizione sequenziale in $m = 3$ blocchi.

Nella decomposizione di tipo parallelo, a partire dal punto x^k vengono aggiornati contemporaneamente e indipendentemente per $i = 1, \ldots, m$, i singoli blocchi, ottenendo i vettori componenti di tentativo u_i^{k+1} e generando quindi i punti

$$(x_1^k, \ldots, u_i^{k+1}, \ldots, x_m^k), \quad i = 1, \ldots, m.$$

Successivamente il punto x^{k+1} viene costruito per mezzo di qualche regola opportuna a partire da tali punti, ad esempio identificandolo con quello che fornisce il valore migliore della funzione obiettivo. La Fig. 16.2 illustra un caso di decomposizione parallela in $m = 3$ blocchi.

Nei due schemi, l'aggiornamento del blocco i-mo può consistere in:

- determinazione del punto di minimo globale della funzione obiettivo f rispetto al blocco componente i−mo;
- determinazione (eventualmente approssimata) di un punto stazionario rispetto al gradiente parziale $\nabla_i f$;
- ricerca unidimensionale lungo una direzione di ricerca d_i^k opportuna;
- effettuazione di un passo "nullo" che lascia il blocco invariato.

Le condizioni di convergenza globale dipendono, in ciascuno schema di calcolo, dalle ipotesi sulla funzione obiettivo f e dalle ipotesi sulla dipendenza di f dai vari blocchi di variabili. Nel seguito analizzeremo alcune delle strutture più significative. In particolare, come algoritmi di decomposizione sequenziale considereremo:

- algoritmi di tipo *Gauss-Seidel*;
- algoritmi di tipo *Gauss-Southwell*;
- algoritmi di *discesa a blocchi*.

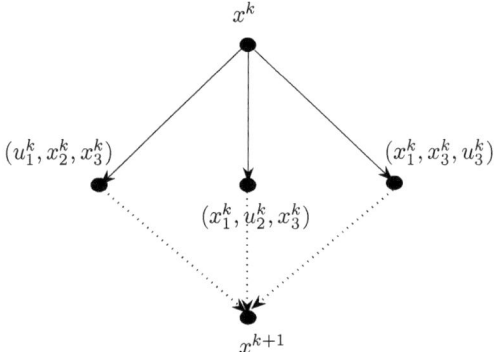

Fig. 16.2. Decomposizione parallela con $m = 3$ blocchi

Per quanto riguarda gli algoritmi di decomposizione parallela, analizzeremo algoritmi di tipo *Jacobi*.

16.3 Metodo di Gauss-Seidel a blocchi ed estensioni

16.3.1 Lo schema

Uno degli schemi più noti di decomposizione sequenziale, che può essere interpretato come estensione del metodo di Gauss-Seidel per la soluzione di sistemi di equazioni lineari, consiste in una sequenza di minimizzazioni globali rispetto ai singoli blocchi. Nell'ipotesi che i problemi di ottimo considerati ammettano soluzione, possiamo definire l'algoritmo seguente.

Metodo di Gauss-Seidel a blocchi (GS)

Dati. Punto iniziale $x^0 = (x_1^0, \ldots, x_m^0) \in R^n$.

For $k = 0, 1, \ldots$

    For $i = 1, \ldots, m$ calcola

$$x_i^{k+1} \in \operatorname{Arg} \min_{\xi \in R^{n_i}} f(x_1^{k+1}, \ldots, \xi, \ldots, x_m^k). \qquad (16.1)$$

    End For

    Poni $x^{k+1} = (x_1^{k+1}, \ldots, x_m^{k+1})$.

End For

Si osservi che il metodo è ben definito solo se i sottoproblemi (16.1) ammettono soluzione. Per garantire che i sottoproblemi (16.1) ammettono soluzione è sufficiente assumere che l'insieme di livello $\mathcal{L}_0$ sia compatto.

Lo schema del metodo di Gauss-Seidel è concettualmente molto semplice, richiede tuttavia di determinare punti di *ottimo globale* dei sottoproblemi che sequenzialmente vengono considerati. Per ovviare a questa difficoltà sono stati proposti algoritmi di discesa a blocchi che analizzeremo in un paragrafo successivo.

C'è da osservare inoltre che le proprietà di convergenza globale del metodo di Gauss-Seidel non sono ovvie. Esistono infatti alcuni controesempi di problemi differenziabili con i quali si mette in evidenza che il metodo può generare una sequenza che ammette punti limite, nessuno dei quali è un punto stazionario.

Vedremo che proprietà di convergenza globale del metodo di Gauss-Seidel possono essere stabilite:

- sotto ipotesi di *convessità* della funzione obiettivo;
- sotto ipotesi di funzione obiettivo *strettamente convessa per componenti*;
- senza alcuna ipotesi di convessità nel caso particolare di $m = 2$ *blocchi*.

Nel caso generale di $m > 2$ blocchi, sono state proposte delle versioni del metodo di Gauss-Seidel con modifiche di tipo "proximal point" per le quali è possibile garantire la convergenza globale senza alcuna ipotesi di convessità sulla funzione obiettivo.

16.3.2 Analisi di convergenza*

Le dimostrazioni dei risultati di convergenza riportati in questo paragrafo si basano su un risultato preliminare che riguarda le proprietà di una tecnica di ricerca unidimensionale di tipo Armijo. In particolare, il risultato che segue si assume che sia assegnata una successione di punti $\{y^k\}$ in R^n e che, per ogni k, il vettore y^k sia partizionato negli m blocchi $y_i^k \in R^{n_i}$, ossia

$$y^k = (y_1^k, \ldots, y_i^k, \ldots, y_m^k).$$

Non facciamo nessuna ipotesi particolare su come i singoli blocchi siano generati. La dimostrazione della proposizione non viene riportata perché immediatamente deducibile dai risultati di convergenza del metodo di Armijo riportati nel Capitolo 5.

Proposizione 16.1. *Sia* $f : R^n \to R$ *continuamente differenziabile su* R^n. *Sia* $\{y^k\}$ *una successione in* R^n. *Fissato* $i \in \{1, \ldots, m\}$, *sia* $d_i^k = -\nabla_i f(y^k)$ *e supponiamo che* α_i^k *sia il passo lungo* d_i^k *calcolato con l'Algoritmo di Armijo con passo iniziale limitato superiormente se* $\nabla_i f(y^k) \neq 0$ *e poniamo* $\alpha_i^k = 0$ *se* $\nabla_i f(y^k) = 0$. *Allora:*

(i) *per ogni* k *si ha*

$$f(y_1^k, \ldots, y_i^k + \alpha_i^k d_i^k, \ldots, y_m^k) \leq f(y^k);$$

(ii) se vale il limite

$$\lim_{k\to\infty} f(y^k) - f(y_1^k, \ldots, y_i^k + \alpha_i^k d_i^k, \ldots, y_m^k) = 0,$$

allora si ha $\lim_{k\to\infty} \alpha_i^k \|d_i^k\| = 0$;
(iii) se $\{y^k\}$ converge a $\tilde{y} \in R^n$ e soddisfa

$$\lim_{k\to\infty} f(y^k) - f(y_1^k, \ldots, y_i^k + \alpha_i^k d_i^k, \ldots, y_m^k) = 0,$$

allora si ha $\nabla_i f(\tilde{y}) = 0$.

Al fine di effettuare l'analisi di convergenza poniamo $z(k,1) = x^k$, $z(k,i) = (x_1^{k+1}, \ldots, x_i^k, \ldots, x_m^k)$ e $x^{k+1} = z(k, m+1)$. Se i sottoproblemi hanno soluzione si ha

$$f(z(k, i+1)) \leq f(x_1^{k+1}, \ldots, \xi, \ldots, x_m^k) \text{ per ogni } \xi \in R^{n_i}.$$

Ciò implica, in particolare, che

$$f(z(k, i+1)) \leq f(x_1^{k+1}, \ldots, x_i^k + \alpha_i^k d_i^k, \ldots, x_m^k), \qquad (16.2)$$

dove $d_i^k = -\nabla_i f(z(k,i))$ e α_i^k è calcolato con l'Algoritmo di Armijo (oppure è nullo se $\nabla_i f(z(k,i)) = 0$). Inoltre, per la differenziabilità di f si ha

$$\nabla_i f(z(k, i+1)) = 0, \quad i = 1, \ldots, m. \qquad (16.3)$$

Tenendo conto delle relazioni precedenti e dei risultati già stabiliti possiamo enunciare la proposizione seguente.

Proposizione 16.2. *Sia $f : R^n \to R$ continuamente differenziabile su R^n e supponiamo che l'insieme di livello $\mathcal{L}_0$ sia compatto. Per $i = 1, \ldots, m$ siano $\{z(k,i)\}$ le successioni generate dal metodo GS. Allora:*

(i) *si ha $z(k,i) \in \mathcal{L}_0$ per ogni k e per ogni $i = 1, \ldots, m$;*

(ii) *le successioni $\{f(z(k,i))\}$ per $i = 1, \ldots, m$ convergono allo stesso limite;*

(iii) *per ogni $i = 1, \ldots, m$ se $\tilde{z}^{(i)}$ è un punto di accumulazione di $\{z(k,i)\}$ si ha*

$$\nabla_i f(\tilde{z}^{(i)}) = 0, \quad \nabla_{i^*} f(\tilde{z}^{(i)}) = 0 \qquad (16.4)$$

dove $i^* = i - 1$ se $i > 1$ e $i^* = m$ se $i = 1$.

16.3 Metodo di Gauss-Seidel a blocchi ed estensioni

Dimostrazione. Per la (16.2) e le proprietà della ricerca unidimensionale si ha, per $i = 1, \ldots, m$,

$$f(z(k, i+1)) \leq f(x_1^{k+1}, \ldots, x_i^k + \alpha_i^k d_i^k, \ldots, x_m^k) \leq f(z(k,i)), \quad (16.5)$$

da cui segue, essendo $z(k,1) = x^k$ e $x^{k+1} = z(k, m+1) = z(k+1, 1)$,

$$f(x^{k+1}) \leq f(z(k,i)) \leq f(x^k), \quad i = 1, \ldots, m, \quad (16.6)$$

che implica, in particolare, la (i). Inoltre, per la compattezza di $\mathcal{L}_0$ la successione monotona non crescente $\{f(x^k)\}$ è limitata inferiormente e quindi converge a un limite $\tilde{f}$. Per la (16.6) anche le successioni $\{f(z(k,i))\}$ per $i = 1, \ldots, m$ convergono allo stesso limite, per cui deve valere la (ii).

Supponiamo ora, per un fissato $i \in \{1, \ldots, m\}$, che $\tilde{z}^{(i)}$ sia un punto di accumulazione di $\{z(k,i)\}$. Dalla (ii) e dalla (16.5) segue

$$\lim_{k \to \infty} f(z(k,i)) - f(x_1^{k+1}, \ldots, x_i^k + \alpha_i^k d_i^k, \ldots, x_m^k) = 0,$$

e quindi, per la Proposizione 16.1, identificando la successione $\{y^k\}$ considerata nell'enunciato di tale proposizione con la sottosuccessione di $\{z(k,i)\}$ convergente a $\tilde{z}^{(i)}$, si ottiene $\nabla_i f(\tilde{z}^{(i)}) = 0$, $i = 1, \ldots m$. D'altra parte, se $i > 1$, per la (16.3) (scritta con $i-1$ al posto di i), si ha $\nabla_{i-1} f(z(k,i)) = 0$ per ogni k, per cui andando al limite sulla sottosequenza convergente a $\tilde{z}^{(i)}$, si ottiene $\nabla_{i-1} f(\tilde{z}^{(i)}) = 0$. Analogamente, supponendo $k > 1$, deve essere $\nabla_m f(z(k-1, m+1))) = 0$ e quindi, ricordando che $z(k,1) = z(k-1, m+1)$, nel caso $i = 1$ si ottiene $\nabla f_m(z(k,1)) = 0$, per cui, andando al limite, si ha: $\nabla f_m(\tilde{z}^{(1)}) = 0$. Vale quindi la (iii) dell'enunciato. □

Nel caso generale, anche ammettendo che tutti i sottoproblemi abbiano soluzione, l'algoritmo di Gauss-Seidel può non garantire la convergenza a punti stazionari di f, in quanto le successioni $\{z(k,i)\}$ possono avere punti di accumulazione distinti al variare di i. Tuttavia, dalla Proposizione 16.2 si ottiene immediatamente un risultato di convergenza nel caso particolare in cui $m = 2$, per cui la decomposizione viene effettuata in due soli blocchi. Riportiamo per maggiore chiarezza lo schema dell'Algoritmo di Gauss-Seidel in due blocchi.

16 Metodi di decomposizione

Metodo di Gauss-Seidel a due blocchi (GS2)

Dati. Punto iniziale $x^0 = (x_1^0, x_2^0) \in R^n$.

For $k = 0, 1, \ldots$

Calcola
$$x_1^{k+1} \in \text{Arg} \min_{\xi \in R^{n_1}} f(\xi, x_2^k).$$

Calcola
$$x_2^{k+1} \in \text{Arg} \min_{\xi \in R^{n_2}} f(x_1^{k+1}, \xi).$$

Poni $x^{k+1} = (x_1^{k+1}, x_2^{k+1})$.

End For

Proposizione 16.3 (Convergenza del metodo GS in 2 blocchi).

Sia $f : R^n \to R$ continuamente differenziabile su R^n e supponiamo che l'insieme di livello $\mathcal{L}_0$ sia compatto. Sia $\{x^k\}$ la successione generata utilizzando il metodo GS2. Allora ogni punto di accumulazione di $\{x^k\}$ è un punto stazionario di f.

Dimostrazione. Sia $\bar{x}$ un punto di accumulazione di $\{x^k\}$. Essendo $z(k,1) = x^k$, dalla proposizione precedente, poiché $m = 2$, segue

$$\nabla_1 f(\bar{x}) = 0, \quad \nabla_2 f(\bar{x}) = 0,$$

il che prova la tesi. □

Un altro caso particolare significativo, in cui è possibile ottenere un risultato di convergenza per il metodo GS è quello in cui la funzione da minimizzare gode di proprietà di convessità. Nella proposizione successiva consideriamo il caso in cui f è convessa.

Proposizione 16.4 (Convergenza del metodo GS nel caso convesso).

Sia $f : R^n \to R$ continuamente differenziabile e convessa su R^n e supponiamo che l'insieme di livello $\mathcal{L}_0$ sia compatto. Sia $\{x^k\}$ la successione generata utilizzando il metodo GS. Allora ogni punto di accumulazione di $\{x^k\}$ è un punto di minimo globale di f.

16.3 Metodo di Gauss-Seidel a blocchi ed estensioni

Dimostrazione. Supponiamo che $\bar{x}$ sia un punto di accumulazione di $\{x^k\}$. Per la Proposizione 16.2 tutti i punti $z(k, i)$ appartengono all'insieme $\mathcal{L}_0$ e quindi ridefinendo, ove occorra, la successione $\{x^k\}$, possiamo supporre che $\{x^k\}$ converga a $\bar{x}$ e che le successioni $\{z(k, i)\}$ convergano ai punti $\bar{z}^{(i)}$, per $i = 1, \ldots, m$ con $\bar{z}^{(1)} = \bar{x}$. Inoltre, per costruzione, si ha, per $i = 2, \ldots, m$

$$z(k, i) = z(k, i - 1) + d(k, i - 1),$$

dove il vettore $d(k, i - 1) \in R^n$ è tale che le componenti $d_h(k, i - 1) \in R^{n_h}$ con $h \neq i - 1$ siano tutte nulle. Possiamo allora supporre, andando al limite sulla sottosuccessione considerata, che sia

$$\bar{z}^{(i)} = \bar{z}^{(i-1)} + \bar{d}^{(i-1)}, \quad i = 2, \ldots, m \tag{16.7}$$

dove $\bar{d}^{(i-1)}$ è il punto limite di $\{d(k, i-1)\}$ e soddisfa:

$$\bar{d}_h^{(i-1)} = 0, \quad h \neq i - 1.$$

Dalla Proposizione 16.2 segue poi che

$$f(\bar{x}) = f(\bar{z}^{(i)}), \quad i = 1, \ldots, m \tag{16.8}$$

e risulta inoltre:

$$\nabla_i f(\bar{z}^{(i)}) = 0, \quad i = 1, \ldots, m, \tag{16.9}$$

$$\nabla_{i-1} f(\bar{z}^{(i)}) = 0, \quad i = 2, \ldots, m. \tag{16.10}$$

Dimostriamo ora, innanzitutto, che se $\ell, j \in \{1, \ldots, m\}$ con $j \geq 2$ e supponiamo che sia

$$\nabla_\ell f(\bar{z}^{(j)}) = 0, \tag{16.11}$$

allora si ha necessariamente

$$\nabla_\ell f(\bar{z}^{(j-1)}) = 0. \tag{16.12}$$

Assegnato un qualsiasi vettore $\eta \in R^{n_\ell}$, definiamo il vettore

$$w(\eta) = \bar{z}^{(j-1)} + d(\eta),$$

dove $d_\ell(\eta) = \eta$, e $d_h(\eta) = 0$ per $h \neq \ell$. Ricordando la (16.7) abbiamo

$$\bar{z}^{(j)} = \bar{z}^{(j-1)} + \bar{d}^{(j-1)},$$

per cui, tenendo conto della definizione di $\bar{d}^{(j-1)}$ e di $d(\eta)$ e utilizzando la (16.11) e la (16.10), si può scrivere

$$\nabla f(\bar{z}^{(j)})^T (w - \bar{z}^{(j)}) = \nabla f(\bar{z}^{(j)})^T (d(\eta) - \bar{d}^{(j-1)})$$
$$= \nabla_\ell f(\bar{z}^{(j)})^T \eta - \nabla_{(j-1)} f(\bar{z}^{(j)})^T \bar{d}_{(j-1)}^{(j-1)} = 0. \tag{16.13}$$

16 Metodi di decomposizione

Per la convessità di f si ha

$$f(w) \geq f(\bar{z}^{(j)}) + \nabla f(\bar{z}^{(j)})^T(w - \bar{z}^{(j)}),$$

e quindi, per la (16.13), tenendo conto della definizione di w, si ottiene

$$f(\bar{z}^{(j-1)} + d(\eta)) \geq f(\bar{z}^{(j)}).$$

Essendo $f(\bar{z}^{(j)}) = f(\bar{z}^{(j-1)})$, si può scrivere:

$$f(\bar{z}^{(j-1)} + d(\eta)) \geq f(\bar{z}^{(j-1)}) \quad \text{per ogni } \eta \in R^{n_\ell},$$

e quindi $z_\ell^{(j-1)}$ è punto di minimo di $f(\bar{z}_1^{(j-1)}, \ldots, \eta, \ldots, \bar{z}_m^{(j-1)})$ rispetto a η. Si ottiene allora la (16.12) come conseguenza necessaria.

Ragionando per assurdo, supponiamo ora che la tesi sia falsa e che quindi $\bar{z}^{(1)} = \bar{x}$ non sia punto stazionario di f. Ciò implica che deve esistere $h \geq 2$ tale che

$$\nabla_h f(\bar{z}^{(1)}) \neq 0. \tag{16.14}$$

Per la (16.9) deve essere $\nabla_h f(\bar{z}^{(h)}) = 0$ e quindi, avendo dimostrato che la (16.11) implica la (16.12) (con $\ell = h$), per induzione, si avrà $\nabla_h f(\bar{z}^{(1)}) = 0$, il che contraddice la (16.14) e dimostra la tesi. □

Nel caso non convesso per poter garantire la convergenza del metodo GS occore introdurre ipotesi ulteriori sui sottoproblemi oppure modificare l'algoritmo. Un caso particolare si ha quando la funzione f, pur non essendo convessa, gode di opportune proprietà di convessità stretta rispetto ai singoli blocchi componenti. Premettiamo il risultato seguente.

Proposizione 16.5. *Sia $f : R^n \to R$ strettamente convessa rispetto a x_i quando le altre componenti sono fissate. Sia $\{y^k\}$ una successione in R^n convergente a $\bar{y} \in R^n$ e sia $\{v^k\}$ una successione di vettori le cui componenti sono definite da:*

$$v_i^k = \operatorname{Arg} \min_{\xi \in R^{n_i}} f(y_1^k, \ldots, y_{i-1}^k, \xi, \ldots, y_m^k)$$
$$v_j^k = y_j^k, \quad j \neq i.$$

Allora se $\lim_{k \to \infty} f(y^k) - f(v^k) = 0$ si ha $\lim_{k \to \infty} \|v_i^k - y_i^k\| = 0$.

Dimostrazione. Ragionando per assurdo, supponiamo che esistano una sottosequenza $\{y^k\}_K$ e un numero $\beta > 0$ tali che

$$\|v^k - y^k\| = \|v_i^k - y_i^k\| \geq \beta, \quad k \in K. \tag{16.15}$$

16.3 Metodo di Gauss-Seidel a blocchi ed estensioni

Per $k \in K$ poniamo $s^k = (v^k - y^k)/\|v^k - y^k\|$ e scegliamo un punto sul segmento congiungente y^k e v^k, assumendo

$$\tilde{v}^k = y^k + \lambda \beta s^k,$$

con $\lambda \in (0,1)$. Poiché $\{y^k\}$ converge a $\bar{y} = (\bar{y}_1, \ldots, \bar{y}_i, \ldots, \bar{y}_m)$, e $\|s^k\| = 1$, per una sottosequenza $K_1 \subseteq K$, si avrà che $\{\tilde{v}^k\}_{K_1}$ converge a un punto $y^* = (\bar{y}_1, \ldots, \bar{y}_i^*, \ldots, \bar{y}_m)$, tale che

$$\|\bar{y}_i - y_i^*\| = \lambda \beta > 0.$$

Per l'ipotesi di convessità e la definizione di v_k deve essere, per ogni $t \in [0,1]$:

$$f(y^k) \geq f(y_1^k, \ldots, (1-t)y_i^k + t(y_i^k + \lambda \beta s_i^k), \ldots, y_m^k) \geq f(v^k).$$

Poiché, per ipotesi, $\lim_{k \to \infty} f(y^k) - f(v^k) = 0$, si ha, andando al limite per $k \in K_1$:

$$f(\bar{y}) = f(\bar{y}_1, \ldots, (1-t)\bar{y}_i + ty_i^*, \ldots, \bar{y}_m), \quad \text{per ogni } t \in [0,1],$$

il che contraddice l'ipotesi di convessità stretta rispetto a y_i. □

Possiamo quindi enunciare il risultato di convergenza annunciato.

Proposizione 16.6. *Sia $f : R^n \to R$ continuamente differenziabile su R^n e assumiamo che per ogni $i = 1, \ldots, m-2$, f sia strettamente convessa rispetto a x_i, quando le altre componenti sono fissate. Supponiamo che l'insieme di livello $\mathcal{L}_0$ sia compatto. Sia $\{x^k\}$ la successione generata utilizzando il metodo GS. Allora ogni punto di accumulazione di $\{x^k\}$ è punto stazionario di f.*

Dimostrazione. Supponiamo che esista una sottosequenza $\{x^k\}_K$ convergente a $\bar{x} \in R^n$. Per la Proposizione 16.2, essendo $z(k,1) = x^k$, si ha

$$\lim_{k \to \infty} f(z(k,i)) - f(\bar{x}) = 0, \quad i = 1, \ldots, m,$$

e inoltre risulta:

$$\nabla_1 f(\bar{x}) = \nabla_m f(\bar{x}) = 0. \tag{16.16}$$

Per l'ipotesi di convessità stretta, identificando nella Proposizione 16.5 $\{y^k\}$ con $\{x^k\}_K$ e $\{v^k\}$ con $\{z(k,2)\}_K$ si ha $\lim_{k \in K, k \to \infty} z(k,2) = \bar{x}$. Applicando ripetutamente la Proposizione 16.5 alle sequenze $\{z(k,i)\}_K$ e $\{z(k,i+1)\}_K$, per $i = 2, \ldots, m-2$ si ha $\lim_{k \in K, k \to \infty} z(k,i) = \bar{x}$ per $i = 2, \ldots, m-1$, e quindi, per la (iii) della Proposizione 16.2 e la (16.16) si ottiene la tesi. □

16.3.3 Modifiche del metodo di Gauss-Seidel

Vediamo in questo paragrafo due modifiche dello schema di decomposizione di Gauss-Seidel che introduciamo con differenti motivazioni. La prima modifica riguarda il caso particolare di due blocchi. Osserviamo che l'Algoritmo GS2 richiede, ad ogni iterazione, la *soluzione globale* di due sottoproblemi. In assenza di ipotesi di convessità questo potrebbe essere in pratica proibitivo. Una variante dell'Algoritmo GS2 che tiene conto di questo aspetto è la seguente.

Modifica del metodo di Gauss-Seidel a due blocchi (MGS2)

Dati. Punto iniziale $x^0 = (x_1^0, x_2^0) \in R^n$.

For $k = 0, 1, \ldots$

  Calcola
  $$x_1^{k+1} \in \text{Arg} \min_{\xi \in R^{n_1}} f(\xi, x_2^k).$$

  Determina un vettore x_2^{k+1} tale che
  $$f(x_1^{k+1}, x_2^{k+1}) \leq f(x_1^{k+1}, x_2^k), \qquad \|\nabla_2 f(x_1^{k+1}, x_2^{k+1})\| = 0.$$

  Poni $x^{k+1} = (x_1^{k+1}, x_2^{k+1})$.

End For

Si noti che ad ogni iterazione occorre risolvere un problema di ottimizzazione globale rispetto al primo blocco. Per quanto riguarda il secondo blocco di variabili, è sufficiente determinare un punto stazionario in cui il valore della funzione obiettivo non sia aumentato. Quindi, nell'aggiornamento del secondo blocco di variabili possiamo applicare, in linea di principio, uno qualsiasi dei metodi globalmente convergenti. Vale il risultato di convergenza riportato nella proposizione seguente, la cui dimostrazione viene lasciata per esercizio essendo molto simile a quella della Proposizione 16.3.

Proposizione 16.7 (Convergenza del metodo a due blocchi MGS2).

Sia $f : R^n \to R$ continuamente differenziabile su R^n e supponiamo che l'insieme di livello $\mathcal{L}_0$ sia compatto. Sia $\{x^k\}$ la successione generata utilizzando il metodo MGS2. Allora ogni punto di accumulazione di $\{x^k\}$ è un punto stazionario di f.

16.3 Metodo di Gauss-Seidel a blocchi ed estensioni

La seconda modifica che introduciamo è finalizzata ad ottenere proprietà di convergenza nel caso generale, ossia:

- numero di blocchi superiore a due;
- f non convessa né strettamente convessa rispetto alle componenti.

Una possibilità è quella di modificare il problema di ottimo rispetto alle componenti con l'aggiunta di un termine tipo *proximal point* che penalizza la grandezza degli scostamenti tra le stime consecutive di uno stesso blocco. Consideriamo l'algoritmo seguente, che è ben definito se i problemi di minimizzazione considerati ammettono soluzione.

Metodo GS con modifica *proximal point* (GSP)

Dati. Punto iniziale $x^0 = (x_1^0, \ldots, x_m^0) \in R^n$, $\tau_i > 0, i = 1, \ldots, m$.

For $k = 0, 1, \ldots$

    For $i = 1, \ldots, m$ calcola

$$x_i^{k+1} \in \mathrm{Arg}\min_{\xi \in R^{n_i}} \left\{ f(x_1^{k+1}, \ldots, \xi, \ldots, x_m^k) + \frac{1}{2}\tau_i \|\xi - x_i^k\|^2 \right\}.$$

    End For

    Poni $x^{k+1} = (x_1^{k+1}, \ldots, x_m^{k+1})$.

End For

Nella proposizione successiva si riporta, senza dimostrazione, un risultato di convergenza.

Proposizione 16.8 (Convergenza del metodo "proximal point" GSP).

Sia $f : R^n \to R$ continuamente differenziabile su R^n. Supponiamo che l'Algoritmo GSP sia ben definito e che la successione $\{x^k\}$ generata dall'algoritmo abbia punti di accumulazione. Allora ogni punto di accumulazione di $\{x^k\}$ è punto stazionario di f.

16.4 Metodi di discesa a blocchi

Il metodo di Gauss-Seidel e le estensioni viste prevedono la soluzione esatta di sottoproblemi. Questo potrebbe essere proibitivo in assenza di ipotesi di convessità e troppo costoso da un punto di vista computazionale.

Nei metodi di discesa a blocchi, non si richiede la minimizzazione globale rispetto alle componenti (che inoltre può non garantire la convergenza), ma si definisce un algoritmo basato sull'impiego di ricerche unidimensionali inesatte lungo opportune direzioni di discesa relative ai singoli blocchi. Nello schema seguente definiamo un esempio di metodo di discesa a blocchi.

Metodo di discesa a blocchi (DB)

Dati. Punto iniziale $x^0 = (x_1^0, \ldots, x_m^0) \in R^n$, funzioni di forzamento: $\sigma_i : R^+ \to R^+$, $i = 1, \ldots, m$.

For $k = 0, 1, \ldots$

   Poni $z(k, 1) = x^k$.

   For $i = 1, \ldots, m$

     1. Poni $d_i^k = -\nabla_i f(z(k, i))$.
     2. Poni $\alpha_i^k = 0$ se $\nabla_i f(z(k, i)) = 0$, altrimenti calcola il passo α_i^k lungo d_i^k con l'Algoritmo di Armijo.
     3. Scegli x_i^{k+1} in modo da soddisfare le condizioni
        (a) $f(x_1^{k+1}, \ldots, x_i^{k+1}, \ldots, x_m^k) \leq f(x_1^{k+1}, \ldots, x_i^k + \alpha_i^k d_i^k, \ldots, x_m^k)$;
        (b) $f(x_1^{k+1}, \ldots, x_i^{k+1} \ldots, x_m^k) \leq f(z(k, i)) - \sigma_i(\|(x_i^{k+1} - x_i^k\|)$.
     4. Poni
$$z(k, i+1) = (x_1^{k+1}, \ldots, x_i^{k+1}, \ldots, x_m^k).$$

   End For

   Poni
$$x^{k+1} = (x_1^{k+1}, \ldots, x_m^{k+1}).$$

End For

Osserviamo che nello schema illustrato, non è specificato come venga di fatto generato il punto x_i^{k+1}. Le condizioni imposte al Passo 3 hanno essenzialmente lo scopo di garantire una "sufficiente riduzione" di f e di assicurare che, al limite, si abbia $\|x_i^{k+1} - x_i^k\| \to 0$. È facile verificare che, se si assume

$$x_i^{k+1} = x_i^k + \alpha_i^k d_i^k,$$

le condizioni (3a) e (3b) sono entrambe soddisfatte, ponendo

$$\sigma_i(t) = \frac{\gamma_i}{a_i} t^2,$$

dove γ_i è il parametro della condizione di Armijo e a_i è un limite superiore del passo α_i^k.

In particolare, se $n_i = 1$ e $m = n$, si riottiene il metodo delle coordinate (con una particolare ricerca unidimensionale).

Vale il risultato seguente di convergenza dell'Algoritmo DB.

Proposizione 16.9 (Convergenza del metodo DB).

Sia $f : R^n \to R$ continuamente differenziabile su R^n e supponiamo che l'insieme di livello $\mathcal{L}_0$ sia compatto. Allora ogni punto di accumulazione della successione $\{x^k\}$ generata dall'Algoritmo DB è punto stazionario di f.

Dimostrazione. Osserviamo preliminarmente che per ciascun $i = 1,\ldots,m$ possiamo identificare $\{z(k,i)\}$ (o una sottosequenza di essa) con la successione $\{y^k\}$ considerata nella Proposizione 16.1. Per le proprietà della ricerca unidimensionale si ha, per $i = 1,\ldots,m$,

$$f(z(k,i+1)) \leq f(x_1^{k+1},\ldots,x_i^k + \alpha_i^k d_i^k,\ldots,x_m^k) \leq f(z(k,i)), \quad (16.17)$$

da cui segue, essendo $z(k,1) = x^k$ e $x^{k+1} = z(k,m+1) = z(k+1,1)$, per $i = 1,\ldots,m$,

$$f(x^{k+1}) \leq f(z(k,i)) \leq f(x^k). \quad (16.18)$$

Inoltre, per la compattezza di $\mathcal{L}_0$ la successione monotona non crescente $\{f(x^k)\}$ è limitata inferiormente e quindi converge a un limite $\tilde{f}$. Per la (16.18) anche le successioni $\{f(z(k,i))\}$ per $i = 1,\ldots,m$ convergono allo stesso limite, ossia

$$\lim_{k\to\infty} f(z(k,i)) = \tilde{f}. \quad (16.19)$$

Supponiamo ora, per un fissato $i \in \{1,\ldots,m\}$, che $\tilde{z}^{(i)}$ sia un punto di accumulazione di $\{z(k,i)\}$. Dalla (16.19) e dalla (16.17) segue

$$\lim_{k\to\infty} f(z(k,i)) - f(x_1^{k+1},\ldots,x_i^k + \alpha_i^k d_i^k,\ldots,x_m^k) = 0,$$

e quindi, per la Proposizione 16.1, identificando la successione $\{y^k\}$ considerata nell'enunciato di tale proposizione con la sottosuccessione di $\{z(k,i)\}$ convergente a $\tilde{z}^{(i)}$, si ottiene

$$\nabla_i f(\tilde{z}^{(i)}) = 0, \quad i = 1,\ldots m. \quad (16.20)$$

La (16.19) e la condizione (3b) dell'algoritmo implicano

$$\lim_{k\to\infty} \|z(k,i+1) - z(k,i)\| = 0, \quad i = 1,\ldots,m. \quad (16.21)$$

Di conseguenza, essendo $x^k = z(k,1)$, se $\bar{x}$ è punto di accumulazione di $\{x^k\}$ la (16.21) implica, per induzione, che $\bar{x}$ è anche punto di accumulazione di $\{z(k,i)\}$ per $i = 2, \ldots, m$. Dalla (16.20) segue allora

$$\nabla_i f(\bar{x}) = 0, \quad i = 1, \ldots, m,$$

e ciò prova le tesi. □

16.5 Metodo di Gauss-Southwell

Nel metodo di Gauss-Southwell, analogamente al metodo di Gauss-Seidel, il vettore delle variabili x è partizionato in m blocchi prefissati

$$x = (x_1, \ldots, x_i, \ldots, x_m),$$

dove $x_i \in R^{n_i}$, per $i = 1, \ldots, n$. Tuttavia, a differenza del metodo di Gauss-Seidel, il metodo di Gauss-Southwell prevede ad ogni iterazione l'aggiornamento di un solo blocco di variabili. Occorre quindi definire la regola di selezione del blocco di variabili che viene aggiornato alla generica iterazione k. L'idea alla base del metodo di Gauss-Southwell è di selezionare, come blocco di variabili da aggiornare, quello che *viola maggiormente le condizioni di ottimalità*. In modo formale, all'iterazione k, l'indice $i(k) \in \{1, \ldots, m\}$ che individua il blocco di variabili da aggiornare è quello per cui risulta

$$\|\nabla_{i(k)} f(x^k)\| \geq \|\nabla_j f(x^k)\| \quad j = 1, \ldots, m. \tag{16.22}$$

Individuato l'indice $i(k)$, si risolve il corrispondente sottoproblema

$$x_{i(k)}^{k+1} \in \mathrm{Arg} \min_{\xi \in R^{n_{i(k)}}} f(x_1^k, \ldots, \xi, \ldots, x_m^k).$$

Metodo di Gauss-Southwell (GSW)

Dati. Punto iniziale $x^0 = (x_1^0, \ldots, x_m^0) \in R^n$.
For $k = 0, 1, \ldots$
  Definito $i(k) \in \{1, \ldots, m\}$ l'indice per cui vale la (16.22), calcola

$$x_{i(k)}^{k+1} \in \mathrm{Arg} \min_{\xi \in R^{n_{i(k)}}} f(x_1^k, \ldots, \xi, \ldots, x_m^k).$$

  Poni $x^{k+1} = (x_1^k, \ldots, x_{i(k)}^{k+1}, \ldots, x_m^k)$.
End For

16.5 Metodo di Gauss-Southwell

L'Algoritmo GSW ha proprietà di convergenza globale anche in assenza di ipotesi di convessità. In particolare, vale il risultato che segue.

Proposizione 16.10 (Convergenza del metodo GSW).

Sia $f : R^n \to R$ continuamente differenziabile su R^n e supponiamo che l'insieme di livello $\mathcal{L}_0$ sia compatto. Allora ogni punto di accumulazione della successione $\{x^k\}$ generata dall'Algoritmo GSW è punto stazionario di f.

Dimostrazione. Le istruzioni dell'algoritmo implicano $f(x_{k+1}) \leq f(x_k)$, per cui la sequenza $\{x_k\}$ appartiene all'insieme compatto $\mathcal{L}_0$ e quindi ammette punti di accumulazione. Abbiamo inoltre che la sequenza dei valori di funzione $\{f(x^k)\}$ converge.

Dimostriamo la tesi ragionando per assurdo. Supponiamo quindi che esista un sottoinsieme $K \subseteq \{0, 1, \ldots, \}$ tale che

$$\lim_{k \in K, k \to \infty} x^k = \bar{x},$$

$$\|\nabla f(\bar{x})\| > 0. \tag{16.23}$$

Esistono quindi un indice $h \in \{1, \ldots, m\}$ e uno scalare $\eta > 0$ tali che

$$\|\nabla_h f(\bar{x})\| \geq 2\eta > 0. \tag{16.24}$$

Dalla (16.22) e dalla (16.24) segue per ogni $k \in K$

$$\|\nabla_{i(k)} f(x^k)\| \geq \|\nabla_h f(x^k)\| \geq \eta > 0. \tag{16.25}$$

Poiché $i(k)$ appartiene a un insieme finito, esiste un sottoinsieme di K (che rinominiamo K) tale che

$$i(k) = i^\star \quad k \in K.$$

Per ogni $k \in K$, dalla (16.25) segue

$$\|\nabla_{i^\star} f(x^k)\| \geq \|\nabla_h f(x^k)\| \geq \eta > 0. \tag{16.26}$$

Si ponga $d_{i^\star}^k = -\nabla_{i^\star} f(x^k)$ e si definisca la direzione d^k in R^n tale che

$$d^k = (0, \ldots d_{i^\star}^k, \ldots, 0).$$

Per ogni $k \in K$ risulta

$$\nabla f(x^k)^T d^k = -\|\nabla_{i^\star} f(x^k)\|^2 < 0,$$

per cui d^k è una direzione di discesa per f in x^k. Sia α^k il passo lungo d^k determinato con il metodo di Armijo. Le istruzioni dell'algoritmo implicano

$$f(x^{k+1}) \leq f(x_k + \alpha^k d^k) \leq f(x^k),$$

da cui segue, tenendo conto della convergenza di $\{f(x^k)\}$,

$$\lim_{k\in K, k\to\infty} f(x^k) - f(x^k + \alpha^k d^k) = 0.$$

Dalle proprietà del metodo di Armijo (si veda la Proposizione 5.4) segue

$$\lim_{k\in K, k\to\infty} \frac{\nabla f(x^k)^T d^k}{\|d^k\|} = \lim_{k\in K, k\to\infty} \|\nabla_{i^*} f(x^k)\| = \|\nabla_{i^*} f(\bar{x})\| = 0.$$

Dalla (16.26) otteniamo quindi $\|\nabla_h f(\bar{x})\| = 0$, che contraddice la (16.24). □

16.6 Decomposizione con sovrapposizione dei blocchi

In tutti gli schemi visti finora i blocchi di variabili sono *predefiniti* e ogni variabile appartiene *a uno e un solo blocco*. Per maggiore generalità si può pensare a schemi di decomposizione in cui:

- la decomposizione in blocchi può variare da una iterazione all'altra;
- ci possono essere stesse variabili che, in iterazioni successive, appartengono a blocchi differenti, avendo in tal modo sovrapposizione dei blocchi.

Per tenere conto delle possibilità sopra citate, adotteremo un formalismo diverso rispetto a quello finora considerato e definiremo uno schema generale di decomposizione.

In una strategia di decomposizione, ad ogni iterazione k, il vettore delle variabili x^k è partizionato in due sottovettori $(x^k_{W^k}, x^k_{\overline{W}^k})$, dove $W^k \subset \{1,\ldots,n\}$ identifica le variabili che vengono aggiornate ed è denominato *working set*, e $\overline{W}^k = \{1,\ldots,n\} \setminus W^k$ identifica le restanti componenti del vettore delle variabili che non vengono modificate.

A partire dalla soluzione corrente $x^k = (x^k_{W^k}, x^k_{\overline{W}^k})$, il sottovettore $x^{k+1}_{W^k}$ è determinato calcolando la soluzione del sottoproblema

$$min_{x_{W^k}} \ f(x_{W^k}, x^k_{\overline{W}^k}). \tag{16.27}$$

Il sottovettore $x^{k+1}_{\overline{W}^k}$ non viene modificato, cioè $x^{k+1}_{\overline{W}^k} = x^k_{\overline{W}^k}$, e la soluzione corrente viene aggiornata ponendo $x^{k+1} = (x^{k+1}_{W^k}, x^{k+1}_{\overline{W}^k})$.

16.6 Decomposizione con sovrapposizione dei blocchi

Passiamo ora a definire in modo formale uno schema generale di decomposizione.

Metodo generale di decomposizione (DEC)

Dati. Punto iniziale $x^0 \in R^n$.

Inizializzazione Poni $k = 0$.

While (il criterio d'arresto non è soddisfatto)

  Seleziona il working set W^k.

  Determina una soluzione $x^*_{W^k}$ del problema (16.27).

  Poni $x_i^{k+1} = \begin{cases} x_i^* & \text{se } i \in W^k \\ x_i^k & \text{altrimenti.} \end{cases}$

  Poni $k = k + 1$.

End while

Le proprietà di convergenza dello schema presentato dipendono dalla regola di selezione del working set. Possiamo in particolare fornire delle regole che dànno luogo a estensioni degli algoritmi di Gauss-Seidel e di Gauss-Southwell precedentemente analizzati.

La prima regola richiede essenzialmente che entro un numero massimo di iterazioni successive ogni variabile x_j, con $j \in \{1, \ldots, n\}$, sia una delle variabili del sottoproblema (16.27). In modo formale definiamo la regola nel modo seguente.

Regola di selezione WS1. Esiste un intero $M > 0$ tale che, per ogni $k \geq 0$ e per ogni $j \in \{1, \ldots, n\}$, esiste un indice $j(k)$, con $0 \leq j(k) \leq M$, tale che

$$j \in W^{k+j(k)}.$$

È immediato verificare che la regola WS1 definisce, come caso particolare, l'Algoritmo di Gauss-Seidel. Ai fini della convergenza occorre garantire che $\|x^{k+1} - x^k\| \to 0$ per $k \to \infty$. Questo può essere assicurato, ad esempio, sotto ipotesi di stretta convessità per componenti della funzione obiettivo (oppure introducendo delle modifiche di tipo "proximal point").

Prima di enunciare e dimostrare un risultato di convergenza globale, sotto ipotesi di stretta convessità per componenti della funzione obiettivo, riportiamo la seguente proposizione preliminare, la cui dimostrazione è simile a quella della Proposizione 16.5.

Proposizione 16.11. *Sia $f : R^n \to R$ continua su R^n, limitata inferiormente, e assumiamo che sia strettamente convessa rispetto a un qualsiasi sottoinsieme di componenti di x quando le altre componenti sono fissate. Sia $\{x^k\}$ la successione generata utilizzando il metodo DEC con una qualsiasi regola di selezione del working set, e sia $\{x^k\}_K$ una sottosuccessione convergente a un punto $\bar{x}$. Allora risulta*

$$\lim_{k \in K, k \to \infty} \|x^{k+1} - x^k\| = 0. \tag{16.28}$$

Dimostrazione. Le istruzioni dell'algoritmo implicano $f(x^{k+1}) \leq f(x^k)$, da cui segue, essendo f limitata inferiormente, la convergenza di $\{f(x^k)\}$. Di conseguenza abbiamo

$$\lim_{k \to \infty} \left(f(x^{k+1}) - f(x^k)\right) = 0. \tag{16.29}$$

Ragionando per assurdo, supponiamo che esistano una sottosequenza $\{x^k\}_K$ e un numero $\beta > 0$ tali che

$$\|x^{k+1} - x^k\| = \|x^{k+1}_{W^k} - x^k_{W^k}\| \geq \beta, \quad k \in K. \tag{16.30}$$

Poiché

$$\cup_{k=0}^{\infty} W^k \subseteq \{1, \ldots, n\},$$

esiste un sottoinsieme infinito $K_1 \subseteq K$ tale che

$$W^k = W \quad \forall k \in K_1.$$

Per $k \in K_1$ poniamo $s^k = (x^{k+1} - x^k)/\|x^{k+1} - x^k\|$ e scegliamo un punto sul segmento congiungente x^k e x^{k+1}, assumendo

$$\tilde{x}^{k+1} = x^k + \lambda \beta s^k,$$

con $\lambda \in (0, 1)$. Poiché $\{x^k\}_{K_1}$ converge a $\bar{x} = (\bar{x}_W, \bar{x}_{\overline{W}})$, e $\|s^k\| = 1$, per una sottosequenza $K_2 \subseteq K_1$, si avrà che $\{\tilde{x}^{k+1}\}_{K_2}$ converge a un punto $x^* = (x^*_W, x^*_{\overline{W}})$, tale che

$$\|\bar{x} - x^*\| = \|\bar{x}_W - x^*_W\| = \lambda \beta > 0.$$

Per l'ipotesi di convessità di f rispetto a x_W e per la definizione di x^{k+1} deve essere, per ogni $t \in [0, 1]$,

$$f(x^k_W, x^k_{\overline{W}}) \geq f((1-t)x^k_W + t(x^k_W + \lambda \beta s^k_W), x^k_{\overline{W}}) \geq f(x^{k+1}).$$

Dalla (16.29), andando al limite per $k \in K_2$, si ottiene

$$f(\bar{x}_W, \bar{x}_{\overline{W}}) = f((1-t)\bar{x}_W + tx^*_W, \bar{x}_{\overline{W}}), \quad \text{per ogni } t \in [0, 1],$$

il che contraddice l'ipotesi di convessità stretta rispetto a x_W. □

16.6 Decomposizione con sovrapposizione dei blocchi

Possiamo ora enunciare e dimostrare un risultato di convergenza globale sotto ipotesi di stretta convessità per componenti della funzione obiettivo.

Proposizione 16.12. *Sia $f : R^n \to R$ continuamente differenziabile su R^n e assumiamo che sia strettamente convessa rispetto a un qualsiasi sottoinsieme di componenti di x quando le altre componenti sono fissate. Supponiamo che l'insieme di livello $\mathcal{L}_0$ sia compatto. Sia $\{x^k\}$ la successione generata utilizzando il metodo DEC con regola di selezione del working set WS1. Allora ogni punto di accumulazione di $\{x^k\}$ è punto stazionario di f.*

Dimostrazione. Dimostriamo la tesi per assurdo. Sia $K \subseteq \{0, 1, \ldots\}$ un sottoinsieme infinito tale che

$$\lim_{k \in K, k \to \infty} x^k = \bar{x},$$

e supponiamo che $\bar{x}$ non sia un punto stazionario di f, ossia che esista un indice $i \in \{1, \ldots, n\}$ tale che

$$\frac{\partial f(\bar{x})}{\partial x_i} \neq 0. \tag{16.31}$$

Le ipotesi della Proposizione 16.11 sono soddisfatte, per cui, $x^{k+1} \to \bar{x}$ per $k \to \infty$ e $k \in K$. Applicando ripetutamente la Proposizione 16.11 abbiamo quindi

$$\lim_{k \in K, k \to \infty} x^{k+h} = \bar{x} \qquad h = 1, \ldots, N, \tag{16.32}$$

dove N è un qualsiasi intero maggiore di zero. Le istruzioni dell'algoritmo implicano

$$\nabla_{W^k} f(x^{k+1}_{W^k}, x^{k+1}_{\overline{W^k}}) = 0. \tag{16.33}$$

Dalla regola di selezione del working set WS1 si ha che per ogni $k \in K$ esiste un indice $i(k)$, con $0 \leq i(k) \leq M$, tale che $i \in W^{k+i(k)}$. Per la (16.33) abbiamo

$$\frac{\partial f(x^{k+i(k)+1})}{\partial x_i} = 0,$$

da cui segue, tenendo conto della (16.32) e della continuità del gradiente,

$$\frac{\partial f(\bar{x})}{\partial x_i} = 0,$$

in contraddizione con la (16.31). □

La seconda regola di selezione del working set impone che ad ogni iterazione k sia inserito nel working set l'indice corrispondente alla variabile che viola maggiormente le condizioni di ottimalità, ossia l'indice cui corrisponde la componente del gradiente in valore assoluto più grande.

> **Regola di selezione WS2.** Per ogni $k \geq 0$, denotato con $i(k) \in \{1,\ldots,n\}$ l'indice tale che
> $$|\nabla_{i(k)} f(x^k)| \geq |\nabla_j f(x^k)| \qquad j=1,\ldots,n,$$
> deve risultare
> $$i(k) \in W^k.$$

Si può facilmente verificare che la regola WS2 definisce, come caso particolare, l'Algoritmo di Gauss-Southwell. La convergenza può essere garantita anche senza ipotesi di convessità della funzione obiettivo. La dimostrazione della proposizione non viene riportata perché identica a quella della Proposizione 16.10.

> **Proposizione 16.13.** *Sia* $f : R^n \to R$ *continuamente differenziabile su* R^n *e supponiamo che l'insieme di livello* $\mathcal{L}_0$ *sia compatto. Sia* $\{x^k\}$ *la successione generata utilizzando il metodo DEC con regola di selezione del working set* WS2. *Allora ogni punto di accumulazione di* $\{x^k\}$ *è punto stazionario di* f.

16.7 Metodo di Jacobi

In questo paragrafo analizzeremo un metodo di decomposizione di tipo *parallelo*, in cui il vettore delle variabili x è partizionato in m blocchi prefissati

$$x = (x_1,\ldots,x_i,\ldots,x_m),$$

dove $x_i \in R^{n_i}$, per $i = 1,\ldots,n$.

Uno schema di decomposizione di tipo parallelo si può definire supponendo che, a partire dal punto x^k, vengano aggiornati contemporaneamente e indipendentemente per $i = 1,\ldots,m$, i singoli blocchi, ottenendo i vettori componenti di tentativo u_i^{k+1}, e generando così i punti $w(k,i)$ definiti ponendo

$$w(k,i) = (x_1^k,\ldots,u_i^{k+1},\ldots,x_m^k), \quad i=1,\ldots,m.$$

I punti $w(k,i)$ possono essere determinanti con un qualsiasi algoritmo non vincolato (minimizzando globalmente rispetto a ciascuna componente). Il punto

16.7 Metodo di Jacobi

x^{k+1} deve essere quindi costruito per mezzo di qualche regola opportuna a partire da tali punti, in modo da garantire il soddisfacimento di qualche condizione di convergenza globale. Si può, ad esempio, scegliere x^{k+1} coincidente con il punto $w(k,i^*)$ tale che

$$f(w(k,i^*)) = \min_{1\leq i\leq m}\{f(w(k,i))\}.$$

In particolare, si può costruire un algoritmo di globalizzazione relativo a una versione non lineare del *metodo di Jacobi*.

Metodo modificato di Jacobi

Dati. Punto iniziale $x^0 = (x_1^0, \ldots, x_m^0) \in R^n$.
For $k = 0, 1, \ldots$
  For $i = 1, \ldots, m$
    Calcola
    $$u_i \in \mathrm{Arg}\min_{\xi\in R^{n_i}} f(x_1^k, \ldots, \xi, \ldots, x_m^k).$$
    Poni
    $$w(k,i) = (x_1^k, \ldots, u_i, \ldots, x_m^k).$$
  End For
  Determina i^* tale che
  $$f(w(k,i^*)) = \min_{1\leq i\leq m}\{f(w(k,i))\}.$$

  Poni $z = (u_1, u_2, \ldots, u_m)$ e calcola $f(z)$.
  Se $f(z) \leq f(w(k,i^*))$ poni $x^{k+1} = z$; altrimenti poni $x^{k+1} = w(k,i^*)$.
End For

Possiamo enunciare e dimostrare un risultato di convergenza globale senza richiedere ipotesi di convessità della funzione obiettivo.

Proposizione 16.14. *Sia* $f : R^n \to R$ *continuamente differenziabile su* R^n *e supponiamo che l'insieme di livello* $\mathcal{L}_0$ *sia compatto. Sia* $\{x^k\}$ *la successione generata utilizzando il metodo modificato di Jacobi. Allora ogni punto di accumulazione di* $\{x^k\}$ *è punto stazionario di* f.

Dimostrazione. Osserviamo preliminarmente che possiamo scrivere

$$f(w(k,i)) \leq f(x_1^k, \ldots, x_i^k + \alpha_i^k d_i^k, \ldots, x_m^k), \quad i = 1, \ldots, m, \quad (16.34)$$

dove $d_i^k = -\nabla_i f(x^k)$, α_i^k è calcolato con il metodo di ricerca unidimensionale di Armijo, oppure è posto a zero se $\nabla_i f(x^k) = 0$.

Si ha inoltre

$$f(x^{k+1}) \leq f(w(k,i)) \leq f(x^k) \quad i = 1, \ldots, m$$

e quindi, per le ipotesi fatte, la successione $\{f(x^k)\}$ e le successioni $\{f(w(k,i))\}$, per $i = 1, \ldots, m$ convergono tutte allo stesso limite. La (16.34) implica quindi

$$\lim_{k \to \infty} f(x^k) - f(x_1^k, \ldots, x_i^k + \alpha_i^k d_i^k, \ldots, x_m^k) = 0, \quad i = 1, \ldots, m$$

per cui, dalla Proposizione 16.1, identificando per ciascun i la successione $\{y^k\}$ con la sottosuccessione di $\{x^k\}$ convergente a un punto di accumulazione, segue che ogni punto di accumulazione di $\{x^k\}$ è punto stazionario di f. □

Note e riferimenti

Testi di riferimento per lo studio dei metodi di decomposizione, sono [4, 8]. In particolare, in [8] sono descritti e analizzati sia metodi sequenziali che paralleli.

Gli esempi di non convergenza del metodo di Gauss-Seidel sono stati presentati in [106]. La convergenza del metodo di Gauss-Seidel sotto ipotesi di convessità della funzione obiettivo è stata dimostrata in [125]. Alcuni lavori dedicati alla convergenza di metodi di tipo Gauss-Seidel e di tipo Gauss-Southwell sono [57, 58, 84]. Metodi inesatti di decomposizione sono stati proposti in e [13] e [57].

Metodi di tipo Gauss-Southwell, ossia metodi basati sulla massima violazione delle condizioni di ottimalità, sono molto studiati nell'ambito dei problemi di addestramento di Support Vector Machines (si veda, ad esempio, [21, 68, 78, 80]), che sono problemi quadratici a larga scala con un vincolo lineare di uguaglianza e vincoli di box. Metodi di tipo Gauss-Southwell per problemi con vincoli di box sono stati studiati in [19].

16.8 Esercizi

16.1. Si consideri il problema

$$min f(x) = \sum_{i=1}^{n}(x_i - 1)^2 + 4\prod_{i=1}^{n} x_i + \prod_{i=1}^{n} x_i^2.$$

Definita la decomposizione $x = (x_1, x_2, \ldots, x_n)$, si applichi il metodo di Gauss-Seidel facendo variare il numero n di variabili e il punto iniziale, e si confrontino i risultati con quelli ottenuti con un metodo di tipo gradiente.

16.2. Dimostrare la Proposizione 16.7.

16.3. Dimostrare la Proposizione 16.8.

16.4. Si consideri il seguente algoritmo di decomposizione a due blocchi.

Dati. Punto iniziale $x^0 = (x_1^0, x_2^0) \in R^n$.

For $k = 0, 1, \ldots$

Calcola $x_1^{k+1} \in \text{Arg min}_{\xi \in R^{n_1}} f(\xi, x_2^k)$.

Determina un vettore x_2^{k+1} tale che

$$f(x_1^{k+1}, x_2^{k+1}) \leq f(x_1^{k+1}, x_2^k + \alpha^k d_2^k),$$

dove $d_2^k = -\nabla_2 f(x_1^{k+1}, x_2^k)$ e α_k è ottenuto con il metodo di Armijo.

Poni $x^{k+1} = (x_1^{k+1}, x_2^{k+1})$.

End For

Dimostrare la convergenza globale dell'algoritmo supponendo valide le ipotesi della Proposizione 16.7.

17
Metodi per problemi con insieme ammissibile convesso

In questo capitolo consideriamo problemi vincolati con insieme ammissibile convesso, e presentiamo due metodi: il *Metodo di Frank-Wolfe*, il *Metodo del gradiente proiettato*. Questi metodi sono interpretabili come estensione del metodo del gradiente introdotto nel caso non vincolato. A conclusione del capitolo accenniamo alle condizioni di *convessità generalizzata*.

17.1 Generalità

In questo capitolo, con riferimento a problemi vincolati con insieme ammissibile convesso, descriviamo alcuni algoritmi interpretabili come estensione del metodo del gradiente introdotto nel caso non vincolato.

Richiamiamo dapprima, nel caso generale, le definizioni di direzione ammissibile e di direzione di discesa e formuliamo condizioni necessarie di minimo locale che seguono direttamente dalle definizioni e dalla condizione sufficiente di discesa del primo ordine già considerata.

Successivamente particolarizziamo tali condizioni al caso in cui l'insieme ammissibile è un insieme convesso e caratterizziamo l'operazione di proiezione di un punto su un insieme convesso.

Descriviamo quindi un algoritmo di tipo Armijo per la ricerca unidimensionale lungo una direzione ammissibile e introduciamo due algoritmi del primo ordine per la minimizzazione vincolata: il *Metodo di Frank-Wolfe* e una delle versioni più semplici del *Metodo del gradiente proiettato*.

A conclusione del capitolo accenniamo alle condizioni di convessità generalizzata che consentono di estendere alcuni dei risultati stabiliti nel caso convesso.

17.2 Problemi con insieme ammissibile convesso

17.2.1 Direzioni ammissibili

Nel caso di problema di ottimizzazione non vincolata il concetto di direzione di discesa è alla base delle condizioni di ottimalità e dei metodi di calcolo.

Nel caso vincolato con insieme ammissibile convesso, sia condizioni di ottimo sia algoritmi di soluzione si possono ottenere come estensione immediata di condizioni e di algoritmi relativi al caso non vincolato. A questo fine occorre utilizzare, oltre che il concetto di direzione di discesa, anche quello di *direzione ammissibile*.

Definizione 17.1 (Direzione ammissibile).
Sia S un sottoinsieme di R^n e $x \in S$. Si dice che un vettore $d \in R^n$, $d \neq 0$ è una direzione ammissibile per S in x se esiste $\bar{t} > 0$ tale che

$$x + td \in S, \quad \text{per ogni} \quad t \in [0, \bar{t}\,].$$

Una conseguenza immediata della definizione precedente e della definizione già introdotta di direzione di discesa è la condizione necessaria di minimo locale enunciata nella proposizione successiva.

Proposizione 17.1 (Condizione necessaria di minimo locale).
Sia $x^* \in S$ un punto di minimo locale del problema

$$\min\ f(x), \quad x \in S;$$

allora non può esistere una direzione ammissibile in x^* che sia anche di discesa.

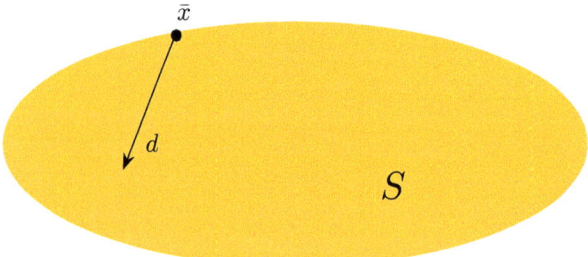

Fig. 17.1. Direzione ammissibile d in un punto $\bar{x}$

17.2 Problemi con insieme ammissibile convesso

Dimostrazione. Se esistesse una direzione d al tempo stesso ammissibile e di discesa in x^*, allora in ogni intorno di x^* sarebbe possibile trovare, per $t > 0$ abbastanza piccolo, un punto $x^* + td \in S$ tale che

$$f(x^* + td) < f(x^*),$$

il che contraddice l'ipotesi che x^* sia un punto di minimo locale. □

A partire da questa condizione è possibile ricavare condizioni più specifiche in base alle caratterizzazioni delle direzioni ammissibili, e quindi in base alla struttura e alle proprietà di regolarità delle funzioni che definiscono i vincoli del problema.

Ricordando che se f è differenziabile la condizione

$$\nabla f(x)^T d < 0,$$

è una condizione sufficiente perché d sia una direzione di discesa per f in x, otteniamo la condizione necessaria seguente.

Proposizione 17.2 (Condizione necessaria del primo ordine).

Supponiamo che $f : R^n \to R$ sia continuamente differenziabile nell'intorno di un punto di minimo locale $x^* \in S$ del problema

$$\min \ f(x), \quad x \in S.$$

Allora non può esistere una direzione ammissibile d in x^* tale che

$$\nabla f(x^*)^T d < 0,$$

o, equivalentemente, *si ha*

$$\nabla f(x^*)^T d \geq 0, \quad \text{per ogni } d \in R^n \text{ ammissibile in } x^*.$$

Se f è differenziabile due volte è possibile caratterizzare l'andamento di f lungo una direzione assegnata tenendo conto anche delle derivate seconde e ciò consente di stabilire condizioni di ottimo del secondo ordine. Da risultati già noti sulle condizioni di discesa del secondo ordine, si ottiene in modo immediato la condizione necessaria seguente.

Proposizione 17.3 (Condizione necessaria del secondo ordine).

Supponiamo che $f : R^n \to R$ sia due volte continuamente differenziabile nell'intorno di un punto di minimo locale $x^* \in S$ del problema

$$\min f(x), \quad x \in S.$$

Allora non può esistere una direzione ammissibile d in x^* tale che

$$\nabla f(x^*)^T d = 0, \quad d^T \nabla^2 f(x^*) d < 0.$$

17.2.2 Condizioni di ottimo con insieme ammissibile convesso

Consideriamo un problema di ottimo in cui l'insieme ammissibile S è un *insieme convesso* e caratterizziamo anzitutto le direzioni ammissibili.

Proposizione 17.4 (Direzioni ammissibili di un insieme convesso).

Sia $S \subseteq R^n$ un insieme convesso e sia $\bar{x}$ un qualsiasi punto di S. Allora, se $S \neq \{\bar{x}\}$, comunque si fissi $x \in S$ tale che $x \neq \bar{x}$, la direzione $d = x - \bar{x}$ è una direzione ammissibile per S in $\bar{x}$.

Dimostrazione. Sia $\bar{x} \in S$. Allora, comunque si fissi $x \in S$ tale che $x \neq \bar{x}$, per la convessità di S si ha che $(1-t)\bar{x} + tx \in S$ per ogni $t \in [0,1]$ e quindi $\bar{x} + t(x - \bar{x}) \in S$ per ogni $t \in [0,1]$. Ne segue che $d = (x - \bar{x}) \neq 0$ è una direzione ammissibile per S in $\bar{x}$. È facile verificare, inversamente, che se $d \in R^n \neq 0$ è una direzione ammissibile per S in $\bar{x}$ esistono un punto $x \in S$ ed uno scalare $\lambda > 0$ tali che $d = \lambda(x - \bar{x})$. □

Sotto ipotesi di differenziabilità su f abbiamo le condizioni necessarie di minimo locale del primo e del secondo ordine riportate nella proposizione successiva.

Proposizione 17.5 (Condizioni necessarie di minimo locale).

Sia $x^* \in S$ un punto di minimo locale del problema

$$\min f(x), \quad x \in S$$

in cui $S \subseteq R^n$ è un insieme convesso e supponiamo che f sia continua-

mente differenziabile in un intorno di x^*. Allora si ha necessariamente

$$\nabla f(x^*)^T(x - x^*) \geq 0, \quad \text{per ogni} \quad x \in S. \tag{17.1}$$

Inoltre, se f è due volte continuamente differenziabile in un intorno di x^*, deve essere

$$(x - x^*)^T \nabla^2 f(x^*)(x - x^*) \geq 0,$$
per ogni $x \in S$ tale che $\nabla f(x^*)^T(x - x^*) = 0$. \tag{17.2}

Dimostrazione. Se $S = \{x^*\}$ l'enunciato è ovvio. Supponiamo quindi che esista $x \in S$ con $x \neq x^*$. Per la Proposizione 17.4 la direzione $d = (x - x^*)$ è una direzione ammissibile per S in x^*. Per la Proposizione 17.1 sappiamo che non può esistere una direzione ammissibile di discesa. D'altra parte, se esistesse $d = x - x^*$ tale che $\nabla f(x^*)^T d < 0$ la direzione ammissibile d sarebbe di discesa e si otterrebbe una contraddizione. Vale quindi la (17.1).

Supponiamo ora che f sia due volte continuamente differenziabile e supponiamo che esista $x \in S$ tale che la direzione ammissibile $d = x - x^*$ soddisfi $\nabla f(x^*)^T d = 0$. Se fosse $d^T \nabla^2 f(x^*) d < 0$ per noti risultati la direzione d sarebbe di discesa e si otterrebbe ancora una contraddizione; deve quindi valere la (17.2). □

Il significato geometrico della (17.1) è illustrato nella Fig. 17.2. Si può osservare che, se $x^* \in S$ è un punto di minimo locale, allora, per ogni $x \in S$ la direzione $d = x - x^*$ (che è una direzione ammissibile, per la convessità di S)

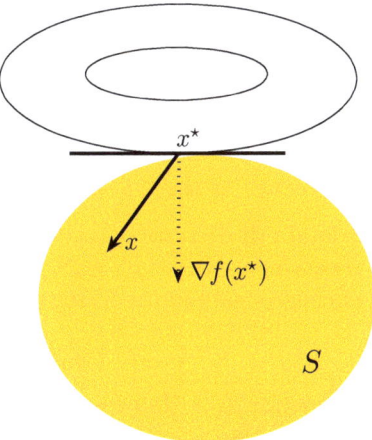

Fig. 17.2. Significato geometrico della condizione di ottimo

non può formare un angolo acuto con $-\nabla f(x^*)$ (altrimenti sarebbe anche una direzione di discesa) e quindi deve formare un angolo non ottuso con $\nabla f(x^*)$.

Diremo che $x^* \in S$ è un *punto critico* del problema di ottimo se in x^* è soddisfatta la condizione necessaria (17.1) della Proposizione 17.5.

È facile verificare che se anche f è convessa la condizione (17.1) diviene una *condizione necessaria e sufficiente di minimo globale*.

Proposizione 17.6 (Condizioni di minimo globale: caso convesso).

Sia S un sottoinsieme convesso di R^n e supponiamo che f sia una funzione convessa continuamente differenziabile su un insieme aperto contenente S. Allora $x^* \in S$ è un punto di minimo globale del problema

$$\min f(x), \quad x \in S$$

se e solo se

$$\nabla f(x^*)^T (x - x^*) \geq 0, \quad \text{per ogni} \quad x \in S.$$

Dimostrazione. La necessità segue dalla Proposizione 17.5. Se f è convessa e $x^* \in S$, per un noto risultato, per ogni $x \in S$ deve essere

$$f(x) \geq f(x^*) + \nabla f(x^*)^T (x - x^*),$$

e quindi se vale la (17.6) si ha che $f(x) \geq f(x^*)$ per ogni $x \in S$, il che prova che x^* è un punto di minimo globale. □

17.2.3 Problemi con vincoli lineari

Una classe significativa di problemi di programmazione matematica è quella in cui l'insieme ammissibile è definito da un sistema di disequazioni lineari e quindi si hanno problemi del tipo

$$\min f(x)$$
$$Ax \leq b \tag{17.3}$$

in cui f è una funzione dotata di derivate parziali prime continue e A è una matrice reale $m \times n$. Osserviamo che se $x^* \in S = \{x \in R^n : Ax \leq b\}$ è un punto ammissibile assegnato, saranno soddisfatte in x^* le m disequazioni lineari

$$a_i^T x^* \leq b_i \quad i = 1, \ldots m,$$

avendo indicato con a_i^T le righe di A. Indichiamo con $I(x^\star)$ l'insieme degli indici dei vincoli attivi in x^*, ossia

$$I(x^\star) = \{i : a_i^T x^* = b_i\}.$$

17.2 Problemi con insieme ammissibile convesso

Esempio 17.1. Si consideri l'insieme ammissibile descritto dal sistema di disequazioni di $m = 3$ equazioni in $n = 4$ incognite

$$\begin{aligned} 2x_1 - x_2 + 3x_3 + x_4 &\leq 4 \\ -x_1 + x_2 + 2x_3 + 3x_4 &\leq 5 \\ 2x_1 - 2x_2 + 6x_3 - x_4 &\leq 6. \end{aligned}$$

Il punto $x^\star = (1\ 1\ 1\ 0)^T$ è un punto ammissibile, in corrispondenza del quale, il primo e il terzo vincolo sono soddisfatti all'uguaglianza, per cui l'insieme dei vincoli attivi è

$$I(x^\star) = \{1, 3\}.$$

Possiamo stabilire il risultato seguente.

Proposizione 17.7 (Direzioni ammissibili: disuguaglianze lineari).

Sia $x^\star$ tale che $a_i^T x^\star \leq b_i$ per $i = 1, \ldots m$. Allora un vettore non nullo $d \in R^n$ è una direzione ammissibile per S se e solo se

$$a_i^T d \leq 0 \qquad \text{per ogni } i \in I(x^\star). \tag{17.4}$$

Dimostrazione. Basta osservare che, dati un vettore non nullo $d \in R^n$ e un numero $t \geq 0$ qualsiasi, il punto $x^\star + td$ è ammissibile relativamente ai vincoli attivi in $x^\star$ se e solo se

$$a_i^T(x^\star + td) = b_i + t a_i^T d \leq b_i \quad \text{per ogni}\ \ i \in I(x^\star),$$

e quindi se e solo se vale la (17.4). Ciò prova, in particolare, la necessità.

Per stabilire la sufficienza basta osservare che, se vale la (17.4), d è una direzione ammissibile anche per i vincoli non attivi. Infatti, essendo $a_i^T x^\star < b_i$ per $i \notin I(x^\star)$, si può assumere t sufficientemente piccolo da avere

$$a_i^T(x^\star + td) \leq b_i \quad \text{per ogni}\ \ i \notin I(x^\star),$$

e quindi si può concludere che esiste un numero $\bar t > 0$ tale che $A(x^\star + td) \leq b$ per ogni $t \in [0, \bar t\,]$, ossia che d è una direzione ammissibile per S in $x^\star$. □

Consideriamo ora problemi con vincoli lineari sia di uguaglianza che di disuguaglianza, ossia problemi del tipo

$$\begin{aligned} &\min\ f(x) \\ &Ax \leq b \\ &Ux = c, \end{aligned} \tag{17.5}$$

in cui A è una matrice $m \times n$ con righe a_i^T, $i = 1, \ldots, m$, e U è una matrice $p \times n$ con righe u_j^T, $j = 1, \ldots, p$. Per ricondurci al caso già analizzato di soli vincoli di disuguaglianza, riscriviamo il problema nella forma equivalente

$$\begin{aligned} \min\ & f(x) \\ & a_i^T x \leq b_i & i = 1, \ldots, m \\ & u_j^T x \leq c_j & j = 1, \ldots, p \\ & -u_j^T x \leq -c_j & j = 1, \ldots, p. \end{aligned} \qquad (17.6)$$

Osserviamo che in corrispondenza di un punto ammissibile $x^\star$, gli ultimi $2p$ vincoli sono ovviamente attivi. Per quanto riguarda i primi m vincoli, come prima indichiamo con $I(x^\star)$ l'insieme degli indici

$$I(x^\star) = \{i : a_i^T x^* = b_i\}.$$

Dalla Proposizione 17.7 segue il risultato seguente.

Proposizione 17.8 (Direzioni ammissibili per vincoli lineari).

Sia x^* tale che $a_i^T x^* \leq b_i$ per $i = 1, \ldots m$, $u_j^T x^* = c_j$ per $j = 1, \ldots p$. Allora un vettore non nullo $d \in R^n$ è una direzione ammissibile per S se e solo se

$$\begin{aligned} & a_i^T d \leq 0 & \text{per ogni } i \in I(x^\star) \\ & u_j^T d = 0 & \text{per ogni } j = 1, \ldots, p. \end{aligned} \qquad (17.7)$$

Esempio 17.2 (Condizioni di ottimalità per problemi con vincoli di box).

Sia $x^* \in R^n$ un punto di minimo locale del problema

$$\begin{aligned} \min\ & f(x) \\ & l \leq x \leq u \end{aligned} \qquad (17.8)$$

dove $l_i < u_i$ per $i = 1, \ldots, n$. Allora, per $i = 1, \ldots, n$ risulta

$$\frac{\partial f(x^\star)}{\partial x_i} \begin{cases} \geq 0 & \text{se } x_i^\star = l_i \\ = 0 & \text{se } l_i < x_i^\star < u_i \\ \leq 0 & \text{se } x_i^\star = u_i. \end{cases}$$

Infatti, sia $i \in \{1, \ldots, n\}$ tale che $x_i^\star = l_i$ e si consideri la direzione $d^+ = e_i$, dove e_i è l'i-esimo asse coordinato. La Proposizione 17.7 implica che la direzione d^+ è ammissibile, per cui dalla Proposizione 17.1 segue necessariamente

$$\nabla f(x^\star)^T d^+ = \frac{\partial f(x^\star)}{\partial x_i} \geq 0.$$

17.2 Problemi con insieme ammissibile convesso

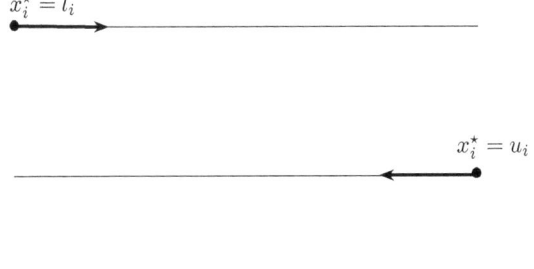

Fig. 17.3. Direzioni ammissibili in problemi con vincoli di box

In maniera analoga, per ogni $i \in \{1,\ldots,n\}$ tale che $x_i^\star = u_i$ si ha che la direzione $d^- = -e_i$ è ammissibile, per cui otteniamo

$$\frac{\partial f(x^\star)}{\partial x_i} \leq 0.$$

Infine, sia $i \in \{1,\ldots,n\}$ tale che $l_i < x_i^\star < u_i$. Le direzioni $d^+ = e_i$, $d^- = -e_i$ sono ammissibili, per cui dalla Proposizione 17.1 si ottiene

$$\nabla f(x^\star)^T d^+ = \frac{\partial f(x^\star)}{\partial x_i} \geq 0 \qquad \nabla f(x^\star)^T d^- = -\frac{\partial f(x^\star)}{\partial x_i} \geq 0,$$

da cui si ottiene

$$\frac{\partial f(x^\star)}{\partial x_i} = 0.$$

Le direzioni ammissibili utilizzate nell'analisi dei tre casi sono rappresentate nella Fig. 17.3.

Esempio 17.3 (Condizioni di ottimalità per problemi con vincoli di simplesso).

Sia $x^\star \in R^n$ un punto di minimo locale del problema

$$\min f(x) \atop \sum_{i=1}^n x_i = r \atop x \geq 0, \qquad (17.9)$$

con $r > 0$. Allora risulta

$$x_i^\star > 0 \quad \text{implica} \quad \frac{\partial f(x^\star)}{\partial x_i} \leq \frac{\partial f(x^\star)}{\partial x_j} \quad \text{per ogni } j \in \{1,\ldots,n\}.$$

478   17 Metodi per problemi con insieme ammissibile convesso

Infatti, sia $i \in \{1, \ldots, n\}$ tale che $x_i^\star > 0$ e sia $j \in \{1, \ldots, n\}$ con $j \neq i$. Utilizzando il risultato della Proposizione 17.8 possiamo affermare che la direzione d tale che $d_i = -1$, $d_j = 1$, $d_h = 0$, $h \in \{1, \ldots, n\}, h \neq i, j$ è ammissibile in $x^\star$. La Proposizione 17.1 implica

$$\nabla f(x^\star)^T d = \frac{\partial f(x^\star)}{\partial x_j} - \frac{\partial f(x^\star)}{\partial x_i} \geq 0.$$

17.2.4 Proiezione su un insieme convesso e condizioni di ottimo

Sia $S \subseteq R^n$ un insieme convesso chiuso non vuoto, sia $x \in R^n$ un punto assegnato e sia $\|\cdot\|$ la norma euclidea. Consideriamo il problema

$$min \ \{\|x - y\|, \quad y \in S\}, \tag{17.10}$$

ossia il problema di determinare un punto di S a distanza minima da x.

Poiché la funzione obiettivo è coerciva sull'insieme chiuso e non vuoto S, esistono insiemi di livello compatti non vuoti e quindi il problema ammette soluzione. Inoltre, essendo la norma euclidea strettamente convessa, la soluzione ottima è unica. Possiamo allora introdurre la definizione seguente.

Definizione 17.2 (Proiezione di un punto su un insieme convesso).

Sia $S \subseteq R^n$ un insieme convesso chiuso e sia $x \in R^n$ un punto assegnato. Definiamo proiezione di x su S la soluzione $p(x)$ del problema

$$min \ \{\|x - y\|, \quad y \in S\},$$

ossia $p(x) \in S$ è il punto che soddisfa

$$\|x - p(x)\| \leq \|x - y\|, \quad \text{per ogni } y \in S.$$

Il risultato successivo caratterizza la proiezione di x su S.

Proposizione 17.9 (Caratterizzazione della proiezione).

Sia $S \subseteq R^n$ un insieme convesso chiuso non vuoto, sia $x \in R^n$ un punto assegnato e sia $\|\cdot\|$ la norma euclidea. Allora:

(i) *un punto $y^* \in S$ è la proiezione di x su S, ossia $y^* = p(x)$ se e solo se*

$$(x - y^*)^T (y - y^*) \leq 0, \quad \text{per ogni } y \in S;$$

17.2 Problemi con insieme ammissibile convesso

(ii) *l'operazione di proiezione è continua e non espansiva, ossia*

$$\|p(x) - p(z)\| \leq \|x - z\| \quad \text{per ogni } x, z \in R^n.$$

Dimostrazione. La proiezione $p(x)$ di x è l'unica soluzione del problema

$$min \ \{f(y) = \frac{1}{2}\|x - y\|^2, \quad y \in S\},$$

(equivalente al problema (17.10)) e quindi dalla Proposizione 17.6 segue che $y^* = p(x)$, se e solo se $\nabla f(y^*)^T(y - y^*) \geq 0$ per ogni $y \in S$ e quindi se e solo se $-(x - y^*)^T(y - y^*) \geq 0$, il che prova la (i).

Se $x, z \in R^n$ sono punti assegnati e si considerano le proiezioni $p(x), p(z) \in S$, per la (i), applicata ai punti x e z, deve essere

$$(x - p(x))^T(y - p(x)) \leq 0, \quad \text{per ogni } y \in S$$
$$(z - p(z))^T(y - p(z)) \leq 0, \quad \text{per ogni } y \in S.$$

Quindi, (essendo $p(x), p(z)$ particolari punti di S), si può scrivere, assumendo $y = p(z)$ nella prima diseguaglianza e $y = p(x)$ nella seconda:

$$(x - p(x))^T(p(z) - p(x)) \leq 0$$
$$(z - p(z))^T(p(x) - p(z)) \leq 0.$$

Sommando membro a membro le due diseguaglianze precedenti e riordinando, si ottiene

$$(x - p(x) - z + p(z))^T(p(z) - p(x)) \leq 0,$$

da cui segue

$$\|p(z) - p(x)\|^2 - (p(z) - p(x))^T(z - x) \leq 0.$$

Applicando la diseguaglianza di Schwarz, si ha allora

$$\|p(z) - p(x)\|^2 \leq (p(z) - p(x))^T(z - x) \leq \|p(z) - p(x)\| \|z - x\|,$$

da cui si ottiene la (ii). □

Il significato geometrico della caratterizzazione fornita nella Proposizione 17.9 è illustrato nella Fig. 17.4. Il vettore $x - p(x)$ deve formare un angolo maggiore o eguale a $\pi/2$ con ogni vettore $y - p(x)$, al variare di y in S.

L'operazione di proiezione richiede la soluzione di un problema di ottimizzazione. In generale, per effettuare una proiezione occorre quindi applicare un metodo iterativo. In semplici casi, analizzati nei due esempi seguenti, l'operazione di proiezione può essere effettuata in modo analitico.

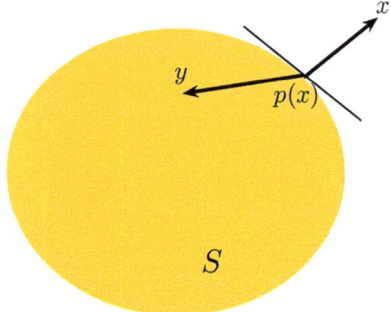

Fig. 17.4. Significato geometrico della caratterizzazione di $p(x)$

Esempio 17.4 (Proiezione su un insieme definito da vincoli di non negatività).

Si consideri l'insieme

$$S = \{x \in R^n : x_i \geq 0, \ i = 1, \ldots, n\}$$

su cui si vuole definire la proiezione. Sia $\bar{x}$ un punto in R^n: la proiezione $y^\star$ di $\bar{x}$ su S ha componenti $y_i^\star$, per $i = 1, \ldots, n$, definite come segue:

$$y_i^\star = \begin{cases} \bar{x}_i & \text{se } \bar{x}_i \geq 0 \\ 0 & \text{se } \bar{x}_i < 0. \end{cases}$$

Per dimostrare quanto affermato utilizzeremo la (i) della Proposizione 17.9. Faremo quindi vedere che il punto $y^\star$ sopra definito soddisfa la condizione necessaria e sufficiente che caratterizza la proiezione, ossia la seguente condizione

$$(\bar{x} - y^\star)^T (x - y^\star) \leq 0 \qquad \forall x \in S.$$

Dalla definizione di $y^\star$ segue

$$\begin{aligned} \bar{x}_i - y_i^\star &= 0 & \text{se} \quad \bar{x}_i \geq 0 \\ \bar{x}_i - y_i^\star &= \bar{x}_i & \text{se} \quad \bar{x}_i < 0, \end{aligned}$$

per cui per ogni $x \in S$ possiamo scrivere

$$(\bar{x} - y^\star)^T (x - y^\star) = \sum_{i : \bar{x}_i < 0} \bar{x}_i x_i \leq 0.$$

Analizziamo ora il caso in cui non tutte le variabili sono vincolate in segno. Si consideri un insieme di indici $J \subset \{1, \ldots, n\}$ e sia

$$S = \{x \in R^n : x_j \geq 0, \ j \in J\}$$

l'insieme su cui si vuole definire la proiezione. Sia $\bar{x}$ un punto in R^n. Ripetendo i ragionamenti effettuati nel caso precedente si può dimostrare che la

17.2 Problemi con insieme ammissibile convesso

proiezione $y^\star$ di $\bar{x}$ su S ha componenti $y_i^\star$, per $i = 1,\ldots,n$, definite come segue:

$$y_i^\star = \bar{x}_i \qquad \text{per} \quad i \notin J$$

$$y_i^\star = \begin{cases} \bar{x}_i & \text{se} \quad \bar{x}_i \geq 0 \\ 0 & \text{se} \quad \bar{x}_i < 0 \end{cases} \qquad \text{per} \quad i \in J.$$

Esempio 17.5 (Proiezione su un insieme definito da vincoli di box).
Si consideri l'insieme

$$S = \{x \in R^n : l \leq x \leq u\}$$

su cui si vuole definire la proiezione. Sia $\bar{x}$ un punto in R^n: la proiezione $y^\star$ di $\bar{x}$ su S ha componenti $y_i^\star$, per $i = 1,\ldots,n$, definite come segue:

$$y_i^\star = \begin{cases} l_i & \text{se} \quad \bar{x}_i < l_i \\ \bar{x}_i & \text{se} \quad l_i \leq \bar{x}_i \leq u_i \\ u_i & \text{se} \quad \bar{x}_i > l. \end{cases}$$

La dimostrazione è analoga a quella relativa al caso di vincoli di non negatività. Si fa quindi vedere che il punto $y^\star$ soddisfa la condizione necessaria e sufficiente che caratterizza la proiezione, ossia la seguente condizione

$$(\bar{x} - y^\star)^T (x - y^\star) \leq 0 \qquad \forall x \in S.$$

Dalla definizione di $y^\star$ segue

$$\begin{aligned} \bar{x}_i - y_i^\star &= 0 & \text{se} & \quad l_i \leq \bar{x}_i \leq u_i \\ \bar{x}_i - y_i^\star &= \bar{x}_i - l_i < 0 & \text{se} & \quad \bar{x}_i < l_i \\ \bar{x}_i - y_i^\star &= \bar{x}_i - u_i > 0 & \text{se} & \quad \bar{x}_i > l_i, \end{aligned}$$

per cui per ogni $x \in S$ possiamo scrivere

$$(\bar{x} - y^\star)^T (x - y^\star) = \sum_{i:\bar{x}_i < l_i} (\bar{x}_i - l_i)(x_i - l_i) + \sum_{i:\bar{x}_i > u_i} (\bar{x}_i - u_i)(x_i - u_i) \leq 0,$$

essendo $(x_i - l_i) \geq 0$, $(x_i - u_i) \leq 0$.

L'operazione di proiezione consente di definire una condizione necessaria di ottimalità equivalente alla condizione (17.1) della Proposizione 17.5 su cui è basata la definizione di punto critico. Vale infatti il risultato seguente.

Proposizione 17.10. *Si consideri il problema*

$$\min f(x), \quad x \in S,$$

in cui $S \subseteq R^n$ è un insieme convesso. Sia $x^* \in S$ e supponiamo che f sia continuamente differenziabile in un intorno di x^*. Allora il punto x^* è un punto critico del problema se e solo se

$$x^* = p[x^* - s\nabla f(x^*)], \qquad (17.11)$$

dove s è uno scalare qualsiasi maggiore di zero.

Dimostrazione. Infatti, per la Proposizione 17.9 il punto x^* può essere la proiezione del punto $x^* - s\nabla f(x^*)$ se e solo se

$$(x^* - s\nabla f(x^*) - x^*)^T (x - x^*) \leq 0, \quad \text{per ogni } x \in S$$

e quindi se e solo se

$$\nabla f(x^*)^T (x - x^*) \geq 0, \quad \text{per ogni } x \in S$$

ossia se e solo se x^* è un punto critico. □

Dalla proposizione precedente e dalla Proposizione 17.5 segue immediatamente il seguente risultato di ottimalità.

Proposizione 17.11 (Condizioni necessarie di minimo locale).
Sia $x^* \in S$ un punto di minimo locale del problema

$$\min f(x), \quad x \in S$$

in cui $S \subseteq R^n$ è un insieme convesso e supponiamo che f sia continuamente differenziabile in un intorno di x^*. Allora si ha necessariamente

$$x^* = p[x^* - s\nabla f(x^*)], \qquad (17.12)$$

dove s è uno scalare qualsiasi maggiore di zero.

È facile verificare che se anche f è convessa la condizione (17.11) diviene una *condizione necessaria e sufficiente di minimo globale*.

Proposizione 17.12 (Condizioni di minimo globale: caso convesso).

Sia S un sottoinsieme convesso di R^n e supponiamo che f sia una funzione convessa continuamente differenziabile su un insieme aperto contenente S. Allora $x^* \in S$ è un punto di minimo globale del problema

$$\min f(x), \quad x \in S$$

se e solo se

$$x^* = p[x^* - s\nabla f(x^*)],$$

dove s è uno scalare qualsiasi maggiore di zero.

Dimostrazione. La dimostrazione segue dalla Proposizione 17.6 e dalla Proposizione 17.10. □

17.3 Ricerca lungo una direzione ammissibile

Gli algoritmi descritti nel seguito utilizzano tecniche di ricerca unidimensionale interpretabili come semplici estensioni di quelle considerate nel caso non vincolato.

Supponiamo, in particolare, che valgano le ipotesi seguenti:

(a) S è un insieme convesso;
(b) per ogni k il punto $x_k + d_k$ appartiene a S (e quindi, per la convessità di S, la direzione d_k è una direzione ammissibile per S in x_k);
(c) per ogni k la direzione d_k è una direzione di discesa che soddisfa

$$\nabla f(x_k)^T d_k < 0.$$

Nell'ipotesi fatte possiamo definire un algoritmo di ricerca unidimensionale che preservi l'ammissibilità, utilizzando, ad esempio, il metodo di Armijo con passo iniziale $\alpha = 1$, che riportiamo di seguito per comodità.

Metodo di Armijo

Dati. $\Delta_k > 0$, $\gamma \in (0,1)$, $\delta \in (0,1)$.
Poni $\alpha = 1$ e $j = 0$.
While $f(x_k + \alpha d_k) > f(x_k) + \gamma \alpha \nabla f(x_k)^T d_k$

   Assumi $\alpha = \delta \alpha$ e poni $j = j + 1$.
End While
Poni $\alpha_k = \alpha$ e termina.

Ragionando come nel caso non vincolato, si può stabilire facilmente che, nelle ipotesi (a), (b), (c), se si assume $x_k \in S$, il metodo di Armijo termina in un numero finito di passi determinando un valore di $\alpha_k \in (0,1]$ tale che $x_{k+1} \in S$ e risulti

$$f(x_k + \alpha_k d_k) \leq f(x_k) + \gamma \alpha_k \nabla f(x_k)^T d_k < f(x_k). \qquad (17.13)$$

Possiamo quindi stabilire un risultato di convergenza analogo a quello dimostrato nel caso non vincolato.

Proposizione 17.13 (Convergenza del metodo di Armijo).

Sia $f : R^n \to R$ continuamente differenziabile su un insieme aperto contenente S. Supponiamo che S sia un insieme compatto convesso e supponiamo che $\{x_k\}$ sia una successione infinita di punti di S tale che $x_0 \in S$ e per ogni k si abbia $x_k + d_k \in S$ e $\nabla f(x_k)^T d_k < 0$. Allora il metodo di Armijo determina in un numero finito di passi un valore $\alpha_k \in (0,1]$ tale che la successione definita da $x_{k+1} = x_k + \alpha_k d_k$ soddisfi le condizioni

(c_1) $x_{k+1} \in S$;
(c_2) $f(x_{k+1}) < f(x_k)$;
(c_3) $\lim_{k \to \infty} \nabla f(x_k)^T d_k = 0.$

Dimostrazione. Come si è osservato in precedenza, si dimostra facilmente che, in un numero finito di passi, il metodo di Armijo determina un valore $\alpha_k > 0$ che soddisfa le (c_1), (c_2). Dobbiamo quindi stabilire la (c_3).

Osserviamo preliminarmente che, essendo $x_k \in S$ e $x_k + d_k \in S$ per ogni k, la compattezza di S implica che la successione $\{\|d_k\|\}$ è limitata, per cui esiste $M > 0$ tale che $\|d_k\| \leq M$ per ogni k.

Poiché α_k soddisfa la condizione (17.13) si può scrivere

$$f(x_k) - f(x_{k+1}) \geq \gamma \alpha_k |\nabla f(x_k)^T d_k|. \qquad (17.14)$$

Osserviamo che $\{f(x_k)\}$ è monotona decrescente ed è limitata inferiormente (ciò segue dal fatto che f è continua su S compatto), per cui deve esistere il limite di $\{f(x_k)\}$ e quindi si ha

$$\lim_{k \to \infty} \alpha_k |\nabla f(x_k)^T d_k| = 0. \qquad (17.15)$$

Supponiamo ora, per assurdo, che la (c_3) non sia vera.

Essendo $\{\nabla f(x_k)^T d_k\}$ limitata, deve esistere una sottosuccessione (ridefinita $\{x_k\}$), tale che

$$\lim_{k \to \infty} \nabla f(x_k)^T d_k = -\eta < 0, \qquad (17.16)$$

17.3 Ricerca lungo una direzione ammissibile

dove η è una quantità positiva. Per la (17.15) deve essere allora

$$\lim_{k\to\infty} \alpha_k = 0. \tag{17.17}$$

Poiché $x_k \in S$ (che si è supposto compatto) e poiché la successione corrispondente $\{d_k\}$ è limitata, devono esistere sottosuccessioni (ridefinite $\{x_k\}$ e $\{d_k\}$), tali che

$$\lim_{k\to\infty} x_k = \hat{x} \in S, \quad \lim_{k\to\infty} d_k = \hat{d}. \tag{17.18}$$

Dalle (17.16) e (17.18) segue allora, per la continuità di ∇f,

$$\lim_{k\to\infty} \nabla f(x_k)^T d_k = \nabla f(\hat{x})^T \hat{d} = -\eta < 0. \tag{17.19}$$

Per la (17.17) per valori sufficientemente elevati di k, ossia per $k \geq \hat{k}$, deve essere $\alpha_k < 1$ e quindi possiamo scrivere, per $k \geq \hat{k}$,

$$f(x_k + \frac{\alpha_k}{\delta} d_k) - f(x_k) > \gamma \frac{\alpha_k}{\delta} \nabla f(x_k)^T d_k. \tag{17.20}$$

Per il teorema della media, si può scrivere

$$f(x_k + \frac{\alpha_k}{\delta} d_k) = f(x_k) + \frac{\alpha_k}{\delta} \nabla f(z_k)^T d_k, \tag{17.21}$$

con

$$z_k = x_k + \theta_k \frac{\alpha_k}{\delta} d_k \quad \text{dove } \theta_k \in (0,1).$$

Sostituendo la (17.21) nella (17.20), per $k \geq \hat{k}$, si ottiene

$$\nabla f(z_k)^T d_k > \gamma \nabla f(x_k)^T d_k. \tag{17.22}$$

D'altra parte, essendo $\|d_k\| \leq M$, per la (17.17) deve essere $\lim_{k\to\infty} \alpha_k \|d_k\| = 0$ e quindi

$$\lim_{k\to\infty} z_k = \lim_{k\to\infty} \left(x_k + \theta_k \frac{\alpha_k}{\delta} d_k \right) = \hat{x}.$$

Ne segue che, passando al limite per $k \to \infty$, dalla (17.22) si ottiene

$$\nabla f(\hat{x})^T \hat{d} \geq \gamma \nabla f(\hat{x})^T \hat{d}$$

da cui segue, per la (17.19), $\eta \leq \gamma \eta$ il che contraddice l'ipotesi $\gamma < 1$. Si può concludere che la (17.19) porta a una contraddizione e quindi vale la (c$_3$). □

Come già si osservato nel caso non vincolato, nella dimostrazione della proposizione precedente non è essenziale supporre che sia $x_{k+1} = x_k + \alpha_k^A d_k$, avendo indicato con α_k^A il passo calcolato con il metodo di Armijo. Basta infatti che x_{k+1} sia scelto in modo tale che risulti

$$f(x_{k+1}) \leq f(x_k + \alpha_k^A d_k),$$

a condizione che x_{k+1} sia un punto appartenente all'insieme S. Ciò implica, in particolare, che valori accettabili per α sono tutti quelli per cui $\alpha \in (0,1]$ e $f(x_k + \alpha d_k)$ ha valore non superiore a $f(x_k + \alpha_k^A d_k)$. Ne segue che la Proposizione 17.13 dimostra anche la convergenza di una ricerca unidimensionale in cui α_k viene calcolato imponendo che sia

$$f(x_k + \alpha_k d_k) = \min_{\alpha \in [0,1]} f(x_k + \alpha d_k).$$

Sulla base dei risultati precedenti, per stabilire la convergenza di un algoritmo delle direzioni ammissibili a punti critici di f su S, è sufficiente mostrare che la direzione d_k sia scelta in modo tale che essa sia una direzione ammissibile di discesa e che il limite $\nabla f(x_k)^T d_k \to 0$ implichi la convergenza a punti critici.

Due possibili scelte di d_k che garantiscono queste proprietà sono illustrate nei paragrafi successivi.

17.4 Metodo di Frank-Wolfe (Conditional gradient method)

Sia $S \subset R^n$ un insieme compatto convesso non vuoto e sia f una funzione continuamente differenziabile. Con riferimento al problema

$$min \quad f(x), \quad x \in S,$$

ci proponiamo di definire un algoritmo ammissibile di discesa per la ricerca di un punto critico di f in S.

Assegnato un punto $x_k \in S$, possiamo tentare di determinare una direzione ammissibile di discesa in x_k risolvendo il problema (di programmazione convessa, con funzione obiettivo lineare)

$$\begin{array}{c} min \ \nabla f(x_k)^T(x - x_k). \\ x \in S \end{array} \qquad (17.23)$$

Poiché S si è supposto compatto il problema precedente ammette sempre una soluzione $\hat{x}_k \in S$. Se, all'ottimo, il valore della funzione obiettivo del problema (17.23) è nullo, ossia se $\nabla f(x_k)^T(\hat{x}_k - x_k) = 0$, deve essere

$$0 = \nabla f(x_k)^T(\hat{x}_k - x_k) \leq \nabla f(x_k)^T(x - x_k), \quad \text{per ogni } x \in S,$$

e quindi x_k è, per definizione, un punto critico. Se invece $\nabla f(x_k)^T(\hat{x}_k - x_k) < 0$, possiamo considerare la direzione

$$d_k = \hat{x}_k - x_k$$

che è una direzione ammissibile di discesa in x_k e possiamo definire l'iterazione

$$x_{k+1} = x_k + \alpha_k d_k,$$

17.4 Metodo di Frank-Wolfe (Conditional gradient method)

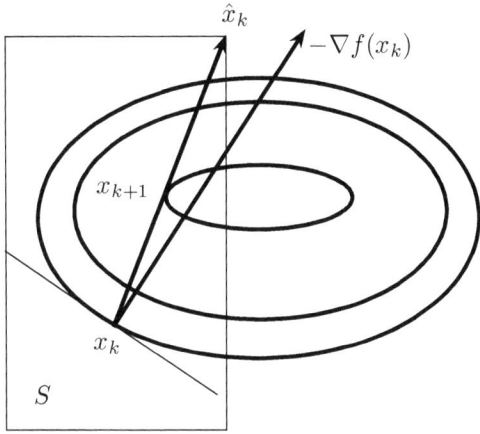

Fig. 17.5. Una iterazione del metodo di Frank-Wolfe

in cui $\alpha_k \in (0,1]$ può essere determinato con un algoritmo tipo-Armijo (e, in particolare, minimizzando (quando possibile) $f(x_k + \alpha d_k)$ per $\alpha \in [0,1]$). Per la convessità di S, se $\alpha_k \in [0,1]$ il punto x_{k+1} apparterrà ancora ad S.

L'algoritmo così definito è noto come *Metodo di Frank-Wolfe* o *Conditional gradient method*. La descrizione formale del metodo è riportata di seguito.

Metodo di Frank-Wolfe

1. Fissa un punto iniziale $x_0 \in S$.

For k=0,1,...

2. Calcola una soluzione $\hat{x}_k$ del problema (17.23); se $\nabla f(x_k)^T(\hat{x}_k - x_k) = 0$ **stop**. Altrimenti poni $d_k = \hat{x}_k - x_k$.
3. Calcola un passo $\alpha_k > 0$ lungo d_k con il metodo di Armijo.
4. Poni $x_{k+1} = x_k + \alpha_k d_k$.

End For

Nella Fig. 17.5 viene illustrata una iterazione del metodo in un problema a due dimensioni, supponendo che, a ogni passo, si minimizzi $f(x_k + \alpha d_k)$ per $\alpha \in [0,1]$.

17 Metodi per problemi con insieme ammissibile convesso

Possiamo dimostrare un risultato di convergenza globale del metodo di Frank-Wolfe.

> **Proposizione 17.14 (Convergenza del metodo di Frank-Wolfe).**
>
> Sia $f: R^n \to R$ continuamente differenziabile su insieme aperto contenente l'insieme compatto S. Sia $\{x_k\}$ la successione prodotta dal metodo di Frank-Wolfe. Allora, o esiste un indice $\nu \geq 0$ tale che x_ν è un punto critico, oppure viene prodotta una successione infinita tale che ogni punto di accumulazione di $\{x_k\}$ è un punto critico.

Dimostrazione. Ricordando i risultati di convergenza relativi al metodo di Armijo, è facile verificare che, se l'algoritmo genera una successione infinita a partire da un punto iniziale $x_0 \in S$ e non si arresta in un punto critico, risulta $f(x_{k+1}) < f(x_k)$ per ogni k e si può stabilire il limite

$$\lim_{k \to \infty} \nabla f(x_k)^T d_k = 0.$$

Notiamo che per la compattezza di S deve esistere un punto di accumulazione $\bar{x} \in S$, inoltre, la direzione d_k è limitata al variare di k, essendo

$$\|d_k\| = \|\hat{x}_k - x_k\| \leq \|\hat{x}_k\| + \|x_k\|,$$

con $x_k, \hat{x}_k \in S$. Possiamo quindi definire una sottosuccessione $\{x_k\}_K$ tale che

$$\lim_{k \in K, k \to \infty} x_k = \bar{x}, \quad \lim_{k \in K, k \to \infty} d_k = \bar{d}.$$

Ne segue che

$$\nabla f(\bar{x})^T \bar{d} = 0.$$

Osserviamo ora che, in base alla definizione di d_k, si ha

$$\nabla f(x_k)^T d_k \leq \nabla f(x_k)^T (x - x_k) \quad \text{per ogni } x \in S,$$

e quindi, considerando i limiti per ogni $x \in S$ fissato, si ha

$$0 = \nabla f(\bar{x})^T \bar{d} \leq \nabla f(\bar{x})^T (x - \bar{x}),$$

ossia

$$\nabla f(\bar{x})^T (x - \bar{x}) \geq 0, \quad \text{per ogni } x \in S,$$

il che prova che $\bar{x}$ è un punto critico di f. Possiamo concludere che ogni punto di accumulazione è un punto critico di f. □

Se l'insieme ammissibile è definito da vincoli lineari e risulta, ad esempio:

$$S = \{x \in R^n : Ax \geq b\},$$

il sottoproblema relativo al calcolo della direzione diviene un problema di *programmazione lineare*, equivalente a

$$\min \nabla f(x_k)^T x$$
$$Ax \geq b,$$

la cui soluzione $\hat{x}_k$ determina la direzione ammissibile di discesa $d_k = \hat{x}_k - x_k$.

Nel caso generale, il metodo di Frank-Wolfe può essere molto inefficiente e può avere rapidità di convergenza anche sub-lineare. Il metodo trova tuttavia applicazione in problemi di ottimizzazione su reti di grandi dimensioni, nei casi in cui non si è interessati a precisioni elevate ed i vincoli del problema hanno struttura particolare, per cui il calcolo di d_k si può effettuare in modo efficiente. In molti casi il problema di programmazione lineare relativo al calcolo della direzione si riduce alla soluzione di un problema di cammino minimo, che può essere ottenuta con algoritmi efficienti specializzati.

Esistono diverse varianti che consentono di migliorare la rapidità di convergenza per classi particolari di problemi.

Infine, osserviamo che il metodo presuppone la conoscenza di un punto iniziale x_0 ammissibile. Ove tale punto non sia disponibile in modo immediato, è necessario preliminarmene risolvere un problema di ammissibilità.

17.5 Metodo del gradiente proiettato

Una diversa estensione del metodo del gradiente a problemi vincolati è il *metodo del gradiente proiettato*, che è definito dall'iterazione

$$x_{k+1} = x_k + \alpha_k(p[x_k - s_k \nabla f(x_k)] - x_k),$$

in cui $\alpha_k \in (0,1]$, $s_k > 0$ e $p[x_k - s_k \nabla f(x_k)] \in S$ è la proiezione sull'insieme S del punto (non ammissibile, in generale)

$$x_k - s_k \nabla f(x_k),$$

scelto lungo la direzione dell'antigradiente. È immediato verificare che la direzione

$$d_k = p[x_k - s_k \nabla f(x_k)] - x_k$$

è una direzione ammissibile in x_k.

Notiamo che se il problema è non vincolato, ossia se $S = R^n$, allora $p[x_k - s_k \nabla f(x_k)] = x_k - s_k \nabla f(x_k)$ e quindi $d_k = -s_k \nabla f(x_k)$.

17 Metodi per problemi con insieme ammissibile convesso

Dimostriamo ora che d_k è di discesa se $d_k \neq 0$.

Proposizione 17.15. *Sia $f : R^n \to R$ continuamente differenziabile su insieme aperto contenente l'insieme compatto S. Sia*

$$d_k = p[x_k - s_k \nabla f(x_k)] - x_k,$$

dove $s_k > 0$, e $p[x_k - s_k \nabla f(x_k)] \in S$ è la proiezione sull'insieme S del punto

$$x_k - s_k \nabla f(x_k).$$

Allora, se $d_k \neq 0$ risulta

$$\nabla f(x_k)^T d_k < 0. \tag{17.24}$$

Dimostrazione. Poniamo

$$\hat{x}_k = p[x_k - s_k \nabla f(x_k)],$$

per cui $d_k = \hat{x}_k - x_k$. Ricordando la caratterizzazione della proiezione, deve essere

$$(x_k - s\nabla f(x_k) - \hat{x}_k)^T (x - \hat{x}_k) \leq 0, \quad \text{per ogni } x \in S,$$

da cui segue, in particolare, ponendo $x = x_k$,

$$(x_k - s_k \nabla f(x_k) - \hat{x}_k)^T (x_k - \hat{x}_k) \leq 0,$$

e quindi

$$\nabla f(x_k)^T d_k = \nabla f(x_k)^T (\hat{x}_k - x_k) \leq -\frac{1}{s_k} \|x_k - \hat{x}_k\|^2. \tag{17.25}$$

Ciò mostra che d_k è una direzione di discesa in x_k se $\|x_k - \hat{x}_k\| \neq 0$. □

Il metodo del gradiente proiettato può essere realizzato sia fissando s_k a un valore costante ed effettuando una ricerca unidimensionale tipo-Armijo per il calcolo di α_k, sia fissando α_k a un valore costante in $(0, 1]$ ed effettuando una ricerca su s_k (nel secondo caso, al variare di s_k si definisce un percorso curvilineo su S).

Ci limitiamo qui a considerare il caso in cui $s_k = s > 0$, supponendo che S sia un insieme compatto convesso non vuoto. Lo schema dell'algoritmo è il seguente.

17.5 Metodo del gradiente proiettato

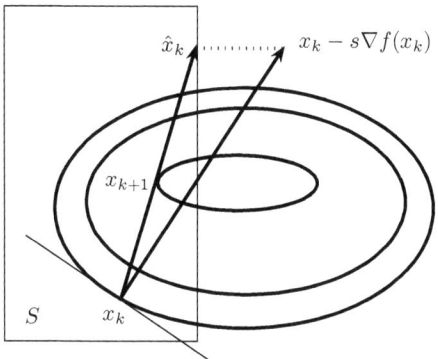

Fig. 17.6. Una iterazione del metodo del gradiente proiettato

---

Metodo del gradiente proiettato

Fissa un punto iniziale $x_0 \in R^n$, uno scalare $s > 0$.
For k=0,1,...
Calcola
$$\hat{x}_k = p[x_k - s\nabla f(x_k)],$$
se $\hat{x} = x_k$ stop; altrimenti poni $d_k = \hat{x}_k - x_k$.
Calcola un passo $\alpha_k > 0$ lungo d_k con il metodo di Armijo.
Poni $x_{k+1} = x_k + \alpha_k d_k$.
End For

Un'iterazione del metodo, con ricerca di linea esatta, è illustrata nella Fig. 17.6.
Vale il seguente risultato di convergenza globale del metodo del gradiente proiettato.

Proposizione 17.16 (Convergenza metodo del gradiente proiettato).

Sia $f : R^n \to R$ continuamente differenziabile su insieme aperto contenente l'insieme compatto S. Sia $\{x_k\}$ la successione prodotta dal metodo del gradiente proiettato. Allora, o esiste un indice $\nu \geq 0$ tale che x_ν è un punto critico, oppure viene prodotta una successione infinita tale che ogni punto di accumulazione di $\{x_k\}$ è un punto critico.

Dimostrazione. Se l'algoritmo si arresta ad una iterazione ν allora abbiamo
$$x_\nu = p[x_\nu - s\nabla f(x_\nu)],$$
e quindi, per la Proposizione 17.10, x_ν è un punto critico.

Consideriamo ora una successione di punti x_k generati dall'algoritmo a partire da un punto iniziale $x_0 \in S$. Poniamo

$$\hat{x}_k = p[x_k - s\nabla f(x_k)]$$

e $d_k = \hat{x}_k - x_k$. La direzione d_k è ovviamente ammissibile, dalla Proposizione 17.15 sappiamo che d_k è una direzione di discesa in x_k se $\|x_k - \hat{x}_k\| \neq 0$.

Se si utilizza l'algoritmo di Armijo a partire dal valore iniziale $\alpha = 1$, segue dai risultati stabiliti per il metodo di Armijo che $f(x_{k+1}) < f(x_k)$ per ogni k e che deve valere il limite

$$\lim_{k \to \infty} \nabla f(x_k)^T d_k = 0. \qquad (17.26)$$

Per la compattezza di S deve esistere un punto di accumulazione $\bar{x} \in S$ e quindi possiamo definire una sottosuccessione $\{x_k\}_K$ tale che

$$\lim_{k \in K, k \to \infty} x_k = \bar{x}.$$

Dalle (17.25) (17.26) segue allora

$$\lim_{k \in K, k \to \infty} \|p[x_k - s\nabla f(x_k)] - x_k\| = 0,$$

per cui, essendo la proiezione continua, si ha, al limite

$$p[\bar{x} - s\nabla f(\bar{x})] = \bar{x},$$

il che prova che $\bar{x}$ è un punto critico. □

Una delle difficoltà principali nell'applicazione del metodo del gradiente proiettato è quella di poter effettuare in modo efficiente l'operazione di proiezione. Anche se i vincoli sono lineari l'operazione di proiezione può essere laboriosa, in quanto si richiede di risolvere un problema di programmazione quadratica. Quando la proiezione può essere effettuata efficientemente, il metodo del gradiente proiettato ha rapidità di convergenza migliore del metodo di Frank-Wolfe.

Nel caso di vincoli semplici, alcune recenti versioni non monotone, in cui s_k viene scelto con le formule di Barzilai-Borwein e α_k è calcolato con un metodo tipo-Armijo non monotono appaiono particolarmente promettenti.

17.6 Convessità generalizzata: punti di minimo*

Alcuni dei risultati riportati in questo capitolo e nel Capitolo 2 nei quali interviene l'ipotesi di convessità possono essere estesi facilmente al caso in cui l'ipotesi di convessità su f viene sostituita da ipotesi di convessità generalizzata, utilizzando le definizioni introdotte nell' Appendice *Convessità*. Richiamiamo innanzitutto, per comodità, le definizioni seguenti.

17.6 Convessità generalizzata: punti di minimo*

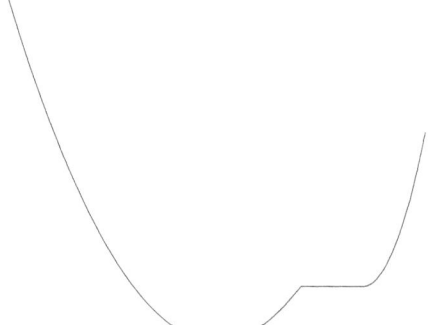

Fig. 17.7. Funzione quasi-convessa: possono esistere minimi locali non globali

Sia $S \subseteq R^n$ un insieme convesso e $f : S \to R$. Si dice che f è:

(i) *quasi-convessa* su S se, comunque si fissino $x, y \in S$, per ogni λ tale che $0 < \lambda < 1$, si ha:
$$f((1-\lambda)x + \lambda y) \leq \max\{f(x), f(y)\};$$

(ii) *strettamente quasi-convessa* su S se, comunque si fissino $x, y \in S$ tali che $f(x) \neq f(y)$, per ogni λ tale che $0 < \lambda < 1$, si ha:
$$f((1-\lambda)x + \lambda y) < \max\{f(x), f(y)\};$$

(iii) *fortemente quasi-convessa* su S se, comunque si fissino $x, y \in S$ tali che $x \neq y$, per ogni λ tale che $0 < \lambda < 1$, si ha:
$$f((1-\lambda)x + \lambda y) < \max\{f(x), f(y)\}.$$

Una prima estensione riguarda le ipotesi (vedi Proposizione 1.1) che assicurano il fatto che un punto di minimo locale di f su S è anche punto di minimo globale. In tal caso possiamo sostituire l'ipotesi di convessità su f con l'ipotesi di *quasi-convessità stretta*. La Fig. 17.7 mostra il grafico di una funzione quasi-convessa, da cui possiamo dedurre che l'ipotesi di quasi-convessità non è sufficiente ad assicurare che ogni punto di minimo locale di una funzione è anche punto di minimo globale.

Vale il risultato seguente.

Proposizione 17.17 (Minimi nel caso di quasi-convessità stretta).

Sia $S \subseteq R^n$ un insieme convesso e f una funzione strettamente quasi-convessa su S. Allora ogni punto di minimo locale di f su S è anche punto di minimo globale.

Dimostrazione. Sia x^* un punto di minimo locale di f su S. Ragionando per assurdo, supponiamo che esista un $\hat{x} \in S$ tale che $f(\hat{x}) < f(x^*)$. Poichè x^* si è supposto punto di minimo locale deve esistere una sfera aperta $B(x^*; \rho)$ con $\rho > 0$ tale che

$$f(x^\star) \leq f(y), \quad \text{per ogni} \quad y \in B(x^*; \rho) \cap S$$

e quindi, per la convessità di S, è possibile trovare un $\lambda \in (0, 1)$ tale che

$$z = (1 - \lambda)x^\star + \lambda \hat{x} \in B(x^*; \rho) \cap S;$$

ciò implica $f(x^\star) \leq f(z)$. Per la quasi-convessità stretta di f si ha però:

$$f(z) = f((1 - \lambda)x^\star + \lambda \hat{x}) < \max\{f(x^*), f(\hat{x})\} = f(x^*)$$

e quindi si ottiene una contraddizione. □

Un esempio di funzione strettamente quasi-convessa è mostrato in Fig. 17.8, da cui possiamo osservare che la condizione di quasi-convessità stretta non consente di assicurare l'unicità della soluzione ottima. Una condizione sufficiente di unicità si può stabilire nell'ipotesi di quasi-convessità forte (si veda la Fig. 17.9).

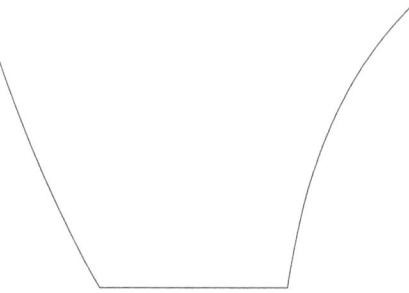

Fig. 17.8. Funzione strettamente quasi-convessa: ogni minimo locale è globale

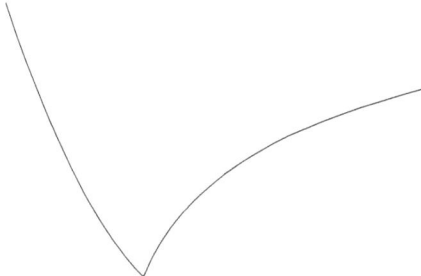

Fig. 17.9. Funzione fortemente quasi-convessa: unicità del minimo globale

17.6 Convessità generalizzata: punti di minimo*

Proposizione 17.18 (Unicità della soluzione ottima).

Sia $S \subseteq R^n$ un insieme convesso e f una funzione fortemente quasi-convessa su S. Allora se x^* è punto di minimo locale di f su S, il punto x^* è anche l'unico punto di minimo globale di f su S.

Dimostrazione. Sia x^* un punto di minimo locale di f su S. Poiché la convessità forte implica la convessità stretta segue dalla proposizione precedente che x^* è un punto di minimo globale. Ragionando per assurdo, supponiamo che esista un $\hat{x} \in S$ tale che $f(\hat{x}) = f(x^*)$ e $\hat{x} \neq x^*$. Tenendo conto della convessità di S, è possibile trovare un λ, con $0 < \lambda < 1$, tale che $z = (1-\lambda)x^* + \lambda \hat{x}$ appartenga a S; per la quasi-convessità forte di f si ha però:

$$f(z) = f((1-\lambda)x^* + \lambda \hat{x}) < \max\{f(x^*), f(\hat{x})\} = f(x^*)$$

e quindi si ottiene una contraddizione. $\square$

Supponiamo ora che $D \subseteq R^n$ sia un insieme aperto, e che $S \subseteq D$ sia convesso e che ∇f sia continuo su D. Richiamiamo le definizioni seguenti.

Si dice che f:

(i) è *pseudo-convessa* su S se per tutte le coppie di punti $x, y \in S$ si ha che $\nabla f(x)^T(y-x) \geq 0$ implica $f(y) \geq f(x)$;
(ii) è strettamente pseudo-convessa su S se per tutte le coppie di punti $x, y \in S$ con $x \neq y$ si ha che $\nabla f(x)^T(y-x) \geq 0$ implica $f(y) > f(x)$.

È immediato verificare che l'ipotesi di pseudo-convessità assicura che un punto critico del problema
$$\min f(x), \quad x \in S$$
è un punto di minimo globale di f su S. Un esempio di funzione pseudo-convessa è riportato in Fig. 17.10.

La pseudo-convessità stretta implica poi che un punto critico è l'unico punto di minimo globale. Vale, in particolare, il risultato seguente.

Proposizione 17.19 (Condizioni di ottimo).

Sia S un sottoinsieme convesso di R^n e supponiamo che f sia una funzione continuamente differenziabile su un insieme aperto contenente S. Allora, se f è pseudo-convessa su S il punto $x^* \in S$ è un punto di minimo globale di f su S se e solo se

$$\nabla f(x^\star)^T(x - x^\star) \geq 0, \quad \text{per ogni } x \in S.$$

17 Metodi per problemi con insieme ammissibile convesso

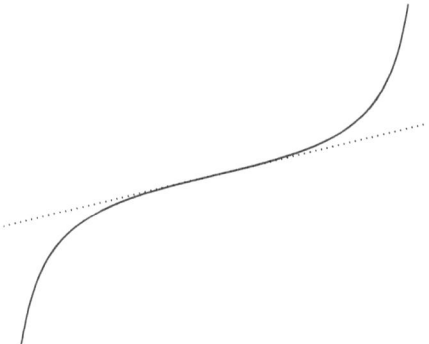

Fig. 17.10. Funzione pseudoconvessa

Inoltre, se f è strettamente pseudo-convessa su S e se $\nabla f(x^\star)^T(x - x^\star) \geq 0$ per ogni $x \in S$, allora $x^\star$ è l'unico punto critico di f su S e costituisce anche l'unico punto di minimo globale.

Dimostrazione. La necessità segue dalla Proposizione 17.5, ove si tenga conto del fatto che, un punto di minimo globale deve essere anche un punto di minimo locale. Per quanto riguarda la sufficienza, basta osservare che se f è pseudo-convessa su S, per ogni coppia di punti $x, x^\star \in R^n$, deve essere $f(x) \geq f(x^\star)$ se
$$\nabla f(x^\star)^T(x - x^\star) \geq 0.$$
L'ultima affermazione è poi una conseguenza immediata della definizione di pseudo-convessità stretta. Infatti se $y^\star$ fosse un altro punto critico dovrebbe essere, in base a quanto si è detto, anche un punto di minimo globale di f su S, per cui $f(y^\star) = f(x^\star)$. D'altra parte, se $y^\star$ fosse distinto da $x^\star$ dovrebbe essere, per la pseudo-convessità stretta anche $f(y^\star) > f(x^\star)$ e quindi si otterrebbe una contraddizione. □

Si consideri il problema di ottimizzazione non vincolata
$$min \ f(x), \quad x \in R^n.$$

Se la funzione f non è pseudo-convessa, possono esistere punti stazionari, ossia punti in cui si annulla il gradiente, che non sono punti di minimo locale. In Fig. 17.11 è riportato il grafico di una funzione monodimensionale che non è pseudo-convessa. Si può osservare che esiste un punto stazionario che è punto di flesso a tangente orizzontale.

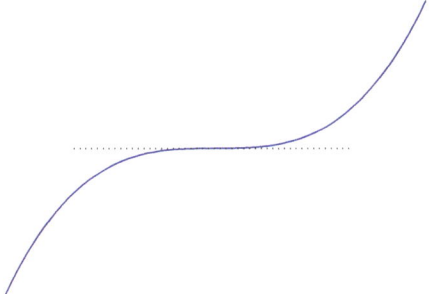

Fig. 17.11. Funzione fortemente quasi-convessa ma non pseudo-convessa

Note e riferimenti

Il testo di riferimento per gli argomenti trattati nel capitolo è [7].

Il metodo di Frank-Wolfe è stato originariamente proposto in [44] per la soluzione di problemi quadratici. Esso viene ampiamente utilizzato per la soluzione di problemi di equilibrio su reti di traffico [43], che tipicamente sono problemi di dimensione molto elevata; inoltre, è stato vantaggiosamente applicato per la soluzione di problemi a larga scala di ottimizzazione concava su poliedri (si veda, ad esempio, [86, 113, 123]).

La letteratura sul metodo del gradiente proiettato è molto ampia, e si rimanda a [7] per i riferimenti principali. Ci limitiamo a indicare alcuni recenti lavori in cui vengono definiti metodi (anche non monotoni) del gradiente proiettato basati sul passo di Barzilai-Borwein, [13, 26, 27, 116].

Per approfondimenti sulla convessità generalizzata si rimanda a [4].

17.7 Esercizi

17.1. Si consideri il problema

$$min\ 2x_1^2 - 2x_2 + 3x_3$$

$$x_1 - 2x_2 + x_3 = 0.$$

Determinare, se possibile, una direzione ammissibile e di discesa nel punto $\bar{x} = (0\ 0\ 0)^T$.

17.2. Si consideri il problema con vincoli di box

$$min\ \tfrac{1}{2}cx_1^2 + \tfrac{1}{2}x_1^2 x_2^2 - \tfrac{1}{3}x_2^3$$

$$1 \le x_1 \le 2.$$

Determinare per quali valori del parametro c il punto $\bar{x} = (1\ 1)^T$ soddisfa le condizioni necessarie di ottimalità.

17.3. Si consideri il problema con vincoli di box

$$min\ f(x)$$
$$l \leq x \leq u,$$

in cui $f : R^n \to R$ ùna funzione convessa continuamente differenziabile. Sia $\bar{x}$ un punto ammissibile tale che $\bar{x}_n = u_n$ e sia

$$\nabla f(\bar{x}) = \begin{pmatrix} 0 \\ 0 \\ \vdots \\ 1 \end{pmatrix}.$$

Dimostrare che $\bar{x}$ è punto di minimo globale del problema.

17.4. Sia $\bar{x} \in R^n$ un punto assegnato e si consideri l'iperpiano $H = \{x \in R^n : w^T x + b = 0\}$. Indicata con $d(\bar{x}, H)$ la distanza di $\bar{x}$ dall'iperpiano H, cioè la distanza di $\bar{x}$ dalla sua proiezione su H, dimostrare che risulta

$$d(\bar{x}, H) = \frac{|w^T \bar{x} + b|}{\|w\|}.$$

(Si utilizzino le condizioni di Karush-Kuhn-Tucker).

17.5. Si realizzi un codice di calcolo basato sul metodo del gradiente proiettato per problemi con vincoli di box.

Appendice A
Richiami e notazioni

In questa appendice vengono richiamati concetti, definizioni e risultati di algebra lineare e di analisi a cui si fa spesso riferimento nel testo; vengono inoltre introdotte alcune delle principali notazioni utilizzate.

A.1 Lo spazio R^n come spazio lineare

Nei problemi condiderati nel testo lo spazio delle variabili è lo spazio R^n, in cui ciascun elemento x è un vettore di n variabili reali $x_i, i = 1, \ldots, n$. Come è noto, lo spazio R^n può essere rappresentato come uno *spazio lineare* (o *vettoriale*) con campo scalare associato R, in cui sono definite le operazioni di *addizione di due vettori* e di *moltiplicazione di un vettore per uno scalare*, in termini di operazioni sulle componenti, in modo da soddisfare gli assiomi degli spazi lineari. Gli elementi di R^n verranno detti indifferentemente *punti* o *vettori*.

Richiamiamo le definizioni seguenti.

Definizione A.1 (Sottospazio lineare).

Si dice che $W \subseteq R^n$ *è un sottospazio lineare di* R^n *se, per ogni* $x, y, \in W$ *e* $\alpha, \beta \in R$ *si ha* $\alpha x + \beta y \in W$.

Definizione A.2 (Combinazione lineare).

Siano $x_1, x_2, \ldots, x_m$ *un numero finito di elementi di* R^n. *L'elemento* $x \in R^n$ *definito da:*

$$x = \sum_{i=1}^{m} \alpha_i x_i, \qquad \alpha_i \in F$$

si dice combinazione lineare *di* $x_1, x_2, \ldots, x_m$.

Definizione A.3 (Involucro lineare di un insieme).

Sia A un sottoinsieme qualsiasi di R^n. Si dice involucro lineare *di A o sottospazio generato da A l'insieme $\text{lin}(A)$ di tutte le combinazioni lineari di elementi di A.*

Si dimostra facilmente che $\text{lin}(A)$ contiene A ed è un sottospazio lineare costituito dall'intersezione di di tutti i sottospazi lineari contenenti A.

Definizione A.4 (Dipendenza e indipendenza lineare).

Siano $x_1, x_2, \ldots, x_m$ vettori assegnati di R^n. Si dice che $x_1, x_2, \ldots, x_m$ sono linearmente dipendenti *se esistono $\alpha_1, \alpha_2, \ldots, \alpha_m \in R$ non tutti nulli tali che*

$$\sum_{i=1}^{m} \alpha_i x_i = 0,$$

altrimenti si dice che $x_1, x_2, \ldots, x_m$ sono linearmente indipendenti.

Equivalentemente, si dice che $x_1, x_2, \ldots, x_m$ sono linearmente indipendenti *se e solo se*

$$\sum_{i=1}^{m} \alpha_i x_i = 0 \quad \text{implica} \quad \alpha_i = 0, \quad i = 1, \ldots, m.$$

Un insieme $S \subseteq R^n$ si dice linearmente dipendente *se esiste un insieme finito di elementi di S linearmente dipendenti. Altrimenti, si dice che S è* linearmente indipendente.

Equivalentemente, si dice che S è linearmente indipendente *se ogni insieme finito di elementi di S è* linearmente indipendente.

Si ricorda che R^n è uno *spazio a dimensione finita*, nel senso che esiste un insieme finito di elementi tale che ogni elemento di R^n è esprimibile come combinazione lineare di tali elementi. In particolare, esiste sempre un insieme B detto *base*, costituito da un numero finito di n elementi. linearmente indipendenti, tale che $R^n = \text{lin}(B)$. Una particolare base (detta *base canonica*) è quella costituita dai vettori:

$$e_1 = (1, 0, \ldots, 0), \quad e_2 = (0, 1, \ldots, 0), \quad \ldots \quad e_n = (0, 0, \ldots, 1).$$

Richiamiamo le seguenti definizioni.

Definizione A.5 (Rango di un insieme).

Sia $S \subseteq R^n$. Si definisce rango di S il numero $r(S) \geq 0$ pari al massimo numero di elementi linearmente indipendenti di S.

Definizione A.6 (Base di un insieme).

Se $S \subseteq R^n$, si definisce base di S un sottoinsieme linearmente indipendente $B \subseteq S$ tale che il numero degli elementi di B coincida con il rango di S, ossia:
$$|B| = r(S),$$
essendo $|B|$ la cardinalità (numero di elementi) di B.

Osserviamo che, in base alle definizioni introdotte, ogni $S \subseteq R^n$, tale che $S \neq \{0\}$ ha sempre una base $B \subseteq S$ costituita da un numero finito di elementi, per cui $|B| = r(S) \leq n$. Vale il seguente risultato.

Proposizione A.1. Se B è una base di $S \subseteq R^n$, ogni elemento di S è esprimibile univocamente come combinazione lineare degli elementi di B.

A.2 Matrici e sistemi di equazioni lineari

Ai fini del calcolo matriciale il punto $x \in R^n$ sarà inteso come *vettore colonna* e il trasposto di x, indicato con x^T sarà quindi inteso come *vettore riga*.

Sia A una matrice $m \times n$ a coefficienti reali:
$$A = \begin{pmatrix} a_{11} & a_{12} & \ldots & a_{1n} \\ a_{21} & a_{22} & \ldots & a_{2n} \\ a_{m1} & a_{m2} & \ldots & a_{mn} \end{pmatrix}.$$

Indichiamo con $A_j, j = 1, \ldots, n$ le colonne e con $a_i^T, i = 1, \ldots, m$ le righe di A. Possiamo ovviamente interpretare $A_1, \ldots, A_n$ come vettori dello spazio R^m e $a_1, a_2, \ldots a_m$ come vettori di R^n.

Se A è una matrice $m \times n$ e $x \in R^n$ il prodotto $b = Ax$ è un vettore di R^m che è dato da:

$$b = \begin{pmatrix} b_1 \\ \vdots \\ b_m \end{pmatrix} = \begin{pmatrix} \sum_{j=1}^{n} a_{1j} x_j \\ \vdots \\ \sum_{j=1}^{n} a_{mj} x_j \end{pmatrix}.$$

È opportuno osservare che si possono anche dare le seguenti rappresentazioni in cui si possono mettere in evidenza le righe di A:

$$\begin{pmatrix} b_1 \\ \vdots \\ b_m \end{pmatrix} = \begin{pmatrix} a_1^T x \\ \vdots \\ a_m^T x \end{pmatrix}$$

oppure le colonne di A:

$$b = \sum_{j=1}^{n} A_j x_j.$$

L'ultima espressione mostra, in particolare, che $b = Ax$ si può rappresentare come combinazione lineare delle colonne A_j di A con coefficienti x_j dati dalle componenti del vettore x. Tenendo conto di tale rappresentazione, è possibile riferire alle colonne $A_j \in R^m$ di A (intese come elementi dello spazio lineare R^m) il concetto di rango già introdotto.

Definizione A.7 (Rango di una matrice).
Definiamo rango di A il rango $r(A)$ dell'insieme $\{A_1, A_2, \ldots, A_n\} \subseteq R^m$ delle colonne di A, ossia il massimo numero di colonne linearmente indipendenti.

È ben noto il risultato seguente che autorizza a parlare di "rango di A" senza distinguere tra "rango riga" e "rango colonna".

Proposizione A.2. *Il massimo numero di colonne linearmente indipendenti di A è pari al massimo numero di righe linearmente indipendenti di A, ossia*

$$r(A) = r(\{A_1, \ldots, A_n\}) = r(\{a_1, a_2, \ldots, a_m\}).$$

Dalla proposizione precedente segue che se A è una matrice $m \times n$ deve essere $r(A) \leq \min\{m, n\}$. È immediato stabilire i risultati seguenti.

A.2 Matrici e sistemi di equazioni lineari

Proposizione A.3. *Le colonne di A sono linearmente indipendenti, e quindi risulta $r(A) = n$, se e solo se*

$$Ax = 0 \quad \text{implica} \quad x = 0,$$

ossia se e solo se l'unica soluzione del sistema omogeneo $Ax = 0$ è $x = 0$.

Dimostrazione. Basta osservare che, se $Ax = 0$ si può porre:

$$0 = \sum_{j=1}^{n} A_j x_j$$

e quindi, dalla definizione di vettori linearmente indipendenti segue che le colonne $A_j, j = 1\ldots, n$ sono linearmente indipendenti se e solo se

$$\sum_{i=1}^{n} A_j x_j = 0 \quad \text{implica} \quad x_j = 0, \quad j = 1\ldots, n,$$

ossia se e solo se $Ax = 0$ implica $x = 0$. □

Proposizione A.4 (Esistenza di soluzioni di un sistema lineare).
Il sistema $Ax = b$ ammette soluzione se e solo se $r(A) = r([A, b])$ e la soluzione è unica se e solo se $r(A) = n$.

Dimostrazione. Se $Ax = b$ ammette soluzione,

$$b = \sum_{j=1}^{n} A_j x_j$$

e quindi b è una combinazione lineare delle colonne di A, per cui deve essere necessariamente $r(A) = r([A, b])$. Inversamente, se $r(A) = r([A, b])$ il vettore b è rappresentabile come combinazione lineare delle colonne di A, e quindi esiste x tale che

$$b = \sum_{j=1}^{n} A_j x_j = Ax.$$

Se esistono $x, y \in R^n$ tali che: $Ax = b$ e $Ay = b$ allora: $A(x - y) = 0$ e quindi, per la Proposizione A.3, $x = y$ se e solo se $r(A) = n$. □

A.3 Norma, metrica, topologia, prodotto scalare su R^n

Richiamiamo la seguente definizione, che formalizza la nozione di "lunghezza" di un vettore.

Definizione A.8 (Norma).

Si definisce norma su R^n una funzione a valori reali che associa a ogni $x \in R^n$ un numero reale $\|x\|$ (detto norma di x) in modo tale che valgano le seguenti proprietà:

(i) $\|x\| \geq 0$ per ogni $x \in R^n$;
(ii) $\|x\| = 0$ se e solo se $x = 0$;
(iii) $\|x + y\| \leq \|x\| + \|y\|$ per ogni $x, y \in R^n$;
(iv) $\|\alpha x\| = |\alpha| \|x\|$ per ogni $\alpha \in R, x \in R^n$.

A partire dalla norma è possibile introdurre una *metrica* su R^n, ossia definire la "distanza" tra due vettori $x, y \in R^n$, ponendo:

$$d(x, y) = \|x - y\|.$$

La funzione $d : R^n \times R^n \to R$ così definita si dice *distanza* o *metrica*.

È da notare che il concetto di distanza può essere introdotto indipendentemente da quello di norma e non presuppone una struttura di spazio lineare. Si può dare, in generale, la seguente definizione.

Definizione A.9 (Distanza o metrica).

Sia X un insieme qualsiasi; una funzione $d : X \times X \to R$ si dice distanza o metrica se valgono le proprietà:

(i) $d(x, y) \geq 0$ per ogni $x, y \in X$;
(ii) $d(x, y) = 0$ se e solo se $x = y$;
(iii) $d(x, y) \leq d(x, z) + d(y, z)$ per ogni $x, y, z \in X$;
(iv) $d(x, y) = d(y, x)$, per ogni $x, y \in X$.

Si verifica facilmente che se $X \equiv R^n$ la funzione $d(x, y) = \|x - y\|$ soddisfa le condizioni della Definizione A.9 e quindi definisce una distanza.

Se $x \in R^n$ è un vettore con componenti $x_1, x_2, \ldots, x_n \in R$ una norma su R^n si può definire ponendo:

$$\|x\|_p = \left[\sum_{i=1}^{n} |x_i|^p \right]^{\frac{1}{p}}, \quad p \geq 1$$

nel qual caso è detta *norma di Hőlder* (o norma ℓ_p). In particolare, per $p = 1$ si ha la norma ℓ_1:

$$\|x\|_1 = \sum_{i=1}^n |x_i|$$

e per $p = 2$ si ottiene la cosiddetta *norma euclidea* (o norma ℓ_2):

$$\|x\|_2 = \left(\sum_{i=1}^n x_i^2\right)^{\frac{1}{2}}.$$

Un'altra norma su R^n (detta norma ℓ_∞ o norma di Chebichev) è data da:

$$\|x\|_\infty = \max_{1 \le i \le n} |x_i|.$$

Si dimostra che le funzioni $\|\cdot\|_p$ con $1 \le p \le \infty$ soddisfano le condizioni della Definizione A.8 e quindi costituiscono delle norme su R^n.

È facile verificare che dalla definizione di norma segue la diseguaglianza:

$$\|x - y\| \ge |\|x\| - \|y\||$$

per cui la norma è una funzione *uniformemente continua* su R^n.

Si dimostra che su uno spazio a dimensione finita (e quindi, in particolare, su R^n) tutte le norme sono *equivalenti* nel senso che se $\|\cdot\|_a$ e $\|\cdot\|_b$ sono due norme qualsiasi esistono costanti $c_2 \ge c_1 > 0$ tali che, per ogni $x \in R^n$ risulti

$$c_1 \|x\|_a \le \|x\|_b \le c_2 \|x\|_a.$$

In particolare, si verifica che valgono le diseguaglianze seguenti.

$$\|x\|_1 \ge \|x\|_2 \ge \|x\|_\infty$$
$$\|x\|_1 \le \sqrt{n} \|x\|_2$$
$$\|x\|_2 \le \sqrt{n} \|x\|_\infty.$$

Sullo spazio R^n è possibile introdurre la nozione di insieme aperto (e quindi definire una *topologia*) a partire da una metrica e, in particolare, a partire dalla metrica indotta da una norma.

Richiamiamo la definizione seguente.

Definizione A.10 (Sfera aperta, sfera chiusa).

Si definisce sfera aperta, di centro x_0 e raggio $\rho > 0$ l'insieme

$$B(x_0, \rho) = \{x \in R^n : \|x - x_0\| < \rho\},$$

e sfera chiusa l'insieme

$$\bar{B}(x_0, \rho) = \{x \in R^n : \|x - x_0\| \le \rho\}.$$

Possiamo quindi definire la nozione di *insieme aperto* e di *insieme chiuso*.

Definizione A.11 (Insieme aperto, insieme chiuso).
Si dice che l'insieme $S \subseteq R^n$ è aperto, se per ogni $x \in S$ esiste una sfera aperta di centro x tutta contenuta in S, ossia esiste $\rho > 0$ tale che
$$B(x, \rho) \subseteq S.$$
Si dice che $S \subseteq R^n$ è chiuso se il complemento di S, ossia l'insieme $R^n/S = \{x \in R^n : x \notin S\}$, è un insieme aperto.

Definizione A.12 (Interno e chiusura di un insieme).
Sia $S \subseteq R^n$; si dice che $x \in S$ è un punto interno *di S se esiste un $\rho > 0$ tale che $B(x, \rho) \subseteq S$.*

Si dice che $x \in R^n$ è un punto di chiusura *di S se, per ogni $\rho > 0$, risulta $B(x, \rho) \cap S \neq \emptyset$.*

Si definisce interno *di S l'insieme $\text{int}(S)$ di tutti i punti interni di S e* chiusura *di S l'insieme $\bar{S}$ di tutti i punti di chiusura di S.*

Definizione A.13 (Frontiera di un insieme).
Sia $S \subseteq R^n$; si dice che $x \in R^n$ è un punto di frontiera *di S se per ogni $\rho > 0$ si ha $B(x, \rho) \cap S \neq \emptyset$ e $B(x, \rho) \cap (R^n/S) \neq \emptyset$.*

Si definisce frontiera *di S l'insieme ∂S dei punti di frontiera di S.*

Tenendo conto delle definizioni precedenti si ha:

- $\text{int}(A)$ è un insieme aperto e $\bar{A}$ è un insieme chiuso;
- A è aperto se e solo se $A = \text{int}(A)$ e A è chiuso se e solo se $\bar{A} = A$;
- $\bar{A} = A \cup \partial A$;
- la sfera aperta è ovviamente un insieme aperto e la sfera chiusa; è un insieme chiuso;
- $\emptyset$ e R^n sono al tempo stesso insiemi chiusi e aperti.

A.3 Norma, metrica, topologia, prodotto scalare su R^n 507

La famiglia $\mathcal{T}$ degli insiemi aperti costitisce una *topologia* su R^n, ossia gode delle seguenti proprietà:

(t_1) $\emptyset \in \mathcal{T}, R^n \in \mathcal{T}$;
(t_2) l'unione di una sottofamiglia qualsiasi (finita o infinita) di elementi di $\mathcal{T}$ è un elemento di $\mathcal{T}$;
(t_3) l'intersezione di un numero finito di elementi di $\mathcal{T}$ è un elemento di $\mathcal{T}$.

Come conseguenza delle definizioni introdotte si ha anche:

(t_4) l'unione di un numero finito di insiemi chiusi è un insieme chiuso;
(t_5) l'intersezione di una sottofamiglia qualsiasi di insiemi chiusi è un insieme chiuso.

L'introduzione di una topologia consente di definire il concetto di limite e le conseguenze che ne derivano.

Definizione A.14 (Limite di una successione).

Sia $\{x_k\}$ una successione di elementi di R^n. Si dice che $\{x_k\}$ converge a $x \in R^n$ e che x è il limite di $\{x_k\}$ (in simboli, $\lim_{k\to\infty} x_k = x$, oppure $x_k \to x$) se risulta:

$$\lim_{k\to\infty} \|x_k - x\| = 0,$$

ossia se per ogni $\varepsilon > 0$ esiste un k_ε tale che $\|x_k - x\| < \varepsilon$ per ogni $k \geq k_\varepsilon$.

Definizione A.15 (Punto di accumulazione di una successione).

Si dice che $x \in R^n$ è un punto di accumulazione (o punto limite) di una successione $\{x_k\}$ se esiste una sottosuccessione di $\{x_k\}$ convergente a x, ossia se, comunque si fissino $\varepsilon > 0$ e $m > 0$ esiste un $k \geq m$ tale che $\|x_k - x\| < \varepsilon$.

Una sottosuccessione di $\{x_k\}$ verrà indicata con il simbolo $\{x_k\}_K$, intendendo per K un insieme infinito di indici. Se quindi x è un punto di accumulazione di $\{x_k\}$, possiamo dire, equivalentemente, che esiste $\{x_k\}_K$ tale che

$$\lim_{k\in K, k\to\infty} x_k = x.$$

Definizione A.16 (Insieme limitato).

Un insieme $S \subseteq R^n$ si dice limitato se esiste un $M > 0$ tale che

$$\|x\| \leq M \qquad \text{per ogni} \quad x \in S.$$

Vale il risultato seguente.

Proposizione A.5. *Un insieme $S \subseteq R^n$ è limitato se e solo se ogni successione di elementi di S ha almeno un punto di accumulazione in R^n (non necessariamente in S).*

Un insieme $S \subseteq R^n$ è chiuso se e solo se tutti i punti di accumulazione di ogni successione di elementi di S appartengono a S.

Definizione A.17 (Insieme compatto).

Un insieme $S \subseteq R^n$ si dice compatto se ogni successione di elementi di S ammette una sottosuccessione convergente a un elemento di S.

Su spazi a dimensione finita e quindi, in particolare, su R^n, si può dare una definizione equivalente di compattezza.

Proposizione A.6. *Un insieme $S \subseteq R^n$ è compatto se e solo se è chiuso e limitato.*

In conseguenza della definizione sono compatti, ad esempio:
- l'insieme vuoto $\emptyset$;
- un insieme costituito da un singolo punto $\{x\}$;
- la sfera chiusa $\bar{B}(x; \rho) = \{y \in R^n : \|y - x\| \leq \rho\}$;
- il *box* n-dimensionale:

$$S = \{x \in R^n : a_j \leq x_j \leq b_j, \quad j = 1, \ldots, n\};$$

mentre non sono compatti
- lo spazio R^n (non è limitato);
- la sfera aperta $B(x; \rho) = \{y \in R^n : \|y - x\| < \rho\}$ (non è chiuso);
- il semispazio $S = \{x \in R^n : x \geq 0\}$ (non è limitato).

A.3 Norma, metrica, topologia, prodotto scalare su R^n

Sullo spazio R^n si può introdurre la nozione di *prodotto scalare* di due vettori attraverso la definizione seguente.

Definizione A.18 (Prodotto scalare (o prodotto interno)).

Una funzione a valori reali definita su $R^n \times R^n$ si dice prodotto scalare o prodotto interno se ad ogni coppia $x, y \in R^n$ associa un numero (x, y) (detto prodotto scalare di x per y) in modo che valgano le seguenti proprietà:

(i) $(x, x) \geq 0$ per ogni $x \in R^n$;
(ii) $(x, x) = 0$ se e solo se $x = 0$;
(iii) $(x, y) = (y, x)$ per ogni $x, y \in R^n$;
(iv) $(\alpha x, y) = \alpha(x, y)$ per ogni $\alpha \in R$, $x, y \in R^n$;
(v) $(x + y, z) = (x, z) + (y, z)$ per ogni $x, y, z \in R^n$.

Un prodotto scalare su R^n (detto *prodotto scalare euclideo*) si può definire ponendo

$$(x, y) = \sum_{i=1}^{n} x_i y_i$$

essendo x_i e y_i, per $i = 1, \ldots, n$ le componenti di x e y rispettivamente. Con notazioni di calcolo matriciale, si può scrivere:

$$(x, y) = x^T y = y^T x.$$

A partire dal prodotto scalare è possibile introdurre una norma ponendo:

$$\|x\| = (x, x)^{\frac{1}{2}}.$$

Si verifica che la funzione così definita soddisfa le condizioni della definizione di norma. In particolare, la norma euclidea si può introdurre ponendo:

$$\|x\|_2 = (x^T x)^{\frac{1}{2}}.$$

Vale la diseguaglianza seguente.

Proposizione A.7 (Diseguaglianza di Cauchy-Schwarz).

Sia $(x, y) = x^T y$. Allora si ha

$$|(x, y)| \leq \|x\|_2 \|y\|_2$$

e vale il segno di eguaglianza se e solo se esiste $\alpha \in R$ tale che $x = \alpha y$.

La nozione di prodotto scalare consente, in particolare, di definire concetti geometrici quali l'angolo tra vettori e l'ortogonalità tra vettori.

> **Definizione A.19 (Angolo tra due vettori).**
>
> *Si definisce angolo tra due vettori* $x, y \in R^n$ *non nulli il numero* $\theta \in [0, \pi]$, *tale che*
> $$\cos \theta = \frac{x^T y}{\|x\|_2 \|y\|_2}.$$

Dalla definizione precedente segue che l'angolo tra x e y è acuto ($\theta < \frac{\pi}{2}$), retto ($\theta = \frac{\pi}{2}$) o ottuso ($\theta > \frac{\pi}{2}$) a seconda che il prodotto scalare $x^T y$ sia positivo, nullo o negativo.

> **Definizione A.20 (Vettori ortogonali).**
>
> *Due vettori* $x, y \in R^n$ *si dicono ortogonali se* $x^T y = 0$.

A.4 Richiami e notazioni sulle matrici reali

Sia A una matrice reale $m \times n$ con elementi $a_{ij} \in R$, $i = 1, \ldots, m, j = 1 \ldots, n$. Poniamo
$$A = (a_{ij}).$$

Determinante, minori, traccia

Se A è una matrice reale $n \times n$ indichiamo con $\det A$ il determinante di A. Si ha
$$\det(AB) = \det A \det B, \quad (\text{con } B \ (n \times n))$$
$$\det(A^T) = \det A,$$
$$\det(\alpha A) = \alpha^n \det A, \quad (\text{per } \alpha \in R).$$
$$\det(A^{-1}) = (\det A)^{-1} \quad (\text{se } \det A \neq 0).$$

Una *sottomatrice* di A è una matrice ottenuta cancellando righe e colonne di A; un *minore* di A è il determinante di una sottomatrice quadrata di A. Una *sottomatrice principale* di A è una sottomatrice ottenuta cancellando righe e colonne con gli stessi indici; un *minore principale* è il determinante di una sottomatrice principale.

La *traccia* di A, indicata con tr A, è la somma degli elementi diagonali di A, ossia
$$\text{tr } A = \sum_{i=1}^{n} a_{ii}$$
e si ha:
$$\text{tr}(A+B) = \text{tr } A + \text{tr } B, \quad \text{tr}(A^T) = \text{tr } A,$$
$$\text{tr}(\alpha A) = \alpha \text{tr } A, \quad (\text{per } \alpha \in R).$$

Norma di una matrice

Assegnata una matrice reale A $m \times n$, una norma di A può essere introdotta sia considerando A come un vettore a $m \cdot n$ elementi, sia considerando A come rappresentazione di un operatore lineare $A: R^n \to R^m$. Nel primo caso possiamo ovviamente definire come norma di A una qualsiasi norma vettoriale relativa agli elementi di A. Alcuni autori, tuttavia, definiscono *norma matriciale* una norma che soddisfi anche *una condizione di consistenza rispetto al prodotto*, ossia tale che se AB è il prodotto di due matrici risulti

$$\|AB\| \le \|A\|\|B\|.$$

In ogni caso, una norma matriciale soddisfa le proprietà della norma, nello spazio lineare delle matrici reali $m \times n$, ossia:

(i) $\|A\| \ge 0$;
(ii) $\|A\| = 0$ se e solo se $A = 0$;
(iii) $\|A+B\| \le \|A\| + \|B\|$;
(iv) $\|\alpha A\| = |\alpha|\|A\|$.

Un esempio di norma interpretabile come norma del vettore degli elementi è la cosiddetta *norma di Frobenius*, definita da

$$\|A\|_F = \left(\sum_{i=1}^{m} \sum_{j=1}^{n} a_{ij}^2 \right)^{1/2},$$

per la quale si ha
$$\|AB\|_F \le \|A\|_F \|B\|_F,$$
per cui risulta soddisfatta la condizione di consistenza. La norma di Frobenius si può esprimere anche nella forma

$$\|A\|_F = \left(Tr(A^T A) \right)^{1/2}.$$

Se A è pensata come un operatore lineare si può definire la norma di A ponendo
$$\|A\| = \sup_{x \in R^n, x \ne 0} \frac{\|Ax\|}{\|x\|},$$

o equivalentemente
$$\|A\| = \sup_{\|x\|=1} \|Ax\|.$$

Supponendo che venga usata la stessa norma sia per x che per Ax, la norma matriciale così definita si dice *norma indotta* dalla norma vettoriale considerata.

La norma indotta da una norma vettoriale soddisfa le proprietà della norma e anche la condizione di consistenza rispetto al prodotto.
Ponendo
$$\|A\|_p = \sup_{x \in R^n, x \neq 0} \frac{\|Ax\|_p}{\|x\|_p},$$
si ha, in particolare
$$\|A\|_1 = \max_{1 \leq j \leq n} \sum_{i=1}^{m} |a_{ij}|,$$
$$\|A\|_\infty = \max_{1 \leq i \leq m} \sum_{j=1}^{n} |a_{ij}|,$$
$$\|A\|_2 = (\lambda_{\max}(A^T A))^{1/2}$$
essendo $\lambda_{\max}(A^T A)$ il massimo autovalore di $A^T A$ (necessariamente positivo se $A \neq 0$). Se A è una matrice simmetrica $n \times n$ risulta
$$\|A\|_2 = \max_{1 \leq i \leq n} |\lambda_i(A)|,$$
essendo $\lambda_i = 1, \ldots, n$ gli autovalori di A. Se A è simmetrica semidefinita positiva si ha
$$\|A\|_2 = \lambda_{\max}(A).$$

Valgono le relazioni seguenti:
$$n^{-1/2}\|A\|_F \leq \|A\|_2 \leq \|A\|_F,$$
$$n^{-1/2}\|A\|_1 \leq \|A\|_2 \leq n^{1/2}\|A\|_1,$$
$$n^{-1/2}\|A\|_\infty \leq \|A\|_2 \leq n^{1/2}\|A\|_\infty,$$
$$\max |a_{ij}| \leq \|A\|_2 \leq n \max |a_{ij}|,$$
$$\|A\|_2 \leq \sqrt{\|A\|_1 \|A\|_\infty},$$
$$\|A\,B\|_F \leq \min\{\|A\|_2\|B\|_F, \|A\|_F\|B\|_2\},$$
$$\|Ax\|_2 \leq \|A\|_F \|x\|_2,$$
$$\|xy^T\|_F = \|xy^T\|_2 = \|x\|_2 \|y\|_2.$$

Matrici ortogonali

Una matrice quadrata reale V $(n \times n)$ si dice *ortogonale* se le colonne di V, $v_j, j = 1, \ldots, n$ sono *ortonormali*, ossia soddisfano

$$v_h^T v_j = 0, \quad h \neq j, \quad v_j^T v_j = 1, \quad h, j = 1, \ldots, n$$

per cui si ha
$$V^T V = I.$$

Se V è ortogonale le colonne di V sono linearmente indipendenti e l'inversa dI V coincide con la trasposta, ossia $V^{-1} = V^T$. Si verifica facilmente che se V è ortogonale anche le righe di V sono ortonormali e quindi si ha anche $VV^T = I$. Se A è una matrice reale $m \times n$ e $P(m \times m)$, $Q(n \times n)$ sono matrici ortogonali si ha

$$\|PAQ\|_2 = \|A\|_2 \qquad \|PAQ\|_F = \|A\|_F.$$

In particolare, se $Q(n \times n)$ è una matrice ortogonale, si ha

$$\|Qx\|_2 = \|x\|_2.$$

Autovalori delle matrici simmetriche

Nel seguito indichiamo con Q una matrice quadrata simmetrica $n \times n$ ad elementi reali e ci riferiamo alla norma euclidea $\|\cdot\|$.

Si ricorda che se la matrice Q è reale e simmetrica allora essa ha n *autovalori* reali ed esiste un insieme di n *autovettori* non nulli, reali e ortonormali, ossia esistono n scalari $\lambda_i \in R$ ed n vettori $u_i \in R^n$, tali che

$$Qu_i = \lambda_i u_i, \quad i = 1 \ldots, n,$$
$$u_i^T u_j = 0, \quad i \neq j, \quad i, j = 1 \ldots, n,$$
$$\|u_i\| = 1, \quad i = 1 \ldots, n.$$

Noti gli autovalori e gli autovettori, si può costruire una rappresentazione di Q (detta *rappresentazione spettrale*, oppure *decomposizione spettrale*) ponendo

$$Q = \sum_{i=1}^{n} \lambda_i u_i u_i^T.$$

Se $\{u_1, u_2, \ldots, u_n\}$ è un insieme ortonormale di autovettori di Q e si introduce la matrice ortogonale $U = (\, u_1, \quad \ldots, \quad u_n \,)$, si ha $U^T U = I$ e risulta

$$Q = U \Lambda U^T, \qquad U^T Q U = \Lambda,$$

essendo Λ una matrice diagonale con elementi diagonali λ_i.

Se $\{u_1, u_2, \ldots, u_n\}$ è un insieme ortonormale di autovettori di Q gli autovettori sono linearmente indipendenti e si possono assumere come base di R^n. Di conseguenza, ogni $x \in R^n$ si può esprimere nella forma

$$x = \sum_{i=1}^{n} \alpha_i u_i$$

con opportuna scelta dei coefficienti α_i. Si verifica facilmente che, se $\|x\|$ è la norma euclidea, si ha

$$\|x\|^2 = \sum_{i=1}^{n} \alpha_i^2.$$

Se $\lambda_i = 1, \ldots, n$ sono gli autovalori di Q, come conseguenza di un risultato più generale valido per le matrici $n \times n$ qualsiasi, si ha

$$\operatorname{tr} Q = \sum_{i=1}^{n} \lambda_i \qquad \det Q = \prod_{i=1}^{n} \lambda_i.$$

Come conseguenza del *teorema di Courant Fisher*, per una qualsiasi matrice simmetrica $Q(n \times n)$ si ha

$$\lambda_{\min}(Q) = \min_{\|x\|=1} x^T Q x = \min_{x \neq 0} \frac{x^T Q x}{\|x\|^2}, \tag{A.1}$$

$$\lambda_{\max}(Q) = \max_{\|x\|=1} x^T Q x = \max_{x \neq 0} \frac{x^T Q x}{\|x\|^2}. \tag{A.2}$$

Decomposizione ai valori singolari

Sia A una matrice reale $m \times n$; per caratterizzarne le proprietà nel caso generale risulta di notevole utilità la *decomposizione ai valori singolari* (*singular value decomposition* (SVD)) definita nella seguente proposizione, che si può vedere come un'estensione della rappresentazione spettrale valida per le matrici simmetriche.

Proposizione A.8. *Sia A una matrice reale $m \times n$ e sia $p = \min\{m, n\}$; allora esistono matrici reali ortogonali $U(m \times m)$ e $V(n \times n)$ tali che*

$$A = U D V^T,$$

essendo D una matrice reale $(m \times n)$ tale che

$$d_{ii} = \sigma_i \geq 0, \quad i = 1, \ldots, p, \qquad d_{ij} = 0, i \neq j.$$

I numeri $\sigma_i, i = 1, \ldots, p$ si dicono valori singolari *di A.*

Essendo U, V ortogonali, si ha anche
$$U^T A V = D.$$
La matrice A ha rango $r > 0$ se e solo se esistono esattamente r valori singolari positivi, ossia si può porre (riordinando, ove occorra)
$$\sigma_1 \geq \sigma_2 \geq \ldots \geq \sigma_r > 0, \quad \sigma_{r+1} = \ldots = \sigma_p = 0.$$
Ponendo $U = [u_1, \ldots, u_m]$ e $V = [v_1, \ldots, v_n]$ si ha
$$AA^T u_j = \lambda_j u_j, \quad j = 1, \ldots, m \qquad A^T A v_j = \lambda_j v_j \quad j = 1, \ldots, n$$
dove
$$\lambda_j = (\sigma_j)^2, \quad j = 1, \ldots, p, \qquad \lambda_j = 0, \quad j = p+1, \ldots, \max\{n, m\}.$$
Si ha quindi che i vettori u_j sono gli autovettori di AA^T e i vettori v_j sono gli autovettori di $A^T A$.

Di conseguenza, i valori singolari sono le radici quadrate degli autovalori di $A^T A$ (se $m \geq n$) o di AA^T (se $m < n$). Se A è una matrice $n \times n$ simmetrica, allora i valori singolari coincidono con i valori assoluti degli autovalori di A.

Nota la decomposizione ai valori singolari è possibile dare la rappresentazione esplicita della soluzione a norma minima di un problema di minimi quadrati, ossia della soluzione del problema

$$\begin{aligned} min \quad & \|x\|_2 \\ & \|Ax - b\|_2 \leq \|Ay - b\|_2 \quad \text{per ogni } y \in R^n. \end{aligned} \qquad (A.3)$$

Ponendo $A = UDV^T$ e ricordando le proprietà delle matrici ortogonali, si può scrivere
$$\|Ax - b\|_2 = \|UDV^T x - b\|_2 = \|U^T(UDV^T x - b)\|_2 = \|DV^T x - U^T b\|_2,$$
e analogamente
$$\|Ay - b\|_2 = \|DV^T y - U^T b\|_2.$$
Inoltre si ha
$$\|x\|_2 = \|V^T x\|_2$$
e quindi, posto $z = V^T x$ e $w = V^T y$ il problema (A.3) equivale al problema

$$\begin{aligned} min \quad & \|z\|_2 \\ & \|Dz - U^T b\|_2 \leq \|Dw - U^T b\|_2 \quad \text{per ogni } w \in R^n. \end{aligned} \qquad (A.4)$$

In base alla definizione di D, se (riordinando opportunamente) indichiamo con $\sigma_1, \ldots, \sigma_r$ i valori singolari non nulli, si ha che
$$\|Dw - U^T b\|_2^2 = \sum_{i=1}^{r} (\sigma_i w_i - (U^T b)_i)^2 + \sum_{i=r+1}^{m} (U^T b)_i^2,$$

per cui una soluzione ottima z del problema di minimi quadrati deve essere tale che
$$z_i = (U^T b)_i / \sigma_i, \quad i = 1, \ldots, r.$$
Tra tutti i vettori z che soddisfano tale condizione, la soluzione che minimizza la norma euclidea di z e che quindi risolve il problema (A.4) è evidentemente quella per cui $z_i = 0$, $i = r+1, \ldots, m$. Ne segue che, definendo la matrice D^+ con elementi
$$d_{ii}^+ = \begin{cases} 1/\sigma_i & \text{se } \sigma_i > 0 \\ 0 & \text{se } \sigma_i = 0, \end{cases}, \quad d_{ij}^+ = 0, \quad i \neq j$$
si ha $z = D^+ U^T b$ e quindi la soluzione del problema (A.4) è data da
$$x^* = V D^+ U^T b.$$

A.5 Forme quadratiche

Definiamo *forma quadratica* (reale) una funzione $q : R^n \to R$ data da
$$q(x) = \sum_{i=1}^n \sum_{j=1}^n q_{ij} x_i x_j,$$
dove q_{ij} sono n^2 coefficienti reali assegnati. Introducendo una matrice Q ($n \times n$) con elementi q_{ij}, si può porre
$$q(x) = x^T Q x.$$
Senza perdita di generalità si può assumere che Q sia simmetrica, in quanto
$$x^T Q x = x^T \left(\frac{Q + Q^T}{2} \right) x,$$
dove $(Q + Q^T)/2$ è la *parte simmetrica* di Q. Introduciamo le definizioni seguenti.

Definizione A.21. *Sia Q una matrice simmetrica $n \times n$; si dice che la matrice Q è*

definita positiva se $x^T Q x > 0$ per ogni $x \in R^n$, $x \neq 0$;
semidefinita positiva se $x^T Q x \geq 0$ per ogni $x \in R^n$;
definita negativa se $x^T Q x < 0$ per ogni $x \in R^n$, $x \neq 0$;
semidefinita negativa se $x^T Q x \leq 0$ per ogni $x \in R^n$;
indefinita se esistono $x, y \in R^n$ tali che $x^T Q x > 0$ e $y^T Q y < 0$.

Segue immediatamente dalla definizione che *una matrice Q è definita (semidefinita) negativa se e solo se la matrice* $-Q$ *è definita (semidefinita) positiva*. Vale il risultato seguente.

Proposizione A.9. *Sia Q una matrice simmetrica* $n \times n$. *Allora:*

Q è definita positiva se e solo se tutti gli autovalori di Q sono positivi;

Q è semidefinita positiva se e solo se tutti gli autovalori di Q sono non negativi;

Q è definita negativa se e solo se tutti gli autovalori di Q sono negativi;

Q è semidefinita negativa se e solo se tutti gli autovalori di Q sono non positivi;

Q è indefinita se e solo se ha sia autovalori negativi che autovalori positivi.

In base alla proposizione precedente, per stabilire il carattere di una matrice simmetrica assegnata è sufficiente determinare gli autovalori della matrice. È tuttavia possibile dare anche condizioni necessarie, condizioni sufficienti e condizioni necessarie e sufficienti basate sulla considerazione dei minori principali.

Alcune semplici condizioni necessarie sono riportate di seguito.

Proposizione A.10. *Sia Q una matrice simmetrica* $n \times n$. *Allora:*

(i) *se Q è definita positiva (negativa) tutti gli elementi diagonali di Q sono necessariamente positivi (negativi);*
(ii) *se Q è semidefinita positiva (negativa) tutti elementi diagonali di Q sono necessariamente non negativi (non positivi);*
(iii) *se Q è semidefinita positiva oppure semidefinita negativa e risulta* $q_{ii} = 0$,
deve essere necessariamente
$$q_{ij} = 0 \quad j = 1, \ldots, n; \qquad q_{hi} = 0, \quad h = 1, \ldots, n.$$

Una condizione necessaria e sufficiente perché una matrice sia *semidefinita positiva* può essere espressa facendo riferimento al segno di *tutti* i minori principali della matrice.

Proposizione A.11. *Sia Q una matrice simmetrica $n \times n$. Allora Q è semidefinita positiva se e solo se* tutti i minori principali *sono non negativi.*

Per stabilire se una matrice sia *definita positiva* ci si può limitare a considerare solo n minori principali con elementi diagonali $q_{11}, q_{22}, \ldots, q_{ii}$ per $i = 1 \ldots, n$. Vale il risultato seguente, noto come *Criterio di Sylvester*.

Proposizione A.12 (Criterio di Sylvester).

Sia Q una matrice simmetrica $n \times n$ e siano Δ_i, per $i = 1, \ldots, n$ gli n determinanti

$$\Delta_i = \det \begin{pmatrix} q_{11} & q_{12} & \cdots & q_{1i} \\ q_{21} & q_{22} & \cdots & q_{2i} \\ \cdot & \cdot & \cdots & \cdot \\ q_{i1} & q_{i2} & \cdots & q_{ii} \end{pmatrix}, \quad i = 1, \ldots, n.$$

Allora:

Q è definita positiva se e solo se $\Delta_i > 0$, $i = 1, \ldots, n$;

Q è definita negativa se e solo se $(-1)^i \Delta_i > 0$, $i = 1, \ldots, n$.

Si noti che il criterio di Sylvester non è applicabile, in generale, per verificare se Q è semidefinita.

Condizioni sufficienti perché Q sia definita positiva possono essere stabilite particolarizzando alcuni dei criteri esistenti sulla localizzazione degli autovalori. In particolare, nel caso delle matrici simmetriche vale la stima seguente che segue dalle *condizioni di Gerschorin*. Se Q è una matrice simmetrica $n \times n$ valgono le stime

$$\lambda_{\max}(Q) \leq \max_{1 \leq i \leq n} \left\{ q_{ii} + \sum_{j=1, j \neq i}^{n} |q_{ij}| \right\} \tag{A.5}$$

$$\lambda_{\min}(Q) \geq \min_{1 \leq i \leq n} \left\{ q_{ii} - \sum_{j=1, j \neq i}^{n} |q_{ij}| \right\}. \tag{A.6}$$

Come conseguenza dell'ultima diseguaglianza se Q è una matrice *strettamente diagonale dominante*, ossia se

$$q_{ii} - \sum_{j=1, j \neq i}^{n} |q_{ij}| > 0, \quad \text{per ogni } i = 1, \ldots, n,$$

la matrice Q è definita positiva.

Appendice B
Richiami sulla differenziazione

In questa appendice vengono richiamati alcuni concetti essenziali sulla differenziazione in R^n. Nel seguito supponiamo, per semplicità, che le funzioni considerate siano definite su R^n; è immediata tuttavia l'estensione al caso in cui esse siano definite su un sottoinsieme aperto di R^n. Una buona introduzione alla differenziazione in R^n si può trovare in [99]. Una diversa impostazione, riferita a spazi di funzioni e basata sul concetto di differenziale è riportata in [122].

B.1 Derivate del primo ordine di una funzione reale

Un qualsiasi vettore assegnato $d \in R^n$ non nullo definisce una *direzione* in R^n. Una prima nozione di derivata che si può introdurre è quella di *derivata direzionale*.

Definizione B.1 (Derivata direzionale).

Sia $f : R^n \to R$. Si dice che f ammette derivata direzionale $Df(x,d)$ *nel punto $x \in R^n$ lungo la direzione $d \in R^n$ se esiste finito il limite*

$$\lim_{t \to 0^+} \frac{f(x+td) - f(x)}{t} := Df(x,d).$$

Se consideriamo f come funzione di una sola variabile x_j, supponendo fissate tutte le altre componenti, possiamo introdurre il concetto di *derivata parziale* rispetto a x_j.

Definizione B.2 (Derivata parziale).

Sia $f : R^n \to R$. Si dice che f ammette derivata parziale $\partial f(x)/\partial x_j$ nel punto $x \in R^n$ rispetto alla variabile x_j se esiste finito il limite

$$\lim_{t \to 0} \frac{f(x_1,\ldots,x_j+t,\ldots,x_n) - f(x_1,\ldots,x_j,\ldots,x_n)}{t} := \frac{\partial f(x)}{\partial x_j}.$$

Se f ammette derivate parziali rispetto a tutte le componenti indicheremo con $\nabla f(x)$ ("*nabla $f(x)$*") il vettore (colonna) n−dimensionale delle derivate parziali prime di f in x, ossia

$$\nabla f(x) := \begin{pmatrix} \dfrac{\partial f(x)}{\partial x_1} \\ \ldots \\ \dfrac{\partial f(x)}{\partial x_n} \end{pmatrix}.$$

A differenza di quanto avviene sulla retta reale, nel caso di R^n l' esistenza di ∇f non consente, in generale, di poter approssimare, con la precisione voluta, il valore di f nell'intorno di x con una funzione lineare. Una tale possibilità, che è alla base dell'importanza delle derivate nell'ambito della matematica applicata e, in particolare, dell'ottimizzazione, è legata a nozioni più forti di differenziabilità, in cui la "derivata" di f è funzione lineare dell'incremento.

Per poter dare una rappresentazione concreta di una delle principali nozioni di derivata è quindi necessario precisare anche quale sia la rappresentazione delle funzioni lineari nello spazio considerato. Nel caso di R^n, come conseguenza di un risultato più generale (teorema di Riesz) è noto che, se si definisce su R^n un prodotto scalare $(\cdot,\cdot)$ allora una qualsiasi funzione a valori reali (*funzionale*) lineare $\ell : R^n \to R$, può essere rappresentata nella forma

$$\ell(d) \equiv (a,d),$$

dove $a \in R^n$. Nel seguito faremo riferimento al prodotto scalare euclideo e di conseguenza supporremo che ogni funzionale lineare sia rappresentato dall'operatore lineare $a^T : R^n \to R$, ossia $\ell(d) \equiv a^T d$. Possiamo allore introdurre la nozione di differenziabilità utilizzata nel testo, in base alla quale le variazioni di f possono essere approssimate *uniformemente* con un funzionale lineare rispetto all'incremento d del vettore di variabili. Si parla in tal caso di *differenziabilità secondo Frèchet* o *in senso forte*.

Se ci si riferisce al prodotto scalare euclideo possiamo dare la definizione seguente.

Definizione B.3 (Funzione differenziabile (in senso forte)).

Sia $f: R^n \to R$. Si dice che f è *differenziabile* (differenziabile secondo Frèchet, o in senso forte) in $x \in R^n$ se esiste $g(x) \in R^n$ tale che, per ogni $d \in R^n$ si abbia

$$\lim_{\|d\| \to 0} \frac{|f(x+d) - f(x) - g(x)^T d|}{\|d\|} = 0.$$

Il funzionale lineare $g(x)^T : R^n \to R$ si dice *derivata (di Frèchet) di f in x* e il vettore (colonna) $g(x) \in R^n$ si dice *gradiente di f*.

Si noti che, in generale, l'esistenza di ∇f non implica la differenziabilità in senso forte. Si dimostra, tuttavia, che se $\nabla f(x)$ esiste ed è continuo rispetto a x, allora f è differenziabile in senso forte in x. Vale il risultato seguente.

Proposizione B.1. *Sia $f: R^n \to R$ e sia $x \in R^n$. Si ha:*

(i) *se f è differenziabile (in senso forte) in x, allora f è continua in x, esiste $\nabla f(x)$ e $\nabla f(x)^T$ coincide con la derivata di Frechèt di f in x;*

(ii) *se esiste $\nabla f(x)$ e se ∇f è continuo rispetto a x, allora f è differenziabile (in senso forte) in x, e la derivata di Frechèt di f in x coincide con $\nabla f(x)^T$ ed è continua in x.*

Dalla proposizione precedente segue che se $\nabla f(x)$ è continuo si può scrivere, per ogni $d \in R^n$:

$$f(x+d) = f(x) + \nabla f(x)^T d + \alpha(x, d),$$

dove $\alpha(x, d)$ soddisfa:

$$\lim_{\|d\| \to 0} \frac{\alpha(x, d)}{\|d\|} = 0.$$

Se f è differenziabile, è immediato verificare che esiste anche la derivata direzionale di f lungo una qualsiasi direzione $d \in R^n$ e risulta:

$$\lim_{t \to 0^+} \frac{f(x + td) - f(x)}{t} = \nabla f(x)^T d.$$

B.2 Differenziazione di un vettore di funzioni

Sia $g: R^n \to R^m$ un vettore a m componenti di funzioni reali. Possiamo introdurre la definizione seguente.

Definizione B.4 (Matrice Jacobiana).

Sia $g : R^n \to R^m$ e $x \in R^n$. Se esistono le derivate parziali prime $\partial g_i(x)/\partial x_j$, per $i = 1\ldots,m$ e $j = 1\ldots n$ in x definiamo matrice Jacobiana di g in x la matrice $m \times n$

$$J(x) := \begin{pmatrix} \dfrac{\partial g_1(x)}{\partial x_1} & \cdots & \dfrac{\partial g_1(x)}{\partial x_n} \\ \cdots & \cdots & \cdots \\ \dfrac{\partial g_m(x)}{\partial x_1} & \cdots & \dfrac{\partial g_m(x)}{\partial x_n} \end{pmatrix}.$$

Possiamo estendere in modo ovvio la nozione di differenziabilità al caso di un vettore di funzioni, supponendo che un operatore lineare $G : R^n \to R^m$ sia rappresentato per mezzo di una matrice $m \times n$.

Definizione B.5 (Derivata prima di un vettore di funzioni).

Sia $g : R^n \to R^m$. Si dice che g è differenziabile (secondo Frèchet, o in senso forte) nel punto $x \in R^n$ se esiste una matrice $G(x)$ tale che, per ogni $d \in R^n$ si abbia

$$\lim_{\|d\|\to 0} \frac{\|g(x+d) - g(x) - G(x)d\|}{\|d\|} = 0.$$

L'operatore lineare $G(x) : R^n \to R^m$ si dice derivata (di Frèchet) di g in x.

Anche in questo caso, ovviamente, la sola esistenza della matrice Jacobiana in x non implica la differenziabilità e vale la proposizione seguente.

Proposizione B.2. *Sia $g : R^n \to R^m$ e $x \in R^n$. Si ha:*

(i) *se g è differenziabile in x, allora g è continua in x, esiste la matrice Jacobiana $J(x)$ e $J(x)$ coincide con la derivata di Frechèt di g in x;*

(ii) *se esiste la matrice Jacobiana $J(x)$ di g in x e J è continua rispetto a x, allora g è differenziabile in x, e la derivata di Frechèt di g in x coincide con $J(x)$ ed è continua in x.*

Dalla proposizione precedente segue che se J è continua si può scrivere, per ogni $d \in R^n$:
$$g(x+d) = g(x) + J(x)d + \gamma(x,d),$$
dove $\gamma(x,d)$ soddisfa:
$$\lim_{\|d\|\to 0} \frac{\gamma(x,d)}{\|d\|} = 0.$$
Per analogia con la notazione usata per il gradiente, useremo anche la notazione $\nabla g(x)^T$ per indicare la derivata prima di g, ossia
$$\nabla g(x) = J(x)^T = (\nabla g_1(x), \ldots, \nabla g_m(x)).$$
Si può quindi porre
$$g(x+d) = g(x) + \nabla g(x)^T d + \gamma(x,d).$$

Nel seguito, diremo che una funzione $g : R^n \to R^m$ è *continuamente differenziabile* in x se la matrice ∇g esiste ed è *continua* rispetto a x.

B.3 Derivate del secondo ordine di una funzione reale

Sia $f : R^n \to R$ una funzione reale. Con riferimento alle derivate del secondo ordine, richiamiamo innanzitutto la definizione di matrice Hessiana.

Definizione B.6 (Matrice Hessiana).

Sia $f : R^n \to R$ e $x \in R^n$. Se esistono le derivate parziali seconde $\partial^2 f(x)/\partial x_i \partial x_j$, per $i = 1\ldots,n$ e $j = 1\ldots n$ in x definiamo matrice Hessiana *di f in x la matrice $n \times n$*

$$\nabla^2 f(x) := \begin{pmatrix} \dfrac{\partial^2 f(x)}{\partial x_1^2} & \cdots & \dfrac{\partial^2 f(x)}{\partial x_1 \partial x_n} \\ \cdots & \cdots & \cdots \\ \dfrac{\partial^2 f(x)}{\partial x_n \partial x_1} & \cdots & \dfrac{\partial^2 f(x)}{\partial x_n^2} \end{pmatrix}.$$

Nella definizione successiva introduciamo una possibile definizione[1] di derivata seconda, facendo sempre riferimento al prodotto scalare euclideo e supponendo che un operatore lineare sia rappresentato attraverso una matrice.

---
[1] Per definire la derivata seconda come "derivata della derivata prima" occorrerebbe, a rigore, introdurre la derivata in uno spazio di operatori lineari, in quanto la derivata prima è un operatore lineare da R^n in R. In alternativa, si potrebbe tuttavia definire la derivata seconda come derivata prima del gradiente e quindi, con riferimento al prodotto scalare euclideo, come derivata prima di ∇f.

Definizione B.7 (Derivata seconda).

Sia $f : R^n \to R$. Si dice che f è due volte differenziabile (secondo Frèchet, o in senso forte) nel punto $x \in R^n$ se esiste la derivata prima $\nabla f(x)^T$ in senso forte di f e se esiste una matrice $H(x)$ ($n \times n$) tale che
$$f(x+d) = f(x) + \nabla f(x)^T d + \frac{1}{2} d^T H(x) d + \beta(x,d),$$
dove $\beta(x,d)$ soddisfa:
$$\lim_{\|d\| \to 0} \frac{\beta(x,d)}{\|d\|^2} = 0.$$
La matrice $H(x)$ si dice derivata seconda (di Frèchet) di f.

La definizione precedente mostra che l'esistenza della derivata seconda consente di approssimare uniformemente una funzione f nell'intorno di x con la precisione voluta, per mezzo di una funzione quadratica.

Anche in questo caso, la sola esistenza della matrice Hessiana (che possiamo interpretare come matrice Jacobiana di $\nabla f(x)$) non implica la differenziabilità e si ha il risultato seguente.

Proposizione B.3. Sia $f : R^n \to R$ e $x \in R^n$. Si ha:

(i) se f è due volte differenziabile in x, allora il gradiente ∇f esiste ed è continuo in x, la matrice Hessiana $\nabla^2 f(x)$ esiste ed è una matrice simmetrica e $\nabla^2 f(x)$ coincide con la derivata seconda di Frechèt di f in x;

(ii) se esiste la matrice Hessiana $\nabla^2 f(x)$ in x e $\nabla^2 f$ è continua rispetto a x, allora f è due volte differenziabile in x, $\nabla^2 f(x)$ è necessariamente simmetrica e la derivata seconda di Frechèt di f in x coincide con $\nabla^2 f(x)$ ed è continua in x.

Dalla proposizione precedente segue che se $\nabla^2 f$ è continua si può scrivere, per ogni $d \in R^n$:
$$f(x+d) = f(x) + \nabla f(x)^T d + \frac{1}{2} d^T \nabla^2 f(x) d + \beta(x,d),$$
dove $\beta(x,d)$ soddisfa:
$$\lim_{\|d\| \to 0} \frac{\beta(x,d)}{\|d\|^2} = 0.$$

Nelle stesse ipotesi si ha anche, come si è detto, che la matrice Hessiana $\nabla^2 f(x)$ è una matrice simmetrica, ossia si ha

$$\frac{\partial^2 f(x)}{\partial x_i \partial x_j} = \frac{\partial^2 f(x)}{\partial x_j \partial x_i}, \quad i,j = 1 \ldots, n.$$

Osserviamo anche che se $\nabla^2 f$ è continua si può scrivere

$$\nabla f(x+d) = \nabla f(x) + \nabla^2 f(x)d + \gamma(x,d),$$

con

$$\lim_{\|d\| \to 0} \frac{\gamma(x,d)}{\|d\|} = 0.$$

Nel seguito, diremo che una funzione $f : R^n \to R$ è *due volte continuamente differenziabile* in x se la matrice Hessiana $\nabla^2 f$ esiste ed è *continua* rispetto a x.

B.4 Teorema della media e formula di Taylor

Nel caso di funzioni differenziabili valgono anche i risultati seguenti (che si possono tuttavia stabilire anche sotto ipotesi più deboli).

Teorema B.1 (Teorema della media).

Sia $f : R^n \to R$ una funzione differenziabile in $x \in R^n$. Allora, per ogni $d \in R^n$, si può scrivere

$$f(x+d) = f(x) + \nabla f(z)^T d,$$

in cui $z \in R^n$ è un punto opportuno (dipendente da x e d) tale che $z = x + \zeta d$, con $\zeta \in (0,1)$.

Possiamo anche dare una formulazione integrale di tale risultato.

Teorema B.2 (Teorema della media in forma integrale).

Sia $f : R^n \to R$ una funzione differenziabile in $x \in R^n$. Allora, per ogni $d \in R^n$, si può scrivere

$$f(x+d) = f(x) + \int_0^1 \nabla f(x+td)^T d \; dt.$$

Il Teorema della media può ovviamente essere utilizzato per esprimere la variazione di f in corrispondenza a due punti assegnati e si ha

$$f(y) = f(x) + \nabla f(z)^T(y-z),$$

in cui $z = x + \zeta(y-x)$, con $\zeta \in (0,1)$. Analogamente, si ha

$$f(y) = f(x) + \int_0^1 \nabla f(x + t(y-x))^T(y-x)\ dt.$$

Utlizzando le derivate seconde si ha il risultato seguente.

Teorema B.3 (Teorema di Taylor).

Sia $f : R^n \to R$ una funzione due volte differenziabile in $x \in R^n$. Allora, per ogni $d \in R^n$, si può scrivere:

$$f(x+d) = f(x) + \nabla f(x)^T d + \frac{1}{2} d^T \nabla^2 f(w) d$$

in cui $w \in R^n$ è un punto opportuno (dipendente da x e d) tale che $w = x + \xi d$, con $\xi \in (0,1)$.

Se x, y sono punti assegnati, si ha ovviamente

$$f(y) = f(x) + \nabla f(x)^T(y-x) + \frac{1}{2}(y-x)^T \nabla^2 f(w)(y-x)$$

in cui $w = x + \xi(y-x)$, con $\xi \in (0,1)$.

Anche in questo caso possiamo considerare una formulazione di tipo integrale.

Teorema B.4. *Sia $f : R^n \to R$ una funzione due volte differenziabile in $x \in R^n$. Allora, per ogni $d \in R^n$ si può scrivere:*

$$f(x+d) = f(x) + \nabla f(x)^T d + \int_0^1 (1-t) d^T \nabla^2 f(x+td) d\ dt.$$

Nel caso di funzioni vettoriali $g : R^n \to R^m$ si può ovviamente applicare il teorema della media a ciascuna componente g_i di g, ma non è possibile stabilire un risultato analogo a quello enunciato nel Teorema B.1, in quanto i punti in cui valutare le derivate delle componenti saranno, in generale, differenti. È tuttavia possibile considerare un'espressione di tipo integrale della variazione di g.

Teorema B.5. *Sia $g : R^n \to R^m$ una funzione differenziabile in x. Allora, per ogni $d \in R^n$, si può scrivere*

$$g(x+d) = g(x) + \int_0^1 J(x+td)d \ dt,$$

in cui J è la matrice Jacobiana di g.

Se x, y sono punti assegnati, si ha

$$g(y) = g(x) + \int_0^1 J(x+t(y-x))(y-x) \ dt.$$

Come caso particolare del Teorema B.5, se ∇f è il gradiente di una funzione due volte differenziabile $f : R^n \to R$, si ha

$$\nabla f(x+d) = \nabla f(x) + \int_0^1 \nabla^2 f(x+td)d \ dt$$

e quindi, assegnati x, y si può scrivere

$$\nabla f(y) = \nabla f(x) + \int_0^1 \nabla^2 f(x+t(y-x))(y-x) \ dt.$$

B.5 Derivazione di funzioni composte

Siano $g : R^n \to R^m$ e $\phi : R^m \to R^p$ due funzioni differenziabili e consideriamo la funzione composta $\Psi : R^n \to R^p$ definita da:

$$\Psi(x) = \phi(g(x)).$$

Interessa in molti casi poter esprimere la derivata di Ψ in funzione delle derivate di ϕ e g. Vale il risultato seguente.

Proposizione B.4 (Derivazione di una funzione composta).

Siano $g : R^n \to R^m$ e $\phi : R^m \to R^p$ funzioni differenziabili (in senso forte). Allora la funzione composta $\Psi : R^n \to R^p$ definita da

$$\Psi(x) = \phi(g(x))$$

è differenziabile (in senso forte) e si ha

$$\nabla \Psi(x) = \nabla g(x) \nabla \phi(y)|_{y=g(x)}$$

dove il simbolo $\nabla \phi(y)|_{y=g(x)}$ indica che la derivazione di ϕ viene effettuata rispetto a y e successivamente viene operata la sostituzione $y = g(x)$.

Si noti che indicando con J, J_ϕ, J_g le matrici Jacobiane di Ψ, ϕ, g rispetto alle variabili corrispondenti, si può scrivere:

$$J(x) = J_\phi(g(x))J_g(x).$$

B.6 Esempi

Consideriamo in questo paragrafo alcuni esempi di interesse di calcolo del gradiente, della matrice Jacobiana e della matrice Hessiana.

Osserviamo preliminarmente che, data una matrice $A(m \times n)$, con colonne $A_j \in R^m, j = 1, \ldots, n$ e righe $a_i^T, a_i \in R^n, i = 1, \ldots, m$, utilizzando le rappresentazioni diadiche, e mettendo in evidenza le righe o le colonne, si può porre:

$$A = \sum_{i=1}^m e_i a_i^T, \quad e_i \in R^m,$$

$$A = \sum_{j=1}^n A_j e_j^T, \quad e_j \in R^n.$$

In particolare se $u \in R^n$ si ha che $e_i u^T$ è una matrice di cui u costituisce l'i-ma riga mentre tutti gli altri elementi sono nulli. La matrice ue_j^T ha come j-ma colonna il vettore u e nulli tutti gli altri elementi.

In particolare, se F è un vettore di p funzioni differenziabili su R^n la matrice $\nabla F(x)$ $(n \times p)$ con colonne $\nabla F_i(x)$ per $i = 1, \ldots, p$, si può scrivere nella forme

$$\nabla F(x) = \sum_{i=1}^p \nabla F_i(x) e_i^T, \quad e_i \in R^p. \tag{B.1}$$

Negli esempi che seguono la norma $\|\cdot\|$ è sempre intesa come la norma euclidea.

Esempio B.1. Consideriamo la funzione

$$f(x) = 1/2\|g(x)\|^2,$$

dove $g : R^n \to R^m$. In tal caso possiamo pensare $f(x)$ come composizione della funzione $\phi(y) = 1/2\|y\|^2$ con la funzione $y = g(x)$. Si ha $\nabla \phi(y) = y$ e quindi

$$\nabla f(x) = \nabla g(x) \nabla \phi(y)|_{y=g(x)} = \nabla g(x) g(x).$$

Alla stessa espressione si arriva, ovviamente, ponendo

$$\nabla f(x) = 1/2 \nabla \left(\sum_{i=1}^m g_i(x)^2 \right) = \sum_{i=1}^m \nabla g_i(x) g_i(x)$$

$$= (\nabla g_1(x) \ \ldots \ \nabla g_m(x)) \begin{pmatrix} g_1(x) \\ \vdots \\ g_m(x) \end{pmatrix} = \nabla g(x) g(x).$$

Indicando con J la matrice Jacobiana di g si può anche scrivere:
$$\nabla f(x) = J(x)^T g(x).$$

Esempio B.2. Sia $f : R^n \to R$ la funzione definita da
$$f(x) = g(x)^T h(x),$$
dove $g : R^n \to R^m$ e $h : R^n \to R^m$ sono funzioni continuamente differenziabili e indichiamo con $\nabla g, \nabla h$ le matrici Jacobiane trasposte di g e h, ossia
$$\nabla g(x) = (\nabla g_1(x) \quad \ldots \quad \nabla g_m(x))$$
$$\nabla h(x) = (\nabla h_1(x) \quad \ldots \quad \nabla h_m(x)).$$
La funzione f può essere scritta nella forma
$$f(x) = \sum_{j=1}^{m} g_j(x) h_j(x),$$
per cui, dalla regola di derivazione del prodotto di funzioni, si ottiene
$$\nabla f(x) = \sum_{j=1}^{m} \nabla g_j(x) h_j(x) + \sum_{j=1}^{m} \nabla h_j(x) g_j(x) \tag{B.2}$$
$$= \nabla g(x) h(x) + \nabla h(x) g(x).$$

Esempio B.3. Sia $f : R^n \to R$ la funzione definita da
$$f(x) = c^T x,$$
dove $c \in R^n$; in tal caso, ponendo
$$g(x) = c, \qquad h(x) = x,$$
risulta
$$\nabla g(x) = 0, \qquad \nabla h(x) = I,$$
per cui dalla (B.2) segue immediatamente
$$\nabla f(x) = c.$$

Esempio B.4. Sia A una matrice $m \times n$ con righe $a_i^T, i = 1, \ldots m$. Sia $F : R^n \to R^m$ la funzione vettoriale definita da
$$F(x) = Ax = \begin{pmatrix} a_1^T x \\ \vdots \\ a_m^T x \end{pmatrix}.$$

Dall'esempio precedente e dalla definizione di ∇F segue immediatamente
$$\nabla F = (\,a_1 \;\ldots\; a_m\,) = A^T,$$
e la matrice Jacobiana J di F è quindi
$$J(x) = \nabla F(x)^T = A.$$

Esempio B.5. Sia $f : R^n \to R$ definita da
$$f(x) = \frac{1}{2} x^T Q x$$
con Q matrice $n \times n$ qualsiasi. Ponendo
$$g(x) = \frac{1}{2} x, \qquad h(x) = Qx$$
segue dall'Esempio B.4
$$\nabla g(x) = \frac{1}{2} I, \quad \nabla h(x) = Q^T$$
per cui dalla (B.2) si ottiene
$$\nabla f(x) = \frac{1}{2} Qx + \frac{1}{2} Q^T x = \frac{1}{2} \left(Q + Q^T \right) x.$$

Esempio B.6. Sia $f : R^n \to R$ definita da
$$f(x) = \frac{1}{2} x^T Q x + c^T x$$
con Q matrice $n \times n$ simmetrica. Dagli Esempi B.3 e B.5, essendo $Q = Q^T$ segue immediatamente
$$\nabla f(x) = Qx + c.$$

Esempio B.7. Sia $f : R^n \to R$ definita da
$$f(x) = \frac{1}{2} \|Ax - b\|^2$$
con A matrice $m \times n$ qualsiasi e $b \in R^m$. La funzione f può essere scritta nella forma
$$f(x) = \frac{1}{2} x^T A^T A x - \left(A^T b \right)^T x + \frac{1}{2} \|b\|^2 = \frac{1}{2} x^T Q x + c^T x + \frac{1}{2} \|b\|^2,$$
dove è stato posto
$$Q = A^T A, \qquad c = -A^T b.$$

Dall'esempio precedente segue
$$\nabla f(x) = Qx + c = A^T (Ax - b).$$

Possiamo ricavare la stessa espressione in base all'Esempio B.1, interpretando la funzione $f(x)$ come composizione della funzione $\phi(y) = \frac{1}{2}\|y\|^2$ con la funzione $y = Ax - b$ e tenendo conto dell' Esempio B.4.

Come caso particolare della funzione considerata, se $f(x) = \frac{1}{2}\|x\|^2$, si ha

$$\nabla f(x) = x.$$

Esempio B.8. Sia $f : R^n \to R$ definita da

$$f(x) = \|x\|.$$

La funzione è continuamente differenziabile in un intorno di ogni punto $x \neq 0$. Possiamo porre

$$f(x) = [\|x\|^2]^{1/2},$$

e quindi, ragionando ancora come nell' EsempioB.1, possiamo rappresentare f come composizione della funzione $\phi(y) = y^{1/2}$ con la funzione $g(x) = \|x\|^2$, ponendo

$$f(x) = \phi(g(x)).$$

Si ha ovviamente, per $x \neq 0$:

$$\nabla \phi(y) = \frac{1}{2y^{1/2}}, \qquad \nabla \phi(y)|_{y=\|x\|^2} = \frac{1}{2[\|x\|^2]^{1/2}}, \qquad \nabla g(x) = 2x.$$

Dalla Proposizione B.4 si ottiene allora, per $x \neq 0$:

$$\nabla f(x) = \nabla g(x) \nabla \phi(y)|_{y=g(x)} = \frac{2x}{2[\|x\|^2]^{1/2}} = \frac{x}{\|x\|}.$$

Esempio B.9. Sia $f : R^n \to R$ definita da

$$f(x) = \|h(x)\|,$$

dove $h : R^n \to R^p$ è una funzione continuamente differenziabile. La funzione è continuamente differenziabile in un intorno di ogni punto x tale che $h(x) \neq 0$. Possiamo rappresentare f come composizione della funzione $\phi(y) = \|y\|$ con la funzione $h(x)$, ponendo $f(x) = \phi(h(x))$. Si ha, in base all'esempio precedente, per $h(x) \neq 0$,

$$\nabla \phi(y) = \frac{y}{\|y\|}, \qquad \nabla \phi(y)|_{y=h(x)} = \frac{h(x)}{\|h(x)\|},$$

e quindi

$$\nabla f(x) = \nabla h(x) \frac{h(x)}{\|h(x)\|}, \quad h(x) \neq 0.$$

Se indichiamo con J la matrice Jacobiana di h si può scrivere, ovviamente:

$$\nabla f(x) = J(x)^T \frac{h(x)}{\|h(x)\|}, \quad h(x) \neq 0.$$

Esempio B.10. Sia $u \in R^m$ un vettore costante e sia $\psi : R^n \to R$ una funzione continuamente differenziabile. Consideriamo la funzione vettoriale $F : R^n \to R^m$ definita da:
$$F(x) = u\psi(x) = \begin{pmatrix} u_1 \psi(x) \\ \vdots \\ u_m \psi(x) \end{pmatrix}.$$
Si ha, ricordando la (B.1)
$$\nabla F(x) = \sum_{i=1}^{m} \nabla (u_i \psi(x)) e_i^T = \sum_{i=1}^{m} u_i \nabla \psi(x) e_i^T = \nabla \psi(x) \sum_{i=1}^{m} u_i e_i^T = \nabla \psi(x) u^T.$$

Esempio B.11. Sia $u : R^n \to R^m$ un vettore di funzioni continuamente differenziabili e sia $\psi : R^n \to R$ una funzione continuamente differenziabile. Consideriamo la funzione vettoriale $F : R^n \to R^m$ definita da:
$$F(x) = u(x)\psi(x) = \begin{pmatrix} u_1(x)\psi(x) \\ \vdots \\ u_m(x)\psi(x) \end{pmatrix}.$$
Procedendo come nell'esempio precedente e differenziando i prodotti $\psi(x)u_i(x)$ si ottiene
$$\nabla F(x) = \nabla u(x) \psi(x) + \nabla \psi(x)\ u^T(x).$$

Esempio B.12. Consideriamo la funzione vettoriale $F : R^n \to R^m$ definita da:
$$F(x) = A(x)u(x),$$
dove $A(x)$ è la matrice $m \times p$
$$A(x) = \begin{pmatrix} a_1^T(x) \\ \vdots \\ a_m^T(x) \end{pmatrix}$$
e le funzioni $a_i : R^n \to R^p$ e $u : R^n \to R^p$ sono continuamente differenziabili. Le componenti di $A(x)u(x)$ sono ovviamente date da $a_i(x)^T u(x)$, i cui gradienti, in base alla (B.2) sono dati da
$$\nabla (a_i(x)^T u(x)) = \nabla a_i(x) u(x) + \nabla u(x) a_i(x).$$
Procedendo come negli esempi precedenti, e tenendo conto di questa espressione, si ha
$$\nabla F(x) = \sum_{i=1}^{m} \nabla(a_i(x)^T \psi(x)) e_i^T = \sum_{i=1}^{m} (\nabla a_i(x) u(x) + \nabla u(x) a_i(x)) e_i^T$$
$$= \sum_{i=1}^{m} \nabla a_i(x) u(x) e_i^T + \nabla u(x) \sum_{i=1}^{m} a_i(x) e_i^T$$
$$= \sum_{i=1}^{m} \nabla a_i(x) u(x) e_i^T + \nabla u(x) A^T(x).$$

Alternativamente, posto $A(x) = (\,A_1(x)\ \ldots\ A_p(x)\,)$ dove $A_j(x) \in R^m$, la funzione $F(x) = A(x)u(x)$ si può riscrivere nella forma:

$$F(x) = \sum_{j=1}^{p} A_j(x)u_j(x),$$

dove $u_j : R^n \to R$ è la j−ma componente di u. Di conseguenza, tenendo conto dell'Esempio B.11 si ha:

$$\nabla F(x) = \sum_{j=1}^{p} \left(\nabla A_j(x)u_j(x) + \nabla u_j(x)\, A_j^T(x) \right)$$
$$= \sum_{j=1}^{p} \nabla A_j(x)u_j(x) + \nabla u(x) A(x)^T.$$

Nelle due tabelle successive riassumiamo il calcolo di ∇f e ∇F per le funzioni considerate negli esempi precedenti.

Le matrici Jacobiane si ottengono ovviamente dalla Tabella B.2 valutandole come trasposte di ∇F.

Nella Tabella B.3 riportiamo alcune matrici Hessiane di funzioni $f : R^n \to R$ che possono essere valutate calcolando la matrice Jacobiana del gradiente.

Tabella B.1. Gradienti

f	∇f
$1/2\|g(x)\|^2$	$\nabla g(x)g(x)$
$g(x)^T h(x)$	$\nabla g(x)h(x) + \nabla h(x)g(x)$
$1/2 x^T Q x + c^T x$	$1/2(Q + Q^T)x + c$
$1/2 x^T Q x + c^T x$ $Q = Q^T$	$Qx + c$
$1/2\|Ax - b\|^2$	$A^T(Ax - b)$
$1/2\|x\|^2$	x
$\|x\|$ $x \neq 0$	$x/\|x\|$
$\|h(x)\|$ $h(x) \neq 0$	$\nabla h(x)h(x)/\|h(x)\|$

Tabella B.2. Matrici Jacobiane trasposte

F	∇F
Ax	A^T
$u\psi(x)$ $u \in R^m$, $\psi : R^n \to R$	$\nabla \psi(x) u^T$
$u(x)\psi(x)$ $u : R^n \to R^m$, $\psi : R^n \to R$	$\nabla u(x)\psi(x) + \nabla \psi(x) u(x)^T$
$A(x)u(x)$ $A(x) = (\, A_1(x) \;\ldots\; A_p(x)\,)$ $A_j : R^n \to R^m$, $u : R^n \to R^p$	$\displaystyle\sum_{j=1}^{p} \nabla A_j(x) u_j(x) + \nabla u(x) A(x)^T$
$\nabla f(x)$ $f : R^n \to R$	$\nabla^2 f(x)$

Tabella B.3. Matrici Hessiane

f	$\nabla^2 f$
$1/2\|g(x)\|^2$ $g : R^n \to R^m$	$\displaystyle \nabla g(x)\nabla g(x)^T + \sum_{i=1}^{m} \nabla^2 g_i(x) g_i(x)$
$g(x)^T h(x)$ $g : R^n \to R^m, h : R^n \to R^m$	$\nabla g(x)\nabla h(x)^T + \nabla h(x)\nabla g(x)^T$ $\displaystyle + \sum_{i=1}^{m} \left(\nabla^2 g_i(x) h_i(x) + \nabla^2 h_i(x) g_i(x) \right)$
$1/2 x^T Q x + c^T x$	$1/2(Q + Q^T)$
$1/2 x^T Q x + c^T x$ $Q = Q^T$	Q
$1/2\|Ax - b\|^2$	$A^T A$
$1/2\|x\|^2$	I

Appendice C
Convessità

In questa appendice si introducono alcuni concetti fondamentali sulla convessità utilizzati negli altri capitoli. In particolare, a partire da nozioni geometriche elementari, si riportano innanzitutto le definizioni fondamentali sulla convessità degli insiemi e delle funzioni; successivamente vengono illustrati alcuni risultati di composizione delle funzioni convesse e vengono riportate le condizioni di convessità per le funzioni differenziabili; infine si accenna ad alcune estensioni della nozione di convessità (*convessità generalizzata*).

C.1 Insiemi convessi

Introduciamo innanzitutto le definizioni di *retta, semiretta, segmento di retta*.

Definizione C.1 (Retta).
Si definisce retta *passante per i punti* $x_1, x_2 \in R^n$ *l'insieme:*
$$L = \{x \in R^n : x = (1-\lambda)x_1 + \lambda x_2, \ \lambda \in R\}$$
$$= \{x \in R^n : x = x_1 + \lambda(x_2 - x_1), \ \lambda \in R\}.$$

L'ultima espressione mostra che la retta passante per un punto $x_0 \in R^n$, parallela a un vettore $d \in R^n$, $d \neq 0$ si può rappresentare nella forma:
$$L = \{x \in R^n : x = x_0 + \lambda d, \ \lambda \in R\}.$$

Definizione C.2 (Semiretta o raggio).
Si definisce semiretta *o* raggio *passante per* $x_0 \in R^n$ *con direzione* $d \in R^n$, $d \neq 0$ *l'insieme:*
$$S = \{x \in R^n : x = x_0 + \lambda d, \ \lambda \in R, \ \lambda \geq 0\}.$$

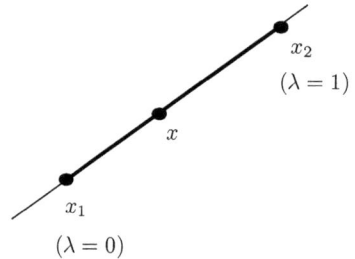

Fig. C.1. Segmento di retta

Definizione C.3 (Segmento di retta).

Si definisce segmento (di retta) congiungente i punti x_1, $x_2 \in R^n$ l'insieme
$$[x_1,\ x_2] = \{x \in R^n : x = (1-\lambda)x_1 + \lambda x_2,\ \ \lambda \in R,\ \ 0 \leq \lambda \leq 1\}$$
$$= \{x \in R^n : x = x_1 + \lambda(x_2 - x_1),\ \ \lambda \in R,\ \ 0 \leq \lambda \leq 1\}.$$

La Definizione C.3 è illustrata nella Fig. C.1.
Possiamo ora introdurre la definizione di insieme convesso.

Definizione C.4 (Insieme convesso).

Un insieme $C \subseteq R^n$ si dice convesso se, comunque si fissino $x_1, x_2 \in C$, il segmento $[x_1, x_2]$ congiungente x_1 e x_2 è tutto contenuto in C, ossia se:
$$x_1, x_2 \in C,\ \ \lambda \in R,\ \ 0 \leq \lambda \leq 1\ \ \text{implicano}\ \ (1-\lambda)x_1 + \lambda x_2 \in C.$$

Esempi di insiemi convessi e non convessi in R^2 sono riportati nella figura successiva.

Si noti, in particolare, che un insieme convesso deve essere necessariamente *connesso*. In base alla definizione di insieme convesso si ha che $\emptyset$, un punto isolato, un segmento, una semiretta, una retta, un sottospazio affine, un sottospazio lineare, lo spazio R^n, una sfera (aperta o chiusa) in qualsiasi norma sono insiemi convessi. Si verifica anche facilmente che se C è convesso, per ogni $\lambda \in R$ è convesso anche l'insieme $\lambda C = \{x \in R^n :\ \ x = \lambda y,\ y \in C\}$. Inoltre, se C_1, C_2 sono convessi, anche l'insieme $C_1 + C_2 = \{x \in R^n :\ \ x = y + z,\ \ y \in C_1,\ z \in C_2\}$ è un insieme convesso.

La convessità di molti insiemi si può stabilire utilizzando il risultato seguente.

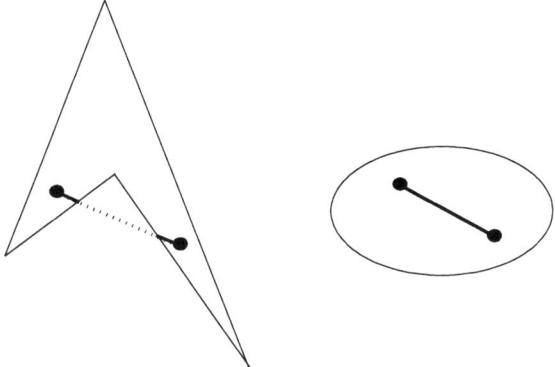

Fig. C.2. Insiemi convessi e non convessi

Proposizione C.1 (Intersezione di insiemi convessi).

L'intersezione di una famiglia qualsiasi (anche infinita) $\{C_i,\ i \in I\}$ di insiemi convessi è un insieme convesso.

Dimostrazione. Siano $x_1,\ x_2 \in \cap_{i \in I} C_i$ e $\lambda \in R$, con $0 \leq \lambda \leq 1$. Allora per ogni $i \in I$ si ha $x_1,\ x_2 \in C_i$ e quindi, per la convessità di C_i, risulta $(1 - \lambda)x_1 + \lambda x_2 \in C_i$. Ciò implica $(1 - \lambda)x_1 + \lambda x_2 \in \cap_{i \in I} C_i$ e quindi prova l'enunciato. □

Insieme convessi di particolare interesse sono l'iperpiano e il semispazio, ossia le estensioni n-dimensionali dei concetti di piano e semispazio in R^3.

Definizione C.5 (Iperpiano, semispazio).

Sia $a \in R^n$, con $a \neq 0$ e $\beta \in R$. Si definisce iperpiano *l'insieme:*

$$H = \{x \in R^n : a^T x = \beta\};$$

si definisce semispazio chiuso *l'insieme $\{x \in R^n : a^T x \geq \beta\}$ e semispazio aperto l'insieme $\{x \in R^n : a^T x > \beta\}$.*

Si verifica facilmente che un iperpiano è un insieme chiuso e convesso e che un semispazio (chiuso o aperto) è un insieme convesso (chiuso o aperto).

Un iperpiano assegnato in R^n individua, ovviamente, i due semispazi chiusi

$$\{x \in R^n : a^T x \geq \beta\}, \qquad \{x \in R^n : a^T x \leq \beta\}$$

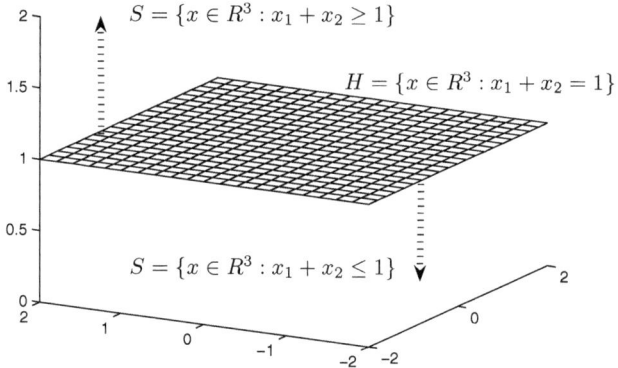

Fig. C.3. Iperpiano e semispazio

e si può esprimere come intersezione dei due semispazi, ossia:

$$H = \{x \in R^n : a^T x = \beta\} = \{x \in R^n : a^T x \geq \beta\} \cap \{x \in R^n : a^T x \leq \beta\}.$$

Se $x, y \in H$ il vettore $u = y - x$ si dice *parallelo* ad H e soddisfa $a^T u = 0$. Il vettore a si dice *normale* ad H ed è ortogonale ad ogni vettore parallelo ad H. Se $\bar{x} \in H$ (e quindi soddisfa $a^T \bar{x} = \beta$) si può porre:

$$\begin{aligned} H &= \{x \in R^n : \quad x = \bar{x} + u, \quad a^T u = 0\} \\ &= \{\bar{x}\} + \{u \in R^n : \quad a^T u = 0\}. \end{aligned}$$

Ciò mostra che un iperpiano passante per un punto $\bar{x}$ è un sottospazio affine risultante dalla traslazione in $\bar{x}$ del sottospazio lineare costituito dai vettori di R^n ortogonali ad a.

Tenendo conto della Proposizione C.1, si verifica facilmente che l'insieme dei punti che soddisfano un sistema di equazioni e/o disequazioni lineari del tipo:

$$\begin{aligned} a_i^T x - b_i &\geq 0, \quad i = 1, \ldots, m_1, \\ a_i^T x - b_i &\leq 0, \quad i = m_1 + 1, \ldots, m_2, \\ a_i^T x - b_i &= 0, \quad i = m_2 + 1, \ldots, m_3, \end{aligned}$$

è un insieme convesso, che si può rappresentare come intersezione di iperpiani e di semispazi chiusi o, equivalentemente, come intersezione di semispazi chiusi.

Introduciamo la definizione seguente.

Definizione C.6 (Poliedro convesso).

Si definisce poliedro convesso *l'intersezione di un numero finito di semispazi chiusi.*

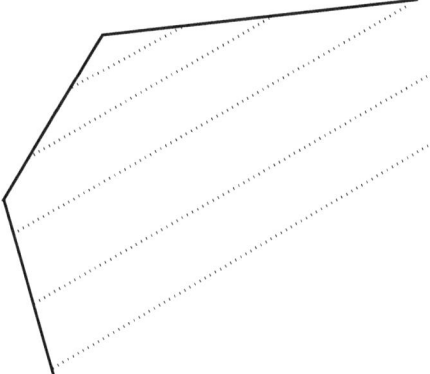

Fig. C.4. Poliedro convesso

In base alle definizione precedente un poliedro convesso è ovviamente un insieme convesso. Sono, in particolare, poliedri convessi gli insiemi

$$\{x \in R^n : Ax = b\}, \qquad \{x \in R^n : Ax \geq b\},$$
$$\{x \in R^n : Ax = b, x \geq 0\}, \qquad \{x \in R^n : Ax = b, Cx \geq d\}.$$

Definizione C.7 (Combinazione convessa).

Siano $x_1, x_2, \ldots, x_m \in R^n$. L'elemento di R^n definito da

$$x = \sum_{i=1}^{m} \alpha_i x_i, \quad \text{con} \quad \sum_{i=1}^{m} \alpha_i = 1, \quad \alpha_i \geq 0, \quad i = 1, \ldots, m,$$

si dice combinazione convessa di $x_1, x_2, \ldots, x_m$.

Tenendo conto della definizione di segmento si ha che x è una combinazione convessa di x_1, x_2 se e solo se $x \in [x_1, x_2]$. Vale il risultato seguente.

Proposizione C.2 (Condizione necessaria e sufficiente convessità).

Un insieme $C \subseteq R^n$ è convesso se e solo se ogni combinazione convessa di elementi di C appartiene a C.

Dimostrazione. Per la *sufficienza* basta osservare che $[x_1, x_2]$ è una particolare combinazione convessa (di due elementi di C) e ricordare la definizione di insieme convesso.

La *necessità* può essere dimostrata per induzione sul numero m di elementi di una combinazione convessa. Per $m=1$ e $m=2$ le combinazioni convesse appartengono a C per definizione di insieme convesso. Supponiamo allora che *ogni combinazione convessa di m elementi di C appartenga a C* (*ipotesi induttiva*) e proponiamoci di dimostrare la tesi per combinazioni convesse di $m+1$ elementi. Siano $x_1, x_2, \ldots, x_m, x_{m+1} \in C$. Una combinazione convessa di $m+1$ elementi è data da

$$x = \sum_{i=1}^{m} \alpha_i x_i + \alpha_{m+1} x_{m+1}, \quad \alpha_i \geq 0, \quad i=1,\ldots,m+1, \quad \sum_{i=1}^{m+1} \alpha_i = 1.$$

Se $\alpha_{m+1} = 0$ allora x è una combinazione convessa di m elementi di C e quindi, per l'ipotesi fatta, appartiene a C. Se $\alpha_{m+1} = 1$ deve essere

$$\sum_{i=1}^{m} \alpha_i = 0$$

e quindi, (essendo $\alpha_i \geq 0$), si ha necessariamente $\alpha_i = 0$, $i=1,\ldots,m$, il che implica $x = x_{m+1} \in C$. Infine, se $0 < \alpha_{m+1} < 1$ si ha $\sum_{i=1}^{m} \alpha_i > 0$ e quindi si può scrivere

$$x = \sum_{i=1}^{m+1} \alpha_i x_i = \left(\sum_{i=1}^{m} \alpha_i\right) \left(\frac{\alpha_1 x_1}{\sum_{i=1}^{m} \alpha_i} + \ldots + \frac{\alpha_m x_m}{\sum_{i=1}^{m} \alpha_i}\right) + \alpha_{m+1} x_{m+1}.$$

Osservando che

$$y = \frac{\alpha_1 x_1}{\sum_{i=1}^{m} \alpha_i} + \ldots + \frac{\alpha_m x_m}{\sum_{i=1}^{m} \alpha_i}$$

è una combinazione convessa di m elementi di C e quindi per ipotesi, appartiene a C, si può porre

$$x = \left(\sum_{i=1}^{m} \alpha_i\right) y + \alpha_{m+1} x_{m+1}, \quad y \in C, \quad x_{m+1} \in C,$$

che è una combinazione convessa di due elementi di C. Si può allora concludere che ogni combinazione convessa di $m+1$ elementi di C appartiene a C e ciò completa l'induzione. □

Introduciamo ora il concetto di *punto estremo*, che ha un ruolo molto importante nello studio dei problemi di Programmazione lineare.

Definizione C.8 (Punto estremo).

Sia $C \subseteq R^n$ un insieme convesso. Un punto $x \in C$ si dice punto estremo di C se non può essere espresso come combinazione convessa di due punti di C distinti da x, o, equivalentemente, se non esistono $y, z \in C$ con $z \neq y$ tali che

$$x = (1-\lambda)y + \lambda z, \quad \text{con} \ \ 0 < \lambda < 1.$$

Sono esempi di punti estremi: per un cerchio, i punti della circonferenza che lo delimita; per un segmento $[x_1, x_2]$, gli estremi x_1, x_2; per un triangolo, i suoi vertici (non sono punti estremi i punti dei lati che non siano vertici).

Un insieme convesso può non ammettere punti estremi. Ad esempio, un iperpiano, un semispazio, una sfera aperta non hanno punti estremi. Osserviamo, in particolare, che tutti punti estremi appartengono alla frontiera di C e quindi nessun insieme convesso aperto può ammettere punti estremi.

Un'altra definizione di notevole interesse è quella di *cono convesso*.

Definizione C.9 (Cono convesso).

Un insieme $K \subseteq R^n$ si dice cono convesso se per ogni $x, y \in K$ e $\alpha, \beta \in R$, con $\alpha \geq 0$ e $\beta \geq 0$ si ha

$$\alpha x + \beta y \in K.$$

È immediato verificare che un cono convesso è un insieme convesso, che ogni cono convesso ha l'origine come elemento e che ogni sottospazio lineare è un cono convesso. Sono, in particolare, coni convessi gli insiemi delle soluzioni di sistemi omogenei di equazioni o disequazioni, ossia gli insiemi

$$\{x \in R^n : Ax = 0\}, \qquad \{x \in R^n : Ax \geq 0\}.$$

Nella definizione successiva inroduciamo il concetto di involucro (o inviluppo) convesso dei punti di un insieme qualsiasi.

Definizione C.10 (Involucro convesso di un insieme).

Sia $S \subseteq R^n$. Si definisce involucro convesso di S l'insieme $\text{Conv}(S)$ di tutte le combinazioni convesse di elementi di S.

Proposizione C.3 (Caratterizzazione dell'involucro convesso).
Sia $S \subseteq R^n$. Allora:
(i) $\text{Conv}(S)$ *contiene S ed è un insieme convesso;*
(ii) $\text{Conv}(S)$ *è l'intersezione di tutti gli insiemi convessi contenenti S.*

Dimostrazione. Se $x \in S$ l'elemento $1 \cdot x$ è una particolare combinazione convessa e quindi $S \subseteq \text{Conv}(S)$.
Se $x, y \in \text{Conv}(S)$ esistono
$$x_i \in S, i = 1, \ldots, m \quad \text{e} \quad y_i \in S, i = 1, \ldots, p$$
tali che
$$x = \sum_{i=1}^{m} \alpha_i x_i, \quad y = \sum_{i=1}^{p} \beta_i y_i,$$
con
$$\sum_{i=1}^{m} \alpha_i = 1, \quad \sum_{i=1}^{p} \beta_i = 1, \quad \alpha_i \geq 0, \; i = 1, \ldots, m, \quad \beta_i \geq 0, \; i = 1, \ldots, p.$$
Se ora $\lambda \in R$ soddisfa $0 \leq \lambda \leq 1$ si ha anche
$$(1-\lambda)x + \lambda y = \sum_{i=1}^{m}(1-\lambda)\alpha_i x_i + \sum_{i=1}^{p} \lambda \beta_i y_i.$$
Inoltre si ha
$$(1-\lambda)\alpha_i \geq 0, \; i = 1, \ldots, m, \quad \lambda \beta_i \geq 0, \; i = 1, \ldots, p$$
e risulta
$$\sum_{i=1}^{m}(1-\lambda)\alpha_i + \sum_{i=1}^{p} \lambda \beta_i = (1-\lambda)\sum_{i=1}^{m} \alpha_i + \lambda \sum_{i=1}^{p} \beta_i = 1 - \lambda + \lambda = 1,$$
e quindi $(1-\lambda)x + \lambda y \in \text{Conv}(S)$, il che prova che $\text{Conv}(S)$ è convesso. Se C è un insieme convesso contenente S, per la proposizione precedente deve avere come elemento ogni combinazione convessa dei propri elementi e quindi
$$\text{Conv}(S) \subseteq C,$$
il che prova la (ii). □

È facile verificare che $\text{Conv}(\{x_1, x_2\}) = [x_1, x_2]$. Dai risultati precedenti segue poi che C è convesso se e solo se $C = \text{Conv}(C)$.

Il risultato successivo è noto come *teorema di Carathéodory*.

Proposizione C.4 (Teorema di Carathéodory).

Sia X un sottoinsieme di R^n. Ogni punto appartenente all'involucro convesso di X può essere rappresentato come combinazione convessa di m punti di X con $m \leq n+1$.

Dimostrazione. Sia $x \in \text{Conv}(X)$, e sia m il numero minimo di elementi la cui combinazione convessa fornisce il punto assegnato x. Abbiamo

$$x = \sum_{i=1}^{m} \alpha_i x_i \qquad \sum_{i=1}^{m} \alpha_i = 1 \qquad \alpha_i > 0 \quad i = 1,\ldots,m, \tag{C.1}$$

dove la disuguaglianza stretta segue dall'ipotesi sul numero m. Per dimostrare la tesi, supponiamo per assurdo che sia $m > n+1$. Si considerino i vettori

$$x_2 - x_1, \quad x_3 - x_1, \quad \ldots \quad x_m - x_1.$$

Tali $m-1$ vettori sono linearmente dipendenti essendo $m-1 > n$.

Esistono quindi $m-1$ scalari $\lambda_2, \ldots \lambda_m$, dei quali almeno uno è strettamente positivo, tali che

$$\sum_{i=2}^{m} \lambda_i (x_i - x_1) = 0.$$

Ponendo

$$\mu_i = \lambda_i \quad \text{per } i = 2,\ldots,m \qquad \mu_1 = -\sum_{i=2}^{m} \lambda_i$$

si ottiene

$$\sum_{i=1}^{m} \mu_i x_i = 0 \qquad \sum_{i=1}^{m} \mu_i = 0, \tag{C.2}$$

dove almeno uno degli scalari $\mu_2, \ldots, \mu_m$ è strettamente maggiore di zero. Sia

$$\gamma = \min_{i=1,\ldots,m} \left\{ \frac{\alpha_i}{\mu_i} : \mu_i > 0 \right\}$$

e si ponga

$$\bar{\alpha}_i = \alpha_i - \gamma \mu_i \quad i = 1,\ldots,m. \tag{C.3}$$

Dalla definizione di γ segue

$$\bar{\alpha}_i \geq 0 \quad i = 1,\ldots,m,$$

e risulta $\bar{\alpha}_h = 0$ almeno per un indice $h \in \{1, \ldots, m\}$. Dalle (C.1), (C.2) e (C.3) abbiamo

$$x = \sum_{i=1}^{m} \bar{\alpha}_i x_i = \sum_{i=1, i \neq h}^{m} \bar{\alpha}_i x_i \qquad \sum_{i=1}^{m} \bar{\alpha}_i = \sum_{i=1, i \neq h}^{m} \bar{\alpha}_i = 1.$$

Quindi il punto x può essere ottenuto come combinazione convessa di un numero di elementi di X minore di m, ma ciò contraddice l'ipotesi posta sul numero minimo m. □

C.2 Funzioni convesse

Introduciamo innanzitutto alcune definzioni fondamentali.

Definizione C.11 (Funzione convessa, strettamente convessa).

Sia $C \subseteq R^n$ un insieme convesso e sia $f : C \to R$.

Si dice che f è convessa su C se, comunque si fissino $x, y \in C$ si ha

$$f((1 - \lambda)x + \lambda y) \leq (1 - \lambda)f(x) + \lambda f(y),$$

per ogni λ tale che $0 \leq \lambda \leq 1$.

Si dice che f è strettamente convessa su C se, comunque si fissino $x, y \in C$ con $x \neq y$ si ha

$$f((1 - \lambda)x + \lambda y) < (1 - \lambda)f(x) + \lambda f(y),$$

per ogni λ tale che $0 < \lambda < 1$.

La definizione è illustrata nella figure successiva, dove si è assunto che C sia l'intervallo $[a, b]$ della retta reale ed $f : R \to R$.

Nell'esempio, f è una funzione strettamente convessa sull'intervallo considerato.

Dalla definizione di funzione convessa si ottiene immediatamente quella di funzione concava.

Definizione C.12 (Funzione concava, strettamente concava).

Sia $C \subseteq R^n$ un insieme convesso e sia $f : C \to R$. Si dice che f è concava (strettamente concava) su C se $-f$ è convessa (strettamente convessa) su C o, equivalentemente:
f è concava su C se, comunque si fissino $x, y \in C$ si ha

$$f((1 - \lambda)x + \lambda y) \geq (1 - \lambda)f(x) + \lambda f(y),$$

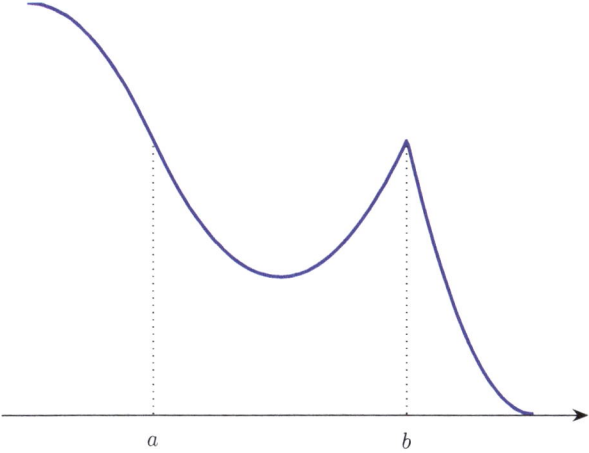

Fig. C.5. Funzione convessa su $C = [a, b]$

per ogni λ tale che $0 \leq \lambda \leq 1$; f è strettamente concava su C se, comunque si fissino $x, y \in C$ con $x \neq y$ si ha:

$$f((1-\lambda)x + \lambda y) > (1-\lambda)f(x) + \lambda f(y),$$

per ogni λ tale che $0 < \lambda < 1$.

È immediato verificare che una funzione di tipo *affine*

$$f(x) = c^T x + d$$

per $x \in R^n$ è, al tempo stesso, sia concava che convessa su R^n.

Dalle proprietà di convessità delle funzioni è possibile derivare condizioni di convessità per insiemi definiti attraverso sistemi di equazioni e disequazioni. A tale scopo dimostriamo che gli insiemi di livello di una funzione convessa sono convessi.

Proposizione C.5 (Convessità degli insiemi di livello).

Sia S un insieme convesso e sia $f : S \to R$ una funzione convessa su S. Allora, per ogni $\alpha \in R$ l'insieme

$$\mathcal{L}(\alpha) = \{x \in S : f(x) \leq \alpha\}$$

è un insieme convesso.

Dimostrazione. Sia $\alpha \in R$. Se $\mathcal{L}(\alpha) = \emptyset$ vale l'enunciato. Supponiamo quindi $\mathcal{L}(\alpha)$ non vuoto e siano $x, y \in \mathcal{L}(\alpha)$ e $\lambda \in [0,1]$. Poichè $\mathcal{L}(\alpha) \subseteq S$ e S è convesso il punto $(1-\lambda)x + \lambda y$ appartiene ad S. Inoltre, per la convessità di f si ha

$$f((1-\lambda)x + \lambda y) \leq (1-\lambda)f(x) + \lambda f(y) \leq (1-\lambda)\alpha + \lambda\alpha = \alpha.$$

Ciò implica che sia
$$(1-\lambda)x + \lambda y \in \mathcal{L}(\alpha),$$
e quindi implica la convessità di $\mathcal{L}(\alpha)$. □

Tenendo conto del fatto che l'intersezione di insiemi convessi è un insieme convesso segue dal risultato precedente che una condizione *sufficiente* (ma non necessaria) per la convessità dell'insieme

$$S = \{x \in R^n : g(x) \leq 0, \ h(x) = 0\}$$

dove $g : R^n \to R^m$ e $h : R^n \to R^p$, è che *le funzioni g_i siano convesse e le funzioni h_i siano affini*.

Infatti, è possibile esprimere S come intersezione degli insiemi

$$\{x \in R^n : \ g_i(x) \leq 0\}, \ i = 1, \ldots, m$$
$$\{x \in R^n : \ h_i(x) \leq 0\}, \ i = 1, \ldots, p$$
$$\{x \in R^n : -h_i(x) \leq 0\}, \ i = 1, \ldots, p,$$

che saranno tutti convessi se le funzioni g_i sono convesse e le funzioni h_i sono affini (ciò implica che le h_i sono al tempo stesso concave e convesse).

Si noti che se un vincolo di diseguaglianza è espresso nella forma $g_i(x) \geq 0$ allora la condizione che assicura la convessità dell'insieme

$$\{x \in R^n : g_i(x) \geq 0\}$$

è che g_i sia una funzione *concava*.

Osserviamo che la convessità degli insiemi di livello $\mathcal{L}(\alpha)$ è una condizione *necessaria ma non sufficiente* per la convessità di f. Una condizione necessaria e sufficiente di convessità è quella espressa nella proposizione seguente, la cui dimostrazione si lascia per esercizio.

Proposizione C.6 (Convessità dell'epi-grafo).

Sia S un insieme convesso e sia $f : S \to R$ una funzione definita su S. Allora, condizione necessaria e sufficiente perchè f sia convessa su S è che l'insieme

$$\text{epi}(f) = \{(x, \alpha) \in S \times R : \alpha \geq f(x)\},$$

detto epi-grafo *di f, sia un insieme convesso.*

C.3 Composizione di funzioni convesse

Riportiamo di seguito alcune semplici proprietà di composizione delle funzioni convesse.

> **Proposizione C.7 (Combinazione non negativa).**
> Sia $C \subseteq R^n$ un insieme convesso e siano $f_i : C \to R$, per $i = 1, \ldots, m$ funzioni convesse su C. Allora la funzione definita da
> $$f(x) = \sum_{i=1}^{m} \alpha_i f_i(x),$$
> con $\alpha_i \geq 0$, $i = 1, \ldots, m$ è una funzione convessa su C. Inoltre, se valgono le ipotesi precedenti e, in aggiunta, esiste almeno un indice i per cui $\alpha_i > 0$ e f_i è strettamente convessa su C, anche f è strettamente convessa su C.

Dimostrazione. Siano $x, y \in C$ e $0 \leq \lambda \leq 1$. Essendo f_i convessa per ogni i, si ha, per $i = 1, \ldots, m$:
$$f_i((1-\lambda)x + \lambda y) \leq (1-\lambda)f_i(x) + \lambda f_i(y).$$
Ne segue, per la non negatività dei coefficienti α_i:
$$f((1-\lambda)x + \lambda y) = \sum_{i=1}^{m} \alpha_i f_i((1-\lambda)x + \lambda y) \leq \sum_{i=1}^{m} (\alpha_i(1-\lambda)f_i(x) + \alpha_i \lambda f_i(y))$$
$$= (1-\lambda)\sum_{i=1}^{m} \alpha_i f_i(x) + \lambda \sum_{i=1}^{m} \alpha_i f_i(y) = (1-\lambda)f(x) + \lambda f(y),$$
il che implica la convessità di f. Se, inoltre, esiste almeno un i per cui $\alpha_i > 0$ e f_i è strettamente convessa, la diseguaglianza precedente è stretta per $x \neq y$ e quindi f è strettamente convessa. $\square$

> **Proposizione C.8 (Funzione massimo di funzioni convesse).**
> Sia $C \subseteq R^n$ un insieme convesso e siano $f_i : C \to R$, per $i = 1, \ldots, m$ funzioni convesse. Allora la funzione definita da
> $$f(x) = \max_{1 \leq i \leq m} \{f_i(x)\}$$
> è una funzione convessa su C. Inoltre, se le funzioni f_i per $i = 1, \ldots, m$ sono strettamente convesse, anche f è strettamente convessa.

Dimostrazione. Siano $x, y \in C$ e $z = (1-\lambda)x + \lambda y$ con $0 \leq \lambda \leq 1$. Si può allora scrivere

$$f(z) = \max_{1 \leq i \leq m} \{f_i(z)\} \leq \max_{1 \leq i \leq m} \{(1-\lambda)f_i(x) + \lambda f_i(y)\}$$
$$\leq (1-\lambda) \max_{1 \leq i \leq m} \{f_i(x)\} + \lambda \max_{1 \leq i \leq m} \{f_i(y)\} = (1-\lambda)f(x) + \lambda f(y),$$

da cui segue che f è convessa. Inoltre, se tutte le f_i sono strettamente convesse e si ha $x \neq y$ e $0 < \lambda < 1$, la prima diseguaglianza è stretta e quindi f è strettamente convessa. □

Dalla proposizione precedente segue immediatamente che se C è un insieme convesso e le funzioni $f_i : C \to R$, $i = 1, \ldots, m$ sono concave, allora la funzione

$$f(x) = \min_{1 \leq i \leq m} \{f_i(x)\}$$

è una funzione concava. Si noti che il minimo di funzioni convesse *non* è, in generale, una funzione convessa e che il massimo di funzioni concave *non* è, in generale, una funzione concava.

Un ulteriore risultato di composizione è il seguente.

Proposizione C.9 (Funzione composta).

Sia $C \subseteq R^n$ un insieme convesso, sia $g : C \to R$ una funzione convessa e sia $\psi : \text{Conv}(g(C)) \to R$ una funzione convessa non decrescente sull'involucro convesso dell'immagine di C definita da:

$$g(C) = \{\alpha \in R : \alpha = g(x), x \in C\}.$$

Allora la funzione composta:

$$f(x) = \psi[g(x)]$$

è una funzione convessa su C. Inoltre, se g è strettamente convessa su C e ψ è una funzione crescente e strettamente convessa su $\text{Conv}(g(C))$, la funzione f è strettamente convessa su C.

Dimostrazione. Siano $x, y \in C$ e $\lambda \in [0, 1]$. Allora, per la convessità di g si ha

$$g((1-\lambda)x + \lambda y) \leq (1-\lambda)g(x) + \lambda g(y),$$

e quindi, poichè ψ è non decrescente, si può scrivere

$$\psi[g((1-\lambda)x + \lambda y)] \leq \psi[(1-\lambda)g(x) + \lambda g(y)].$$

Ne segue, per la convessità di ψ,

$$\psi\left[g((1-\lambda)x+\lambda y)\right] \leq \psi\left[(1-\lambda)g(x)+\lambda g(y)\right] \leq (1-\lambda)\psi[g(x)]+\lambda\psi[g(y)],$$

il che prova la convessità di f. Inoltre, se g è strettamente convessa su C e ψ è una funzione crescente e strettamente convessa su $g(C)$ tutte le diseguaglianze precedenti sono strette per $x \neq y$ e quindi f è strettamente convessa su C. □

Per illustrare alcuni dei risultati precedenti, si supponga che $\phi : R^n \to R$ sia una funzione convessa qualsiasi e si definisca una funzione $f : R^n \to R$ ponendo:
$$f(x) = (\max\{0, \phi(x)\})^2.$$

La funzione $g(x) = \max\{0, \phi(x)\}$ è una funzione convessa (in quanto massimo di funzioni convesse) ed è non negativa al variare di x, ossia $g(R^n)$ coincide con R^+. Possiamo allora interpretare f come composizione della funzione $\psi(t) = t^2$ con la funzione $g(x) = \max\{0, \phi(x)\}$. La funzione $\psi(t)$ è una funzione convessa e *non decrescente per valori nonnegativi di t* e quindi f è una funzione convessa, in base alla Proposizione C.9. Si noti che una funzione del tipo

$$f(x) = \phi(x)^2,$$

con ϕ convessa può non essere convessa se ϕ assume anche valori negativi, in quanto la funzione $\psi(t) = t^2$ è decrescente per valori negativi di t. Nella Fig. C.6 si è assunto $\phi(x) = x^2 - 1$ e si sono illustrati i due casi

$$g(x) = \phi(x), \qquad g(x) = \max\{0, \phi(x)\},$$

in cui, in entrambi i casi, $f(x) = \psi(g(x))$ con $\psi(t) = t^2$.

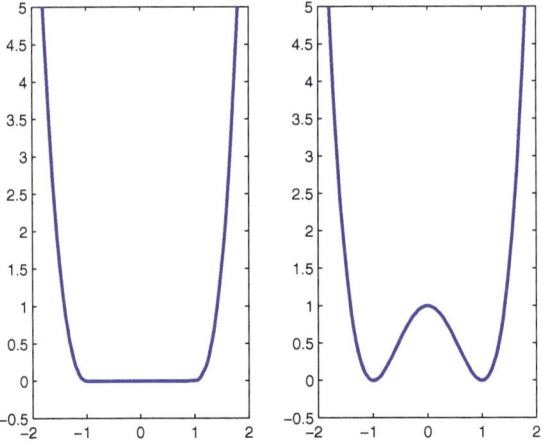

Fig. C.6. Composizione di funzioni convesse

C.4 Proprietà di continuità delle funzioni convesse

Una conseguenza rilevante del concetto di convessità è che si può dedurre la continuità di una funzione dalla convessità.

> **Proposizione C.10 (Continuità di una funzione convessa).**
>
> Sia $f : R^n \to R$ una funzione convessa su un insieme aperto convesso $D \subseteq R^n$. La funzione f è continua sull'insieme D.

Dimostrazione. Sia $\bar{x}$ un punto generico dell'insieme D. Mostreremo inizialmente che esiste una sfera $B(\bar{x}, \delta)$, con raggio $\delta > 0$, contenuta nell'insieme aperto D tale che la funzione f è limitata superiormente su $B(\bar{x}, \delta)$.

Dalla Proposizione C.4 segue che esistono $n+1$ punti $\bar{x}^1, \ldots, \bar{x}^{n+1} \in D$ tali che

$$\bar{x} = \sum_{i=1}^{n+1} \bar{\alpha}_i \bar{x}^i \qquad \sum_{i=1}^{n+1} \bar{\alpha}_i = 1 \qquad \bar{\alpha}_i \geq 0 \quad i = 1, \ldots, n+1.$$

L'ipotesi che D è un insieme aperto implica che i punti $\bar{x}^1, \ldots, \bar{x}^{n+1}$ possono essere determinati in modo che l'involucro convesso

$$C = \{x \in R^n : x = \sum_{i=1}^{n+1} \alpha_i \bar{x}^i, \quad \sum_{i=1}^{n+1} \alpha_i = 1, \quad \alpha_i \geq 0, \quad i = 1, \ldots, n+1\}$$

abbia interno non vuoto e il punto $\bar{x}$ sia un punto interno di C. Sia $M = \max_{i \in I}\{f(\bar{x}^i)\}$. Dalla convessità di f segue per ogni $x \in C$

$$f(x) = f\left(\sum_{i \in I} \alpha_i \bar{x}^i\right) \leq \sum_{i \in I} \alpha_i f(\bar{x}^i) \leq M. \tag{C.4}$$

Essendo $\bar{x}$ un punto interno all'insieme C, possiamo definire una sfera $B(\bar{x}, \delta)$, con raggio $\delta > 0$, contenuta nell'insieme C. La (C.4) implica

$$f(x) \leq M \qquad \forall x \in B(\bar{x}, \delta). \tag{C.5}$$

Per ogni vettore $d \in R^n$ tale che $\|d\| \leq \delta$, e per ogni $\lambda \in [-1, 1]$ abbiamo

$$\bar{x} + \lambda d \in B(\bar{x}, \delta). \tag{C.6}$$

Inoltre possiamo scrivere

$$\bar{x} = \frac{1}{1+\lambda}(\bar{x} + \lambda d) + \frac{\lambda}{1+\lambda}(\bar{x} - d),$$

da cui segue, tenendo conto della convessità di f,

$$f(\bar{x}) \leq \frac{1}{1+\lambda} f(\bar{x} + \lambda d) + \frac{\lambda}{1+\lambda} f(\bar{x} - d). \tag{C.7}$$

Dalle (C.5), (C.6) e (C.7) si ottiene

$$f(\bar{x} + \lambda d) - f(\bar{x}) \geq \lambda \left[f(\bar{x}) - f(\bar{x} - d) \right] \geq -\lambda \left[|f(\bar{x})| + M \right]. \tag{C.8}$$

Analogamente abbiamo

$$f(\bar{x} + \lambda d) \leq \lambda f(\bar{x} + d) + (1-\lambda) f(\bar{x}),$$

e di conseguenza possiamo scrivere

$$f(\bar{x} + \lambda d) - f(\bar{x}) \leq \lambda \left[f(\bar{x} + d) - f(\bar{x}) \right] \leq \lambda \left[|f(\bar{x})| + M \right]. \tag{C.9}$$

Dalle (C.8) e (C.9) segue

$$|f(\bar{x} + \lambda d) - f(\bar{x})| \leq \lambda \left[|f(\bar{x})| + M \right]. \tag{C.10}$$

Dimostreremo ora che, comunque si scelga un $\epsilon > 0$, esiste una sfera $B(\bar{x}, \delta')$, con $\delta' \leq \delta$, tale che

$$|f(y) - f(\bar{x})| \leq \epsilon \quad \forall y \in B(\bar{x}, \delta').$$

A tal fine, sia δ' tale che

$$\delta' \left[|f(\bar{x})| + M \right] \leq \epsilon \delta.$$

Scelto un qualsiasi punto $y \in B(\bar{x}, \delta')$ possiamo porre

$$y = \bar{x} + \lambda d,$$

dove $d \in R^n$ è tale che $\|d\| = \delta$ e $\lambda = \frac{\|y - \bar{x}\|}{\|d\|} \leq \frac{\delta'}{\delta}$. Dalla (C.10) abbiamo

$$|f(y) - f(\bar{x})| \leq \lambda \left[|f(\bar{x})| + M \right] \leq \frac{\delta'}{\delta} \left[|f(\bar{x})| + M \right] \leq \epsilon,$$

da cui segue la tesi. □

Si osservi che una funzione convessa il cui dominio non è un insieme aperto potrebbe non essere continua. Come esempio di funzione convessa discontinua si consideri la funzione $f : (0, 1] \to R$ tale che $f(x) = 0$ per $x \in (0, 1)$ e $f(1) = 1$.

C.5 Convessità di funzioni differenziabili

Se f è una funzione convessa differenziabile possiamo dare condizioni necessarie e sufficienti di convessità espresse per mezzo delle derivate prime o seconde.

> **Proposizione C.11 (Condizioni necessarie e sufficienti).**
>
> Sia C un insieme convesso aperto, sia $f : C \to R$ e supponiamo che ∇f sia continuo su C. Allora f è convessa su C se e solo se, per tutte le coppie di punti $x, y \in C$ si ha:
>
> $$f(y) \geq f(x) + \nabla f(x)^T (y - x). \tag{C.11}$$
>
> Inoltre, f è strettamente convessa su C se e solo se, per tutte le coppie di punti $x, y \in C$ con $y \neq x$, si ha:
>
> $$f(y) > f(x) + \nabla f(x)^T (y - x). \tag{C.12}$$

Dimostrazione. Dimostriamo anzitutto la *necessità*, iniziando a considerare il caso in cui f si suppone *convessa* su C. Siano $x, y \in C$ e $0 < \lambda \leq 1$. Allora si può scrivere:

$$f(x + \lambda(y - x)) = f((1 - \lambda)x + \lambda y) \leq (1 - \lambda)f(x) + \lambda f(y),$$

da cui segue, essendo $\lambda > 0$,

$$\left(\frac{f(x + \lambda(y - x)) - f(x)}{\lambda} \right) \leq f(y) - f(x).$$

Per la definizione di derivata direzionale, passando al limite per $\lambda \to 0^+$, si ha

$$\nabla f(x)^T (y - x) \leq f(y) - f(x),$$

da cui segue:

$$f(y) \geq f(x) + \nabla f(x)^T (y - x)$$

e ciò dimostra la necessità.

Supponiamo ora che f sia *strettamente convessa* su C. Se $x, y \in C$ con $x \neq y$ e $0 < \lambda < 1$ si può scrivere, in base alla definizione di funzione strettamente convessa:

$$\left(\frac{f(x + \lambda(y - x)) - f(x)}{\lambda} \right) < f(y) - f(x). \tag{C.13}$$

Osserviamo ora che, essendo f convessa, (in quanto la convessità stretta implica la convessità), per quanto si è appena dimostrato, deve valere la (C.11) riferita alla coppia di punti (x, z) con $z = x + \lambda(y - x)$, per cui si ha

$$f(x + \lambda(y - x)) - f(x) \geq \lambda \nabla f(x)^T (y - x). \tag{C.14}$$

Dalle (C.13) (C.14) segue allora:

$$f(y) - f(x) > \left(\frac{f(x + \lambda(y-x)) - f(x)}{\lambda}\right) \geq \nabla f(x)^T(y-x),$$

che stabilisce la condizione (C.12) dell'enunciato.

Per provare la *sufficienza*, supponiamo innanzitutto che valga la condizione (C.11) per ogni coppia di punti in C. Siano $x, y \in C$ e sia $z = (1-\lambda)x + \lambda y$ con $0 < \lambda < 1$. Ne segue $z \in C$ per la convessità di C. Dalla condizione (C.11), applicata alle coppie (z, x) e (z, y), segue allora

$$f(x) \geq f(z) + \nabla f(z)^T(x-z), \qquad f(y) \geq f(z) + \nabla f(z)^T(y-z),$$

da cui, moltiplicando la prima diseguaglianza per $1-\lambda$ e la seconda per λ, e sommando membro a membro, si ottiene:

$$(1-\lambda)f(x) + \lambda f(y) \geq (1-\lambda)f(z) + \lambda f(z) + ((1-\lambda)(x-z)$$
$$+ \lambda(y-z))^T \nabla f(z)$$
$$= f(z) + ((1-\lambda)(x-z) + \lambda(y-z))^T \nabla f(z)$$
$$= f(z) + ((1-\lambda)x + \lambda y - z)^T \nabla f(z) = f(z)$$

e ciò dimostra che f è convessa. In modo del tutto analogo, utilizzando la (C.12) e considerando le diseguaglianze strette ove richiesto, si stabilisce la sufficienza della (C.12) ai fini della convessità stretta. □

Dal punto di vista geometrico, la condizione della proposizione precedente esprime il fatto che una funzione è convessa su C se e solo se in un qualsiasi punto y di C l'ordinata $f(y)$ della funzione non è inferiore alle ordinate dei punti del piano tangente al grafo della funzione in un qualsiasi altro punto x di C. Nella proposizione successivo riportiamo una condizione necessaria e sufficiente di convessità espressa per mezzo delle derivate seconde.

Proposizione C.12 (Condizioni necessarie e sufficienti).

Sia C un insieme convesso aperto, sia $f : C \to R$ e supponiamo che la matrice Hessiana $\nabla^2 f$ sia continua su C. Allora f è convessa su C se e solo se, per ogni $x \in C$, la matrice $\nabla^2 f(x)$ è semidefinita positiva.

Dimostrazione. Dimostriamo dapprima la necessità. Sia $x \in C$ e sia $y \neq 0$ un vettore qualsiasi in R^n. Poiché C è aperto, è possibile trovare un $\bar{\lambda} > 0$ abbastanza piccolo tale che $x + \lambda y \in C$ per ogni $0 < \lambda < \bar{\lambda}$. Per la Proposizione C.11, applicata alla coppia $(x + \lambda y, x)$ si ha:

$$f(x + \lambda y) - f(x) - \lambda \nabla f(x)^T y \geq 0.$$

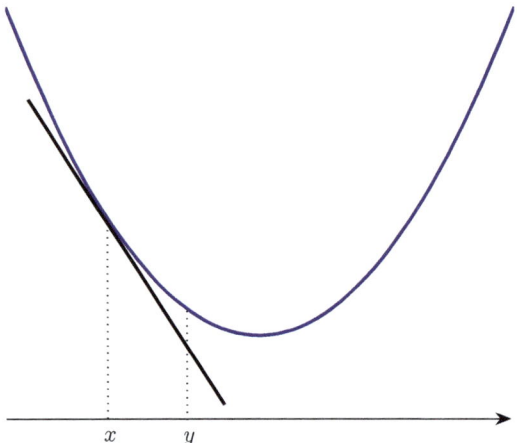

Fig. C.7. Condizione di convessità

D'altra parte, poichè f è due volte differenziabile si può scrivere:

$$f(x+\lambda y) = f(x) + \lambda y^T \nabla f(x) + \frac{1}{2}\lambda^2 y^T \nabla^2 f(x) y + \beta(x, \lambda y)$$

in cui

$$\lim_{\lambda \to 0} \frac{\beta(x, \lambda y)}{\lambda^2} = 0.$$

Si ha allora

$$\frac{1}{2}\lambda^2 y^T \nabla^2 f(x) y + \beta(x, \lambda y) \geq 0$$

e quindi, dividendo per λ^2 e passando al limite per $\lambda \to 0$, si ottiene:

$$y^T \nabla^2 f(x) y \geq 0.$$

Poichè y è un vettore qualsiasi, ciò prova che $\nabla^2 f(x)$ è semidefinita positiva.

Inversamente, supponiamo che la matrice $\nabla^2 f$ sia semidefinita positiva su C e siano x, y due punti qualsiasi in C. Dalla formula di Taylor segue allora:

$$f(y) = f(x) + \nabla f(x)^T (y-x) + \frac{1}{2}(y-x)^T \nabla^2 f(w)(y-x)$$

dove $w = x + \xi(y-x)$ con $\xi \in (0,1)$. Poichè $w \in C$ e $\nabla^2 f(w)$ è semidefinita positiva, si ottiene

$$f(y) \geq f(x) + \nabla f(x)^T (y-x),$$

il che dimostra, per la Proposizione C.11, che f è convessa su C. □

Come conseguenza dei risultati appena dimostrati, possiamo stabilire la proposizione seguente relativa a una funzione quadratica.

C.5 Convessità di funzioni differenziabili

Proposizione C.13 (Convessità di una funzione quadratica).

Sia Q una matrice $n \times n$ e sia $f : R^n \to R$ definita da

$$f(x) = \frac{1}{2}x^T Q x + c^T x.$$

Allora f è convessa se e solo se Q è una matrice semidefinita positiva.

Dimostrazione. Basta osservare che Q è la matrice Hessiana di f e applicare la proposizione precedente. □

Non è vero, in generale, che una condizione necessaria di convessità stretta è la definita positività della matrice Hessiana (basti pensare alla funzione $y = x^4$ in $x = 0$). Si può stabilire tuttavia che se la matrice Hessiana è definita positiva allora f è strettamente convessa.

Proposizione C.14 (Condizione sufficiente di convessità stretta).

Sia C un insieme convesso aperto, sia $f : C \to R$ e supponiamo che la matrice Hessiana $\nabla^2 f$ sia continua e definita positiva su C. Allora f è strettamente convessa su C.

Dimostrazione. Supponiamo che la matrice $\nabla^2 f$ sia definita positiva su C e siano x, y con $x \neq y$ due punti qualsiasi in C. Dalla formula di Taylor segue allora

$$f(y) = f(x) + \nabla f(x)^T (y - x) + \frac{1}{2}(y - x)^T \nabla^2 f(w)(y - x)$$

dove $w = x + \xi(y - x)$ con $\xi \in (0, 1)$. Poiché $w \in C$ e $\nabla^2 f(w)$ è definita positiva su C, si ha

$$(y - x)^T \nabla^2 f(w)(y - x) > 0,$$

per cui risulta

$$f(y) > f(x) + \nabla f(x)^T (y - x),$$

il che dimostra, per la Proposizione C.11, che f è strettamente convessa su C. □

Nel caso di funzioni quadratiche è possibile dare una caratterizzazione completa della convessità stretta.

> **Proposizione C.15 (Convessità stretta di una funzione quadratica).**
> Sia Q una matrice $n \times n$ e sia $f : R^n \to R$ definita da:
> $$f(x) = \frac{1}{2}x^T Q x + c^T x.$$
> Allora f è strettamente convessa se e solo se Q è definita positiva.

Dimostrazione. Basta far vedere che la definita positività di Q è una condizione necessaria per la convessità stretta, in quanto la sufficienza segue dalla proposizione precedente. Supponiamo quindi per assurdo che f sia strettamente convessa, e che Q sia semidefinita ma non definita positiva (che Q sia almeno semidefinita positiva segue necessariamente dalla Proposizione C.13). Ciò implica che deve esistere un autovalore nullo di Q e quindi un autovettore $x \neq 0$ tale che $Qx = 0$. Se tuttavia si definiscono i punti x, $y = -x$ e $z = \frac{1}{2}x + \frac{1}{2}y = 0$ si ha:

$$0 = f(z) = \frac{1}{2}f(x) + \frac{1}{2}f(y),$$

il che contraddice la stretta convessità di f. Infatti, se f fosse strettamente convessa dovrebbe essere

$$f(\frac{1}{2}x + \frac{1}{2}y) < \frac{1}{2}f(x) + \frac{1}{2}f(y). \qquad \square$$

C.6 Monotonicità

Le condizione di convessità si possono esprimere, in modo equivalente attraverso condizioni di *monotonicità* sul gradiente di f. A tale scopo, premettiamo la definizione seguente.

> **Definizione C.13 (Funzione monotona).**
> Sia $D \subseteq R^n$ e $F : D \to R^n$. Si dice che F è monotona *su D se, per ogni coppia di punti $x, y \in D$ si ha:*
> $$(F(y) - F(x))^T (y - x) \geq 0.$$

Si dice che F è strettamente monotona su D se

$$(F(y) - F(x))^T(y-x) > 0,$$

per ogni coppia $x, y \in D$ con $x \neq y$.

Vale il risultato seguente.

Proposizione C.16 (Condizioni necessarie e sufficienti).

Sia C un insieme convesso aperto, sia $f : C \to R$ e supponiamo che ∇f sia continuo su C. Allora f è convessa su C se e solo se ∇f è monotono su C, ossia se e solo se per tutte le coppie di punti $x, y \in C$ si ha

$$(\nabla f(y) - \nabla f(x))^T(y-x) \geq 0. \tag{C.15}$$

Inoltre, f è strettamente convessa su C se e solo se ∇f è strettamente monotono su C, ossia se e solo se, per tutte le coppie di punti $x, y \in C$ con $y \neq x$, si ha

$$(\nabla f(y) - \nabla f(x))^T(y-x) > 0. \tag{C.16}$$

Dimostrazione. Supponiamo dapprima che f sia convessa su C e supponiamo $x, y \in C$. Per la Proposizione C.11 deve essere

$$f(y) \geq f(x) + \nabla f(x)^T(y-x)$$

e anche

$$f(x) \geq f(y) + \nabla f(y)^T(x-y).$$

Sommando membro a membro le due disequazioni precedenti si ottiene, con facili passaggi:

$$0 \geq \nabla f(x)^T(y-x) + \nabla f(y)^T(x-y),$$

da cui segue la (C.15). Supponiamo ora che valga la (C.15) e siano x, y due punti qualsiasi di C con $y \neq x$. Per il teorema della media si può scrivere

$$f(y) = f(x) + \nabla f(x + \lambda(y-x))^T(y-x), \tag{C.17}$$

in cui $\lambda \in (0,1)$. D'altra parte, per la (C.15), (riferita alla coppia di punti $x + \lambda(y-x)$ e x, che appartengono a C) si ha:

$$\nabla f(x + \lambda(y-x))^T \lambda(y-x) \geq \nabla f(x)^T \lambda(y-x),$$

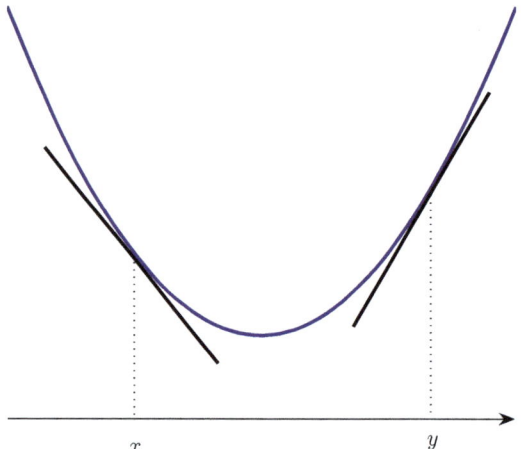

Fig. C.8. Monotonicità del gradiente

e quindi, dividendo ambo i membri per λ, e tenendo conto della (C.17), si ottiene
$$f(y) \geq f(x) + \nabla f(x)^T(y-x),$$
che prova, in base alla Proposizione C.11, la convessità di f.

In modo del tutto analogo, considerando le diseguaglianze strette ove richiesto, si ottiene la condizione necessaria e sufficiente di convessità stretta. □

Nella Fig. C.8 è illustrata la condizione di monotonicità del gradiente nel caso di una funzione definita su R.

C.7 Cenni sulla convessità generalizzata

Lo studio della *convessità generalizzata* è motivato dal fatto che l'ipotesi di convessità risulta in molti casi inutilmente restrittiva in relazione agli scopi per cui è introdotta e può quindi essere sostituita da ipotesi più deboli. Ciò ha dato luogo a varie estensioni della nozione di convessità. Alcune delle principali definizioni vengono riportate di seguito, con l'avvertenza che spesso, nella letteratura sull'argomento, gli stessi termini vengono associati a concetti differenti.

C.7 Cenni sulla convessità generalizzata

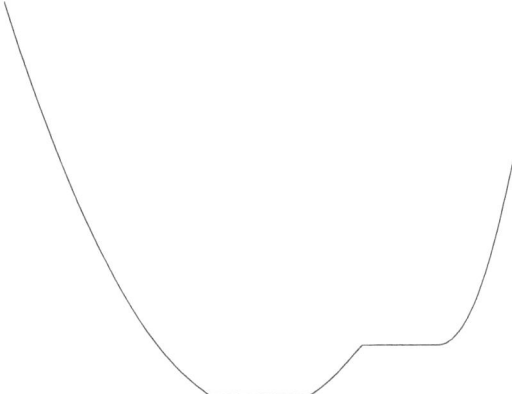

Fig. C.9. Funzione quasi-convessa: esistono minimi locali non globale

Definizione C.14 (Funzione quasi-convessa).

Sia $S \subseteq R^n$ un insieme convesso e sia $f : S \to R$. Si dice che f è quasi-convessa su S se, comunque si fissino $x, y \in S$, si ha

$$f((1 - \lambda)x + \lambda y) \leq \max\{f(x), f(y)\},$$

per ogni λ tale che $0 \leq \lambda \leq 1$.

Definizione C.15 (Funzione quasi-concava).

Sia $S \subseteq R^n$ un insieme convesso e sia $f : S \to R$. Si dice che f è quasi-concava su S se $-f$ è quasi-convessa su S o, equivalentemente, se, comunque si fissino $x, y \in S$, si ha

$$f((1 - \lambda)x + \lambda y) \geq \min\{f(x), f(y)\},$$

per ogni λ tale che $0 \leq \lambda \leq 1$.

La proprietà di quasi-convessità può essere caratterizzata per mezzo di condizioni di sugli insiemi di livello. Vale infatti il risultato seguente.

Proposizione C.17 (Convessità degli insiemi di livello).

Sia S un insieme convesso e sia $f : S \to R$. Allora f è quasi-convessa su S se e solo se, per ogni $\alpha \in R$, gli insiemi $\mathcal{L}(\alpha) = \{x \in S : f(x) \leq \alpha\}$ sono convessi. Analogamente, f è quasi-concava su S se e solo se, per ogni $\alpha \in R$, gli insiemi $\Omega(\alpha) = \{x \in S : f(x) \geq \alpha\}$ sono convessi.

Dimostrazione. Supponiamo dapprima che f sia quasi-convessa e sia $\alpha \in R$. Se $\mathcal{L}(\alpha) = \emptyset$ vale l'enunciato. Supponiamo quindi $\mathcal{L}(\alpha)$ non vuoto e siano $x, y \in \mathcal{L}(\alpha)$. Ciò implica ovviamente $\max\{f(x), f(y)\} \leq \alpha$. Se $z = (1-\lambda)x + \lambda y$ con $\lambda \in [0, 1]$ si ha $z \in S$ per la convessità di S e $f(z) \leq \max\{f(x), f(y)\}$ per la quasi-convessità di f. Ne segue $f(z) \leq \alpha$ e ciò prova la convessità di $\mathcal{L}(\alpha)$. Supponiamo ora che gli insiemi $\mathcal{L}(\alpha)$ siano convessi per ogni α e siano x, y due punti qualsiasi di S.

Posto
$$\alpha = \max\{f(x), f(y)\}$$
si ha ovviamente che $x, y \in \mathcal{L}(\alpha)$. Per la convessità di $\mathcal{L}(\alpha)$ si ha che il punto $z = (1 - \lambda)x + \lambda y$, con $\lambda \in [0, 1]$, appartiene a $\mathcal{L}(\alpha)$ e quindi deve essere
$$f(z) \leq \alpha = \max\{f(x), f(y)\},$$
il che prova la quasi-convessità di f. Le condizioni di quasi-concavità si ricavano in modo ovvio sostituendo f con $-f$ e, di conseguenza, facendo riferimento agli insiemi di livello "superiori" $\Omega(\alpha)$. □

L'ipotesi di quasi-convessità non è sufficiente ad escludere l'esistenza punti di minimo locale non globale. Per poter imporre tale requisito occorre far riferimento ad una condizione più forte nota talvolta come *quasi-convessità stretta*.

Definizione C.16 (Quasi-convessità stretta).

Sia $S \subseteq R^n$ un insieme convesso e sia $f : S \to R$. Si dice che f è strettamente quasi-convessa su S se, comunque si fissino $x, y \in S$ tali che $f(x) \neq f(y)$, si ha:

$$f((1 - \lambda)x + \lambda y) < \max\{f(x), f(y)\},$$

per ogni λ tale che $0 < \lambda < 1$.

C.7 Cenni sulla convessità generalizzata

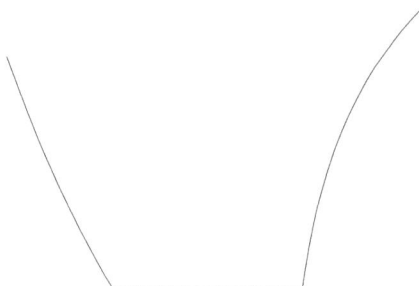

Fig. C.10. Funzione strettamente quasi-convessa: ogni minimo locale è globale

La quasi-concavità stretta è introdotta nella definizione successiva.

Definizione C.17 (Quasi-concavità stretta).

Sia $S \subseteq R^n$ un insieme convesso e sia $f : S \to R$. Si dice che f è strettamente quasi-concava su S se $-f$ è strettamente quasi-convessa su S o, equivalentemente:

f è strettamente quasi-concava su S se, comunque si fissino $x, y \in S$ tali che $f(x) \neq f(y)$, si ha:

$$f((1-\lambda)x + \lambda y) > \min\{f(x), f(y)\},$$

per ogni λ tale che $0 < \lambda < 1$.

Un esempio di funzione strettamente quasi-convessa è illustrato nella Fig. C.10. La condizione di quasi-convessità stretta nel senso della definizione precedente non è sufficiente ad assicurare l'unicità della soluzione ottima. Una condizione sufficiente di unicità richiede una condizione più forte che definiremo come ipotesi di *quasi-convessità forte*.

Si noti tuttavia che molto spesso la condizione qui definita come quasi-convessità forte *viene anche denominata, soprattutto nella letteratura economica,* quasi-convessità stretta.

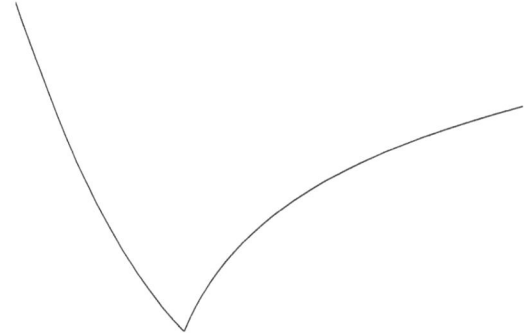

Fig. C.11. Funzione fortemente quasi-convessa: unicità del punto di minimo

Definizione C.18 (Quasi-convessità forte).

Sia $S \subseteq R^n$ un insieme convesso e sia $f : S \to R$. Si dice che f è fortemente quasi-convessa *su S se, comunque si fissino $x, y \in S$ tali che $x \neq y$, si ha*

$$f((1-\lambda)x + \lambda y) < \max\{f(x), f(y)\},$$

per ogni λ tale che $0 < \lambda < 1$.

Definizione C.19 (Quasi-concavità forte).

Sia $S \subseteq R^n$ un insieme convesso e sia $f : S \to R$. Si dice che f è fortemente quasi-concava *su S se $-f$ è fortemente quasi-convessa su S o, equivalentemente:*
f è fortemente quasi-concava *su S se, comunque si fissino $x, y \in S$ tali che $x \neq y$, si ha:*

$$f((1-\lambda)x + \lambda y) > \min\{f(x), f(y)\},$$

per ogni λ tale che $0 < \lambda < 1$.

C.7 Cenni sulla convessità generalizzata

Per stabilire una connessione tra l'ipotesi di quasi-convessità forte e la struttura degli insiemi di livello è opportuno introdurre la definizione seguente.

Definizione C.20 (Insieme strettamente convesso).

Un insieme convesso $S \subseteq R^n$ si dice strettamente convesso se, comunque si fissino x, y sulla frontiera di S, con $x \neq y$, tutti i punti $z = (1-\lambda)x + \lambda y$ con $0 < \lambda < 1$ sono punti interni di S.

È allora facile verificare che se f è fortemente quasi-convessa gli insiemi di livello sono strettamente convessi.

Se si introducono ipotesi di differenziabilità sulle funzioni è possibile dare generalizzazioni della convessità in termini di proprietà delle derivate. In particolare, si possono introdurre le definizioni seguenti.

Definizione C.21 (Funzione (strettamente) pseudo-convessa).

Sia $D \subseteq R^n$ un insieme aperto, sia S un insieme convesso contenuto in D, sia $f : D \to R$ e supponiamo che ∇f sia continuo su D. Allora si dice che f è pseudo-convessa su S se per tutte le coppie di punti $x, y \in S$ si ha che $\nabla f(x)^T(y-x) \geq 0$ implica $f(y) \geq f(x)$.
Si dice che f è strettamente pseudo-convessa su S se per tutte le coppie di punti $x, y \in S$ con $x \neq y$ si ha che $\nabla f(x)^T(y-x) \geq 0$ implica $f(y) > f(x)$.

Definizione C.22 (Funzione (strettamente) pseudo-concava).

Sia $D \subseteq R^n$ un insieme convesso, sia $f : D \to R$ e supponiamo che ∇f sia continuo su D. Allora si dice che f è pseudo-concava su S se per tutte le coppie di punti $x, y \in S$ si ha che $\nabla f(x)^T(y-x) \leq 0$ implica $f(y) \leq f(x)$.
Si dice che f è strettamente pseudo-concava su S se per tutte le coppie di punti $x, y \in S$ con $x \neq y$ si ha che $\nabla f(x)^T(y-x) \leq 0$ implica $f(y) < f(x)$.

Un esempio di funzione strettamente pseudoconvessa è riportato nella Fig. C.12.

È immediato verificare che l'ipotesi di pseudo-convessità assicura che un punto stazionario di f in S è un punto di minimo globale di f su S. La pseudo-convessità stretta implica poi che un punto stazionario è l'unico punto di minimo globale.

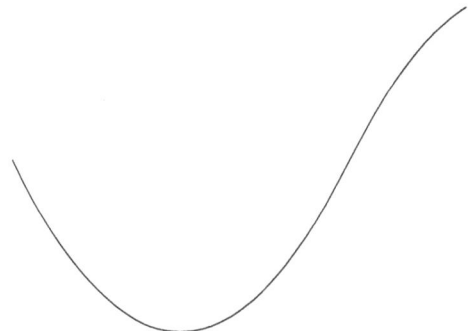

Fig. C.12. Funzione strettamente pseudo-convessa

Per quanto riguarda le relazioni fra i diversi tipi di convesiv generalizzata ci limitiamo a dimostrare il risultato seguente.

Proposizione C.18. *Sia $D \subseteq R^n$ un insieme aperto, sia $S \subseteq D$ un insieme convesso, sia $f : D \to R$ e supponiamo che ∇f sia continuo su D e che f sia strettamente pseudo-convessa su S. Allora f è fortemente quasi-convessa su S.*

Dimostrazione. Supponiamo, per assurdo, che f non sia fortemente quasi-convessa su S. Allora devono esistere $x, y \in S$, con $x \neq y$, e $\lambda \in (0, 1)$ tali che $f(z) \geq \max\{f(x), f(y)\}$ con $z = (1 - \lambda)x + \lambda y$. Poichè $f(x) \leq f(z)$, per la pseudo-convessità stretta di f deve essere $\nabla f(z)^T(x - z) < 0$, che implica a sua volta $\nabla f(z)^T(x - y) < 0$. Analogamente, essendo $f(y) \leq f(z)$, ragionando in modo analogo, si ottiene $\nabla f(z)^T(y - x) < 0$. Poichè le due diseguaglianze ottenute sono incompatibili si ha una contraddizione. □

Appendice D

Condizioni di ottimo per problemi vincolati

In questa appendice consideriamo problemi con vincoli di eguaglianza e diseguaglianza, del tipo

$$\begin{aligned} \min \ & f(x) \\ & h(x) = 0 \\ & g(x) \leq 0 \end{aligned} \quad (D.1)$$

dove $h : R^n \to R^p$ e $g : R^n \to R^m$. Ricaviamo innanzitutto condizioni necessarie di minimo locale note come *condizioni di Fritz John*, utilizzando una tecnica di penalità introdotta in [89] e sviluppata in [7]. Da tali condizioni, sotto opportune ipotesi sui vincoli, note come *condizioni di qualificazione dei vincoli*, otteniamo le condizioni necessarie di minimo locale di *Karush-Kuhn-Tucker* (KKT) e dimostriamo che, nel caso convesso, tali condizioni sono anche condizioni sufficienti di minimo globale. Successivamente particolarizziamo le condizioni di KKT ad alcune classi di problemi di ottimo con vincoli lineari, tra cui:

- problemi con vincoli *semplici* (vincoli di non negatività, vincoli di tipo *box*, vincoli di *simplesso*);
- problemi di programmazione quadratica;
- problemi di programmazione lineare.

D.1 Condizioni di Fritz John

Le condizioni di Fritz John (FJ) sono tra le prime condizioni di ottimo introdotte per la programmazione nonlineare, come estensione della *regola dei moltiplicatori di Lagrange* (valida per problemi con soli vincoli di eguaglianza), al caso di problemi con vincoli di diseguaglianza.

Le condizioni di FJ possono essere formulate con riferimento ad una funzione ausiliaria, detta funzione *Lagrangiana* che, nella forma più generale, è del tipo

$$L(x, \lambda_0, \lambda, \mu) = \lambda_0 f(x) + \sum_{i=1}^{m} \lambda_i g_i(x) + \sum_{i=1}^{p} \mu_i h_i(x),$$

dove le variabili ausiliarie $\lambda_0, \lambda_i, i = 1,\ldots m, \mu_i, i = 1,\ldots p$ vengono dette *moltiplicatori di Lagrange (generalizzati)* e si è posto

$$\lambda = (\lambda_1,\ldots,\lambda_m), \quad \mu = (\mu_1,\ldots,\mu_m).$$

Possiamo enunciare la condizione necessaria di Fritz John nella forma seguente.

Teorema D.1 (Condizioni necessarie di Fritz John).
Sia x^* un punto di minimo locale del Problema (D.1) e supponiamo che le funzioni f, g, h siano continuamente differenziabili in un intorno di x^*.

Allora esistono moltiplicatori $\lambda_0^* \in R$, $\lambda^* \in R^m$, $\mu^* \in R^p$ tali che:

(a) *valgono le condizioni*

$$\lambda_0^* \nabla f(x^*) + \sum_{i=1}^m \lambda_i^* \nabla g_i(x^*) + \sum_{i=1}^p \mu_i^* \nabla h_i(x^*) = 0,$$
$$\lambda_i^* g_i(x^*) = 0, \quad i = 1,\ldots,m,$$
$$(\lambda_0^*, \lambda^*) \geq 0, \quad (\lambda_0^*, \lambda^*, \mu^*) \neq 0,$$
$$g(x^*) \leq 0, \quad h(x^*) = 0;$$

(D.2)

(b) *in ogni intorno di x^* esiste un punto x tale che*

$$\lambda_i^* g_i(x) > 0, \quad \text{per ogni } i \text{ tale che } \lambda_i^* > 0,$$
$$\mu_i^* h_i(x) > 0, \quad \text{per ogni } i \text{ tale che } \mu_i^* \neq 0.$$

Dimostrazione. Osserviamo innanzitutto che, essendo x^* un punto di minimo locale del Problema (D.1), devono essere soddisfatti in x^* i vincoli del problema, ossia
$$g(x^*) \leq 0, \quad h(x^*) = 0.$$
Inoltre deve esistere una sfera chiusa

$$\bar{B}(x^*, \varepsilon) = \{x : \|x - x^*\| \leq \varepsilon\}$$

con $\varepsilon > 0$, tale che

$$f(x) \geq f(x^*) \quad \text{per ogni } x \in \bar{B}(x^*, \varepsilon) \text{ tale che } g(x) \leq 0, h(x) = 0. \quad \text{(D.3)}$$

Essendo le funzioni g_i continue ed in numero finito, possiamo scegliere ε sufficientemente piccolo da avere che tutti i vincoli di diseguaglianza che non sono attivi in x^* sono negativi nell'intorno considerato, ossia risulti:

$$g_i(x) < 0, \quad \text{per ogni } x \in \bar{B}(x^*, \varepsilon) \text{ ed ogni } i \text{ tale che } g_i(x^*) < 0. \tag{D.4}$$

Possiamo anche supporre che ε sia abbastanza piccolo da avere che le ipotesi di differenziabilità siano soddisfatte nell'intorno considerato.

Per ogni intero $k > 0$ fissato, definiamo ora una funzione ausiliaria $F_k(x)$ contenente termini di penalità sui vincoli, della forma

$$F_k(x) = f(x) + \frac{\alpha}{2}\|x - x^*\|^2 + \frac{k}{2}\left(\sum_{i=1}^m (g_i^+(x))^2 + \sum_{i=1}^p h_i^2(x)\right),$$

dove $\alpha > 0$ e si è posto

$$g_i^+(x) = \max\{g_i(x), 0\}.$$

Si verifica facilmente che $g_i^+(x)$ è una funzione continua e $(g_i^+(x))^2$ è continuamente differenziabile con gradiente

$$\nabla (g_i^+(x))^2 = 2 g_i^+(x) \nabla g_i(x).$$

Per ogni k fissato consideriamo il problema vincolato

$$\begin{aligned} & \min F_k(x) \\ & x \in \bar{B}(x^*, \varepsilon). \end{aligned} \tag{D.5}$$

Poiché F_k è continua e $\bar{B}(x^*, \varepsilon)$ è un insieme compatto, dal teorema di Weierstrass segue che per ogni k esiste un punto di minimo $x_k \in \bar{B}(x^*, \varepsilon)$ del problema (D.5) Inoltre, poiché $x^* \in \bar{B}(x^*, \varepsilon)$ deve essere, per ogni k:

$$F_k(x_k) \leq F_k(x^*) = f(x^*), \tag{D.6}$$

dove l'ultima eguaglianza segue dal fatto che, essendo x^* ammissibile, si ha $g_i^+(x^*) = 0$ e $h_i(x^*) = 0$ per ogni i.

Osserviamo ora che per la compattezza di $\bar{B}(x^*, \varepsilon)$, la successione di punti $\{x_k\}$ deve ammettere una sottosuccessione convergente, che indichiamo ancora con $\{x_k\}$, ad un punto $\bar{x} \in \bar{B}(x^*, \varepsilon)$. In corrispondenza ai punti di tale successione, ricordando la (D.6) e l'espressione di $F_k(x)$, si può scrivere, con facili passaggi

$$\sum_{i=1}^m (g_i^+(x_k))^2 + \sum_{i=1}^p h_i^2(x_k) \leq \frac{2}{k}\left(f(x^*) - f(x^k) - \frac{\alpha}{2}\|x_k - x^*\|^2\right).$$

Essendo il numeratore del termine a secondo membro limitato al variare di k, andando al limite per $k \to \infty$ si avrà

$$\lim_{k \to \infty} \left(\sum_{i=1}^{m} (g_i^+(x_k))^2 + \sum_{i=1}^{p} h_i^2(x_k) \right) = 0,$$

da cui segue, per la continuità delle funzioni g_i e h_i,

$$g(\bar{x}) \leq 0 \quad h(\bar{x}) = 0.$$

Dalla (D.6) e dall'espressione di $F_k(x)$ segue anche che, per ogni k si ha

$$f(x_k) + \frac{\alpha}{2} \|x_k - x^*\|^2 \leq f(x^*),$$

per cui, al limite, si ottiene

$$f(\bar{x}) + \frac{\alpha}{2} \|\bar{x} - x^*\|^2 \leq f(x^*).$$

D'altra parte, essendo $\bar{x}$ ammissibile, per la (D.3) si ha $f(\bar{x}) \geq f(x^*)$, per cui deve essere

$$f(x^*) + \frac{\alpha}{2} \|\bar{x} - x^*\|^2 \leq f(\bar{x}) + \frac{\alpha}{2} \|\bar{x} - x^*\|^2 \leq f(x^*),$$

il che implica $\|\bar{x} - x^*\| = 0$, ossia

$$\bar{x} = x^*.$$

Si può allora affermare che la successione considerata converge a x^* e quindi, per valori sufficientemente elevati di k, il punto x_k che risolve il problema (D.5) deve essere un punto di minimo non vincolato interno all'insieme ammissibile e deve soddisfare la condizione necessaria di minimo non vincolato $\nabla F_k(x_k) = 0$, ossia

$$\nabla f(x_k) + \alpha(x_k - x^*) + \sum_{i=1}^{m} k g_i^+(x_k) \nabla g_i(x_k) + \sum_{i=1}^{p} k h_i(x_k) \nabla h_i(x_k) = 0. \quad \text{(D.7)}$$

Definiamo ora, per ogni k, le quantità

$$L^k = \left(1 + \sum_{i=1}^{m} (k g_i^+(x_k))^2 + \sum_{i=1}^{p} (k h_i(x_k))^2 \right)^{1/2},$$

$$\lambda_0^k = \frac{1}{L^k},$$

$$\lambda_i^k = \frac{k g_i^+(x_k)}{L^k}, \quad i = 1, \ldots, m$$

$$\mu_i^k = \frac{k h_i(x_k)}{L^k}, \quad i = 1, \ldots, p.$$

Ponendo
$$\lambda^k = (\lambda_1^k, \ldots, \lambda_m^k) \qquad \mu^k = (\mu_1^k, \ldots, \mu_p^k),$$

e considerando il vettore $(\lambda_0^k, \lambda^k, \mu^k)$, avente per componenti tutti gli scalari prima definiti, è facile verificare che tale vettore ha, per costruzione, norma euclidea unitaria. Infatti si ha

$$\begin{aligned}
\left\|(\lambda_0^k, \lambda^k, \mu^k)\right\|^2 &= (\lambda_0^k)^2 + \sum_{i=1}^m (\lambda_i^k)^2 + \sum_{i=1}^p (\mu_i^k)^2 \\
&= \left(\frac{1}{L^k}\right)^2 + \sum_{i=1}^m \left(\frac{k g_i^+(x_k)}{L^k}\right)^2 + \sum_{i=1}^p \left(\frac{k h_i(x_k)}{L^k}\right)^2 \\
&= \left(\frac{1}{L^k}\right)^2 \left(1 + \sum_{i=1}^m (k g_i^+(x_k))^2 + \sum_{i=1}^p (k h_i(x_k))^2\right) \\
&= \left(\frac{L^k}{L^k}\right)^2 = 1.
\end{aligned}$$

Di conseguenza la successione $\{(\lambda_0^k, \lambda^k, \mu^k)\}$ resterà nella sfera unitaria (che è un insieme compatto), per cui si può estrarre una sottosuccessione (che ridefiniamo come successione $\{(\lambda_0^k, \lambda^k, \mu^k)\}$), convergente ad un vettore $(\lambda_0^*, \lambda^*, \mu^*)$ a norma unitaria. Si avrà quindi, in corrispondenza alla successione considerata,

$$\lim_{k \to \infty} \lambda_0^k = \lambda_0^*, \quad \lim_{k \to \infty} \lambda_i^k = \lambda_i^* \quad \lim_{k \to \infty} \mu_i^k = \mu_i^*,$$

con
$$\|(\lambda_0^*, \lambda^*, \mu^*)\| = 1. \tag{D.8}$$

Per ogni k fissato, dividendo ambo i membri della (D.7) per $L^k > 0$, si ottiene

$$\lambda_0^k \nabla f(x_k) + \frac{\alpha(x_k - x^*)}{L^k} + \sum_{i=1}^m \lambda_i^k \nabla g_i(x_k) + \sum_{i=1}^p \mu_i^k \nabla h_i(x_k) = 0, \tag{D.9}$$

da cui segue, andando al limite per $k \to \infty$ e ricordando che x^k converge a x^*,

$$\lambda_0^* \nabla f(x^*) + \sum_{i=1}^m \lambda_i^* \nabla g_i(x^*) + \sum_{i=1}^p \mu_i^* \nabla h_i(x^*) = 0. \tag{D.10}$$

Essendo poi $\lambda_0^k \geq 0$ e $\lambda_i^k \geq 0$, per $i = 1, \ldots, m$ si avrà, al limite per $k \to \infty$

$$\lambda_0^* \geq 0, \quad \lambda^* \geq 0. \tag{D.11}$$

Inoltre, poiché x^k converge a x^*, ricordando la (D.4), si ha che $g_i(x_k) < 0$ per ogni i tale che $g_i(x^*) < 0$ e di conseguenza, per definizione di λ_i^k, si ha

$$\lambda_i^k = \min\{g_i(x_k), 0\} = 0, \quad \text{per ogni } i \text{ tale che } g_i(x^*) < 0,$$

e quindi, poiché λ_i^k converge a λ_i^* e $g_i(x^*) \leq 0$, si può scrivere

$$\lambda_i^* g_i(x^*) = 0, \quad \text{per ogni } i = 1, \ldots, m. \tag{D.12}$$

Dalle (D.8), (D.10), (D.11) e (D.12) si ottengono le (D.2) e quindi risulta provata la parte (a) della tesi, che stabilisce le condizioni necessarie di F.John.

La (b) segue dal fatto che, se $\lambda_i^* > 0$, deve essere anche $\lambda_i^k > 0$ per valori sufficientemente elevati di k, il che implica, per definizione di λ_i^k, che sia $g_i(x_k) > 0$ per valori elevati di k. Analogamente, se $\mu_i^* \neq 0$, per k abbastanza grande, μ_i^k deve avere lo stesso segno di μ_i^* e quindi, per definizione di μ_i^k, avere lo stesso segno di $h_i(x_k)$. Ciò implica che sia $\mu_i^* h_i(x_k) > 0$. Essendo i vincoli in numero finito, in ogni intorno di x^* possiamo allora trovare, scegliendo k sufficientemente elevato, un punto x_k tale che sia

$$\lambda_i^* g_i(x_k) > 0 \quad \text{per ogni } i \text{ tale che } \lambda_i^* > 0$$

$$\mu_i^* h_i(x_k) > 0 \quad \text{per ogni } i \text{ tale che } \mu_i^* \neq 0.$$

Ciò dimostra la (b) e completa la dimostrazione. □

Le condizioni di FJ possono essere riscritte con notazioni matriciali, ponendo

$$\nabla g = (\nabla g_1 \ \ldots \ \nabla g_m), \quad \nabla h = (\nabla h_1 \ \ldots \ \nabla h_p).$$

Si ha

Condizioni necessarie di Fritz John

$$\lambda_0^* \nabla f(x^*) + \nabla g(x^*) \lambda^* + \nabla h(x^*) \mu^* = 0$$

$$(\lambda^*)^T g(x^*) = 0,$$

$$(\lambda_0^*, \lambda^*) \geq 0, \quad (\lambda_0^*, \lambda^*, \mu^*) \neq 0,$$

$$g(x^*) \leq 0, \quad h(x^*) = 0.$$

(D.13)

Ancora più sinteticamente, indicando con $\nabla_x L(x, \lambda_0, \lambda, \mu)$ il gradiente rispetto a x della funzione Lagrangiana (generalizzata), le condizioni di FJ si possono porre nella forma seguente.

Condizioni necessarie di Fritz John

$$\begin{aligned}
&\nabla_x L(x^*, \lambda_0^*, \lambda^*, \mu^*) = 0 \\
&(\lambda^*)^T g(x^*) = 0, \\
&(\lambda_0^*, \lambda^*) \geq 0, \quad (\lambda_0^*, \lambda^*, \mu^*) \neq 0, \\
&g(x^*) \leq 0, \quad h(x^*) = 0.
\end{aligned} \qquad (D.14)$$

D.2 Qualificazione dei vincoli e condizioni di KKT

Nelle condizioni di Fritz John il gradiente della funzione obiettivo è pesato con un coefficiente scalare $\lambda_0 \geq 0$. Se λ_0 è nullo, la funzione obiettivo non interviene affatto nella condizioni di ottimalità e tali condizioni possono quindi risultare poco significative. Interessa quindi stabilire i casi in cui si può supporre $\lambda_0 > 0$.

Le condizioni da imporre sui vincoli perché ciò sia possibile sono note come *condizioni di qualificazione dei vincoli*. Rinviando alla letteratura per approfondimenti, ci limitiamo nel seguito a considerare alcuni casi di particolare interesse.

Per tener conto delle proprietà locali dei vincoli nell'intorno di un punto considerato, è opportuno premettere alcune semplici estensioni delle usuali nozioni di convessità e di concavità. Con riferimento a funzioni differenziabili, introduciamo le definizioni seguenti.

Definizione D.1 (Convessità e concavità in un punto).

Sia $\bar{x} \in R^n$ un punto assegnato e sia g_i una funzione continuamente differenziabile in un intorno $B(\bar{x}; \rho)$ di $\bar{x}$. Diremo che:

(i) g_i *è convessa* nel punto $\bar{x}$ se risulta

$$g_i(x) \geq g_i(\bar{x}) + \nabla g_i(\bar{x})^T (x - \bar{x}) \quad \text{per ogni } x \in B(\bar{x}; \rho);$$

(ii) g_i *è strettamente convessa* nel punto $\bar{x}$ se risulta

$$g_i(x) > g_i(\bar{x}) + \nabla g_i(\bar{x})^T (x - \bar{x}) \quad \text{per ogni } x \in B(\bar{x}; \rho) \text{ con } x \neq \bar{x};$$

(iii) g_i *è concava* nel punto $\bar{x}$ se risulta

$$g_i(x) \leq g_i(\bar{x}) + \nabla g_i(\bar{x})^T (x - \bar{x}) \quad \text{per ogni } x \in B(\bar{x}; \rho);$$

(iv) g_i *è strettamente concava* nel punto $\bar{x}$ se risulta

$$g_i(x) < g_i(\bar{x}) + \nabla g_i(\bar{x})^T (x - \bar{x}) \quad \text{per ogni } x \in B(\bar{x}; \rho) \text{ con } x \neq \bar{x}.$$

È da notare che nella definizione precedente non vengono prese in considerazione *tutte* le coppie di punti dell'intorno, ma solo le coppie in cui uno degli elementi è $\bar{x}$. È immediato verificare che se g_i è (strettamente) convessa o concava sull'intorno considerato secondo la definizione usuale, è anche, ovviamente, (strettamente) convessa o concava in $\bar{x}$.

Consideriamo ora alcune condizioni di qualificazione dei vincoli che consentono di assumere $\lambda_0^* > 0$ nelle condizioni di Fritz John, ottenendo così le condizioni di KKT.

In quel che segue supponiamo che $x^* \in S$ sia un punto che soddisfi le condizioni di FJ e indichiamo con $I(x^*)$ l'insieme degli indici dei vincoli di diseguaglinza attivi in x^*, ossia:

$$I(x^*) = \{i : g_i(x^*) = 0\}.$$

(a) Indipendenza lineare gradienti vincoli di eguaglianza e vincoli attivi

Supponiamo che i *gradienti dei vincoli di eguaglianza e dei vincoli di diseguaglianza attivi in x^* siano linearmente indipendenti*, ossia che sia linearmente indipendente l'insieme

$$\{\nabla h_i(x^*), \ i = 1, \ldots, p \quad \nabla g_i(x^*), \ i \in I(x^*)\}.$$

Se x^* è un punto in cui valgono le condizioni di FJ sappiamo che esistono λ_0^* e λ^*, μ^* non tutti nulli tali che valgano le (D.2). Se per assurdo fosse $\lambda_0^* = 0$ allora, tenendo conto delle condizioni di complementarità (che implicano $\lambda_i^* = 0$ per $i \notin I(x^*)$), risulterebbe

$$\sum_{i \in I(x^*)} \lambda_i^* \nabla g_i(x^*) + \sum_{i=1}^{p} \mu_i^* \nabla h_i(x^*) = 0,$$

e quindi, per l'ipotesi di indipendenza lineare, si avrebbe anche $\lambda_i^* = 0$, $i \in I(x^*)$ e $\mu^* = 0$.

Ne segue che nelle condizioni di Fritz John non può essere $\lambda_0^* = 0$, altrimenti tutti i moltiplicatori sarebbero nulli.

(b) Linearità dei vincoli di eguaglianza e concavità dei vincoli attivi in x^*

Supponiamo che i vincoli di eguaglianza siano *lineari* e che i vincoli di diseguaglianza attivi siano *concavi nel punto x^**. In tali ipotesi, possiamo trovare un intorno $B(x^*, \rho)$ di x^* tale che, per ogni $x \in B(x^*, \rho)$ si abbia

$$h_i(x) = h_i(x^*) + \nabla h_i(x^*)^T(x - x^*), \quad i = 1, \ldots, p$$

$$g_i(x) \leq g_i(x^*) + \nabla g_i(x^*)^T(x - x^*), \quad i \in I(x^*),$$

D.2 Qualificazione dei vincoli e condizioni di KKT

da cui segue, moltiplicando per i corrispondenti moltiplicatori e sommando, che per ogni $x \in B(x^*, \rho)$ si ha

$$\sum_{i=1}^{p} \mu_i^* h_i(x) + \sum_{i \in I(x^*)} \lambda_i^* g_i(x) \leq \sum_{i=1}^{p} \mu_i^* h_i(x^*) + \sum_{i \in I(x^*)} \lambda_i^* g_i(x^*)$$
$$+ \left(\sum_{i=1}^{p} \mu_i^* \nabla h_i(x^*) + \sum_{i \in I(x^*)} \lambda_i^* \nabla g_i(x^*) \right)^T (x - x^*).$$
(D.15)

Se nelle condizioni di FJ assumiamo, per assurdo, $\lambda_0^* = 0$ e teniamo conto del fatto che $\lambda_i^* = 0$ per $i \notin I(x^*)$, il termine a secondo membro si annulla e di conseguenza si può scrivere:

$$\sum_{i=1}^{p} \mu_i^* h_i(x) + \sum_{i \in I(x^*)} \lambda_i^* g_i(x) \leq 0. \tag{D.16}$$

Se tuttavia esiste almeno un moltiplicatore non nullo, in base alla (b) del Teorema D.1 deve esistere un $x \in B(x^*, \rho)$ tale che la sommatoria a primo membro è positiva e di conseguenza si ottiene una contraddizione. Si può concludere che non può essere $\lambda_0^* = 0$.

Un caso particolare importante della condizione considerata è ovviamene quello in cui *tutti i vincoli attivi in x^* sono lineari*.

(c) Condizioni di qualificazione dei vincoli di Mangasarian-Fromovitz

Introduciamo la definizione seguente.

Definizione D.2 (Condizione di Mangasarian-Fromovitz).

Sia $x^* \in S$ e supponiamo che g, h siano continuamente differenziabili in un intorno di x^*. Si dice che è soddisfatta in x^* la condizione di qualificazione dei vincoli di Mangasarian-Fromovitz (MF) se:

(i) *i gradienti dei vincoli di eguaglianza $\{\nabla h_i(x^*), \ i = 1, \ldots, p\}$ sono linearmente indipendenti;*

(ii) *esiste $d \in R^n$ tale che*

$$\nabla g_i(x^*)^T d < 0, \quad \forall i \in I(x^*), \qquad \nabla h_i(x^*)^T d = 0, \quad \forall i = 1, \ldots, p.$$

Supponiamo che valga la condizione (MF) e supponiamo, per assurdo, che sia $\lambda_0^* = 0$ nelle condizioni di FJ. In tal caso, poiché i moltiplicatori non possono essere tutti nulli, ricordando le le condizioni di complementarità si possono avere soltanto i due casi seguenti:

caso (i): $\lambda^* = 0$, $\mu^* \neq 0$;
caso (ii): esiste almeno un $i \in I(x^*)$ tale che $\lambda_i^* > 0$.

Nel caso (i), dalle condizioni di FJ segue $\nabla h(x^*)\mu^* = 0$ e quindi si ottiene una contraddizione con l'ipotesi di indipendenza lineare dei gradienti dei vincoli di eguaglianza.

Nel caso (ii), per le condizioni di FJ, eseguendo il prodotto scalare del vettore d considerato nella Definizione D.2 con il gradiente della funzione Lagrangiana (che deve essere nullo) si ottiene,

$$\nabla_x L(x^*, \lambda_0^*, \lambda^*, \mu^*)^T d = \sum_{i=1}^{p} \mu_i^* \nabla h_i(x^*)^T d + \sum_{i \in I(x^*)} \lambda_i^* \nabla g_i(x^*)^T d = 0. \tag{D.17}$$

Ciò contraddice tuttavia la (ii) della Definizione D.2, che implica

$$\sum_{i=1}^{p} \mu_i^* \nabla h_i(x^*)^T d + \sum_{i \in I(x^*)} \lambda_i^* \nabla g_i(x^*)^T d = \sum_{i \in I(x^*)} \lambda_i^* \nabla g_i(x^*)^T d < 0,$$

in quanto nel caso (ii) si è supposto che esista almeno un $\lambda_i^* > 0$.

Si può concludere che, se valgono le condizioni di Fritz John ed è soddisfatta la condizione (MF), non possono esistere moltiplicatori con $\lambda_0^* = 0$.

(d) Condizioni di Slater

Un altro caso particolare significativo è quello in cui l'insieme ammissibile è definito attraverso vincoli convessi di diseguaglianza ed è possibile trovare un punto ammissibile in cui i vincoli siano soddisfatti come diseguaglianze strette. Introduciamo la definizione seguente.

> **Definizione D.3 (Condizione di Slater).**
> *Supponiamo che le funzioni g_i siano convesse e continuamente differenziabili su un insieme aperto convesso contenente l'insieme ammissibile*
>
> $$S = \{x \in R^n : g(x) \leq 0\}.$$
>
> *Si dice che è soddisfatta su S la condizione di qualificazione di Slater se esiste $\hat{x} \in S$ tale che*
>
> $$g(\hat{x}) < 0.$$

La condizione precedente è sempre soddisfatta, ad esempio, in un problema del tipo

$$min\ f(x)$$
$$\|x\|_2^2 \leq a^2.$$

Infatti, il vincolo

$$g(x) = \|x\|_2^2 - a^2 \leq 0$$

è una funzione convessa differenziabile e si ha $g(0) < 0$.

Se vale la condizione di Slater e $x^* \in S$, è immediato verificare che vale la condizione di qualificazione dei vincoli di Mangasarian-Fromovitz in x^*. Infatti, per ogni $i \in I(x^*)$ si ha, per la convessità di g_i e l'ipotesi $g_i(\hat{x}) < 0$:

$$0 > g_i(\hat{x}) \geq g_i(x^*) + \nabla g_i(x^*)^T(\hat{x} - x^*) = \nabla g_i(x^*)^T(\hat{x} - x^*).$$

Ne segue che, non esistendo vincoli di eguaglianza, la condizione di MF è soddisfatta assumendo

$$d = \hat{x} - x^*,$$

il che implica $\nabla g_i(x^*)^T d < 0$ per ogni $i \in I(x^*)$.

Si noti che nella condizione di Slater ci si potrebbe limitare a considerare solo i vincoli attivi in x^* e si potrebbe indebolire l'ipotesi di convessità sostituendola con una condizione di convessità generalizzata (condizione di Slater *debole*).

Riassumiamo la discussione precedente enunciando formalmente le condizioni di KKT. Per derivare tali condizioni da quelle di FJ basta osservare che, se $\lambda_0^* > 0$, è possibile dividere la prima equazione delle (D.2) per $\lambda_0^* > 0$ e ridefinire gli altri moltiplicatori.

Teorema D.2 (Condizioni necessarie di Karush-Kuhn-Tucker).

Sia $x^* \in S$ un punto di minimo locale e supponiamo che f, g, h siano continuamente differenziabili in un intorno di x^*. Supponiamo inoltre che nel punto x^* sia soddisfatta una delle condizioni di qualificazione dei vincoli seguenti:

(a) indipendenza lineare dei gradienti $\{\nabla h_i(x^*), i = 1, \ldots, p, \nabla g_i(x^*), i \in I(x^*)\}$;
(b) linearità dei vincoli di eguaglianza e concavità dei vincoli di diseguaglianza attivi;
(c) condizione di qualificazione di Mangasarian-Fromovitz;
(d) condizione di qualificazione di Slater.

Allora esistono $\lambda^* \in R^m$ e $\mu^* \in R^p$ tali che

$$\nabla f(x^*) + \nabla g(x^*)\lambda + \nabla h(x^*)\mu^* = 0$$
$$g(x^*) \leq 0, \quad h(x^*) = 0$$
$$\lambda^{*T} g(x^*) = 0$$
$$\lambda^* \geq 0.$$
(D.18)

Se definiamo la funzione Lagrangiana per il problema (D.1) ponendo

$$L(x, \lambda, \mu) = f(x) + \lambda^T g(x) + \mu^T h(x),$$

per cui si ha:

$$\nabla_x L(x, \lambda, \mu) = \nabla f(x) + \nabla g(x)\lambda + \nabla h(x)\mu,$$

le condizioni di KKT si possono porre nella forma seguente.

Condizioni necessarie di Karush-Kuhn-Tucker

$$\nabla_x L(x^*, \lambda^*, \mu^*) = 0$$
$$g(x^*) \leq 0, \quad h(x^*) = 0$$
$$\lambda^{*T} g(x^*) = 0$$
$$\lambda^* \geq 0.$$
(D.19)

D.3 Moltiplicatori di Lagrange

Nel caso particolare in cui esistano solo vincoli di eguaglianza

$$h(x) = 0 \quad \text{con } h : R^n \to R^p,$$

che soddifino una condizione di qualificazione dei vincoli si può far riferimento alla funzione Lagrangiana

$$L(x, \mu) = f(x) + \mu^T h(x),$$

e si ottiene la nota *regola dei moltiplicatori di Lagrange*.

Ci limitiamo a riportare una conseguenza immediata del Teorema D.2.

> **Teorema D.3 (Moltiplicatori di Lagrange).**
>
> Sia $x^* \in S$ un punto di minimo locale del problema
> $$\min f(x)$$
> $$h(x) = 0,$$
> e supponiamo che f, h siano continuamente differenziabili in un intorno di x^*. Supponiamo inoltre che nel punto x^* sia soddisfatta una delle condizioni di qualificazione dei vincoli seguenti:
>
> (a) indipendenza lineare dei gradienti $\{\nabla h_i(x^*),\ i = 1, \ldots, p\}$;
> (b) Linearità dei vincoli di eguaglianza (ossia $h(x) = Ax - b$).
>
> Allora esiste $\mu^* \in R^p$ tale che
> $$\nabla f(x^*) + \nabla h(x^*)\mu^* = 0$$
> $$h(x^*) = 0. \qquad (D.20)$$

Se vale la regola dei moltiplicatori di Lagrange la ricerca dei punti che soddisfano le condizioni necessarie si riconduce alla ricerca delle soluzioni del sistema di $n + p$ equazioni:
$$\nabla_x L(x, \mu) = 0 \qquad h(x) = 0,$$
nelle $n + p$ incognite (x, μ).

D.4 Condizioni sufficienti nel caso convesso

Le condizioni di KKT divengono *condizioni sufficienti di minimo globale* nell'ipotesi che f e g_i siano funzioni convesse e che i vincoli di eguaglianza siano lineari. Vale, in particolare, il risultato seguente.

> **Teorema D.4 (Condizioni sufficienti di KKT).**
>
> Supponiamo che la funzione obiettivo f sia convessa, che le funzioni g_i, per $i = 1, \ldots m$ siano convesse e che i vincoli di uguaglianza siano lineari, ossia: $h(x) = Ax - b$. Supponiamo inoltre che f, g, h siano continuamente differenziabili su un insieme aperto contenente l'insieme ammissibile. Allora, se esistono moltiplicatori λ^* e μ^* tali che valgano le condizioni
> $$\nabla f(x^*) + \nabla g(x^*)\lambda^* + \nabla h(x^*)\mu^* = 0$$
> $$g(x^*) \leq 0, \quad h(x^*) = 0$$

> $$\lambda^{*T} g(x^*) = 0$$
> $$\lambda^* \geq 0,$$
>
> il punto x^* è un punto di minimo globale vincolato. Se inoltre f è strettamente convessa, allora x^* è l'unico punto di minimo globale vincolato.

Dimostrazione. Osserviamo innanzitutto che l'insieme ammissibile è convesso. Considerato un qualunque punto x ammissibile, $(g(x) \leq 0, h(x) = 0)$, essendo $\lambda^* \geq 0$, si ha
$$f(x) \geq f(x) + \lambda^{*T} g(x) + \mu^{*T} h(x).$$
Inoltre possiamo scrivere per la linearità dei vincoli di uguaglianza
$$h(x) = h(x^*) + \nabla h(x^*)^T (x - x^*).$$
Per la convessità di g_i si ha
$$g_i(x) \geq g_i(x^*) + \nabla g_i(x^*)^T (x - x^*),$$
da cui segue, essendo $\lambda^* \geq 0$,
$$\lambda^{*T} g(x) \geq \lambda^{*T} g(x^*) + \lambda^{*T} \nabla g(x^*)^T (x - x^*),$$
e per la convessità di f,
$$f(x) \geq f(x^*) + \nabla f(x^*)^T (x - x^*).$$
Possiamo allora scrivere
$$\begin{aligned} f(x) &\geq f(x) + \lambda^{*T} g(x) + \mu^{*T} h(x) \\ &\geq f(x^*) + \nabla f(x^*)^T (x - x^*) + \lambda^{*T} g(x^*) + \lambda^{*T} \nabla g(x^*)^T (x - x^*) \\ &\quad + \mu^{*T} h(x^*) + \mu^{*T} \nabla h(x^*)^T (x - x^*) \\ &\geq f(x^*) + \left(\nabla f(x^*) + \nabla g(x^*) \lambda^* + \nabla h(x^*) \mu^* \right)^T (x - x^*) \\ &= f(x^*). \end{aligned}$$

Quindi si ottiene $f(x) \geq f(x^*)$ per ogni x ammissibile. Nel caso di stretta convessità di f, procedendo in maniera analoga a quanto già fatto, si perviene alla relazione $f(x) > f(x^*)$ per $x \neq x^*$, che dimostra l'unicità del punto di ottimo x^*. □

D.5 Problemi con vincoli lineari

Una classe significativa di problemi di programmazione matematica è quella in cui l'insieme ammissibile è definito da un sistema di equazioni e disequazioni lineari. Senza perdita di generalità ci si può riferire a problemi con sole diseguaglianze, del tipo

$$\begin{aligned} min\ &f(x) \\ &Ax \geq b, \end{aligned} \qquad (D.21)$$

in cui f è una funzione dotata di derivate parziali prime continue e A è una matrice reale $m \times n$. Ci proponiamo nel seguito di particolarizzare le condizioni di ottimo già ricavate nel caso generale al problema (D.21).

In presenza di vincoli lineari le condizioni di qualificazione dei vincoli sono soddisfatte, in quanto tutti i vincoli sono descritti per mezzo di funzioni concave Si ottengono allora le condizioni necessarie di KKT come caso particolare del Teorema D.2.

Teorema D.5 (Condizioni di Karush-Kuhn-Tucker).

Sia x^* un punto di minimo locale del problema (D.21). Allora esiste un vettore $\lambda^* \in R^m$ tale che risultino soddisfatte le condizioni seguenti, in cui la funzione Lagrangiana è data da

$$L(x, \lambda) = f(x) + \lambda^T(b - Ax).$$

(i) $Ax^* \geq b$;
(ii) $\nabla_x L(x^*, \lambda^*) = \nabla f(x^*) - A^T \lambda^* = 0$;
(iii) $\lambda^* \geq 0$;
(iv) $\lambda^{*T}(b - Ax^\star) = 0$.

Se f è convessa vale la condizione seguente, che segue dai teoremi D.5 e D.4.

Teorema D.6 (Condizioni necessarie e sufficienti di ottimo globale).

Sia $S = \{x : x \in R^n,\ Ax \geq b\}$, sia $D \subseteq R^n$ un insieme aperto convesso contenente S, sia $f : D \to R$ e supponiamo che ∇f sia continuo su D e che f sia convessa su D. Allora condizione necessaria e sufficiente perchè il punto x^* sia un punto di minimo globale di f su S è che esista $\lambda^* \in R^m$ tale che valgano le condizioni:

(i) $Ax^* \geq b$;
(ii) $\nabla_x L(x^*, \lambda^*) = \nabla f(x^*) - A^T \lambda^* = 0$;
(iii) $\lambda^* \geq 0$;
(iv) $\lambda^{*T}(b - Ax^*) = 0$.

Se inoltre f è strettamente convessa su D e valgono le condizioni precedenti, allora il punto x^* è l'unico punto di minimo globale di f su S.

Casi particolari di interesse sono i problemi in cui l'insieme ammissibile è definito da "vincoli semplici (condizioni di non negatività, vincoli di "box, vincoli "di simplesso), i problemi di programmazione quadratica, i problemi di programmazione lineare.

D.5.1 Problemi con vincoli di non negatività

Consideriamo problemi del tipo

$$min\ f(x)$$
$$x \geq 0, \qquad (D.22)$$

in cui $f: R^n \to R$ è una funzione differenziabile e le variabili sono soggette soltanto a vincoli di non negatività. Essendo i vincoli lineari una condizione necessaria di minimo locale si ottiene dalle condizioni di KKT. La funzione Lagrangiana è data da

$$L(x, \lambda) = f(x) - \lambda^T x,$$

il cui gradiente rispetto a x è $\nabla_x L(x, \lambda) = \nabla f(x) - \lambda$.

Imponendo le condizioni di KKT in x^* si ha

$$\nabla f(x^*) - \lambda^* = 0, \quad x^* \geq 0, \quad \lambda^* \geq 0, \quad \lambda^{*T} x^* = 0.$$

Esplicitando le singole componenti e risolvendo rispetto a λ^* si ha

$$\lambda_j^* = \frac{\partial f(x^*)}{\partial x_j}, \quad j = 1, \ldots, n$$

per cui le condizioni di KKT equivalgono a imporre

$$\frac{\partial f(x^*)}{\partial x_j} \geq 0 \quad \text{se } x_j^* = 0, \qquad \frac{\partial f(x^*)}{\partial x_j} = 0 \quad \text{se } x_j^* > 0.$$

Se f è una funzione convessa le condizioni precedenti divengono condizioni necessarie e sufficienti di minimo globale.

D.5.2 Problemi con vincoli di "box"

Consideriamo ora problemi del tipo

$$\min f(x)$$
$$a \leq x \leq b, \tag{D.23}$$

in cui ciascuna variabile è soggetta soltanto a limitazioni inferiori e superiori e si suppone $b_j > a_j$ per ogni j.

Essendo i vincoli lineari, possiamo applicare le condizioni di KKT per ottenere condizioni necessarie di minimo locale. A tale scopo, definiamo la funzione Lagrangiana

$$L(x, u, v) = f(x) + u^T(a - x) + v^T(x - b),$$

in cui $(u, v) \in R^n \times R^n$ sono vettori di moltiplicatori. Imponendo le condizioni di KKT in un punto x^* tale che $a \leq x^* \leq b$, si ottiene

$$\nabla f(x^*) - u^* + v^* = 0, \quad (a - x^*)^T u^* = 0, \quad (x^* - b)^T v^* = 0, \quad (u^*, v^*) \geq 0.$$

Possiamo riscrivere le condizioni precedenti mettendo in evidenza le singole componenti, e distinguendo gli insiemi di indici

$$J_a = \{j : x_j^* = a_j\}, \quad J_b = \{j : x_j^* = b_j\}, \quad J_0 = \{j : a_j < x_j^* < b_j\}.$$

Supponiamo dapprima che sia $j \in J_a$, ossia che $x_j^* = a_j$. In tal caso sarà necessariamente $x_j^* < b_j$ e quindi, per le condizioni di complementarità si ha $v_j^* = 0$. Ne segue

$$\frac{\partial f(x^*)}{\partial x_j} = u_j^* \geq 0.$$

Analogamente, se $j \in J_b$, ossia che $x_j^* = b_j$ sarà necessariamente $x_j^* > a_j$ e quindi, per le condizioni di complementarità si ha $u_j^* = 0$, per cui si ottiene

$$\frac{\partial f(x^*)}{\partial x_j} = -v_j^* \leq 0.$$

Infine, supponiamo che sia $j \in J_0$, ossia che $a_j < x_j^* < b_j$. Per le condizioni di complementarità si ha $u_j^* = 0$ e $v_j^* = 0$, per cui deve essere

$$\frac{\partial f(x^*)}{\partial x_j} = 0.$$

Le condizioni necessarie di minimo locale (che divengono condizioni necessarie e sufficienti di minimo globale se f è convessa) sono allora

$$\frac{\partial f(x^*)}{\partial x_j} \geq 0 \quad \text{se } x_j^* = a_j,$$

$$\frac{\partial f(x^*)}{\partial x_j} \leq 0 \quad \text{se } x_j^* = b_j,$$

$$\frac{\partial f(x^*)}{\partial x_j} = 0 \quad \text{se } a_j < x_j^* < b_j.$$

con il vincolo

$$a \leq x^* \leq b.$$

D.5.3 Problemi con vincoli di simplesso

Una classe di problemi di interesse in molte applicazioni è quella dei problemi con *vincoli di simplesso*, ossia di problemi del tipo

$$\begin{aligned} &min\ f(x) \\ &e^T x = 1, \quad x \geq 0 \end{aligned} \tag{D.24}$$

in cui $e = (1, 1 \ldots, 1)^T \in R^n$. La funzione Lagrangiana è data da:

$$L(x, \mu, \lambda) = f(x) + \mu(e^T x - 1) - \lambda^T x,$$

con $\mu \in R$ e $\lambda \in R^n$. Le condizioni necessarie di ottimo locale divengono

$$\nabla f(x^*) + \mu^* e - \lambda^* = 0,$$

$$e^T x = 1, \quad x \geq 0$$

$$x^{*T} \lambda^* = 0, \quad \lambda^* \geq 0.$$

Mettendo in evidenza le singole componenti, si può scrivere

$$\frac{\partial f(x^*)}{\partial x_j} - \lambda_j^* = -\mu^*, \quad j = 1, \ldots, n. \tag{D.25}$$

Se $x*_j > 0$ deve essere $\lambda_j^* = 0$ (per la complementarità) e quindi

$$\frac{\partial f(x^*)}{\partial x_j} = -\mu^*, \quad \text{per ogni } j \text{ tale che } x_j^* > 0.$$

D'altra parte, essendo $\lambda^* \geq 0$, dalla (D.25) segue

$$\frac{\partial f(x^*)}{\partial x_h} \geq -\mu^*, \quad h = 1, \ldots, n$$

e quindi le condizioni di ottimo consistono nell'imporre che tutte le derivate parziali rispetto alle variabili positive in x^* siano eguali fra loro e abbiano valore non superiore a quello delle derivate parziali rispetto alle variabili nulle in x^*.

Ciò equivale a richiedere che valga l'implicazione

$$x_j^* > 0 \quad \text{implica} \quad \frac{\partial f(x^*)}{\partial x_j} \leq \frac{\partial f(x^*)}{\partial x_h} \quad \text{per ogni } h = 1, \ldots, n,$$

con i vincoli

$$e^T x^* = 1, \quad x^* \geq 0.$$

Le condizioni precedenti divengono condizioni necessarie e sufficienti di minimo globale nel caso in cui f è una funzione convessa.

D.5.4 Programmazione quadratica

Una classe particolare di problemi di programmazione convessa con vincoli lineari è costituita dai problemi di *programmazione quadratica* in cui la funzione obiettivo è una funzione quadratica convessa, ossia dai problemi del tipo

$$min \; \tfrac{1}{2} x^T Q x + c^T x, \quad \text{(PQ)}$$

$$Ax \geq b$$

dove Q è una matrice $n \times n$ *simmetrica, semidefinita positiva*.

Dal Teorema D.6, tenendo conto del fatto che il gradiente della funzione Lagrangiana è dato da

$$\nabla_x L(x, \lambda) = Qx + c - A^T \lambda,$$

possiamo dare condizioni necessarie e sufficienti di ottimo nella forma seguente.

Proposizione D.1 (Condizioni di ottimalità per la PQ).

Sia Q una matrice simmetrica semidefinita positiva. Allora condizione necessaria e sufficiente perchè il punto x^* sia un punto di minimo globale del problema (PQ) è che esista $\lambda^* \in R^m$ tale che valgano le condizioni:

(i) $\nabla_x L(x^*, \lambda^*) = Qx^* + c - A^T \lambda^* = 0;$
(ii) $Ax^* \geq b;$
(iii) $\lambda^{*T}(b - Ax^*) = 0, \quad \lambda^* \geq 0.$

Se inoltre Q è definita positiva e valgono le condizioni precedenti, allora il punto x^* è l'unico punto di minimo globale del problema (PQ).

Si noti che se Q è solo semidefinita positiva il problema (PQ) potrebbe non ammettere una soluzione ottima anche se l'insieme ammissibile è non vuoto. In tal caso le condizioni di KKT non possono ammettere soluzione. Se Q è definita positiva gli insiemi di livello della funzione obiettivo sono compatti e quindi, se l'insieme ammissibile è non vuoto esiste sedmpre una soluzione ottima che soddisfa le condizioni di KKT.

Un caso particolare, in cui le condizioni di ottimo forniscono una soluzione in forma analitica è quello dei problemi quadratici con vincoli di eguaglianza, del tipo

$$min \; \tfrac{1}{2} x^T Q x + c^T x,$$

$$Ax = b,$$

in cui Q è definita positiva e $A(m \times n)$ si suppone di rango m (con $n > m$). In tal caso, dalle condizioni di Lagrange si ottengono le condizioni di ottimo

$$Q x^* + c - A^T \mu^* = 0, \quad A x^* = b.$$

Risolvendo rispetto a x^* si ha

$$x^* = -Q^{-1}(c - A^T \mu^*),$$

e quindi, sostituendo nei vincoli,

$$A\left(-Q^{-1}(c - A^T \mu^*)\right) = b,$$

da cui segue

$$A Q^{-1} A^T \mu^* = b + A Q^{-1} c.$$

Essendo $AQ^{-1}A^T$ non singolare per le ipotesi fatte, si può porre

$$\mu^* = \left(A Q^{-1} A^T\right)^{-1} (b + A Q^{-1} c)$$

e qundi si ottiene

$$x^* = -Q^{-1} c + Q^{-1} A^T \left(A Q^{-1} A^T\right)^{-1} (b + A Q^{-1} c),$$

che fornisce la soluzione ottima.

D.5.5 Programmazione lineare

Dalla Proposizione D.1, assumendo $Q = 0$, si ottengono come caso particolare le condizioni di ottimalità per la *programmazione lineare*. Riferendoci, ad esempio al problema nella forma

$$min \; c^T x, \quad \text{(PL)}$$

$$Ax \geq b$$

e ponendo

$$L(x, \lambda) = c^T x + \lambda^T (b - Ax)$$

si ha

$$\nabla_x L(x, \lambda) = c - A^T \lambda$$

e si ottiene la condizione seguente.

Proposizione D.2 (Condizioni di ottimalità per la PL).

Condizione necessaria e sufficiente perchè il punto x^* sia un punto di minimo globale del problema (PL) *è che esista $\lambda^* \in R^m$ tale che valgano le condizioni:*

(i) $\nabla_x L(x^*, \lambda^*) = c - A^T \lambda^* = 0;$
(ii) $Ax^* \geq b;$
(iii) $\lambda^{*T}(b - Ax^*) = 0, \quad \lambda^* \geq 0.$

Le condizioni di ottimalità si possono riformulare osservando che le condizioni della Proposizione D.2 implicano, in particolare

$$\lambda^{*T} b = \lambda^{*T} A x^* = (A^T \lambda^*)^T x^* = c^T x^*.$$

Si ottiene così una condizione di ottimalità espressa da un sistema di equazioni e disequazioni lineari nella coppia (x, λ).

Proposizione D.3 (Condizioni di ottimalità per la PL).

Condizione necessaria e sufficiente perchè il punto x^* sia un punto di minimo globale del problema (PL) *è che esista $\lambda^* \in R^m$ tale che valgano le condizioni:*

(i) $\nabla_x L(x^*, \lambda^*) = c - A^T \lambda^* = 0;$
(ii) $Ax^* \geq b;$
(iii) $b^T \lambda^* = c^T x^*, \quad \lambda^* \geq 0.$

Utilizzando trasformazioni equivalenti, oppure utilizzando le funzioni Lagrangiane appropriate, è possibile estendere i teoremi precedenti a problemi di PL formulati diversamente.

Appendice E
Aspetti numerici

Nell'appendice vengono brevemente considerati alcuni aspetti, molto importanti nella realizzazione di codici di ottimizzazione, ma che non sono stati approfonditi nel nostro studio. In particolare, richiamiamo il fatto che i numeri reali sono rappresentati nei calcolatori digitali con *precisione finita*, con le conseguenze che ciò comporta. Successivamente mettiamo in evidenza l'importanza della scelta della *scala* delle variabili e descriviamo alcuni *criteri di arresto* usualmente adottati. Infine, accenniamo alle tecniche *alle differenze finite* e alle tecniche di *differenziazione automatica* per il calcolo delle derivate.

E.1 Numeri in virgola mobile a precisione finita

Come è noto, nei calcolatori digitali (operanti in *virgola mobile*) un numero reale ξ (di modulo non eccessivamente grande) viene rappresentato o approssimato utilizzando soltanto un numero finito di *cifre significative* e posizionando opportunamente la "virgola" decimale. Una delle possibili rappresentazioni di ξ, che indicheremo con $\tilde{\xi}$, è del tipo

$$\tilde{\xi} = (-1)^s \times a \times b^k,$$

dove $s \in \{0, 1\}$ definisce il segno, $a \geq 0$ è la *mantissa*, rappresentata con un numero finito di cifre, $b \geq 2$ è la *base* e k è l'*esponente*, costituito da un intero con segno tale che

$$-k_1 \leq k \leq k_2, \quad k_1, k_2 > 0.$$

Tipicamente si ha $b = 2$, $b = 10$ oppure $b = 16$; nel seguito ci riferiremo soltanto al caso $b = 10$. In tal caso

$$\tilde{\xi} = (-1)^s \times a \times 10^k, \quad s \in \{0,1\}, \quad 0 \leq a < 1, \quad -k_1 \leq k \leq k_2, \quad k_1, k_2 > 0,$$

dove a è un numero decimale con t cifre costituite da interi positivi a_i, ossia

$$a = 0.\, a_1 a_2 \ldots a_t, \quad 0 \leq a_i \leq 9, \quad i = 1, \ldots, t.$$

Se $\xi \neq 0$, per rendere univoca la rappresentazione, si può assumere $a_1 \geq 1$, ossia supporre $10^{-1} \leq a < 1$ (rappresentazione *normalizzata*).

A causa della limitazione sul numero di cifre della mantissa e dei limiti sull'esponente, solo un numero finito di numeri appartiene all'insieme, indicato con A, dei numeri rappresentabili esattamente (detti *numeri di macchina*).

In particolare, per quanto riguarda l'esponente, se $|\xi| > 10^{k_2}$ si ha un *overflow* mentre se $|\xi| < 10^{-k_1}$ si ha un *underflow*. Gli *overflow* vengono sempre segnalati come errori, mentre in genere gli *underflow* possono essere segnalati solo se si specifica un'opzione opportuna di compilazione, altrimenti si può assumere $\xi = 0$ se $|\xi| < 10^{-k_1}$.

La *precisione* con cui ξ è rappresentato dipende dal numero di cifre t ammesse per la mantissa. La trasformazione di ξ in un numero $\tilde{\xi}$ con mantissa di t cifre (ad esempio per arrotondamento) introduce, in generale, un errore nella rappresentazione di ξ. Se si assume che il numero trasformato appartenga ad A, il che, in pratica è ragionevole supporre, data la grandezza dei limiti sugli esponenti, e ci si riferisce all'arrotondamento,[1] l'errore relativo di rappresentazione di un numero $\xi \neq 0$ soddisferà

$$|\xi - \tilde{\xi}|/|\xi| \leq 5 \cdot 10^{-t}.$$

La quantità $\eta_m = 5 \cdot 10^{-t}$ viene in genere denominata *precisione di macchina*. Se $\xi \in R$ e $\tilde{\xi} \in A$, si ha allora

$$\tilde{\xi} = (1+\varepsilon)\xi, \quad \text{con } |\varepsilon| \leq \eta_m.$$

Le operazioni aritmetiche $+, -, \times, /$ (indicate genericamente con "op"), effettuate su una coppia di numeri di macchina $u, v \in A$ possono introdurre un ulteriore errore se $c = (u \operatorname{op} v) \notin A$. La rappresentazione del risultato c con un numero di macchina $\tilde{c}$ si suppone in genere affetta da un errore δ che dovrebbe soddisfare la condizione $|\delta| \leq \eta_m$, per cui si può assumere:

$$\tilde{c} = (u \operatorname{op} v)(1+\delta), \quad |\delta| \leq \eta_m.$$

È importante osservare che le *operazioni in virgola mobile* non soddisfano le leggi delle operazioni aritmetiche, a causa della precisione finita.

In particolare, indicando con "$+^*$" l'operazione di addizione in virgola mobile, si ha

$$u +^* v = u \quad \text{se } |v| < \frac{\eta_m}{10}|u|, \quad u, v \in A,$$

per cui di fatto l'addizione di v (che può non essere zero) non modifica il valore di u.

---

[1] Nell'arrotondamento si suppone che la t−ma cifra decimale in una rappresentazione normalizzata di ξ con mantissa avente un numero qualsiasi (anche infinito) di cifre, venga aumentata di una unità se la $(t+1)$-ma cifra è ≥ 5 e la mantissa venga successivamente troncata alle prime t cifre.

La precisione di macchina η_m può quindi essere determinata algoritmicamente come il più piccolo numero $\eta_m \in A$ tale che

$$1 +^* \eta_m > 1.$$

A titolo orientativo, in *precisione semplice* si ha su molti calcolatori digitali $\eta_m \approx 10^{-7}$ e in *doppia precisione* $\eta_m \approx 2 \times 10^{-16}$.

Tener conto della precisione di macchina risulta importante, ad esempio, per fissare le tolleranze nel corso della ricerca unidimensionale, per definire gli incrementi da attribuire alle variabili nelle approssimazioni alle differenze finite, per definire i criteri di arresto.

E.2 Scala delle variabili e dell'obiettivo

In molte formulazioni di problemi di ottimizzazione può accadere che le variabili del problema abbiano "scale" molto differenti. Ad esempio, possiamo avere un problema in due variabili x_1 e x_2, in in cui x_1 rappresenta una massa espressa in grammi e appartiene all'intervallo $[10^3, 10^5]$, e x_2 rappresenta un tempo espresso in secondi e appartiene all'intervallo $[10^{-4}, 10^{-2}]$.

L'effetto di scale differenti può manifestarsi nel calcolo di alcuni termini, ad esempio la distanza tra due vettori, che sono utilizzati dagli algoritmi. Nell'esempio in due variabili appena descritto avremmo che il calcolo di un termine del tipo $\|x - y\|$ non sarebbe praticamente influenzato dalla seconda componente dei due vettori.

Nei casi in cui le variabili hanno scale molto differenti appare naturale pensare a definire una nuova scala, effettuando un cambiamento delle loro unità di misura. Nell'esempio visto si potrebbe pensare di esprimere la massa in chilogrammi e il tempo in microsecondi ottenendo in tal modo che la prima variabile apparterrebbe all'intervallo $[1, 10^2]$ e la seconda variabile all'intervallo $[10^{-1}, 10]$. Questa operazione corrisponde a definire un nuovo vettore di variabili $\hat{x} = Tx$, dove T è una matrice diagonale

$$T = \begin{pmatrix} 10^{-3} & 0 \\ 0 & 10^3 \end{pmatrix}.$$

Effettuare un cambiamento di scala attraverso una matrice diagonale con una trasformazione del tipo $\hat{x} = Tx$ è uno dei criteri più usati e consiste nel definire gli elementi della matrice diagonale T nella trasformazione $\hat{x} = Tx$, assumendo inizialmente

$$T_{ii} = 1/\bar{x}_i,$$

essendo $\bar{x}_i$ il "valore tipico" della variabile x_i, che dovrebbe essere fornito dall'utilizzatore del codice di ottimizzazione o stimato facendo riferimento, ad esempio, al punto iniziale assegnato.. Ciò tuttavia può avere effetti poco significativi quando, come può accadere, le variabili cambiano di vari ordini di grandezza durante l'esecuzione dei calcoli.

Se è noto l'intervallo $[a_i, b_i]$ in cui dovrebbe variare x_i (come ad esempio in problemi con *vincoli di box*), è consigliabile [48] un cambiamento di scala del tipo

$$\hat{x}_i = \frac{2x_i}{b_i - a_i} - \frac{a_i + b_i}{b_i - a_i},$$

il che assicura che le variabili trasformate rimangano nell'intervallo $[-1, 1]$.

In linea di principio, è possibile anche pensare a cambiamenti *dinamici* di scala, effettuati nel corso delle iterazioni, ma ciò può avere effetti difficilmente prevedibili, a causa anche della precisione finita.

È da notare che una trasformazione di variabili del tipo

$$\hat{x} = Tx, \qquad (E.1)$$

con T non singolare qualsiasi, ha effetti anche sulle derivate prime e seconde della funzione obiettivo e possibili conseguenze sulla rapidità di convergenza. Infatti, se $f : R^n \to R$ e poniamo

$$\hat{f}(\hat{x}) = f(T^{-1}\hat{x}),$$

si verifica facilmente, utilizzando le regole di derivazione delle funzioni composte, che, nello spazio trasformato, si ha

$$\nabla \hat{f}(\hat{x}) = T^{-T} \nabla f(x) \qquad (E.2)$$

$$\nabla^2 \hat{f}(\hat{x}) = T^{-T} \nabla^2 f(x) T^{-1}, \qquad (E.3)$$

dove $T^{-T} = (T^{-1})^T$.

Utilizzando le formule precedenti si può verificare che alcuni metodi, come il metodo di Newton, sono teoricamente *invarianti rispetto alla scala*, nel senso che, applicando la trasformazione inversa ai punti generati dal metodo nello spazio trasformato, si riottengono gli stessi punti che si otterrebbe utilizzando il metodo nello spazio delle variabili originarie. Altri metodi, come il metodo del gradiente, non sono invarianti. É da notare, tuttavia, che l'invarianza rispetto alla scala sussiste soltanto in aritmetica esatta e quindi, per valutare con precisione i possibili effetti dei cambiamenti di scala, occorrerebbe analizzare in dettaglio come gli algoritmi sono realizzati.

La scala con cui è rappresentata la funzione obiettivo f può avere, come vedremo nel sottoparagrafo successivo, influenza sul criterio di arresto e non dovrebbe teoricamente influenzare le altre operazioni di calcolo. Tuttavia, la scala di f, che, a sua volta determina la scala di ∇f, può in alcuni casi causare problemi di *overflow*, per cui è consigliabile effettuare opportuni controlli, soprattutto durante le iterazioni iniziali. Questa esigenza si manifesta, in particolare, nei metodi di tipo non monotono, in cui si possono avere incrementi significativi dei valori di f rispetto ai valori iniziali.

E.3 Criteri di arresto e fallimenti

Negli algoritmi di ottimizzazione esistono, in generale, diversi criteri per far terminare le iterazioni e che possono indicare il raggiungimento di una soluzione oppure il *fallimento* dell'algoritmo.

Negli algoritmi di ottimizzazione non vincolata per *criterio di arresto* intendiamo il criterio che dovrebbe indicare il raggiungimento con successo di un punto stazionario con la tolleranza specificata dall'utilizzatore.

Dal punto di vista teorico, il criterio di arresto di un algoritmo che genera la sequenza $\{x_k\}$ dovrebbe essere la condizione

$$\|\nabla f(x_k)\| \leq \epsilon, \tag{E.4}$$

con $\epsilon > 0$. Infatti se ϵ è "sufficientemente piccolo" si può ritenere che x_k rappresenti una buona approssimazione di un punto stazionario. Tuttavia, il criterio (E.4) dipende fortemente dalla scala di f. Ad esempio, un valore di ϵ pari a 10^{-6} potrebbe rendere il criterio troppo restrittivo se il valore di f è dell'ordine di 10^{10}.

Per ridurre la dipendenza dalla scala, un semplice criterio spesso utilizzato in molti codici è del tipo:

$$\|\nabla f(x_k)\| \leq \epsilon(1 + |f(x_k)|), \tag{E.5}$$

che è giustificato dal fatto che f e ∇f hanno la stessa scala. Se il numero n di variabili è molto elevato occorrerebbe tenerne conto nella scelta della norma e potrebbe essere opportuno utilizzare la norma $\|\cdot\|_\infty$ (o, equivalentemente, normalizzare il valore di ϵ).

Il criterio (E.4) non è adeguato se alcune variabili hanno scale molto differenti. Per tener conto di questa esigenza alcuni autori [32] suggeriscono di considerare, per ogni componente $i = 1, \ldots, n$, la variazione relativa di f rispetto alla variazione relativa di x_i, ossia la quantità

$$\lim_{\delta \to 0} \frac{\frac{f(x + \delta e_i) - f(x)}{f(x)}}{\frac{\delta}{x_i}} = \frac{\partial f(x)}{\partial x_i} \frac{x_i}{f(x)}. \tag{E.6}$$

Sulla base della (E.6) un criterio di arresto potrebbe essere il seguente

$$\max_{i=1,n} \left\{ \left|\frac{\partial f(x_k)}{\partial x_i}\right| \frac{1 + |(x_k)_i|}{1 + |f(x_k)|} \right\} \leq \epsilon. \tag{E.7}$$

In alternativa, come proposto nel lavoro citato, si possono inserire nella (E.7) i *valori tipici* di x_i e f, qualora siano disponibili.

In aggiunta al criterio di arresto prefissato, occorre poi considerare altri possibili criteri per far terminare le iterazioni. In particolare, occorre tener conto delle caratteristiche dell'algoritmo usato, del mezzo di calcolo disponibile, delle caratteristiche del problema in considerazione e anche di errori materiali commessi dall'utilizzatore nella definizione della funzione obiettivo o delle derivate.

In generale, le condizioni di terminazione prematura possono essere:

- superamento di un numero massimo di iterazioni, o di un numero massimo di valutazioni della funzione o delle derivate;
- *fallimenti* interni alle procedure usate dall'algoritmo per il calcolo di x_{k+1} (ad esempio nella ricerca unidimensionale).

Per fornire una diagnostica significativa delle cause di fallimento e per indicare possibili rimedi è necessario tuttavia far riferimento ai singoli algoritmi.

Particolari cautele vanno adottate nel definire criteri d'arresto per metodi *non monotoni*, in quanto il soddisfacimento del criterio di arresto potrebbe avvenire in punti di tentativo non ancora definitivamente accettati e che potrebbero stare al di fuori dell'insieme di livello iniziale. Per prevenire tali eventualità è consigliabile memorizzare il punto in cui è stato raggiunto il miglior valore della funzione obiettivo e tentare un *restart* da tale punto prima di far terminare l'algoritmo.

E.4 Differenze finite per l'approssimazione delle derivate

La tecnica di approssimazione delle derivate per mezzo delle *differenze finite* trae origine dal teorema di Taylor. Si consideri una funzione $f : R^n \to R$ e si assuma che sia due volte continuamente differenziabile. Di conseguenza abbiamo

$$f(x+p) = f(x) + \nabla f(x)^T p + \frac{1}{2} p^T \nabla^2 f(x+tp) p \qquad \text{con } t \in (0,1). \qquad (E.8)$$

Assumiamo che nella regione di interesse risulti $\|\nabla^2 f(\cdot)\| \leq L$. Dalla (E.8) segue

$$|f(x+p) - f(x) - \nabla f(x)^T p| \leq (L/2) \|p\|^2. \qquad (E.9)$$

Inoltre, se assumiamo che la matrice Hessiana sia Lipschitz-continua nella regione di interesse, possiamo scrivere

$$f(x+p) = f(x) + \nabla f(x)^T p + \frac{1}{2} p^T \nabla^2 f(x) p + O(\|p\|^3). \qquad (E.10)$$

Posto $p = \epsilon e_i$, dove e_i è l'i-esimo asse coordinato, risulta

$$\epsilon \nabla f(x)^T p = \epsilon \nabla f(x)^T e_i = \epsilon \frac{\partial f(x)}{\partial x_i},$$

per cui dalla (E.9) si ottiene

$$\frac{\partial f(x)}{\partial x_i} = \frac{f(x+\epsilon e_i) - f(x)}{\epsilon} + \Delta_\epsilon, \qquad \text{dove } |\Delta_\epsilon| \leq (L/2)\epsilon, \qquad (E.11)$$

E.4 Differenze finite per l'approssimazione delle derivate

dalla quale segue l'approssimazione

$$\frac{\partial f(x)}{\partial x_i} \approx \frac{f(x+\epsilon e_i) - f(x)}{\epsilon}. \tag{E.12}$$

L'approssimazione precedente viene definita come l'approssimazione alle *differenze in avanti*.

Osserviamo che le operazioni vengono effettuate da un calcolatore in *aritmetica inesatta*. Quindi, se indichiamo con $f_c(x)$ il valore calcolato dalla macchina, $f(x)$ il valore reale, possiamo scrivere

$$|f_c(x) - f(x)| \leq \eta_m L_f$$
$$|f_c(x+\epsilon e_i) - f(x+\epsilon e_i)| \leq \eta_m L_f. \tag{E.13}$$

dove η_m rappresenta la precisione della macchina e L_f rappresenta il massimo valore stimato della funzione nella regione di interesse.

Dalle (E.11) e (E.13) segue

$$\left| \frac{\partial f(x)}{\partial x_i} - \frac{f_c(x+\epsilon e_i) - f_c(x)}{\epsilon} \right| =$$

$$\left| \frac{\partial f(x)}{\partial x_i} - \frac{f_c(x+\epsilon e_i) - f(x+\epsilon e_i)}{\epsilon} - \frac{f(x+\epsilon e_i) - f(x)}{\epsilon} - \frac{f(x) - f_c(x)}{\epsilon} \right| \leq$$

$$\left| \frac{\partial f(x)}{\partial x_i} - \frac{f(x+\epsilon e_i) - f(x)}{\epsilon} \right| + \left| \frac{f_c(x+\epsilon e_i) - f(x+\epsilon e_i)}{\epsilon} \right| + \left| \frac{f(x) - f_c(x)}{\epsilon} \right| \leq$$

$$(L/2)\epsilon + 2\eta_m L_f/\epsilon.$$

Si verifica facilmente che il valore di ϵ che rende minimo il limite superiore dell'errore soddisfa

$$\epsilon^2 = \frac{4L_f \eta_m}{L}.$$

Se si assume che il problema sia ben scalato, il rapporto L_f/L non assume valori troppo elevati, per cui un valore di ϵ vicino a quello ottimale è

$$\epsilon = \sqrt{\eta_m}.$$

Un'approssimazione più accurata delle derivate viene ottenuta mediante l'approssimazione alle *differenze centrali*. Posto $p = \epsilon e_i$, dove e_i è l'i-esimo asse coordinato, risulta

$$\epsilon \nabla f(x)^T p = \epsilon \nabla f(x)^T e_i = \epsilon \frac{\partial f(x)}{\partial x_i},$$

per cui dalla (E.10) si ottiene

$$f(x + \epsilon e_i) = f(x) + \epsilon \frac{\partial f(x)}{\partial x_i} + \frac{1}{2}\epsilon^2 \frac{\partial^2 f(x)}{\partial x_i^2} + O(\epsilon^3)$$

$$f(x - \epsilon e_i) = f(x) - \epsilon \frac{\partial f(x)}{\partial x_i} + \frac{1}{2}\epsilon^2 \frac{\partial^2 f(x)}{\partial x_i^2} + O(\epsilon^3)$$

(E.14)

dalla quale segue

$$\frac{\partial f(x)}{\partial x_i} = \frac{f(x + \epsilon e_i) - f(x - \epsilon e_i)}{2\epsilon} + O(\epsilon^2), \qquad (E.15)$$

da cui otteniamo l'approssimazione alle differenze centrali

$$\frac{\partial f(x)}{\partial x_i} \approx \frac{f(x + \epsilon e_i) - f(x - \epsilon e_i)}{2\epsilon}.$$

Dalla (E.15) abbiamo che l'approssimazione alle differenze centrali richiede $2n$ calcoli di funzione per la stima del vettore gradiente, e determina un errore $O(\epsilon^2)$. L'approssimazione alle differenze in avanti (E.12) richiede $n+1$ calcoli di funzione e determina un errore $O(\epsilon)$. Quindi l'approssimazione alle differenze centrali fornisce un'approssimazione più accurata richiedendo un maggiore costo computazionale rispetto all'approssimazione alle differenze in avanti.

Vediamo ora una formula per l'approssimazione delle derivate seconde. Dalla (E.10) si ha

$$f(x + \epsilon e_i + \epsilon e_j) = f(x) + \epsilon \frac{\partial f(x)}{\partial x_i} + \epsilon \frac{\partial f(x)}{\partial x_j} + \frac{1}{2}\epsilon^2 \frac{\partial^2 f(x)}{\partial x_i^2}$$

$$+ \frac{1}{2}\epsilon^2 \frac{\partial^2 f(x)}{\partial x_j^2} + \epsilon^2 \frac{\partial^2 f(x)}{\partial x_i \partial x_j} + O(\epsilon^3)$$

$$f(x + \epsilon e_i) = f(x) + \epsilon \frac{\partial f(x)}{\partial x_i} + \frac{1}{2}\epsilon^2 \frac{\partial^2 f(x)}{\partial x_i^2} + O(\epsilon^3)$$

$$f(x + \epsilon e_j) = f(x) + \epsilon \frac{\partial f(x)}{\partial x_j} + \frac{1}{2}\epsilon^2 \frac{\partial^2 f(x)}{\partial x_j^2} + O(\epsilon^3),$$

per cui possiamo scrivere

$$\frac{\partial^2 f(x)}{\partial x_i \partial x_j} \approx \frac{f(x + \epsilon e_i + \epsilon e_j) - f(x + \epsilon e_i) - f(x + \epsilon e_j) + f(x)}{\epsilon^2} + O(\epsilon).$$

Si osservi che in alcuni metodi tipo Netwon troncato non è necessaria la conoscenza in forma esplicita della matrice Hessiana $\nabla^2 f(x)$, ma è richiesto che si possa calcolare (o approssimare) il prodotto della matrice Hessiana $\nabla^2 f(x)$ per un vettore p. Vediamo quindi come poter approssimare con le differenze finite il prodotto $\nabla^2 f(x)p$ utilizzando le derivate prime. Ricordando che

$$\nabla f(x + \epsilon p) = \nabla f(x) + \epsilon \int_0^1 \nabla^2 f(x + t\epsilon p)p\, dt,$$

se $\nabla^2 f$ è Lipsichitz-continua in un intorno di x possiamo scrivere

$$\nabla f(x + \epsilon p) = \nabla f(x) + \epsilon \nabla^2 f(x)p + O(\epsilon^2 \|p\|^2),$$

da cui segue l'approssimazione

$$\nabla^2 f(x)p \approx \frac{\nabla f(x + \epsilon p) - \nabla f(x)}{\epsilon}.$$

E.5 Cenni di differenziazione automatica

E.5.1 Il grafo computazionale

La differenziazione automatica non va confusa con la differenziazione simbolica né con l'approssimazione delle derivate con le differenze finite. Essa è basata sul fatto che, nella maggior parte dei casi, le funzioni di interesse pratico sono definibili attraverso la composizione di funzioni elementari, per cui le derivate possono essere calcolate utilizzando la regola di derivazione delle funzioni composte. Le funzioni elementari sono funzioni di uno o due argomenti. Le funzioni di due argomenti sono l'addizione, la moltiplicazione, la divisione, l'elevamento a potenza a^b. Esempi di funzioni di un argomento sono le funzioni trigonometriche, esponenziali e logaritmiche.

Si supponga di avere una funzione $f : R^n \to R$ differenziabile, definita da un programma, scritto in linguaggio informale del tipo seguente.

Programma di Valutazione della Funzione (VF)

For $i = n+1, n+2, \ldots, m$

$$x_i = f_i < x_j >_{j \in F_i}$$

End For

$y = x_m$

Le variabili x_i, con $i \in \{1, \ldots, n\}$, sono le *variabili indipendenti*, mentre le x_i, con $i \in \{n+1, \ldots, m\}$, sono le *variabili intermedie*.

Il simbolo $< x_j >_{j \in F_i}$ rappresenta un vettore le cui componenti sono x_j, con $j \in F_i$.

Le f_i sono funzioni che dipendono dalle quantità già calcolate x_j, con j appartenente all'insieme di indici

$$F_i \subset \{1, 2, \ldots, i-1\} \qquad i = n+1, \ldots, m.$$

La funzione f è quindi data dalla composizione di $(m-n)$ funzioni elementari.

Si assume che per ogni funzione f_i si possano calcolare le derivate parziali $<\partial f_i/\partial x_j>$.

È ragionevole assumere come costo di valutazione di f la somma dei costi di valutazione delle funzioni f_i, ossia

$$costo\{f\} = \sum_{i=n+1}^{m} costo\{f_i\}. \tag{E.16}$$

Si definisce *rapporto di costo* la quantità

$$q(f) = costo\{f, \nabla f\}/costo\{f\}, \tag{E.17}$$

dove $costo\{f, \nabla f\}$ indica il costo di valutazione di f e del gradiente ∇f.

Può essere utile visualizzare il programma VF con il cosìddetto *grafo computazionale*, avente $\{x_i\}_{1 \le i \le m}$ come insieme dei nodi, e tale che un arco va da x_j a x_i se e solo se $j \in F_i$. Associato ad ogni arco c'è il valore della corrispondente derivata parziale $\partial f_i/\partial x_j$.

A causa della restrizione su F_i il grafo che si ottiene è aciclico. I nodi che non hanno archi entranti rappresentano le variabili indipendenti, il nodo che ha solo archi entranti rappresenta la variabile dipendente, i restanti archi si riferiscono alle variabili intermedie.

Un esempio di grafo computazionale di una funzione di 4 variabili indipendenti è mostrato in Fig. E.1, da cui possiamo vedere che risulta

$$F_5 = \{1\}, \qquad F_6 = \{5, 2\} \qquad F_7 = \{6, 3\} \qquad F_8 = \{7, 4\}.$$

Esempio E.1. Si consideri la funzione di 3 variabili

$$f(x) = \frac{x_1 x_2 x_3^2 + \log x_2}{e^{x_1+x_3}}.$$

La valutazione della funzione f può essere ottenuta in termini di programma VF come segue:

$$\begin{aligned}
x_4 &= x_1 x_2 \\
x_5 &= x_3^2 \\
x_6 &= x_1 + x_3 \\
x_7 &= \log x_2 \\
x_8 &= x_4 x_5 \\
x_9 &= e^{x_6} \\
x_{10} &= x_7 + x_8 \\
x_{11} &= x_{10}/x_9.
\end{aligned}$$

E.5 Cenni di differenziazione automatica   597

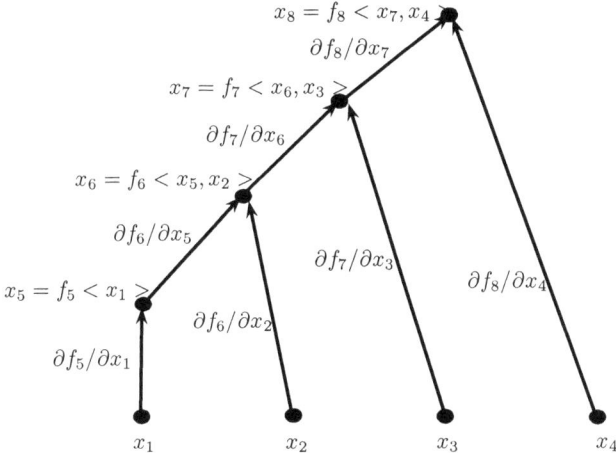

Fig. E.1. Primo esempio di grafo computazionale

Nel seguito decriveremo due procedure di differenziazione automatica per il calcolo del gradiente basate sul concetto di grafo computazionale.

La prima procedura, di tipo "diretto", richiede un rapporto di costo $q(f)$ che cresce *almeno linearmente* con il numero n di variabili.

La seconda procedura, di tipo "inverso" richiede un rapporto di costo $q(f)$ limitato superiormente da una costante, e quindi indipendente dal numero di variabili. In particolare, si può dimostrare che con questa procedura il costo di valutazione del gradiente è al più 5 volte il costo di valutazione della funzione.

Le due procedure che descriveremo, quella diretta e quella inversa, si riferiscono al calcolo del gradiente della funzione obiettivo. È possibile definire delle estensioni delle stesse procedure che consentono il calcolo anche della matrice Hessiana, o del prodotto matrice Hessiana per vettore. Tuttavia, queste estensioni non saranno descritte.

E.5.2 Il modo "diretto" di differenziazione automatica

Nel modo "diretto" (*forward mode*) di differenziazione automatica il calcolo delle derivate parziali è effettuato simultaneamente alla valutazione della funzione f. Il grafo viene quindi visitato con una unica scansione *diretta*.

Per una qualsiasi variabile intermedia x_i possiamo porre, utilizzando la regola di derivazione delle funzioni composte,

$$x_i = f_i < x_j >_{j \in F_i} \qquad \nabla x_i = \sum_{j \in F_i} (\partial f_i / \partial x_j) \nabla x_j.$$

Vediamo il funzionamento del metodo nell'esempio del grafo di figura E.1. In questo caso abbiamo

$$\nabla x_1 = \begin{pmatrix} 1 \\ 0 \\ 0 \\ 0 \end{pmatrix} \quad \nabla x_2 = \begin{pmatrix} 0 \\ 1 \\ 0 \\ 0 \end{pmatrix} \quad \nabla x_3 = \begin{pmatrix} 0 \\ 0 \\ 1 \\ 0 \end{pmatrix} \quad \nabla x_4 = \begin{pmatrix} 0 \\ 0 \\ 0 \\ 1 \end{pmatrix},$$

$$\nabla x_5 = \partial f_5/\partial x_1 \nabla x_1$$

$$\nabla x_6 = \partial f_6/\partial x_5 \nabla x_5 + \partial f_6/\partial x_2 \nabla x_2$$

$$\nabla x_7 = \partial f_7/\partial x_6 \nabla x_6 + \partial f_7/\partial x_3 \nabla x_3$$

$$\nabla x_8 = \partial f_8/\partial x_7 \nabla x_7 + \partial f_8/\partial x_4 \nabla x_4,$$

per cui si ottiene $\nabla f = \nabla x_8$.

In generale, per il calcolo del gradiente, possiamo definire il seguente programma, dove e_i rappresenta l'i-esimo asse coordinato, per $i = 1, \ldots, n$.

Programma Forward Mode (FM)

For $i = 1, \ldots, n$ poni
$$\nabla x_i = e_i$$

End For
For $i = n+1, \ldots, m$ poni
$$x_i = f_i <x_j>_{j \in F_i}$$
$$\nabla x_i = \sum_{j \in F_i} (\partial f_i/\partial x_j) \nabla x_j$$

End For
Poni $y = x_m$, $\nabla f = \nabla x_m$.

Valutiamo ora il rapporto di costo $q(f)$ per il programma FM.

L'ipotesi (E.16) di additività implica

$$costo\{f, \nabla f\} = \sum_{i=n+1}^{m} [costo\{f_i, \nabla f_i\} + nn_i(molt + add)],$$

dove le nn_i operazioni aritmetiche sono necessarie per calcolare ∇x_i come combinazione lineare di n_i vettori ∇x_j con $j \in F_i$.

Si supponga ora che la valutazione di una qualsiasi funzione f_i richieda al massimo cn_i operazioni aritmetiche, dove c è una costante positiva, e che per almeno una funzione f_i valga

$$costo\{f_i\} = cn_i.$$

In queste ipotesi abbiamo

$$\frac{costo\{f, \nabla f\}}{costo\{f,\}} \geq \sum_{i=n+1}^{m} \frac{costo\{f_i, \nabla f_i + nn_i(molt + add)\}}{cn_i},$$

da cui segue, tenendo conto che esiste almeno un $i \in \{n+1, \ldots, m\}$ tale che

$$\frac{costo\{f_i, \nabla f_i\}}{costo\{f_i,\}} \geq 1,$$

$$q(f) \geq 1 + n/c.$$

Il rapporto di costo cresce quindi almeno linearmente con il numero di variabili, per cui l'impiego del programma FM diventa proibitivo in problemi di grandi dimensioni.

Nel prossimo paragrafo analizzeremo una tecnica di differenziazione automatica in cui il rapporto di costo è indipendente dal numero di variabili.

E.5.3 Il modo "inverso" di differenziazione automatica

Nel modo "inverso" (*reverse mode*) di differenziazione automatica le valutazioni della funzione e del gradiente non vengono effettuate in modo simultaneo. Con la visita diretta del grafo viene valutata la funzione f, con la visita inversa viene calcolato il gradiente ∇f.

Ad ogni variabile x_i, al posto del vettore ∇x_i, viene associato lo scalare

$$\bar{x}_i = \partial x_m / \partial x_i. \tag{E.18}$$

Le $\bar{x}_i$ sono denominate *variabili aggiunte*. In base alla (E.18) abbiamo

$$\bar{x}_m = 1$$

$$\partial f / \partial x_i = \bar{x}_i \qquad i = 1, \ldots, n.$$

Come conseguenza della regola di derivazione delle funzioni composte si ha che la "variabile aggiunta" $\bar{x}_j$ soddisfa la relazione

$$\bar{x}_j = \sum_{i \in L_j} (\partial f / \partial x_i)(\partial x_i / \partial x_j) = \sum_{i \in L_j} \bar{x}_i (\partial x_i / \partial x_j),$$

dove $L_j = \{i \leq m : j \in F_i\}$. In questo modo la variabile aggiunta $\bar{x}_j$ può essere calcolata una volta note le variabili aggiunte $\bar{x}_i$ con $i > j$.

Nell'esempio di Fig. E.1 abbiamo

$$L_7 = \{8\}, \qquad L_6 = \{7\} \qquad L_5 = \{6\}.$$

Possiamo ora definire il seguente programma di calcolo.

Programma Reverse Mode (RM)

(Visita diretta)
For $i = n+1, \ldots, m$ poni

$$x_i = f_i < x_j >_{j \in F_i}$$
$$\bar{x}_i = 0$$

End For
Poni $y = x_m$, $\bar{x}_m = 1$.

(Visita inversa)
For $i = m, \ldots, n+1$ poni

$$\bar{x}_j = \bar{x}_j + \bar{x}_i \left(\partial f_i / \partial x_j \right) \qquad \forall j \in F_i$$

End For
Poni $\nabla f = < \bar{x}_i >_{i=1}^{n}$.

Per illustrare il funzionamento del Programma RM, descriviamo i passi della fase di Visita inversa nel caso del grafo computazionale della Fig. E.2, in cui $m = 6$ e $n = 3$. Posto $\bar{x}_6 = 1$, abbiamo

$$i = 6 \quad \bar{x}_5 = (\partial f_6 / \partial x_5) \, \bar{x}_6 \qquad \bar{x}_3 = (\partial f_6 / \partial x_3) \, \bar{x}_6$$

$$i = 5 \quad \bar{x}_4 = (\partial f_5 / \partial x_4) \, \bar{x}_5 \qquad \bar{x}_2 = (\partial f_5 / \partial x_2) \, \bar{x}_5$$

$$i = 4 \quad \bar{x}_2 = \bar{x}_2 + (\partial f_4 / \partial x_2) \, \bar{x}_4 \qquad \bar{x}_1 = (\partial f_4 / \partial x_1) \, \bar{x}_4.$$

Si può dimostrare che, con il Programma RM, il costo di valutazione del gradiente è minore o uguale al costo di valutazione della funzione moltiplicato per 5.

Il Programma RM è quindi chiaramente superiore al Programma FM in termini di costo computazionale. Tuttavia il Programma FM offre maggiori possibilità in termini di occupazione di memoria. Infatti, il Programma RM richiede, in linea di principio, la memorizzazione dell'intero grafo computazionale, necessaria per la fase di visita inversa.

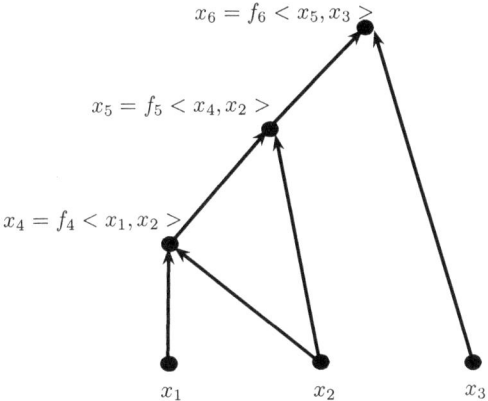

Fig. E.2. Secondo esempio di grafo computazionale

E.6 Alcuni problemi test di ottimizzazione non vincolata

In questo paragrafo riportiamo alcuni problemi di minimizzazione non vincolata che possono essere utilizzati per effettuare gli esperimenti numerici proposti negli esercizi dei vari capitoli. In particolare, per ogni problema riportiamo l'espressione analitica della funzione obiettivo f e il punto iniziale x_0.

Extended Penalty:

$$f(x) = \sum_{i=1}^{n-1} (x_i - 1)^2 + \left(\sum_{j=1}^{n} x_j^2 - 0.25 \right)^2 \qquad x_0 = (1,\ 2,\ \ldots\ n).$$

Extended Rosenbrock:

$$f(x) = \sum_{i=1}^{n/2} c \left(x_{2i} - x_{2i-1}^2 \right)^2 + (1 - x_{2i-1})^2$$

$$x_0 = (-1.2,\ 1,\ \ldots\ -1.2,\ 1) \qquad c = 100.$$

Raydan 1:

$$f(x) = \sum_{i=1}^{n} \frac{i}{10} \left(exp(x_i) - x_i \right) \qquad x_0 = (1,\ 1,\ \ldots\ 1).$$

Diagonal 1:

$$f(x) = \sum_{i=1}^{n} \left(exp(x_i) - i x_i \right) \qquad x_0 = (1/n,\ 1/n,\ \ldots\ 1/n).$$

Extended Tridiagonal 1:

$$f(x) = \sum_{i=1}^{n/2} (x_{2i-1} + x_{2i} - 3)^2 + (x_{2i-1} + x_{2i} + 1)^4 \qquad x_0 = (2,\ 2,\ \ldots\ 2).$$

Power:

$$f(x) = \sum_{i=1}^{n} (ix_i)^2 \qquad x_0 = (1,\ 1,\ \ldots\ 1).$$

Engval1:

$$f(x) = \sum_{i=1}^{n-1} \left(x_i^2 + x_{i+1}^2\right)^2 + \sum_{i=1}^{n-1} (-4x_i + 3)^2 \qquad x_0 = (2,\ 2,\ \ldots\ 2).$$

Eg2:

$$f(x) = \sum_{i=1}^{n-1} \sin\left(x_i + x_i^2 - 1\right) + \frac{1}{2}\sin(x_n)^2 \qquad x_0 = (1,\ 1,\ \ldots\ 1).$$

Fletchcr:

$$f(x) = \sum_{i=1}^{n-1} c\left(x_{i+1} - x_i + 1 - x_i^2\right)^2 \qquad x_0 = (0,\ 0,\ \ldots\ 0) \qquad c = 100.$$

Nondia:

$$f(x) = (x_1 - 1)^2 + \sum_{i=1}^{n} 100\left(x_i - x_{i-1}^2\right)^2 \qquad x_0 = (-1,\ -1,\ \ldots\ -1).$$

Bibliografia

[1] M. Al-Baali. Descent property and global convergence of the Fletcher-Reeves method with inexact line searches. *IMA J. Numerical Analysis*, 5:121–124, 1985.

[2] L. Armijo. Minimization of functions having continuous partial derivatives. *Pacific Journal of Mathematics*, 16:1–3, 1966.

[3] J. Barzilai and M.J. Borwein. Two point step size gradient method. *IMA Journal on Numerical Analysis*, 8:141–188, 1988.

[4] M. Bazaraa, H. Sherali, and C. Shetty. *Nonlinear Programming, Theory, and Applications (second edition)*. John Wiley and Sons, New York, 1993.

[5] S. Bellavia, M.G. Gasparo, and M. Macconi. A switching-method for nonlinear system. *Journal of Computational and Applied Mathematics*, 7:83–93, 1996.

[6] D.P. Bertsekas. *Constrained Optimization and Lagrange multiplier methods*. Academic Press, New York, 1982.

[7] D.P. Bertsekas. *Nonlinear Programming (second edition)*. Athena Scientific, Belmont,Mass., 1999.

[8] D.P. Bertsekas and J.N. Tsitsiklis. *Parallel and Distributed Computation: Numerical Methods*. Prentice-Hall, Englewood Cliffs, N.J., 1989.

[9] D. Bertsimas and J. Tsitsiklis. *Introduction to Linear Optimization*. Athena Scientific, Belmont, Mass., 1997.

[10] C. Bishop. *Neural Networks for Pattern Recognition*. Oxford University Press, Oxford, 1995.

[11] Å. Björck. *Numerical Methods for Least Squares Problems*. SIAM, Philadelphia, 1996.

[12] S. Bonettini. A nonmonotone inexact Newton method. *Optimization Methods and Software*, 7:475–491, 2005.

[13] S. Bonettini. Inexact block coordinate descent methods with application to the nonnegative matrix factorization. *IMA Journal on Numerical Analysis*, in corso di stampa, 2010.

[14] J.F. Bonnans, J. C. Gilbert, C. Lemarechal, and C.A. Sagastizabal. *Numerical Optimization: Theoretical and Practical Aspects*. Springer, Berlin, 2006.

[15] R.P. Brent. *Algorithms for minimization without derivatives*. Prentice Hall, Englewood Cliffs, NJ, 1973.

[16] P.N. Brown. A local convergence theory for combined inexact-Newton/ finite difference methods. *SIAM Journal on Numerical Analysis*, 24:407–434, 1987.

[17] P.N. Brown and Y. Saad. Convergence theory of nonlinear Newton-Krylov algorithms. *SIAM Journal on Optimization*, 4:297–330, 1994.

[18] R.H. Byrd and J. Nocedal. A tool for the analysis of Quasi-Newton methods with application to unconstrained minimization. *SIAM Journal on Numerical Analysis*, 26:727–739, 1989.

[19] A. Cassioli and M. Sciandrone. A convergent decomposition method for box-constrained optimization problems. *Optimization Letters*, 3:397–409, 2009.

[20] J. Céa. *Optimisation*. Dunod, Paris, 1971.

[21] P.H. Chen, R.E. Fan, and C.J. Lin. Working set selection using second order information for training support vector machines. *Journal of Machine Learning Research*, 6:18891918, 2005.

[22] T.D. Choi and C.T. Kelley. Superlinear convergence and implicit filtering. *SIAM Journal on Optimization*, 10:1149–1162, 2000.

[23] A.R. Conn, N.I.M. Gould, and P.L. Toint. *Trust-Region Methods*. MPS/SIAM Series on Optimization, USA, 2000.

[24] A.R. Conn, K. Scheinberg, and L. N. Vicente. *Introduction to Derivative-Free Optimization*. SIAM, Philadelphia, 2009.

[25] Y.H. Dai and L.Z. Liao. R-linear convergence of the Barzilai and Borwein gradient method. *IMA Journal on Numerical Analysis*, 2:1–10, 2002.

[26] Yu.H. Dai and R. Fletcher. Projected Barzilai-Borwein methods for large scale box-constrained quadratic programming. *Numerische Mathematik*, 100:21–47, 2005.

[27] Yu.H. Dai and R. Fletcher. New algorithms for singly linearly constrained quadratic programs subject to lower and upper bounds. *Mathematical Programming*, 106:403–421, 2006.

[28] Yu.H. Dai, W.W. Hager, K. Schittkowski, and H. Zhang. The cyclic Barzilai-Borwein method for unconstrained optimization. *IMA Journal on Numerical Analysys*, 26:604–627, 2006.

[29] R. De Leone, M. Gaudioso, and L. Grippo. Stopping criteria for linesearch methods without derivatives. *Mathematical Programming*, 30:285–300, 1984.

[30] R.S. Dembo, S.C. Eisenstat, and T. Steihaug. Inexact Newton methods. *SIAM Journal on Numerical Analysis*, 19:400–408, 1982.

[31] J.E. Dennis and J.J. Moré. Quasi-Newton methods, motivation and theory. *SIAM Review*, 19:46–89, 1977.

[32] J.E. Dennis and R.B. Schnabel. *Numerical Methods for Unconstrained Optimization and Nonlinear equations.* Prentice-Hall, Englewood Cliffs, 1983.
[33] G. Di Pillo and L. Grippo. Exact penalty functions in constrained optimization. *SIAM Journal on Control and Optimization*, 27:1333–1360, 1989.
[34] J.C. Dunn. On the convergence of projected gradient processes to singular critical points. *Journal on Optimization Theory and Applications*, 55:203–216, 1987.
[35] S.C. Eisenstat and H.F. Walker. Globally convergent inexact Newton methods. *SIAM Journal on Optimization*, 4:16–32, 1994.
[36] F. Facchinei and J.S. Pang. *Finite dimensional variational inequalities and complementarity problems.* Springer-Verlag, New York, 2003.
[37] H. Fang and D. O'Leary. Modified Cholesky algorithms: a catalog with new approaches. *Mathematical Programming*, 115:319–349, 2008.
[38] M.C. Ferris and S. Lucidi. Nonmonotone stabilization methods for nonlinear equations. *Journal of Optimization Theory and Applications*, 81:815–832, 1994.
[39] M.C. Ferris, S. Lucidi, and M. Roma. Nonmonotone curvilinear line search methods for unconstrained optimization. *Computational Optimization and Applications*, 6:117–136, 1996.
[40] A.V. Fiacco and G.P. McCormick. *Nonlinear Programming: Sequential Unconstrained Minimization Techniques.* Wiley and Sons, New York, 1968.
[41] R. Fletcher. *Practical Methods of Optimization.* John Wiley and Sons, New York, 1987.
[42] R. Fletcher and C. Reeves. Function minimization by coniugate gradients. *Computer Journal*, 6:163–168, 1964.
[43] M.S. Florian and D. Hearn. Network Equilibrium Models and Algorithms. In M.O. Ball, T.L. Magnanti, C.L. Momma, and G.L. Nemhauser, editors, *Handbooks in OR and MS*, volume 8, pages 485–550. North-Holland, Amsterdam, 1995.
[44] M. Frank and P. Wolfe. An algorithm for quadratic programming. *Naval Research Logistics Quarterly*, 3:95–110, 1956.
[45] A. Friedlander, J.M. Martinez, B. Molina, and M. Raydan. Gradient method with retards and generalizations. *SIAM Journal on Numerical Analysis*, 36:275–289, 1999.
[46] J. Gilbert and J. Nocedal. Global convergence properties of conjugate gradient methods for optimization. *SIAM Journal on Optimization*, 2:21–42, 1992.
[47] P.E. Gill and W. Murray. Newton-type methods for unconstrained and linearly constrained optimization. *Mathematical Programming*, 7:311–350, 1974.
[48] P.E. Gill, W. Murray, and M.H. Wright. *Practical Optimization.* Academic Press, London and New York, 1981.

[49] A.A. Goldstein. Chaucy's method of minimization. *Numerische Mathematik*, 4:146–150, 1962.

[50] N.I.M. Gould, S. Lucidi, M. Roma, and P.L. Toint. Exploiting negative curvature directions in linesearch methods for unconstrained optimization. *Optimization Methods and Software*, 14:75–98, 2000.

[51] L. Grippo, F. Lampariello, and S. Lucidi. A nonmonotone line search technique for Newton's method. *SIAM Journal on Numerical Analysis*, 23:707–716, 1986.

[52] L. Grippo, F. Lampariello, and S. Lucidi. Global convergence and stabilization of unconstrained minimization methods without derivatives. *Journal of Optimization Theory and Applications*, 56:385–406, 1988.

[53] L. Grippo, F. Lampariello, and S. Lucidi. A truncated Newton method with nonmonotone linesearch for unconstrained optimization. *Journal of Optimization Theory and Applications*, 60:401–419, 1989.

[54] L. Grippo, F. Lampariello, and S. Lucidi. A class of nonmonotone stabilization methods in unconstrained optimization. *Numerische Mathematik*, 59:779–805, 1991.

[55] L. Grippo and S. Lucidi. A globally convergent version of the Polak-Ribière conjugate gradient method. *Mathematical Programming*, 78:375–391, 1997.

[56] L. Grippo and S. Lucidi. Convergence conditions, line search algorithms and trust region implementations for the PolakRibière conjugate gradient method. *Optimization Methods and Software*, 20:71–98, 2005.

[57] L. Grippo and M. Sciandrone. Globally convergent block-coordinate techniques for unconstrained optimization. *Optimization Methods and Software*, 10:587–637, 1999.

[58] L. Grippo and M. Sciandrone. On the convergence of the block nonlinear Gauss-Seidel method under convex constraints. *Operations Research Letters*, 26:127–136, 2000.

[59] L. Grippo and M. Sciandrone. Nonmonotone globalization techniques for the Barzilai-Borwein gradient method. *Computational Optimization and Applications*, 23:143–169, 2002.

[60] L. Grippo and M. Sciandrone. Nonmonotone derivative-free methods for nonlinear equations. *Computational Optimization and Applications*, 27:297–328, 2007.

[61] L. Grippo and M. Sciandrone. Nonmonotone globalization of the finite-difference Newton-GMRES method for nonlinear equations. *Optimization Methods and Software*, 25:971–999, 2010.

[62] W.W. Hager and H. Zhang. A survey of nonlinear conjugate gradient methods. In F. Ceragioli et al., editor, *System Modeling and Optimization*, pages 67–82. Springer-Verlag, 1996.

[63] S. Haykin. *Neural Networks: A Comprehensive Foundation*. Prentice Hall PTR, Upper Saddle River, NJ, 2nd edition, 1999.

[64] M.R. Hestenes. *Conjugate Direction Methods in Optimization*. Spinger Verlag, New York, 1980.
[65] M.R. Hestenes and E. Stiefel. Methods of conjugate gradients for solving linear systems. *Journal of Research of the National Bureau of Standards*, 49:409–436, 1952.
[66] R. Hooke and T.A. Jeeves. Direct search solution of numerical and statistical problems. *Journal of the Association for Computing Machinery*, 8:212–221, 1961.
[67] L.V. Kantorovich. On Newton's method. *Trudy Mat. Inst. Steklow*, 28:104–144, 1945.
[68] S. Keerthi and E. Gilbert. Convergence of a generalized SMO algorithm for SVM. *Machine Learning*, 46:351–360, 2002.
[69] C.T. Kelley. *Iterative Methods for Linear and Nonlinear Equations*. SIAM Publications, Philadelphia, Penn., 1995.
[70] C.T. Kelley. Detection and remediation of stagnation in the Nelder-Mead algorithm using sufficient decrease condition. *SIAM Journal on Optimization*, 10:43–55, 1999.
[71] C.T. Kelley. *Iterative Methods for Optimization*. SIAM Publications, Philadelphia, Penn., 1999.
[72] T.G. Kolda, R.M. Lewis, and V. Torczon. Optimization by direct search: New perspective on some classical and modern methods. *SIAM Review*, 45:385–482, 2003.
[73] W. La Cruz, J.M. Martinez, and M. Raydan. Spectral residual method without gradient information for solving large-scale nonlinear systems of equations. *Mathematics of Computation*, 75:1429–1448, 2006.
[74] W. La Cruz and M. Raydan. Nonmonotone spectral methods for large-scale nonlinear systems. *Optimization Methods and Software*, 18:583–599, 2003.
[75] F. Lampariello and M. Sciandrone. Global convergence technique for the Newton method with periodic hessian evaluation. *Journal of Optimization Theory and Applications*, 111:341–358, 2001.
[76] C. Lemarćal and J.B Hiriart Urruty. *Convex Analysis and Minimization Algorithms*. Springer-Verlag, Berlin, 1993.
[77] D.H. Li and M. Fukushima. A derivative-free line search and global convergence of Broyden-like method for nonlinear equations. *Optimization Methods and Software*, 13:181–201, 2000.
[78] C.J. Lin. On the convergence of the decomposition method for support vector machines. *IEEE Transactions on Neural Networks*, 12:1288–1298, 2001.
[79] D.C. Liu and J. Nocedal. On the limited-memory BFGS method for large scale optimization. *Mathematical Programming*, 45:503–528, 1989.
[80] S. Lucidi, A. Risi, L. Palagi, and M. Sciandrone. A convergent hybrid decomposition algorithm model for SVM training. *IEEE Transactions on Neural Networks*, 20:1055–1060, 2009.

[81] S. Lucidi, F. Rochetich, and M. Roma. Curvilinear stabilization techniques for truncated Newton methods in large scale unconstrained optimization. *SIAM Journal on Optimization*, 8:916–939, 1998.

[82] S. Lucidi and M. Sciandrone. On the global convergence of derivative free methods for unconstrained optimization. *SIAM Journal on Optimization*, 13:97–116, 2002.

[83] D.G. Luenberger. *Linear and Nonlinear Programming*. Addison-Wesley, 1984.

[84] Z.Q. Luo and P. Tseng. On the convergence of the coordinate descent method for convex differentiable minimization. *Journal on Optimization Theory and Applications*, 72:7–35, 1992.

[85] O.L. Mangasarian. *Nonlinear Programming*. McGraw-Hill, New York, 1969.

[86] O.L. Mangasarian. Machine learning via polyhedral concave minimization. In H. Fischer, B. Riedmueller, and S. Schaeffler, editors, *Applied Mathematics and Parallel ComputingFestschrift for Klaus Ritter*, pages 175–188. Physica, Heidelberg, 1996.

[87] G.P. McCormick. *Nonlinear Programming: Theory, Algorithm and Application*. John Wiley and Sons, New York, 1983.

[88] K.I. McKinnon. Convergence of the Nelder-Mead simplex method to a nonstationary point. *SIAM Journal on Optimization*, 9:148–158, 1998.

[89] E.J. McShane. The Lagrange multiplier rule. *American Mathematical Monthly*, 80:922–925, 1973.

[90] B. Molina and M. Raydan. Preconditioned Barzilai-Borwein method for the numerical solution of partial differential equations. *Numerical Algorithms*, 13:45–60, 1996.

[91] J.J. Moré and D.C. Sorensen. On the use of directions of negative curvature in a modified Newton method. *Mathematical Programming*, 16:1–20, 1979.

[92] J.J. Moré and D.J. Thuente. Line search algorithms with guaranteed sufficient decrease. *ACM Transactions on Mathematical Software*, 20:286–307, 1994.

[93] S.G. Nash. A survey of truncated-Newton methods. *Journal of Computational and Applied Mathematics*, 124:45–59, 2000.

[94] S.G. Nash and A. Sofer. Assessing a search direction within a truncated-Newton method. *Operations Research Letters*, 9:219–221, 1990.

[95] J.A. Nelder and R. Mead. A simplex method for function minimization. *The Computer Journal*, 8:308–313, 1965.

[96] J. Nocedal. Updating quasi-Newton matrices with limited storage. *Mathematics of Computation*, 35:773–782, 1980.

[97] J. Nocedal and S.J. Wright. *Numerical Optimization (second edition)*. Springer, New York, 2006.

[98] J.M. Ortega. Stability of difference equations and convergence of iterative processes. *SIAM Journal on Numerical Analysis*, 10:268–282, 1973.

[99] J.M. Ortega and W.C. Rheinboldt. *Iterative Solution of Nonlinear Equations in Several Variables*. Academic Press, New York, 1970.
[100] E. Polak. *Computational Methods in Optimization: a unified approach*. Academic Press, New York, 1985.
[101] E. Polak. *Optimization*. Springer-Verlag, New York, 1997.
[102] E. Polak and G. Ribiére. Notes sur la convergence de méthodes de directiones conjugées. *Rev. Française Informat. Recherche Operationnelle*, 16:35–43, 1969.
[103] B.T. Poljak. *Introduction to Optimization*. Optimization Software Inc., New York, 1987.
[104] T. Polyak. The conjugate gradient method in extremum problems. *USSR Comp. Math. Math. Phys.*, 9:94–112, 1969.
[105] M.J.D. Powell. An efficient method for finding the minimum of a function of several variables without calculating derivatives. *Computer Journal*, 9:94–112, 1964.
[106] M.J.D. Powell. On search directions for minimization algorithms. *Mathematical Programming*, 4:193–201, 1973.
[107] M.J.D. Powell. Some global convergence properties of a variable metric algorithm for minimizing without exact line searches. In R.W. Cottle and C.E. Lemke, editors, *Nonlinear Programming, SIAM-AMS Proceedings, Vol IX*, pages 53–72. SIAM publications, Philadelphia, 1976.
[108] M.J.D. Powell. *Approximation Theory and Methods*. Cambridge University Press, Cambridge, 1997.
[109] B.N. Pshenichny and Yu. M. Danilin. *Numerical Methods in Extremal Problems*. MIR Publishers, Moscow, 1978.
[110] R. Pytlak. *Conjugate gradient algorithms in nonconvex Optimization*. Springer-Verlag, Berlin Heidelberg, 2009.
[111] M. Raydan. On the Barzilai and Borwein choice of the steplength for the gradient method. *IMA Journal on Numerical Analysis*, 13:618–622, 1993.
[112] M. Raydan. The Barzilai and Borwein gradient method for the large scale unconstrained minimization problem. *SIAM Journal on Optimization*, 7:26–33, 1997.
[113] F. Rinaldi, F. Schoen, and M. Sciandrone. Concave programming for minimizing the zero-norm over polyhedral sets. *Computational Optimization and Applications*, 46:467–486, 2010.
[114] Y. Saad. *Iterative methods for sparse linear systems*. SIAM, Philadelphia, 2003.
[115] Y. Saad and M. Schultz. Gmres a generalized minimal residual algorithm for solving nonsymmetric linear systems. *SIAM Journal on Statistical Computing*, 7:856–869, 1986.
[116] T. Serafini, G. Zanghirati, and L. Zanni. Gradient projection methods for quadratic programs and applications in training support vector machines. *Optimization Methods and Software*, 20:353–378, 2005.

[117] V.E. Shamanskii. On a modification of Newton's method. *Ukrainskyi Matematychnyi Zhurnal*, 19:133–138, 1967.

[118] W. Sun and Y. Yuan. *Optimization theory and methods*. Springer Science + Business Media, New York, 2009.

[119] P.L. Toint. A non-monotone trust-region algorithm for nonlinear optimization subject to convex constraints. *Mathematical Programming*, 77:69–94, 1997.

[120] V. Torczon. On the convergence of pattern search algorithms. *SIAM Journal on Optimization*, 7:1–25, 1997.

[121] P. Tseng. Fortified-descent simplicial search method: A general approach. *SIAM Journal on Optimization*, 10:269–288, 1999.

[122] M. Vainberg. *Variational Methods for the Study of Nonlinear Operators*. Holden-Day, San Francisco, Cal., 1964.

[123] J. Weston, A. Elisseef, and B. Scholkopf. Use of the zero-norm with linear models and kernel model. *Journal of Machine Learning Research*, 3:1439–1461, 2003.

[124] P. Wolfe. Convergence conditions for ascent methods. *SIAM Review*, 11:226–235, 1969.

[125] N. Zadeh. A note on the cyclic coordinate ascent method. *Management Science*, 16:642–644, 1970.

Indice analitico

Accettazione passo unitario, 175, 361
Angolo tra due vettori, 510
Autovalore, 513
Autovettore, 513

Barzilai-Borwein
– formule, 327
Base, 500
– positiva, 412
BFGS, 296

Chiusura, 506
Combinazione
– convessa, 539
– lineare, 499
Condizione d'angolo, 78
Condizioni di ottimalità
– del primo ordine, 40, 471
– del secondo ordine, 40, 471
– di Fritz-John, 565
– di Karush-Kuhn-Tucker, 575
– per problemi con insieme ammissibile convesso, 470
– per problemi non vincolati, 39
Convergenza
– a punti stazionari del secondo ordine, 197, 281
– globale, 64, 72, 76
– locale, 72
– rapidità di, 69
Convessità, 535
– funzioni convesse, 544
– insiemi convessi, 535
Convessità generalizzata, 492, 558

Criteri di arresto, 591
Criterio di Sylvester, 518

Decomposizione
– ai valori singolari, 514
– spettrale, 513
Derivata direzionale, 519
Derivazione di funzioni composte, 527
Differenze finite, 394, 592
Differenziazione automatica, 595
Direzione
– a curvatura negativa, 38
– ammissibile, 470
– dell'antigradiente, 151
– della discesa più ripida, 151
– di discesa, 36
Direzioni coniugate, 208
Distanza (o metrica), 504
Disuguaglianza di
– Cauchy-Schwarz, 509
– Kantorovich, 157
Dogleg, 272

Equazione Quasi-Newton, 290
Equazioni non lineari, 423
Equivalenza tra problemi, 10

Fattorizzazione di Cholesky, 183
Filtro di Kalman, 364
Forme quadratiche, 516
Frontiera, 506
Funzione
– coerciva, 15
– concava, 544

Indice analitico

- continuamente differenziabile, 523
- convessa, 544
- di forzamento, 76
- di penalità, 27
- differenziabile, 520
- pseudo-convessa, 563
- quadratica, 45
- quasi-convessa, 558

GMRES, 427
Gradiente
- metodo del gradiente, 151
- metodo del gradiente con errore, 367
- metodo del gradiente con passo costante, 155
- metodo del gradiente di Barzilai-Borwein, 325
- metodo del gradiente proiettato, 489
- metodo spettrale del gradiente, 328
- vettore, 521

Gradiente coniugato
- per problemi di minimi quadrati lineari, 219
- per problemi non quadratici, 229
- per problemi quadratici convessi, 217
- per problemi quadratici strettamente convessi, 213
- precondizionato, 227

Heavy Ball, 161

Implicit filtering, 420
Insieme
- aperto, 506
- chiuso, 506
- compatto, 508
- di livello, 12
- limitato, 507
Interpolazione, 142
- cubica, 144
- quadratica, 142
Intervallo di ricerca, 140
Invarianza rispetto alla scala, 590
Involucro
- convesso, 541
- lineare, 500
Iperpiano, 537

L-BFGS, 387

Matrice
- definita positiva (negativa), 516
- Hessiana, 523
- indefinita, 516
- Jacobiana, 522
- ortogonale, 513
- semidefinita positiva (negativa), 516
- simmetrica, 513
Metodi
- alle differenza finite, 394
- basati sul residuo, 432
- delle direzioni coniugate, 207, 415
- delle direzioni coordinate, 398
- di decomposizione, 441
- di Newton troncato, 376
- di ricerca diretta, 393
- di trust region, 255
- ibridi, 179
- incrementali, 364, 366
- non monotoni, 84, 188, 190, 340, 433
- Quasi-Newton, 289
- Quasi-Newton a memoria limitata (L-BFGS), 387
- Quasi-Newton senza memoria, 386
- senza derivate, 393
Metodo di
- Armijo, 92, 483
- Armijo non monotono, 132, 188
- Barzilai-Borwein, 325
- Broyden, 430
- Broyden-Fletcher-Goldfarb-Shanno (BFGS), 296
- Davidon-Fletcher-Powell (DFP), 295
- Fletcher-Reeves, 233
- Frank-Wolfe, 486
- Gauss-Newton, 350
- Gauss-Seidel, 446
- Gauss-Southwell, 458
- Goldstein, 106
- Hooke-Jeeves, 404
- Jacobi, 464
- Levenberg-Marquardt, 357
- Nelder-Mead, 395
- Newton, 165
- Polyak-Polak-Ribiére, 241
- Shamanskii, 170
- Wolfe, 111
Minima norma, 220, 347, 515
Minimi quadrati, 343

- lineari, 46, 345
- non lineari, 348

Monotonicità, 556

Newton
- alle differenze finite, 428
- convergenza locale, 166
- inesatto, 372, 427
- modifica globalmente convergente, 173, 278
- per equazioni non lineari, 425
- troncato, 376

Norma
- di un vettore, 504
- di una matrice, 511

Numeri in virgola mobile, 587

Passo
- di Cauchy, 258
- ottimo, 89

Poliedro, 538
Precondizionamento, 227
Problemi test, 601
Prodotto scalare (prodotto interno), 509
Proiezione, 478
Proximal point, 455
Pseudoinversa, 47

Punto
- critico, 474
- di accumulazione, 507
- di minimo globale, 5
- di minimo locale, 6
- di minimo locale stretto, 6
- di sella, 44
- stazionario, 40

Qualificazione dei vincoli, 571
- Indipendenza lineare, 572
- Mangasarian-Fromovitz, 573
- Slater, 574

Rapidità di convergenza, 69
- Q-convergenza, 69
- R-convergenza, 71
- lineare, 69
- quadratica, 69
- superlineare, 69

Regione di confidenza, 256
Reti neurali, 23
Ricerca unidimensionale, 76
- curvilinea, 198
- di Armijo, 92
- di Goldstein, 106
- di Wolfe, 111
- esatta, 89
- inesatta, 90
- non monotona, 132
- senza derivate, 123, 406

Scala delle variabili, 589
Sempispazio, 537
Sfera, 505
Sottospazio lineare, 499

Teorema
- della media, 525
- di Carathéodory, 543
- di Taylor, 526
- di Weierstrass, 12

Traccia, 511
Trust region, 256
- metodo del gradiente coniugato di Steihaug, 275
- metodo dogleg, 272
- metodo esatto di soluzione del sottoproblema, 269

Vettori ortogonali, 510

Watchdog, 190, 340

Collana Unitext – La Matematica per il 3+2

A cura di:
A. Quarteroni (Editor-in-Chief)
L. Ambrosio
P. Biscari
C. Ciliberto
G. Rinaldi
W.J. Runggaldier

Editor in Springer:
F. Bonadei
francesca.bonadei@springer.com

Volumi pubblicati. A partire dal 2004, i volumi della serie sono contrassegnati da un numero di identificazione. I volumi indicati in grigio si riferiscono a edizioni non più in commercio.

A. Bernasconi, B. Codenotti
Introduzione alla complessità computazionale
1998, X+260 pp, ISBN 88-470-0020-3

A. Bernasconi, B. Codenotti, G. Resta
Metodi matematici in complessità computazionale
1999, X+364 pp, ISBN 88-470-0060-2

E. Salinelli, F. Tomarelli
Modelli dinamici discreti
2002, XII+354 pp, ISBN 88-470-0187-0

S. Bosch
Algebra
2003, VIII+380 pp, ISBN 88-470-0221-4

S. Graffi, M. Degli Esposti
Fisica matematica discreta
2003, X+248 pp, ISBN 88-470-0212-5

S. Margarita, E. Salinelli
MultiMath - Matematica Multimediale per l'Università
2004, XX+270 pp, ISBN 88-470-0228-1

A. Quarteroni, R. Sacco, F.Saleri
Matematica numerica (2a Ed.)
2000, XIV+448 pp, ISBN 88-470-0077-7
2002, 2004 ristampa riveduta e corretta
(1a edizione 1998, ISBN 88-470-0010-6)

13. A. Quarteroni, F. Saleri
    Introduzione al Calcolo Scientifico (2a Ed.)
    2004, X+262 pp, ISBN 88-470-0256-7
    (1a edizione 2002, ISBN 88-470-0149-8)

14. S. Salsa
    Equazioni a derivate parziali - Metodi, modelli e applicazioni
    2004, XII+426 pp, ISBN 88-470-0259-1

15. G. Riccardi
    Calcolo differenziale ed integrale
    2004, XII+314 pp, ISBN 88-470-0285-0

16. M. Impedovo
    Matematica generale con il calcolatore
    2005, X+526 pp, ISBN 88-470-0258-3

17. L. Formaggia, F. Saleri, A. Veneziani
    Applicazioni ed esercizi di modellistica numerica
    per problemi differenziali
    2005, VIII+396 pp, ISBN 88-470-0257-5

18. S. Salsa, G. Verzini
    Equazioni a derivate parziali – Complementi ed esercizi
    2005, VIII+406 pp, ISBN 88-470-0260-5
    2007, ristampa con modifiche

19. C. Canuto, A. Tabacco
    Analisi Matematica I (2a Ed.)
    2005, XII+448 pp, ISBN 88-470-0337-7
    (1a edizione, 2003, XII+376 pp, ISBN 88-470-0220-6)

20. F. Biagini, M. Campanino
    Elementi di Probabilità e Statistica
    2006, XII+236 pp, ISBN 88-470-0330-X

21. S. Leonesi, C. Toffalori
    Numeri e Crittografia
    2006, VIII+178 pp, ISBN 88-470-0331-8

22. A. Quarteroni, F. Saleri
    Introduzione al Calcolo Scientifico (3a Ed.)
    2006, X+306 pp, ISBN 88-470-0480-2

23. S. Leonesi, C. Toffalori
    Un invito all'Algebra
    2006, XVII+432 pp, ISBN 88-470-0313-X

24. W.M. Baldoni, C. Ciliberto, G.M. Piacentini Cattaneo
    Aritmetica, Crittografia e Codici
    2006, XVI+518 pp, ISBN 88-470-0455-1

25. A. Quarteroni
    Modellistica numerica per problemi differenziali (3a Ed.)
    2006, XIV+452 pp, ISBN 88-470-0493-4
    (1a edizione 2000, ISBN 88-470-0108-0)
    (2a edizione 2003, ISBN 88-470-0203-6)

26. M. Abate, F. Tovena
    Curve e superfici
    2006, XIV+394 pp, ISBN 88-470-0535-3

27. L. Giuzzi
    Codici correttori
    2006, XVI+402 pp, ISBN 88-470-0539-6

28. L. Robbiano
    Algebra lineare
    2007, XVI+210 pp, ISBN 88-470-0446-2

29. E. Rosazza Gianin, C. Sgarra
    Esercizi di finanza matematica
    2007, X+184 pp, ISBN 978-88-470-0610-2

30. A. Machì
    Gruppi - Una introduzione a idee e metodi della Teoria dei Gruppi
    2007, XII+350 pp, ISBN 978-88-470-0622-5
    2010, ristampa con modifiche

31. Y. Biollay, A. Chaabouni, J. Stubbe
    Matematica si parte!
    A cura di A. Quarteroni
    2007, XII+196 pp, ISBN 978-88-470-0675-1

32. M. Manetti
    Topologia
    2008, XII+298 pp, ISBN 978-88-470-0756-7

33. A. Pascucci
    Calcolo stocastico per la finanza
    2008, XVI+518 pp, ISBN 978-88-470-0600-3

34. A. Quarteroni, R. Sacco, F. Saleri
    Matematica numerica (3a Ed.)
    2008, XVI+510 pp, ISBN 978-88-470-0782-6

35. P. Cannarsa, T. D'Aprile
    Introduzione alla teoria della misura e all'analisi funzionale
    2008, XII+268 pp, ISBN 978-88-470-0701-7

36. A. Quarteroni, F. Saleri
    Calcolo scientifico (4a Ed.)
    2008, XIV+358 pp, ISBN 978-88-470-0837-3

37. C. Canuto, A. Tabacco
    Analisi Matematica I (3a Ed.)
    2008, XIV+452 pp, ISBN 978-88-470-0871-3

38. S. Gabelli
    Teoria delle Equazioni e Teoria di Galois
    2008, XVI+410 pp, ISBN 978-88-470-0618-8

39. A. Quarteroni
    Modellistica numerica per problemi differenziali (4a Ed.)
    2008, XVI+560 pp, ISBN 978-88-470-0841-0

40. C. Canuto, A. Tabacco
    Analisi Matematica II
    2008, XVI+536 pp, ISBN 978-88-470-0873-1
    2010, ristampa con modifiche

41. E. Salinelli, F. Tomarelli
    Modelli Dinamici Discreti (2a Ed.)
    2009, XIV+382 pp, ISBN 978-88-470-1075-8

42. S. Salsa, F.M.G. Vegni, A. Zaretti, P. Zunino
    Invito alle equazioni a derivate parziali
    2009, XIV+440 pp, ISBN 978-88-470-1179-3

43. S. Dulli, S. Furini, E. Peron
    Data mining
    2009, XIV+178 pp, ISBN 978-88-470-1162-5

44. A. Pascucci, W.J. Runggaldier
    Finanza Matematica
    2009, X+264 pp, ISBN 978-88-470-1441-1

45. S. Salsa
    Equazioni a derivate parziali – Metodi, modelli e applicazioni (2a Ed.)
    2010, XVI+614 pp, ISBN 978-88-470-1645-3

46. C. D'Angelo, A. Quarteroni
    Matematica Numerica – Esercizi, Laboratori e Progetti
    2010, VIII+374 pp, ISBN 978-88-470-1639-2

47. V. Moretti
    Teoria Spettrale e Meccanica Quantistica – Operatori in spazi di Hilbert
    2010, XVI+704 pp, ISBN 978-88-470-1610-1

48. C. Parenti, A. Parmeggiani
    Algebra lineare ed equazioni differenziali ordinarie
    2010, VIII+208 pp, ISBN 978-88-470-1787-0

49. B. Korte, J. Vygen
    Ottimizzazione Combinatoria. Teoria e Algoritmi
    2010, XVI+662 pp, ISBN 978-88-470-1522-7

50. D. Mundici
    Logica: Metodo Breve
    2011, XII+126 pp, ISBN 978-88-470-1883-9

51. E. Fortuna, R. Frigerio, R. Pardini
    Geometria proiettiva. Problemi risolti e richiami di teoria
    2011, VIII+274 pp, ISBN 978-88-470-1746-7

52. C. Presilla
    Elementi di Analisi Complessa. Funzioni di una variabile
    2011, XII+324 pp, ISBN 978-88-470-1829-7

53. L. Grippo, M. Sciandrone
    Metodi di ottimizzazione non vincolata
    2011, XIV+614 pp, ISBN 978-88-470-1793-1

La versione online dei libri pubblicati nella serie è disponibile su SpringerLink. Per ulteriori informazioni, visitare il sito:
http://www.springer.com/series/5418

If you have any concerns about our products,
you can contact us on
ProductSafety@springernature.com

In case Publisher is established outside the EU,
the EU authorized representative is:
**Springer Nature Customer Service Center GmbH
Europaplatz 3, 69115 Heidelberg, Germany**

Printed by Libri Plureos GmbH
in Hamburg, Germany